NATM 터널공법

토목시공기술사 權仁煥 /著

개착터널 설계시공지침 해설

(일)토목학회·편집부 /譯

圓技術

〔개정판〕
NATM터널공법

權 仁 煥 著
(土木施工技術士)

圓技術

머리말

筆者가 1980년대 初 國內 처음으로 施工되었던 NATM工法적용 터널현장에 근무하면서 體驗한 經驗과 新工法에 대한 各種 資料들을 集積하여 國內 最初로 「NATM터널工法」이란 책을 出版한 것이 1991年이었다.

처음 책을 집필할 때만해도 축적된 기술도 부족하였고 NATM工法에 대한 資料도 매우 貧弱하여 체계적인 理論과 實務를 소개하는데 매우 부족한 점이 많았다. 그러나 약 10년이 지난 오늘날에는 이제 土木技術者라면 모르는 사람이 없을 정도로 NATM工法도 발전하였고, 이에 대한 자료 또한 너무 풍부하여 정보 얻기가 쉬워졌다.

國內에 건설되는 거의 모든 터널이 NATM工法으로 設計, 施工되고 있으며 "터널표준시방서"도 NATM工法을 說明하면서도 아예 "NATM"이란 用語를 빼버리고 "터널"이라는 用語를 使用하고 있는 바, 이 "터널" 自體가 NATM터널을 말하고 있다. 이렇듯 급진적으로 발전한 NATM터널工法에 대하여 國內에서 처음으로 冊을 통해 보급하였으므로 筆者 또한 매우 기쁘게 생각한다.

그 후에도 筆者는 仁川地下鐵, 大田地下鐵, 서울地下鐵에 勤務하면서 지속적인 NATM工法 資料收集과 工法研究를 거듭하여 오던 중, 처음 출간하였던 冊이 너무 부족한 점이 많다고 생각되어 이번에 全體的인 改訂을 하게 되었다.

改訂된 內容은 NATM의 原理, 地質調査와 設計에 대한 설명을 보다 상세하게 하였으며 最近 國內에서 많이 사용하고 있는 岩盤分類法을 補完하였다.

또, NATM設計시 수치해석, 전산화 設計가 주종임에 비추어 설계자를 위한 FEM해석법을 추가로 소개하였다. 또한 터널시공의 補助工法과 NATM工法 施工管理를 章을 달리하여 說明하였다.

이번에 改訂版을 출판하였어도 책이 나와 보면 또 부족한 것이 많으리라 생각한다. 이러한 점들은 독자 여러분들이 지적하여 채찍질하여 주시면 쉬지 않고 거듭 보완하고자 한다. 아무쪼록 이 改訂 NATM터널工法이 우리 나라 터널공법 발전에 조금이나마 기여를 하여 주었으면 하는 것이 筆者의 소망이다.

이 책을 처음부터 改訂版까지 出刊하는데 많은 도움을 주신 원기술 김대원 사장님께 감사드리며, 이 모든 것이 하나님의 은혜라 생각하고 하나님께 감사드린다.

필자 權 仁 煥
(土木施工技術士, 工學碩士)

目 次

머 리 말

第 1 章 NATM工法 概論

1. NATM의 歷史 ··· 13
2. NATM의 原理 ··· 16
   1) NATM의 剪斷破壞說 ·· 16
   2) 支保의 剛性과 變形量 ·· 18
   3) 二重 셀(Double shell) ··· 21
   4) Rock Bolt에 의한 原地盤의 補強 ··· 22
   5) 計測 ··· 23
   6) NATM工法의 22개 原理 ·· 23
3. 터널의 力學 ··· 40
4. 支保效果 ··· 46
   1) Shotcrete의 支保效果 ·· 46
   2) Rock Bolt의 支保效果 ·· 48
5. NATM의 특징 ·· 51
   1) 設計上의 특징 ·· 51
   2) 施工上의 특징 ·· 53

第 2 章 NATM을 위한 地質調査

1. 조사의 의의 ··· 57
2. 조사계획 ··· 59
3. 조사, 시험의 실시 ··· 66
4. 岩盤分類 ··· 67
   1) 조사단계에서의 암반분류(시추조사 암반분류) ···································· 67
   2) 설계단계에서 암반분류 ·· 68
   3) 시공 및 감리단계에서의 암반분류 ·· 68

4) 암반분류의 표준화 ·· 71

5) 경험적 방법(RMR. Q-System) ·· 74

第 3 章 NATM의 設計

1. 設計槪要 ··· 83

2. 설계계획 ··· 87

   1) 터널의 단면형상 ·· 87

   2) 굴착공법 ·· 89

3. 기본설계방법 ··· 93

   1) 기본설계방법선정 ·· 93

   2) 標準支保패턴의 적용 및 細目設計 ·· 95

4. 터널의 解析 ·· 96

   1) 수치해석의 기본모델 ··· 97

   2) 수치해석의 목적 및 특징 ·· 98

   3) 수치해석 입력자료 ·· 98

   4) 출력자료 ·· 99

5. 有限要素理論(FEM) ··· 100

   1) 有限要所法의 槪要(彈性體) ··· 100

   2) 彈塑性의 FEM ··· 106

   3) FEM의 특징과 문제점 ·· 109

   4) FEM에 대한 실무상의 문제점 ··· 110

6. 터널과 地下水 ··· 118

   1) 地下水의 水理 ·· 118

   2) 라이닝(Lining)에 작용하는 水壓 ·· 129

   3) 地下水와 原地盤의 강도 ··· 131

第 4 章 NATM施工

1. 施工計劃을 위한 事前調査 ··· 139

1) 概要 ·· 139
  2) 조사의 區分 ··· 139
  3) 입지환경조사 ··· 140
  4) 지반조사 ··· 143
  5) 시험 ·· 148
  6) 지반조사 성과 정리 ··· 149
  7) 시공계획의 수립 ··· 151
2. NATM工法 施工 ··· 152
  1) 概要 ·· 152
  2) 구간별 표준단면 ··· 155
  3) 施工 ·· 158
  4) 掘鑿 ·· 165
3. 發破工法 ·· 175
  1) 터널발파의 각종공법 ··· 175
  2) 制御發破 ··· 180
  3) 發破에 의한 掘鑿 ··· 191
4. 기존 구조물 통과(under pinning) ··· 196
  1) 광화문 통과 ··· 196
  2) 지하 구조물 통과 ··· 196
  3) 관통지점 굴착 ··· 198
5. 이상현상 사례분석 및 주의점 ··· 202
  1) A坑 崩落現象 ··· 202
  2) Crack발생 ·· 204
  3) 지하수 多量 湧出 ··· 205
  4) 굴진시 주의점 ··· 210
6. 버력 처리 ·· 212
7. 鋼支保工(Steel Support) ·· 213

- 1) H형강 支保工 ··· 213
- 2) U형강 支保工 ··· 213
- 3) 삼각지보공(Lattice Girder) ··· 215
- 4) 지보공의 시공 ··· 215

8. Rock Bolt ·· 216
   - 1) Rock Bolt의 종류 ·· 216
   - 2) Rock Bolt의 재질 ·· 219
   - 3) Rock Bolt의 선정 ·· 222
   - 4) Rock Bolt의 시공 ·· 223

9. Shotcrete ·· 235
   - 1) 槪要 ·· 235
   - 2) Shotcrete의 분류 ·· 235
   - 3) 사용장비(Equipments Requirement) ································ 236
   - 4) Shotcrete의 재료 ·· 240
   - 5) 재료의 配合 ·· 243
   - 6) 재료의 저장 ·· 245
   - 7) Shotcrete의 施工 ·· 245
   - 8) Rebound와 品質管理 ··· 251

10. Tunnel防水工 ·· 257
    - 1) 시공준비 ·· 257
    - 2) 시공방법 ·· 262

11. 복공(Concrete Lining) ·· 269
    - 1) 槪 要 ·· 269
    - 2) Sliding Form 제작 ·· 269
    - 3) Concrete타설 ··· 272

12. 計測 ·· 274
    - 1) 계측의 目的 ·· 274

2) 사전조사 ·· 274

　　3) 計測計劃 ·· 277

　　4) 계측방법 ·· 284

　　5) 계측관리 ·· 309

　　6) 지하철 ○○공구 계측분석 ··· 322

　　7) 계측기 설치요령 ··· 353

　　8) 계측결과의 Feed Back ··· 359

第 5 章 터널시공을 위한 보조공법

1. 보조공법의 분류 ·· 369

2. 포어폴링(Forepoling) ·· 370

3. 파이프루프 ·· 370

4. 막장면 자립공 ··· 371

5. 그라우팅 공법 ··· 372

6. 주입재 및 주입공법 선정과 대상지반 ·· 379

7. 주입공법을 위한 사전조사 ·· 382

8. 시험주입 및 시공 ·· 383

9. 진행성 여굴 차단법 ·· 385

10. 藥液注入 실례분석(지하철○○공구) ·· 388

第 6 章 NATM의 施工管理

1. 槪要 ··· 421

　　1) 시공관리 일반 ·· 421

　　2) 품질관리 ·· 422

　　3) 작업관리 ·· 422

2. Shotcrete ··· 425

　　1) Shotcrete재료의 품질관리 ·· 425

　　2) Shotcrete의 품질관리 ··· 427

3. Rock Bolt ·· 436
　1) Rock Bolt재료의 품질관리 ·· 436
　2) Rock Bolt의 품질관리 ·· 436
4. 라이닝 콘크리트 ·· 440

부록. 터널 FEM해석 보고서(지하철 6호선 ○○공구) ················· 443
　제1장 서　론 ·· 447
　제2장 PROGRAM의 개요 ··· 449
　제3장 해석위치선정 및 해석조건 ·· 469
　제4장 정거장 구간 ·· 471

參考文獻 ·· 523

제1장 NATM工法 概論

第1章 NATM工法 槪論

1. NATM의 歷史

　Tunnel, 鑛山, 地下Tank 等 地下掘進에 있어 가장 重要한 것은 原地盤의 崩壞를 어떻게 防止할 수 있는가에 있어, 예로부터 多樣한 支保方法과 斷面分割, 掘鑿順序, 施工方法 等이 硏究되어 왔다. 그리하여 우리는 지금까지 獨逸式, 美國式, 오스트리아式 等의 개발 國名과 馬蹄形, 圓筒形, 圓形 등의 터널형상, 半斷掘進, 全斷掘進, 導坑掘進 等의 名詞들을 組合하여 만든 터널공법의 명칭들이 탄생하여 왔음을 잘 알고 있다.

　전후 大形鋼製(H250~H300) Arch支保工과 機械를 利用한 美國式 Tunnel工法(ASSM工法 : American Steel Support Method)이 美國의 世界를 向한 經濟援助와 함께 세계의 터널공법으로써 席捲하는 듯 하였으나 더욱 資材를 節約하고 터널 力學的 特性에 잘 合致되는 방법도 있을 것이라는 信念을 갖고 硏究를 계속한 공학도, 기술자들이 많았다.

　Austria, Switzerland, 이란 等地에서 多年間 Tunnel工事에 從事한 후 母國인 Austria에 귀국하여 大學校 敎授 및 Consultant의 터널 技術者로 활약한 라브세비치박사(Dr, Ladislaus Von Rabecewicz)는 그간 수 많은 터널공사에서 터널 破壞例를 調査하면서 터널 構造에서는 剪斷破壞가 決定的인 原因이라는 것을 發見하고 두꺼운 Concrete Lining보다는 掘鑿 즉시 原地盤에 密着될 수 있는 比較的 얇은 Concrete Lining을 하는 것이 보다 緊要하다는 것을 提唱하고 1948년 Austria에 特許를 申請하였다.

　1920년대에 이미 유럽, 미국 등지에서 사용하던 소위 Wedge형 Rock Bolt를 발전시키고 1970년대 구미 각지에서 비탈면保護 等에 많이 사용하던 뿜어붙임 콘크리트(Shotcrete)工法을 發展시키며, Rabcewicz博士가 提唱한 얇은 콘크리트라이닝을 容易하게 施工하고 그의 原理에 따라 몇 개의 터널이 完工되어 效果도 明確해짐에 따라 터널공법으로 採擇되는 例가 增加되어 왔다.

　1950~1951년에 Forcacava 地下發電所工事에서 Rabcewicz의 指導下에 Rock Bolt를 支保로 使用하여 掘鑿하였으며 1955年에 체계적인 Rock bolt를 打設하여 原地盤을 支保로 活用하는 생각을 實驗으로 確認하였다.

　1951~1955년에 施工된 Switzerland의 Maggia水力發電所의 터널에서도 Shotcrete가 支保로써 본격적으로 使用되어 成功을 거두었다. 또한 Austria의 Kaunertal 水力發電所의 工事 等에서도 심한 土壓에 고생하고, 또는 崩壞된 터널들이 Rabcewicz의 指導下에 新工法을 採用하여 成功할 수 있었다. 이어 Austria의 Massenberg 道路터널, 서독의 Schwaikheim 鐵道터널, 이탈리아의 Serra Ripoli, 베네주엘라의 Cabrera터널 等이 본격적으로 이 工法을 使用하여 成功하였다.

　이들 터널에서는 計測과 試驗도 행해지고 또한 F.Pacher나 L.Müller 등도 Rabcewicz와 協力하였으며 計測에 當面해서는 인터펠스社(INTERFELS) 協力으로 발전하였다. 이들 클럽(SALZBURG派라 함)의 理論, 實驗, 實施工, 計測 등이 工法의 發展에 크게 貢獻한 成果에 힘입어 1962년에 잘부룩에서 開催된 第13回 國際岩盤力學會議에서 新오스트리아 터널공법(New Austian Tunnelling Method ; NATM, New Österreichisch Tunnelbauweise ; NÖT)라고 命名되었다.

　이후 유럽 각지에서는 수많은 Tunnel 및 地下構造物이 NATM공법으로 施工되었으며 대도시 地下鐵建設에 應用은 1966년 서독 뮌헨의 Marienplatz 광장역의 工事에 NATM공법을 採用토록 Rabcewicz가 提案하였으나 實現되지 못하고 1968년 Frankfurt市의 터널공사에 最初로 採擇된 이래 많은 도시에서 單線터널, 複線터널, 地下驛 등에 본격적으로 採用 施工하게 되어 安全하고 經濟的인 工法이라고 실증되어 왔다.

　인근 일본에서도 1964년 七面發電所, 1965년 青函海底터널에 Shotcret가 使用되긴 하였으나 NATM工法을 본격적으로 실용하게 된 것은 1976년 上越新幹線

의 中山터널이 始初이며 이로부터 日本은 國鐵에서는 수십개의 터널이 NATM 공법으로 施工되고 있고, 또 計劃中이며 國鐵當局者에 의하면 앞으로 100% NATM공법에 依存한다고 한다. 日本 道路公團에서도 日本國鐵보다 약간 뒤지긴 하지만 施工中이거나 計劃中인 것이 많은 것으로 알려져 있다.

國內에서도 地下施設物의 大型化 및 서울, 부산 地下鐵工事 등 터널공사가 大型化되고, 주변여건이 복잡화 됨에 따라 在來 Tunnel공법의 적용에는 技術的인 限界에 到達하게 되었으며, 특히 서울 지하철 3·4호선의 경우 대부분의 地盤이 軟弱하고 터널의 土被가 얇으며 淸溪川, 크고 작은 하천 통과, 기존 1·2호선 地下鐵 등 많은 지하 구조물 통과 등 難題가 많아 부득이 Tunnel新技術 導入이 불가피하게 되었다. 처음에는 Pipe Messer工法 Pipe Roop工法, 쉴드공법, NATM工法 등이 검토되었으나 결국 NATM工法을 採擇하기로 決定되었다.

國內의 NATM記錄은 國際岩盤學會 참석 報告書나 부분적인 論文 등을 통하여 1970년대말부터 활발히 연구되어 왔었던 것을 알 수 있으며, 일부 技術者들에 의하여 서울 地下鐵 2호선, 부산 地下鐵, 地下施設에서 시험적용하였던 記錄도 있다.

그러나 본격적인 NATM공법의 적용은 1980년초 서울 지하철 3·4호선 도심구간 10여개 工區를 들 수 있겠다. 日本 海外 技術協力會(JARTS)와 (株)○○ Engineering이 Joint Venture되고 Austria의 Geoconsult와 ○○Engineering이 Joint Vonture되어 각각 設計, 監理를 하였다.

서울 도심 10여개 工區가 거의 같은 時期에 施工되었으나 確信할 수 있는 것은 1982, 5, 筆者가 시공한 3호선 320工區가 국내 최초의 着工이었다.

이후 현재까지의 터널, 地下構造物의 시공은 대부분(거의 모두) NATM工法을 채택하여 設計, 施工되고 있으며 1996년에 개정된 터널표준시방서(건설교통부 발행)는 아예 NATM이란 말은 빼 버리고 터널이라는 용어를 사용하고 있으며 내용은 NATM工法으로 설명하고 있으므로 이는 아예 터널자체가 NATM工法 터널을 말하고 있다.

2. NATM의 原理

 NATM은 하나의 원리나 고찰에 의해 일시에 성립된 것이 아니고 수년간에 걸쳐 수많은 터널 경험에서 몇가지의 암반역학적 원리와 터널이론, 공사경험을 기본으로 복합시킨 개념과 실시공에서 발생된 많은 시공상의 노하우, 기계나 재료, 계측방법 등으로 성립되어 있다. 그래서 주창자 Rabcewicz도「NATM은 터널을 건설하기 위한 하나의 시공법 형식이 아닌 터널을 건설하기 위한 개념」이라고 강력히 주장하고 있다. 즉, NATM은 터널건설에 대한 발상의 전환이며, 이는 반드시 통일된 확고한 계통이 서 있지 않은 부분도 있고 이론적으로 아주 만족하지 못한 점도 없지 않으나 우선 Rabcewicz가 기본적으로 제창하는 방향을 소개한다.

1) NATM의 剪斷破壞說

 1932년부터 1940년까지 Rabcewicz는 이란(Iran)의 횡단철도 北線 건설공사의 주임기사로 참가하고 있을 때, 그 중의 36호 터널(루푸터널 ; 단선)에서 특히 심한 토압 때문에 애로에 당면하게 되었다. 시공은 底設導坑 先進의 벨지움식 공법으로 하였으나 시공 중에 동발목(揷木)이 좌굴되어 철근콘크리트(80cm×40cm)보를 제작, 스프링높이에 1.5m간격으로 설치보강하여야 할 정도의 강대한 토압에 대응했었다. 측벽은 콘크리트(T=80cm~105cm)로 Arch部는 切石(조적구조)로 라이닝하고 Invert Arch를 설치하였던 바, 이 터널은 개통후 전단파괴를 초래하였는데 터널의 전형적인 파괴로 파괴선은 명확한 선으로 Lining을 바로 관통하고 석축부분을 통과하여 약 200m에 걸쳐서 진행하고 있었다. 일부분은 좌우 대칭이나 일부분은 편측 뿐이었다 [地質은 리이스統粘土-泥灰岩(葉片狀), 土被 120~140m, 진행은 軸에 平行] 갈라진 선에 따라 코아링을 해 본 결과 切石의 이음부에 關係없이 깨끗하게 剪斷되어 있는 것을 알게 되었다 (그림 1.1).

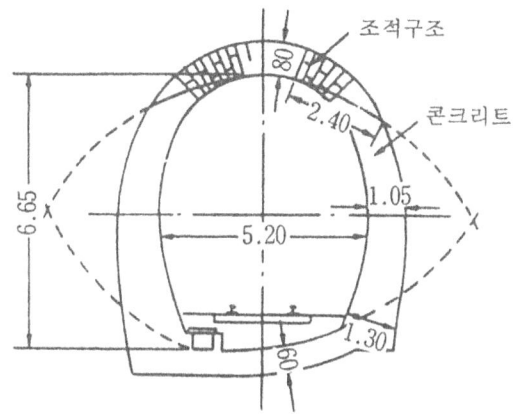

균열에 따라서 보오링한 결과 그림과 같이 剪斷되어 있다. 조금 구부러진 龜裂面은 칼과 같이 날카로운 가장자리가 있으며 일부 δ_{ck} 210kg/cm²에 상당한 콘크리트 가운데를 관통하고 다른 곳에서는 콘크리트製 벽돌에 의한 고강도 組積構造의 아아치를 지나고 있으나 그 방향은 변화되지 않고 있다.

그림 1.1 이란 횡단철도 No.36Kehr터널에서의 典型的인 剪斷破壞

종래에 상식적으로 터널의 荷重은 上部로부터 걸려 오는 것으로 생각해 왔으나 이와 같이 剪斷破壞된 터널의 예가 대부분이라는 것에서 그는 ① 터널에 걸리는 荷重은 實際的으로 水平力이 강하다는 것, ② 강대한 水平力에 의해 그림 1.2에서 보는 것과 같은 순서로 破壞가 진행된다는 것, ③ 실제의 土壓作動시 Lining Concrete는 휨모멘트(Bending Moment)에 의하여 破壞되는 것이 아니고 剪斷力(Shear Stresses)에 의하여 破壞된다는 것, ④ Invert Concrete는 Lining완료후 터널 공사의 최후의 단계에서 施工하는 것이 아니고 早期에 施工하여야 한다는 것이 緊要하다는 것을 주장하였다.

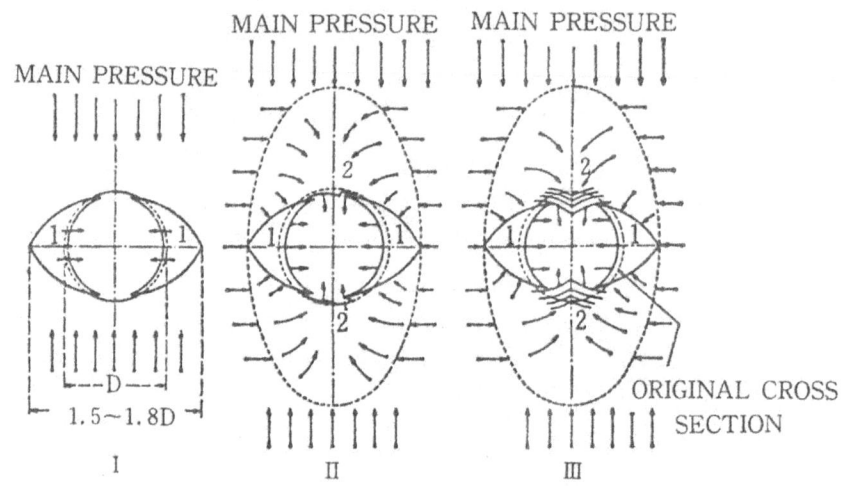

그림 1.2 터널 破壞過程의 槪念圖

剪斷破壞 그 自體는 Procter와 White도 보고하고 있으나 그들도 거기에서 水平力이 강하게 作動한다는 것까지는 考慮하지 못하였다. 그래서 NATM이전의 터널은 側壁部가 두껍고 Arch部가 얇은 Lining을 採用하고 있는 예가 많으나 이것은 土壓이 상부로부터 작용한다고 생각했기 때문이다.

2) 支保의 剛性과 變形量

1938년에 R.Fenner는 支保工에 걸리는 힘과 支保工의 剛性과의 사이에는 關係가 있다는 것, 즉 처지기 쉬운 支保工을 사용하여 어느 정도 變形을 許容하면 荷重을 減少시킬 수 있다는 것을 발견하였다. 이는 經驗的으로는 예로부터 광부들이 잘 알고 있었던 것이다.

1940년부터 Austria의 Vienna 대학의 敎授가 된 Rabcewicz는 이 관계에 주목하여 이 現象을 利用한 터널 工法을 생각하는 방향에 이르렀다. 더욱이 IRAN鐵道工事시 Morter뿜어붙이기에 의한 支保方法을 제안하였으나 工事費가 높기 때문에 채용되지는 못하였다고 술회하는 것에서 최초의 着想은 더욱 예부터의 일이고 차차 발전하여 實現되게 되었을 것이라 생각된다.

原地盤에 Tunnel을 掘鑿하면 空洞周邊의 原地盤은 Arch(또는 Ring)로 原地盤 중에 作動하고 있는 荷重을 받고 있는 까닭에 側壁부분이 가장 크고, 속으로 들어감에 따라 작게 되는 切線方向(Arch의 軸方向)의 應力을 받는다. 이 應力이 原地盤의 壓縮强度보다 적으면 浮石 落下防止 정도의 支保만이 필요해지며 (그림 1.3) 반대로 이 응력이 원지반의 壓縮强度보다 크면 對應하는 支保가 필요하게 된다.

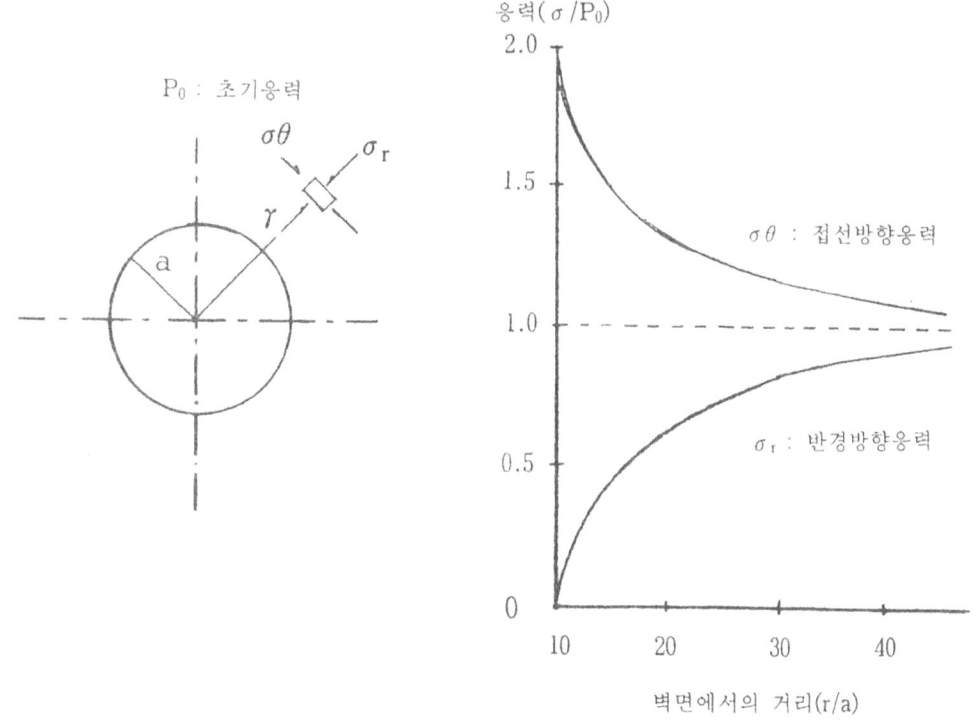

그림 1.3 터널주변 原地盤내의 應力(彈性狀態)

일반적으로 岩石, 흙, Concrete 등은 단순히 壓縮할 때보다 橫方向으로 膨脹하는 것을 抑壓하고 壓縮하면 强度가 커진다(그림 1.4).

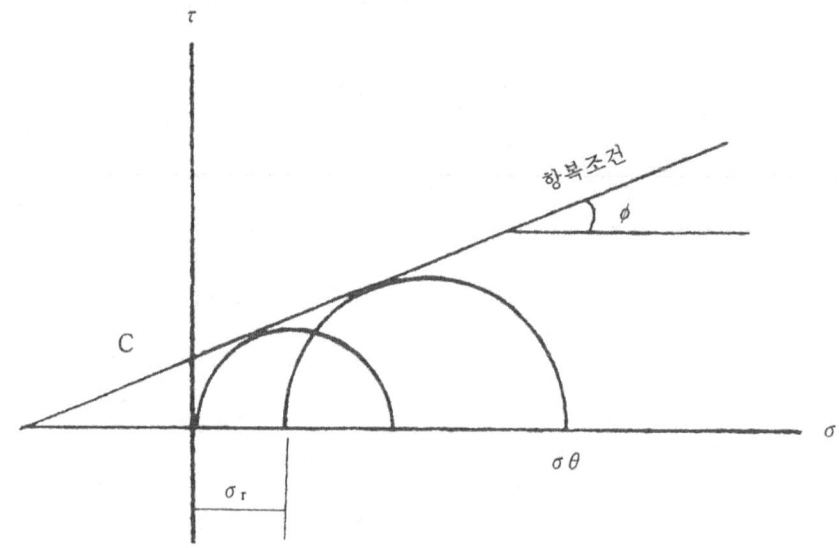

그림 1.4 Mohr의 應力度 ; 拘束壓 σ_r이 존재함에 따라 破壞應力 σ가 높아진다.

    터널 내에 Shotcrete, Rock Bolt등으로 전면적으로 支保를 하면 터널 주변의 原地盤은 應力의 方向(切線方向)과 직각방향의 움직임이 抑制되어 强度가 커진다. 벽면으로부터 속 方向의 原地盤은 壁面 가까이의 原地盤의 Arch작용분도 가해져 더욱 큰 荷重을 견디게 된다.

    壁面 근처의 原地盤이 壓縮强度 이상의 應力을 받을 때의 적절하게 처지기 쉬운 支保工을 해주면 그림 1.3의 應力의 最大値가 原地盤의 속 方向에 쏙 들어간 分布가 되며 剛性이 큰 支保를 하면 상기보다 약간 덜 들어가는 分布를 보여, 처지기 쉬운 支保工을 사용하면 荷重이 적어짐을 알 수 있다. 이 應力의 높은 領域을 Rabcewicz는 保護領域이라 하며 이 保護領域을 발생시키기 위해서는 壁面이 押出되어서 터널이 소량축소되는 것이 필요하다고 하였다. 단, 너무 많이 押出되는 것을 許容하면 原地盤이 弛緩되어 保護領域의 岩盤强度가 적어지므로 거기에는 스스로의 적당한 變形量이 있는 바 그 關係(터널 壁面의 變形量과 支保工에 걸리는 荷重)를 圖示하면 그림 1.5와 같이 된다. 그러므로 最低點보다 약간 左側정도에서 支保工을 施工하면 되는 것이다.

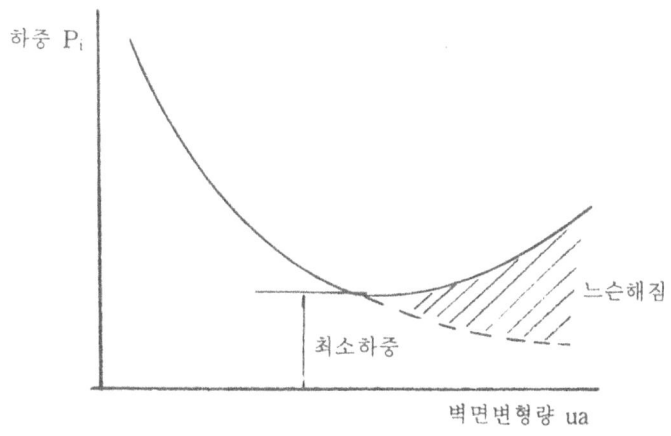

그림 1.5 F.Pacher의 터널 壁面의 變形量과 支保에 作用하는 荷重의 關係를
나타내는 曲線

3) 二重 셸(Double shell)

Rabcewicz는 前述한 바와 같은 考察에 기준하여 比較的 얇은 Concrete Lining을 施行하고 Invert로 閉合한 「補助 Arch」라 하는 처지기 쉽고 保護領域을 充分하게 발달시킬 수 있는 라이닝과 充分한 安全率을 지니게 하기 위하여 變形이 停止된 후에 만들어지는 「支持 Arch」로써 形成되는 二重 셸을 생각함에 이르렀다. 1942~1945년에 施工한 Loibl Tunnel에서 이러한 생각을 실현하였다.

Shotcrete工法이 아직 開發되지 않은 이때에 掘鑿 후 즉시 얇은 콘크리트라이닝을 하는 데에는 매우 곤란을 격은 듯 하였으나 NATM의 중요한 특징은 이 공사에서 이미 실현하고 있었다. 이 經驗을 기본으로 1948년에 Austria 特許를 申請하였다. 이 신청서 중에 이미 NTAM의 基本原理는 다 含有되어 있는 바 「터널 掘鑿 후 즉시 비교적 얇은 Concrete의 補助 Arch를 施工하고 Invert는 早期에 최종적으로 필요한 강도의 것을 施工한다」하였다.

얼마간의 시간이 경과한 후에 補助 Arch의 變形을 측정하여 原地盤의 壓力이 감소되는가 또는 平衡狀態에 到達하는가를 확인해 가면서 支持Arch를 施工하는데 補助Arch의 變形量을 측정한 결과에 따라 支持Arch에 필요한 補强方法을 講究할 수 있다.

　原地盤이 良好하여 측정결과 補助Arch의 변형을 測定할 수 없을 정도이면 支保Arch 自體를 설치할 필요가 없는 경우도 있으며 경우에 따라서는 補助Arch와 支保Arch의 材質도 별개의 것으로 할 수도 있다. 이「補助Arch」「支保Arch」를 일본에서는「假覆工」「本覆工」이라 칭하고도 있다.

　그러나 NATM에서 가장 중요한 支保材는 岩盤(原地盤) 그 자체라 할 수 있는 바 ASSM工法의 鋼支保工에 비하여 NTAM은 岩盤支保工法이라 할 수 있고 掘鑿후 즉시 施工하는 얇은 막의 콘크리트라이닝(지금은 대부분 Shotcrete로 施工함)이 가장 중요하다.

　1965년 Rabcewicz는 論文을 통해 補助Arch를 外側Arch로 支保Arch를 內側Arch라 명칭을 바꾸었다. 우리는 이를 內側 지보재설치(shotcrete, 강지보, Rock Bolt 등)라 하고 외측 아치는 복공(Concrete Linning)이라 한다.

4) Rock Bolt에 의한 原地盤의 補强

　Rabcewicz가 Switzerland의 SENTAB社에 在職하던 1955년경 당시 現地에 널리 보급되고 있던 Rock Bolt에 關心을 집중했다. 터널 하중이 상부로부터 작용한다고 생각되고 있었던 당시의 Rock Bolt는 터널 주변의 弛緩된 地盤을 아직 弛緩되지 않은 原地盤에 붙들어 매다는 것으로 생각하여 Roof Bolt라고도 불리워 지면서 地質이 양호한 곳에서만 사용하고 있었다. Rabcewicz는 막장에 近接하여 Rock Bolt를 조사하고 掘鑿후 즉시 Bolt를 打設하면 Bolt에 의하여 原地盤에 Pre - stress가 作用하여 원지반의 Arch作用을 强化하는 효과가 있을 뿐 아니라 軟弱한 자갈층의 터널에서도 효과가 있다고 주장하고 터널 模型을 만들어 Anchor의 효과, Prestress의 효과 등의 시험을 실시하였다.

　半圓型의 거푸집을 만들어 얇은 鐵板을 붙이고 Anchor Bolt를 넣은 뒤 자갈을 채우고 터널 模型을 만들어 土被 대신 모래로 荷重을 실었다. Anchor의 Nut를 조이는 힘에 의하여 原地盤내에 半徑方向의 힘이 導入되고 耐荷力이 있는 Arch가 형성되었으며 아무런 이상없이 거푸집을 해체할 수 있었다. 이렇게 하여 Anchor Bolt(Rock Bolt)를 體系的으로 打設함에 따라 原地盤이 强化되고 岩盤 Arch가 形成되는 것을 알게 되었다.

5) 計測

原地盤의 物理的 性質을 충분히 알고 있으면 계산에 의하여 설계를 할 수도 있겠으나 原地盤이 複雜하고 장소에 따라서 變化하는 여러 가지 성질을 근소한 Boring에 의한 試料의 시험만으로 완전히 안다는 것은 不可하다. 약간의 傾向만 알고 다소의 推測으로만 可能한 정도이다. 또한 構造力學은 일반적으로 치수에 비례하여 물체의 力學現象이 일어나고 縮小 또는 擴大된 모형으로 실험하여도 實際의 현상과 거의 동일한 現象이라는 것을 前提로 하여 성립하고 있으나 터널의 力學現象은 이 假定이 반드시 일치되지 않는다고 볼 수 있다.

가령 1.5m~2.0m의 試掘터널은 無支保로 掘鑿할 수 있는 곳이라도 20m~30m이상되는 地下發電所를 掘鑿하기 위해서는 상당량의 Anchor나 Shotcrete를 使用하는 支保工을 施工하여야 하는 것이 일반적이다.

이것은 力學的으로는 반드시 誘導된 結論에 의한 것은 아니지만 그렇다고 過大設計, 혹은 施工이라고 할 수도 없다. 計算 그 자체도 Computer를 활용하여 복잡한 計算을 한다고 하더라도 現實의 實現象의 복잡성에 비하면 아직도 많은 點이 簡略化되어 있어 꼭 현실에 適合하다고 할 수 없는 것이다. 이러한 점에서 掘進에 따라 計測을 하고 檢證해 가야 하는 것이 중요하다.

計測은 NATM외에도 부분적으로 행해지고 있었으나 NTAM과 더불어 體系的으로 발전하고 그 중요성이 增加되어 왔다. Rabcewicz가 주장하듯이 NTAM工法은 經驗으로부터 탄생된 工法이다. 단순한 現場施工 經驗 뿐만이 아니라 다양한 計測과 그 岩盤力學的인 고찰이 包含되어 있다는 것이라 할 수 있다.

6) NATM工法의 22개 原理

NATM工法은 그 발전과정에 L.von Rabcewicz의 주장을 중심으로 F.Pacher,

L.Muller, K.Sattler, J.Golser등 많은 사람들의 協力으로 理論과 實際의 工法이 이루어져 왔다.

이중 L.Muller박사의 22개 NATM原理는 지나치게 文學的이고 哲學的인 표현이라는 批評(福島啓一 ; 터널역학)도 있지만 이 原理는 NATM概念을 정리하는데 가장 중요하고 구체적인 해답을 제시하고 있다.

특히 이 原理내의 "岩盤"이라는 단서를 "岩盤 및 土砂地盤"으로 바꾸어 놓으면 이 원리의 적용범위를 더욱 넓힐 수 있다. Muller박사의 이 원리는 經驗的으로나 力學的으로도 입증되는 사실이며 확실한 NATM工法의 原理라 할 수 있다. (NATM工法의 調査·設計. 日本土質工學會. p38~51)

(1) "터널을 지보하는 것은 기본적으로 주변암반이며 터널은 覆工과 地盤이 일체화된 구조물이다.(그림 1.6 참조)"

이것은 NATM의 개념 바로 그것이며 이 개념을 어떻게 터널에 적합한 기법으로 구체화할 것인가가 문제다. 비록 주변암반이 未固結의 土砂地盤이라고 해도 정도의 차이는 있지만 주변암반 자체가 터널지보로서 역할을 할 수 있다. 터널안에 施工되는 支保工은 주변암반의 支保力을 활용하기 위한 보조수단에 불과하다.

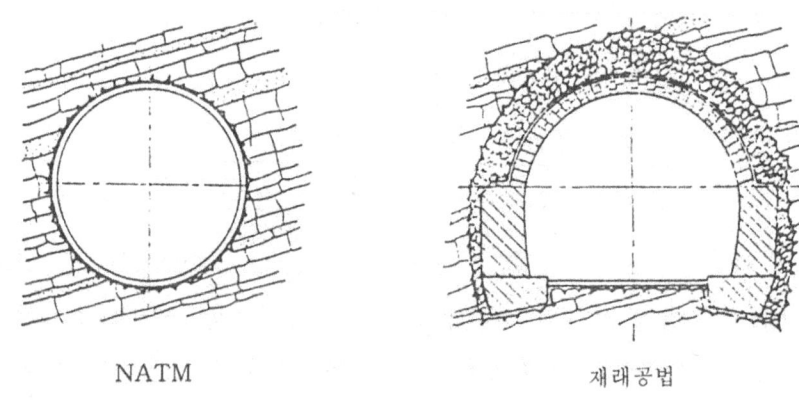

NATM　　　　　　　　　　재래공법

그림 1.6 터널구조물의 思考

(2) "암반이 원래 가지고 있는 강도를 될 수 있으면 손상하지 않도록 해야 한

다. 在來 木材支保工과 강아치 支保工에서는 岩盤의 느슨함을 피할 수가 없었다. 그러나 터널 주위 壁面에 Shotcrete를 打設하면 掘鑿面을 密封하여 느슨함을 방지할 수 있다."(그림 1.7 참조)

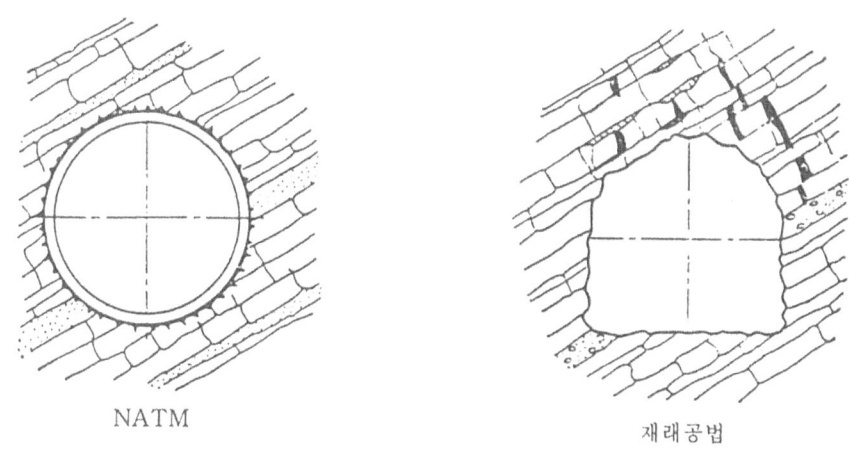

그림 1.7 터널 주변의 느슨함

터널을 주변암반으로 支持시키기 위해서는 주변암반을 破損시키지 않도록 하며 원래 가지고 있는 支保能力을 잃지 않도록 해야 한다. 종래 사용되어 온 木材支保工과 강아치 支保工에서는 주변암반과의 사이에 空隙이 남아 있기 때문에 주변암반의 變形이나 應力集中을 방지하는데 어렵고, 주변암반의 支持能力을 低下시키는 느슨함의 방지에도 도움이 되지 않으며 이 점에서 느슨함 방지에 효과적인 支保는 Shotcrete와 Rock Bolt다.

Shotcrete는 굴착면의 凹凸을 緩和시키고 Sealling에 의하여 주변암반을 支持하며 掘鑿面의 應力集中에 의한 破壞·風化·劣化를 방지하는데 효과가 있다. 또 Rock Bolt는 岩盤의 弱點을 補強하여 주변암반을 일체적으로 거동시키는 역할을 하고 있다.

(3) "암반의 느슨함을 적극 防止해야 한다. 느슨함이 발생하면 강도는 대폭 저하되게 되므로 암반의 느슨함을 꼭 막도록 해야 한다. 즉 주변암반의 강도는 주로 단일 岩塊들의 摩擦力에 의해서 결정되기 때문에 느슨함이 발생하면 이 摩

擦力은 소실되며 岩盤强度가 저하된다."(그림 1.8 참조)

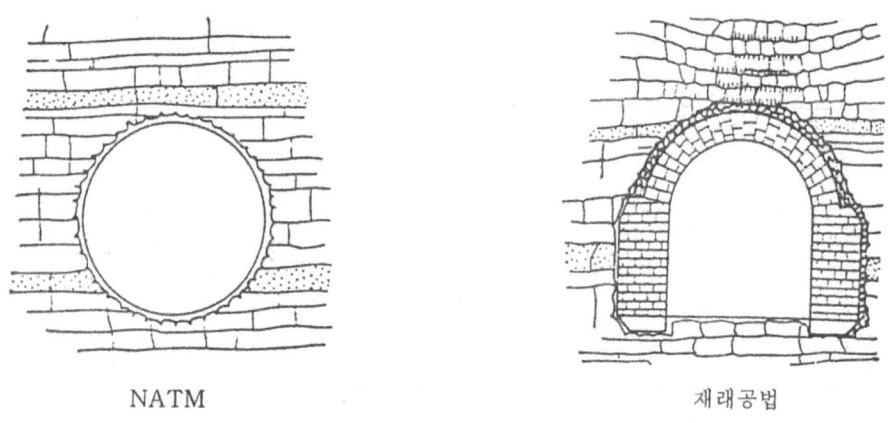

그림 1.8 느슨한 覆工의 規模

(4) "岩盤은 가능한 一軸應力狀態나 二軸應力狀態로 되는 것을 피해야 한다. 그러한 應力狀態에서의 강도는 대단히 낮기 때문이다. 지금까지 岩盤力學의 경험적인 측면에서 말하면 岩盤은 三軸應力狀態로 안정되는 것이며 응력을 제거하는 것은 매우 좋지 않는 것이다."(그림 1.9 참조)

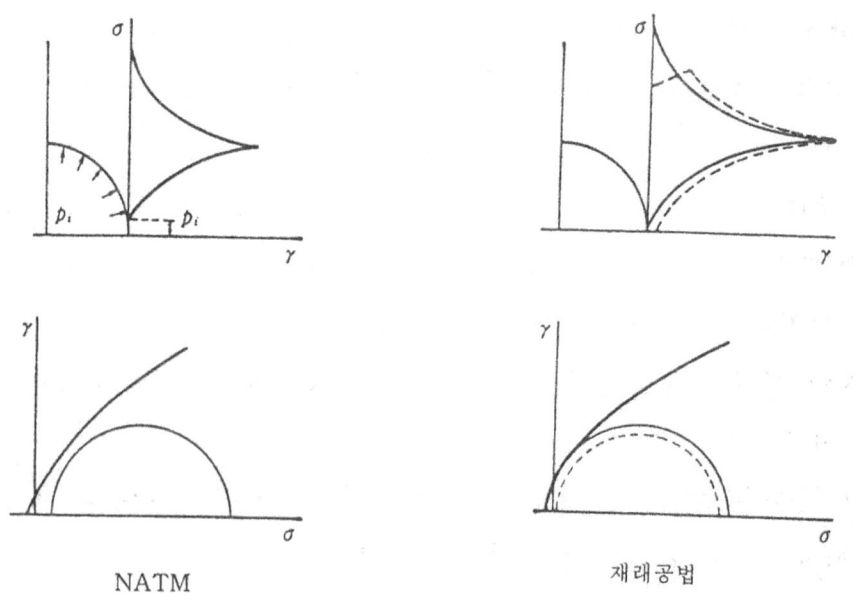

그림 1.9 岩盤의 應力狀態

주변암반 시료의 三軸壓縮試驗 결과는 같은 재료라도 구속압이 큰 것이 큰 强度를 나타낸다. 터널벽면 주변암반은 掘鑿직후에는 無支保이며 막장의 효과를 무시하면 一軸應力狀態가 된다. 그러므로 掘鑿과 동시에 支保工을 시공하여 될 수 있으면 一軸應力狀態로 되는 것을 피하고 항상 三軸應力狀態가 되도록 注意하면 주변암반의 支保能力은 향상되고 주변암반이 안전하게 된다.

(5) "岩盤變形은 가능한 한 抑制해야 한다. 그렇게 하기 위해서는 掘鑿面에 防護工을 실시하여 느슨함과 그에 따른 崩壞를 防止하는 것이다. 이것을 잘하면 잘할수록 安全性과 經濟性이 높아지게 된다." (그림 1.10 참조)

주변암반의 변형을 너무 지나치게 허용하면 주변 암반속의 불연속면이 넓어진다든지 주변암반의 속성화를 촉진시킨다.

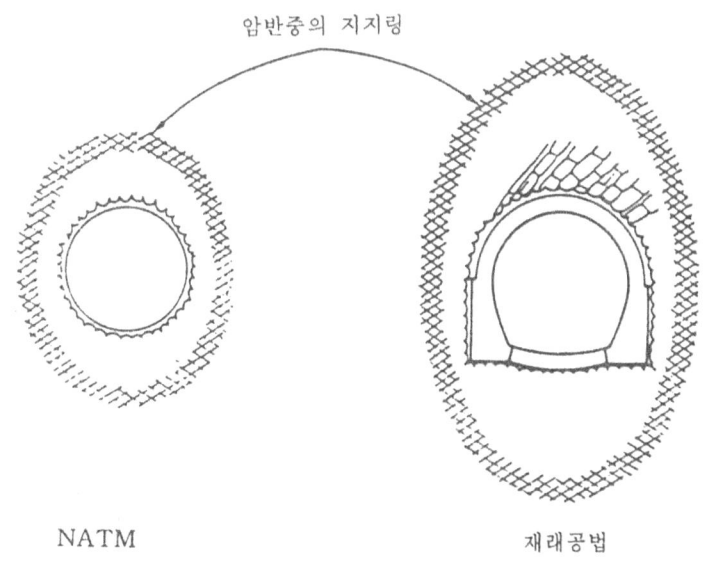

그림 1.10 岩盤중에 生成되는 支持 ring

과도한 變形이란 이러한 변형을 말하며 느슨함에 동반해서 발생되는 것이다. 본문중의 "변형을 억제한다"라는 것은 주변암반의 변형을 완전히 억제하는 것이 아니라 굴착면의 방호방법에 의하여 허용되는 변형 이내로 한정시킨다는 것이다.

(6) "覆工을 적절한 시기에 설치해야 하며 빨라도 안되고 너무 늦어도 안된다. 또 支保는 剛性이 너무 커도 안되며 너무 유연해도 안되며, 岩盤의 强度가 발휘될 수 있는 支保라야 한다." (그림 1.11 참조)

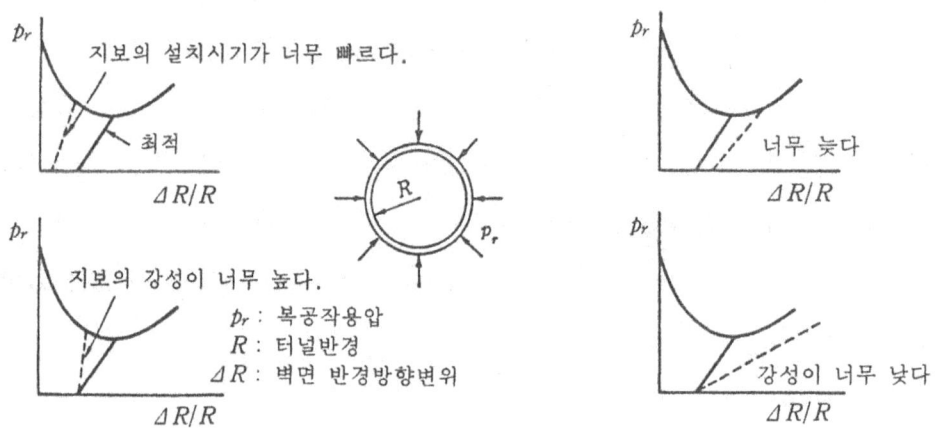

그림 1.11 支保의 設置時期와 剛性(Fenner-Pacher곡선)

주변암반이 가지고 있는 支保能力을 충분히 발휘시켜 과도한 변형에 따른 유해한 느슨함을 방지하고 경제적인 지보를 시공하기 위해서는 다음 사항에 대한 주의가 요구된다.

① 주변암반의 强度特性과 그 變形率 또는 時間依存性
② 支保의 能力과 시공시기 및 그 효과

그림 1.11에는 매우 간략화된 주변암반의 강도특성과 지보의 施工時期, 支保能力의 관계도가 제시되고 있지만 실제의 주변암반과 支保의 관계는 더욱 복잡하다.

주변암반이 나타내는 應力-變形率 관계는 대략 그림에 나타내고 있지만 이것을 反轉시킨 것, 즉 그림에 나타낸 곡선이 주변암반이 나타내는 支保能力과 터널변위와의 관계를 제시한다고 생각된다.

支保工과 주변암반에는 각각 支保能力에 限界가 있기 때문에 그 한계 가까이까지 이용할 수 있으면 가장 경제적인 支保構造가 형성된 것이 된다. 그러나 이것을 실천하는 것은 결코 쉬운 일이 아니다. 주변암반의 역학적 특성은 時間과

變形率에 대한 依存性을 가지고 있고 주변암반의 지보능력도 시간의 경과와 變形의 증대에 따라 변화한다. (그림 1.12(c) 참조)

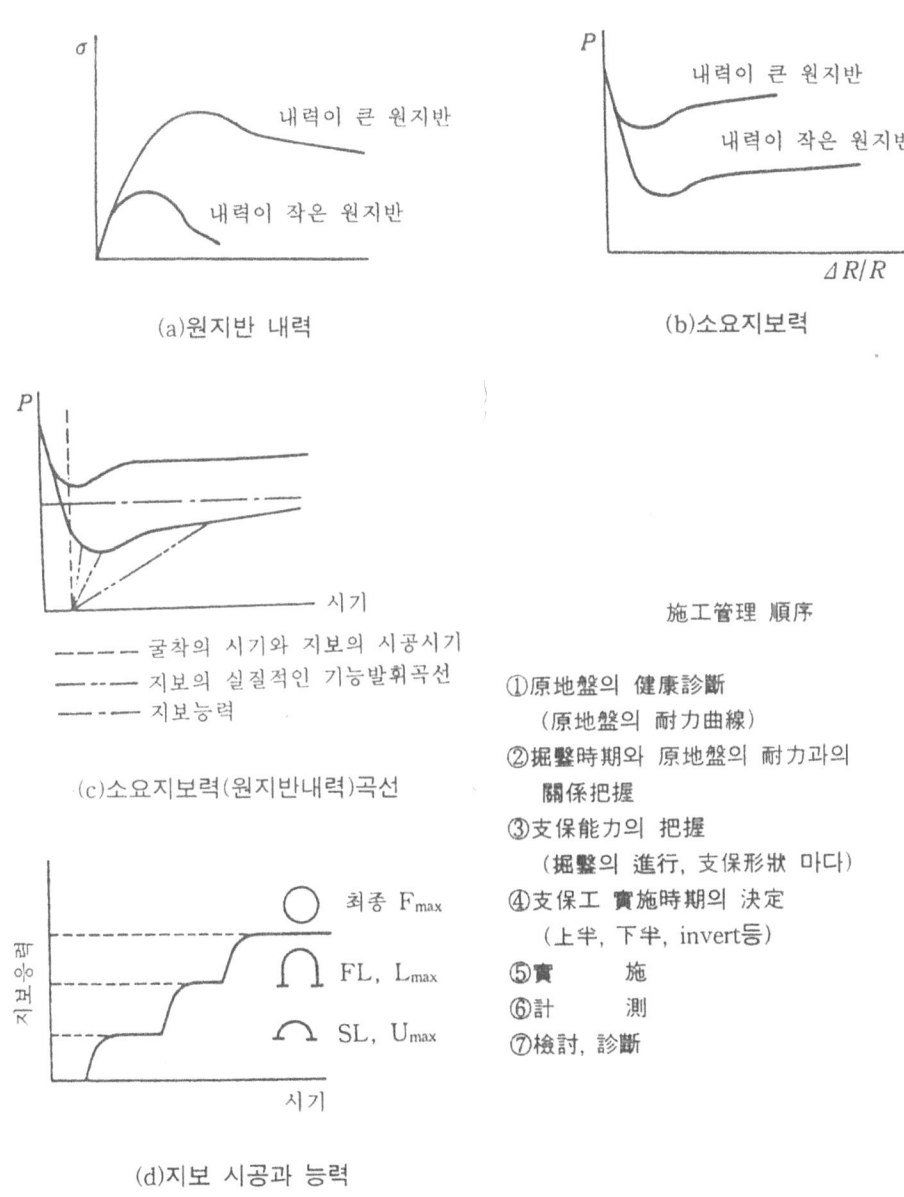

그림 1.12 原地盤과 支保의 相互作用槪念圖

한편 支保工도 掘鑿斷面의 형상에 따라 형성되기 때문에 각 굴착단계에서 상이한 支保能力 및 支保效果가 나타나게 된다(그림 1.12(d) 참조). 例로, 작은 지보부재(예를 들면, 강아치 支保工 125H Shotcrete 두께 15cm)라도 早期에 斷面이 閉合되고 支保工이 Tube형상으로 되어 있으면 큰 지보부재(예를 들면, 강아치지보공 150H Shotcrete 두께 20cm)의 未閉合 상태보다 큰 支保能力을 발휘하게 된다.

또 같은 支保工의 경우라도 시공시기가 너무 빠르면 주변암반의 지보능력을 충분히 이용하기 이전에 支保工을 완성하는 결과가 되고, 반대로 시공시기가 너무 늦어지면 주변암반의 지보능력이 저하된 후에 지보공이 완성되는 결과가 된다. 따라서 지보공이 너무 빠르거나 늦으면 가장 경제적인 지보공을 형성했다고 할 수 없는 것이다.

합리적인 지보공을 設計·施工하기 위해서는 위 사항을 충분히 고려하고 시공의 각 단계에 적절한가 아닌가를 세심한 계측에 의하여 주변암반의 거동을 주의 깊게 관찰하고 평가와 시행을 반복하는 것이 중요하다.

(7) "그러므로 터널에 대한 시간의 영향을 정확히 이해할 필요가 있다.(그림 1.13 참조)

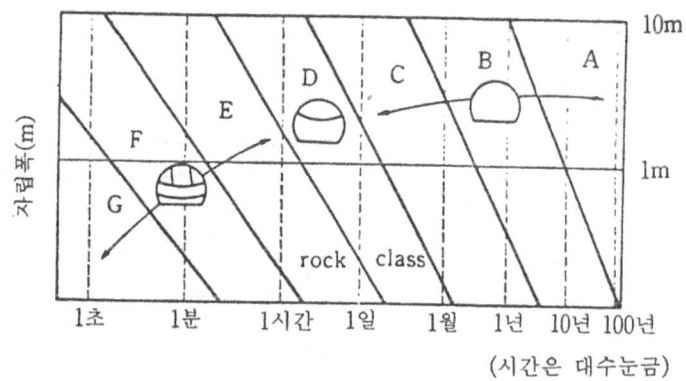

그림 1.13 터널 時間要素

(8) "시간의 영향을 정확히 파악하는 방법은 사전에 실험실 시험과 병행하여 터널 내에서 변위측정을 실시하는 것인바, 자립시간, 변형속도, 암반등급이 가장 중요한 시간요소다."

1952년부터 이미 거론된 것이지만 변형과 변위계측이 NATM에 있어 가장 중요한 작업이며 그림 1.14에 제시한 것처럼 굴착에 앞서 계측장소를 설정하고 이 계측장소에서 시추공을 천공하여 이 안에 변위계를 설치한 후 터널을 굴착하면 터널주변암반의 움직임을 변위계에 의하여 알 수 있다.(그림 1.14 참조)

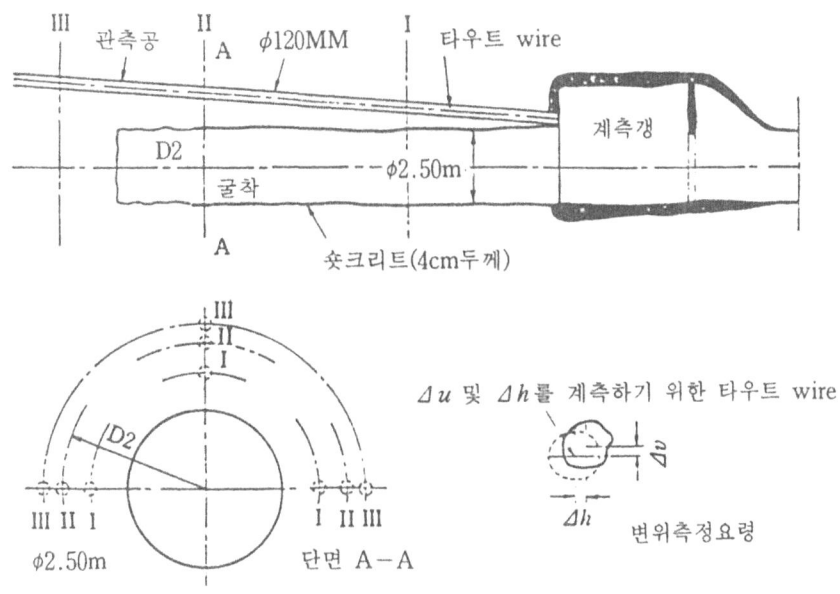

그림 1.14 터널에서의 변위계측

터널에 있어 시간의 영향을 알기 위해서는 다음 두 가지 방법이 있다. 하나는 주변암반의 강도와 굴착에 의한 응력상태의 시간적 변화 혹은 터널벽면의 시간적 변위(또는 시간경과)의 관계를 파악하여 터널이 굴착된 시점에서 주변암반이 어떤 상태에 있는가를 아는 것이다. 어느 한 지점에 터널막장이 도달한 시점에서 주변 암반의 응력이 그 지점의 암반강도에 도달하는 경우가 있는가 하면 80%정도 또는 그 이하의 작은 응력에만 도달되고 있는 경우도 있다. 막장의 도달 시점에서 주변 암반응력이 암반강도를 능가할 경우에는 사전에 주변암반 보강과 시공법의 변경 혹은 강성이 높고 지보능력이 큰 지보공의 채택 등을 고려해야 한다. 또 하나는 지보공과 주변암반이 발휘하고 있는 지보능력이 어떤 시간적 관계로 변화해 가고 있는가를 파악하여 주변암반에 있어서 유해한 느슨함을 허용하지 않고 주변암반이 안정해지는 상태를 확인하는 것이다. 이 두 가지

방법을 이용하기 위해서는 계측이 불가피한 것이다.

(9) "큰 변형과 岩盤의 느슨함이 예상될 경우에는 掘鑿面 전체에 支保工을 실시하여 구속효과를 가지게 한다. 이렇게 하기 위해서는 Shotcrete가 가장 적절하다. 목제지보공과 강아치지보공은 점(지보공이 굴착면에 접하는 부분)만으로 岩盤을 지보하고 있다." (그림 1.15 참조)

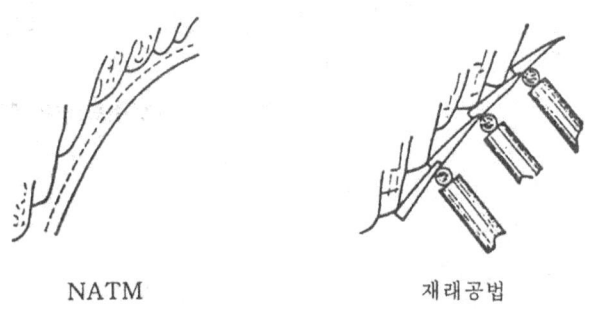

그림 1.15 支保와 岩盤의 密着

터널굴착을 할 때 큰 변형과 주변암반의 느슨함이 예상되는 장소에는 주변암반에 대하여 구속효과를 발휘하는 지보공이 필요하다. 구속효과를 발휘하는 지보부재로는 현재 Shotcrete가 가장 적절하다.

(10) "복공은 얇고 휘기 쉬운 것이라야 한다. 그 이유는 휨모멘트는 발생을 감소시키며 굴곡파괴의 발생을 최소로 하기 때문이다. 지보공뿐만 아니라 Lining도 얇은 것이라야 한다." (그림 1.16 참조)

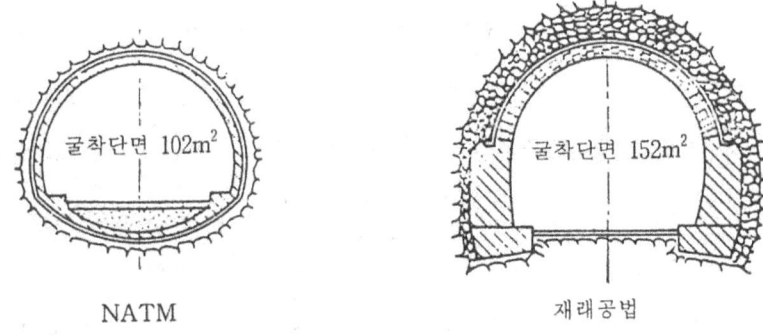

그림 1.16 얇은 覆工

(11) "복공을 보강할 필요가 있을 경우에는 두께를 증가시키지 않고 철근망 (wire mesh), 강아치지보공과 록볼트를 사용한다. 이것에 의하여 주위암반이 거의 같은 조건으로 될 수 있고, 공사구간 전체에 걸쳐 거의 같은 단면으로 굴착할 수가 있다. 종래에는 지질이 변하면 복공단면도 그에 따라 변경할 수밖에 없었다." (그림 1.17 참조)

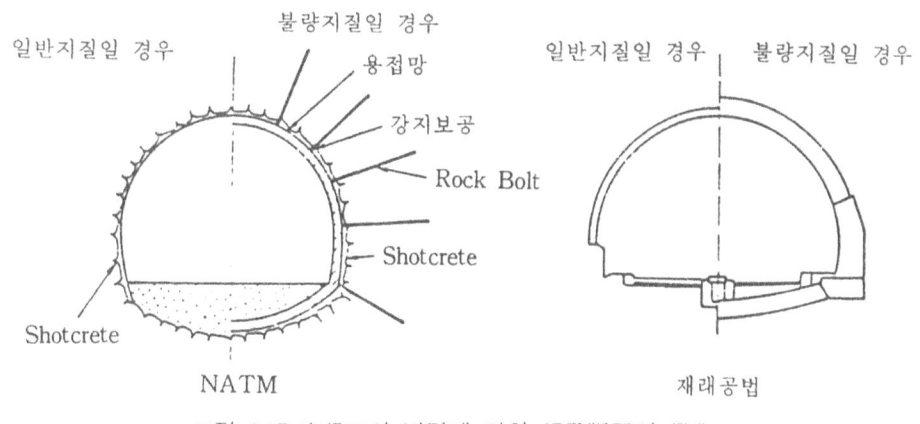

그림 1.17 支保工의 변경에 의한 掘鑿斷面의 變化

(12) "복공의 방법과 시기는 암반의 변위계측에 의해서 결정한다." (그림 1.18 참조)

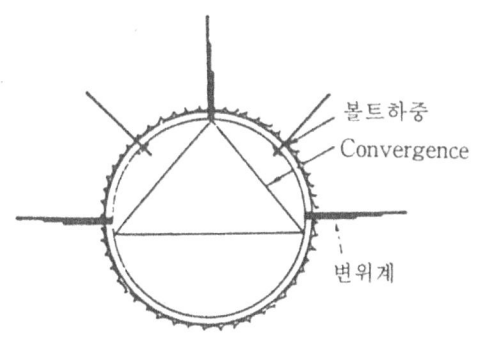

그림 1.18 岩盤의 計測

(13) "터널은 역학적으로는 두께가 두꺼운 원통으로 간주되며 그 구성은 주변 암반의 지지 ring과 지보공 및 복공으로 구성되고 그들 사이에는 상호작용이 존재해야 된다."

이전에는 터널은 두 개의 abutment를 가진 아치로 생각하여 이 아치가 암반에서 오는 하중을 부담하는 구조로 생각하였으나 현재는 그렇게 하지 않고 복공과 암반이 서로 하중을 부담하는 구조로 전환되어야 한다.(그림 1.19 참조)

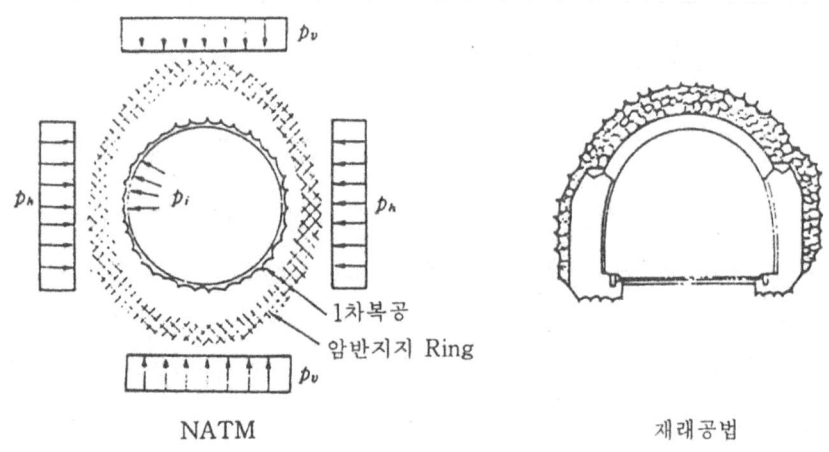

그림 1.19 支保構造物의 규모

(14) "원통은 slit가 없을 경우에만 역학적으로 원통으로 작용하므로 ring을 폐합시키는 것이 특히 중요하다. 하반 자체가 ring을 폐합한다는 작용을 한다고는 보기 어렵다. 따라서 오늘날에는 특히 암반이 견고하여 폐합의 필요성이 전혀 없는 경우를 제외하고 반드시 invert를 설치하여 ring을 폐합시켜야 한다." (그림 1.20 참조)

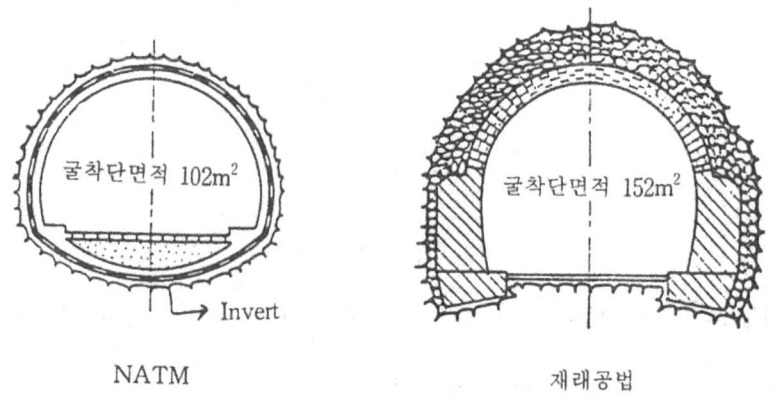

그림 1.20 invert設置

(15) "암반의 거동은 원래 폐합시기에 따라 결정되는 것이다. 상반부분을 너무 전진하면 폐합시기가 늦어지며 터널종단방향에 있어서 cantilever상태로 되어 큰 굴곡의 영향을 받게 된다." (그림 1.21 참조)

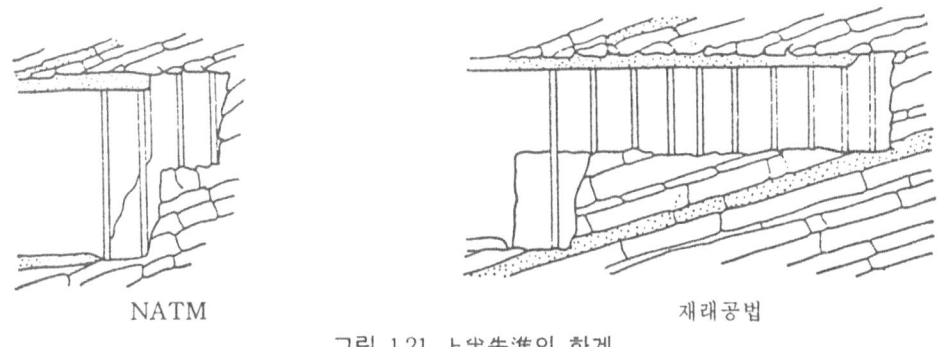

그림 1.21 上半先進의 한계

(16) "응력의 재분배를 고려하면 전단면굴착이 가장 유리하다. 분할굴착은 응력의 재분배를 되풀이하게 되어 주변암반을 손상한다." (그림 1.22 참조)

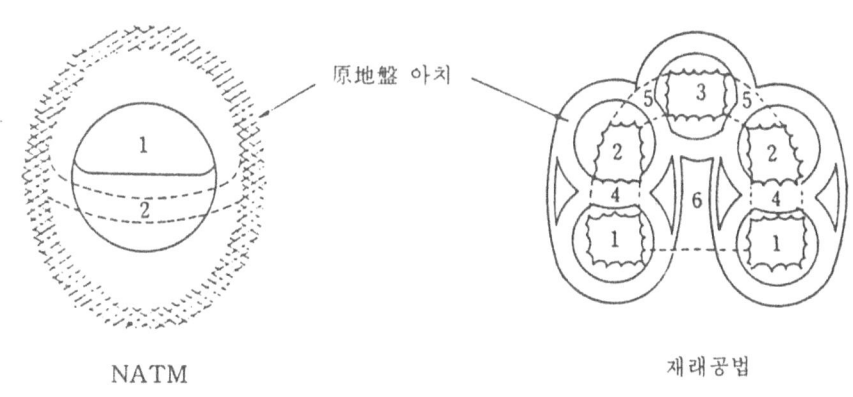

그림 1.22 應力의 再分配

(17) "시공법에 따라 시간에 대한 암반거동이 다르며 시공법은 구조물의 안정성에 대하여 결정적 영향을 미친다. 굴착 cycle, 복공시기, invert 폐합시기, 상반굴착부분의 길이와 복공의 강성을 여러 가지로 변경해 봄으로써 암반과 지보구조를 하나의 체계로 하여 주변암반의 안정을 도모해야 한다." (그림 1.23

참조)

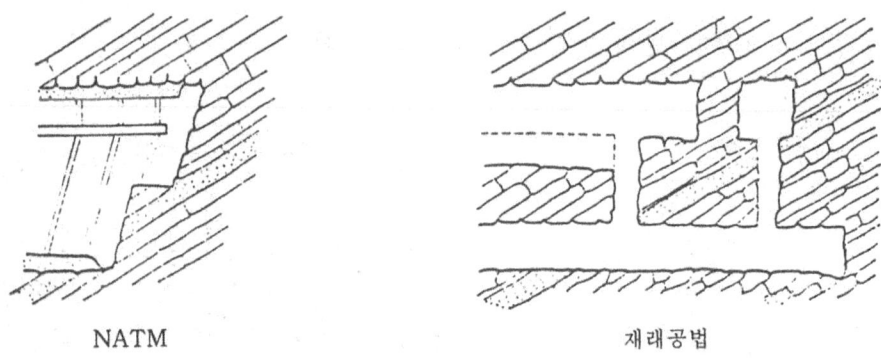

그림 1.23 施工法의 차이

(18) "주변암반의 붕괴를 가져올 정도의 응력집중을 방지하기 위해서는 단면의 隅角部를 없애는 원형으로 해야 한다." (그림 1.24 참조)

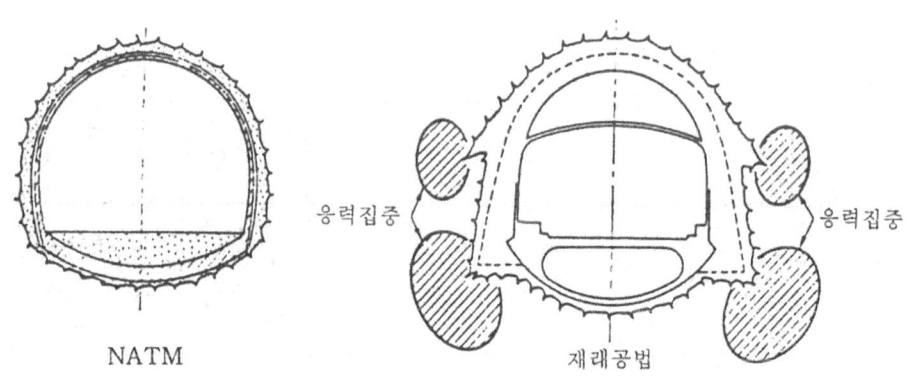

그림 1.24 斷面形狀과 應力集中

(19) "터널이 2중 shell 구조로 설계되면 내관부분도 얇은 것이 좋다. 외관과 주변암반을 일체화시키기 위해서는 그 경계에 마찰이 발생하여서는 안된다. 즉, 2중관(1차복공과 2차복공) 상호 및 주변암반과의 사이에는 반경방향의 힘만이 전달되도록 해야 한다." (그림 1.25 참조)

第1章 NATM工法 槪論   37

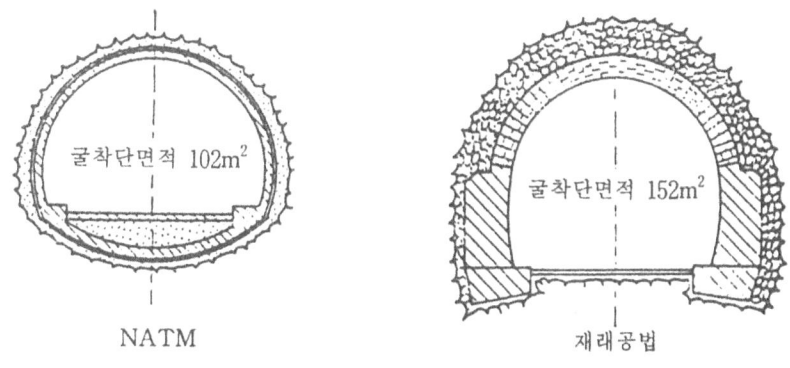

그림 1.25 覆工의 차이

(20) "주변암반과 복공의 일체화는 1차복공(지보공) 단계에서 달성되어야 되며 2차복공(lining)은 안전율을 높이는데 있다. 많은 湧水가 있는 경우는 2차복공도 포함해서 안전을 생각해야 된다. 록볼트는 부식방지를 실시한 경우에만 영구구조부재로 생각한다."(그림 1.26 참조)

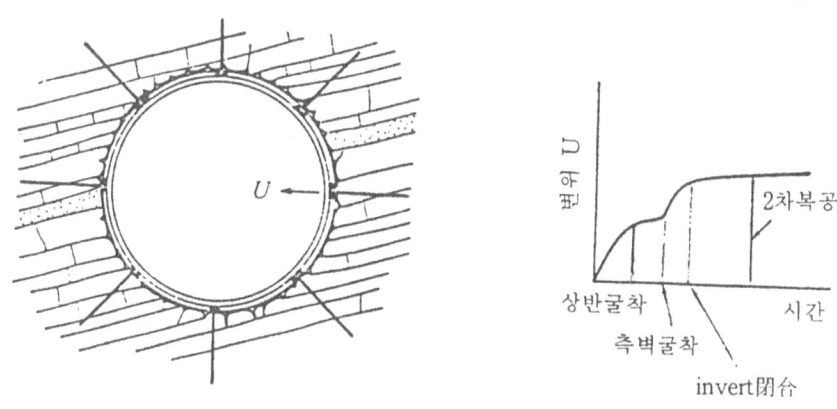

그림 1.26 原地盤과 支保의 일체화

(21) "복공내의 應力 혹은 주변암반과 복공 사이에서 응력측정 및 시공중의 주변암반 변위측정은 더욱 정확한 설계와 시공에 기여한다."(그림 1.27 참조)

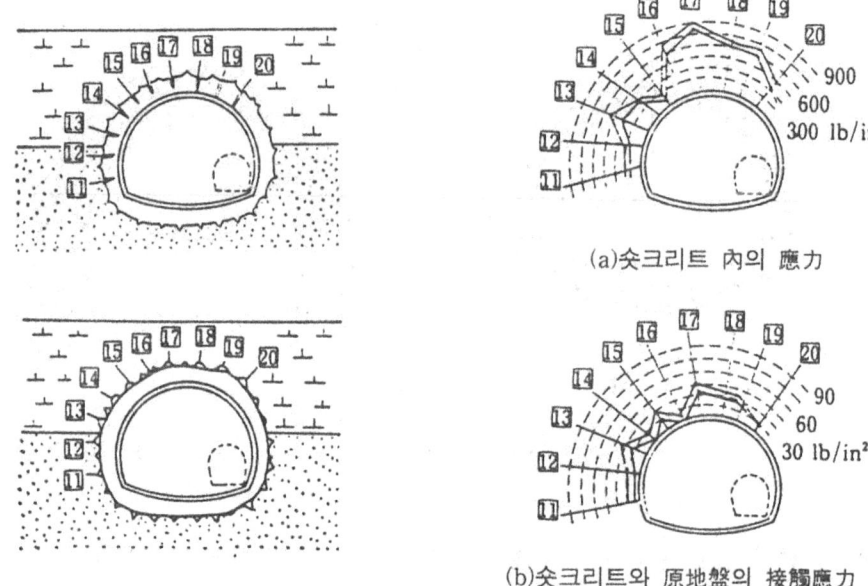

그림 1.27 숏크리트 內의 應力測定

(22) "암반내의 침투류에 의한 압력은 배수공에 의하여 해소해 주어야 한다. 예컨대 sika hose를 이용한 water channel을 이용하는 방법이 있다." (그림 1.28 참조)

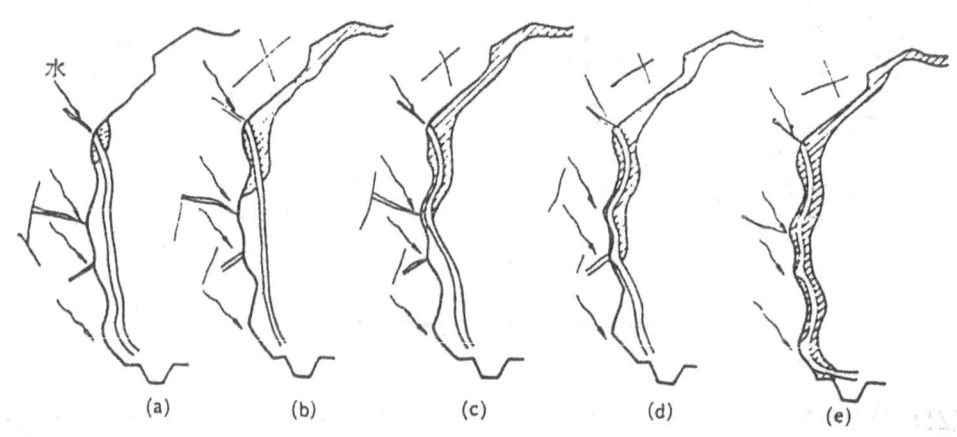

그림 1.28 숏크리트 배면의 배수 예 (sika hose의 경우 : 숏크리트를 실시한 부분의 hose를 조금씩 빼내어 배수공을 남긴다.)

이상 언급해 온 원리는 오랜 암반역학의 연구성과에 의하여 발상된 것이며 종래의 강아치지보공 이론하고는 달리 주변암반이 가지고 있는 강도를 최대한 이용하도록 하고 있다. 설계단계, 시공단계, 특히 굴착단계 그 어느 단계에 있어서도 원리는 같으며 이 원리를 충분히 이해하는 것은 어느 단계에 있어서도 중요하다.

3. 터널의 力學

터널 굴착전 原地盤 내에는 거의 동일한 힘이 작용하고 있으며 그 크기는 垂直方向으로 rH(r는 原地盤의 단위중량, H는 土被), 水平方向으로는 K_A, r, H(K_A는 水平土壓係數 ; 0.5~0.7)로 생각할 수 있다. 물론 地層이나 地表面의 形狀, 走向에 따라 다를 수 있으나 일반적으로 背斜에서는 작고, 向斜에서는 큰 土壓이 작용한다(그림 1.29). 地表가 傾斜되어 있으면 偏土壓이 作用한다.

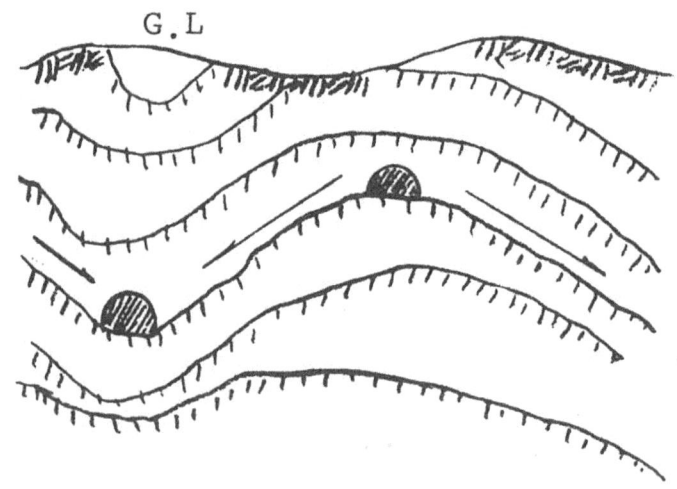

向斜 : 土壓 大 背斜 : 土壓 小

그림 1.29 터널의 위치에 따른 土壓

비교적 간단한 계산으로 NATM발전에 크게 기여하였던 요점만을 설명한다.

우선 水平土壓係數 $K_A=1$로 가정하면 外壓 P=rH가 작을 때에는 原地盤은 전부 彈性體이고 그때 原地盤 내의 터널 接線方向應力 σ_θ와 半徑方向應力 σ_r는 다음 식으로 구하여진다.

$$\sigma\theta = P\left(1+\frac{a^2}{r^2}\right) - P_i\frac{a^2}{r^2}$$

$$\sigma_r = P\left(1-\frac{a^2}{r^2}\right) + P_i\frac{a^2}{r^2}$$

$$\tau,\theta = 0 \qquad (a는 터널 內空半徑)$$

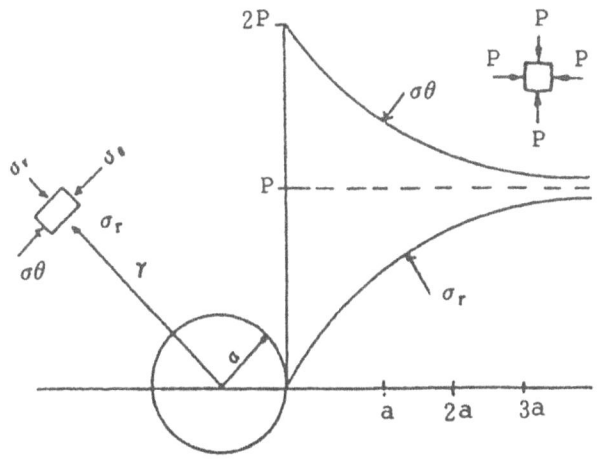

원지반내의 응력상태
그림 1.30 $K_A = 1.0$ 彈性狀態

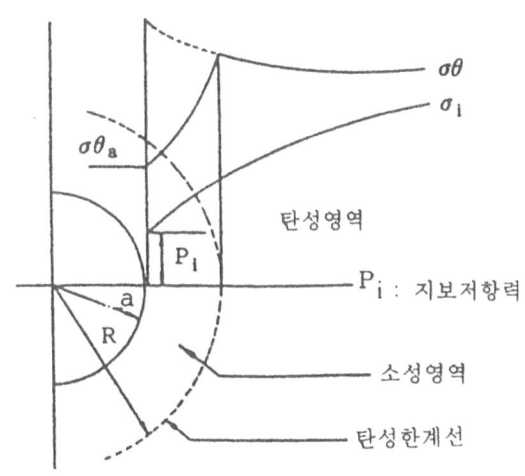

그림 1.31 $K_A \neq 1.0$ 塑性狀態

여기서 다음 사항을 알 수 있다.

① $\sigma\theta$는 r=a인 곳(터널 內緣)에서 가장 커지며 만일 支保工이 없다($P_i=0$)고 하면, $\sigma\theta = 2P = 2rH$가 된다. 이것으로써 原地盤의 强度가 2rH보다 클 때는 浮石만 제거하면 無支保도 가능하다고 볼 수 있다.

② 이 때의 $\sigma\theta$, σr의 分布는 그림 1.31과 같으며 $\sigma\theta$가 地盤强度 qu보다 커지면 Tunnel의 壁面近處의 塑性體로 되어 降伏하고 만다.

벽면부근이 降伏하고 나면 接線方向應力 $\sigma\theta$를 分擔할 수 없는 상태에서 변형이 진행되므로 內部地盤이 강한 應力을 받는다. 壁面으로부터 岩盤內部로 감에 따라 地盤은 三軸應力狀態로 되므로 qu보다 다소 큰 應力을 받게 된다. 이 때문에 地盤內에서는 그림 1.30과 같은 應力分布를 이루게 되며 半徑 a와 R사이는 塑性狀態가 되어 變形量은 증대하나 地盤內部에서는 높은 應力을 分擔하므로 支保工은 比較的 작은 것으로도 可能하다.

이 때 필요한 支保工의 힘 P_i와 塑性領域의 半徑 R사이에는 다음과 같은 관계가 성립한다.

$$P_i = -C \cdot \cot\phi + [rH(1-\sin\phi) + C(\cot\phi - \cos\phi)] \times$$

$$\left(\frac{a}{R}\right)^{\frac{2\sin\phi}{1-\sin\phi}}$$

(C : 粘着力, ϕ : 지반의 內部摩擦角)

이때 터널 內空面에 있어서 變形量 △a는 다음 식으로 구할 수 있다.

$$\triangle a = \frac{R^2}{aE}[\sigma_\theta - \mu\sigma_r - (1-\nu)rH]$$

$$= \frac{R^2}{aE}[rH(\sin\phi + \nu\sin\phi) + C \cdot \cos\phi(1+\nu)]$$

(ν : poisson比, E : 彈性係數, r : 단위체적중량)

변형량 △a와 필요한 支保工의 힘 P_i와의 관계를 구하면 그림 1.32와 같이 되며 이 그림에서 보여주는 것과 같이 적당한 변형을 허용하고 塑性領域을 발달시키면 支保抵抗力 P_i는 줄어들게 된다.

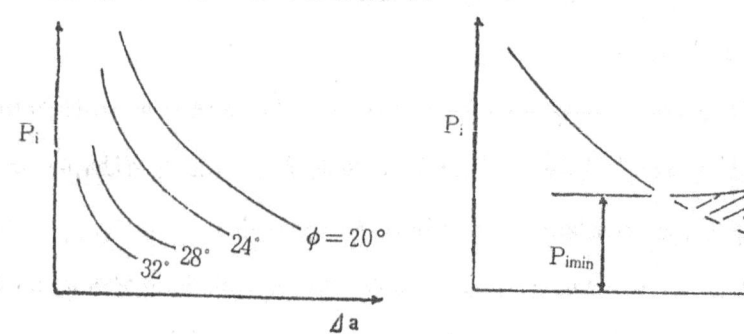

그림 1.32 變形量과 支保抵抗力과의 관계   그림 1.33 Fenner-Pacher曲線

Fenner Pacher는 어느 정도 이상의 **變形**을 허용하면 느슨함이 다시 시작되고 느슨해진 **岩盤**의 **重量**이 작용하게 되므로 재차 **支保工**에 작용하는 힘 P_1는 크게 된다고 보아 그림 1.33과 같은 관계를 제창하였다.

일반적으로 **側壓係數** K_A는 0.5~0.7정도이며 $K_A=1.0$인 실제의 경우에 있어서 $\sigma\theta$, σr, $\tau_r\theta$는 다음과 같다.

$$\sigma\theta = \frac{rH}{2}(1+K_A)\left(1+\frac{a^2}{r^2}\right) + \frac{rH}{2}(1-K_A)\left(1+3\frac{a^4}{r^4}\right)\cos 2\theta - P_1\frac{a^2}{r^2}$$

$$\sigma_r = \frac{rH}{2}(1+K_A)\left(1-\frac{a^2}{r^2}\right) - \frac{rH}{2}(1-K_A)\left(1-4\frac{a^3}{r^3}+3\frac{a^4}{r^4}\right)\cos 2\theta + P_1\frac{a^2}{r^2}$$

$$\tau_r\theta = \frac{rH}{2}(1-K_A)\left(1+2\frac{a^3}{r^3}-3\frac{a^4}{r^4}\right)\sin 2\theta$$

여기에서 알 수 있는 것은 $\theta=90°$의 방향(Tunnel의 **橫方向**)에서 $\sigma\theta$가 가장 크고 **最大值**는 $P_1=0$에서 $\sigma\theta=(3-K_A)rH$가 된다. $K_A=0.5$로 하면 $\sigma\theta$는 2.5rH가 되고 K_A가 작아질수록 $\sigma\theta$는 커진다.(그림 1.34 ⓐ참조)

역으로 $\theta=0°$와 $\theta=180°$ (Tunnel의 천정과 바닥)에서는 $\sigma\theta$는 작고 K_A(1/3보다 작을 경우에는 **引張狀態**가 된다. **原地盤**의 **强度**(qu)가 약 2.5rH보다 작은 경우에는 측벽부로부터 **降伏**이 시작됨을 알 수 있다. $K_A=1.0$의 경우 **彈·塑性狀態**의 **應力**, **變形量** 등의 계산이 가능하다.(그림 1.34 ⓑ참조)

여기서 측벽부가 우선 **降伏**을 시작하는 점, **側壁部**에서부터 밀리는 점을 알 수 있다. **土壓** rH가 **地盤强度** qu보다 크게 되면 **側壁**에서 **降伏**하여 그 부분은 팽창하므로 큰 **水平方向**의 **壓力**이 작용하며 따라서 水平方向으로 긴 Rock Bolt 의 필요성이 나타난다.

彈性體에 대하여서는 이밖에도 **自重**을 생각하는 **解析**, **地表面**에 가까울 때나 **傾斜**가 있을 때, 타원형의 터널 등에 대하여도 식이 구하여지고 있으나 실용적으로는 앞서 기술한 것으로 충분히 검토할 수 있다.

44 NATM터널공법

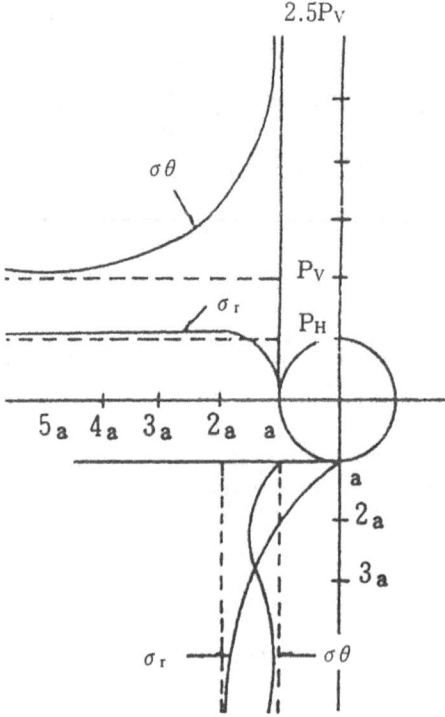

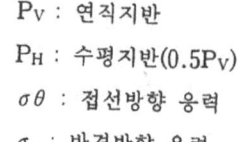

P_V : 연직지반
P_H : 수평지반(0.5P_V)
$\sigma\theta$: 접선방향 응력
σ_r : 반경방향 응력

ⓐ $K_A = 1$ 彈性狀態

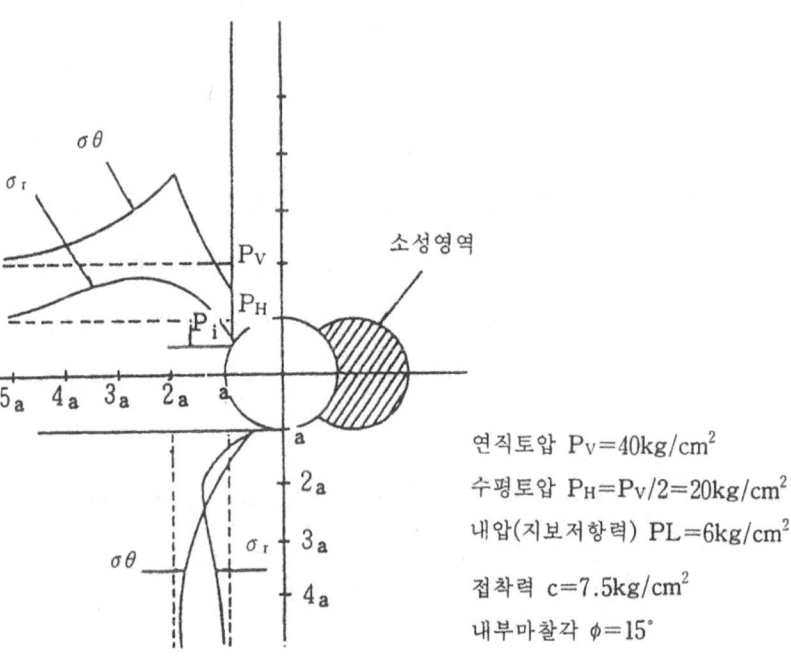

연직토압 $P_V = 40 kg/cm^2$
수평토압 $P_H = P_V/2 = 20 kg/cm^2$
내압(지보저항력) $P_L = 6 kg/cm^2$
접착력 $c = 7.5 kg/cm^2$
내부마찰각 $\phi = 15°$

ⓑ $K_A \neq 1$ 塑性狀態

그림 1.34 原地盤 內의 應力狀態

여러 가지 형태의 Tunnel에 대한 지보공(Shotcrete, Rock Bolt등)의 효과를 알아보기 위해서는 有限要所法(Finite Element Method : FEM)에 의한 전산해석이 이용된다(제3장 5. 유한요소법 참조). 그러나 FEM해석은 어디까지나 지반상태를 Modeling하는 것이므로 **地質調査**에 의한 지반의 **物性値**로서 표준 **斷面設計**에 한하며, NATM의 특성인 **經濟的** 단면을 구하기 위해서는 현장에서 **觀察**과 **計測效果**를 기본으로 하여 **修正**해 가야 한다.

4. 支保效果

1) Shotcrete의 支保效果

Shotcrete는 Shot-Concrete의 複合語로 쏘아붙이는 콘크리트로 해석할 수 있으나 本稿에서는 그냥 Shotcrete 혹은 吹付Concrete로 쓴다.

Shotcrete는 Rock Bolt와 함께 NATM에 쓰이는 중요한 지보의 하나다. 특히 小斷面의 Tunnel이나 土被가 얕은 Tunnel에서는 Shotcrete가 主支保의 역할을 한다. 岩質이 좋은 硬岩區間에서는 약 10cm정도의 Shotcrete도 지보로 사용할 수 있다. Shotcrete가 굴착면에 밀착되어 있으면 Bending Moment가 작아지며 이러한 효과를 얻기 위해서는 굴착즉시 Shotcrete를 打設하지 않으면 안된다.

Shotcrete의 支保效果를 요약하면 다음과 같다.

① 掘鑿面을 덮어씌워 原地盤의 浸飾을 방지한다.

굴착직후에 안정되어 있는 것같이 보이는 原地盤이라도 시간이 경과함에 따라 浮石의 落下나 이완이 진행되고 있는 경우가 많다. 掘鑿直後에 打設된 Shotcrete가 이러한 것을 미연에 防止하는 효과가 크다는 것은 實施工에서 확인되고 있다.

② 掘鑿面의 凹凸을 줄이고 應力集中(Stress Concentration)을 緩和한다.

應力集中의 정도는 掘鑿面의 形狀, 요철의 깊이 등에 따라 복잡하게 변한다. 예를 들면, 그림 1.35와 같이 타원형의 절취가 있는 경우의 應力集中係數 a는,

$$a = 1 + 2\sqrt{\frac{d}{r}}$$ 가 된다.

여기서 깊이 d=10cm, 밑부분 半徑 r=1cm의 凹部를 Shotcrete로 d'=5cm, r'=10cm로 수정하였다고 한다면,

$$당초 \quad a_1 = 1 + 2\sqrt{\frac{10}{1}} = 7.3$$

수정후 $\alpha_2 = 1 + 2\sqrt{\dfrac{5}{10}} = 2.4$

가 되어 應力集中은 약 1/3로 완화되게 된다. 또한 높은 응력이 작용하는 것은 掘鑿面의 극히 表面 가까운 부분이므로, 예로써 一軸壓縮强度 $\sigma\theta = 100\text{kg/cm}^2$의 岩石表面에 $\sigma c = 200\text{kg/cm}^2$의 Shotcrete를 施工했다고 하면 이 凹部는 6배의 荷重에 견디도록 수정된 것이다.

③ Concrete Arch로 작용하고 荷重을 負擔한다.

두께 20cm 一軸壓縮强度 $\sigma c = 200\text{kg/cm}^2$인 Shotcrete의 길이 1m당의 壓縮耐力은

$C'c = 20\text{cm} \times 100\text{cm} \times 200\text{kg/cm}^2 = 400,000\text{kg} = 400\text{ton}$인 바 H-200×200×8×12를 1m간격으로 세웠을 때(斷面績 $As = 63.53\text{cm}^2$, 降伏强度 $\sigma_{sy} = 2,300\text{kg/cm}^2$)

$S's = 63.53\text{cm}^2 \times 2,300\text{kg/cm}^2 = 146,119\text{kg} ≒ 146\text{ton}$이 되어 Shotcrete두께 20cm쪽이 더 큰 荷重을 받을 수 있음을 알 수 있다.

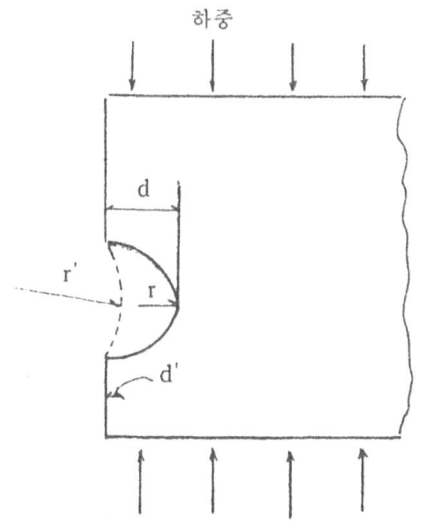

그림 1.35 凹部形狀의 應力集中

Rabcewicz는 原地盤에 밀착된 얇은 Lining을 시공할 경우 剪斷力으로 破壞된다고 주장하고 있으므로 剪斷抵抗力으로 비교하여 본다.

여기서 Concrete 剪斷强度는 壓縮强度의 20%鋼材의 剪斷强度는 引張强度의 50%로 하면 두께 20cm의 Shotcrete에서는,

S'c = 20cm × 100cm × 200kg/cm² × 0.2 = 80ton

앞의 예의 H-200 鋼材를 1m간격으로 시공하였을 경우

S's = 63.53cm² × 2,300kg/cm² × 0.5 = 72.9ton으로 계산되나,

실제로 H型鋼 支保만을 설치할 경우는 原地盤과 전체적으로 密着되지 못하고 掘鑿面의 凹凸部分의 凸부분만 支保工과 접하여 局部的인 힘만을 받기 때문에 座屈破壞를 초래하여 계산만큼의 耐力을 발휘하지 못한다.

④ 原地盤의 움직임을 拘束하고 三軸應力狀態로 하여 原地盤의 剪斷抵抗力을 높인다.(Rock Bolt와 동일한 효과)

⑤ Rock Bolt의 힘을 原地盤에 分散시켜 전달한다.

얇은 Shotcrete는 Rock Bolt의 Nut까지 꿰뚫어 들어가는 경우가 있으므로 Steel plate Washer로 補强하여야 한다. 본 Plate를 통해 Rock Bolt의 集中應力을 plate크기만큼 분산시킨다.

⑥ 岩盤의 균열을 補强할 수 있다.

2) Rock Bolt의 支保效果

① 引張力에 의하여 原地盤 內空의 변형에 抵抗하고 이완의 발생을 억제한다.

② 原地盤을 三軸應力狀態로 하고 原地盤의 降伏强度를 높인다.

<Rock Bolt의 配置>

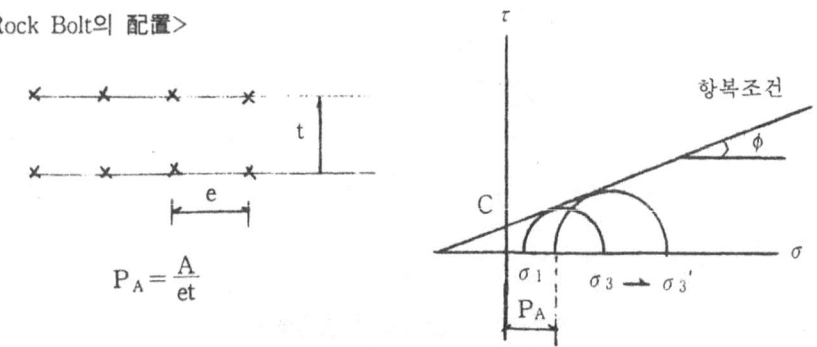

$P_A = \dfrac{A}{et}$

P_A = Rock Bolt가 터널반경방향으로 원지반을 누르는 압력
 A : Rock Bolt 1본당의 張力
 e, t : Rock Bolt의 간격

그림 1.36 Rock Bolt의 拘束壓 P_A에 의한 降伏强度의 증가

그림 1.36에서와 같이 Rock Bolt의 張力에 의하여 주변방향의 降伏應力이 σ_3으로부터 σ'_3로 增加한다.

③ 掘鑿후 즉시 Rock Bolt를 打設함에 따라 Bolt인장에 의하여 원지반에 Prestress가 작용함으로써 그림 1.37과 같이 원지반 자체의 Arch작용을 강화하는 효과가 있다.

④ 보 形成效果(Beam Effect)

水平成層岩盤에 각층을 서로 Rock Bolt에 의해 결합시킴으로써 地層 각층 전체를 하나의 合成된 Beam化 함으로써 剪斷應力을 크게 한다.

⑤ 原地盤의 剪斷滑動面의 움직임에 抵抗한다.

G.Feder는 암반에 定着된 Rock Bolt는 그림 1.38과 같이 滑動面에 따라 S자형으로 변형되면서 剪斷力에 抵抗한다고 생각하여 Rock Bolt와 剪斷滑動面이 이루는 角이 0일 때 剪斷抵抗力이 最大가 된다고 보아 System-Bolting을 物性改善으로 바꾸는 방법을 제창하고 있다.

그림 1.39는 X=0가 되었을 때로서 Bpl은 원지반의 彈性狀態에서의 破壞條件을, Bel은 塑性狀態에서의 破壞條件을 나타내고 있다.

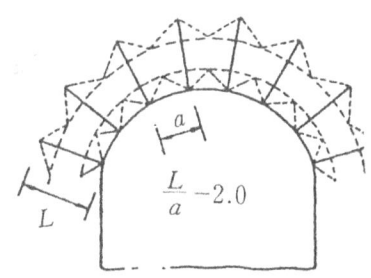

그림 1.37 Rock Bolt에 의한 Prestressed Arch효과

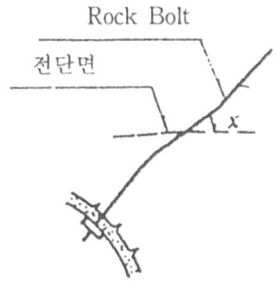

그림 1.38 Rock Bolt의 剪斷抵抗

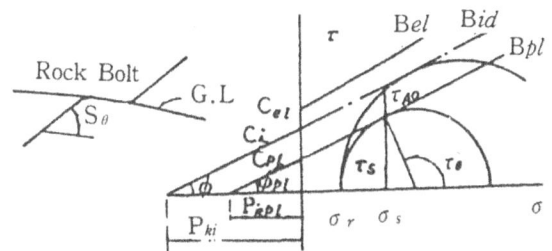

그림 1.39 Rock Bolt에 의한 겉보기의 粘着力 증가효과

空洞周邊은 破壞進行에 따라 Bpl에서 Bel로 바뀌지만 Rock Bolt가 있는 경우 Bpl이 되지 않고 Bid로 된다. 즉 τ_{AO}의 증가된 효과를 ϕpl을 변화시키지 않고 Cpl을 Ci로 증가시킴으로써 物性値의 변화를 잡고 있다.

$$P_{ki} = C_i \cdot \cot \phi = P_{kPl} + \tau_{AO} \cdot \cot \phi = P_{kPl} + \frac{P_A}{r}$$

$$\tau_{AO} = \frac{P_A}{e, t}$$

Rock Bolt의 재료는 降伏後의 伸張能力이 높은 것이 좋으며 剪斷滑動面보다 후방에서 충분한 定着강도가 있는 것이 필요한 것을 알 수 있다. 또한 이완이 되기 전에 Rock Bolt를 打設해야 하며 변형이 된 후에 打設하면 Rock Bolt의 剪斷抵抗을 期待할 수 없는 것이다.

이상에서 Shotcrete와 Rock Bolt의 지보효과에 대하여 언급한 바 앞서 말한 NATM에 대한 해석법은 크게 理論解析方法과 有限要所法(FEM)에 의한 數値解析方法으로 大別되며 얼마전까지만 하여도 대부분 Rabcewicz의 「極限 平衡理論」을 비롯한 理論解析方法을 이용하여 왔으나 최근에는 大型 Computer의 발달로 FEM 등에 의한 數値解析方法이 널리 이용되고 있다. 일반적으로 理論解析方法은 일정형의 斷面에 대해 계산할 수 있고 계산 COST는 저렴하나 假定條件이 확실한가에 대해 檢討가 어려우며 數値解析法은 임의의 斷面型에 대해서도 계산할 수 있고 複合된 地層도 다룰 수 있으며 斷面比較工法比較 등의 복잡한 계산도 할 수 있으나 계산 COST가 비싼 短點이 있다.

5. NATM의 特徵

1) 設計上의 特徵

재래 터널공법상의 문제점으로

① 터널굴착에 의하여 발생된 「弛緩荷重」을 鋼支保工이나 동발공과의 사이에 空隙이 발생하는 것을 피할 수 없어 시간이 경과됨에 따라 이 空隙으로부터 原地盤의 弛緩이 확대되고 침하가 증가하여 큰 土壓이 작용한다.

이 土壓을 지탱하기 위해서는 대형의 鋼支保工이나 두꺼운 Concrete로 抑制하고자 하여도 원지반의 변형에 따라갈 수 없어서 이들이 破壞되는 경우가 많았다.

② 鋼支保工의 規格, 覆工(Lining)의 두께 등을 주로 경험치에 의해 設計, 施工하여 왔다.

③ Invert가 없는 터널이 많아 후에 변형을 초래하는 경우가 많고 Invert가 있는 경우에도 施工上 掘鑿의 마지막 단계가 되는 경우가 많아 土壓이 심한 경우 施工中에 이미 변형이 발생한다.

④ 地質이 좋지 않는 곳일수록 鋼支保工 및 Lining두께가 두꺼워지므로 掘鑿斷面이 커질 수밖에 없었다.

⑤ 변형이 안정되지 않은 시공도중에 본 覆工콘크리트를 타설하는 경우가 많으므로 掘鑿의 進度에 따라 터널 자체가 변형되는 경우가 있다.

등을 들 수 있으나 NATM工法은 앞에서 수차 설명한 바와 같이 原地盤 자체를 支保能力을 발휘할 수 있도록 하고 있기 때문에 다음과 같은 특징을 들 수 있다.

(가) 굴착즉시 Shotcrete를 원지반에 밀착시켜 施工하므로 원지반의 風化나 浸蝕을 방지함에 따라 弛緩을 최소화시킬 수 있다.

(나) 原地盤에 Rock Bolt를 打込함에 따라 節理나 龜裂이 있는 위험한 움직임이나 剪斷面의 형성을 방지할 수 있다.

(다) Shotcrete, Rock Bolt 등에 의하여 원지반의 內面에 拘束을 가함에 따라 原地盤의 降伏耐力을 증가시킬 수가 있다.

(라) Shotcrete, Rock Bolt, 輕量의 鋼支保工 등을 조합시켜서 비교적 처지기 쉬운 1차복공을 시행하므로 어느 정도 원지반의 變形을 허용하고 원지반의 支保能力을 최대화할 수 있다. (단 支保施工의 시기가 너무 늦어져서 원지반을 이완시키면 안된다)

(마) 土被가 크고 원지반이 좋지 않은 경우에는 Shotcrete에 Slit를 설치하여 可縮支保工을 사용함에 따라 원지반의 1차적인 변형을 허용하고 큰 壓力을 해산시킴에 따라 작은 支保로 터널의 안정을 誘導할 수가 있다.

(바) 土被가 적은 터널에서는 Shotcrete로 Ring을 조기에 閉合함으로써 沈下를 최소로 抑制할 수 있다.

(사) 岩盤力學에 기준하여 계산을 하고 시공중 計測에 의하여 原地盤의 安全性, 支保의 規模 등을 Check하고 설계시공에 Feed-Back함으로써 經驗的이고 合理的인 설계를 할 수 있다.

이와 같은 특징에서 다음과 같은 이점을 알 수 있다.

㉠ 地質의 변화에 대처하기 쉽고 膨脹性 原地盤이나 土砂層으로부터 硬岩地盤까지 동일한 施工法이 가능하고 지질이 복잡하게 변화하는 장대 터널에서도 工事條件의 변경이 적어진다.

㉡ 計測에 의하여 支保의 규모를 결정하므로 經濟的인 設計가 된다.

㉢ 都市 Tunnel에서는 地表面 沈下를 최소화할 수 있으므로 最適의 工法이라 할 수 있는 바, 獨逸地下鐵 예에서도 쉴드공법보다 沈下가 적었다는 報告가 있다.

㉣ Shotcrete, Rock Bolt 등의 1차복공에 의하여 변형이 안정된 후에 2차복공을 하므로 Lining두께가 적어진다.

㉤ 1차와 2차복공의 사이에는 防水 Sheet를 施工할 수 있어 터널의 止水性이 높아지고 凍害도 防止할 수 있다.

2) 施工上의 特徵

NATM터널은 대부분 全斷面掘鑿工法 또는 Short Bench工法을 採用하여 대형의 掘鑿機械를 投入하여 掘鑿能率을 상승시킬 수 있다. 그러나 지질이 좋지 않은 原地盤에서는 재래와 같이 도갱을 設置하든지 多段의 Bench cut을 하여야 하는 경우도 있다.

일부분의 硬岩區間을 제외하고는 막장으로부터 가까운 곳까지 Invert Concrete (Shotcrete로 함)까지의 全斷面 1차복공을 끝내어 시공중 弛緩發生을 피하는 것을 원칙으로 하고 있다.

특수한 경우 즉, 地盤의 支持力이 현저하게 부족하다든지 地表面沈下를 절대 不容한 지역에서는 側壁導坑先進工法(싸이로트 NATM)이나 假Invert工法을 채택하는 경우도 있고 地質條件이나 湧水狀況에 따라 補助工法(물구멍 뚫기, Deepwell, 地盤改良工法 등)을 병용하여 施工한다.

NATM工法을 재래의 工法과 比較한 경우 그 차는 다음과 같다.

① 地質條件이 변화하면 막장부근에서는 단면을 分割하여서 시공할 수 있으나 일반적으로 막장 바로 後方에서 Shotcrete, Rock Bolt 등을 支保로 하여 全斷面이 완성되며 진행한다.

② 2차복공(Lining)은 전체적인 터널 掘進을 완료한 후 최종적으로 실시하기 때문에 재래와 달리 掘進中 lining을 하여야 하는 번거로움과 이중으로 준비작업이 필요치 않다.

③ 掘進中 計測 결과에 따라 支保의 규격, 간격 등과 Invert 폐합시기 등을 적절하게 판단할 수 있다.

④ 全斷面이 형성되므로 대형 굴착기계 운반장비 등이 자유로이 運行할 수 있어 작업이 能率的이며 經濟的이 된다.

⑤ 鋼支保工 사용할 때 재래의 대형 建入이 어려웠던 점에 비해 NATM에 사용되는 鋼支保는 小型으로 거치가 간단하다.

⑥ NATM은 岩盤 그 자체를 支保로 活用하기 때문에 掘鑿工法을 암반에 큰

영향이 미치지 않게 함으로써 터널 餘掘을 최소화할 수 있다.

⑦ Shotcrete, Rock Bolt의 支保는 斷面變化나 變形斷面에 대처하기 쉬우므로 터널의 交點, 分岐點, 斷面變更 등의 施工에 구애받지 않는다.

⑧ 掘鑿즉시 Shotcrete를 打設하므로 落石, 崩壞의 위험을 배제하고 安全施工을 기할 수 있다.

그러나 한편으로는 다음과 같은 문제점이 있는 것도 사실이다.

① 鋼支保工에 비하여 Shotcrete와 Rock Bolt施工은 많은 作業時間을 요하므로 전체적인 Cycle Time이 늘어난다.

② Shotcrete施工은 많은 粉塵과 Rebound가 있어 作業環境을 불량하게 하여 특별한 集塵施設 혹은 强力한 換氣施設을 요한다.

③ 湧水가 많은 곳에서는 Shotcrete와 Rock Bolt施工이 不可하므로 특별한 湧水 誘導處理를 하여야 한다. 일반적으로 先進導坑이 없으므로 原地盤의 地下湧水를 미리 처리할 수가 없다.(實施工에서는 여러 차례 地下湧水가 갑자기 쏟아지면서 많은 隘路를 격었다. : 施工編에서 實例를 설명)

④ 비교적 Shotcrete는 高價의 工事費가 投資된다.

이상과 같이 NATM에서도 문제점은 있으나 너무나 많은 이점이 있고 더욱 재래공법으로는 Tunnel시공이 不可한 地質에서도 NATM시공이 가능한 점도 있는 바, 施工法이 보다 더 硏究되어야 할 것이라고 생각한다.

또한 NATM시공은 Shotcrete의 Rebound率을 적게하고 Rock Bolt의 타설을 良好하게 하는 것 등의 부분적인 개선을, 전체적인 문제의 解決이라 할 수 있는 것이 아니고 터널주변의 原地盤 그 자체를 주요한 支保材로 하고 그 補完으로 Shotcrete나 Rock Bolt를 이용하는 工法이므로 여하히 原地盤을 활용하는가가 NTAM 터널시공의 주요점이 된다고 봐야 할 것이다.

第2章　NATM을 위한 地質調査

第2章 NATM을 위한 地質調査

1. 조사의 의의

　地質調査는 공사계획의 수립 및 기본 지보패턴을 정하기 위한 조사에 대하여 기술하고 노선선정을 위한 조사, 환경보전을 위한 조사 및 터널지질조사의 일반적인 사항에 대해서는 「터널공사표준시방서」제2편에 수록되어 있는 것을 참고로 설명한다.

　지질조사는 공사의 실시에 있어서 예를 들면 보조공법의 추가, 변경, 상부반단면 선진공법에서 사이롯트공법으로의 공법변경, 대형시공기계의 투입, 반출, 대폭적인 工期, 工費의 변경이 없도록 계획하여야 한다.

　이 점에 있어서는 재래공법과 NATM과의 사이에 본질적인 차이가 없다. 따라서 여기에서는 충분한 조사없이 NTAM을 채택한 경우에 시공상 현저한 변경이 생길 가능성이 있는 조사항목에 대해서 특히 기술한다.

　NATM에 있어서의 지보부재는 Shotcrete, Rock Bolt를 주로 하고 있다. 따라서 1차 뿜어붙이기 등에 의한 원지반의 押着시공을 하기까지는 막장정면이나 천단부의 원지반을 자립시키는 것이 특히 중요하고 원지반의 자립시간이 NTAM시공에 있어서 중요한 요소가 된다.

　원지반의 자립시간과 지질과의 관계에 대하여 종전에는 라우퍼(Lauffer)를 비롯하여 많은 제안이 있었으나 어느 것도 사전조사단계에서 파악하는 것이 어렵다. NATM시공상에 어떤 보조공법의 필요여부에 대해서는 경암의 경우는 원지반의 파쇄상태, 풍화정도, 연암 또는 土砂의 경우는 원지반의 固結度, 粒度組成 등을 조사하고 더욱이 어느 경우에나 특히 지하수의 상태를 충분히 파악한 다음 검토해야 한다.

　Shotcrete 및 Rock Bolt는 어느 것이나 용수에 대하여 약점을 가지고 있다.

곧 용수가 많게 되면 뿜어붙이기 콘크리트의 탈락이 현저히 많게 되고 또 Rock Bolt는 정착력이 현저히 저하한다.

그러므로 NATM의 적용에 있어서는 지하수위 저하공법, 물막이공법 등의 보조공법을 병용하지 않으면 NATM의 특성을 제대로 활용할 수 없는 경우도 있으므로 지하수위, 원지반의 특수성등 물에 관한 조사는 특히 중요하다.

한편 NATM은 단면전체의 早期閉合을 해야 한다는 것이 관점에서 일반적으로는 도갱의 선진은 시행하지 않는 것이 원칙이다. 따라서 예기치 않은 膨壓이나 偏壓등이 작용할 경우에는 적절한 대책없이 이러한 현상을 만나게 되며 내공단면을 침범하고 재시공 등의 변경이 되는 수가 있다. 이 때문에 팽압의 유무, 편압지형 및 지반활동 등의 조사를 충분히 행하고 굴착에 의한 주변원지반의 변형을 적절히 예상해야 하는 것은 NTAM적용에 있어서는 대단히 중요하다.

원지반의 자립성을 판단하는 경우에 미고결 모래층에 있어서는 점토·실트가 모래에 비교하여 적고(10%이하), 균등계수가 작은(C_u=5이하) 경우에 流砂現象이 생기기 쉬우며 원지반의 자립이 곤란하게 된다고 생각되므로 입도분석, 土粒子의 비중 등의 시험이 필요하다. 또 硬岩에서도 현저히 파쇄되고 용수가 있는 경우 또는 가는 균열이 현저히 발달된 泥岩 등은 흔히 원지반의 자립성이 좋지 않다.

터널의 湧水量, 湧水壓이 문제가 되는 경우에는 수문조사에 의한 터널주변 전체의 지질구조 및 지층의 특수성을 판단하는 電氣探査, 地下水調査 등에 의하여 보다 상세한 帶水層의 분포, 地下水位, 원지반의 透水係數 등을 조사하는 것이 좋다.

제3기 泥岩, 凝灰岩과 같은 팽창성 원지반에 있어서는 膨壓의 유무를 판단하기 위해서 시료시험에 의하여 암석을 구성하는 입자의 점토비율, 浸水崩壞度, 몬모리로나이트(Montmorillonite)량, 원지반 强度比 등을 검토할 필요가 있다. 한편 사문암, 결정편암류, 온천여토, 단층점토등에는 이와 같은 방법만으로 팽압의 유무를 판단하는 것은 곤란하며, 과거의 사례를 참고로 조사를 계획하여야 한다. 특히 지반활동지대에서는 일반적으로 팽압의 발생빈도가 많고 팽압유무의 판단에 있어서 지반활동은 큰 판단자료가 된다.

 노선선정에 있어서 지반활동지대는 될 수 있으면 피하여야 한다. 부득이 지반활동지대 내에 터널을 계획하지 않으면 안되는 경우 또 갱구부근의 편압지형에 대해서는 지형상의 특징을 지형도, 항공사진, 현지답사 등에 의하여 충분히 조사하고 재해에 대한 기존자료에 의하여 조사하는 것이 좋다.

 그러나 이상에서 기술한 판정방법만으로는 완전한 것이라 할 수 없으며 이들은 어디까지나 판정방법의 일부이며 어느 경우에도 조사의 기본인 지표답사는 실시해야 한다. 또 유사한 지반의 조사사례 및 그 시공사례의 조사가 중요하며 이들을 종합적으로 검토한 다음 조사계획을 수립하여야 한다.

2. 조사계획

 地質調査는 시공계획의 결정과 지보패턴을 정하는 주된 목적으로 행해진다. 시공계획결정을 위한 조사는 공구구분, 굴착공법, 시공기계, 공기, 공비 등 기본적인 계획결정을 위하여 시행하는 것이며 지보패턴을 결정하기 위한 조사는 설계에 필요한 地盤(物性値) 등을 구하기 위하여 시행하는 것이다.

60   NATM터널공법

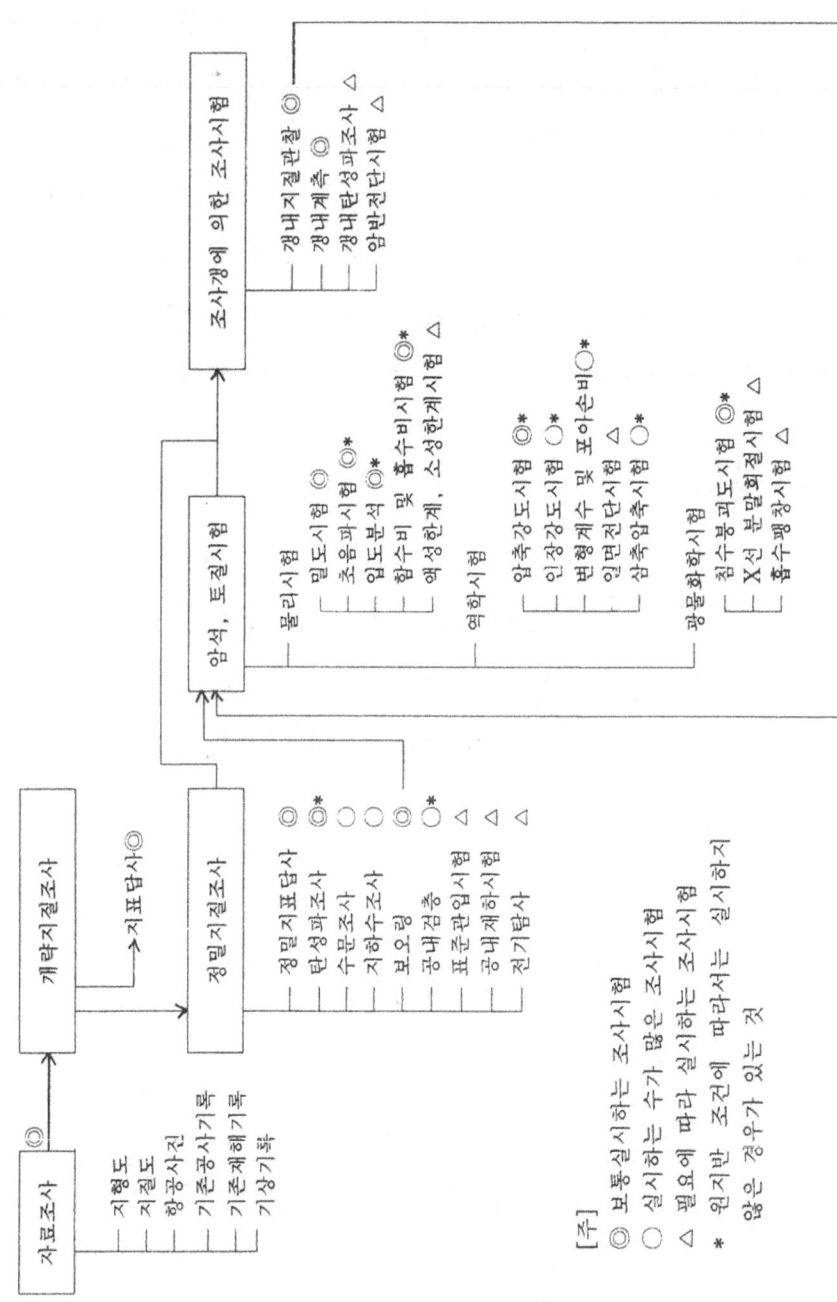

그림 2.1 지질조사의 흐름과 주된 조사시험법

표 2.1 원지반의 종류와 필요한 조사항목

조사항목 원지반종류	지형	지질구조	암질·토질	지하수	역학적성질	물리적성질	광물화학적 성질	비 고
경암원지반	지반활동 ·붕괴지 편압지형	지질분포 단층·습곡	암석명 岩相* 갈라진 틈 풍화·변질	체수층 지하수위	일축압축강도	원지반탄성 파속도 초음파속도		·특히 노쇠한 토사상으로 된 것은 토사원지반에 준한다.
연암원지반	지반활동 ·붕괴지 편압지형 피토	지질분포 단층·습곡	암석명 岩相* 갈라진 틈 풍화·변질	체수층 지하수위 투수계수	일축압축강도 점착력 내부마찰각 변형계수 포아손비	밀도 원지반탄성 파속도 초음파속도	침수붕괴도	·위와 같다. ·침수붕괴도가 현저한 경우에는 팽창성원지반에 준한다.
**토사원지반	지반활동 ·붕괴지 피토	지질분포	토질명 고결정도	체수층 지하수위 투수계수	일축압축강도 점착력 내부마찰력 변형계수 포아손비 N값	밀도 입도조성 함수비		·균등입경으로 점토분을 거의 함유하지 않은 경우에는 유동성의 검토를 요한다.
팽창성원지반	지반활동 ·붕괴지 편압지형 피토	지질분포 단층·습곡	암석명 岩相* 갈라진 틈 풍화·변질		일축압축강도 점착력 내부마찰력 변형계수 포아손비	밀도 입도조성 액성한계· 소성한계 함수비 원지반탄성 파속도	점토광물 침수붕괴도	

[주] * : 암석의 입도, 광물조성, 공극상태 등을 가리킨다.

** : 토사원지반에서 점성토의 경우에는 연암원지반, 팽창성원지반도 참고로 한다.

표 2.2 조사항목과 지질조사

조사항목	지질조사법	자료조사	지표답사	탄성파조사	수문조사	지하수조사	보오링	공내검층 속도검층	공내검층 전기검층	공내검층 공경검층	공내검층 온도검층	표준관입시험	공내재하시험	시료시험	조사갱관찰계측
지형	지반활동·붕괴지	○	○				○								
지형	편압지형	○	○												
지형	피토	○													
지질구조	지질분포	△	○	△			○	△	△						○
지질구조	단층·습곡	△	○				○	△							○
암질·토질	암석·토질명	△	○				○			△					○
암질·토질	암상	△	○				○								○
암질·토질	갈라진틈	△	○				○	○							○
암질·토질	풍화·변질	△	○				○	○	△						○
암질·토질	고결정도		○	△			○	△	△	○		○			○
지하수	채수층		○		○	○	○		○	○	△				○
지하수	지하수위	△				○									
지하수	투수계수					○									
역학적성질	일축압축강도											△		○	△
역학적성질	점착력·내부마찰각											△		○	
역학적성질	변형계수·포아손비											△	○	○	○
역학적성질	N값											○			
물리적성질	원지반 탄성파 속도			○			○								
물리적성질	초음파속도													○	
물리적성질	밀도													○	
물리적성질	입도조성													○	
물리적성질	액성한계·소성한계													○	
물리적성질	함수비·흡수비													○	
광물화학적성질	점토광물													○	
광물화학적성질	침수붕괴도													○	
광물화학적성질	흡수율·팽창율													○	

[주] ○ : 필요한 조사, △ : 경우에 따라 필요한 조사

이 두 가지 목적은 편의상 구분한 것이며 조사의 실시에 있어서는 반드시 단계를 나누어 시행할 필요는 없고 각각의 조사결과를 다음 조사에 반영하는 등 순차적으로 진행하는 것이 좋다.

지질조사의 계획에 있어서는 먼저 계획터널의 지형·지질적인 특징(지반활동, 활단층, 사화산등) 및 수문적인 특징(용수지점, 물이용상황등)을 문헌 등을 통

하여 파악하고 인근지역 및 유사지질개소에서의 조사사례 및 시공실적을 수집하여 계획터널부근에 개략 답사하여 계획터널의 지질상의 문제점을 될 수 있으면 충분하게 파악한다. 이렇게 하여 시공상의 문제가 될 만한 지질의 분포, 성상, 터널연장에 접하는 비율, 나타나는 빈도 등이 판명될 수 있도록 조사방법, 범위 및 그 실시순서를 검토하고 계획을 세우는 것이 매우 중요하다. 그러나 자료조사에서 충분한 정보가 얻어지지 않는 경우에는 지표답사를 선행하고 그 결과로부터 다음 조사를 계획할 필요가 있다. 어느 경우에나 그림 2.1에 보인 바와 같은 자료조사, 개략지질조사, 정밀지질조사의 순으로 조사를 진행하여야 한다.

지질조사는 원지반조건에 따라 입수해야 할 조사항목의 종류·정밀도가 다르기 때문에 채택하여야 할 조사방법은 터널마다 다르나, 일반적으로 원지반의 종류에 따라 표 2.1에 보인 조사항목이 얻어지도록 조사를 계획하면 된다. 또 이들의 조사항목에 대응하는 조사방법을 표 2.2에 보였으므로 이 가운데서 적절하게 조사방법을 선정하면 좋다.

지보패턴의 결정방법에 대해서는 별도 상술하지만 표 2.3에 보인 바와 같이 표준지보패턴의 적용, 유사조건에서의 설계의 적용 및 해석방법의 적용 세 가지 방법이 있다. 이들 방법중 어느 방법을 선택할 것인가에 대해서는 주로 원지반의 종류에 따른다.

표 2.3 원지반의 종류와 지보패턴의 결정방법

지보패턴의 결정방법 원지반의 종류	표준 지보패턴의 적용	유사조건에서의 설계의 적용	해석방법의 결정
경 암	○	△	
연 암	○	△	△
토 사	△	○	○
팽창성 암석등 특수원지반		○	△

[주] ○ : 보통 적용하는 방법, △ : 조건에 따라 적용하는 방법

반드시 한가지 방법에 한정할 필요는 없고 경우에 따라서는 유사조건에서 설계의 적용을 포함하여 두 가지 또는 세가지 방법을 실시하는 편이 좋은 수도 있

다. 특히 수치해석을 하는 경우에는 유사조건에 있어서 설계사례도 포함해서 검토할 필요가 있다.

전술한 바와 같이 원지반에 따라 조사방법이 선정되나 세 가지의 지보패턴 결정방법중 어느 방법을 채택하는가에 따라서 조사항목이 다르다. 표 2.4에 지보패턴의 결정방법별로 관계되는 조사시험항목을 보였다. 그러나 원지반조건에 따라서 불필요한 것도 있으므로 표 2.2를 참고로 필요한 항목을 선정하여야 한다. 또 표 2.5에는 표 2.4에 보인 조사항목에 대응하는 각각의 조사험법을 보이고 있다.

표 2.4 지보패턴의 결정방법과 조사시험항목

항 목	지보패턴의 결정방법		해석방법의 적용
	표준지보패턴의 적용	유사조건에서의 설계의 적용	
암 석 종 류	◎	◎	◎
원지반탄성파속도 (Vp)	◎	○	
단위체적중량 (γ)	○	○	◎
일축압축강도 (qu)	◎	◎	◎
변 형 계 수		◎	◎
정적 포아손비 (ν)		◎	◎
초 음 파 속 도 (v_p)	○	○	
점 착 력 (c)	○	◎	◎
내 부 마 찰 력 (ϕ)	○	◎	◎
측 압 계 수 (K_0)		○	○
입 도 조 성		◎	
R Q D		○	
점토광물의함유량		○	
점 토 광 물 의 종 류		○	
투 수 계 수·수 위		◎	
침 수 붕 괴 도		◎	
N 값		◎	
함 수 비		○	
흡 수 율		○	

[주] ◎ : 필요한 항목, ○ : 참고가 되는 항목

표 2.5 조사시험항목과 조사시험법

항 목	전반적인 조사	보오링구멍을 이용한 시험	시료시험	조사갱, 시험구간에 있어서의 조사 및 원위치시험
암 석 종 류	기존자료조사 지질조사 보오링조사			
원지반탄성파속도 (V_p)	탄성파탐사 기존자료조사	속도검층		갱내탄성파속도 측정
단위체적중량 (γ)	기존자료조사		밀도측정	
일축압축강도 (q_u)	기존자료조사		일축압축시험	
변 형 계 수	기존자료조사	보오링공내 횡방향재하시험	삼축압축시험	내공변위측정 평판재하시험
정적 포아손비 (ν)	기존자료조사			
초 음 파 속 도 (v_p)	기존자료조사		초음파시험	
점 착 력 (c)	기존자료조사		삼축압축시험	직접전단시험
내 부 마 찰 력 (ϕ)	기존자료조사		삼축압축시험	직접전단시험
측 압 계 수 (K_o)	기존자료조사			측압기를 가정하고 변형의 계측결과로부터 해석에 의하여 구한다.
입 도 조 성	기존자료조사		입도시험	
R Q D	기존자료조사 보오링조사			
점토광물의 함유량	기존자료조사		염기성치환용량 시험	
점토광물의 종류	기존자료조사		X선분말회절 시험	
투 수 계 수・수 위	보오링조사	공내용수압시험 주수시험		
침 수 붕 괴 도	보오링조사		침수붕괴도시험	
N 값	보오링조사	표준관입시험		
함 수 비・흡 수 비	보오링조사		함수비 및 흡수비시험	

3. 조사, 시험의 실시

조사, 시험방법은 그 목적에 따라 적절한 것을 선택하고 그 방법을 명기해 둘 필요가 있다.

이에 대표적인 시험에 있어서 주의사항을 기술한다.

(1) 시료채취에 의하여 시험을 실시하는 경우 예를 들면, 보오링코어(boring core)에 의한 암석시험에서 전체적인 코어로 채취된 시료에 의한 시험인가 간신히 코어로 채취된 부분의 시험인가에 따라 원지반의 평가가 다르다. 또 그 시험결과로부터 원지반의 性狀을 평가할 때에 그 시험값이 일반적인 것을 대표하고 있는 것인 바, 특이한 부분을 채취하여 시행한 시험인가를 명확하게 하고 그 목적에 따라 그 채취개소를 선정하여야 한다.

(2) 암석의 삼축압축시험에 대해서는 압밀조건, 배수조건을 어떻게 하면 좋은가에 대한 명확한 기준은 없다. 간극수압의 발생을 염두에 둔 단기적인 응력변화를 대상으로 하는 경우에 壓密非排水가 좋으나 장기적으로는 간극수압이 감소한다고 생각되기 때문에 압밀배수조건에 의한 것이 바람직하다. 그러나 배수조건을 기초로 하더라도 재하속도가 느리지 않으면 간극수압이 발생한다고 생각되기 때문에 시험결과를 사용하는 경우에 그 시험조건을 충분히 고려하여야 한다. 경암에 대해서는 특별히 삼축압축시험은 필요치 않고 强度定數를 위하여 보통 일축압착강도, 인장강도로 대표할 수가 있다.

지질조사를 실시하는 시점에서 계획터널의 개략 지질 및 조사의 요점을 될 수 있으면 파악해 두고 조사는 이를 분석 또는 확인하기 위하여 실시하는 것이 바람직하다. 그러나 자료조사에서 충분한 정보가 얻어지지 않는 경우에는 개략 지표답사를 선행하고 정밀지질조사를 계획하여야 한다. 전체적인 조사로부터 부분적인 조사에 이르기까지 또 개략적인 조사로부터 정밀조사로 진행하는 것이 정상적이다.

4. 岩盤分類

NATM터널에서의 암반분류는 조사, 설계, 시공 및 감리 전과정에 걸쳐 암반역학적 특성에 근거하여 터널의 안정성을 평가하는데 있어서 매우 중요한 수단이다.

따라서 이러한 岩盤分類는 조사, 설계시공 및 감리단계에 걸쳐서 사용하게 되는데, 평가 및 분류기준의 일관성 유지는 암반분류의 올바른 사용을 위하여 필수 불가결한 과제이다.

NATM의 창시자인 Rabcewicz, Pacher는 1974年에 發表한 原地盤分類를 6단계의 一直線化에 표현하고 있으며 현재 각국 대부분 이를 기준으로 자체적인 分類를 시행하고 있다.(표2-17)

그러나 현재 국내 실정에서 보면 표준화된 분류안도 설정되어 있지 않을 뿐아니라 각 단계별 참여기술자의 이해부족, 정보교환결여, 이해관계, 편리성 등에 따라 각기 상이한 분류기준을 사용하고 있어 전 과정의 일관성 유지가 안되는 문제점을 내포하고 있다.

암반의 분류는 정성적 분류와 정량적 분류로 나눌 수 있는데 정성적 분류에는 Terzaghi, Lauffer 등이 시도한 방법이 있으며 정량적 분류는 Deere, Bieniawski, Barton 등이 제안한 방법이 있다.

분석기법이 발달한 최근에 와서는 대부분의 암반분류는 Bieniawski의 RMR (CSIR)과 Barton의 Q-System(NGI) 등이 제안한 정량적 암반분류안이 사용되고 있다.

1) 조사단계에서의 암반분류(시추조사 암반분류)

(1) 조사단계에서의 암반분류는 조사의 한계성으로 인하여 상대적으로 정성적인 의미가 많이 내포된다. (시추조사 자료에만 의존)

(2) 조사단계에서의 암반분류는 터널이라는 공사의 목적을 고려한 암반분류를 하여야 함에도 불구하고 합리성이 결여된 "건설부표준품셈"상의 시추조사 표준

품셈의 분류기준을 무비판적으로 사용함으로써 설계, 시공 및 감리시 사용하는 터널을 위한 암반분류와 상이한 내용이 분류를 하는 오류를 범하고 있다.

   예 : 시추조사 암반종류   풍화암 – 점토
       터널에서의 암반분류   풍화암 – 풍화암

(3) 이러한 결과 터널기술자의 풍화암과 조사기술자의 풍화암은 근본적으로 차이가 있음을 알 수 있으며 현장에서 조사결과의 허구성에 대한 불만을 자주 접한다. 그러나 이러한 부정적 결과는 기술자의 자질만의 문제가 아니라 암반분류기준의 오차에서 파생되는 문제로 이해하여야 한다.

2) 설계단계에서 암반분류

(1) 시추조사결과를 기준으로 표준설계패턴을 작성하기 위하여 공학적 특성에 따른 정량적 암반분류를 시도한다.

(2) 대체로 RMR이나 Q-System을 이용하여 정량적 분류를 시도하고 이 분류를 기본으로 하여 FEM해석에 필요한 Parameter를 설정한다.

(3) 이러한 과정에서 지반공학적 이해의 정도에 따라 정량화의 등급 설정에 오류를 범할 가능성이 크다.(특히 지질구조적 특성과 지하수 문제를 간과한다.)

3) 시공 및 감리단계에서의 암반분류

(1) 시공 및 감리단계에서의 암반분류는 조사 및 설계단계에서의 제한된 요건을 제한 가정된 분석결과를 현장 확인하는 과정이다.

(2) 굴착후 막장을 통하여 얻어지는 지반정보로 실체적 암반분류가 이루어지며 조사, 설계시의 암반분류와 대비를 하여 조사, 설계시의 부족한 점을 보완하거나 오판되었던 부분을 정정하는 과정으로 활용된다.

(3) 따라서 시공 및 감리단계에서의 암반분류는 분류 및 평가기준이 설계와 일치해야만 한다.

(4) 지하철 5호선 기본설계에서 제안한 시공 및 감리단계에서의 암반분류와 암반등급에 따른 설계패턴은 다음 표 2.6과 같다.

표 2.6 시공 및 감리단계에서의 암반분류
('90. 8 지하철 5호선 기본설계보고서, 지하철 본부)

(A) 암석의 상대적인 강도측정을 위한 함마타격
   (1) 맑은 소리가 나며 강한 타격에 파괴된다.
   (2) 둔한 소리가 나며 어렵지 않게 깨어진다.
   (3) 쉽게 부수어지거나 Pick로 긁힌다.
(B) 절리 상태(절리간격)
   (1) 괴상이며 절리는 밀착되어 있다.(1m이상)
   (2) 절리가 많지만 부분적으로 열려 있다.(0.3~1.0m)
   (3) 절리가 아주 많고 점토 등의 충진물로 일부 채워져 있다.(5~30m)
   (4) 절리가 아주 많아 암석이 파쇄된 것같이 보인다.(5cm이하)
(C) 암석의 상태
   (1) 신선하다.
   (2) 절리면을 따라서 약간 풍화되었다.
   (3) 암석 대부분이 풍화되었다.
   (4) 완전히 풍화되어 흙과 같은 상태이다.
(D) 막장의 상태
   (1) 안정되어 있다.
   (2) 암괴가 떨어진다.
   (3) 막장이 밀려나온다.
   (4) 막장이 유출한다.
(E) 지하수에 의한 지반의 안전성 감소
   (1) 없다.
   (2) 이완한다.
   (3) 부서지거나 무너진다.
   (4) 액상화한다.

표 2.7 암반분류별 정성적 특성

분류	정성적 성질	RQD (%)	변형계수 (kg/cm^2)	패턴
HR 2 (경암 2)	극히 신선하거나 신선하여 망치타격에 맑은 소리가 나며 강한 타격에 깨어진다. 잘 밀착되어 있거나 일부 열려 있음.	50이상	20,000이상	P-5
HR 1 (경암 1)		30~50		P-4
SR (연암)	절리면을 따라 풍화가 진행중이며 조암광물의 일부도 풍화되어서 망치타격에 다소 둔한 소리가 나지만 암석은 견고한 편임. 절리는 가끔 점토 등으로 채워져 있음. 절리가 많이 발달되어 있으며 절리가 다소 적고 간격이 넓더라도 암석강도가 낮으면 이 분류에 속함. 또 암석이 아주 강하더라도 절리가 많으면 역시 이 분류에 속함. 강한 망치타격에 쉽게 부서짐.	30이하	10,000~20,000	P-4
WR (풍화암)	절리가 아주 낮고 조암광물은 상당히 풍화되어 암석자체가 일반적으로 변색됨. 망치타격에 쉽게 부서지면 절리는 보통 점토 등으로 채워져 있음. 일반적으로 시추시 Core를 형성하지 못하고 작은 암편등만이 회수되므로 N치가 100회이상일 때 풍화암으로 함.	-	2,000~10,000	P-3
WS (풍화토)	조암광물의 대부분이 풍화되어 암석의 결합력은 상실되었음. 망치로 쉽게 긁힘. N치 100회 이하를 이 분류에 포함시킴.	-	2,000이하	P-2

주 : 변형계수는 공내재하시험에 의한 값을 기준으로 한 것임.

표 2.8 암반분류에 따른 패턴 설정

분류기준	A	B	C	Pattern	DE	비 고
경암 2 (HR2)	1	1	1	P-5	2 or 2	RQD>50, Random Rock Bolting
경암 1 (HR1)	1 1	2 3	1 1	P-4	2 or 2	
연 암 (DR)	1 1	2 3	2 2	P-4	2 or 2	P-4→P-2
풍화암 (WR)	3 2	3 3	4 3	P-3	3 or 3	P3→P-1
풍화토 (WS)	2 3	2 4	3 4	P-2	4 or 4	P2→P-1

주 : P-1은 특수 Pattern임.

4) 암반분류의 표준화

(1) 조사, 설계, 시공 및 감리단계에서의 암반분류가 각기 상이할 경우 설계의 오류, 시공 및 감리단계에서의 판단기준 혼란등 파생되는 문제점이 많다.

(2) 터널을 위한 시추조사에서의 암반분류도 RMR 암반분류를 사용하는 추세에 있다.

(3) 현시점에서의 조사, 설계, 시공 및 감리단계에서의 암반분류는 RMR분류로 표준화하는 것이 바람직하며 추후 국내의 암반을 대상으로 하는 터널자료의 축적을 통해 국내실정에 맞는 암반분류의 표준화가 바람직하다.

(4) 암반분류 표준화를 위해서는 건설부 표준품셈상의 불합리성을 배제하고 관련분야의 숙련된 기술자의 참여가 이루어져야 한다.

표 2.9 서울시 지하철 분류안(지하철 터널용 지반분류)

지반명	특 징	지질조사시의 지반분류 기준	RMR-System R1 R2 R3 R4	예비 설계안	RMR-System R5 R6	적용예상 보조공법
풍화토층	조암광물이 대부분 완전 풍화되어 암석으로서의 결합력을 상실한 풍화잔류토로서 절리의 대부분은 풍화광물인 2차 광물로 충진되어 흔적만 보이기도 하며 손으로 쉽게 부서지고 STP의 N치는 100회/30cm미만인 지반	TCR=0% RQD=0% N<100회/30cm qu<10kg/cm²	≤0 ≤3 ≤5 ≤10 RMR*<19	P-2 RMR* <19	≤4 >-10	용수저감 대책
					>4 ≤-10	붕락방지 대책
						층적층은 특수패턴 적용고려
풍화암층	조암광물이 상당히 풍화되어 암석자체의 색채가 변색되었으며 충진물이 채워지거나 암면 절리가 많고 암석은 가벼운 망치 타격에 쉽게 부서지고 절리강도가 아주 높으며 Nx시추시 암편만 회수되어 코아 회수율이 30%미만이고 N치가 100회/30cm이상인 지반	TCR<30% RQD<10% N≥100회/30cm qu<100kg/cm²	≤1 ≤3 ≤10 ≤20 19≤RMR*<35	RMR* ≥19 P-3	≤4 >-10	용수저감 대책
					>4 ≤-10	붕락방지 대책
					>-10	
연암층	절리면 주변의 조암광물은 풍화되어 변색되었으나 암석내부는 부분적으로 풍화가 진행중이며 망치타격에 둔탁한 소리가 나면서 파괴되고 일부 암면 절리가 있으며 절리간격은 100cm미만이고 Nx시추시에 코아 회수율이 30~60%(RQD 25%미만)의 범위인 지반	TCR<30% RQD<25% qu<250kg/cm² Js<100cm	≤2 ≤3 ≤15 ≤25 35≤RMR*<46	RMR* <41 RMR* ≥41	≤4 ≤-10	붕락방지 대책
					>4 ≤-10	여굴저감 대책
					>-10	
보통암질	절리면에서 풍화가 진행되어 일부 변색되었으나 암석은 강한 망치타격에 다소 맑은 소리가 나면서 깨지고 절리면은 대부분 밀착되어 있고 절리간격은 보통 200cm미만이며 Nx시추시에 코아회수율은 60~80%(RQD 25~50%)의 범위인 지반	TCR≥60% RQD≥25% qu≥250kg/cm² Js<200cm	≤4 ≤8 ≤15 ≤25 47≤RMR*<53	P-4 RMR* <53	≤-10	여굴저감 대책

경암충	조암광물이 거의 풍화되지 않았으며 암석은 강한 망치타격에 맑은 소리를 내며 깨어지고 절리면은 잘 밀착되어 있으며 절리간격은 300cm 미만이며 Nx시추시에 코아회수율은 80%(RQD 50~75%)의 범위인 지반	TCR≥80% RQD≥50% qu≥500kg/cm² Js<300cm	≤12 ≤13 ≤15 ≤30 53≤RMR*<71	RMR* ≥53 P-5	≤-10	여굴저감 대책
극경암충	경암충과 같은 특징을 가지나 절리간격이 200cm이상이거나 RQD가 75%이상인 지반	TCR≥80% RQD≥70% qu≥1000kg/cm² Js<300cm	≥12 ≥17 ≥15 =30 71≤RMR*			

주1) 본 분류는 Blenlawskl(1974)의 RMR-System에 기초하였으며 서울지역의 화강암 및 편마암에서의 얕은 지하철터널용으로 작성되었으므로 암종이나 토피가 다른 경우에는 적용시 주의가 요망됨
주2) RMR*는 Blenlawskl 분류기준의 강도(R1), RQD(R2), 절리간격(R3) 및 절리상태(R4)의 평점합으로 분의 지하수상태(R5) 및 절리방위(R6)의 평점을 제외한 RMR값을 나타냄
주3) 충적층은 본 분류에서 제외되며 특수 설계안 P-1을 고려하여야 한다.

○ 암반분류에 따른 표준패턴

표 2.10 (a) 단선지보패턴

구 분		Pattern PS-2	PS-3	PS-4	PS-5
적용지반		충적토 및 풍화토 풍화토(WS)	풍화암 (WR)	연암(SR) 및 경암(HR 1)	경암(HR 2)
굴착공법		Ring Cut, Short bench	Bench Cut	Bench Cut 혹은 Full face	Full face
굴진장(M)		1.0~1.5	1.2~1.8	1.35~2.0	1.5~2.5
1차복공 (Shotcrete)	1차 2차 3차	5 10 20cm 5	5 10 15cm	5 5 10cm	5 5 10cm
Mesh	1차(부착용)	φ3m/m×50×50	φ3m/m×50×50	—	—
	2차(보강용)	φ5m/m×100×100	φ5m/m×100×100	φ5m/m×100×100	—
Rock Bolt	제 원	SD 35, D 25 L=3,000	SD 35, D 25 L=3,000	SD 35, D 25 L=2,000	Random Rock Bolting
	개 수	14개/1m	12개/1.2m	7개/1.35m	
	타설위치	주로 측벽	주로 측벽	천정부	
Steel Rib	제 원	H-125	H-100	H-100	
	설치간격	1.0m	1.2m	1.35m	
내부복공 Concrete		30cm	30cm	30cm	30cm
보조지보(필요시)		· ForePoling · Face Shotcreting	· ForePoling	—	—

표 2.10 (b)복선지보패턴

구 분	Pattern	PS-2	PS-3	PS-4	PS-5
적용지반		충적토 및 풍화토 풍화토(WS)	풍화암 (WR)	연암(SR) 및 경암(HR 1)	경암(HR 2)
굴착공법		Ring Cut, Short bench	Bench Cut	Bench Cut 혹은 Full face	Full face
굴진장(M)		1.0~1.5	1.2~1.8	1.35~2.0	1.5~2.5
1차복공 (Shotcrete)	1차 2차 3차	5 10 20cm 5	5 10 20cm 5	5 10 15cm	5 5 10cm
Mesh	1차(부착용)	ϕ3m/m×50×50	ϕ3m/m×50×50	—	—
	2차(보강용)	ϕ5m/m×100×100	ϕ5m/m×100×100	ϕ5m/m×100×100	—
Rock Bolt	제 원	SD 35, D 25 L=3,000	SD 35, D 25 L=3,000	SD 35, D 25 L=3,000	Random Rock Bolting
	개 수	16개/1m	17개/1.2m	11개/1.35m	
	타설위치	Arch 및 wall	Arch 및 wall	Arch Only	
Steel Rib	제 원	H-125	H-125	H-100	
	설치간격	1.0m	1.2m	1.35m	
내부복공 Concrete		30cm	30cm	30cm	30cm
보조지보(필요시)		· ForePoling · Face Shotcreting	· ForePoling	—	—

5) 경험적 방법

암반거동을 좌우하는 몇 가지 주요 요소의 정성적, 정량적 특성에 의해 암반을 몇 가지 등급으로 분류하고 그 등급과 여러조건의 통계자료 및 경험적 판단 자료분석에 의해 설계가 이루어지는 방법으로 R.M.R(Rock Mass Ratio) 분류법, Q-System분류법 등이 있다.

(1) R.M.R 분류법

1973년 CSIR(남아프리카공화국 과학산업연구이사회) Bieniawski가 제안한 암반의 일반적인 공학적 분류방법으로써 암반의 물성치에 근거하여 암반의 등급을 결정하고 그 등급에 따라 지보에 필요한 암반을 평가하는 방법이다.

표 2.11 R.M.R분류기준 및 점수

	분류기준		값의 범위						
1	암석강도	점하중강도지수	>10MPa	4-10MPa	2-4MPa	1-2MPa			
		일축압축강도	>250MPa	100-250MPa	50-100MPa	25-50MPa	5-25 MPa	1-5MPa	<1 MPa
	점 수		15	12	7	4	2	1	0
2	시추코아암질지수(RQD)		90-100%	75-90%	50-75%	25-50%	<25%		
	점 수		20	17	13	8	3		
3	질리면의 간격		>2m	0.6-2m	200-600mm	60-200mm	<60mm		
	점 수		20	15	10	8	5		
4	질리면의 상태		매우 거칠다 불연속 이격없음 신선	다소 거칠다 이격<1mm 약간풍화	다소 거칠다 이격<1mm 심한풍화	매끄럽다 홈<5mm 두께 이격 1-5mm 연속된 이격	연약한 홈<5mm두께 이격>5mm 연속된 이격		
	점 수		30	25	20	10	0		
5	지하수	터널길이 10m당 지하수 유입량	없음	<10 (리터/분)	10-25 (리터/분)	25-125 (리터/분)	>125 (리터/분)		
		질리수압/ 최대주응력	0	0.0-0.1	0.1-0.2	0.2-0.5	>0.5		
		일반적 조건	완전건조	습기가 있음	젖어있음	물방울이 떨어짐	물이 흐름		
	점 수		15	10	7	4	0		

※ $10\text{kgf/cm}^2 \fallingdotseq 1\text{MPa}$

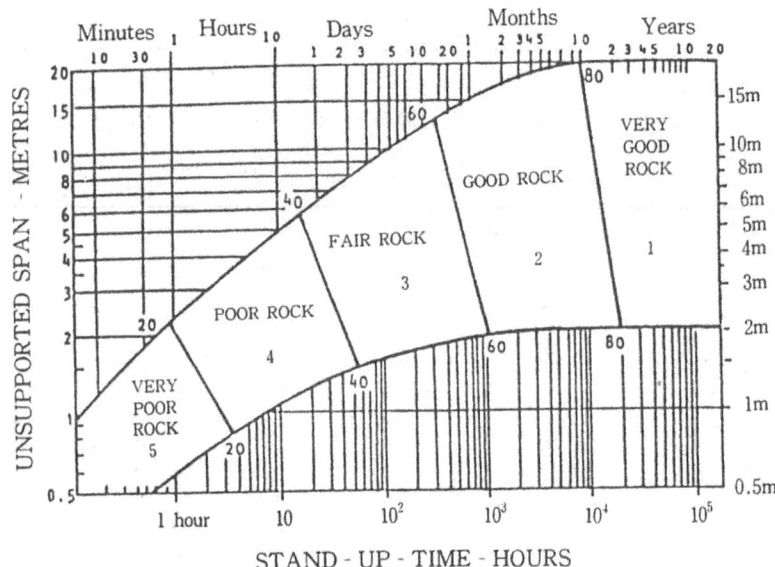

그림 2.2 무지보 굴착 Span과 CSIR 암반분류와의 관계

표 2.12 굴진방향에 대한 불연속면의 주향과 경사의 효과

주향이 터널방향과 수직인 경우				주향이 터널방향과 평행인 경우		주향과 무관한 경우
Drive with dip		Drive against dip				
Dip45-90°	Dip20-45°	Dip45-90°	Dip20-45°	Dip20-45°	Dip45-90°	Dip0-20°
매우 유리	유리	양호	불리	양호	매우 불리	양호

표2.13 절리방향에 따른 점수보정표

절리의 주향과 경사		매우 유리	유리	양호	불리	매우 불리
점 수	터 널	0	-2	-5	-10	-12
	기 초	0	-2	-7	-15	-25
	사 면	0	-5	-25	-50	-60

① 암반의 평가방법의 요소

- 단축압축강도
- R.Q.D (Rock Quality Designation)
- 불연속면의 간격
- 불연속면의 상태

- 지하수 상태
- 불연속면의 방향

위 R.M.R 분류기준에 의한 암반별 평가점수를 산정하여 지보의 필요성, 무지보 자립시간을 알 수 있다.

표 2.14 R.M.R 분류점수에 의한 암반구분

점 수	100~81	80~61	60~41	40~21	<20
등 급	I	II	III	IV	V
구 분	매우 우수	우 수	양 호	불 량	매우 불량

표 2.15 암반등급의 의미

등 급	I	II	III	IV	V
평균유지기간	15m span으로 10년	8m span으로 6개월	5m span으로 일주일	2.5m span으로 10시간	1m span으로 30분
암반의 점착력	>400KPa	300-400KPa	200-300KPa	100-200KPa	<100KPa
마찰력 (ϕ)	<45°	35-45°	25-35°	15-25°	<15°

※ $KPa ≒ 0.01 kg/cm^2$

② 암반의 지보판정

R.M.R 분류법에 의해 암반별 평가점수를 산정하여 다음의 표에 의해서 지보의 필요성을 판정할 수 있다.

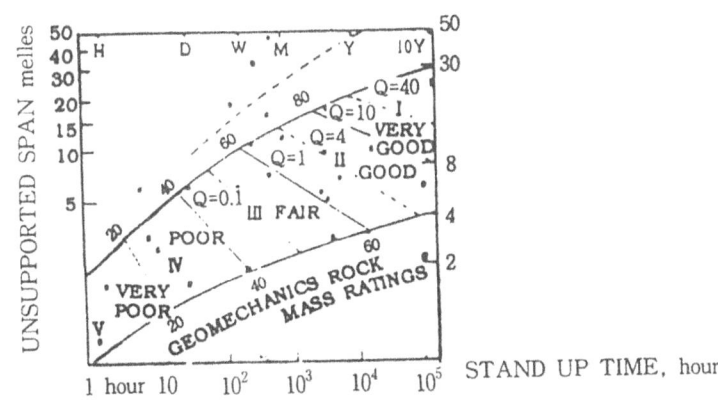

그림 2.3 R.M.R 분류법, 갱도 및 유지기간 관계

(2) Q-System에 의한 분류

1974년 N.G.I(Norwegian Geotechnical Institute)의 Barton Line과 Lunde가 제창한 것으로써 Scandinavia의 약 200개 터널공사현장에서 분석한 지질학적 조건상태를 6가지 매개변수를 사용, 수치적으로 분류하여 암반의 등급을 결정하고 갱도 크기에 적합한 지보형태를 구하기 위한 암반의 공학적 분류방법이다.

이 방법에 의해 암반을 공학적으로 분류하는 데는 다음의 단계들이 포함된다.

i. Surface mapping, 시추코어(core)의 분석, 시험굴진터널의 조사 등에 의하여 암반을 분류한다.

ii. 사용목적과 안전요구도에 유념하여 최적의 굴착규모를 선택한다.

iii. 각 굴착에 대하여 Shotcrete두께, 볼트간격, 콘크리트 아아치두께 등의 지보에 대한 경제성 평가를 한다.

이 방법들은 주어진 굴착과 암반상태에 가장 적합한 지보형태를 찾기 위해 많이 사용되고 있다.

① 암반의 평가방법
- 절리군의 수(Joint set Number : J_n)
- 절리면의 상태(Joint Roughness Number : J_r)
- 절리면의 변질정도(Joint Alteration Number : J_a)
- 지하수에 의한 계수(Joint Water Reduction Factor : J_w)
- 응력에 의한 계수(Stress Reduction Factor : SRF)

② NGI지수(rock mass quality) : Q값

$$Q = (R.Q.D/J_n) \times (J_r/J_a) \times (J_w/SRF)$$

- 암괴의 크기 = $(R.Q.D/J_n)$
- 암괴간의 전단강도 = (J_r/J_a) $(= \tan\phi)$
  (절리면의 충진물 또는 점토광물의 피복상태, 터널의 안정성에 영향을 미치는 요소)
- 작용능력(응력발생특성) = (J_w/SRF)

③ Q값으로 암반분류하여 지보의 안정성을 감안한 굴착지보계수(Excavation Support Ratio)와 갱도 유효크기 등의 관계를 통하여 지보의 필요성을 판단한다.

- 갱도유효크기(De) = $\dfrac{\text{갱도의 폭, 직경 또는 높이(M)}}{\text{굴착지보계수 (ESR)}}$

- 굴착지보계수는 갱도의 사용용도와 요구되는 안정성에 따라 적용하는 값이 다르다.

〈 굴착지보계수 (E.S.R) 〉

일시적인 광산갱도	: 3-5
영구적인 광산갱도, 지하수로	: 1.6
지하저장소, 소형터널	: 1.3
지하발전소, 지하터널, 방공호	: 1.3
지하핵발전소, 지하정류장 및 경기장	: 0.8

표 2.16 Q값에 의한 암반등급 구분

Q값	1.0미만	1.0~4.0	4.0~10	10~40	40이상
암반등급	매우 불량	불량	보통	양호	매우 양호

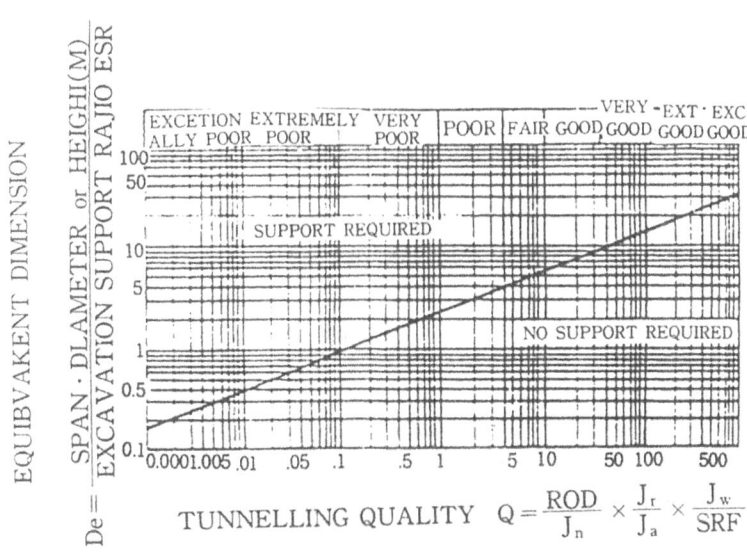

그림 2.4 Q값과 갱도유효크기(DE)와의 관계

80 NATM터널공법

표 2.17 Rabcewiez - Pacher의 岩盤分類

암반등급분류	I	II	III	IV	V
	안정된 암반 또는 다소약한 암반	약한 암반	파쇄된 암반 또는 심하게 과재 압출성의 암반	과재 압출성의 암반	강한 압출성의 암반
특 징	약한 벌어진 줄눈을 볼 수 있다.	층리면이나 절리에 의하여 심하게 Block화하고 점토화되거나 파쇄되어 있음	층리면 절리 또는 절리에 의하여 심하게 세편화되어 있고 연약화하여 틈사이에는 점토가 挾在化되어 있다.	지반으로 압출하는 암반은 강하게 호트러지고 세편화되어 암피가 부착하게 일차에서 균열된 응집력이 잘 없음	
거 동	암반의 강도 σ_d > 접선응력 σ_t 접선응력이 암반의 강도보다 작음	Arch부에 환상의 특볼트시공 암반의 균형이 영구적이어서 안전하다. (그림 참조)	접선응력이 암반의 강도를 과함, 하부공간에 의하여 閉合하는 지보링이 하부링의 閉合에 의하여 전시킨다.	지반의 강도 조건 및 반응이 암반의 접선응력보다 낮고 지반 자체 또는 具目身 뻗은 變性的이어서 공동을 향하여 안쪽에 제어할 수 있다. 압출하게 된다. 약화다.	압출 암반의 압출을 제 어 압반 자신 具目身 뻗은 부에 대하여는 Ring의 閉合으로 대처할 수 있다. 강하다.
지하수의 영향	전혀없다.	거의없다.	심하게 솟아난다.	명화다.	현저하다. (연약화된다.)
	掘鑿 全斷面	全斷面	頂設 上半		
지보의 방법과	(도면)	(도면)	(도면)	벤치분할 I–IV	벤치분할 I–IV
기둥과 의 영향	支保	아치에 시스템 앵커	아치의 측벽에 지보공 설치		
지보와 기둥과 급 급치	국부적으로 약한 곳에 지보공의 떨어나옴이 발생하는 경우가 있다. 떨어나오는 경우를 제외하고는 안전을 위하여 응급처리(가지보)는 필요없다.	국부적 또는 넓은면서 지보공을 남하면서 Arch의 축벽을 안전시킨다.	지반공 설치좌우에 지보공을 설치한다. 표면의 剝落에 대하여 제어할 필요가 있다.	Invert까지 Ring을 閉合 한 건설기간중의 안전을 기하기 위하여 암반의 압출을 제 어 암반의 Ring자보를 閉合하여 형성하고 암반자체에 지보기둥을 갖게 한다. 각 보호 Ring을 형성하여 응급처치를 시행한다.	Ring을 閉合 한 압반을 제 어 암반의 Ring의 閉合에 의하여 형성한 압반자체에 지보기둥을 갖게 한다. 각 Bench공하에 앞 보호 Ring을 형성하여 응급처치를 시행한다.

第3章 NATM의 設計

第3章 NATM의 設計

1. 設計槪要

　NATM 설계의 기본적인 사고방식은 재래공법과는 달리 시공전의 단 한 번의 설계로 끝나는 것이 아니라 설계, 시공 및 계측이 서로 밀접한 관련을 가지고 공사가 진행되면서 변경되고 Feed Back된다는 것을 인식하여야 한다.

　NATM은 합리적인 설계, 시공법인 만큼 설계는 세부적인 검토를 필요로 하고 있다. 이 때문에 적절한 설계계획을 세우는 것이 중요하다.

　터널공사의 특성으로 당초 조사만으로는 지질, 용수 등의 상황을 완전히 파악하는 것이 어려운 경우가 많다. 또 NATM은 시공중 관찰이 그 원리의 일부이며 시공중의 관찰 또는 계측에 의하여 설계가 변경되어져야 하는 것임을 잘 인식해 두어야 한다.

　그러나 시공의 준비를 바꾸어야 할 정도의 큰 폭의 변경은 공기, 공사비의 손실이 크기 때문에 피하여야 한다. 이 때문에 굴착공법, 시공순서 등에 관해서는 조사결과를 잘 검토하여 큰 변경이 생기지 않도록 설계하여야 한다.

　Shotcrete, Rock Bolt 등의 支保부재는 시공중의 상황에 따라 수량이 증감되는 시공도 가능하므로 당초설계에 있어서 이 점을 염두에 두고 적정한 설계를 하여 경제성에 노력할 필요가 있다.

　NATM은 내구성이 있는 터널의 시공이 가능하지만 일반적으로 터널의 보수는 난장구간에 비하여 현저하게 곤란한 경우가 많기 때문에 장래의 보수가 필요하지 않도록 설계에 충분한 배려가 필요하다.

　NATM의 기본개념은 터널을 본질적으로 지지하는 주지보가 주변원지반이라는 것이다. 이 주변원지반이 보유하고 있는 주지보기능을 이용하기 위해서는 굴착에 의하여 생기는 원지반응력(발생응력)과 원지반의 강도의 관계에 항상 주의하여야 한다. 발생응력은 원지반의 초기응력, 측압계수 등의 원지반고유 성질과 터널의 단면형상, 굴착공법, 굴착방식 등에 의하여 정해지며 원지반의 응력집중 정도로서 파악될 수 있다.

주변원지반의 강도가 발생응력보다 크다고 판단되면 지보부재는 시공중의 안전성을 확보할 수 있을 정도의 설계로 경제성에 노력하여야 하나, 원지반의 강도가 발생응력보다 작을 경우에는 지보부재, 단면형상 및 시공법 등을 충분히 검토하여 원지반의 강도저하 및 응력집중을 될 수 있으면 방지하는 설계와 시공을 하여야 한다. 특히 원지반강도가 발생응력에 비하여 현저하게 작은 경우는 라이닝의 장기적인 耐力도 포함한 검토가 필요하게 된다. 이와 같이 설계는 원지반의 발생응력 및 강도특성에 영향을 주는 사항을 종합적으로 판단해서 실시하여야 한다.

앞에서 기술한 바와 같이 NATM에 있어서 시공중의 관찰 및 계측결과를 설계에 Feed Back하는 것이 중요하나 설계변경에 있어서는 지보부재의 변경만이 아니고 1굴진길이, 굴착단면, 단면폐합시기 등의 검토가 필요하다.

특히 내공변위가 큰 경우에는 변형여유량에 대하여 충분한 검토가 필요하며 내공변위의 억제는 Rock Bolt, Shotcrete만으로는 대응시킬 수 없는 경우도 있으므로 조기에 최종변위량을 예측하고 변형여유량, 폐합단면의 조기폐합 등에 대하여 검토하여야 한다.

당초 설계는 일반적으로 안전 측의 설계로 되는 수가 많으므로 안전에 문제가 없다고 판단되면 지보부재, 1굴진길이 등을 변경하여 경제성에 노력하여야 한다.

설계는 적절한 설계방법을 선정하고 다음 항목에 대하여 되풀이되지 않도록 실시하여야 한다.

第3章 NATM의 設計 85

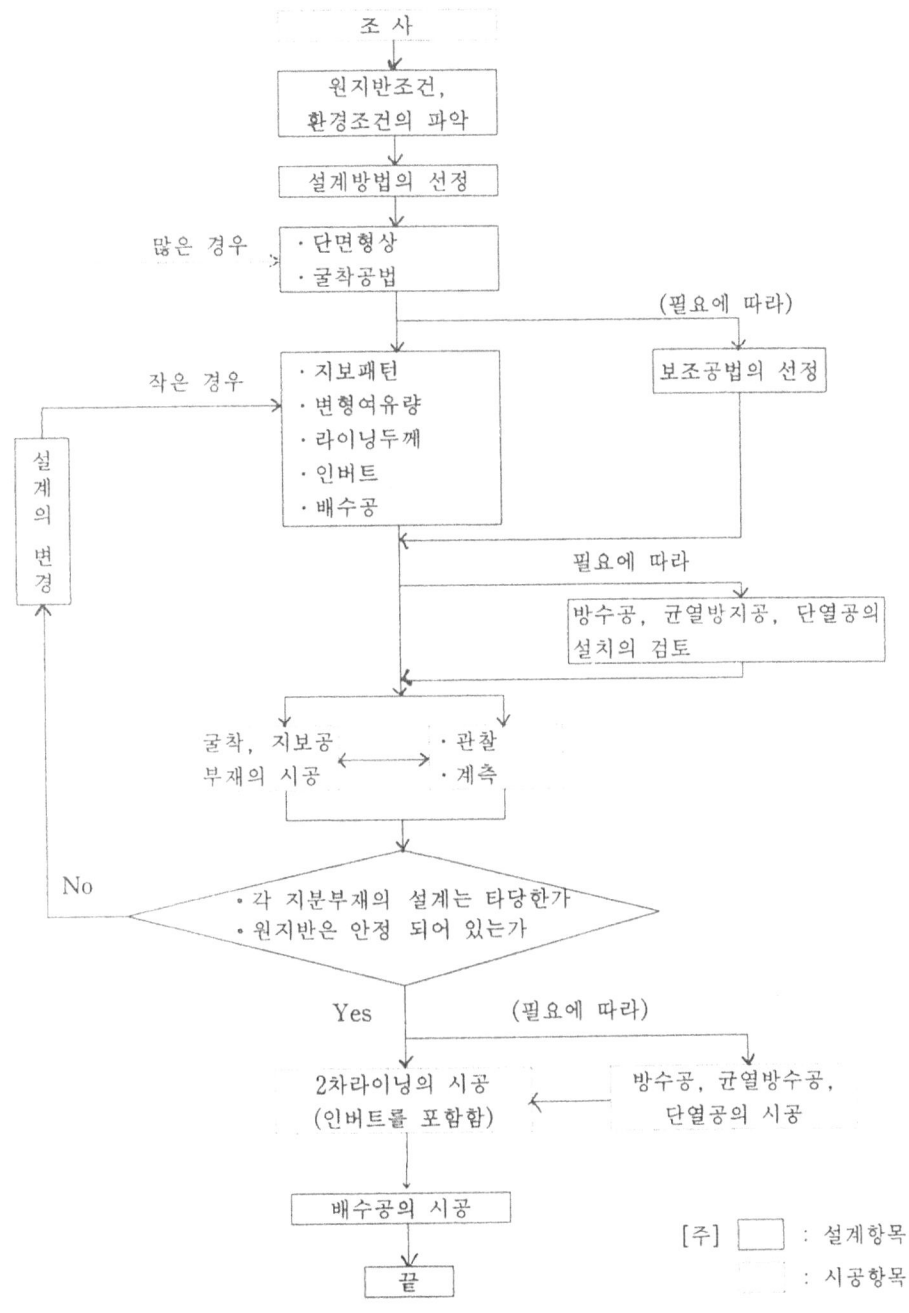

그림 3.1 개략적인 설계순서

(1) 단면형상
(2) 굴착공법

(3) 지보 및 변형여유량

(4) 라이닝

(5) 인버어트

(6) 배수공

(7) 방수공 및 斷熱工

(8) 보조공법

개략적인 설계순서는 그림 3.1에 나타나 있다.

第3章 NATM의 設計 87

2. 設計 計劃

1) 터널의 단면형상

터널의 단면형상은 소요의 내공단면을 포함하여 지형, 지질조건에 적합하도록 정하여야 한다.

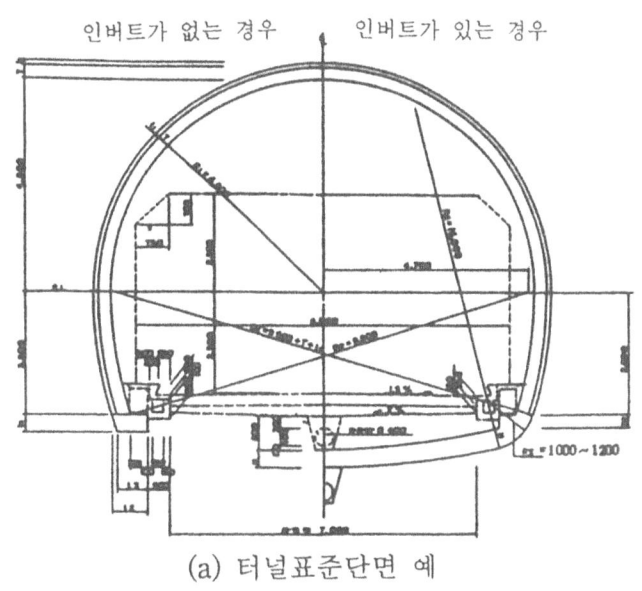

(a) 터널표준단면 예

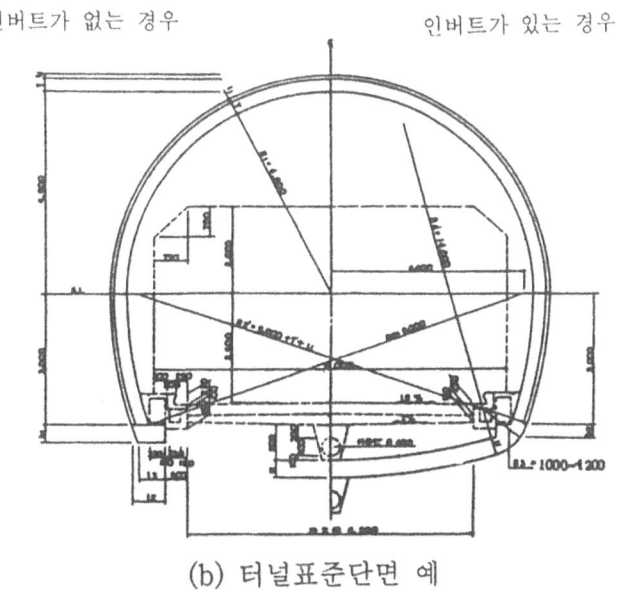

(b) 터널표준단면 예

그림 3.2 NATM터널의 단면현상 예 (1)

88   NATM터널공법

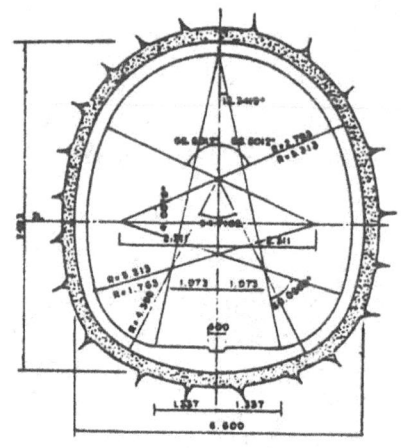

(a) 서울지하철 3호선 ○○공구 단선의 예

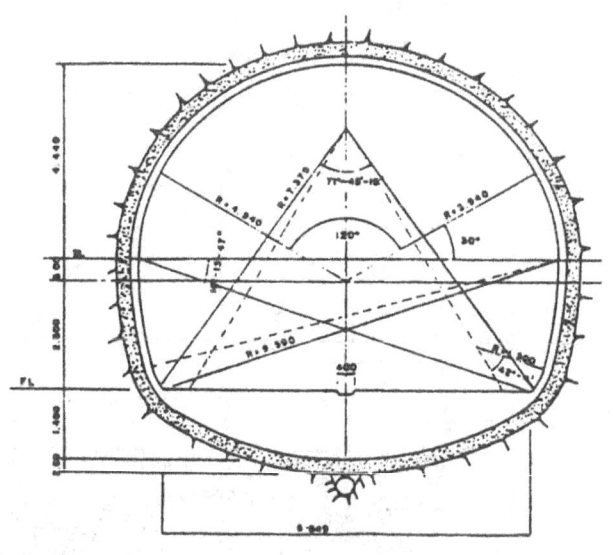

(b) 서울지하철 4호선 ○○공구 복선의 예

그림 3.3 NATM터널의 단면형상 예(2)

NATM에 있어서는 일반적으로 굴착공법에 따라 단면형상을 변화시킬 필요가 없으므로 설계내공단면은 소정의 건축한계와 시공상 또는 보수상의 필요한 여유를 고려하고 지형, 지질에 따른 형상으로 하면 된다. 또 굴착단면은 설계내용단면에 변형여유량과 라이닝두께를 고려하여 정한다.

터널의 시공에 있어서 가장 중요한 것은 굴착에 의한 주변원지반의 弱化를 될 수 있으면 억제하고, 원지반자체의 주지보능력을 최대한으로 발휘시키는 것이다. 이를 위해서는 단면형상도 될 수 있으면 隅角部가 적고 둥근모양인 것으로 하고 라이닝 및 원지반에 응력집중이 일어나지 않도록 하는 것이 중요하다. 따라서 될 수 있으면 인버트를 설치하고 단면을 폐합하는 것이 바람직하나 일반 원지반에 있어서 굴착후의 원지반이 안정되어 있는 경우가 많다고 생각되므로 현장 실정에 맞추어 단면형상을 정하면 된다.

원지반이 불량하여 터널의 안정상 인버트(Invert)가 필요한 경우에는 인버트의 곡률은 원지반이 불량해질수록 크게 할 필요가 있으며 측벽과 인버트와의 연결부도 둥근 형상이 바람직하다. 특히 팽창성 원지반과 같은 터널의 전 둘레로부터 큰 토압이 작용할 경우에는 원형단면 등의 특수한 형상이 필요하게 되는 수도 있다. 또 원지반이 滯水層일 경우에는 라이닝에 높은 수압이 작용하지 않도록 적절한 배수공을 행할 필요가 있으나 도시터널 등에서 배수를 행하지 않을 경우(非排水 방수의 경우)에는 수압을 고려한 단면형상으로 할 필요가 있다.

2) 掘鑿工法

터널의 굴착공법은 터널설계의 기본이 되는 것이며 시공성, 경제성에 가장 큰 영향을 주기 때문에 공법의 결정에 있어서는 지형 및 지질, 막장의 자립성, 터널의 단면형상, 주변환경조건, 시공연장 및 공기, 보조공법 등의 조건을 충분히 검토한 다음 시공도중에 큰 변경이 생기지 않도록 하여야 한다. 검토에 있어서 가장 중요한 것은 하나의 터널전체를 고려하여야 하고, 지보패턴과 같이 원지반에 맞추어 그 때마다 변경해야 하는 것이 아님을 충분히 인식해 둘 필요가 있다.

일반적으로 NATM에 있어서는 재래공법보다 굴착단면을 크게 하는 것이 가능하기 때문에 작업공간이 넓고 대형기계 투입에 의한 시공능률의 향상을 도모할 수가 있다. 표 3.1에 원지반분류와 표준적인 굴착공법을 제시한다.

표 3.1 원지반분류와 굴착공법

원지반 분류		터널굴착 공법	
원지반의 종류	원지반 등급	1차선상단단면	2차선상단단면
일반 원지반	HR_2	전단면굴착	전단면 굴착
	HR_1	"	"
	SR	"	"
	WR	전단면 또는 벤치컷트	벤치커트
	W_S	벤치컷트	"
특수 원지반	W_S	쇼트벤치	쇼트벤치
	W_S	쇼트벤치상반링컷트	쇼트벤치 상반링컷트

지형 및 지질은 굴착공법을 고려하는데 있어서 가장 기본이 되는 것으로 주로 터널의 단면형상, 굴착방식(기계 또는 발파등), 보조공법, 공구구분의 선정에 있어서 중요하다.

막장의 자립성은 한 번에 어느 정도 단면을 굴착할 수 있는가를 결정하는데 가장 큰 영향을 미치는 것이다. 未固結의 토사원지반 등의 연약한 지질에서는 지하수의 상태가 막장의 자립성을 좌우하는 경우가 많다. 자립성이 나쁜 원지반 일수록 당연히 단면의 분할이 많게 되고 링컷트(ring cut)가 필요하게 된다. 참고로 그림 3.4에 원지반종류와 자립시간, 자립폭의 상관관계에 대한 Rabcewicz · Lauffer의 분류를 보였다. 또 토사원지반의 막장의 자립성에 대해서는 표 3.2에 제시한다.

암반의 성상	지보형식
항구적 (A)	지보없음
다소 파쇄되기 쉽다. (B)	천단방호
파쇄되기 쉽다. (C)	전단지보공
취약하다. (D)	소규모 지보공
매우 취약하다. (E)	중규모 지보공
토압이 있다. (F)	支材없는 대규모 지보공
매우 토압이 있다. (G)	支材있는 지보공

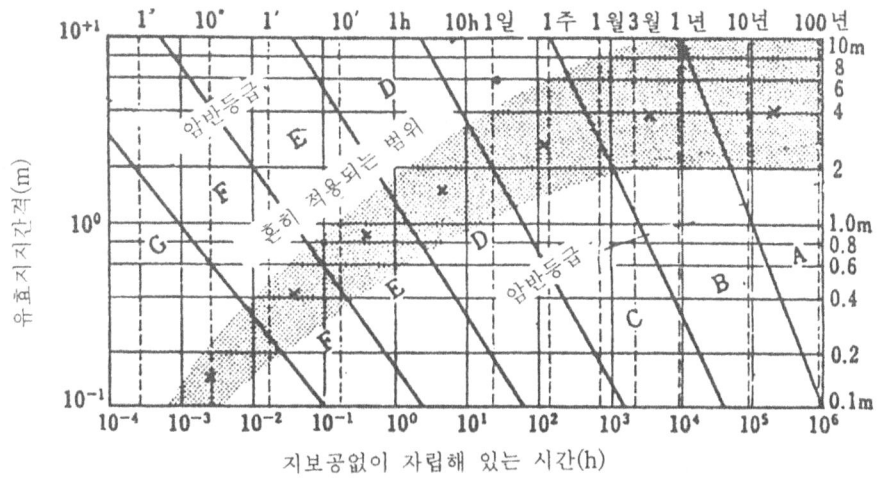

[주] × : 암반의 성상에 대한 전형적인 예
그림 3.4 Rabcewicz · Lauffer에 의한 터널 및 광산갱도굴착을 위한 암질분류도표

표 3.2 막장의 자립조건(토사원지반)

분 류	미립자($74\mu m$이하)함유량	균 등 계 수(Cu)
자 립 곤 란	10%이하	5이하
경우에 따라 자립	10~20%	5이상
자립성이 좋다	20%이상	—

터널의 단면형상에 대하여 전체적인 단면의 크기와 세로길이 또는 가로길이 등의 형상을 고려할 필요가 있다. 기본적으로 단면이 작을수록 전단면공법을 채택하기 쉬우나 지질이 양호한 경우에도 매우 큰 단면이 되면 설비나 Cycle Time면에서 보아 전단면공법의 채택이 어렵게 되는 것도 생각할 수 있다. 또 형상으로 보아서는 지하광장과 같은 가로길이가 긴 경우 벤치컷트로 하면 막장면의 형상이 가로길이가 매우 길어져 안정성이 좋지 않고 세로분할방식이 유리한 것도 생각할 수 있으며 특히 지질이 불량한 경우에는 측벽도갱을 선진하여 폐합시키는 공법을 채택하여야 하는 경우도 있다.

터널굴착공법 선정에 관한 환경조건으로 주된 것은 지표침하량의 제한 또는 발파에 의한 진동소음의 규제다. 지표침하의 억제를 위한 적절한 방법은 강성이 큰 지보재로 될 수 있으면 빨리 폐합시키는 것이며, 단면을 분할하여 시공하는 경우에도 벤치컷트의 가인버트공법 또는 사이롯(silot)공법이 필요하게 된다.

또 발파에 의한 진동을 규제하는 경우 한 번에 전단면을 발파할 수 없는 경우도 있으며 분할 굴착시공을 불가피하게 하는 수도 있다.

시공연장과 공기는 상호 관련되는 것으로 굴착을 위한 기계설비와도 관계가 깊다.

시공연장이 짧고 지질이 양호한 경우에도 큰 설비가 필요한 전단면 굴착은 비경제적인 경우가 있으므로 벤치컷트공법과 비교가 필요하다. 벤치컷트공법에서 연장이 짧은 경우에 터널 내에서 중복작업을 피하는 의미에서 上半완료후에 下半을 시공하는 방법이 유리하게 되는 것도 생각할 수 있다. 이 경우 터널단면의 폐합이 늦어지기 때문에 지질에 따라서는 上半에 가인버트가 필요하게 되는 경우도 있으므로 충분한 검토가 필요하다. 또 연장이 긴 경우에는 공기가 문제되는 경우가 많아 全長을 통하여 문제가 생기지 않도록 공법선정에 특히 유의하여야 한다.

보조공법은 부분적인 지질불량구간이 터널전체의 굴착공법 또는 기계설비의 결정에 큰 영향을 미치는 경우에 전체적으로 경제적인 터널시공을 할 수 있는가 없는가를 판단하여 이의 적용을 검토할 필요가 있다. 예를 들면, 대부분의 구간이 전단면공법으로 시공할 수 있으나 일부의 지질불량 구간 때문에 벤치컷트공법으로 하고자 하는 경우에 그 구간에 보조공법을 사용해서라도 전단면공법으로 시공할 수 있으면 전단면굴착용의 기계설비에 따라 터널전체를 경제적으로 시공할 수도 있다. 다만 이들의 기술적인 판단과 경제성에 대해서는 지질의 정확한 파악과 충분한 검토가 필요하다.

3. 기본설계방법

1) 기본설계방법선정

터널설계 방법에는 弛緩荷重이라는 개념에 기초를 두고 보다 정확하게 하중을 추정하려고 하는 방법과 터널굴착에 따른 주변원지반의 응력상태의 변화를 이론적으로 구하려고 하는 방법이 있다. 전자는 주로 재래공법의 설계에 사용되어 온 것이며 실적을 踏襲한 방법이라 할 수 있다. 또 후자는 NATM설계의 기본이며 암반역학에 의한 여러 가지 해석을 필요로 한다.

그러나 NATM의 설제 경험에서 얻어진 것으로 수많은 계측과 현장에서 거동을 관찰하여 Feed Back하여 얻은 이론에 기초를 두고 現象의 설명을 한 것으로 현재는 아직 합리적인 설계를 목표로 하고 있는 단계라 할 수 있다.

이 때문에 NATM에 의한 설계는 경험에 기초를 둔 방법만이 아니고 해석에 의한 방법도 고려되어야 하며, 표준지보패턴의 적용, 유사조건에서의 설계적용, 해석방법을 선정하는 것으로 하였다.

지질조건, 설계조건별로 선정하는 설계방법을 표 3.3에 나타낸다.

표 3.3 원지반등급과 기본설계에 있어서의 설계방법

원지반의 종류	경암	보통암	연암	토사		설계조건	
				점성토	사질토	일반적인 조건	특수조건 (대단면, 편압지형, 피토가 특히 두껍거나 얇은 경우, 지표침하량의 제한등)
일반 원지반		HR_2				표준지보패턴의 적용	유사조건에서 설계의 적용 또는 해석방법의 적용
		HR_1					
		SR					
		WR					
		W_s					
특수원지반		W_s				표준지보패턴의 적용*	
		특수					

[주] * : 다른 설계방법과의 병용이 바람직하다.
    1. 원지반등급은 표 2.6을 참조할 것.
    2. 대량의 용수가 있는 원지반, 지반활동, 편압 및 지질, 단층파쇄대에서는 별도로 검토한다.
    3. 경암, 보통암, 연암에서 팽압이 발생하는 원지반은 특W_s로 분류한다.
    4. 토사원지반등에서 先支工 또는 簡易水拔工에서는 막장의 유동을 방지할 수 없는 원지반은 특수로 분류한다.

표준지보패턴의 적용에 있어서 미리 충분한 경험과 이론을 바탕으로 NATM을 위한 지보패턴을 지질의 성상에 따라 표준화작업이 되어 있어야 함을 전제로 한다.

NATM이 도입됨에 따라 원지반의 역학적인 物性値를 사용한 각종 이론계산법 또는 有限要所法에 의한 해석방법이 제안되어 실제 설계에 쓰이고 있으며 현 단계에서는 有限要所法(Finite Element Method)이 주로 사용되고 있다. 터널단면, 동바리부재, 라이닝의 설계에 있어서 과거의 터널공사 실적의 축적 및 경험을 근거로 작성된 표준지보패턴을 적용하여 설계하는 경우가 많다. 따라서 일반적인 원지반에 있어서의 표준적인 단면의 기본설계 단계에서는 적절한 원지반 등급에 대응하여 패턴화된 표준적인 설계를 기본으로 실시하는 것이 바람직하며 수치해석에 의한 적절한 지보조정이 요구되고 있다.

제2장 지질조사의 암반분류에 제시하는 표준지보패턴에 관한 내용은 일반적인 조건의 원지반에 대한 기본설계에 쓸 수 있도록 지금까지의 터널공사의 실적을 기초로 하여 작업한 것이다. 이는 NATM의 적용에 있어서 매우 중요한 것이지만 NTAM도입 초기에 있어서의 실적은 대체로 안전측인 것이 많았다고 생각되므로 금후에도 실험, 해석, 계측 등을 계속 시행하고 그 결과를 참조하여 경제적인 방향으로 적절히 개선시켜야 할 것이다.

유사조건에서의 설계적용은 어느 의미에서는 표준지보패턴중에 포함되는 면이 있으나 시공된 터널에서 매우 조건이 유사한 경우에는 그 설계를 적용하는 것이 간편하다.

NATM에 있어서 해석적방법이 유리하게 된 것은 지보부재와 원지반이 밀착되어 있으므로 해석모델의 설정이 용이하게 되었기 때문이다. 해석적방법중 유한요소법은 원지반, Shotcrete 등의 재료 物性値를 임의로 표현하는 점, Shotcrete, Rock Bolt 등의 지보부재를 적절히 사용하는 점, 굴착단계마다 응력, 변위 및 원지반의 안정도 등을 계산하는 점 등 실제적인 설계, 시공단계의 정보를 주는 것이다.

유한요소법의 현시점에서의 종합적인 정밀도는 입력물성값이 완벽하게 적용하였다고 보기에는 어렵기 때문에 아직 완전한 것은 아니다. 따라서 다음과 같은 특수한 조건의 경우에는 해석을 수행하여 정량적, 정성적인 판단에 쓸 수 있도록 하는 것이 좋다.

① 지질조건이 특히 나쁜 경우
② 土被가 두껍고 초기응력이 큰 경우
③ 土被가 얇고 지표침하량이 문제가 되는 경우
④ 단면이 매우 크거나 형상이 특수한 경우
⑤ 측압이 작용하는 경우

2) 標準支保패턴의 적용 및 細目設計

기본설계를 표준설계에 기초를 두고 실시하는 경우에는 정확한 원지반분류를 하고 또 적용조건을 충분히 고려하여야 한다. 특히 여기서는 표준지보패턴에 대하여 기술하므로 굴착공법, 인버트, 2차라이닝, 기타 항목에 대해서는 관련되는 항목을 참조하여야 한다. 또 근접한 장소에서 유사조건의 시공예가 있으면 이를 참고로 할 필요가 있다.

표준지보패턴에 대한 제안은 외국은 물론 국내에도 설계·시공된 것이 많으나 여기서는 앞서 설명한 암반분류에 따른 지보패턴 설정방법이 국내 터널설계에 주로 사용되고 있으며 특히 서울을 중심으로한 전국 주요도시 지하철 터널설계에는 이 분류법을 채택하고 있다. 각 터널의 암반에 따른 단면 및 지보공은 본 Pattern에 의하여 선정후 수치해석을 통한 확인을 하여야 한다.

각 지보재 및 굴착부터 라이닝까지의 細目設計에 관하여서는 施工編에서 시공과정과 함께 설명하겠다.

4. 터널의 解析

터널건설에 따른 주변지반의 거동과 지보재의 안정성, 터널주변 시설물에 미치는 영향을 사전에 검토하고, 예측하기 위하여 수치해석을 실시하는데 지반조건, 지하수조건, 터널의 모양, 시공방법, 지보능력 등을 고려하여 2차원이나 3차원 해석을 하는데 매우 복잡하고 다양하여 Computer Program에 의해 가능하다.

수치해석은 대상지반을 연속체 혹은 불연속체로 취급한다. 해석대상지반이 불연속면(절리 또는 단층면)이 없는 신선한 암반이거나 불연속면이 아주 심하게 발달하였거나 입자간의 결합이 약하여 불연속면의 영향을 크게 받지 않는 암반이나 토사지반은 연속체로 취급한다. 반면 암반의 강도가 크고 불연속면이 비교적 많이 발달된 암반에서는 불연속면의 형태에 따라 암반이 파괴되기 때문에 불연속면을 암반 거동의 중요한 인자로 고려하여 지반을 불연속체로 취급한다.

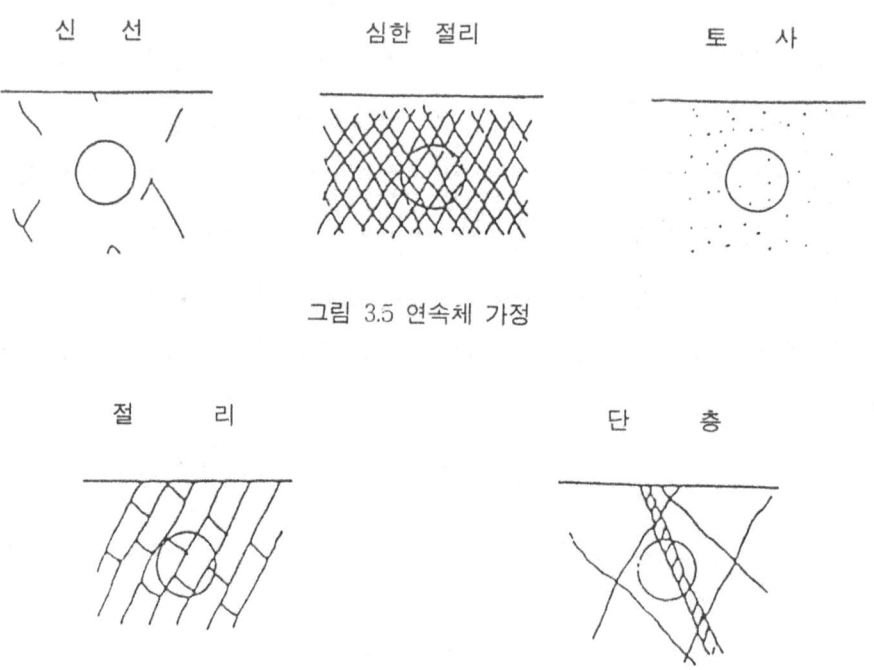

그림 3.5 연속체 가정

그림 3.6 불연속체 가정

1) 수치해석의 기본모델

(1) 연속체 모델

지하수의 흐름이나 불균질성 등의 미세한 사항을 무시하고 거시적 관점에서 지반을 연속체로 이상화하여 수학적 기법으로 해석한다.

① 유한요소법(Finite Element Method)

가. 지반구성재료에 대한 응력-변형률관계(구성법칙)를 이용하여 하중에 대한 거동해석

나. 지반을 유한한 요소로 분할하고 각 요소간 節点연결.

다. 각 요소의 節点에서 강성 Matrix를 구하고 이들을 조합하여 要素集合體에 대한 解析을 수행

② 유한차분법(Finite Difference Method)

가. Newton의 운동법칙과 지반구성재료의 응력-변형률 관계로부터 얻어진 각 節点의 가속도를 적분하여 속도를 얻고, 이로부터 변형률 변화량을 구하는데 미지수를 구하는 방법이 FEM과 相異.

나. 지반을 유한한 요소로 분할하고 각 요소간은 節点으로 연결하는 방법은 FEM과 동일

③ 경계요소법(Boundary Element Method)

가. 경계에 해당하는 부분이나 지반의 특성이 상이한 경계면을 따라 요소를 분할하고 나머지는 무한체로 가정

나. 未知數의 해법은 편미분 방정식을 적분하여 구하고 선형거동 재료에만 한정하여 적용

(2) 불연속체 모델

지반이 개개의 강체 Block(암괴)으로 구성되어 변위는 불연속면을 따라 발생한다고 가정하며 암괴의 강제이동과 회전 등을 고려하여 해석하며 불연속면의 구성상태와 불연속면의 공학적 특성규명이 어렵다는 문제점이 있다.

① 개별요소법(distinct Element Method)

가. 강체블럭법 (Rigid Block Method)이라고도 칭하며 지반을 여러 개의 강체블럭으로 구성되어 있다고 가정한 경암터널에서 암괴를 대상으로 한 해석

나. 불연속면에 작용하는 하중중분을 산정하고 이로부터 얻어지는 강체블럭의 가속도를 적분하여 블록의 중심 및 방향 등을 선정

2) 수치해석의 목적 및 특징
(1) 지반 및 지보재의 응력산정
(2) 터널의 변위량 산정
(3) 터널굴착시 주위에 미치는 영향 예측
(4) 다양한 조건을 부여하고 다각적인 지반거동 분석
(5) 임의의 터널단면 해석 가능
(6) 굴착방법 Simulation가능
(7) 역해석(Back Analysis)가능

3) 수치해석 입력자료
(1) 지반특성

가. 토질별 분류 : 충적층, 풍화토, 풍화암, 연암, 보통암, 경암등

나. 토질별정수 : 탄성계수 : $E(t/m^2)$
  포아손비 : ν
  단위중량 : $r(t/m^3)$
  마찰력 : ton/m^2
  마찰각 : $(\phi)°$

(2) 지보공

가. Shotcrete : Soft Shotcrete와 Hard Shotcrete의 탄성계수, 단위경량, 포아손비

나. Rock Bolt : 탄성계수, 단위중량, 단면적

(3) 기타 필요한 물성특성치

4) 출력자료

(1) 수치출력

항 목	출 력 자 료
입력 Data	절점정보, 요소정보
변 위	변위의 수치출력
사변형 요소응력	사변형 요소응력의 수치
봉재단면적	봉요소 단면력의 수치
보재단면적	보요소 단면력의 수치
조인트요소응력	조인트요소
	응력수치
초기응력	사변형 요소의 초기응력 File출력

(2) 도화출력

항 목	출 력 자 료
Model	절점번호도, 요소번호도, 재료번호도
안 전 율	안전율 Contour
변 형	변형도
변 위	변위 VECTOR, 변위 Contour
응 력	응력 VECTOR, 응력 Contour
봉재단면력	축력도
보재단면력	축력도, 전단력도, 모멘트도
항 복	항복요소 Plot도

5. 有限要素理論

　복잡한 구조물을 해석할 때에는 전체를 한 번에 푸는 것은 어려운 일이므로 부재의 接續個所(節点)의 힘과 변위나 힘의 균형, 변위와 회전각은 같을 것이므로 이것을 연립방정식으로 푸는 방법이 사용된다. 연립방정식은 컴퓨터를 써서 비교적 간단히 풀 수 있다. 이같은 생각으로 원지반이나 지보공을 삼각형이나 사각형의 요소의 집합이라 생각하여 이 요소에 가상 작용을 사용하여 요소의 모서리 点(節点)에 작용하는 힘과 변위의 관계를 구해 두고 節点에서의 변위는 같게 되고 힘은 균형이 되므로 이것을 연립방정식으로 푸는 방법이 고안되었다. 실제로는 미묘하게 변화하고 있고 무한개의 요소로 나타내지 않으면 안된다고 생각되나 컴퓨터의 용량, 능력에 제한이 있으므로 유한개(finite)의 요소(element)로 나누어 그 중에서의 응력이나 변형율은 간단히 1차식(또는 2차식)으로 나타낼 수 있다고 보고 계산을 하므로 有限要所法(Finite Element Method, F.E.M)이라고 불리워지고 있다.

1) 有限要所法의 槪要(彈性體)

　유한요소법은 근년에 크게 진보되어 그 내용을 간단하게 전하는 것은 매우 어려우나 일단 원리를 해석하고 이것을 사용할 때 또는 이 방법의 계산결과를 볼 때의 이해에 도움이 되도록 먼저 가장 간단한 2차원문제를 삼각형요소로 탄성계산을 할 경우에 대해 개략적인 설명을 한다.

　(1) 문제, 원지반의 전체를 삼각형의 요소로 나눈다. 이 요소 중에는 영율(goung's ratio), 포아손비(Poisson's ratio) 등은 일정하게 한다. 역으로 말하면 영율 등이 다른 곳은 별도의 요소가 되도록 한다.

　(2) 요소내의 응력, 변형율 등은 일정하다고 가정한다. 역으로 말하면 응력이 거의 일정하다고 보이는 구역을 하나의 요소가 되도록 요소를 분할한다.(유한요소법에서는 직선 또는 곡선으로 나타내는 응력이나 변형률의 분포를 요소의 경지에서 段이 붙은 계단상의 분포에 근사하도록 한다.)

따라서 요소내의 각점의 변위(u, v)는 식(1)과 같이 좌표(x, y)의 1차함수로 주어진다.(변위 u, v의 미분의 변형률 ε_x, ε_y이고, 이것이 일정치이므로 이것을 적분한 변위는 1차식으로 나타낸다.)

$$\left.\begin{array}{l} u = a_1 + a_2 \cdot x + a_3 \cdot y \\ v = a_4 + a_5 \cdot x + a_6 \cdot y \end{array}\right\} \quad (1)$$

이것을 행렬식으로 나타내면 다음과 같이 된다.

$$\{u \ v\} = \{1 \ x \ y\} \begin{Bmatrix} a_1 & a_4 \\ a_2 & a_5 \\ a_3 & a_6 \end{Bmatrix} \quad (2)$$

{변위 u, v}=[좌표 매트릭스 M]{계수 a}

지금 요소의 각(節点 3개)의 변위(u_i, v_i 등의 6개)를 알고 있다면 이 식에서 계수 $a_1 \sim a_6$가 구해지고 임의의 점의 변위도 구해진다. 도중의 계산을 생략한 결과만을 식(3)으로 나타낸다.

{임의의 점의 변위 u, v}=[형상함수 N]{절점변위 δ^e}

$$\begin{Bmatrix} u \\ v \end{Bmatrix} = [N]\{\delta^e\} = [IN'_i \ IN'_j \ IN'_m]\{\delta^e\} \quad (3)$$

여기서 $\{\delta^e\}$: 절점 i, j, m의 변위 δ_i, δ_j, δ_m 계수매트릭스 [N]는 삼각형의 단면형으로 생각하고 있는 점의 x, y로 정해지고 다음과 같이 구해진다.

여기서, $\triangle$: 삼각형의 면적

I : 2×2의 단위행렬

$$N'_i = (a_i + b_i x + c_i y)/2\triangle$$

$$N'_j = (a_j + b_j x + c_j y)/2\triangle$$

$$N'_m = (a_m + b_m x + c_m y)/2\triangle$$

여기서,

$$a'_i = x_j \cdot y_m - x_m \cdot y_j, \quad b_i = y_j - y_m, \quad c_i = x_m - x_i$$

$$a'_j = x_m \cdot y_i - x_i \cdot y_m, \quad b_j = y_m - y_i, \quad c_j = x_i - x_m$$

$$a'_m = x_i \cdot y_j - x_j \cdot y_i, \quad b_m = y_i - y_j, \quad c_m = x_j - x_i$$

변형률은 이 절점변위 u, v를 미분하여 구해진다.

$$\varepsilon_x = \partial u/\partial x, \quad \varepsilon_y = \partial v/\partial y, \quad \gamma_{xy} = \partial v/\partial x + \partial u/\partial y$$

따라서 변위를 나타내는 (3)식을 미분하면 변형률이 구해진다.
답은 다음과 같이 된다.

변형률 ε =[계수 B] {절점변위 δ^e}=[B]{δ^e}

$$\{\varepsilon\} = \begin{Bmatrix} \varepsilon_x \\ \varepsilon_y \\ \gamma_{xy} \end{Bmatrix} = \frac{1}{2\triangle} \begin{bmatrix} b_i & 1 & b_j & 0 & b_m & 0 \\ 0 & c_i & 0 & c_j & 0 & c_m \\ c_i & b_i & c_j & b_j & c_m & b_m \end{bmatrix} \begin{Bmatrix} u_i \\ v_i \\ u_j \\ v_j \\ u_m \\ v_m \end{Bmatrix} \tag{4}$$

계수 매트릭스 B는 삼각형의 단면만으로 구해진다.

변형률을 알게되면 彈性의 경우 應力은 Hook의 법칙으로 다음과 같이 구해진다.

{응력 σ}=[탄성계수 D] {변형률 ε} \hfill (5)

탄성계수 D는 평면변형일 때는 다음과 같이 된다.

$$[D] = \frac{E}{(1+\nu)(1-2\nu)} \begin{bmatrix} 1-\nu & \nu & 0 \\ \nu & 1-\nu & 0 \\ 0 & 0 & (1-2\nu)/2 \end{bmatrix} \qquad (6)$$

따라서 응력은 다음과 같이 된다.

$$\begin{Bmatrix} \sigma_x \\ \sigma_y \\ \tau_{xy} \end{Bmatrix} = \frac{E}{(1+\nu)(1-2\nu)} \begin{bmatrix} 1-\nu & \nu & 0 \\ \nu & 1-\nu & 0 \\ 0 & 0 & (1-2\nu)/2 \end{bmatrix} \begin{Bmatrix} \varepsilon_x \\ \varepsilon_y \\ \gamma_{xy} \end{Bmatrix} \qquad (7)$$

(3) 외력, 물체력(自重등)은 모두 각 절점에 작용한다고 가정하여 절점력(F_{ix}, F_{iy}, F_{jx}, F_{jy}, F_{mx}, F_{my})에 나누어준다. 절점에 모멘트는 작용하지 않는 것으로 한다. 요소 e에 모멘트가 작용할 때는 각 절점에 반대방향의 힘이 작용한다고 본다. (그림 3.7(b) 참조)

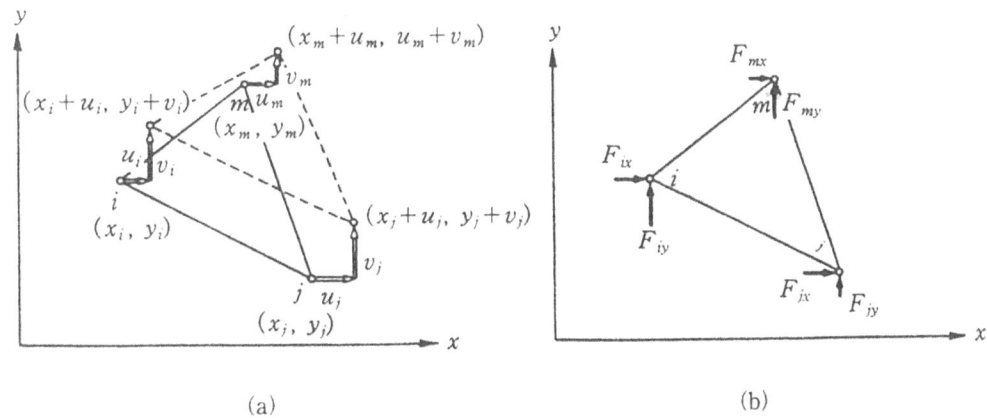

그림 3.7 요소의 변위와 外力

(4) 가상작용의 원리에서 각 절점의 변위 $\{\delta^e\}$와 거기에 작용하는 힘 $\{F\}$와의 관계를 구한다.

$$\{힘\ F\} = [강성매트릭스\ k]\{변위\ \delta^e\} \tag{8}$$

위식은 應力=탄성계수×변형의 관계를 부재의 치수를 생각하여 직접력과 변위의 관계로 바꾼 것이다. 따라서 강성매트릭스 K는 부재치수와 탄성율의 함수이고 假想일의 원리에서 다음과 같이 구해진다.

$$[k] = t\int\int [B]^t[D][B]dxdy = t\triangle[B]^t[D][B] \tag{9}$$

(지금 단순두께에 대해 생각하므로 t=1로 한다)

여기서 t : 부재의 두께, $\triangle$: 요소의 면적, $[B]^t$: B의 轉置매트릭스, B매트릭스는 식(4)에서 구하였다. 이것은 예컨대 棒을 인장하였을 때의 힘과 늘음(신율)의 관계를 늘음 $\triangle l$=계수($l \times EA$)×힘 P로 나타냈을 때의 계수(l/EA)와 같은 것이다.

가상작용의 원리는 역학문제의 해결에 널리 쓰이고 있는 것으로 다음과 같이 설명된다.

"어떤 荷重을 받아서 그 중에 應力이 생기고 있는 것(骨組나 連續體도 좋다)이 있다. 이같은 것에 하중과 직접관계가 없는 어떤 변위와 변형률이 생기고 있는 경우를 생각한다고 가정하여 그와 같이 생각하는 것이다. 물론 변형율과 변위사이에는 적합조건이 성립되고 있다. 그리고 외부의 하중에 의해 생기는 내부응력과 가정하여 생각한 내부의 변형이 이루는 것을 비교하면 이 두가지는 같다." 변형율에서 변위를 구하는 것은 적분을 하면 좋은 것으로 비교적 쉽다. 변형율과 응력의 관계는 후크의 법칙이므로 바로 구해진다. 따라서 이 원리를 사용하면 하중과 절점의 변위의 관계를 구할 수 있다.

가상작용의 원리는 다음과 같은 간단한 예를 보면 이해할 수 있다. 길이 l의

棒을 생각한다. 하중 P가 작용하고 있고 棒안에는 응력 σ가 생기나 그 값은 모른다고 하자. 한편 이 봉은 가령 $\triangle l$ 만큼 늘었다고 하자. 材質이나 단면적이 일정한 棒이라면 변형률 ε는 $\triangle l / l$가 된다. 이때 외부하중이 하는 가상과 내부응력이 하는 가상을 계산하면 $P \triangle l$ 와 $\sigma \varepsilon dv = \sigma (\triangle l / l)(Al)$가 되고 이 양쪽이 같다고 하는 것이 가상작용의 원리이다. 이것으로부터 $\sigma = P/A$가 구해진다.

내부응력과 외부하중이 하는 작용은 같을 것이므로 다음과 같은 식이 된다.

내부응력의 작용 = 집중하중의 작용 + 분포력의 작용 + 물체력의 작용

유한요소법에서는 분포력이나 物體力도 모두 절점력으로 치환되어 있으므로 다음과 같이 된다.

$$\iint (\delta e)^t s \, dxdy = \sum (\delta u)^t F \tag{10}$$

여기서, $e = BU$(변형), $(\delta e)^t = (\delta U)^t B^t$, $s = DBU$(應力)이므로,

$$\therefore \iint (\delta e)^t DBU dxdy = \iint (\delta U)^t B^t DBU dxdy$$

$$= (\delta U)^t F \tag{11}$$

U(應力)는 요소내에서는 위치 x, y와 관계없이 일정하므로 이것을 적분기호의 앞에 내면 다음과 같이 된다.

$$(\delta U)^t \iint B^t DB dxdy U = (\delta U)^t F \tag{12}$$

양변을 $(\delta U)^t$로 나누면,

$$\iint B^t DB dxdy U = F \tag{13}$$

따라서 (계수 K)·(응력 U) = (힘 F)

$$KU = F \tag{14}$$

다만, $K = \iint B^t DB dxdy$ (15)

여기서 강성매트릭스 D, 계수매트릭스 B는 x, y에 관계없고 일정하므로 적분의 밖으로 내어서 다음과 같이 된다.

$K = \triangle B^t DB$ \hfill (16)

여기서, $\triangle = \int\int dxdy$: 삼각형의 면적

(5) 절점마다 힘의 균형방정식을 변위 δ를 미지수로 하여 만든다.

[강성매트릭스 K]{변위 δ}={힘 F}

각 절점에서는 요소로부터의 힘과 외력이 균형이 맞는다고 하고 이 방정식을 풀면 변위가 구해지고 응력이나 변형률도 구해진다(절점이 N개 있다면 x방향, y방향의 힘의 균형에서 2×N개의 식이 되나 이중에 독립된 것이 아닌 것이 3개 있다. 경계조건으로 3개의 변위 또는 외력이 주어지면 미지수가 2N개이므로 식이 풀린다.).

FEM의 설명을 하게 되면 행렬식이라는 어려운 것이 나오나 이것은 복잡한 식을 간단하게 쓰기 위한 것이라고 생각하면 된다. 예를 들어 변형률×탄성율=응력이라는 식에도 단순한 인장재라면 보통의 식으로 나타낼 수 있으나 입체적으로 사방팔방에서 힘이 작용할 때에는 예컨데 x방향의 변형율이라는 y방향이나 z방향의 응력에도 관계된다. 이와 같이 복잡한 관계를 간단하게 나타낼 수 있으므로 편리하다. 식의 변형에서는 AB와 BA는 같지 않다던가, 여러 가지로 어렵고 실제의 계산은 지루하고 귀찮으나 컴퓨터에 맡기면 된다.

이상 설명한 삼각형요소에서는 휨모멘트가 작용하는 부재 등을 잘 나타낼 수 없으므로 다른 여러 가지 요소가 고안되고 있다.

2) 彈塑性의 FEM

유한요소법은 기본적으로는 훅크의 법칙이 성립되지 않으면 풀리지 않는다. 그러나 세상에는 응력과 변형률이 비례하는 것만은 아니다. 특히 항복된 후에도 응력과 변형율의 관계는 간단한 비례관계는 아니다. 그래서 생각된 것이 **增分法** 이라는 방법이다. 즉, 응력과 변형율의 관계가 어떤 복잡한 곡선이 되든 이것을 짧은 구간으로 나누어서 그 짧은 구간은 직선으로 가정한다. 그리고 그 계산결과를 덧셈해 나가면 어떤 까다로운 관계도 풀린다.

앞서 설명한 바와 같이 유한요소법에서는 [剛性 매트릭스 K]×[變位 매트릭스

δ]=[節点力 매트릭스 F]의 식이 없으면 풀리지 않으므로 어떻게 하든 剛性매트릭스, 나아가서는 그것을 구하기 위한 彈性係數를 구할 필요가 있다. 그러나 塑性域에서는 彈性係數는 없을 것이다(완전 彈塑性의 경우에는 $E=0$가 된다). 그 때문에 解析解에서는 먼저 彈塑性의 경계를 힘의 균형에서 구한 다음에 彈性域側으로부터의 강제변위와 관련흐름측에서 변형률이나 변위를 구하고 있다. 그러나 유한요소법에서는 같은 계산순서로 彈性域도 塑性域도 계산하는 것이 편리하므로 소성역에서도 강성매트릭스를 구하는 연구가 있었다. 彈性率은 없어도 응력과 變形率사이에 어떤 관계가 있을 것이다. 그 결과 좋은 방법을 찾아서 降伏된 原地盤의 문제도 계산할 수 있도록 되었다. 이 剛性매트릭스를 구하는 방법에 대해 간단하게 설명한다.

응력의 미소한 增分 사이에 생기는 變形率의 변화는 彈性과 塑性의 부분으로 해석할 수 있다. 즉,

$$d\varepsilon = d\varepsilon_e + d\varepsilon_p$$

彈性變形率 增分 $d\varepsilon_e$는 彈性매트릭스 $D \times$ 應力增分으로 구해진다. 소성성분은 식(19) $d\varepsilon_p = \lambda \cdot \partial Q / \partial \sigma$으로 구해진다. 이것을 정리하면 다음과 같은 식이 된다(彈性매트릭스는 對稱매트릭스이므로 $D = D^{-1}$가 된다. 뒤의 계산의 형편상 D^{-1}로 나타낸다.).

여기서, Q : 塑性 포텐샬로 相關흐름측일 때는 降伏函數 F와 같고, $Q=F$)

$$d\varepsilon = D^{-1}d\sigma + \frac{\partial Q}{\partial \sigma}\lambda \tag{17}$$

塑性降伏이 생겼을 때 응력은 항복조건식을 만족시키지 않으면 안된다. 지금 동식을 變形硬化 또는 變形軟化도 나타낼 수 있도록 다음과 같이 쓴다.

$$F(\sigma, k) = 0 \tag{18}$$

여기서, k : 塑性硬化 또는 塑性軟化의 정도를 나타내는 係數, 鋼材에서는 降伏点을 넘어서 변형시키면 강도가 올라갈 때가 많다. 암석에서는 보통 균열이 있어서 강도는 급격히 작아진다. 이와 같은 관계를 k로 나타낸다.

塑性흐름 사이는 降伏函數 F는 늘거나 줄지도 않으므로 (18)식이 성립된다.

따라서 (18)식을 미분하면 다음 관계를 얻는다.

$$dF = \frac{\partial F}{\partial \sigma_1} d\sigma_1 + \frac{\partial F}{\partial \sigma_2} d\sigma_2 + \cdots\cdots + \frac{\partial F}{\partial k} dk = 0 \tag{19}$$

加工硬化는 재료에서는 k는 塑性變形사이에 이루어진 塑性일의 量을 나타내고 있다고 한다. 따라서 다음 식이 유도된다.

$$dk = \sigma d\varepsilon_1{}^p + \sigma d\varepsilon_2{}^p + \sigma d\varepsilon_3{}^p + \cdots\cdots = \sigma^T d\varepsilon_p \tag{20}$$

그런데 동식과 흐름법칙,

$$d\varepsilon_p = \lambda \frac{\partial Q}{\partial \sigma}$$

를 조합하면 다음과 같이 쓸 수 있다.

$$dk = \lambda \sigma^T \frac{\partial Q}{\partial \sigma} \tag{21}$$

이것을 (19)식에 대입하면,

$$\left\{\frac{\partial F}{\partial \sigma}\right\}^T d\sigma + \frac{\partial F}{\partial k} \sigma^T \frac{\partial Q}{\partial \sigma} \lambda = 0 \tag{22}$$

다음 식(17)의 양변에 좌로부터 $(\partial F/\partial \sigma)^T D$를 곱하여 정리하면 다음 식이 얻어진다.

$$\left\{\frac{\partial F}{\partial \sigma}\right\}^T d\sigma = \left\{\frac{\partial F}{\partial \sigma}\right\}^T D d\varepsilon - \left\{\frac{\partial F}{\partial \sigma}\right\}^T D \frac{\partial Q}{\partial \sigma} \lambda \tag{23}$$

이것을 (22)식에 대입하여 정리하면,

$$\left\{\frac{\partial F}{\partial \sigma}\right\}^T D d\varepsilon - \left[\left\{\frac{\partial F}{\partial \sigma}\right\}^T D \frac{\partial Q}{\partial \sigma} - \left\{\frac{\partial F}{\partial k}\right\} \sigma^T \frac{\partial Q}{\partial \sigma}\right] \lambda = 0 \tag{24}$$

상식에서 정해지는 λ를 (15)식에 대입하면 주어진 변형률의 변화에 따라 응력의 변화를 나타내는 관계가 얻어진다.

$$d\sigma = D_{ep}^* d\varepsilon \tag{25}$$

다만,

$$D_{ep}^* = D - D\left\{\frac{\partial Q}{\partial \sigma}\right\}\left\{\frac{\partial F}{\partial \sigma}\right\}^T D\left[A + \left\{\frac{\partial F}{\partial \sigma}\right\}^T D\left\{\frac{\partial Q}{\partial \sigma}\right\}\right]^{-1} \tag{26}$$

彈塑性매트릭스 D_{ep}^*는 增分解析에 있어서 탄성매트릭스 D_T에 대신하는 것이다.

즉 이 D^*_{ep}까지 구해지면 보통의 유한요소법의 프로그램의 D대신에 이 값을 넣으면 彈塑性의 계산을 할 수 있다. 물론 응력의 値에 따라 도중에 剛性매트릭스의 値가 변하므로 몇 회라도 나누어서 계산하는 등의 방법을 취한다.(변형효과계수 k 안에 시간의 요소를 넣으면 시간에 관한 계산도 할 수 있다.)

이론계산으로는 塑性域은 靜定構造이고 힘의 균형만으로 구해지나 유한요소법이 되면 급히 彈性率×變形率=應力의 식이 될 수 있는가, 먼저 탄소성의 경계를 구하고 나서 塑性域의 응력을 구하고 그 후가 아니면 變形率은 구해질 수 없으므로 이상한 생각도 드나 응력에 따라서 일정한 剛性매트릭스 D^*_{ep}가 계산된 것으로 이것이 가능하게 되었던 것이다. 인간은 하늘을 날기 위해 처음에는 새의 흉내를 내려고 날개를 상하로 움직이는 기계를 생각하였으나 실용화된 것은 새와는 비슷하지도 않은 프로페라라는 것이었다. 컴퓨터도 이론계산과 비슷하지도 않은 모양으로 계산하는 쪽이 능률이 좋은 것 같다.

FEM은 彈性解에서 발달되어 왔으므로 應力=變形率×彈性率이라는 관계를 기본으로 하고 있다. 따라서 塑性域에서는 彈性係數를 복잡한 식으로 계산하고 있다. 剛性매트릭스 D^*_{ep}가 행렬로 나타나고 있으나 이것으로 直交則 등의 어려운 관계도 계산할 수 있도록 되어 있다. 이론계산과는 순서가 다르나 결과는 같게 된다.

이 계산은 彈性域과 塑性域의 응력, 변형률을 연립시켜서 풀고 있으므로 완전한 방법이다. 彈性率이 應力에 따라 변하는 경우등에도 이 방법으로 풀 수 있다.

3) FEM의 특징과 문제점

유한요소법에는 다음과 같은 장점이 있어 최근 널리 쓰이고 있다.

(1) 어려운 彈性學이나 彈塑性學을 잘 모르더라도 컴퓨터의 프로그램이 있기만 하면 누구라도 비교적 쉽게 매우 복잡한 문제를 풀 수 있다.

(2) 복잡한 형상, 장소에 따라 성질이 변하는 地盤 및 支保部材와 같은 구조

물을 적절한 요소로 구분함으로써 실상에 가까운 계산에 들어갈 수 있다.

(3) 구별한 요소를 도중에 削除, 追加, 재료정수의 변화를 시킴으로써 굴착, 지보공의 설치, 콘크리트의 강도증가 등을 계산에 넣을 수 있다.

(4) 특별한 요소를 도입함으로써 節理, 剪斷域, 록볼트, 숏크리트의 수축줄눈 등도 표현할 수 있다.

(5) 시간에 의한 材料物性의 변화, 크리이프, 점탄소성 등을 계산에 넣을 수 있다.

(6) 高度化된 반복계산법을 쓰면 원지반 또는 지반의 매우 복잡한 非線形材料로서의 거동, 지보공재료의 항복, 원지반의 느슨함을 넣을 수 있다.

(7) 일반적으로는 평면변형으로 계산하나 특별히 막장부근의 해석 등을 할 때에는 3차원 유한요소법도 쓰여진다.

(8) 응력의 문제만이 아니고 地下水의 흐름이나 熱의 흐름 등도 이 방법으로 풀 수 있다.

4) FEM에 대한 실무상의 문제점

유한요소법은 전자계산기의 발달과 더불어 급속하게 발전한 강력한 계산법이나 실무자나 연구자로부터 몇 가지 문제점이 지적되고 있다.

(1) 계산가정에서 결과에 이르기까지 계산의 과정이 일반적으로 제3자에게는 알 수 없어 손 쓸 수 없다. 결과는 "블랙박스"에서 튀어나오는 것으로 "계산법의 전문가가 아닌 기술자는 믿지 않을 수 없다."

(2) 안을 볼 수 없는 "블랙박스"안에서는 바람직한 결과가 되도록 조작할(하고자 하면 비교적 쉽게) 수 있다.

기술자의 論理가 있으므로 실제로는 속임은 적을 것이나 고의가 아니더라도 설계자의 의도와 계산을 하는 사람의 생각이 달라질 수는 있다. 또 지금까지 몇 번이나 지적한 바와 같이 식의 유도법까지 자세히 설명되어 있는 해석식까지도 몇 가지 잘못이 교과서에 되풀이 실려있는 예가 있다. 하물며 속이 공개되어 있지 않은 컴퓨터프로그램에서 잘못이 있는지 어떤가는 잘 알 수 없다. 이와 같이

FEM을 불신하는 사람이 있다는 것은 설명부족도 원인이 된다. 아무것도 모르는 사람에게도 알 수 있게 다를 수 있도록 노력할 필요도 있다.

(3) 수치계산법에서는 어느 지수가 결과에 어떤 영향을 주고 있는가를 알 수 (일반적으로) 없다. 영율 E나 土被 H는 주목되나 포아슨비나 側壓係數 k의 계산결과에 미치는 영향을 매우 크나 의외로 경시되는 예가 많다.

이 계산법은 가정한(입력된) 데이터에 대한 답만이 주어진다. 물론 계산기를 위한 費用, 입력데이터를 만드는 품이나 비용을 아끼지 않는다면 데이터의 변화에 의한 영향을 계산할 수는 있겠으나 실용적은 아니다(그림 3.8 참조, 이것은 Fenner-Pacher곡선을 구하기 위해 Rabcewicz가 쥬리히 공업대학의 암반역학 연구소와 협동하여 FEM계산을 한 결과이다. 숏크리트의 영율을 바꾼 계산을 하여 내공변위와 지보공에 작용하는 하중의 관계를 구하였으나 기대한 원지반 응답곡선(Fenner-Pacher곡선)의 右上 부분은 얻을 수 없었다).

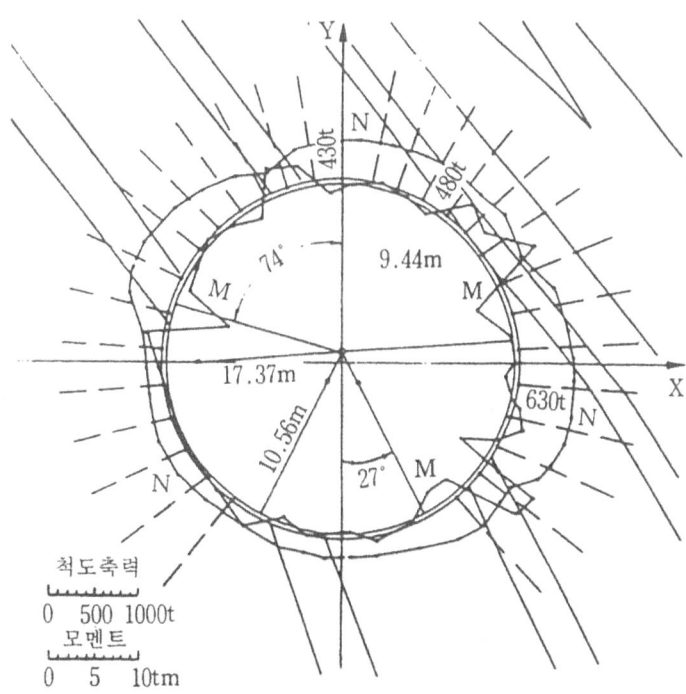

(a) 1호터널붙임부의 유한요소법에 의한 계산결과, 숏크리트에 작용하는 축력과 모멘트

그림 3.8

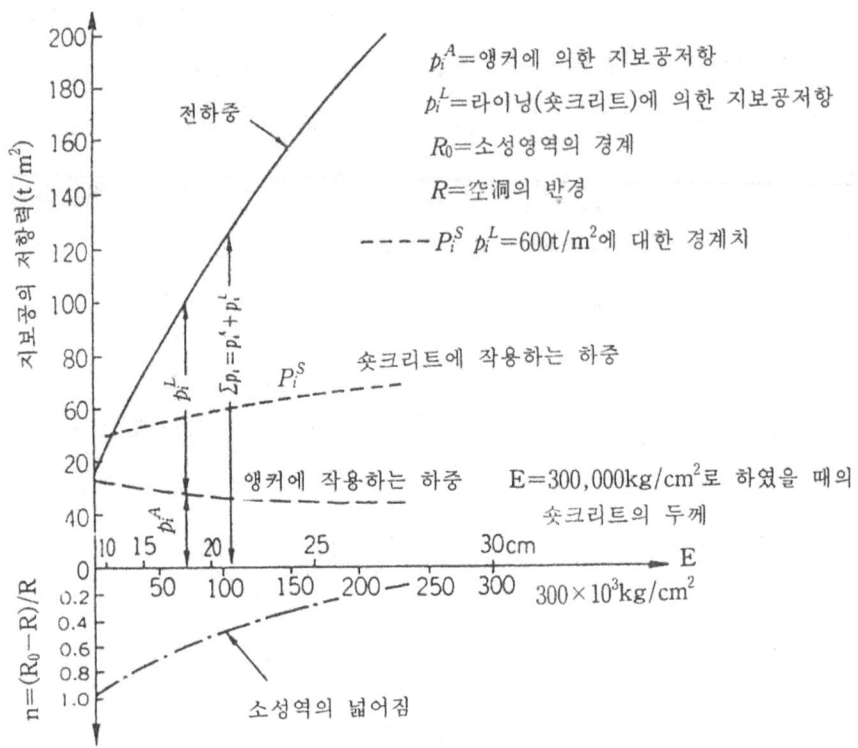

(b) 달베라댐 轉流터널 1호터널붙임부의 유한요소법에 의한 계산으로 구해진 라이닝의 剛性 E의 함수로서의 라이닝과 앵커에 작용하는 荷重

그림 3.8 (계속)

(4) 유한요소법에 지나치게 과대한 기대를 거는 사람들이 많아서 계산의 내용을 모르는 사람이 이유없이 유한요소법을 盲信하고 과대평가하는 경향이 있다. 한편, 전문가 사이에도 계산법의 화려함, 정밀함에 취해서 그것이 어느 정도 현실의 원지반의 거동을 나타내고 있는가(없는가)에 무관심한 사람이 많다. 전문가와 실무자 사이에 이 이야기가 겉돌 때가 많다. FEM의 계산결과를 어떻게 읽는 것인가, 어떻게 사용하는가를 잘 모르고 있다. 계산과 실제의 계측이 대략 맞았다고 하는 것은 자랑스러운 것이 못된다. 영율 등의 입력치를 바꾸면 맞는 답은 얼마든지 낼 수 있기 때문이다.

(5) 원지반의 복잡한 성질중 유한요소법에 넣을 수 있는 것은 넣기 쉬운 것만

을 계산에 넣고 보다 일층 중요한 것이라도 계산에 넣을 수 없는 것, 넣기가 어려운 것을 무시하거나 경시하는 경향이 있다. 실무적으로 계산프로그램을 만드는 것이 어렵다면 사용하는 쪽에서는 결점을 알고 사용하고 계산결과의 해석을 할 때에 부족한 요소를 가할 필요가 있다.

(6) 유한요소법으로 계산가능한 것과 실제로 이용할 수 있는 계산프로그램으로 계산할 수 있는 것과의 사이에는 많은 격차가 있다. 많은 계산프로그램은 평면문제, 항복조건으로는 Drucker-Prager, 완전 彈塑性 또는 점성소성, 관련흐름칙 등의 조건으로 제작되어 있고 Lade나 Hoek-Brown등이 제안하고 있는 2차곡선의 항복조건, 원지반이나 콘크리트 안에서의 전단면의 발생·발달, 변형경화, 변형연화, 3차원의 막장의 영향, 터널크기의 영향, 시간에 따라 변하는 강도나 영율, 원지반의 항복, 느슨함·재압밀등은(원리적으로는 할 수 있으므로 그와 같은 프로그램도 있을지도 모르겠으나) 보통은 계산할 수 없다. 시공법의 미묘한 영향도 거의 계산할 수 없다.

터널의 경우 초기상태에서 지보공으로 지지되는 상태로 옮기는 도중에 무지보의 상태가 있으나 일반적으로 고려되고 있지 않다.

(7) 유한요소법의 바로 볼 수 있는 특색의 하나는 소성영역의 모양 등이 계산으로 쉽게 구할 수 있는 것이다. 소성영역이 넓어지는 것이 터널의 안정으로 보아서 어떠한 해가 되는가(되지 않는가)는 어려운 계산을 하는 것에 비해 해명되어 있지 않다. 측압계수를 아주 작게 취하여 소성역의 모양을 계산하여 즐거워하는 경향도 있으나 별로 의미가 없는 것이다.

어디를 보강하면 안전율이 올라가는가 하는 등의 판단을 계산결과에서 나오는 것은 아니다. 참고로 할 정도이다.

(8) 유한요소법의 프로그램이라 하여도 어느 것이나 같은 것은 아니다. Lombaldi는 탄소성 경계인 곳에서 주응력선이 비틀어지고 있는 것과 같은 계산결과도 있다고 비판하고 있다.

비선형탄성해의 유한요소법이 마치 彈塑性解와 같이 이해되어(오해되어) 사용되는 예도 있으나 탄성해와 소성해는 어디까지나 다른 것이다. (D^*_{ep}를 쓰지 않고 (6)식에도 E를 작게 하거나 v를 0.45 가까이까지 늘리는 계산방법으로 다음과 같은 결점이 있다.)

"荷重增分法은 非軟化性의 해석에 널리 쓰이고 있고 後述하는 바와 같이 有用性이 인정되고 있으나 非線形彈性 FEM은 部分彈性의 생각에 입각하고 있으므로 $\triangle \gamma_{xy}$와 $\triangle \tau_{xy}$만이 이어져 있고 $\triangle \tau_{xy}$는 $\triangle \epsilon x$, $\triangle \epsilon y$에 어떤 영향도 주지 않는다. 이것은 剪斷應力의 영향하에서 체적변형율은 생기지 않는 것을 의미하고 흙의 다이레텐시(Dilatancy) 특성을 표현할 수 없다는 결점이 있다. 또 식에서 알 수 있듯이 塑性變形率 增分의 방향과 應力變形率 增分의 방향과는 일치시키지 않을 수 없고 이것은 塑性理論의 일반개념과는 서로 허용될 수 없는 것이다. 탄소성 FEM은 上述의 결함을 보충하는 보다 합리적인 것으로 생각된다"라고 알려지고 있다.

팽창성터널에서는 이 방법에 의한 變形量의 계산오차는 꽤 많아진다. 또 이것은 어디까지나 탄성계산이므로 현상의 不可逆性이 나오지 않는다. 塑性變形은 「때리고 쓰다듬어도 같은 것은 아니다. 한 번 때리면 약간 쓰다듬을 정도로는 원래대로 돌아가지 않는다」하는데 특색이 있으므로 이 계산에서는 「때리고 쓰다듬으면 같은 것」이 되고 만다. 계산시간은 그렇게 변하지 않으므로 보다 정확한 쪽을 채택하여야 할 것이다.

(9) 有限要所法이 곤란한 하나의 요인은 필요이상의 돈과 시간이 걸리는 것이다. 적어도 터널의 굴착문제를 대표단면하나에 대해 계산하면 최저 수천만원은 걸린다. 수백억원의 공사를 안전하게 경제적으로 진행하기 위해 도움이 된다면 물론 수천만원도 싸다고 할 수 있으나 有限要所法으로 계산하였다고 안심하여 보다 필요한 지질이나 경험상의 판단이나 시공법과의 관계 등에 대해 연구하고 생각하는 시간과 정력도 없어진다면 곤란하다. 또 FEM의 계산결과를 어떻게 해석하느냐, 계산 등에 어떻게 도움을 주는가에 대해서는 아직 잘 알려지지 않고 있다.

(10) 계산법 그 자체의 문제점도 몇 가지 들 수 있다.

a) 요소의 분할방법 등에 따라서는 많은 오차가 나온다. 특히 휨모멘트의 영

향 등으로 應力句配가 큰 곳에서는 오차가 나오기 쉽다(그것에 대응할 수 있는 계산법도 연구되어 있다).

b) 원지반의 외측의 훨씬 먼곳을 고정점, 內實經濟條件의 주는 방법에 따라서는 오차가 나올 수 있다.

c) 支保工과 原地盤사이의 틈, 숏크리트의 사이에 둔 틈, 지보공이 원지반에 밀려들어가는 것등은 일반적으로 계산에 넣지 않는다. 어느 곳에서는 원지반이나 숏크리트가 전단되어 볼트가 잘라지는 것도 계산할 수 없다.

d) 彈塑性解 등의 복잡한 계산에서는 문제는 보다 확대되는 것으로 유한요소법의 창시자라고 할 수 있는 Zienkiewicz까지도 다음과 같이 말하고 있다. "여기서 非線形問題에 대해 되풀이 말해 둘 필요가 있는 것은 다음 사항이다.

(a) 解의 非唯一致(non-uniqueness)이 나타나는 가능성이 있다는 것.

(b) 收斂이 비리 보증되지 않는 것.

(c) 解의 비용은 線形解의 경우에 비교하여 예외없이 增大하는 것.

(11) 그렇다 하더라도 有限要所法의 利點도 많으므로 경우에 따라서는 가려서 쓰던가, 지금까지 말한 결점을 보충할 수 있는 개량, 개선이 이루어지는 것이 바람직하다. 유한요소법에서는 계산에 넣고자 하는 항목을 중요한 순으로 들면 다음과 같다.

(1) 여러 가지 모양의 2차원탄성체의 계산을 할 수 있는 것. 삼각형, 사각형, 짐, 棒 등의 철거, 조립설치 가능한 것이 될 수 있으면 非線形彈性의 계산도 할 수 있도록 한다.

(2) 完全彈塑性의 계산(降伏條件으로는 Mohr-Coulomb, Drucker-Prager만이 아니고 Griffith, Hoek-Brown, Lade등이 2차식으로 나타낼 수 있는 것)을 할 수 있을 것.

(3) 加工硬化, 變形軟化 등을 계산할 수 있을 것. 강도가 零가까이 까지 되는 것. 이 때 강도나 彈性率의 변화도 들어갈 수 있을 것. 이 강도의 저하는 막장의 높이, 시간, 흐름반이나 受盤 등에 따라 바꾸질 것이다. 이것으로 느슨함이나 再壓密의 영향을 할 수 있다. 느슨함 하중도 계산할 수 있다.

(4) 시간에 의한 강도나 彈性率의 低下, 掘鑿後 지보공을 설치할 때까지의 放置時間의 효과의 계산이 될 수 있을 것. 숏크리트나 록볼트 定着材의 몰탈 강도나 彈性率의 시간적 변화도 들어갈 수 있을 것.

(5) 숏크리트 쉘, 막장의 원지반 등에 의한 疑似 3차원효과, 쉘의 효과를 2차원으로 넣는 계산, 막장의 높이, 1회의 굴착길이, 지보공다리의 침하, 縫地볼트, Forepile볼트, Ring cut(核남기기) 등의 효과를 揷入할 수 있을 것.

(6) 볼트의 효과, 터널의 치수효과를 넣을 수 있을 것.

(7) 非等方性, 즉 암반의 눈의 방향, 흐름반 등의 효과 이것으로 偏土壓이 작용할 경우의 계산을 할 수 있을 것.

(8) 크리이크, 점탄성, 물의 영향등

(9) 3차원의 계산

실제로는 (3), (4), (5), (6) 등을 거의 할 수 없으나 자주 무리하게 이루어지고 있다. 영향을 비교적 작은 쪽이 (7), (8), (9) 등의 계산법의 연구가 성행되고 있다. 암반의 성질에 대한 실험이나 계측도 늦어지고 있는 것도 원인으로 계산법의 문제보다 암반역학측의 연구가 늦어지고 있다. 어떻든 조금 바란스 감각이 나쁘다.

수많은 공사보고를 보면 단면 FEM계산의 보고가 실려있는 것이 많다. 애써 현장에서 터널을 파고 있으면서, 왜 그곳의 관찰을 기록하지 않는가. 또는 계산은 특수한 기술을 요하는 것이며 관찰은 경험공학으로 누구라도 할 수 있다는 것으로 생각하고 있다면 그것은 전혀 잘못된 것이다. 관찰은 미리 문제를 잘 인식하고 어떤 거동이 일어날 것이라는 것을 잘 알고 있지 않으면 할 수 있는 것이 아니다. 오랫동안 觀察眼을 길러 두지 않으면 할 수 없는 것이다. 어느 정도의 시간, 터널 안에 틀어박혀서 서서히 그곳의 분위기에 젖으면 조금씩 정신이 통일되고 신경이 그곳의 분위기에 익숙해져서 산의 소근거리는 소리가 들리게 된다. 그것은 미소하여 처음에는 잘 듣지 못하고 판단에 고생하는 것이 될지 모르겠으나 정직하게 확실하게 실제 일어나고 있는 것을 전해 오고 있다. 「눈은 하늘에서 보내 주는 片紙이다」라는 말이 있으나 산신도 암호비슷한 판독에 고생하는 편지를 보내 온다. 그 편지를 읽는데 도움이 되는 범위에서는 계산도 계측도 도움이 되나 산의 움직임을 잘 보지 않고 계산하거나 계측치를 論하거나 하는 것은 언제나 피하여야 할 일이다. 계산은 지금은 돈만 내면 누구나 할 수 있는 것이다.

터널의 파괴는 라이닝材가 변형한도를 넘어서 破斷하지 않는 한 일어나지 않는다. 水中에서도 N値零의 超軟弱地盤안에서도 라이닝이 무너지지 않는 한 터널은 안전하다. FEM계산을 하여 복잡한 모양의 塑性領域이나 계산할 수 있는 것이 마치 이 계산법이 특색, 다른 계산법에 비해 한층 우수하다는 점인 것처럼 설명이 없는 것은 아니나 가령 그와 같은 복잡한 모양의 塑性領域이 생겼다 하여도 터널의 안전에는 하등 관계가 없는 枝葉的인 현상이고 놀라거나 마음에 둘 것도 없다. 그것이 側壓係數 k=0.2로서 원지반의 比强度 1이하라는 있을 수 없는 조건에서의 계산이라면 더욱 그렇다.

사진, 영화, TV 등의 신기술이 발명되면 한쪽에서는 장미빛 미래를 바로 생각하고 또 한쪽에서는 예전부터 있는 繪畵, 연극, 오페라에 비해 저속하다. 값싸다고 비난한다. 有限要所法도 아직 그와 같은 시대일 것이다. 요컨대 이것은 도구이다. 도구는 잘 쓸 필요가 있다. 현재로는 Rabcewicz가 다소 유도의 잘못도 있었던 Fenner-Talobre의 식에서 유도된 洞察을 넘는 것은 없는 것같다. 터널기술자가 이 최신병기를 문명의 이기를 충분히 쓸 수 있도록 되는 것을 기대한다.

6. 터널과 地下水

터널공사는 물과의 싸움이라고 말할 수 있다. 공사가 難航한 것으로 세계에 이름을 떨친 丹那터널 등 대부분은 심한 湧水 때문이다. 먼지가 나는 터널이란 기술자의 꿈같은 희망으로 별로 기대할 수 없다. 물을 잃어버리고 터널을 생각할 수 없다.

1) 地下水의 水理

지하수의 흐름은 일반적으로는 그다지 빠르지 않으므로 水理學에서 말하는 層流라고 생각하여도 좋다. 層流일 때는 다음과 같은 Darcy의 법칙이 성립된다.

$$v = ki \tag{1}$$

$$Q = kAi = kAdh/dl \tag{2}$$

여기서, v : 流速
   Q : 流量
   A : 通水斷面績
   $i = dh\ dl$: 動水句配
   k : 透水係數

지금 그림 3.9와 같이 半徑 R의 섬 중앙에 수평으로 된 두께 b의 被壓透水層에 관입되어 있는 우물이 있다고 한다. 우물 중심에서의 떨어짐이 r의 원주상으로 생각하고 그곳의 水押을 h로 한다면 그곳의 通水斷面績은 $A = 2\pi rb$, 動水句配는 $i = dh/dr$이므로 流量은 r에 상관없이 일정하고 다음과 같이 구해진다.

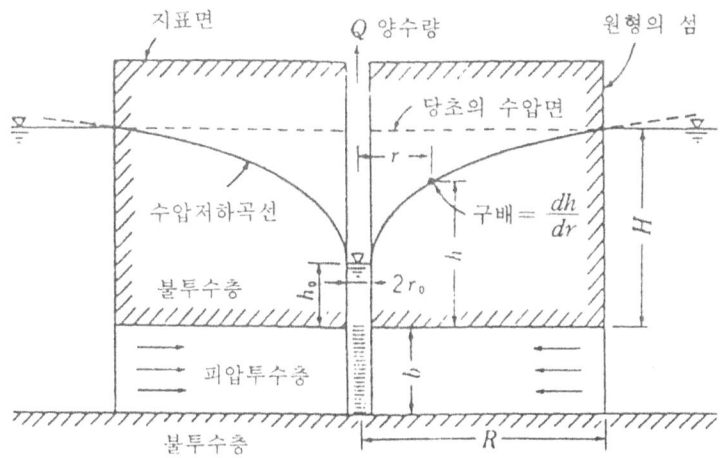

그림 3.9 우물둘레의 정상 地下水流

$$Q = 2\pi r b v = 2\pi r k b \, dh/dr \tag{3}$$

유량이 일정하다는 것은 단면적이 작게 되는 우물에 가까울수록 그 動水句配가 급하게 된다. 이 식을 이항을 하면 다음 식이 얻어진다.

$$dh = \frac{Q}{2\pi k b} \cdot \frac{dr}{r} \tag{4}$$

이것을 적분하면,

$$h = \frac{Q}{2\pi k b} \ln r + C \tag{5}$$

우물의 반경이 r_0로써 그곳에서의 水押은 h_0라고 하면,

$$h_0 = \frac{Q}{2\pi k b} \ln r_0 + C \tag{6}$$

섬의 반경이 R로 그곳에서의 水押을 H라고 하면,

$$H = \frac{Q}{2\pi k b} \ln R + C \tag{7}$$

(6)식과 (7)식을 연립시켜서 풀면,

$$H - h_0 = \frac{Q}{2\pi k b} \ln \frac{R}{r_0} \tag{8}$$

따라서, 流量 Q는 다음과 같이 구해진다.

$$Q = \frac{2\pi kb(H-h_0)}{\ln(R/r_0)} \tag{9}$$

被壓우물이 半徑 R의 섬 한가운데에 있다고 하면 이 식에서 湧水量을 구할 수 있다. 실제의 우물에서는 R을 影響半徑이라고 부르고 100~200m정도 취하여 揚水量계산을 하고 있다(시간이 지나면 影響半徑 R는 무한대가 되는 것같으나 비가 내리므로 이것으로 충분하다). 우물과 터널에서는 縱橫으로 아주 달라져서 이러한 계산식은 도움이 되지 않는 것처럼 보이나 지하로 깊어 감에 따라 늘은 量만큼 水壓은 물의 흐름에는 영향이 없으므로 이 계산식은 충분히 도움이 된다. 그래도 둥근 地球의 한가운데에 터널을 파는 것은 아니고 표면 가까이에 파는 것이므로 조금 오차가 생긴다.

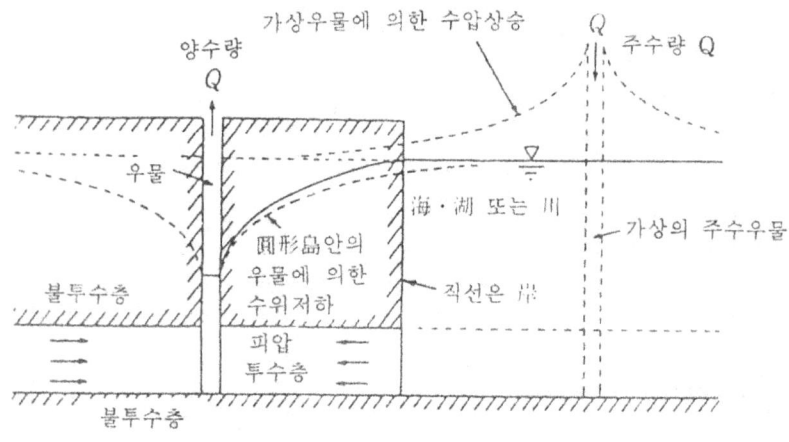

그림 3.10 岸 가까이 있는 우물둘레의 定常流

간단히 하기 위해 水深 H의 바다 또는 강아래, 土被 H'의 곳에 있는 터널을 생각하기로 한다. 이때 地表에 가까운 터널의 계산에서 사용한 雙極座標를 쓰면 이 水底터널의 조건에 가까운 것이 된다. 먼저 그림 3.10과 같이 海岸에 가까운 곳에 우물이 있다고 하면 海底線에서는 수위의 저하는 없을 것이다. 이것은 假想우물을 사용하여 다음과 같이 정말 우물에 의한 水壓低下와 假想우물에 의한 水壓上昇을 가하여 합치면 계산할 수 있다. 즉, 假想우물에 의한 水壓上昇은,

$$-h' + h_0 = \frac{Q}{2\pi kb} \ln \frac{r'}{r_0} \tag{10}$$

여기서 r' : 假想우물의 중심으로부터의 떨어짐,

　　　　h' : 假想우물의 水壓

이 식에 (5)식과 (6)식을 가하면 다음과 같은 식이 된다.

$$h' - h = \frac{Q}{2\pi kb} \ln \frac{r'}{r} \tag{11}$$

同式에서 $r = r'$라고 하면 $h' - h = 0$이 된다. 즉 양쪽의 우물에서의 떨어짐 r, r'가 같은 海底面에서는 水頭低下는 零이 된다. 지금 水深 H인 곳에 土被 H', 半徑 r_0의 터널을 판다고 하면 터널내면에서는,

$$h' - h = H + H' = p_0/\gamma,$$

$$r = r_0, \quad r' = 2H' \pm r_0 \fallingdotseq 2H'$$

가 되므로 터널연장 1m당의 流量 Q/b는 다음과 같이 된다.

$$Q/b = 2\pi k \frac{H + H' - p_0/\gamma}{\ln(2H'/r_0)} \tag{12}$$

이것은 Muskat의 공식으로서 알려져 있다.

여기서 p_0 : 터널내의 水壓 또는 壓氣壓, 엄밀하게는 Mindlin의 식의 경우와 같고, 雙極座標의 극과 터널중심과는 다르므로 다음과 같이 修正한 식도 있다.

$$Q = 2\pi k \frac{H + H'}{\ln(2H'/r_0 - 1)} \tag{13}$$

여기서, Q : 터널의 湧水量

　　　　H : 水深

　　　　H' : 터널상의 土被

　　　　r_0 : 터널의 반경. $b = 1$

상식을 보면 土被 H'의 2배의 반경의 둥근섬의 중앙에 판 우물과 같은 揚水量(터널의 경우는 湧水量)이 된다.

水底터널이 아닌 경우에는 터널의 부근에서 地下水面이 내려가고 그 때문에 터널가까이에서는 地下水壓이 낮아지므로 식은 보다 복잡하게 된다. 그러나 비

가 내리면 또 地下水位가 올라가므로 일반적으로는 동식에 $H=9$, $H'=$수평지하수면까지의 높이를 넣어서 거의 근사하게 된다. 地下水位가 더 내려갔을 때의 계산으로는 다음과 같은 식도 있다(그림 3.11(b) 참조)

$$Q = \frac{k}{R} \cdot \frac{(H^2 - h^2)}{\left(\dfrac{h}{d+0.5r_0}\right)^{0.5} \left(\dfrac{h}{2h-d}\right)^{0.25}} \tag{14}$$

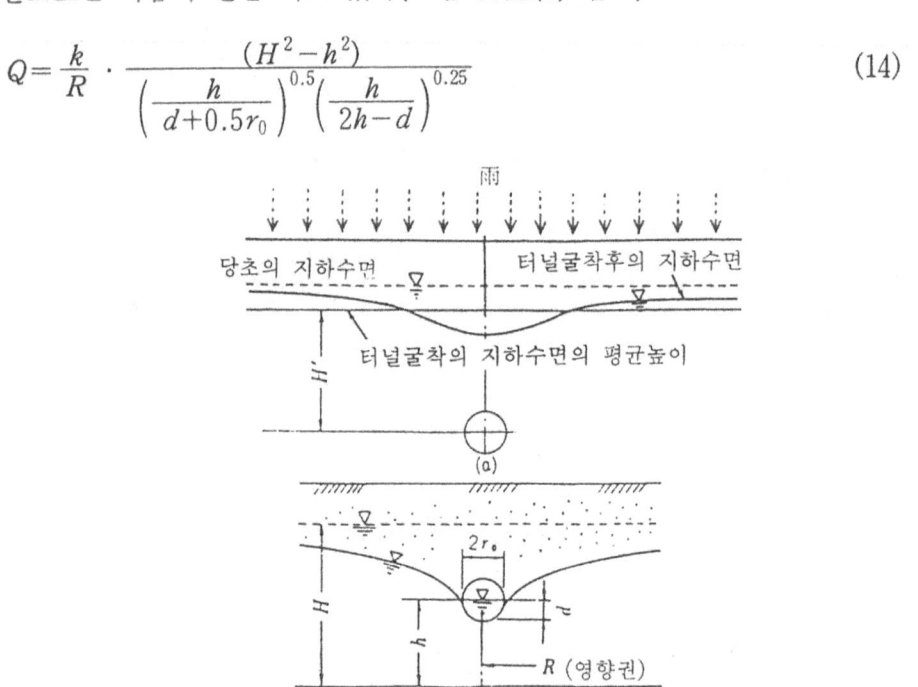

그림 3.11

(13)식에 따르면 강이나 바다아래에 터널을 뚫을 때에는 너무 土被를 작게 잡아도 크게 잡아도 湧水量은 증가한다. 즉 가장 湧水量이 작게 되는 土被가 있다는 것이 된다. 터널을 너무 깊은 곳에 설정하면 연결터널이나 작업용의 垂直坑 등이 길고 또는 깊게 되고 土壓도 증가한다. 만든 다음에도 기차나 자동차가 지나치게 내려가거나 올라가거나 하지 않으면 안되는 등 좋은 것은 별로 없다. 따라서 湧水量이 최소가 되는 깊이든지, 조금 얕은 정도가 강이나 바다 밑을 지나는 터널을 계획할 때 가장 좋은 높이라고 생각된다.

일본 靑函터널의 계획에 있어서 어떤 사람이 Muskat의 식에 이견을 내고 (13)식의 「分子는 $H+H'$ 대신에 H만으로 좋다」라는 설을 제창하였다. 이것이

당국자에 채택된 것으로 계획시의 문서에는 다음과 같은 설명으로 되어 있다.

「위의 Muskat의 식은 水深에 土被두께를 더한 높이와 같은 靜水頭를 생각하고 있으므로 수로의 損失水頭에 이겨서 湧水量이 漸增하게 된다. 이것은 管水路의 流量이라고 생각하면 수로가 길어짐에 따라 湧水量이 감소하는 것은 당연하다. 岩石의 갈라진 틈으로 나오는 湧水의 경우 流出初에는 $H+H'$의 水頭가 걸리나 정상상태에 들어가면 H만을 생각하면 좋다고 생각된다.」

그리고 그림 3.12에 海底로부터의 터널의 깊이와 湧水量의 관계를 나타내고 있다. 이것에 의하면 水深 140m의 Joukaru海峽에서는 土被가 깊을수록 湧水量이 줄게 되고 前後의 연결구배 등을 생각하면 土被를 100m정도로 취하는 것이 좋은 것이 된다. 그래서 100m의 土被를 취하는 설계로 되었다. 이 시대의 터널역학에서는 土被가 깊어지면 土壓이 는다고는 조금도 생각되지 않고 오히려 너무 낮은 곳은 風化되어 있어서 느슨함 土壓도 크게 된다고 생각하고 있었다. 湧水量에 대해서도 같은 것을 막연하게 생각하며, 너무 토피가 얇은 것은 위험하다고 판단된 것 같다. Muskat의 식에 넣어 계산하면 靑函터널의 경우는 最大水深의 곳에서 약 50~60m의 土被를 취하는 것이 가장 湧水量이 적었다는 결과가 된다(그림 3.12 참조).

이 잘못은 뒤에 다음과 같이 訂正되었으나 토피는 역시 100m로 시공되었다.

「土被가 크다는 것은 海水가 침투하는 水路의 연장이 길다는 것을 의미한다. 이것은 摩擦抵抗을 늘려서 湧水量을 減少시키는 것일까 또는 水壓의 증가로 湧水量을 증가시키는 것일까. 당초계획으로는 前者의 입장을 취하여 湧水量을 추정하였다. 또 Yasioka海岸線 부근의 軟岩이 갈라진 틈에서의 용수상황도 前者의 입장을 시인하는 것 같다. 그러나 龍飛斜坑의 湧水量으로 판단하면 堅岩의 갈라진 틈에서의 湧水는 後者의 입장을 취하는 것같다. 전체의 湧水量은 本州쪽의 火山岩層의 湧水로 左右되므로 後者의 입장을 취하여 다음으로 湧水量을 추정하여 고치는 것으로 한다. 土被의 地質이 같은 경우 水底下에 있는 터널의 湧水量에 대하여 Muskat은 다음 식을 주고 있다」.

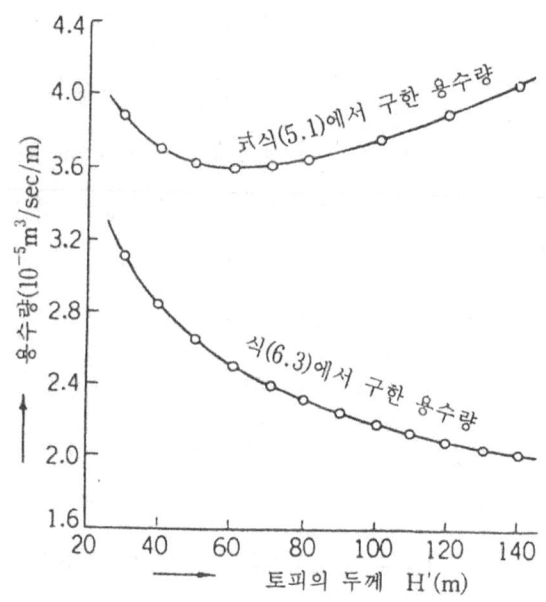

(H=140m, $K=10^{-10}$cm/sec, γ_0=3.6m로 한다)
식 (5.1)은 (13)과 같고, 식(6.3)은 $H'=0$으로 하였을 경우
그림 3.12 터널의 湧水量과 土被와의 관계

水理學의 기본식이 지질에 따라 변하게 되는 것은 아니다. 透水係數 $k=$일정 이라는 假定이 현장에 맞지 않으므로 그 분의 수정을 할 필요가 있을 뿐이다. Terzaghi 등의 土壓論이 터널의 土壓은 그 위에 있는 원지반의 전중량으로부터 발생하고 있는 것을 놓친 것처럼 이 식을 유도한 사람은 地下水理學의 기본을 잘 모르고 있었던 것같다. 이 식이 최초부터 옳게 유도되어 있었으면 靑函터널은 40~50m 얕은 곳을 지났을지도 모르며, 그렇게 되면 工事費, 열차의 운전비, 터널의 통과소요시간에도 많은 영향을 주었을지도 모른다.

靑函터널에서 사용한 湧水公式이 잘못되었다는 것은 다음과 같이 하면 바로 알 수 있다. (12)식에서 H'를 제거한 식으로 水深 H를 0으로 하면 湧水量 Q 가 0이 된다. 즉 강이나 바다 아래가 아닌 많은(육상의) 터널은 湧水가 없는 것이 된다.

壓氣工法의 쉴드터널에서 水深分의 內壓 $p_0 = \gamma H$가 걸리면 湧水는 없는 것이 된다. 이것으로는 도로 밑의 쉴트공법으로 壓氣工法을 취하는 것은 넌센스가 된다.

　최근 계획되어 있는 海底터널에서는 青函터널만큼의 큰 土被는 취하지 않고 있는 것같다. (표 3.4 참조)

표 3.4 주요 海底터널 일람(日本)

터널명	長 (km)	水深 (m)	土被 (m)	
關門鐵道터널	3.6	14	7	
關門道路터널	3.5	27	20	
關門新幹線	18.7	32	24	
青函터널	53.8	140	100	
도오바아 海峽	50.5	60	40	
그레이트벨트	10.7	54	21	공사중
지부랄탈 海峽	65	300	100	계획

　土被가 너무 얕은 터널은 위험하다고 보통은 생각하고 있다. 水底터널에서 함몰된 예로서는 松島炭坑(1929.6.25, 水深 21.2m, 土被 31.2m, 사망 42명, 1934.11.24, 水深 약 60m, 土被 약 50m, 사명 54명), 宇部炭坑(1900~1960년 사이의 수물 12건, 그중 9건은 土被 30m이하 또는 제3기층의 토피를 20m이하) 등이 알려져 있다. 壓氣工法으로 시공한 뉴욕시의 이스트川터널(水深 4.5m, 土被 1.5m)에서는 壓氣를 작동하고 있던 작업원과 더불어 川底로 뿜어낸 사고도 생겼었다. 關門鐵道 터널에서도 같은 위험성이 있었으므로 배에서 海底에 粘土를 포대에 채워서 投入하여 토피를 확보하였다. 최근에는 Great Belt Tunnel의 TBM수물사고가 있다. 그렇지 않더라도 얕은 土被로 溪流의 아래를 뚫은 때는 湧水와 風化岩으로 工事가 곤란할 때가 많다. 土被는 깊을수록 안전할 것이라는 생각이 터널기술자에게는 아직 많은 것같다. 계산식은 이 常識이 반드시 옳지 않다는 것을 나타내고 있다. 그러나 地表 가까이의 풍화된 分과 터널 바로 위의 느슨한 부분은 최소필요 土被에 더하여 생각하여야 할 것이다.

　지금까지의 계산은 정상상태가 된 후부터이다. 그러나 공사 중에 더러운 것은 돌발적으로 나오는 最大流量이다. 이것을 계산하여 보자. 먼저, 그림 3.13(a)같은 不透水層에서 滯水層으로 돌연 들어갔다고 하면 影響半徑 R이 터널지름에서 $2H'$로 점점 커진다고 생각하여 계산하여도 좋다. 영향범위 R가 터널지름 a에 가까웠을 때는 터널 부근은 亂流가 되므로 Muskat의 식은 쓸 수 없다. 지금 간단히 하기 위해 가장 작은 影響半徑을 2.3a라고 하면 $\ln(R/a)=1$이므로 透水層에 들어간 순간의 湧水量은 $Q_0=2\pi kb(H+h)$가 된다(터널지름 5m, 地下水面까지 100m로 하여 정상상태의 3.7배정도). 시간에 따라 影響半徑 R나 流量 Q가 어떻게 변하는가는 유출량과 수압의 저하 dh에 의한 지하수나 원지반의 體積膨脹이 같다고 하여 다음과 같이 구하여 질 것이다.

$$\int Qdt = \int_a^R \frac{dh}{k} dy \tag{15}$$

여기서, k : 體積彈性率

그러나 아직 同式을 터널용으로 푼 식은 없을 것같다.

斷層의 폭이 1회의 掘鑿長보다 클 때에는(그림 3.13(b)) 불완전 貫入우물의 공식을 써서 수정할 필요가 있다.

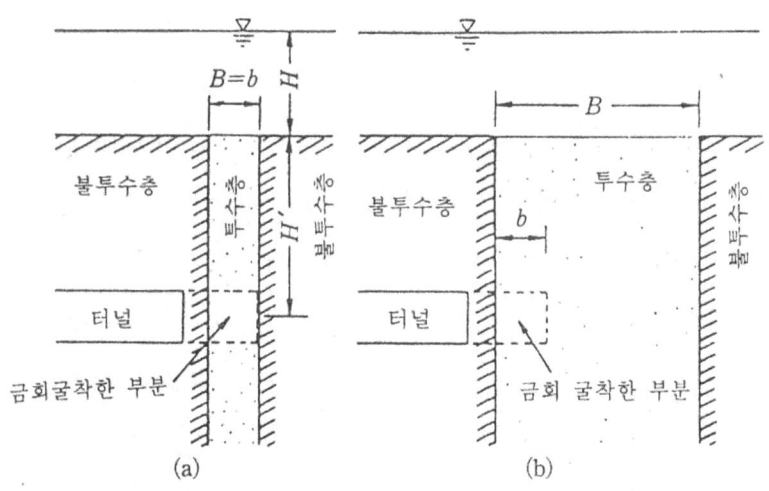

그림 3.13 막장에서의 湧水量을 계산할 때의 假定

Takabashi는 그림 3.14(a)와 같은 假定에서 유도한 아래 식을 소개하고 있다.

$$q_t = q_0 \left[1 - \frac{2R}{\sqrt{R^2+4H^2}-R} \left\{ 1 - \frac{\sqrt{R^2+4H^2}}{\sqrt{R^2+\left(2H+\frac{k}{\lambda}t\right)^2}} \right\} \right] \tag{16}$$

여기서, q_t : 流出개시후 t시간 경과후의 유출량

q_0 : 滯水層에 開口의 순간($t=0$)에서의 유출량

k : 透水係數　　　　λ : 원지반의 間隙率

이 식은 R 및 H가 고정된 상태(막장이 전진하지 않은 상태)에서의 유출량의 감쇠를 나타내는 식이다. 原論文은 아직 보지 않아 유도의 가정은 잘 모른다. 시간 $t=0$일 때의 流量 q_0를 구하는 것은 곤란하여 식은 나타내지 않고 있다. 감쇠의 모양의 계산예를 그림 3.14(b)에 나타내었다. 이것을 보면 어느 정도의 시간으로 유출량이 어느 정도 준다는 것을 알 수 있다. 역으로 말하면 Muskat의 식으로 계산된 유출량에 비해 막장에서의 최대 유출량이 몇배로 되는가, 그것이 어느 정도 계속되는가를 알 수 있다(양쪽 식의 誘導假定이 다르므로 정확하지 않다).

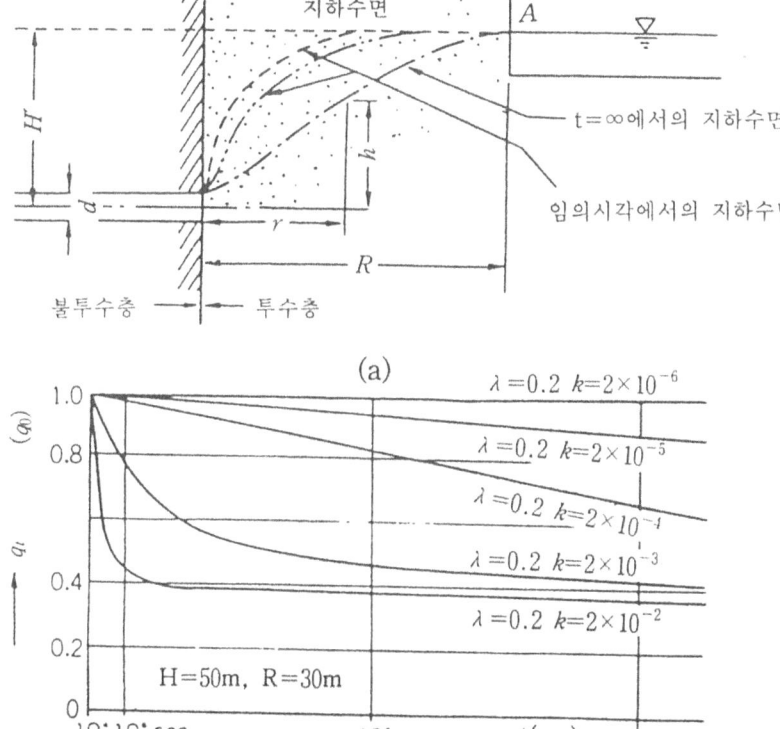

注) BB′, CC′는 각각 A, C막장에서의 터널 湧水가 막장이 진행되지 않는 경우에 나타나는 自然減水曲線

그림 3.14 막장에서의 지하수 流出의 減水곡선

막장에서의 湧水量의 계산은 지질분포를 어떻게 가정하는가에 따라 변하고 그렇게 간단하지 않다. Wenzel의 우물 函數나 Theis의 비정상의 式등으로 계산하는 쪽이 오히려 정확하다고 생각되나 아직 터널용으로 유도된 식은 없는 것같다. 그러나 透水層의 분포를 어떻게 假定하는가에 따라 몇 개라도 식을 말들 수 있다.

透水層은 前方에 있다고는 한정도지 않고 옆에 있는지도 모른다. 湧水에 의한 원지반 강도의 低下→小崩落→그 안쪽의 원지반의 느슨함→湧水量증가→崩落이라는 단계를 쫓는 현상도 있으므로 계산도 간단히 되지 않는다. 따라서 계산식도 그렇게 되므로 지질조사도 잘 해 둘 것, 探査穿孔 등의 예방대책을 강구해 두는 것이 중요하다. 조기대책, 사전대책이 중요하다.

실제로는 터널 掘鑿의 영향으로 주변원지반이 느슨해지고 갈리진 눈이 열리고 항상 용수가 막장에 따라 다니고 공사하는 사람을 괴롭히는 것이 많고 계산대로는 되지 않는다.

斷層破碎帶는 透水層으로 되어있는 것이 많다. 그 층에 따라 不透水層의 粘土層이 있어 터널을 파 나가면 돌연 大湧水가 나와서 사고가 되는 예가 많다. 터널에 거의 평행하여 斷層이 있고 많은 시간이 지나서부터 막장 後方에서 水壓 때문에 崩壞하는 것도 있으며 그 쪽이 작업원으로는 더욱 위험하다. 이와 같은 지층이 예상될 때에는 坑內에서 探査穿孔을 하는 등 湧水의 豫知를 할 것, 水拔보오링을 하는 것이 중요하다.

地下水의 계산은 도중에 얇은 不透水層이 있어도 대폭 바뀐다. 그 때문에 지질조사가 중요하다.

丹那터널, 山陽新幹線의 犬鳴터널등 地表水가 말라서 큰 문제가 된 터널도 많다. 지표의 水利用 상태를 조사함과 동시에 대책도 터널에 대해서만 아니고 광범위하게 생각하여야 할 것이다. 犬鳴터널 위에는 뒤에 댐이 만들어져서 댐의 底面에 防水工事가 행해졌다.

2) 라이닝에 작용하는 水壓

지하철의 터널 등에서는 공사완료후에도 湧水가 있는 것은 바람직하지 않는 것이 많다. 그 때문에 2차라이닝의 뒤에 合成樹脂의 시이트를 바르고 완전 止水의 터널을 목표로 할 때가 많다. 이 경우 2차라이닝에는 靜水壓이 작용한다. 水壓은 변형시켜서 低減하는 것은 없으므로 터널의 모양을 휨모멘트가 작게 되도록 하는 모양으로 하는 것이 중요하다. 터널을 만들 때의 가장 유리한 모양은 外壓과 그 점의 휨반경의 逆數가 비례하는 모양이다. 水壓이 주라면 하향으로 뾰족한 계란형이 유리하다. 이와 같이 물이 새는 것이 적은 터널을 시공할 수 있도록 된 것도 NATM을 채택하였기 때문이다. 이것으로 터널이 한층 깨끗하게 되고 특히 고드름이 발생하는 北國의 터널의 품질은 한층 좋게 되었다.

그러나 靑函터널과 같이 매우 덮개가 큰 터널에서는 靜止水壓에 2차라이닝만으로 抵抗하는 것은 불가능에 가깝다. 그래서 원지반 그 자체를 不透水性이 되도록 그라우팅으로 개량하여 원지반도 포함하여 水壓을 부담하도록 계획되었다(보통의 山岳터널에서도 靑函터널 이상의 수압이 작용할 때도 있으나 그 경우는 湧水를 막지 않고 側壁下部에서 排水溝로 흘리고 있다. 土壓은 라이닝을 변형시키므로 작게 되도록 수압은 湧水를 터널 안에서 도망가게 함으로써 작게 할 수 있다. 靑函터널에서는 湧水를 터널 내에서 도망가게 하면 막대한 揚水費가 터널을 사용하는 한 未來永穀까지 거리므로 꼭 零 가까이까지 용수를 막을 필요가 있었다).

지금 半徑 r_2에서 內側을 透水係數가 k_1이 되도록 개량하고 다시 내측에 투수계수 k_2의 콘크리트 라이닝을 하였다고 하면 Muskat의 식은 다음과 같이 수정된다.

$$Q = 2\pi k \frac{H+h}{\frac{\ln(r_1/a)}{k_2} + \frac{\ln(r_2/r_1)}{k_1} + \frac{\ln(2h/r_2)}{k}} \tag{17}$$

이것으로 目標湧水量, 그라우트로 개량될 수 있는 透水係數의 예상치를 알 수 있으며 필요한 그라우트의 범위가 결정된다. 이 때 그라우트한 원지반의 외측에 작용하는 水壓을 h_1이라고 하면 外側原地盤과 內側原地盤의 유량은 같은 것이므로 다음 식이 성립된다.

$$Q = 2\pi k_2 \frac{h_2}{\ln(r_1/a)} = 2\pi k_1 \frac{h_1 - h_2}{\ln(r_2/r_1)} = 2\pi k \frac{H+h-h_1}{\ln(2h/r_2)} \tag{18}$$

이들 식을 풀어서 h_1 이나 h_2 를 구하면 라이닝이나 그라우팅한 원지반이 부담할 수압을 구할 수 있다. (그림 3.15 참조)

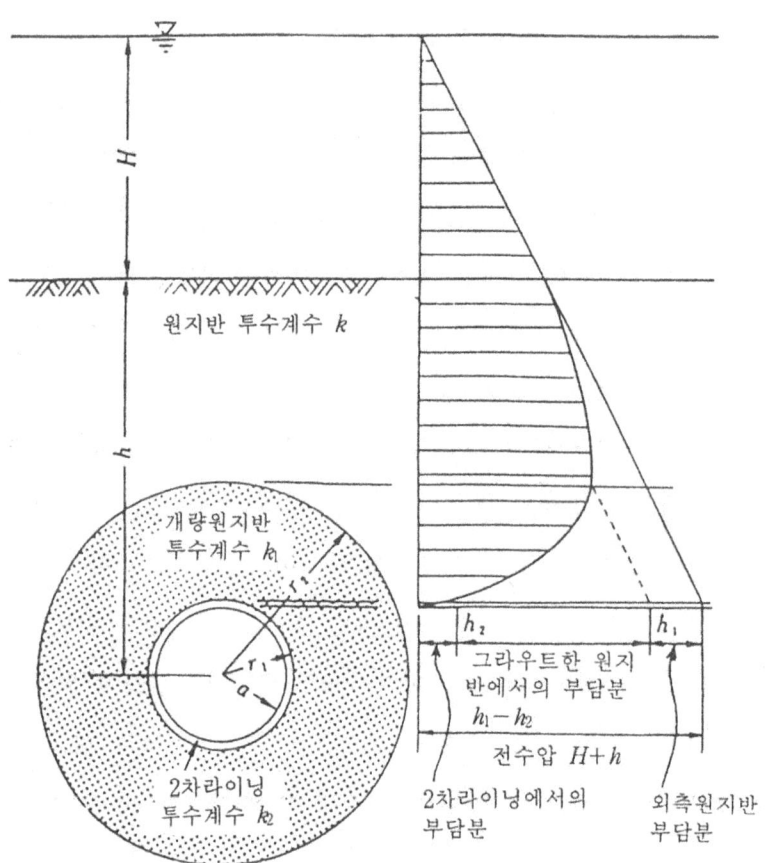

그림 3.15 터널주변에 작용하는 수압

이 식에서 $k_2 \to \infty$ 로 하고 $Q \to 0$ 로 하면(湧水를 라이닝만으로 막으려면) $h_1 \fallingdotseq h_2 \fallingdotseq H+h$ 가 된다(라이닝에 높은 수압이 작용). 조금 스며 나오는 정도의 湧水를 숏크리트로 막은 것이 후에 背面에 壓力이 작용하여 떨어진 예도 있다. 숏크리트에는 배수공 등을 설치할 필요가 있다. 또 공사완료시에는 背面排水를 하고 있었으나 遊離石灰등으로 배수로가 막혀서 높은 수압이 작용하여 터널이 무너지기 시작한 예도 보고되고 있다(라이닝 콘크리트 타설직후는 갱내에서 관찰하는 한 양호한 콘크리트로 强度, 라이닝 두께도 충분히 있었다. 8개월 후에 균열발견, 3년 미만에 폭 0.04~0.60mm, 총연장 73.5m가 되었다. 주로 스프링 부근, 수압때문이라고 추정되었으므로 측벽 콘크리트 하부를 원지반까지 $\phi 40$mm, 11개의 穿孔을 한 결과 壓力水가 噴出하여 약 1晝夜 계속되었다). 이 水壓을 裏面에 균일하게 작용한 것이 아니고 偏荷重으로 된 것도 있으므로 휨모멘트도 발생되어 라이닝이 무너지기 쉽게 된다.

도시가 점점 過密化되고 50m를 넘는 지하 깊은 곳에도 터널을 파는 계획이 있으나 이와 같이 되면 靑函터널과 같은 생각으로 원지반에서 수압을 부담시키는 것도 필요하다.

3) 地下水와 原地盤의 강도

물과 터널의 관계에서 또하나 주의하여야 할 것은 地下水에 의한 원지반의 강도가 내려가는 것이다. 예를 들면, Terzaghi는 같은 지질에도 地下水位보다 위나 아래에서는 느슨함 높이가 다르다고 하여 표 3.5에 나타내고 있다.

요컨대 지하수위 이하가 되면 하중이 2배가 된다고 한다. 실제는 粒度分布에 따라서도 변하고 간단하지 않다. 암석이나 점토도 함수량에 의해 강도 등이 바뀔 것이나 그는 무시하여 모래 이외는 강도는 바뀌지 않는다고 한다. 모래의 경우는 含水比에 의한 강도의 변화와 動水壓에 의해 흘러나오는 문제도 양쪽이 있다. 웰포인트 등의 排水工法이 효과적이다. 같은 막장에서도 위와 아래에서 함수비가 바뀌고 원지반의 거동이 변한다. 이것은 특히 壓氣工法을 채택한 경우에 심하다. 泥水쉴드공법은 이와 같은 결점이 없고 砂質土에 적당하다(含水比가 주는 것은 아니나 動水壓이 없어진다).

Wickham 등의 RSR法에서는 지하수의 영향과 갈라진 눈의 定着度에 의해 암반의 성질등급 rating이 변한다고 하여 표 3.6과 같이 계수를 增減시킨다고 한다. 모래는 가장 湧水의 영향이 클 것이나 Wickham의 생각 중에는 土砂, 모래 등은 없다.

RSR는 係數 A, B, C의 합계점수로 등급을 나눈다고 생각하여 만점은 100점이므로 전체의 値에 대하여 湧水는 1~2割의 영향이다.

표 3.5 Terzaghi의 느슨함 荷重

암 질		지하수위상	지하수위하
稠密한 모래	초기하중	$0.27 \sim 0.60(B+H_t)$	$0.54 \sim 1.20(B+H_t)$
	최종하중	$0.31 \sim 0.69(B+H_t)$	$0.62 \sim 1.38(B+H_t)$
다져지지 않은 모래	초기하중	$0.47 \sim 0.60(B+H_t)$	$0.94 \sim 1.20(B+H_t)$
	최종하중	$0.54 \sim 0.69(B+H_t)$	$1.08 \sim 1.38(B+H_t)$

표 3.6 RSR법에서의 地下水의 영향을 나타내는 係數 c

예상용수량 (ℓ/분 10m)		係數 A+B					
		20-45			46-80		
		갈라진 눈의 조건					
		1	2	3	1	2	3
없 음		18	15	10	20	18	14
소량의 용수	25	17	12	7	19	15	10
중위의 용수	25~125	12	9	6	18	12	8
대량의 용수	125~	8	6	5	14	10	6

갈라진 눈 조건 1 : 밀착 또는 시멘트되어 있다.
              2 : 조금 풍화
              3 : 심한 풍화 또는 열려 있다.

Barton 등의 Q値의 경우는 표 3.7에 나타낸 바와 같다. Barton등도 土砂는 생각하지 않고 있다. 지질에 따르지 않고 水量, 水壓으로 岩强度가 작게 된다고 한다.

Q値의 경우는 각 係數의 곱셈이 되므로 물의 영향은 매우 큰 것같으나 Q値와 RSR사이는 對數關係로 환산할 수 있다고 알려져 왔으므로 같은 정도의 영향이다.

표 3.7 Barton 등의 Q値

節理間의 물에 의한 低減係數	J_w	개략의 水壓 (kg/cm^2)
A. 건조상태에서의 굴착 또는 소량의 湧水. 즉 국부적으로 <5ℓ/分	1.0	<1.0
B. 중정도의 湧水 또는 중정도의 水壓. 때로는 節理充塡物의 유출	0.66	1.0~2.5
C. 充塡物이 없는 節理를 갖는 耐力이 있는 암반내의 대량의 용수 또는 높은 水壓	0.5	2.5~10.0
D. 대량의 용수 또는 높은 水壓. 充塡物의 상당량의 유출	0.33	2.5~10.0
E. 발파시에 예외적으로 다량의 湧水 또는 예외적으로 높은 水壓. 시간과 더불어 減衰	0.2~0.1	>10
F. 예외적으로 다량의 湧水 또는 예외적으로 높은 水壓. 감쇠없이 계속	0.1~0.05	>10

1. C.에서 D.의항은 극히 개략의 추정치, 排水工이 행하여지면 J_w를 늘린다.
2. 凍結이 있는 특별한 문제는 고려하고 있지 않다.

물로 難坑인 터널에서는 水拔을 하지 않으면 팔 수 없다. 빼면 팔 수 있다는 관계가 되어서는 계수만으로는 나타낼 수 없는 것같다. 위의 식은 荷重이 는다는 것만을 나타내고 있고 공사의 곤란함은 또다른 문제이다.

湧水가 매우 많으면 숏크리트나 록볼트의 몰탈 정착을 할 수 없게 된다. 그 때문에 NATM의 시공을 할 수 없게 되고 널말뚝공법으로 되돌아간 예도 있다.

細粒分이 적은(바인더分 10%이하), 均等係數가 큰(5이상) 모래에서는 물과 같이 모래가 유출되어 막장을 세울 수 없는 것이 많다. 그 때문에 디이프웰이나 웰포인트로 지하수위를 내려서 시공한다. 그러나 너무 건조하면 바삭바삭하여 손가락 사이에서도 흘러나오게 되므로 적당한 濕氣가 있는 정도가 좋다. 물이 흐르지 않으면 별로 강도에서는 영향이 없다.

용수를 터널 내에 뽑는 경우에는 모래와 같이 흘러나오지 않도록 하여 휠터를 시공할 필요가 있다. 이것을 게을리 한 예로서 다음과 같은 붕괴도 보고되어 있다.

【崩壞例】

「프랑스 國鐵의 브발터널은 건설후 110년을 경과하고 있어 라이닝의 상황이 나빠서 漏水가 심하고 라이닝의 일부가 떨어지고, 일부 원지반의 붕괴가 때때로 발생한다는 상황이었다. ……1960년 2월, 天端 원지반의 12m×12m의 범위가 崩落되어 라이닝의 아아치부가 손실되고 약 700m^{3}의 토사가 線路를 메우는 사고가 발생하였다. 天端崩落의 원인은 110년 사이 排水溝를 통하여 토사유출이 계속되었기 때문에 아치의 背面에서 공동화가 진행된 결과로, 이윽고 天端地層의 균형이 깨져서 崩落에 이르렀다고 판단되었다. 되메우기에 소요된 모래는 900m^{3}정도이고 空洞의 규모는 약 3000m^{3}의 크기로 추정되고 있다. …… 土被는 22m로 崩落으로 地表 함몰이 일어나고 있다」. 이와 같은 지질에서 라이닝의 위에 휠터층을 만들 필요가 있다.

용수가 탁해져 있을 때는 원지반 안의 세립분을 점점 빼내고 있으므로 위험하다. 특히 비중이 가벼운 火山灰土, 백모래, 바인더가 없는 細砂 등은 주의할 필요가 있다.

底盤이 軟弱化되어 곤란한 터널은 많다. NATM도입 이전의 예에서는 다음과 같은 보고가 있다. 「어떤 種의 軟岩 예를 들면, 固結度가 약한 제3기의 泥岩, 변질이 진행된 變櫓安山岩등은 굴착에 의해 생긴 自由面에서 건조수축한다. 굴착저반에서는 지하수가 浸潤하므로 흡수의 기회가 주어진다. 底盤은 공사용의 기계나 인간의 통로가 되므로 하중과 除荷 즉 地下水面에 가까운 곳에 疲勞試驗에 상당하는 되풀이 하중을 받으므로 습수와 排水가 교대로 이루어지는 결과, 基礎地盤은 표층부터 泥狀化한다. 이것은 排水不良을 초래하고 더욱 泥狀化를 촉진하는 식으로 악순환을 되풀이 한다. 연약화의 범위가 확대함에 따라서 坑內環境을 劣化하고 저반을 통해 작용하는 上向荷重에 대하여 지반 부풀음을 허용하고 지보공 기초에 대해서는 沈下 또는 側壓에 의한 변위를 허용하는 결과를 초래한다」. 빨리 인버트를 閉合하면 방지한다. 이와 같은 현상은 자주 일어나므로 경제성을 추구하는 것이라면 NTAM으로 시공한 터널은 2차라이닝은 생략하여도 인버트 콘크리트는 될 수 있는 한 施工한 쪽이 좋으나 실제는 그 반대의 것이 널리 행해지고 있다. 시공중에 저반이 곤죽화 하여 공사에 어려움을 겪어 자갈을 넣거나 레일공법으로 변경하거나 하는 곳이 있다. 이러한 것도 인버트 콘크리트로 빨리 폐합하면 방지된다.

第4章　NATM 施工

第4章 NATM 施工

1. 施工計劃을 위한 事前調査

1) 概要

NATM터널 施工計劃은 모든 건설공사와 마찬가지로 사전에 철저한 사전 조사와 세밀한 검토를 통하여 능률적이고 합리적인 계획이 수립되어야 한다.

시공계획을 위한 사전조사에서는 계약조건, 설계도서, 관계법규를 검토하는 內業팀과 현장조사를 통한 주위환경, 지반조사, 매설물조사, 기상자료조사 등 外業팀을 구성하여 동시에 조사하는 것이 좋다. 시공계획은 契約工期 내에 우수한 품질의 시공을 안전하고 최소의 비용으로 공사를 완성하는데 그 목적이 있으므로 사전조사계획도 세밀한 검토 하에 조직적으로 수행하는 것이 바람직하다.

2) 조사의 區分

시공을 위한 조사는 갱문의 위치선정, 시공 및 완성후의 유지관리에 중대한 영향을 미치는 사항으로 충분한 기초자료가 되도록 실시한다.

조사는 터널의 목적 및 규모 등을 충분히 고려하여 조사내용, 순서, 방법, 범위, 정밀도 및 기간 등을 결정하여야 하며, 터널설계 및 시공에의 적용방법 등을 고려하여 조사성과를 표현하여야 한다.

입지환경 조사는 터널의 건설에 영향을 미치거나 터널건설로 영향을 받을 수 있는 사항에 대한 조사로서 지형, 환경, 지장물, 지표수리시설과 지하수 부존특성, 공사용 설비, 보상 및 관계법규 조사를 포함한다.

지반조사는 터널건설의 기본계획 및 노선선정을 위한 예비조사, 터널노선의 결정 이후 공사 착공까지의 설계 및 시공계획을 위한 본 조사, 그리고 시공중의 보완조사 등의 단계로 구분하여 실시한다.

3) 입지환경조사

(1) 지형조사

터널건설에 영향을 미치거나 터널공사로 영향을 받을 수 있는 지형은 지형도나 항공사진 등을 이용하여 분석하고 현장답사를 통하여 조사하여야 한다. 불안정지형이나 재해가 예측되는 지형 즉, 애추(Talus), 붕괴지와 산사태, 눈사태, 홍수 등이 이미 발생한 장소나 이러한 우려가 있는 지형은 반드시 조사하여야 한다.

(2) 환경조사

환경조사는 기본계획 및 노선선정 단계에서 실시하는 광역 환경조사와 시공계획수립후 실시설계 단계에서 수행하는 터널주변 환경조사로 구분하여 실시한다.

광역 환경조사는 터널시공 및 사용에 의한 자연환경 및 사회환경에 대한 악영향을 최소로 줄이기 위하여 광범위하게 실시하여야 하며 다음 사항을 포함한다.

- 수문 : 지형 및 하곡의 성상, 하천유량, 지하수위, 물이용 상황, 지하수에 영향을 미치는 타공사의 유무
- 기상 : 기온, 수온, 기압, 강우, 강설, 바람 등의 영향, 눈보라와 돌풍의 발생빈도 및 현황
- 재해 : 산사태, 눈사태, 붕괴, 지진, 홍수 등의 발생지 및 피해정도
- 토지 : 토지이용현황, 주요구조물, 법에 의한 용도구분의 범위
- 교통 : 기존 철도, 도로의 규격, 구조, 수송력 등
- 공공시설물 : 학교, 병원, 요양소, 자연공원 등의 공공시설물의 위치 및 규모
- 문화재 : 사적, 문화재, 천연기념물 등의 위치, 규모 및 법지정의 현황
- 지하자원 : 권리설정 현황, 광산현황 및 광물의 부존상태등
- 기타 : 동식물의 분포상태 및 경관, 광산의 갱도나 폐갱도의 위치 및 규모, 지역 개발계획등

터널주변 환경조사는 시공에 의하여 발생하는 터널주변 환경변화의 예측, 환

경보전대책의 입안, 대책의 효과확인 등을 위하여 실시하며 다음사항을 포함한다.

- 갈수 : 물이용현황, 수질, 수원의 현황, 탁수발생 가능성이 있는 인접공사, 지하수의 유로 및 수위변화 가능성
- 소음 및 진동 : 소음, 진동, 지형, 지질, 토지이용현황
- 지반과 구조물의 변형 : 건물, 구조물상태, 지형 및 지질, 토지이용현황, 구조물의 변형발생의 가능성이 있는 인접공사
- 수질오염 : 하천의 상태, 배수상태, 수로의 상태, 법규제 상태
- 대기오염 : 대기중의 유해물, 기상현황
- 교통장해 : 구조, 교통량 혼잡상태, 도로관리자, 도로주변의 환경등

(3) 지장물 조사

터널공사전에 지역 내에 기설치되어 있는 상·하수도관, 송유관, 통신 및 전력 케이블, 도시가스관, 지하갱도 등의 지하지장물의 종류, 심도 및 크기를 파악하여 안전한 시공을 할 수 있도록 하여야 한다.

시추조사시는 관련기관으로부터 지장물 매설도를 구하여 참조하고 반드시 터파기나 물리탐사 장비를 사용하여 지하지장물의 유무를 확인하고 유관기관과 협의하여 시추하여야 한다.

지장물 조사결과는 후속공사 지장물 보호를 위해 활용하여야 한다.

(4) 사토장 조사

공사 중에 발생하는 버력을 처리하기 위한 사토장이 필요할 때에는 지형, 운반방식, 운반거리, 운반도로의 교통규제, 교통안전 등의 운반조건, 사토장이 주변환경에 미치는 영향, 사토후의 토지의 형태변화, 법규에 의한 규제 등에 대하여 사전에 조사해 두어야 한다.

(5) 공사용 설비조사

공사용 설비로는 터널입구 설비, 환기 및 집진설비, 운반설비, 골재 및 콘크리트 플랜트설비, 수배전 설비, 용배수 설비, 임시건물 설비 등이 있으며 공사용 설비계획에 필요한 자료를 얻기 위하여 다음의 사항을 조사하여야 한다.

- 지형과 지질 및 기상 : 설비기능 저해 혹은 위험 가능성이 있는 지형, 지질 및 기상
- 주변환경 : 주변환경에 영향을 미치는 공사용 설비의 소음, 진동, 배수 및 교통
- 전력의 사용 : 기가설 송배전선의 용량, 주파수, 전압, 수변전의 난이, 수전까지의 소요시간, 개산비용, 발전설비 등의 동력원, 공사용 장비운용시의 소요전력량
- 용배수 : 콤프레서 용수, 콘크리트 혼합용수, 음료수, 기타 잡용수의 취수조건, 터널시공에 수반한 용수의 처리, 세척용수의 방류조건
- 자재 및 버력운반 : 기계 및 자재의 반출입, 버력운반 등에 필요한 공사용 도로, 궤도 등의 규격, 교통량, 안전, 교통규제의 현황
- 노무자재 : 터널외부 설비에 관계되는 콘크리트용 골재, 굳지 않은 콘크리트, 기타 자재의 공급경로, 공급사정의 현황 및 관리방법, 인접부근의 공사
- 법규, 기타에 의한 규제 : 인접 부근의 공사

(6) 보상조사

터널공사에 있어서의 보상대상 사항은 용지취득에 수반되는 토지, 건물, 수목 등의 매수 및 이전, 각종 권리(지상권, 지하권, 수리권, 온천권, 어업권, 광업권, 채석권등)의 침해, 농림 및 어업수익의 감소, 영업손실 등이 있고 이들의 보상을 위한 자료를 얻기 위하여 착공전의 제반사항에 대하여 충분한 조사를 하여야 한다.

(7) 관계법규 조사

터널건설에 있어서 법규에 의한 규제를 받는 경우에는 공사에 미치는 영향의 범위, 이에 대한 규제의 정도, 수속, 대책 등에 관하여 조사해 두어야 하며 주된 규제법은 다음과 같다.

- 공해방지 및 환경보전 관계 : 자연환경 보전법, 자연공원법, 산림법, 조수보호 및 수렵에 관한 법률, 소음진동 규제법, 수질환경보전법, 해양오염

방지법, 수도법 및 하수도법, 광업법
- 재해방지 관계 : 사방사업법, 택지개발촉진법, 농어업 재해대책법, 풍수해 대책법
- 국토개발 관계 : 국토건설 종합계획법, 국토이용관리법
- 하천관계 : 하천법, 공유수면관리법, 지하수법, 온천법
- 도시계획 관계 : 도시계획법, 도시공원법
- 도로 및 교통관계 : 도로법, 도로교통법, 철도법
- 군사관계 : 군사기밀 보호법, 군사시설 보호법
- 문화재 관계 : 문화재 보호법, 전통구조물 보존법
- 안전관계 : 시설물 안전에 관한 특별법, 건설기술관리법, 산업안전보건법

4) 지반조사

(1) 지반조사 일반

지반조사는 예비조사, 본 조사 및 보완조사 등의 단계로 구분하며 소규모공사의 경우에는 조사단계의 일부를 생략할 수 있으며 대규모 및 중요한 건설공사는 본조사 또는 보완조사시에 정밀조사를 필요한 만큼 추가 실시할 수 있다.

예비조사는 공사계획 단계에서 실시하는 조사로서 넓은 범위를 대상으로 수행하며 기존자료조사, 항공사진판독 및 분석, 현장답사 등을 실시하여 개략적인 지반특성을 파악하는 것을 목적으로 하며 필요시 시추조사를 수행할 수도 있다.

본 조사는 개략조사(기본설계단계)와 정밀조사(실시설계단계)로 구분되며, 부지나 노선 또는 구조물의 위치가 결정된 후 지층의 분포, 공학적인 특성등 설계정수를 파악하기 위하여 수행하는 조사로서 지표지질조사, 물리탐사, 시추조사 및 현장시험, 실내시험 등을 포함한다. 공사의 목적이나 구조물의 종류에 따라 조사 및 시험의 진행방법이나 중점 조사사항이 각각 상이할 수 있다.

설계단계에서 정밀한 조사가 수행되었다고 하더라도 조사자체에는 한계성이 있고 불규칙적인 지반분포 특성 때문에 시공시 노출되는 실제지반을 관찰하여 필요한 경우 보완조사를 수행하여 설계변경에 필요한 자료를 제공하도록 하여야

한다.

 유지관리시 구조물에 변형이나 손상이 발생한 경우 또는 주변환경의 변화로 구조물의 안전에 문제가 있다고 판단되는 경우에는 그 원인을 규명하고 대책을 수립하기 위하여 특정 목적의 지반조사를 수행하여야 한다.

 조사방법은 기존자료조사, 현장답사, 지표지질조사, 시추조사, 시험터널조사, 물리탐사, 현장 및 실내시험등으로 구분한다.

(2) 기존 자료조사

 기존 자료조사는 주로 항공사진, 지형도, 지질도, 토양도, 지하매설물도, 터널지역을 포함한 광역 조사자료 등을 중심으로 수행하며 조사내용은 표 4.1과 같다.

표 4.1 기존 자료조사의 내용

조사대상	조 사 내 용	자료 구입처
기존 구조물	기존구조물의 배치, 설계도면, 시공관련자료, 현상태 등을 검토함으로써 개략적인 주변 지반조건, 지지력, 위험요소 등을 파악	현장답사 사용주 탐문
인접지역 조사자료	인접지역 조사자료를 활용하여 조사지역의 지반의 종류 및 조건, 지하수 분포상태 등을 파악	구·군청, 인접구조물 소유자·설계자 한국자원연구소
지형도 항공사진	현재 및 과거의 지형도를 분석하여 지질경계, 선구조, 파쇄지형, 식생, 수계 등의 분포상태를 파악하여 시추, 골재원, 토취장 혹은 채석장 등의 조사에 활용하고 현장조사시의 시추위치, 시추장비의 진입가능성 및 시추용수의 취득가능성 등을 파악	중앙지도문화사 산림청 국립지리원
지질도	지층의 분포, 지질구조(단층, 습곡, 절리, 선구조)의 발달과 특성 및 공동의 발달유무 등을 분석하여 터널 굴착조건을 예측하고 노선결정과 조사계획 수립에 반영	한국자원연구소
토양도	토양도는 주로 표토의 영농자료를 제공하나 토양의 비옥도나 수분상태 등의 성질로부터 흙의 물리화학적 및 공학적 특성 추정가능	농림수산부 농어촌진흥공사
우물현황	지하수 이용을 위한 우물개발 현황으로부터 지하수 부존상태, 지하수위 상태 등의 지하수 특성파악	농어촌진흥공사 우물소유주

(3) 현장답사

 현장답사의 목적은 현장을 직접 방문하여 지형이나 지반상태를 확인하거나 지역주민들의 청문을 통하여 과거의 지형변화 등에 대한 정보를 입수하여 조사자료에서 나타난 사항을 확인하여 도상계획에 참고하고, 조사수행에 영향을 줄 수 있는 제반 현장여건을 확인하여 원활한 본 조사 계획을 수립하는데 있다.

현장답사는 반드시 경험있는 관련기술자에 의해 이루어져야 한다.

현장답사의 결과를 잘 정리하여 계획 및 설계에 반영할 수 있도록 하여야 하며 이미 계획된 사항에 대해서는 문제점을 파악하여 변경하거나 보완할 수 있도록 하여야 한다.

삽 또는 핸드오거 등의 간단한 조사장비를 이용하여 지역전반에 걸친 개략적인 지반조건을 조사하고 시추계획에 반영하여야 한다. 현장답사시 조사하여야 할 주요내용은 표 4.2와 같다.

표 4.2 현장답사시의 주요 조사내용

대상구분	주요 조사 내용
지형변화	옛 제방흔적과 범위 및 수로, 철도, 성토매립 등의 토공흔적이나 상태, 산사태지형을 표시하는 지역에서는 그 활동 흔적이나 범위
지표수 및 지하수	용수, 우물의 수위와 그 계절적 변동, 피압지하수의 유무, 호우, 강설시 등의 저수, 배수의 상태
인근 구조물 유지상태	도로 및 철도의 제방, 교태 및 교각, 기타 중요 구조물의 침하균열이나 경사도, 굴곡 등의 변상유무
지하매설물	상하수도, 가스관, 통신 및 전력케이블, 지하철, 지하도, 공사현장 부근에 있는 경우는 그 영향의 정도, 건물기초등
수송통로	트럭, 중차량의 출입 제한유무, 도로의 교통상황, 진동소음, 공해등

(4) 지표지질조사

지표지질조사는 현장정밀조사 이전에 지형, 지질구조, 암질, 토질, 지하수 등의 종류, 분포 및 상태 등을 개괄적으로 파악하여 본 조사를 실시할 때의 기본자료로 활용하고 본조사의 경제적 및 시간적 효율을 높이기 위하여 실시한다.

지표지질조사를 통하여 단층, 습곡, 절리등 지질구조도를 작성하고 암석의 분포상태나 특성을 파악하여 지질재해의 가능성 등을 검토하여야 한다. 지표지질조사는 축척이 1/25,000~1/50,000의 지형도 이용을 원칙으로 하나 목적 및 정밀도에 따라 축척을 정하여야 한다.

지표지질조사시에는 다음사항을 조사하여 그 결과를 응용지질도(Engineering Geologic Map)로 표시한다.

- 표층지반 : 표토, 풍화토, 퇴적물의 종류(하상 퇴적물, 선상지 퇴적물, 단구 퇴적물, 붕괴퇴적물, 화산분출물) 등의 분포상태 및 구성물질, 두께, 고결정도, 함수상태, 투수성, 유동성등
- 암질 : 암석의 종류, 입도, 조암광물과 배열, 공극상태, 압축강도, 인장강도, 탄성파속도, 변성도와 풍화도, 층리, 엽리등
- 지질구조 : 지질분포, 지층의 성층상태, 주향과 경사, 절리, 습곡, 단층, 파쇄대, 변질대등
- 지하공동 : 자연공동(석회동굴등), 광산갱도, 폐광등 과거갱도등
- 암반거동 : 팽창성 및 유동성지반의 유무나 분포상태, 용수에 의한 붕괴가능지반의 유무나 분포상태, 편압가능성등
- 지표수 및 지하수 : 지표수의 유하상태, 지하수 부존상태, 수온, 수질, 대수층의 구성, 지하수위, 대수층과 지질과의 관계, 용수상황등
- 지열과 온천 : 고지열지대, 온천용출등
- 석유 및 가스 : 분포, 위치, 존재상태, 성분, 온도, 함량, 용출량등

(5) 시추조사

터널시공 구간내의 지반에 대한 지층의 구성과 지하수위를 파악하고 흐트러진 또는 흐트러지지 않은 시료를 채취하며 현장시험을 수행하기 위하여 시추조사를 실시한다.

시추는 원칙적으로 Nx구경(코아 직경 54mm)의 이중코아베럴을 사용하여 실시하며 풍화대나 파쇄대등에서는 코아의 회수율을 높이고 원상태의 시료를 채취하기 위하여 삼중 코아베럴이나 D-3샘플러 등을 사용할 수 있다.

시추는 원칙적으로 수직으로 실시하되 조사목적과 현장조건을 고려하여 경사시추를 할 수 있다.

시추공의 간격은 노선방향으로 50~200m간격으로 배치하는 것을 표준으로 하되 단층이나 파쇄대 등 터널공사에 장애가 되는 구간이나 지층이 불규칙할 경우

또는 주요구조물등 특수한 주변여건 때문에 지반상태를 확인할 필요가 있는 경우에는 시추간격을 축소 조정하여야 한다. 단, 산악터널에 있어서 시추심도가 상당히 깊어지는 경우 양쪽 터널입구 쪽에서 시추를 실시하고 시공 중에 터널내에서 수평시추를 실시하여 지반상태를 확인할 수 있다. 시추심도는 원칙적으로 터널바닥부의 계획심도에서 터널 최대직경의 1/2이상의 깊이까지 실시하되 특정한 목적을 위하여 필요한 경우 심도를 증가할 수 있다.

(6) 시험터널조사

특수한 지반상태를 직접 확인할 필요가 있거나 특정의 원위치시험을 실시할 필요가 있을 때에는 시험터널을 굴착하여 조사한다. 시험터널 내에서 각종 원위치시험이나 계측을 실시할 수 있으며 필요에 따라서 흐트러진 또는 흐트러지지 않은 시료를 채취할 수 있다. 시험터널조사시에는 터널의 지질도를 작성하여 종합분석에 참고한다.

(7) 물리탐사

물리탐사는 시료를 직접 채취하지 않고 지반의 물리적 성질을 이용하여 지하의 지질구조 및 상태 등을 파악하는 방법으로써 일반적으로 지표에서 시행되나 보다 정밀한 자료를 얻기 위해서는 시추공을 이용하여 실시할 수 있다.

탄성파탐사는 인위적으로 발생시킨 탄성파가 지하지층에서 반사되거나 굴절되어 되돌아오는 것을 수진기로 기록하여 탄성파의 주시 및 진폭 정보로부터 지하 지층구조나 지층의 물리적 특성을 규명하는 방법이다. 체적파인 압축파와 전단파를 주로 이용하며 전파속도로부터 지층의 두께, 종류, 상대적인 지반강도 등에 관한 정보를 얻을 수 있다.

전기탐사는 지반의 전기적 특성 차이에 의한 물리적 현상을 측정하여 지층구조를 조사하는 방법으로서 자연적으로 존재하는 전기장을 측정하는 자연전위법 및 지전류법이 있고, 인위적으로 지하에 전류를 흘려 보내고 지하의 반응을 측정하는 비저항법, 유도분극법, 인공분극법으로 구분한다. 전기탐사시에는 지하수의 영향을 고려하여야 한다.

전자파탐사는 자연적 또는 인위적으로 지반에 가해진 전자기장에 의해 유도되는 전류에 의한 2차장 또는 합성장을 측정하여 지하의 전기전도도 분포를 파악하여 지층을 조사하는 방법으로서 크게 주파수영역 탐사와 시간영역탐사로 나눌 수 있다. 주파수영역탐사는 송신 주파수에 따라 전자기장의 진폭 및 위상성분 또는 동상 및 이상성분을 측정하며 시간영역 탐사는 2차장을 지연 시간대별로 측정한다.

중력 및 자력탐사는 지반의 중력 및 지자기장의 변화를 측정함으로써 지질구조를 규명하는 방법이다. 지표탐사에 비해 조사심도가 깊고 분해능력을 높이기 위해서는 시추공내에 송신원 또는 수신기를 삽입하여 실시하는 시추공 물리탐사 기법을 적용하는 것이 바람직하다. 지반정보를 얻기 위해 실시하는 물리탐사 기법은 반드시 현장적용성을 검토하여야 한다.

(8) 시공중의 조사

현장기술자는 공사시에 노출되는 지반상태를 관찰하고 조사하여 설계시에 적용한 지반조건의 적합성을 확인하여야 한다. 실제 지반상태가 설계시의 적용조건과 상이하여 설계보완이 필요한 경우는 정밀한 보완조사를 실시하여야 한다. 보완조사는 시추조사, 제반시험, 물리탐사 등을 포함할 수 있으며 그 세부항목과 내용을 지반기술자와 협의하여 결정한다.

5) 시험

(1) 현장시험

자연상태의 현장 지반특성을 파악하기 위한 현장시험은 주로 시추공내 또는 시험터널내에서 실시하는데 일반적으로 시추공내에서 수행하는 시험항목은 다음과 같다.

- 표준관입시험
- 지하수위측정
- 현장투수시험
- 간극수압 측정
- 베인전단시험

- 수평재하시험
- 공내재하시험
- 흐트러진 시료채취
- 각종 물리검층
- 지압측정시험
- 절리면 방위측정시험

시험항목과 빈도는 공사의 특성, 현장여건등 제반사항을 감안하여 선정하며 상기의 시험항목 이외에도 특수한 목적으로 필요한 시험을 선정할 수 있다.

(2) 실내시험

실내시험은 원칙적으로 한국산업규격(KS)에 제시된 시험방법에 따라서 수행하여야 한다. 단, 동 규격에 명시되지 아니한 시험은 국제적으로 인정되는 시험방법을 준용할 수 있다.

암석시험은 채취된 암석시료의 공학적 특성과 설계정수를 결정하기 위하여 수행하며 시료의 제작 및 시험방법은 국제암반역학회(International Society for Rock Mechanics : ISRM)에서 권장하는 시험방법등 국제적으로 공인된 방법을 적용하여야 한다.

6) 지반조사 성과 정리

지반은 조사와 시험으로부터 수집된 제반정도를 종합적으로 분석하여 설계 및 공사목적에 부합하게 분류하여야 한다. 암반분류시에는 다음사항을 충분히 반영하여 실시하여야 한다.

- 압축강도
- RQD
- 절리면의 간격 또는 빈도
- 절리면의 상태(거칠기, 풍화도, 연속성, 틈새, 충전물의 두께와 특성등)
- 지하수 상태
- 초기응력상태

• 기타(암석종류, 풍화도, 수침시의 특성등)

지층과 지층별 특징은 표 4.3과 같으며 터널의 지보패턴 적용시 대표지반으로 활용할 수 있다.

표 4.3 터널공사용 지반분류와 특징

지층명	정성적 특징
퇴적토층(DS)	원지반에서 분리·이동되어 다른 곳에 퇴적된 층으로 대체로 원지반보다 연약하며 입자의 크기나 구성에 따라서 세분되는 지반
풍화토층(RS)	조암광물이 대부분 완전풍화되어 암석으로서의 결합력을 상실한 풍화잔류토로서 절리의 대부분은 풍화산물인 점토등 2차광물로 충전되어 흔적만 보이고 함수포화시에 전단강도가 현저히 저하되기도 하며 손으로 쉽게 부서지는 지반
풍화암층(WR)	심한 풍화로 암석자체의 색조가 변색되었으며 충전물이 채워지거나 열린 절리가 많고 가벼운 망치타격에 쉽게 부서지며 칼로 흠집을 낼 수 있음. 절리간격이 좁고 시추시 암편만 회수되는 지반
연암층(SR)	절리면 주변의 조암광물은 중간풍화되어 변색되었으나 암석내부는 부분적으로 약한 풍화가 진행중이며 망치 타격에 둔탁한 소리가 나면서 파괴되고 일부 열린 절리가 있으며 절리간격은 중간 정도인 지반
보통암층(MR)	절리면에서 약한 풍화가 진행되어 일부 변색되었으나 암석은 강한 망치타격에 다소 맑은 소리가 나면서 깨어지고 절리면의 대부분이 밀착되어 있고 절리간격이 넓음
경암층(HR)	조암광물의 대부분이 거의 신선하며 암석은 강한 망치타격에 맑은 소리를 내며 깨어지고 절리면은 잘 밀착되어 있고 절리간격이 매우 넓음
극경암층(XHR)	거의 완전하게 신선한 암으로써 절리면은 잘 밀착되어 있고 강한 망치타격에 맑은 소리가 나며 잘 깨어지지 않으며 절리간격이 극히 넓음

퇴적토층 및 풍화토층은 「흙의 통일분류법(USCS)」에 따라서 세분한다. 설계목적상 필요한 경우는 국제적으로 널리 적용되는 RMR(Rock Mass Rating) 분류 또는 Q-시스템 분류를 적용할 수 있다.

(2) 조사결과의 정리

시추조사 결과는 일정한 양식의 시추주상도에 정리하여야 하며 지층설명은 색조, N치, 강도, 풍화도, 균열상태, 암석명, TCR, RQD 등을 포함하여 상세하게 기록하고 시추주상도와 물리탐사등 기타 자료를 참고하여 터널구간의 지질단면도를 작성하여야 한다.

채취된 시료는 일정한 규격의 시료명이나 시료상자에 정리하여야 한다. 시료

상자에 정리된 시추코아는 암석의 색조, 상태, 절리 등의 관찰이 용이하도록 직상부에서 천연색으로 촬영하여 사진첩에 정리하여야 하며 대표적인 것은 지반조사 보고서에도 수록하여야 한다.

공내재하시험, 수압시험, 투수시험, 초기응력측정시험등 현장시험이나 물리탐사의 결과는 각각 그 목적에 적합한 정보가 자세히 기록될 수 있는 일정한 양식에 정리하여야 한다.

7) 시공계획의 수립

이상과 같은 충분한 조사와 시험결과를 기초로 하여 아래와 같은 시공계획을 수립한다.

1. 공법선정계획 : 시공성, 안전성, 경제성, 무공해성
2. 공사관리계획 : 공정계획, 품질계획, 원가계획, 안전계획, 건설공해
3. 조달계획 : 노무계획, 자재계획, 장비계획, 자금계획, 공법계획, 기술축적계획
4. 가설계획 : 동력, 용수, 수송, 양중, 가설건물
5. 관리계획 : 실행예산, 현장조직, 외주자선정, 대내외 업무관리
6. 공사내용계획 : 가설공사, 토공사, 구조물공사, 부대공사 등

2. NATM工法 施工

1) 概要

(1) 서언

지하철공사 계획당시 발주청인 서울지하철공사에서는 당초 본구간을 개착식공법(open cut)으로 계획하였으나 도심구간 전체적으로 볼 때 교통의 혼잡, 인접의 고층건물, 복잡한 지하매설물 등이 밀집되어 있고 기설 1호선 및 2호선, 청계천 및 大小河川 통과 등의 공사상의 많은 문제가 대두되고 특히 당 工區는 국내외 귀빈의 왕래가 빈번한 국가적인 주요 행사로 개착이 불가하여 불가피하게 Tunnel공법으로 변경하지 않으면 안되었다.

Tunnel공법으로 방침은 정해졌으나 대부분의 지질이 매립된 일반토사와 花崗岩이 완전 풍화된 풍화토 및 풍화암층으로 형성되어 있어 재래터널 공법으로는 시공이 불가하다고 판단되어 토사구간에서도 시공이 가능하고 인근 일본에서도 우리와 비슷한 지질조건에서 기 Tunnel시공에 성공한 바있는 NATM工法을 도입 시공키로 결정하였다.

시공회사가 19○○년 ○월 현장에 나가 1부공사를 진행하면서 터널공사 작업구인 중앙청앞 수직갱(GL-20m)을 완료한 1982년 2월까지도 공법결정 및 도면 등 공사할 수 있는 조건이 전혀 이루어지지 않았었다.

물론 발주청에서는 NATM도입을 결정한 후 국내외 다방면으로 기술진을 초청하여 공법을 검토하고 결국 NATM工法의 시공경험이 많은 Austria의 Geoconsult와 우리 지질조건과 비슷한 구간의 시공 경험이 있는 일본 해외 철도기술협력회(JARTS)와 국내 ○○Eng.합동 용역으로 설계 및 시공감리토록 결정되었다.

1982년 5월에 터널 掘進에 착수, NATM工法이라는 Tunnel굴진을 막상 시작하였으나 당시 우리회사 기술진은 물론 發注廳의 기술진까지도(추측키는 국내 대부분의 모든 토목기술자) NATM工法의 시공 경험이 전무한 것은 말할 것도 없고 그 개념까지도 완전 파악치 못하였던 때라 그저 경험이 풍부하다는 상기 외국 기술자들의 지시대로 施工하였다. 그 NATM工法이 그나마 우리 나름대로 시공할 수 있도록 정착되기까지는 약 3개월 정도의 시간이 소요됐으며 그간에는 많은 공사상의 애로점과 시행착오가 많았던 것은 숨길 수 없는 사실이다.

이제 여기서 NATM工法의 시공사례로 현장 실무를 중심으로 이론적 논술과 함께 단계적으로 설명하고자 한다.

(2) 공사개요

우리회사가 시공한 지하철 3호선 ○○공구는 積善洞(정부종합청사뒤)에서부터 (STA. 17km240m) 濟洞로타리(STA. 18km340m)까지로 총연장 1,100m구간이다. 이중 종로 경찰서 앞에서 제동로타리에 이르는 220m가 안국 정차장으로 개착식 공법으로 시공하였으며, 터널 작업구로 안국동로타리 풍문여고앞과 삼청동입구 동십자각 바로 앞에 각각 폭 20m의 구간을 개착식으로 시공하고 나머지 840m를 단선병렬 NATM Tunnel로 시공하였다.

NATM구간에서 다시 지질의 변화에 따라 3개의 단면으로 Ps-1, Ps-2, Ps-3)로 시공하였는데 각 단면의 특성과 채택동기는 後述코자 한다.

또한 동구간에는 가장 취약지역인 광화문앞을 통과하고 정부종합청사와 박물관(구 중앙청)을 연결하는 지하차도를 통과하게 되어있는 바, 이 구간은 지하수 용출이 극히 심한 지역으로 지반암의 풍화가 심해 매우 연약한 구간으로 안전시공 및 지하구조물 보호를 위해 Tunnel 보조공법의 일환으로 遮水 및 지반개량 효과가 있는 藥液注入工法(S.G.R.3M)을 병행 시공하여 좋은 성과를 얻을 수 있었다.

(3) 地形 및 지질개요

본 공구의 지형은 북악산, 인왕산, 남산으로 둘러싸여 있고 標高 30~40m의 평탄지로 이루어져 있으며 Tunnel 바로 위에는 시간당 1,900대 정도의 많은 차량이 통과하고 있는 도로이며 도로좌우에 지상 고층 건축물과 문화재가 근접하게 위치하고 있다.

본 지역을 구성하고 있는 지질은 주로 선캄브리아기의 변성 암류를 후기에 관입한 중생대 쥬라기의 화강암이 분포되어 있으며 지층의 節理는 수평한 板床節理가 발달되어 있다.

공구 시점에서 한국일보 앞까지는 풍화토(일명 마사토) 및 풍화암이 주로 분포하며 이 구간은 청운동을 포함한 북악산 유역에서의 풍화된 퇴적물로 충적층의 심부(Tunnel Spring Line이하)까지 분포하였다. 透水係數(K)는 1.4×10^{-4}cm/sec에서 1.3×10^{-3}cm/sec까지의 매우 양호한 帶水層으로 터널 내부에 많은 지하수가 유출되고 있다. 특히 중앙청앞 구간에는 지하수의 유출이 많고 지반의 자입성이 매우 약한 마사토로 형성되어 있어 Tunnel 굴착에는 매우 불량한 지반으로 되어 있다.

한국일보사앞에서 종점까지는 대체로 풍화암이 분포하나 안국동 로타리부근(18km00)에서는 Tunnel Arch부에 풍화토가 분포하며 透水係數는 1×10^{-4}cm/sec에서 1.2×10^{-3}cm/sec까지의 매우 높은 値를 보이고 있다. 본 구간에 분포되어 있는 풍화토 및 풍화암의 공학적 특성은 표 4.4, 표 4.5와 같다.

표 4.4 풍화토의 특성

내 용	단 위	범 위	평균치	비 고
함수비	%	17.0~21.5	19.4	
액성한계	%	NP	NP	
소성지수	%	NP	NP	
비 중		2.63~2.68	2.66	
건조단위중량	gr/cm³	1.49~1.66	1.58	
습윤단위중량	〃	1.79~2.01	1.88	
일축압축강도		0.13~0.28	0.21	
점 착 력	〃	0~0.35	0.08	3축압축(uu)
내부 마찰각	〃	20~38	31.6	〃 (uu)
압밀계수	cm³/sec	6.4×10^{-3}~5.4×10^{-3}	59×10^{-4}	압축시험
Yong率	kg/cm³	76~651	200.1	공내재하시험

표 4.5 풍화암의 특성

내 용	단 위	범 위	평균치	비 고
함수비	%	9.9~22.7	17.6	
ATTBERG한계	%	NP	NP	
비 중		2.66~2.72	2.68	
건조단위중량	gr/cm^3	1.73~1.81	1.76	
습윤단위중량	〃	1.98~2.11	2.0	
일축압축강도	kg/cm^3	0.19~0.26	0.22	
점 착 력	〃	0~0.1	0.05	3축압축(uu)
〃	〃	0~1.3	0.13	〃
내부 마찰각	〃	31~36	33	〃
〃	〃	37	37	〃
Yong率	〃	27.37~18.611	8.749	공내재하시험

2) 구간별 표준단면

(1) 표준단면

구간별 표준단면은 광화문 통과구간과 지하차도 통과구간은 완전 방수형인 Ps-1(정원형) 단면과 Tunnel 상층부의 풍화토, 풍화암의 지층변화에 따라 Ps-2, Ps-3 및 Rock Ⅲ(타원형)으로 구분된다. 이는 충분하고 상세한 사전 지질조사에 의하여 시공전에 결정되나 실제시공중 예측했던 지질과 상이한 경우에는 해석에 의하여 단면을 변경할 수 있다. Ps-2와 Ps-3는 같은 馬蹄形으로 완공후의 외형은 같으나 공사시 터널변형이 좌우되는 Invert폐합이 있고 없는 등 큰 차가 있다. 당 공구 구간별 지층과 표준단면은 표 4.6과 같으며 단면별 구조적 차는 표 4.7과 같다.

표 4.6 구간별 단면

Pattern	구 간	지 층	연 장	비 고
Ps-1	$17^K240 \sim 17^K485$	풍화토·풍화암	245m	완전방수, 광화문, 지하차도 통과
Ps-2	$17^K485 \sim 17^K605$	〃	120m	유도방수구간
Ps-2	$17^K625 \sim 17^K670$	풍화암	45m	〃
Ps-3	$17^K670 \sim 17^K850$	〃	180m	〃 한국일보사통과
Ps-2	$17^K850 \sim 17^K972$	풍화토·풍화암	122m	〃
Ps-2	$17^K972 \sim 17^K100$	〃	108m	안국빌딩통과
Rock Ⅲ	$17^K320 \sim 17^K340$	풍화암		완전방수구간

※ Ps-1~Ps-3은 日本 JARTS단면.
　Rock Ⅲ는 Geoconsult단면

<Ps-1 원형단면>

<Ps-2, Ps-3 마제형 단면>

표 4.7 단면별 構造

구 분	Ps-1	Ps-2	Ps-3	Rock Ⅲ
Type	원 형	馬蹄形	馬蹄形	卵形
Shotcrete 두께	20cm	20cm	15cm	20cm
Invert의 폐합	有	有	無	無
1차 Wire Mesh	有	有	有	無
2차 Wire Mesh	有	有	有	有
Steel support 규격	H125×125×7×9	H125×125×7×9	H100×100×6×8	H100×100×6×8
Rock Bolt	無	14EA/m	12EA/m	4EA/m
굴착방법	Ring Cut	Ring Cut	Bench Cut	Top Heading
단 면 적	45.3m²	41m²	38.1m²	43.3m²

(2) 표준단면의 적용

터널 단면은 前述한 바와 같이 현장 지질조건 및 특히 막장 토질의 自立力에 의해 결정된다. 각 공종별 細部설명에 앞서 우선 당현장의 토질에 따른 각 단면 적용을 槪說하였다. 편의상 그간 현장에서 호칭하였던 坑名과 작업방향을 소개하면 그림 4.1과 같다.

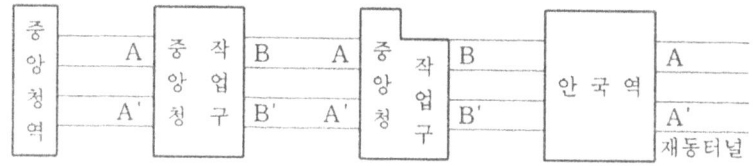

호칭예 : 작업구를 중심으로 중앙청 A갱, 안국동 B갱등으로 호칭

그림 4.1 터널명 및 굴진방향

① 중앙청 A.A'坑

坑口에서 굴진방향으로 풍화토가 전면에 걸쳐 분포되어 있어 Ps-2를 적용시공하였다. 막장의 지질이 매우 연약하였으며 Crown部(Arch部)의 지반이 자립성을 잃고 계속 2~3cm두께의 崩落現象이 있었고 湧水가 유출되어 수발공, Pore polling(후에 설명)등으로 대처하여 나갔으나 120m굴진후인 Sta.17^{K}485지점부터는 막장 自立力이 매우 약한 風化土砂層이 막장 전면에 걸쳐 나타나고 지하용수가 다량유출되어 Ps-1의 특수단면(원형)으로 변경되었다.

또한 補助工法으로써 지반개량 및 遮水效果가 있는 藥液注入工法을 병행 시공하였다. 막장, 자립상태와 계측결과에 따라 藥液注入區間을 결정하였다.

② 중앙청 B.B'坑

　Tunnel전면의 지질은 풍화암층이나 Crown상부 지층의 풍화암 深度가 얕고 Tunnel 初入部의 보강 등을 고려하여 표준단면을 한단계 낮춘 Ps-2로 계획되었다. 그러나 실제 굴착결과 처음 上部는 風化土, 下部는 風化岩層이 나타나 風化土와 風化岩이 경계를 이루고 있어 Ps-2의 적용이 매우 잘 된 듯 하였으나 45m정도 굴진한 17^K670지점부터는 터널 전면부에 연암에 가까운 風化岩層이 出現하여 Ps-3으로 바꾸고 Excavator굴진도 불가한 견고한 암이었으므로 Road Header를 投入 시공하였다.

③ 안국동 A.A.坑, B.B'坑

　風化岩層이 터널 전면부에 나타났으나 막장 自立力은 중앙청 A.A'坑의 지질보다 좋은 편이어서 Ps-2를 적용하였다. 굴진중 지질변화에 따른 터널 변형으로 Crack발생, 地表過多沈下 등이 있었으나 자세한 것은 4장 5항에서 설명하기로 한다.

3) 施工

(1) 시공준비

① 裝備

가. 굴착장비 : 굴착은 당초부터 특정지역으로 화약사용은 원칙적으로 허용되지 않아 인력굴착용 소형장비(착암기. Air Breaker등) Excavator(0.4) 및 Excavator부착 Breaker로 계획하였다. 人力掘鑿이 곤란한 風化岩層의 굴진을 위해 Road Header를 輸入하도록 발주청 측의 강력한 요청이 있었으나 Road Header는 당시 약 4억원 정도의 고가였을 뿐만 아니라 장래의 사용가치도 희박하여 직수입을 유보하고 그 대신 당시 유일하게 搬入되어 있던 ○○工營과 임대차계약을 하였다.

나. 上車裝備 : 터널 작업구인 垂直坑(Vertical Shaft)을 통하여 모든 자재, 버럭 등이 반출입되어야 하는 바, 地上에서 垂直坑 바닥까지의 깊이는 약 20m로 반입은 Crain으로 간단히 할 수 있으나 가장 문제는 그 많은 터널

버럭(굴착잔토)을 여하히 효율적으로 上車하느냐에 고심하였다. 처음 검토는 Crain Cram Shell組合作業 Car Lifter, Grab-Lifter등으로 검토되었으나 작업능률, 경제적인 효과 등을 고려 결국 Grab-Lifter를 구입 설치하였다.

다. Shotcrete용 裝備 : Shotcrete 打設裝備는 국내 보유장비가 없기 때문에 Swizerland ALIVA社에서 구입키로 하고 국내대리점을 통해 offer, 82년 4월14일 현장에 반입되었다(Model : ALIVA260).

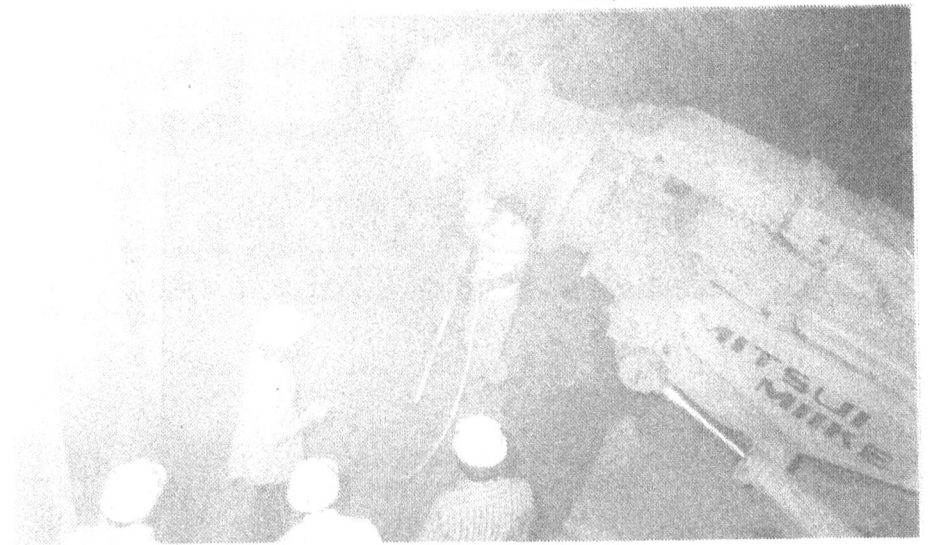

Fig : 26 Road Header

岩盤굴착장비 : 앞 Head부분이 회전하면서 긁어 파낸다.

Fig. 27 上車裝備 (Grab-Lifter(定着式))

Fig. 28 Shotcrete용 Aliva260 : Vonveyer부분과 앞 본체부분이 분리되기도 하며, 앞 본체만 있어도 사용이 가능함.

라. 계측장비(Measuring Instrument): 西獨 INTER FELS社에서 輸入

마. 기타장비 : 국내 보유장비(Air Compressor 600 CFM 2대, Pay-Loader 등)는 문제가 되지 않았으나 국내에서 구할 수 없는 것으로 Rock Bolt타입용 소형 기구 Air Auger도 일본에서 수입하여 왔다.

② 자재 : NATM용 특수 資材도 대부분 국내 조달이 불가능한 것들이었다. 지금은 대부분 국내 생산이 되고 있지만 당시만 하여도 외국산 제품은 수입하여야 했고, Delivery지연으로 인한 공사진행에 차질을 초래치 않을까 하는 우려도 앞서 항상 자재를 확보하고 있지 않으면 안되었다. 수입품에다 가격도 고가여서 우선 100m분 자재만 신청 시험실시키로 하고 offer하였다.

가. Resin : Rock Bolt 접착 정착제, Rock Bolt 1개당 각각 다른 Resin 3개가 소요된다.(규격 : 0407, 0201, 0200)(日産 : 사진 Fig.29)

Fig.29 Resin(Box내에 보관) : 흑판 옆 형광등 같은 것이 Resin. Hole안쪽으로부터 0200(Lobel흑색) 0201, 0407순으로 넣으며 0200, 0201은 2배, 0407은 4배가 확장됨

나. 急結劑 : Shotcrete용 急結劑로 Powder形과 Liqued形이 있으나 당시 Liqued形으로 SIKA를 구입키로 결정함.(일산)

이외의 자재는 모두 국내 조달이 가능한 일반자재였으나 上記 특수자재 사용

결정도 우리 스스로 할 수 없었고 거의 일본 감리자들이 사용토록 한 자국산 제품들이었다.

③ 技能工 : 터널 굴진에 대한 技能工은 국내에도 경험자가 많아 별문제는 없었으나 Shotcrete 및 Rock Bolt打設 技能工 확보가 어려웠다. 특히 Shotcrete 打設은 Dry Mixed된 혼합골재가 Nozzle끝까지 壓送되어 Nozzle 끝에 부착된 별개의 送水 Hose의 Valve를 이용 물 혼합을 조정해야 하며 打設角度, 거리에 따른 Rebound조정등 절대적인 요건들이 技能工(Nozzleman)의 경험 및 숙련도에 달려 있기 때문에 숙련공의 확보가 필요하였다. 그러나 NATM 시작시기인 당시에 국내에 그 숙련공을 구하기란 결코 쉽지 않았었다. 백방으로 수소문하던 중 천만다행으로 中東 海外工事시 Shotcrete경험이 있는 1Team(3명)을 알게 되었고 당시 타 技能工의 노임보다 월등히 더 支拂하는 조건으로 채용할 수 있었다.

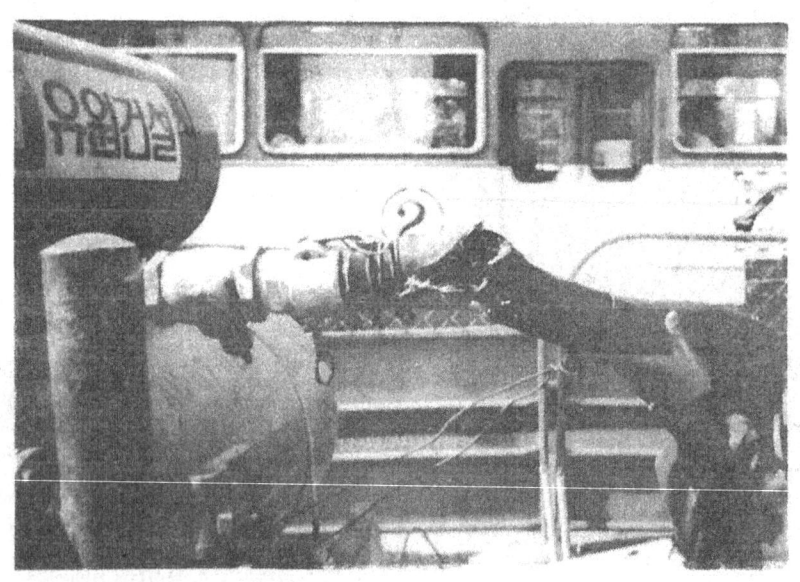

Fig.30 : Air Hose의 파열

당초 Air Comp에 일반적으로 사용하는 2~3Play 고압 Hose를 사용하였으나 Shotcrete 타설압에 견디지 못하고 모두 파열되었다. Shotcrete용은 필히 5ply고압 Hose를 사용해야 한다.

④ 기타 : 여기서 일반적인 장비, 자재, 기능공 준비에 대한 것은 생략하고 다만 앞으로의 NATM Tunnel현장을 위하여 준비사항에 대해 부언하고자 한다. 초기와는 달리 지금은 국내에서 모든 자재, 장비, 기능공이 충분하다는 것과 Rock Bolt접착제나 急結劑등은 지금 종류도 많다. 특히 현장조건에 따라 그 사용양상이 달라지므로 일시에 다량구매하여 지질에 맞지 않은 손해를 초래하는 시행착오는 우리 지하철 3호선 현장에서만 있었던 교훈으로 알아주기 바란다.

또한 Air Compressor는 600CFM 2대를 준비하고 Air tank에 연결사용해야 하며, Air Hose는 반드시는 5Ply 고압 Hose를 사용하여야 한다(사진 Fig.30).

(2) 坑口 설치

터널굴진을 위한 坑口는 중앙청앞 垂直坑에서 A-A'갱측과 B-B'갱측, 안국동 수직갱에서 A-A'측과 B-B'갱측 및 齊洞 Tunnel入口로 三分할 수 있다. 구조적으로는 중앙청 수직갱과 안국동 수잭갱은 H-Beam을 이용한 철골 Conc'이며 齊洞 Tunnel은 철골에 Shotcrete를 타설하여 완성한 坑口로 구분할 수 있겠다.

Fig.31 Concrete Box형 坑口

① 중앙청과 안국동 坑口.

양 수직갱은 모두 장기간 설치되어 있을 것에 대비하여 土留板위에 두께 25cm의 Conc' 연속 土留壁을 시공하였다. 중앙청 수직갱은 GL-19.5m FL까지 굴착 완료한 후 鋼支保工(H250×250×9×14)을 50cm간격으로 4개씩 세워 전단면 크기의 Box형으로 Shotcrete를 타설하여 설치했다.

또한 안국동 수직갱은 ○○년 ○월 GL-14.5를 굴착했을 때 Tunnel 상반부 굴진을 위한 上部만의 坑口를 중앙청과 같은 Conc' Box형으로 설치하였다. 다만 下部 굴착을 대비하여 H-pile(H300×200)을 坑口 1개소에 6개씩 미리 打込해 두었다(사진 Fig.31 콘크리트 Box형 坑口).

② 上記 Tunnel 坑口와는 달리 齊洞 Tunnel坑口는 소형 鋼支保와 Shotcrete를 이용하여 간단하게 설치할 수 있었다.

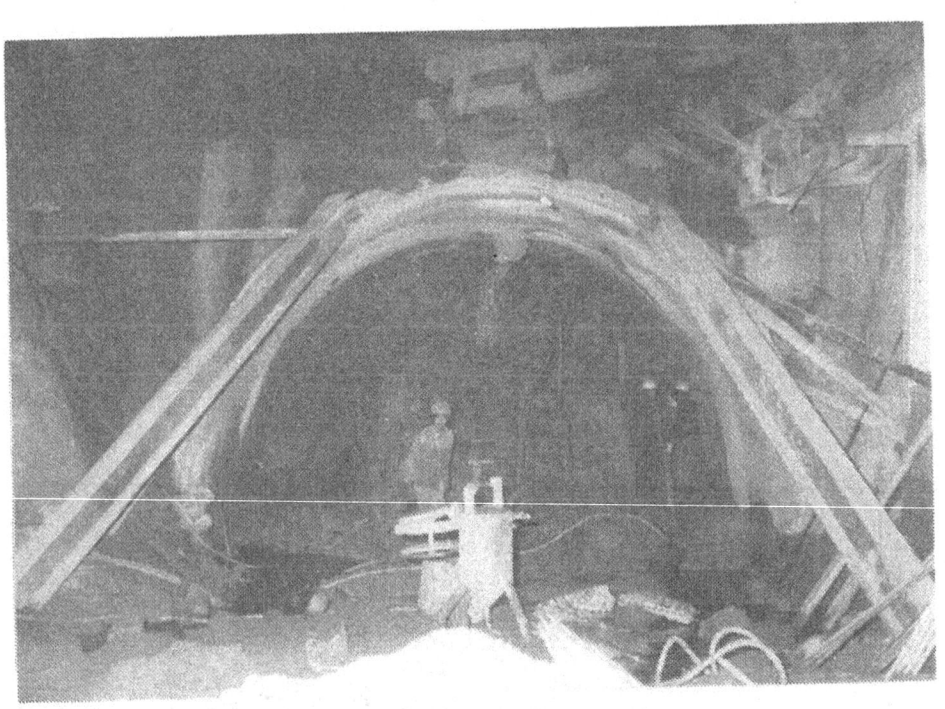

Fig.32 Shotcrete를 이용한 坑口設置

먼저 鋼支保(H100×100~H200×200)로 Arch를 만들어 3~4개를 세우고 내측에 얇은 合板으로 거푸집을 설치한 후 Wiremesh를 넣어 약 5cm의 Shotcrete를 타설한 후 내측 合板거푸집을 제거하고 內外側에 다시 Shotcrete를 타설하여가며 필요한 두께만큼 아지 유연한 Tunnel坑口를 설치할 수 있는 방법으로 앞으로 Tunnel공사시 갱구설치는 본 Shotcrete타설공법으로 전환될 것으로 전망된다. (사진 Fig.32)

4) 掘鑿

(1) 掘鑿工法

굴착공법은 기본적으로 원지반의 支持力, 막장의 自立力, 지표면 침하의 허용치 등을 고려하여 결정하고 있으나 시공회사로서는 그 시공성과 경제성이 크게 영향을 미치고 있어 가장 합리적이고 경제적인 굴착공법을 채택하지 않으면 안된다.

NATM에 있어 掘鑿工法의 특징은 비교적 단면 분할을 크게 하며 시공중 대폭적인 변경이 없다는 것이다. 일반적으로 전단면공법 또는 Short Bench공법으로 굴진하며 작업공간을 넓게 확보하여 대형기계 통행이 자유로와 작업능률을 올려 경제성을 추구할 수 있다. 그러나 막장의 자립이 되지 않을 때는 불가피하게 頂設導坑을 설치한다든지 혹은 多段 Bench Cut공법을 택하게 되는 경우도 없지 않다.

안정된 硬岩區間을 제외하고는 대부분 막장으로부터 가능한 근거리에서 Invert를 閉合하여 시공중 과대한 地盤弛緩을 방지하는 것을 기본으로 하고 대단면의 Tunnel에서 원지반의 支持力이 부족하거나 지표면 침하를 최소로 억제하기 위하여 側壁導坑을 선진시키는 공법이나 Mini Bench Cut공법, 假Invert 閉合工法 등이 있는 바 이는 시공순서 등이 재래공법과는 일부 다르기 때문에 주요공법에 대하여 槪說하고자 한다.

① 全斷面工法

원칙적으로 설계 굴착단면을 한 번에 굴착하는 방법으로 전단면 굴착이 가능한 곳은 비교적 안정된 지반으로 형성된 원지반이다. NATM지보의 특징을 살려 長孔發破에 의한 급속한 施工, 기계화 시공을 하면서 경제적인 側面도 검토되어야 한다. 주의할 점은 터널 연장이 길면 전구간이 모두 좋은 암반이라고 할 수 없으므로 지질의 변화에 대응할 수 있는 공법도 미리 생각하여 두어야 할 것이다.

전단면 굴착의 시공순서는 암반조건에 따라 支保方法이 달라지므로 일정치 않다. 일반적으로 極硬岩의 암반이 좋은 곳은 1차적인 Shotcrete로 支保를 마감하나 비교적 암반이 좋지 않은 곳에서는

　가. 발파→환기→浮石제거(飛石整理)

　나. 버럭이 덮여 있지 않은 上半部 1차 Shotcrete

　다. 버럭 搬出

　라. 버럭이 반출된 下半部 1차 Shotcrete

　마. 上半部 2차 Shotcrete

　바. 下半部 2차 Shotcrete순으로 施工한다.

그러나 支保로서 Rock Bolt나 鋼支保가 필요할 경우 시공순서는 또 달라지는 바 이는 1차 Shotcrete후 施工한다.

② Bench cut공법

Bench Cut공법은 그 길이에 따라 ㉠ Long Bench Cut, ㉡ Short Bench Cut, ㉢ Mini Bench Cut와 이것에 Short Bench Cut의 변형으로 해서 단을 주어 Cut하는 ㉣ 多端 Bench Cut로 구분한다.

Bench의 길이는 지반의 物性條件 등에서 설계상 1차복공, Ring閉合時期를 결정하는 경우를 제외하고는 대책로 시공기계의 종류에 따라 결정한다. 그러나 NATM의 원리로는 가능한 Bench의 길이를 짧게 하는 것이 바람직하므로 施工性, 經濟性을 고려하여 시공장비를 선정하고 안전상 필요한 여유를 두어 Bench 長을 결정하여야 한다.

NATM에서의 Bench長은 대략 표 4.8과 같다.

표 4.8 Bench 長

Bench Cut종류	Bench 長(m)
Long Bench Cut	50이상
Short Bench Cut	10~35
Mini Bench Cut	2~터널徑 이외
多端 Bench Cut	20~50

가. Long Bench Cut공법

Long Bench Cut공법은 비교적 岩質이 안정되어 있고 시공단계에서 Invert閉合을 거의 필요로 하지 않은 경우에 채택되며 上半에서 下半에 통하는 경사로를 설치하기 쉬운 지질에서라야 할 수 있다. 현장에 따라 上·下半의 막장면의 거리가 길게 시공되므로 上下半의 병행작업이 가능하다(그림 4.2).

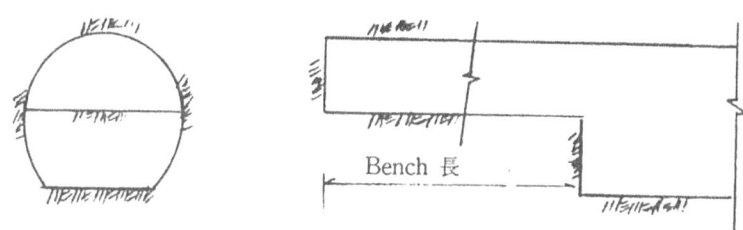

그림 4.2 Long Bench Cut공법(上半 先進工法)

시공순서는 다음의 Short Bench Cut공법을 참조하기 바란다.

나. Short Bench Cut공법

Short Bench Cut공법은 적용범위가 넓고 NATM工法에 있어서 주류를 이루고 있으며 당 현장에서도 본 공법을 주로 시공하였다. 굴착수단은 人力, 發破,

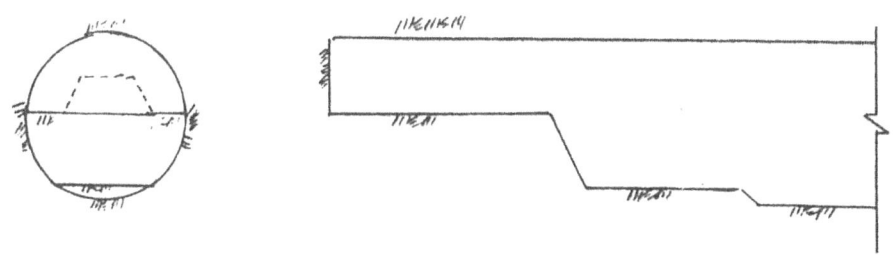

그림 4.3 Short Bench Cut

機械 어느 것이나 가능하고 버럭處理는 傾斜를 이용하거나 他運搬器具를 이용할 수도 있다. (그림 4.3)

일반적인 시공순서는 그림 4.4와 같다.

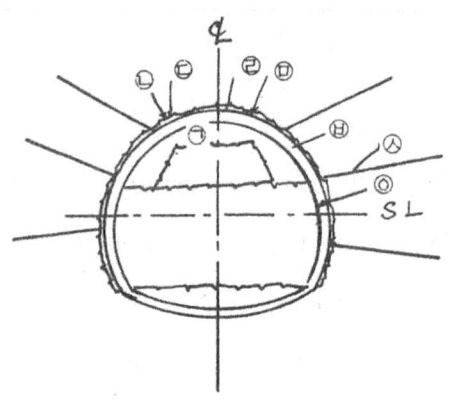

시공순서는 역시 지보 및 지질에 따라 다르나 여기서는 支保로 鋼支保 Rock Bolt, Shotcrete를 병행하는 시공 순서를 예로 한다.

그림 4.4 시공순서도

㉠ 上半 Ring Cut(上半掘鑿을 가운데 Core를 두었기 때문에 Ring Cut함)
㉡ 1차 Wire mesh 부착
㉢ 1차 Shotcrete 打設
㉣ 鋼支保工 설치
㉤ 2차 Wire mesh부착
㉥ 2차 Shotcrete타설
㉦ Rock Bolt타입
㉧ 3차 Shotcrete타설 순으로 하부 굴착 Invert굴착도 시공함.

다. 多段 Bench Cut, Mini Bench Cut공법

본 공법들은 Short Bench Cut공법을 현장조건, 지질의 조건 등의 변화에 따라 자립成이 약한 팽창성지반, 토사구간에서 굴착면의 조기폐합을 위하여 시공하는 것으로 시공방법, 순서 등은 Short Bench Cut공법과 비슷하므로 설명을 생략하고 그림 4.5, 4.6의 일반도를 참고하여 Short Bench Cut공법과 연관하여 생각하기 바란다.

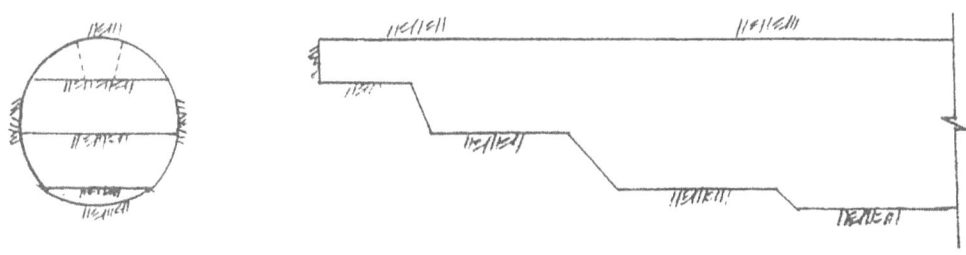

그림 4.5 多段 Bench Cut공법

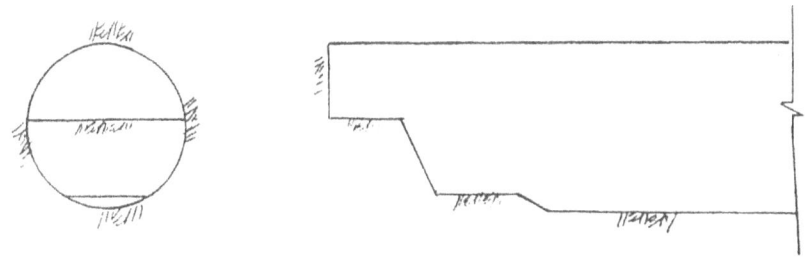

도심지 구간의 침하억제를 목적으로 우리 현장에서도 많이 사용한 공법임

그림 4.6 Mini Bench Cut

라. 假 Invert工法

Long Bench Cut와 같이 Bench 길이를 길게 할 때 Arch부만 Shotcrete로 支保를 하며, 掘進할 때 터널 측벽으로부터의 측압에 따른 터널 變形을 방지할 목적으로 假 Invert를(Shotcrete를 이용) 설치함으로써 터널 閉合의 효과를 얻는 것이다. 그러나 下半部 굴착시 이 假 Invert를 다시 깨어내야 하기 때문에 여러 가지 측면에서 충분히 검토한 후 본 공법을 채택해야 한다. (그림 4.7)

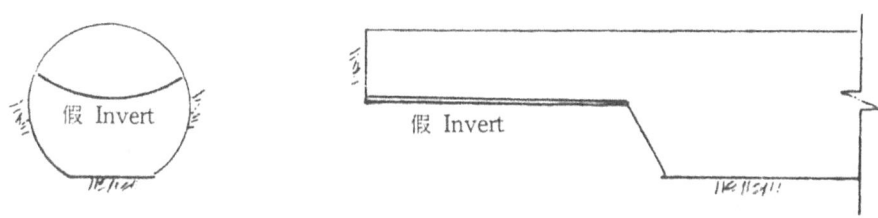

그림 4.7 假 Invert工法

③ 側壁導坑工法(Side Drift Method 싸이롯트공법)

側壁導坑工法은 지질이 軟弱하고 地盤支持力이 부족한 구간이나 도심지 터널에서 地表面沈下를 불허하는 구간에 적용되는 공법이다. 본 공법은 재래 Tunnel工法에서도 활용되었던 공법으로 NATM에서는 재래공법에 NATM의 이점을 부합시켜 Side Drift에 Shotcrete 支保 등을 활용, 보다 안전하고 확실한 효과를 기대할 수 있는 이점이 있다. 다만, 假 Invert工法과 마찬가지로 Side Drift의 假 Shotcrete 壁體도 다시 깨어내야 하는 관계로 채택에 신중을 기하여야 한다. (그림 4.8)

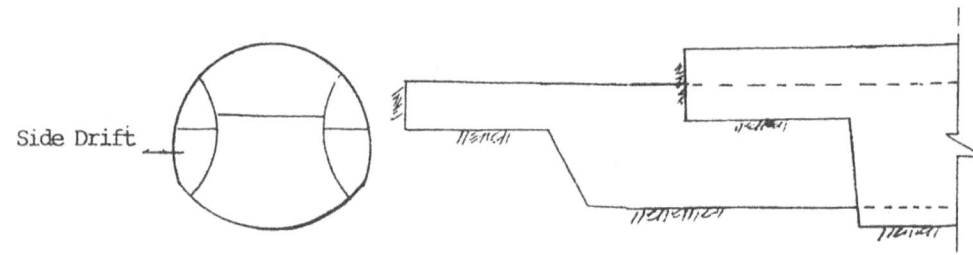

그림 4.8 側壁導坑工法

(2) 始點部 掘進

중앙청 수직갱에서 A갱을 굴착하기 시작한 1982년 5월 9일까지 NATM 설계단면은 확정되지 않았었다. 同年 2월 수직갱 굴착완료후부터 약 2개월간을 굴진공사 중단상태이므로 공정상 차질을 초래할 뿐만 아니라 경제적 손실도 극대화하여 NATM단면이 확정시까지 재래식으로 굴진키로 하고 작업을 착수하여 처음 굴진은 ASSM공법으로 시공하였다.(사진 Fig.40 참조)

그러나 문제가 되는 점은 시점구간은 수직갱 굴진시 이미 원지반이 이완되어 있는 상태이므로 안전시공 대책으로 H250×250×9×14의 鋼支保를 60cm간격으로 10조씩 건립하여 각 坑마다 6m씩을 재래공법으로 시공하였다.

第4章 NATM 施工 171

大型 鋼支保가 특히 두드러져 보인다. 가운데부분은 Core를 둔 Ring Cut를 하였다.
Fig.40 재래공법 施工

(3) 人力掘鑿

NATM단면이 확정된 후부터는 전구간을 上·下部 및 Invert로 三分하여 굴진하였은데 시공 초기에는 주로 Leg Drill과 Pick Hammer(CA-7)을 사용한 人力掘鑿으로 Ring Cut공법으로 하였다. 이는 Short Bench공법을 한 걸음 발전시켜 가운데에 원지반의 Core를 남겨두므로 막장 지반의 Sliding을 豫防하고자 함이었다. 그러나 Ring Cut를 함에도 막장의 지질이 매우 연약하여 Crown 부위의 흙이 자립하지 못하고 2~3cm정도의 두께로 崩落이 계속되어 1차 Shotcrete시공시까지 막장 자립을 위한 補助工法으로 Pore Polling을 縱方向 2m간격(간지보공 2개마다) 橫方向 50cm간격, 15° 각도로 설치하여 掘鑿面(Pay Line)을 따라 지붕형상이 되므로 落石을 방지할 수 있도록 보호하였다. (그림 4.9 및 사진 참조)

172 NATM터널공법

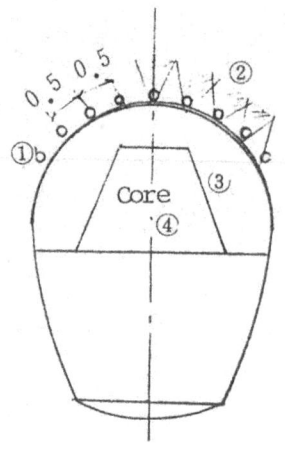

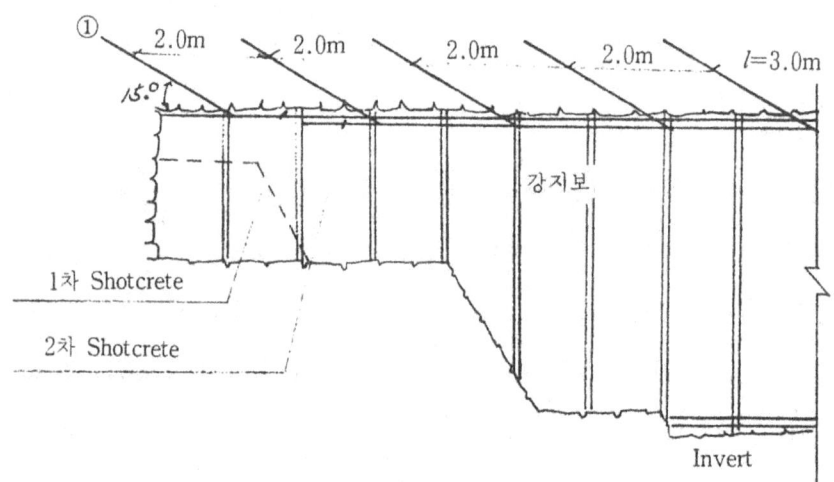

① Fore Polling : φ25m/m l=3.0m의 이형철근 혹은 Rock Bolt
② 빗금친 부분이 Fore Polling 1개가 원지반을 받는 영역으로 결국 상부 지반은 모두 안정됨.
③ Ring부분을 신속히 굴착후 支保工 설치 및 Shotcrete를 타설함.
④ Core를 둠으로써 막장면의 Sliding을 방지함.

그림 4.9 Fore Polling

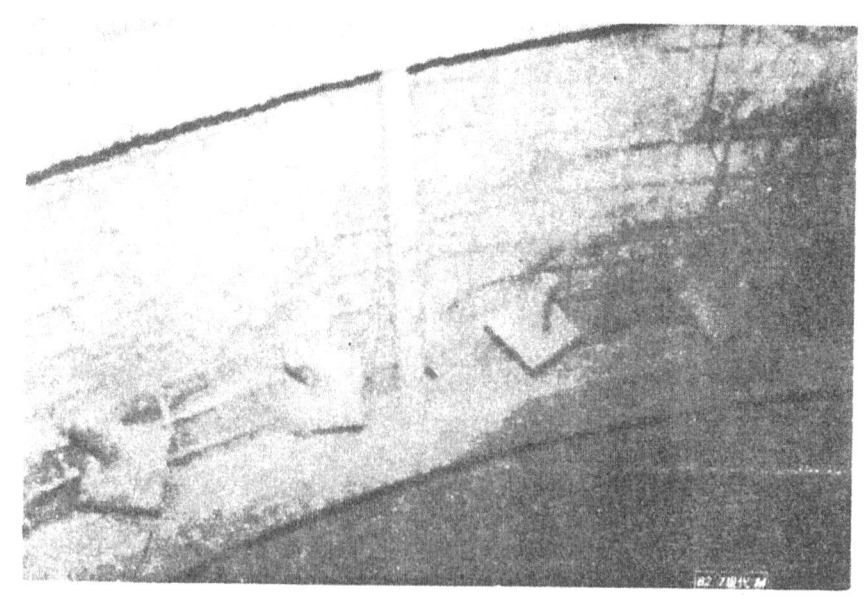

Fig.42 Pore Polling

　또한 터널 굴진시 湧水가 매우 위험한 존재로 湧水로 인한 위험한 경우도 많았던 바, 湧水處理에 대하여는 2-5, 3)항에서 상세히 설명코자 한다. 다만 굴진시 용수출현에 대비하지 않을 수 없는 바 평시의 용수상태를 잘 관찰하고 다소 이상을 발견할 시는 막장 전방에서 先進 Boring(약 5~6m)을 실시하여 湧水의 유무상태를 확인하고 湧水가 있을 때는 Boring Hole을 통하여 流路를 만들어 주어 湧水를 유도하여야 한다.

　(4) 機械掘鑿

　중앙청 B-B'坑은 坑口에서 약 45m를 굴진하였을 때부터는 軟岩에 가까운 地層으로 人力이나 Back hoe Breaker로도 굴착이 불가능하여 Fig.26의 Road Header를 投入하였다. Road Header의 작업은 가운데 Core를 형성할 수 없으므로 상부 全斷面 굴착을 실시하였다. 본 지반은 自立性이 강하고 암질도 균일하였으며 湧水도 거의 없는 관계로 Bench長을 50m가 되는 Long Bench Cut를 하였다.

　Load Header를 이용한 작업은 Road Header통행로를 약 15° 각도의 경사로를 형성하여 주어야 하기 때문에 下部半斷 병행작업이 불가능하다. 裝備의 작업 효율을 위해서는 Short Bench Cut는 經濟的이라 할 수 없다. 부득이한 경우 즉 계측결과 많은 변형을 초래하였다거나 지질 변화에 의한 自立性이 약화되었을 경우를 제외하고는 Long Bench Cut가 보다 효율적이며 이러한 상태를 면밀히 조사한 후 Bench長을 調節하여야 한다.

이외 投入장비로 Back hoe Breaker는 주로 下部 風化岩 굴착시 효율적이었으며 下部 風化土인 경우 Excavator의 굴착도 효율적이었다.

참고로 최근에는 연약지반 터널 기계굴착 장비로 Shield공법이 사용되고 있으며 암반구간에는 TBM(Tunnel Boring Machine)공법이 사용되고 있으나 球徑이 제한되어 있어 소형터널(수로, 통신구등)에 주로 사용하고 대형터널에 사용할 때는 2차 확장공사를 NATM工法으로 병행시공하고 있다.

3. 發破工法

터널굴착의 발파공법은 터널의 용도별 종류(철도, 도로, 수로, 배관 등)와 지질적인 조건 특히 지표두께, 단층, 파쇄대, 湧水 등의 유무 또는 상태, 단면의 대소 등에 따라 결정되지만 최근에는 도심지 터널발파에서 공해(진동, 폭음)에 대한 고려의 비중도 높아져 가고 있다. 종래부터 사용되고 있는 굴착방법의 전단면 굴착이나 분할굴착방법, 제어발파방법 등을 보면 다음과 같다.

1) 터널발파의 각종공법

(1) 전단면 굴착공법

터널의 굴착공법으로서는 가장 바람직하지만 암반이 양질이고 중경암 이상의 비교적 경암에 적용된다. 천공은 트럭 탑재 간이점보나 전단면 굴착점보가 사용되며 빗트경은 38mm정도가 이용된다.

우리 나라에서는 심빼기 발파가 대체로 경사커트(V-cut)가 이용되나 외국에서는 parallel cut(평행커트)가 많이 이용되고 빗트경은 50mm전후로 많이 쓰이고 있다.

(2) 상부반단면 선진굴착공법

전단면 굴착에서 한 번에 굴착하면 질적으로 불안이 있을 만한 암질의 경우에 채택된다. 비교적 단단하지 않은 지질에서도 상부반단면 굴착에는 대형 기계가 도입되어 작업이 폭주하지 않음으로서 안전작업이 가능한 이점이 있고 전체적으로 공사비가 싸게 된다. 일반 선진도갱에서와 같이 지질의 조기조사가 되지 않거나 혹시 불량지질을 만나는 부분이 길게 되면 진행이 늦어져 공기에 영향을 주게 된다. 상부반단면 천공에는 점보를 사용하고 Beam에 실린 드리프터 여러 대를 사용한다. 심빼기에서는 앵글커트방식이 쓰이고 하부굴착에서는 벤치커트로서 간이점보 및 크로라드릴(crawler drill)을 사용한다.

(3) 저설도갱 상부반단면 공법

터널의 저설부에 도갱을 선진해서 굴착한 후 상부반단면 부분을 굴착하는 공법. 도갱단면은 $10m^2$ 전후의 단면으로 굴착된다. 상반부 지질이 좋지 않으면 링커트로 굴착할 때도 있다. 상반부 버력은 도갱부에 떨어져 외갱으로 반출된다. 선진한 도갱으로 터널의 지질을 파악하므로 그후 상반부 굴착이 용이하다.

상부반단면과 하부도갱부를 동시에 발파해서 굴착하는 공법이 있는데 지질이 양호할 때 채용되는 것으로 버섯형 굴착공법이라 하며 발파기술면에서는 큰 차이가 없다.

(4) 측벽도갱 선진굴착공법

아치부를 굴착하면 토하중이 커져서 지질적으로 지내력이 부족하여 상부하중을 지지하기 어려울 때 터널의 침하와 붕락 등의 사고가 발생한다. 이러한 조건에 채용되는 것이 최초에 양측벽 도갱을 굴착하여 측벽부에 콘크리트를 타설한 후 상부아치부를 굴착한다. 상부하중이 안정된 측벽부의 타설되어 있는 콘크리트에 지지되기 때문에 지질조건이 나쁜 곳에서 실시하는 것이 측벽도갱 선진굴착공법이다.

(5) 버섯형 굴착공법

상부반단면과 하부도갱부를 동시에 발파하여 굴착하는 공법으로 지질이 양호한 경우에 사용하는 공법, 저설도갱 선진상부 반단면공법에서 양호한 지질이 나타날 때 시공한다.

(6) 링커트 굴착공법

터널의 상반부를 굴착하는 경우 지질이 좋지 않으면 중앙부를 배꼽같이 남겨두고 굴착하는 공법으로 비교적 연암, 취약암지대에 사용된다.

(7) 전단면의 3~5회 분할 굴착공법

도심지 터널발파의 공해(진동, 폭음)에 대한 제어발파와 연약지반 붕괴에 대한 터널굴착 고려에 따라 전단면을 3~5회로 분할발파를 실시하는 경우가 있다.

(8) 대표적인 굴착공법의 굴착순서 도표

상기의 대표적인 굴착공법순서를 그림 4.10~4.13에 제시하며 버섯형 굴착공법, 링커트굴착공법은 前記한 그림 4.4의 굴진공법 도해를 참고하기 바란다.

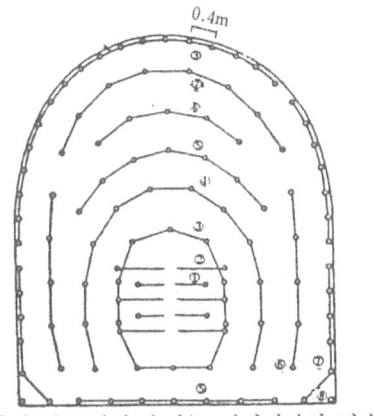

(주) ○표내의 숫자는 전기뇌관의 단수

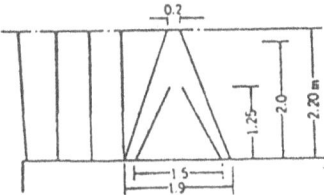

a) 단선터널의 전단면발파패턴

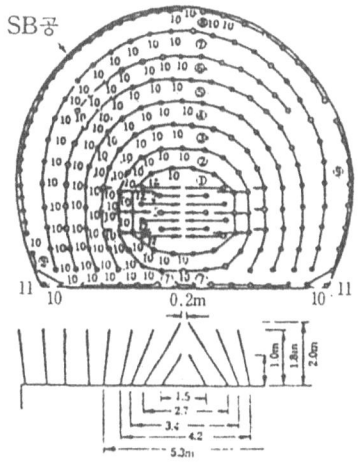

b) 복선터널 전단면의 발파패턴

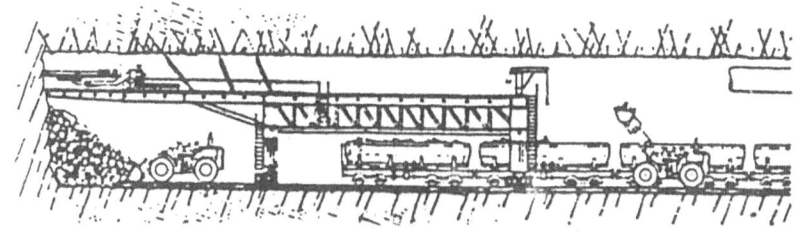

c) 전단면 굴착공법 단면(60~90m²)

그림 4.10 전단면 굴착공법 패턴 및 단면

178 NATM터널공법

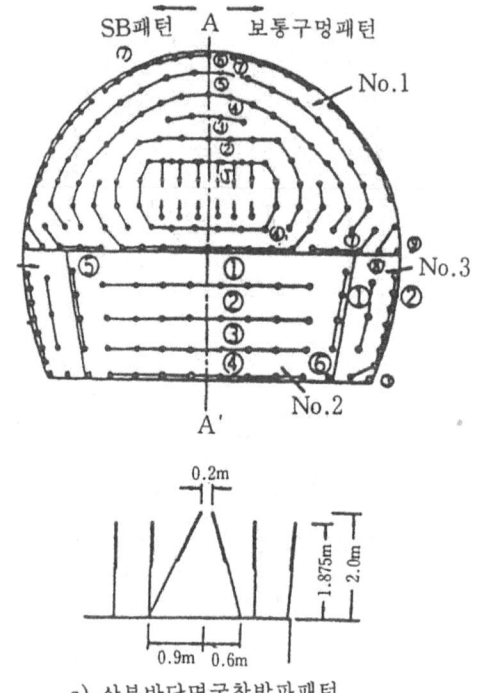

a) 상부반단면굴착발파패턴

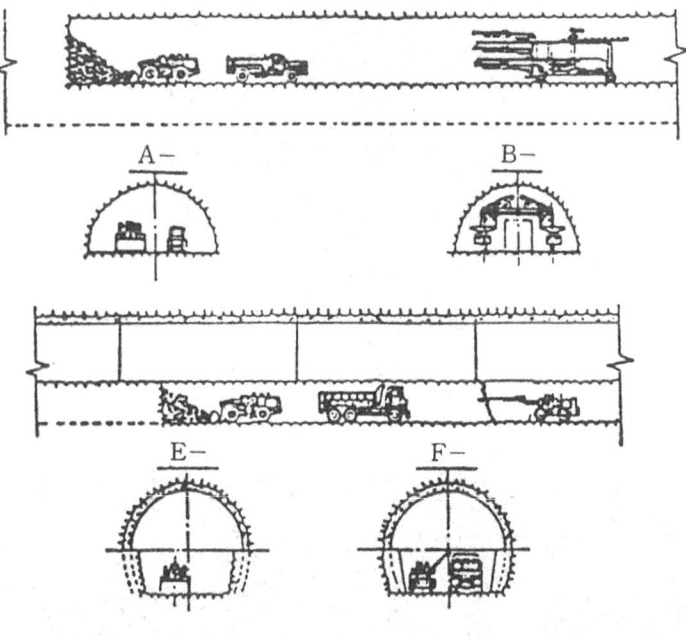

b) 상부반단면굴착공법시행순서도

그림 4.11 상부반단면 선진굴착공법 패턴 및 순서도

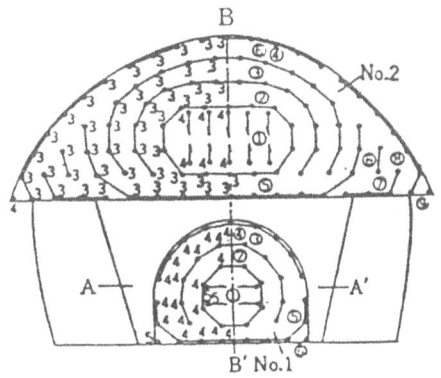

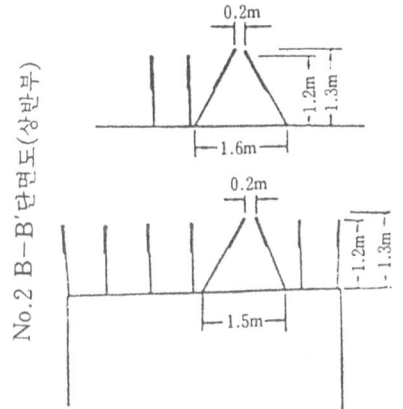

a) 저설도갱 선진상부반단면 굴착공법의 발파패턴

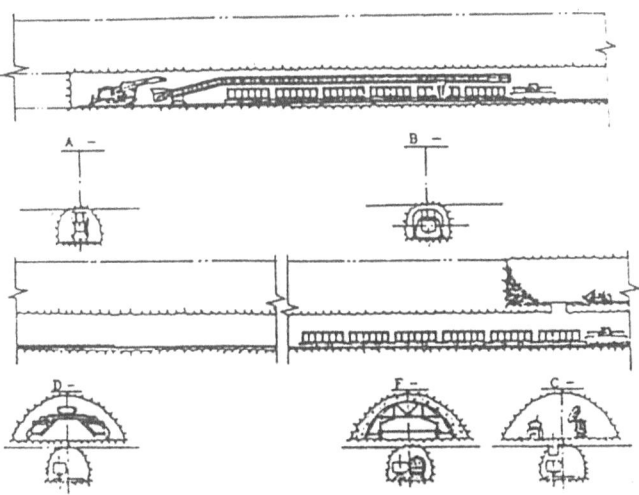

b) 저설도갱 선진상부반단면 굴착공법 순서도

그림 4.12 저설도갱 선진상부반단면 굴착공법 패턴 및 순서도

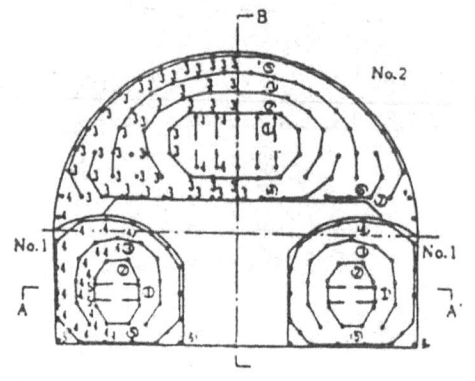

No.1 A-A'평면도(도갱부)

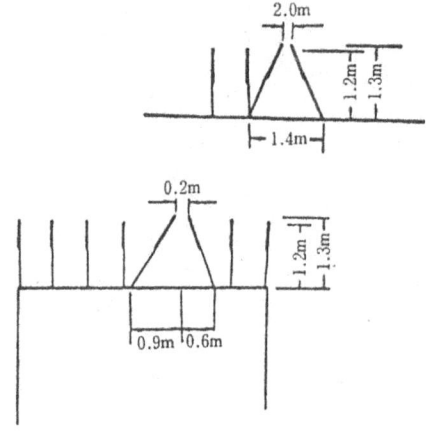

No.2 B-B'단면도(상반부)

그림 4.13 측벽도갱선진굴착공법의 발파패턴

2) 制御發破

앞장에서 Bench cut와 터널발파방법 중 심빼기방법, 발파공법 등에 대해 설명하였으나 특히 NATM工法에서 많이 사용하는 制御發破(Control Blasting)에 대한 발파공법에 대하여 설명과 응용발파에 대한 방법 등을 간단하게 설명한다.

(1) Smooth Blasting

터널의 주변부(Wall과 Roof)에 단면을 매끄럽게 잔여암반에 충격을 주지 않게 하기 위해 Smooth Blasting(=Controlled Blasting)을 한다.

발파후 주위암반에 충격을 줄여서 여굴을 방지하고 튼튼한 암반을 유지시키며 매끈하게 보기 좋게 하고 Concreting작업을 절약하여 Crack발생이 적어 누수가 적고 落石, 落盤이 감소하며 수로터널인 경우는 유수의 마찰이 적고 통기용 터널인 경우는 통기효율이 좋아지는 장점이 있다. NATM터널에서 Smooth Blasting이 보편화 적용되고 터널, 지하저장소, 도로의 절단면, 빌딩기초의 절단면, 진동억제시 Pipe Line Trenching, 석재절단 등에 적용한다.

Crack이 많은 곳은 시공이 어렵고 천공경비가 많이 들고 고도의 천공정밀도가 요구되는 단점이 있다.

Smooth Blasting기법은 주로 Decoupling Effect에 대한 Cushion작용을 이용하며, 부수적으로 공공(Empty hole : Linderilling)을 뚫어 효과를 倍加시킨다.

Smooth Blasting 방법으로는 ① Converntional Smooth Blasting, ② Presplitting, ③ Cushion Blastion, ④ Line Drilling(잘 사용치 않음)이 있다.

① Conventional S. B

1950년 Sweden에서 시행되었고 모든 지하발파와 노천에서도 많이 사용된다. 본 발파와 같이 하되 최후로 점화하는 방법이며 $W : D = 1 : 0.55 \sim 0.8$로 해야 하며, 연약지반일수록 D값을 줄여야 한다. 천공정밀도는 1m에 3cm까지 바깥쪽으로 허용되며 본 발파와 같이 시차발파를 실시하거나 암반상태에 따라 본 발파를 끝낸 후 인접공과 함께 추후로 발파한다.

장약량에서 인접공은 본 발파의 50%와 Smooth Blasting장약공은 본 발파의 10%로 장약한다. 인접공의 저항거리와 공간거리는 본 발파공의 50~70%로 하며 Smooth Blasting공의 장약은 표 4.9, 표 4.10과 같이 실시한다.

표 4.9 Conventional S. B의 장약(Langerfors)

천공경 (mm)	천공간격 (m)	최소저항선 (m)	장약밀도 (kg/m)	장약
30	0.5	0.7		Gurit
37	0.6	0.9	0.12	Gurit
44	0.6	0.9	0.17	Gurit
50	0.8	1.1	0.35	Gurit
62	1.0	1.3	0.35	Nabit 22mm

표 4.10 Conventional S. B의 장약(Gustafsson)

천공경 (mm)	천공간격 (m)	최소저항선 (m)	장약밀도 (kg/m)	장약
25−32	0.25−0.36	0.30−0.45	0.07	11mm Gurit
25−43	0.50−0.60	0.70−0.80	0.16	17mm Gurit
45−51	0.60−0.70	0.80−0.90	0.16	17mm Gurit
51	0.80	1.00	0.30	22mm Gurit
64	0.80−0.90	1.00−1.10	0.36	22mm Gurit

Gustafsson의 실험식은 다음과 같다.

$W : D = 1 : 0.8$

$D = 10 \times d$
$D = 0.8 \times W$
$\ell_s = 0.25 \times \ell$
Pb는 공경과 동일한 직경의 Cartridge 1~2개 장전

○ Gustafsson은 ① 저부장약, ② 암질이 나쁜 경우의 조정, ③ 前段孔의 표준장약 등 3항목이 부대조건으로 붙어 있다.

또한 인접공의 장약방법은 표 4.11과 같다.

표 4.11 S.B 인접공의 장약량(Gustafsson)

Drill Hole Diameter mm	Bottom Charge kg	Column Charge kg/m	Unit
Approx. 30	0.30	0.40	22mm Nabit or Corresponding
Approx. 40	0.45	0.60	25mm Dyn or Corresponding
Approx. 50	0.75	1.00	32mm Dyn or Corresponding

그리고 Conventional S.B에 사용되는 폭약은 직경이 공경의 1/2정도이고 Decoupling Index가 2, 폭약의 폭속은 4000m/sec, Gas량 400ℓ/kg과 일량 350톤 m/kg, 폭약계수 2, 장약밀도는 약경이 11mm일 때는 0.11kg/m, 17mm일 때는 0.245kg/m가 되도록 하는 폭약이 적당하며 국산 Finex는 S.B폭약이다.

○ 일본에서 실시하고 있는 Conventional S. B의 장약설계와 Lanhgefors의 S.B의 Presplitting의 장약설계

표 4.12 Conventional S.B의 장약설계(발파핸드북 : 일본)

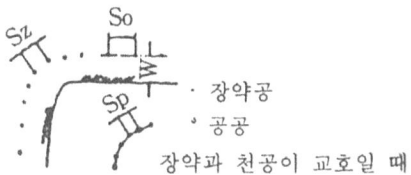

장약공
공공
장약과 천공이 교호일 때

천공경 mm	약 경 mm	장약량 1m당 장약량 kg/m	최소저항선 W cm	천공간격 S_0 cm	S_z cm	S_p cm
36	16~18	0.12	70~90	50~60	30~40	15~20
44	18~20	0.17	80~100	60~70	60~70	20~25
50	20~22	0.25	100~120	70~80	70~80	25~30
62	22~25	0.35	120~140	80~100	80~100	30~40
75	25~28	0.50	150~170	110~120	110~120	35~45
87	27~30	0.70	180~100	130~140	130~140	40~50

표 4.15 Langefors의 S.B와 Presplitting의 장약설계

Drill Hole Diameter d mm (in)	Concentration of Charge P kg/m(lb/ft)	Charge Unit [a]	Smooth Blasting D m	W m	Presplitting D m (ft)	
30 (1½)		Gurit	0.5	0.7	0.25-0.5	(1-1½)
37 (1½)	0.12 (0.08)	Gurit	0.6	0.9	0.30-0.5	(1-1½)
44 (1)	0.17 (0.11)	Gurit	0.6	0.9	0.30-0.5	(1-1½)
50 (2)	0.25 (0.17)	Gurit	0.8	1.1	0.45-0.70	(1½-2)
62 (2½)	0.35 (0.23)	Nabit 22mm	1.0	1.3	0.55-0.80	(2-2½)
75 (3)	0.5 (0.34)	Nabit 25mm	1.2	1.6	0.6-0.9	(2-3)
87 (3½)	0.7 (0.5)	Dynamite 25mm	1.4	1.9	0.7-1.0	(2-3)
100 (4)	0.9 (0.6)	Dynamite 29mm	1.5	2.1	0.8-1.2	(3-4)
125 (5)	1.4 (0.9)	Nabit 40mm	2.0	2.8	1.0-1.5	(3-5)
150 (6)	2.0 (1.3)	Nabit 50mm	2.4	3.2	1.2-1.8	(4-6)
200 (8)	3.0 (2.0)	Dynamite 25mm	3.0	4.0	1.5-2.4	(5-7)

[a] If no special charges are available dynamite taped on detonation cord to a concentration P kg/m(lb/ft) can be used.

② Presplitting 또는 Preshearing

이 발파법은 본 발파를 하기 전에 파괴경계면의 장약공을 먼저 발파하여 경계면에 파단면을 먼저 만들어 주는 방법

발파공에 가까운 空孔일수록 그 방향으로 Crack이 용이하게 생기는 것을 실험에 의해 확인하였다.

Presplitting의 천공 및 작업형태로 공간거리(D)는 천공경의 10배 정도와 장약밀도는 110~245g/m으로 장약장의 75%정도, 인접공은 저항거리(w)와 공간거리(D)를 본 발파공의 50~70%정도로 장약량은 본 발파공의 50%정도, 약경은 공경의 1/2정도로 한다.

Presplitting의 장약설계와 천공장에 따른 Bottom Charge는 표 4.16, 표 4.17과 같다.

표 4.16 Presplitting의 장약설계(Gustafsson)

Drill Hole Diameter d mm (in)	Concentration of Charge kg/m Dyn	Charge Units	Hole Spacing E_1 m
25-32	0.07	11mm Gurit	0.20-0.30
25-32	0.16	17mm Gurit	0.35-0.60
40	0.16	17mm Gurit	0.35-0.50
51	0.32 Half the Hole	2×17mm Gurit	0.40-0.50
	0.16 "	17mm Gurit	
64	0.36	22mm Nabit	0.60-0.80

파단면을 더욱 매끄럽게 할 경우나 암반이 연약할 경우에는 Guide Hole무장약공을 장약공의 공간격 1/2로 장약공 사이 천공하여 주고 점화는 원칙적으로 재발시켜야 하나, 주변여건상 진동이 문제가 될 경우에는 M.S발파를 실시할 수 있다. Presplitting의 사용폭약은 Conventional S.B폭약과 동일하고 노천발파에서 많이 이용되고 있으며 수직구 발파에도 이용되고 있다.

또한 Line Drilling과 조합하여 사용하기도 한다.

표 4.17 Presplitting의 천공장에 따른 Lb(Bottom Charge)-Gustafsson

Depth of Hole (m)	Bottom Charge (kg)
Less Than 2.0	0.05
2.0－4.0	0.10
4.0－6.0	0.20
6.0－10.0	0.30

③ Line Drilling

파단 경계면에 空孔을 등간격으로 공간거리를 공경의 2~4배로 하여 발파시 폭발력을 중단시켜 파괴면을 매끈하게 하고 주위암반을 보호하는 발파방법이다. S.B방법중 가장 비효율적인 방법으로 좁은 공간거리 천공이 매우 어려우며 독자적인 공법은 사용하지 않고 S.B에 보조적으로 응용한다. 인접공의 W와 D는 본 발파의 50~70%이고 장약량은 50%로 실시한다.

④ Cushion Blasting

Decoupling효과를 응용한 발파법은 모두 Cushion Blasting이라 할 수 있으므로 Conventional S.B나 Preplitting도 Cushion Blasting에 속한다. 여기서 Cushion Blasting은 Deck Charge(분산식 장약)을 의미하여 분류하였다.

$W : D = 1 : 0.7~0.8$이며 도폭선 연결로 기폭한다.

전색물은 암편으로 하여 장약공 주벽의 폭력을 약화시키고 사용폭약의 폭속은 3000~4000m/sec와 위력계수는 2, 점화는 순발을 원칙으로 하되 진동문제시는 M.S발파를 실시한다.

Cushion Blasting의 장약설계와 Cushion Blasting과 Line Drilling을 결합한 천공의 Hole Geometry는 표 4.18, 그림 4.14와 같다.

표 4.18 Cushion Blasting의 장약(Gustafsson)

Drill Hole Diameter mm	Hole Spacing m	Stemming m	Concentration of Charge kg/m
50-64	0.90	1.20	0.12-0.40
75-88	1.20	1.50	0.20-0.80
100-112	1.50	1.80	0.40-1.20
125-138	1.80	2.10	1.20-1.50
150-165	2.10	2.70	1.50-2.20

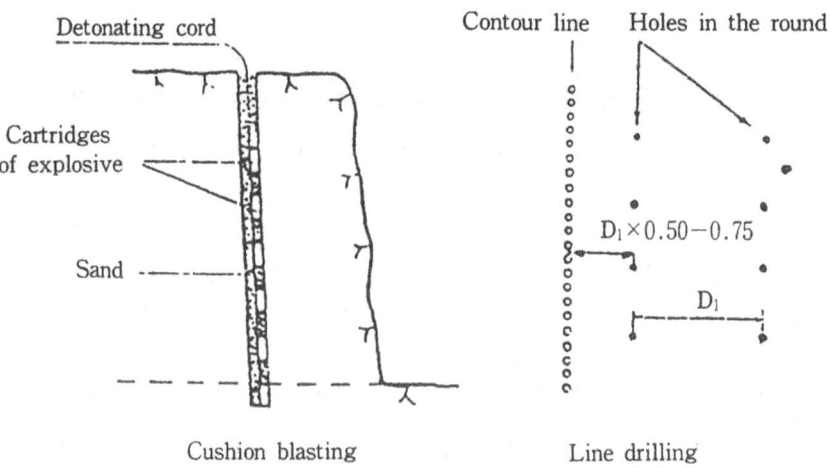

그림 4.14 Cushion Blasting과 Line Drilling의 Geometry(Gustafsson)

※ Line Drilling과 Cushion Blasting은 주로 노천발파에서 실시하며, Cushion Blasting은 장약법이 번거로워서 거의 사용치 않는다. 참고로 Smooth Blasting 의 노천발파 Pattern의 방법은 그림 4.15~17과 같다.

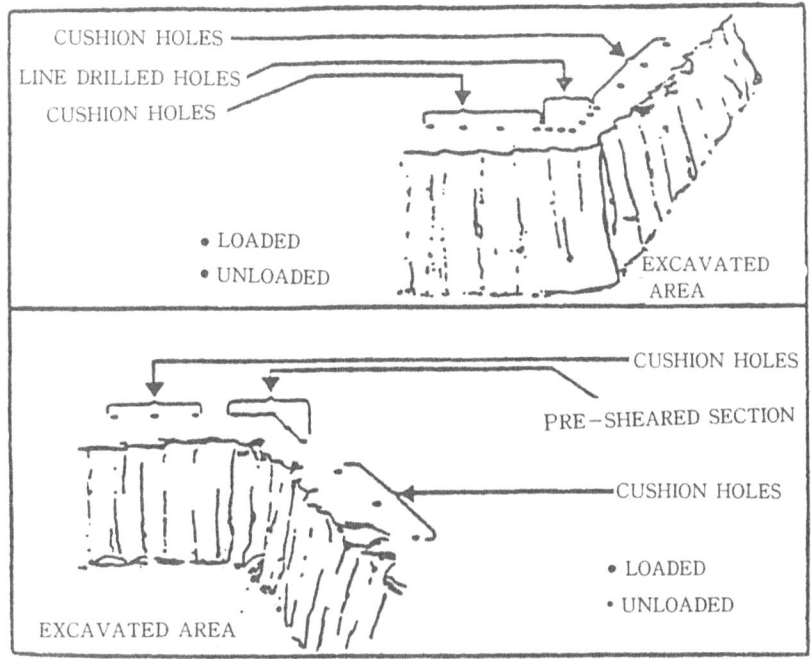

그림 4.15 Presplitting과 Line Drilling과 Cushion Blasting의 조합발파 Pattern (Dupont)

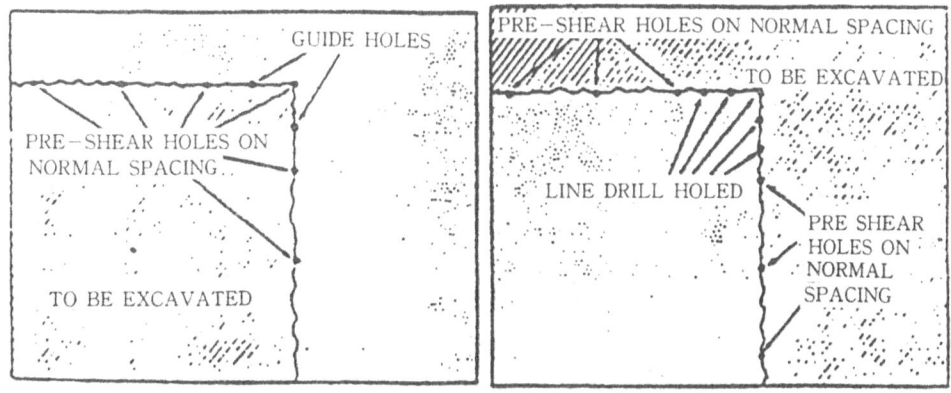

그림 4.16 Presplitting과 Guide Hole, Line Drilling의 조합발파 Pattern (Dupont)

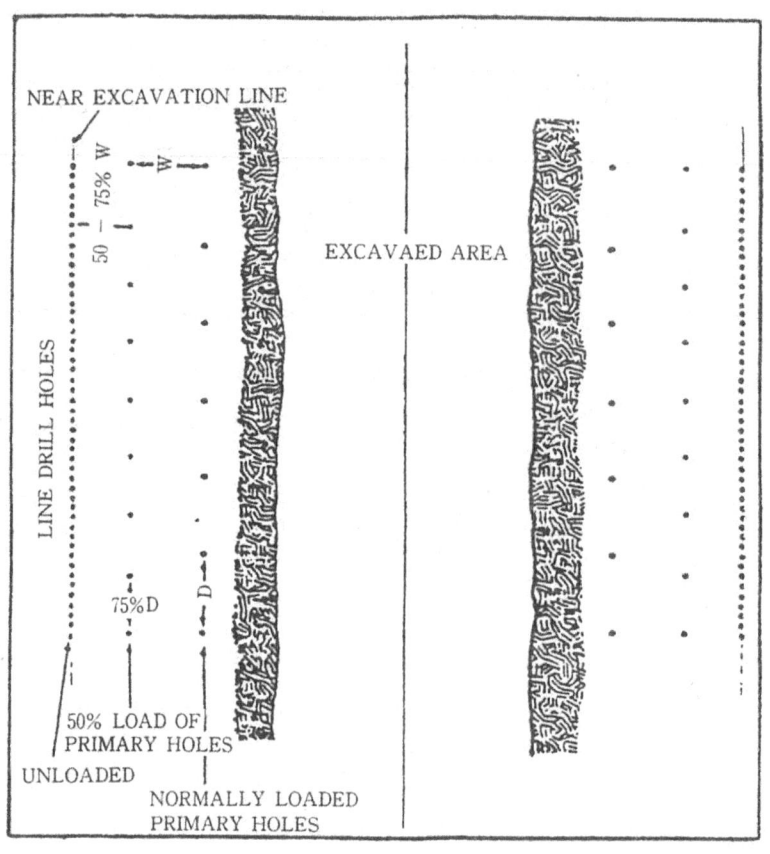

그림 4.17 Line Drilling과 인접공의 천공 Geometry (Dupont)

⑤ Smooth Blasting의 주변공 배치와 장약량

S.B의 성공과 실패를 좌우하는 요인은 주변공의 천공밀도는 물론 주변공 간격(D), 최소저항선(W), 사용폭약, 사용뇌관, 장약량 등에 달려 있다.

D/W 값은 S.B효과를 좌우하는 중요한 Factor(요소)로 일반적으로 0.5~0.8 경우에 양호한 결과가 얻어지고 있다. D/W 값이 0.8이상으로 되면 굴착면의 요철이 심하게 되고 암석강도, 균열상황에 따라 D/W 값은 변화하지만 0.5~0.8를 벗어나지 않는다. D/W 값과 장약량에 따른 학자들의 발표를 보면 Langefors(표 1.48)와 Gustafsson(표 1.49)은 앞장에 제시되었고 B.Svanholm에 의한 장약설계와 발파핸드북(일본)에 제시된 장약설계는 표 4.19, 표 4.20과

같다.

표 4.19 B.Svanholm에 의한 표준규격

穿孔徑 (mm)	穿孔間隔 (m)	최소저항선 (m)	裝藥密度 (AN-FO, kg/m)	爆藥 種
25~32	0.25~0.35	0.30~0.45	0.80	11mm Gurit
25~48	0.50~0.70	0.70~0.90	0.20	17mm Gurit
51~64	0.80~0.90	1.00~1.10	0.44	22mm Nabit

표 4.20 발파 Hand Book에 의한 표준규격

| 穿孔徑 (mm) | 藥 徑 (mm) | 孔 間 隔 | | 最小抵抗線 (cm) | 裝藥長 1m당의 藥量(kg/m) |
		SB의 경우(cm)	空孔併用의 경우(cm)		
36	16~18	50~60	15~20	70~90	0.12
44	18~20	60~70	20~25	80~100	0.17
50	20~22	70~80	25~30	100~120	0.25
62	22~25	80~100	30~40	120~140	0.35
75	25~28	110~120	35~45	150~170	0.50
87	27~30	130~140	40~50	180~200	0.70

현재 일본에서는 천공경이 34~45mm인 것으로 S.B화약류로는 17~23mm정도의 직경을 가진 폭약으로 저폭속, 폭굉파성이 양호한 것이 사용되어지고 통상의 장약량도 0.15~0.36kg/m로 실시되어지고 있다.

- S.B의 천공별 표준 천공간격(D), 최소저항선(W) 및 장약량(ℓ)은 표 4.21과 같다. 여기서 말하는 최소저항선길이는 주변공부터 前段孔까지의 거리를 말하며 각 천공경에 대응하는 최소저항선 길이 W는 $D/W=0.8$로부터 계산한 값을 제시한다.

표 4.21 천공별 표준천공간격(D), 최소저항선(W) 및 장약량(ℓ)

穿孔徑 (mm)	천공 孔間隔 (m)	최소저항선* (m)	單位長당 裝藥量 (kg/m)	備考
34~38	0.4~0.6	0.50~0.75	0.14~0.21	空壓착암기 對象
42~46	0.5~0.7	0.65~0.90	0.28~0.37	油壓착암기 對象

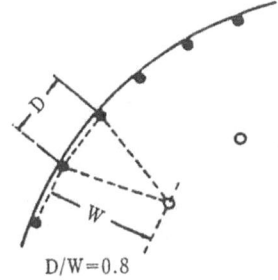

D/W=0.8

(2) 과밀한 주거지 주변에서 시공하는 터널발파의 분할원리

- 과밀상황에 따라 그 분할은 변하지만 발파공 및 그 장약량은 모두 과밀상황에 맞추어 제한되어야 한다.

(3) Burn Cut의 심발발파법은 대구경 Cut(심빼기)를 충분히 선정하지 않으면 지반진동에 대해 실패한다.(Sweden에서 5년간 계측예)

- 제어발파시는 일반적으로 좁은 천공간격이 채용된다.
- 특수제어 발파를 할 경우는 그곳의 대구경 심빼기가 바람직함.

(4) 발파공해방지와 제어발파를 실시키 위해서는 1발파(Cut Round) 진행을 너무 짧게 하는 것을 피하고 합리적인 천공길이가 되도록 충분히 검토해야 하며 또한 천공간격을 작게 하고 장약량을 감소시키는 것의 적정치를 결정해야 한다.

- 진동이 문제가 되는 발파에서는 진동치를 계측하여 발파작업을 Follow up 시키면서 진행하는 것이 필요하다. 발파진동은 이론적으로 그 허용치가 평가되므로 그 값으로 제어해야만 한다.

① 계전기 등 감도가 높은 기기류를 가진 설비근처에서의 발파에는 가속도가 중요한 의미를 갖는데 컴퓨터 설비근처에서의 발파는 어떤 상황에서나 가속도는

0.25G(=245gal)를 한계치로 하고 있다.

② Nitro Consultant에서는 컴퓨터를 대상으로 하는 발파에서 그 진동을 대상으로 한 특수해석방법을 개발하였다. (이 근거로 일반건물 주변발파와 같이 분할발파를 할 수 있다.)

(5) 터널발파공사중 저진동, 저소음을 위한 제어발파의 방법

① Decoupling효과를 이용

② C.C.R 또는 S.L.B(미진동파쇄기 일종)를 이용

③ 지발뇌관을 이용

④ Preplitting을 이용

⑤ 다단식 발파기를 이용

(6) 발파에 의한 파괴를 이용한 용도

① 터널굴진, 지하공간 굴착, 도로 또는 광장을 만들기 위한 암반의 제거

② 골재, 석재의 채취

③ 광석의 채굴

④ 콘크리트구조물의 파괴(건물해체공법으로 응용)

⑤ 수중암반의 제거

⑥ 철판의 절단, 압착, 연결

⑦ 기타 토지개량, Trenching

3) 發破에 의한 掘鑿

앞에서도 언급한 바와 같이 본 구역은 원칙적으로 火藥使用이 불가한 구간이었다. 그러나 터널 掘進過程에서 火藥이 아니면 굴진이 매우 곤란한 구간도 있어 관계기관과 협의, 엄격한 통제하에 화약사용 허가를 얻었었다. 발파구간이 도심의 주요건물 밀집지역으로 도심지 발파진동 허용치(1KINE)의 안전범위에 들 수 있는 제어 발파 Pattern을 적용, 구간에 따라 사용키로 하였다. 발파 Pattern은 Fig.43과 같으며 시험발파 결과는 다음과 같다. (사진, 그림 4.17 참고)

○ 日　　時 : 19○○. ○

○ 위　　치 : 17.865km(안국동 A'坑)

○ 측정심도 : 12.5m

○ 측 정 치 : 0.5KINE(cm/sec)

○ 발파상태 : 여굴상태 微小

　　　　　　　버럭상태 양호

　　　　　　　굴착면 양호

○ 결　　과 : 시행 OK

제원
1. 사용폭약 함수폭약 외주공은 Finex 1
2. 사용뇌관   MSD 1-16
                  DSD 1-18
3. 단면적   21.0m²
4. 1발파 진행장   0.8m
5. 파쇄량   16.8m³
6. 천공수   86공
7. 암질   WR
8. 폭약사용량   12.91kg
9. 1m³당 폭약사용량 0.77kg/m²
10. 1공당 장약량
    심발공   6공×300gr=1.8kg
    Stoping Hotel 53공×300gr=7.95kg
    외주공   26공×110gr=2.86kg
    계   85공 12.61kg
    하반 함수폭약 150gr/공
    외주공   Finex-1 110gr/공-3 4

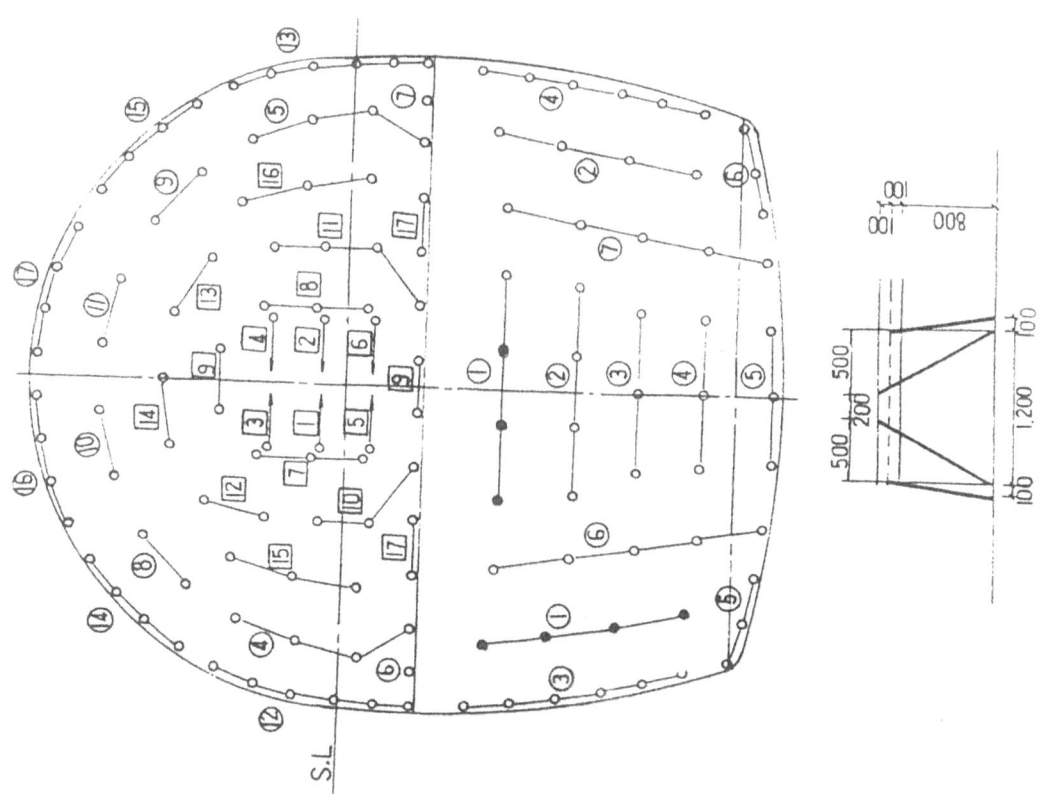

그림 4.17 시험발파 Pattern

194 NATM터널공법

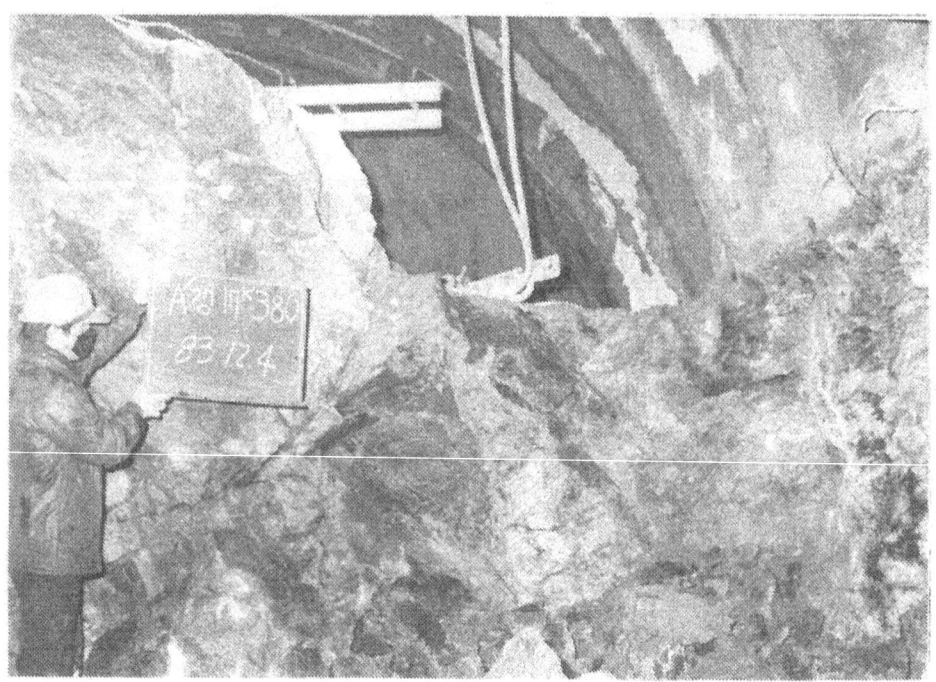

Fig.44 구간에 따라 岩出現이 많았다.

第4章　NATM 施工　195

Fig.45 발파를 위한 장약광경 〈경찰 2인이 立會〉

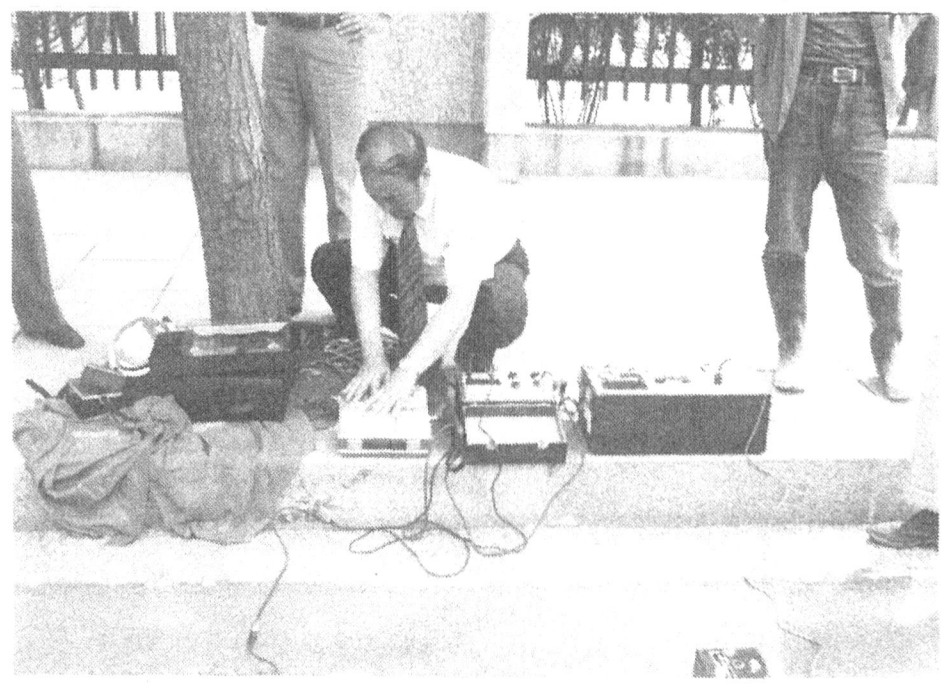

Fig.46 발파진동측정(측정자 : 許鎭 박사)

4. 기존 구조물 통과(Under pinning)

1) 광화문 통과

갱입구에서 120m를 굴진한 17.485km지점부터 17.405지점까지는 광화문을 통과하여야 하고, 지질이 매우 연약할 뿐 아니라 湧水量이 70~100ℓ/min정도로 다량 유출되어 본 구간에 대한 지반강화와 완전방수의 목적으로 앞 표준단면에서 언급한 비배수방수형 단면 Ps-1(원형)을 채택하고 藥液注入工法과 병행 시공하였다.

地質調査에 의하면 상당심도의 埋立層이 있으며 터널심도도 약 11.5m로 매우 얕아서 터널 굴진에 의한 이완영역도 과대할 것으로 예상되어 터널 굴진영향을 최대한 억제해야 할 필요가 있었다. 또한 對象土質이 매립토사나 점토층, 풍화토층으로 추정 N치는 10정도의 軟弱地盤과 대수층으로 형성된 含水地域으로 문화재보호 및 지반침하방지를 위한 완벽한 시공을 하지 않으면 안되는 중요한 지점이었다.

그간 광화문 방향의 터널 굴착에 의하여 발생된 지표면 침하가 FEM해석상의 허용치를 훨씬 초과한 발생을 보여왔기 때문에 본 구간의 위치조건과 지반조건을 고려, 부득이 Ps-1원형단면과 보조공법인 약액주입공법을 병행 시공하게 된 것이다.

Ps-1 원형단면은 Rock Bolt시공이 없는 비배수방수형으로 Shotcrete의 조기타설이 중요하였으며 Bench장이 거의 없는 Mini Bench Cut로 시공하였다. 병행시공한 약액주입공사에 대하여는 제3장에서 별도로 설명키로 한다. 그러나 이곳에서도 Invert부분에서는 단단한 風化岩이 出現되어 Back Hoe Breaker 및 Excavator로 굴착하기도 한 바 이와 같이 터널 한 단면에서도 지질변화가 많으므로 담당기사는 막장 지질변화에 특히 세심한 관찰이 있어야 하겠다.

2) 지하 구조물 통과

터널굴착시 터널위로 교차되는 구조물이 있을 때는 굴진에 따른 상부 구조물의 영향을 고려 안전시공이 보장되어야 하므로 보다 세밀하고 정확한 사전 조사를 하여야 하며 그 결과에 따라 적합한 시공방법을 추구하여야 한다.

당 현장에서는 정부종합청사와 박물관(구 중앙청)을 연결하는 지하차도를 통과하여야 하는 구간이 있어 그곳에도 藥液注入과 병행 시공하였는 바 조사과정과 보조공법을 채택한 동기에 대해서 설명하기로 한다.

지하통로의 하부와 4.5m밖에 離隔되어 있지 않으며 지하통로의 바닥 Slab부분의 지층은 N치 25정도의 충적층에 위치하고 있다. 지하통로의 구조는 Box구조로 차도 2차선, 인도 1차선의 10.9m폭에 5.3m 높이를 갖고 있는 철근콘크리트의 강성이 높은 구조물로서 중앙부와 양측 출입구의 3개소에 시공 Joint를 두었으며 높은 地下水位에 대하여 하부의 Chamber와 외부방수처리가 되어 있었다.

따라서 터널 굴착에 따른 지반변위에 의한 구조물의 변형발생은 Box구조의 곳곳에서 Crack이 발생하는 현상보다는 지하통로의 시공 Joint에 Crack이 확대되어 방수공이 파괴됨으로서 지하수가 지하통로내로 유입되는 경우로 예상되었다.

본 구간의 表層은 다져지지 않은 盛土 埋立層이 3~4m의 심도로 N치가 10미만의 매우 연약한 층이었다. 매립층아래의 沖積層은 3~7m의 심도이었으며, 이는 Tunnel Crown부에서 2~3m밖에 離隔되어 있지 않아 Tunnel 굴진에 의한 영향을 직접적으로 받을 것으로 예상되었다.

표준 관입시험결과 충적층은 N치가 5~20회로 매우 느슨한 粘土層과 중간정도의 밀도를 가진 Silt질 Sand로 구성되어 있었다. 토질시험결과에 의하면 충적층내에 함유되어 있는 점성토들은 含水比가 28~40%, 塑性指數 16~27의 Silt와 점토이며 내부마찰각은 0~30°, 일축압축강도 0.2~0.83kg/cm²범위에 있는 매우 연약한 지반으로 Tunnel굴착에 의한 영향이 큰 지층으로 판단되었다. 또한 본 층에 대한 양수시험의 결과에 의하면 透水係數(K)는 대체로 5×10^{-4}cm/sec~3×10^{-3}cm/sec의 큰 값을 나타내고 있어 지하수의 대수층으로 간주되며 인근 319공구 정차장(중앙청역) 종점부 굴착시의 용수상태를 종합하여 보건대 본 구간은 대량의 지하수가 충적층 및 풍화토층에 유입되어 있는 구 河床의 지층 일부로 판단되었다.

Tunnel굴착층은 기반암인 花崗岩의 풍화대가 주 구성을 이루고 있으며 地質柱狀圖에 의하면 Crown부 인접까지 충적층이 나타나고 그 아래로 풍화토(Spring Line부근), 풍화암이 출현되는 것으로 예상되고 있었다.

실 굴진에 있어서도 통과지점 45m전방에서 막장 지질을 검토하여 본 결과 풍화암층이 점차 하부로 낮아지면서 풍화토와 풍화암의 경계지역에서 많이 볼 수 있는 심한 파쇄대와 두꺼운 충전층이 근입되어 있었다. 또한 지하용수도 상당히 증가하여 천단붕락방지용 Pore Polling과 水發工을 설치하여 조심스러운 굴진을 하고 있던 실정으로 부득이 보조공법인 약액주입공법을 병행 시공하지 않을 수 없었다(약액주입편 참조).

3) 관통지점 굴착

양측에서 동시에 굴진하고 있던 중앙청 B-B'坑과 안국동 A-A'坑의 관통은 그 지점이 17.745~17.747km지점으로 지상에는 중요건물인 한국일보사가 있어 Tunnel시공의 안전과 지상 구조물의 안전이 매우 염려되어 17.720km지점에 계측기를 설치하여 PS-3으로 계획하였던 변위량을 측정하고 지표면 침하와 내공변위, 천단침하 측정에 의한 세심한 관리로 시공하였다.

17.670km지점부터 종점방향으로부터는 암질이 매우 균일하여 전술한 바와 같이 Road Header를 투입하여 굴진하였던 바 관통을 얼마 두지 않은 17.735km지점에서 절리면의 발달을 찾아 볼 수 없었고 풍화토층이 출현되어(그림 4.18 참조) PS-2로 표준단면을 바꾸는 문제도 고려되었으나 다시 약 5m를 지나서부터는 암질이 양호하여 표준단면을 바꾸지 않고 굴진하였다.

양 Tunnel의 관통부에 대한 시공은 먼저 양 Tunnel의 동시 관통에 의한 지반의 큰 응력상태변화를 분배하고 완성한 Tube의 지반에 대한 지보효과를 기대함과 동시에 굴착에 의해 불안정한 상태로 되는 위험성을 제거하기 위해 韓國日報社와 근접한 중앙청 B'갱과 안국동측갱의 막장면의 거리가 15m 떨어진 지점에서 중앙청 B갱과 안국동 B갱의 막장면에는 Shotcrete를 10cm정도 타설하여 굴착을 중지하였다. 관통되는 터널의 중앙청 B갱의 막장면도 역시 굴진을 정지시키고 Shotcrete로 보강한 후 안국동 A'갱만 신중하게 굴진하여 관통하였다(그림 4.19 및 사진 참조).

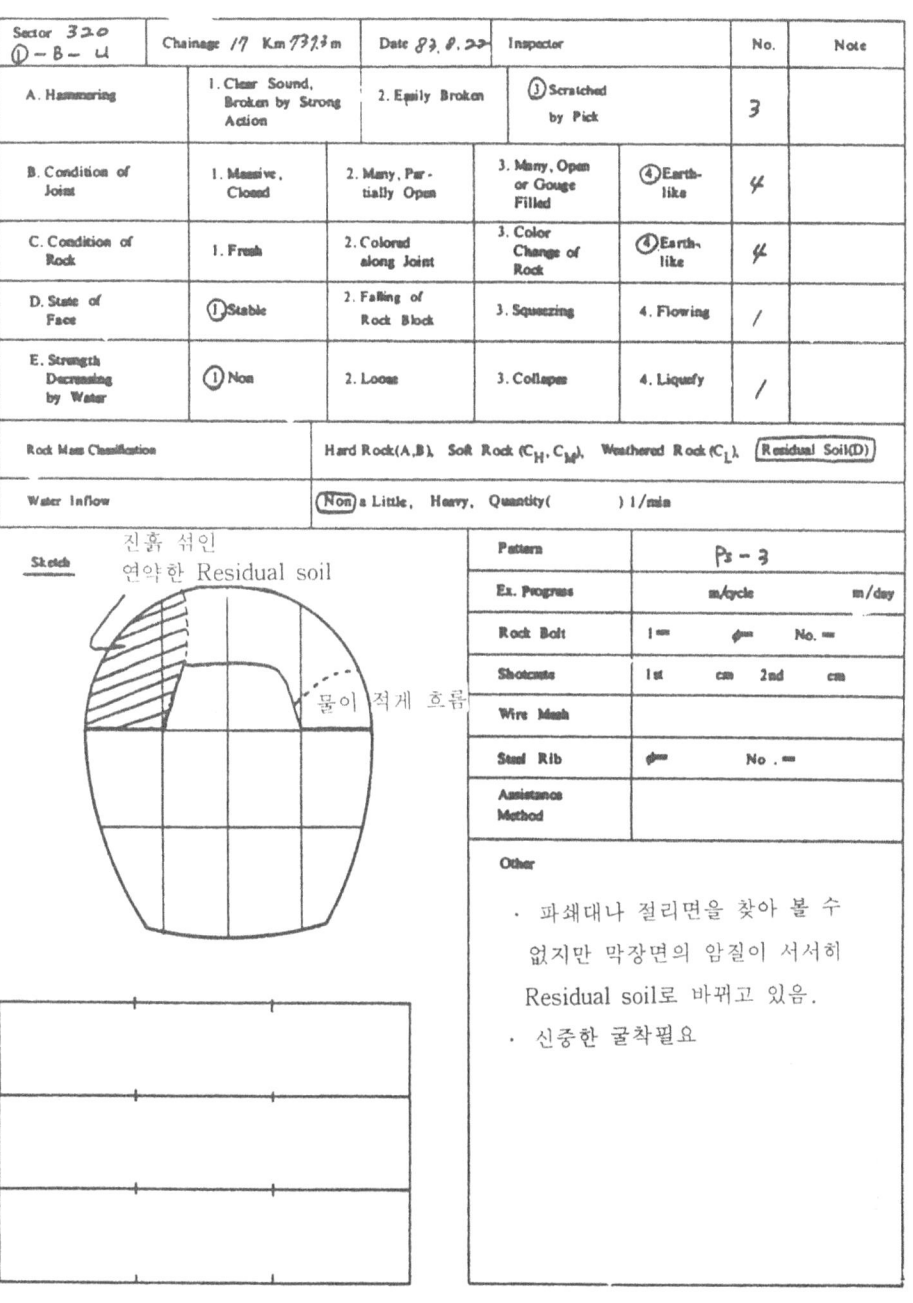

그림 4.18 Face Mapping(17km 737.3지점)

200 NATM터널공법

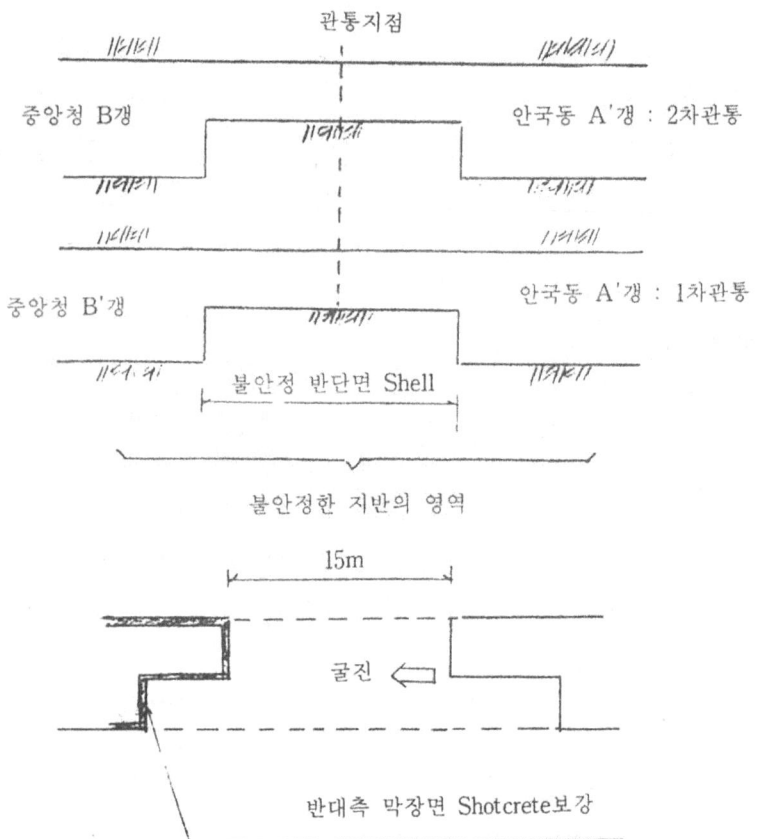

그림 4.19 터널관통도

Fig.48 韓國日報社앞 터널관통순간

Fig.49 관통결과 R=250곡선에서 한치의 오차도 없는 정확한 관통이었다.

 관통은 시도하였던 대로 절대 안전하게 관통할 수 있었다. 특히 우리를 기쁘게 하였던 것은 본 터널을 R=250의 곡선터널임에도 정확한 굴진이 되어 맞아줄 것을 기대하였던 대로 관통결과 놀랍게도 한치의 오차도 없어 관통식에 참석하여 관통순간을 지켜보던 많은 외부 관계자들을 놀라게 하였다.

 附言하여 관통시 주의할 것은 터널의 Bench長은 가능한 짧게(약 5m이내) 하여야 한다. 관통점에 도달한 후 下半 굴착시는 1Span이외의 굴착은 절대 허용되지 않으며 上半 우각부는 Shotcrete로 충분히 타설하여야 한다.

5. 異狀現象 事例 分析 및 注意點

掘鑿方法과 Shotcrete타설 Invert폐합시기 등에 인한 地表面 침하 및 변형에 대하여는 뒤 計測에서 상세히 설명하고 여기서는 터널 掘鑿中 있었던 경미한 事故들을 중심으로 살펴보기로 한다.

1) A坑 崩落現象

中央廳 A坑 掘鑿時 1982년 6월 21일 17.585km지점에서 전면에 상방향 양 50°의 절리면이 발달된 곳에서 막장의 일부가 Sliding되면서 밀려나온 사고가 있었다. 이는 굴착 풍화토가 장기간(약 10일) 대기중에 노출되었고 지하수가 유입되어 Joint의 절리면의 충전층이(점토 1~2cm) 포화되어 Joint결을 따라 붕락 활동면이 발달되었으며 막장 전면이 굴착을 위한 Breaker의 진동으로 활동면을 따라 崩落現象이 발생되었던 것으로 판단되었다(그림 4.20).

崩落現象이 일어나자 즉시 막장면에 흙가마니 쌓기로 지지시켰으며 터널 Crown부에는 원목동바리를 받쳐 落盤을 방지하였고 Shotcrete를 활용 붕괴된 원지반이 약 10cm 정도의 두께로 타설함으로써 더 이상의 활동을 중지시키고 Fore Polling을 하였다. 다음 掘鑿을 위해 Clay분포선을 가정하여 보고(그림 4.21) 그 지점에 이르러서는 특히 주의하여 굴착토록 하였다. 특히 Air Leg을

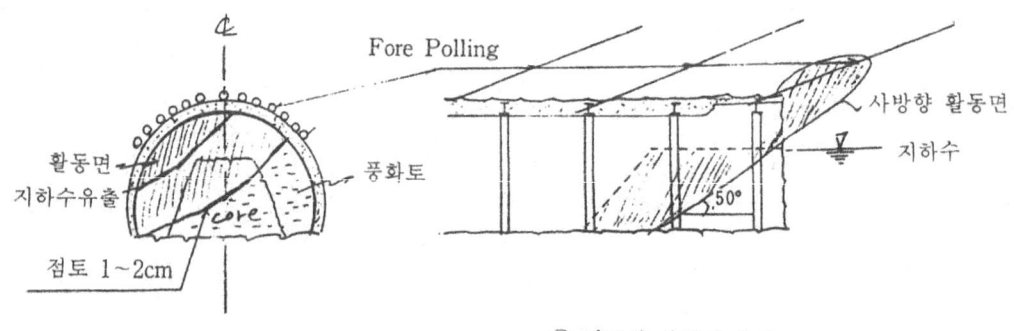

① 빗금친 부분이 붕락
② Fore Polling밑으로만 붕락

그림 4.20 A갱 막장 붕락현상

이용 Core중앙부로 선진 穿孔하는 식으로 다음 Span의 지질상태 및 용수유무를 파악하여 굴진하였다. Fig.52의 사진은 落盤위험이 있을 때 중앙 Core를 이용하여 천정을 임시로 지지할 수 있는 한 방법을 보여주고 있다.

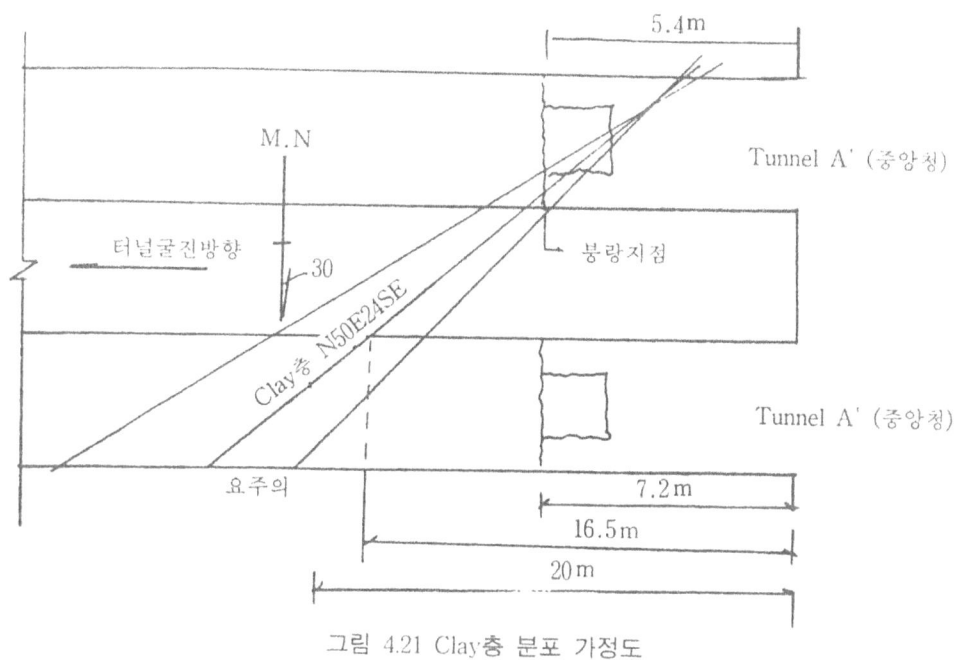

그림 4.21 Clay층 분포 가정도

Fig.52 Core를 이용한 붕락방지의 예

2) Crack발생

82.11.12 안국동 18.007km지점의 3차 Shotcrete(마감 Shotcrete)면에 縱方向 Crack이 광범위하게 발생하였다. 그 당시 上半 막장 통과시의 조사에 의하면 주향 N20~30W, 경사 70~80NE의 Joint가 발달해 있고 이 Joint는 白色 粘土를 끼고 매끄러운 면을(Slicken Side) 수반하고 있었다. 또 Joint 주변에도 불규칙한 작은 Joint가 발달하고 특히 18.006km부근에 출현한 Joint 배면에는 70~80l/min의 湧水量이 나타났었다. 坑口側에서는 풍화토가 있었으나 곧 風化岩으로 변화하였다.

이 Crack은 剪斷破壞에 의해 나타난 현상으로 Shotcrete시공후 粘土層 부근의 용수에 의해 지반 Sliding을 일으켰을 가능성이 높았다. 이 Sliding土壓이 Shotcrete가 양생되기 전에 발생함으로써 Shotcrete에 전반적인 Crack 현상이 나타난 것으로 결론지었다. 수습방안으로 전면에 걸쳐 약 10cm 두께의 shotcr-ett를 재타설하고 좌우 10m에 걸쳐 1m 간격의 Rock Bolt를 투입시켰다. 굴착시 상부에서 작용하는 하중에 의하여 Cantilever 구조로 돼 이 음부에서 剪斷破壞를 일으키면서 天端에 Crack이 발생된다.(그림 4.22) 이러한 경우 Bench 길이가 짧은 Short Bench와 Mini Bench도 굴착방법을 전환하여 시공하든지 작업조건상 공법변경이 불가할 때는 假 Invert공법으로 시공하여야 한다.

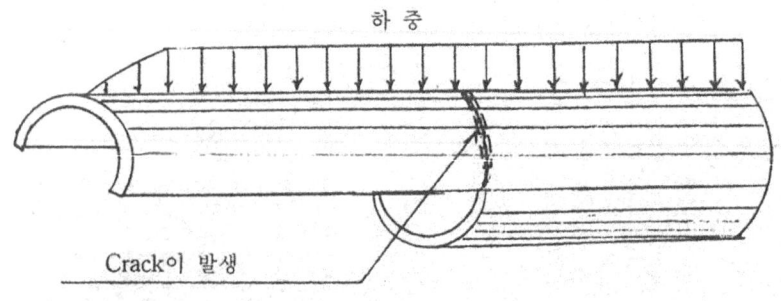

그림 4.22 연약한 지반 Long Bench Cut는 천단부의 Crack을 유발한다.

3) 지하수 多量 湧出

터널굴진에 있어 지하수 처리는 작업, 효율, 안전시공에 직결되는 것으로 평상시의 용수에 대하여는 有孔管을 매설하고 Side Channel을 설치하여 集水井으로 유도하고 있었다. 그러나 여기에 疏開하고자 하는 사례는 당시 너무 위험하고 긴박한 것이었기 때문에 세부적으로 설명하기로 한다. 물론 이것은 굴착시에 있었던 것이 아니고 약액주입시 발생하였던 것이나 능히 굴진중에도 발생할 수 있는 사건이었기에 본 장에서 소개한다.

① 지하수 湧出

지하차도 통과를 위한 약액주입과 병행하여 터널굴진을 한다는 것은 앞에서도 설명하였거니와 1Step주입과 굴착을 완료하고 2nd Step주입을 위해 穿孔作業을 하던 중 갑자기 26ton/hr정도의 지하수가 穿孔 hole을 통해 쏟아져 나왔다. 풍화토인 터널막장이 일부 유실되고 물구멍이 점점 확장되어 가는 긴박한 상황을 만났었다.

더욱이 본 구간은 충적 모래층으로 터널 상부 4.3m위에 지하차도가 횡단하고 있어 장기간 지하수가 유출될 경우 지반이완 및 空洞이 발생하여 침하는 물론 구조물의 균열우려 마저 있었다. (Fig.54 참조)

② 緊急 措置

무엇보다 막장의 Sliding에 의한 터널붕괴를 막기 위해 흙가마니를 쌓고 물구멍의 확장을 방지하기 위해 유로에 따라 수발공을 설치하여 물을 한 곳으로 유도하고(Fig.55) 급한 대로 물을 멈추게 하기 위하여 마치 작업 중이던 藥液 (S.G.R)을 이용 Grouting을 시도하여 보았으나 역류되어 실패하였다.

Fig.54 갑작스러운 지하수 과대용수(측정결과 26ton/hr)

Fig.55 수발공 설치

③ 대책회의

　이러한 물줄기는 멈추질 않고 계속되므로 많은 량의 지하수가 유출됨으로 인하여 空洞이 형성되었을 것이고 지반자체의 침하위기는 더해 가 대책회의를 개최하였다. 지하철공사의 설계실장을 비롯한 기술진, 당시 감리자였던 JARTS 및 대우 Eng. 기술진, 시공회사와 직접 시공에 참여했던 三寶地質의 기술진들이 모여 대책을 논의하였다.

　회의결과 1. 현재 하고 있는 용수부위의 약액주입을 중지하고 좌측(반대측) 穿孔 Hole을 이용하여 주위주입을 계속할 것.

　2. 물구멍에 Valve를 설치하고 막장보호를 위한 Shotcrete를 터 보강할 것.

　3. 용수부위 근처를 천공 주입하면서 Valve를 서서히 잠글 것.

을 골자로 하는 회의를 끝내고 동 19시 30분 2차 대책회의를 소집하였다.

1. 급결제를 사용하지 말고 Gel Time이 긴 Cement Bentnite를 주입할 것.

2. 帶水層 밑부분부터 주입하고 帶水層은 별도대책 강구

3. 空洞과 이완부위를 모두 주입으로 채울 것.

로 결론지었으며 즉시 시행하였던 바 그 작업일지는 다음과 같다.

　84. 2. 28 21:00　Valve 설치작업 착수

　　　　　　23:00　Valve 설치완료(D=100m/m) (Fig.56)

　84. 2. 29 05:00　막장 보강 Shotcrete타설 완료

　84. 2. 29 13:00　수발공 좌우 60cm이격하여 재천공 착수

　　　　　　17:30　천공 완료(19m)

　　　　　　18.10　주입 개시(주입청 $10-12kg/cm^2$)

　84. 3. 1 04:30　止水 완료(Fig.57)

第4章 NATM 施工 209

Fig.56 Valve설치 완료<흙가마니 위로 Shotcrete보강>

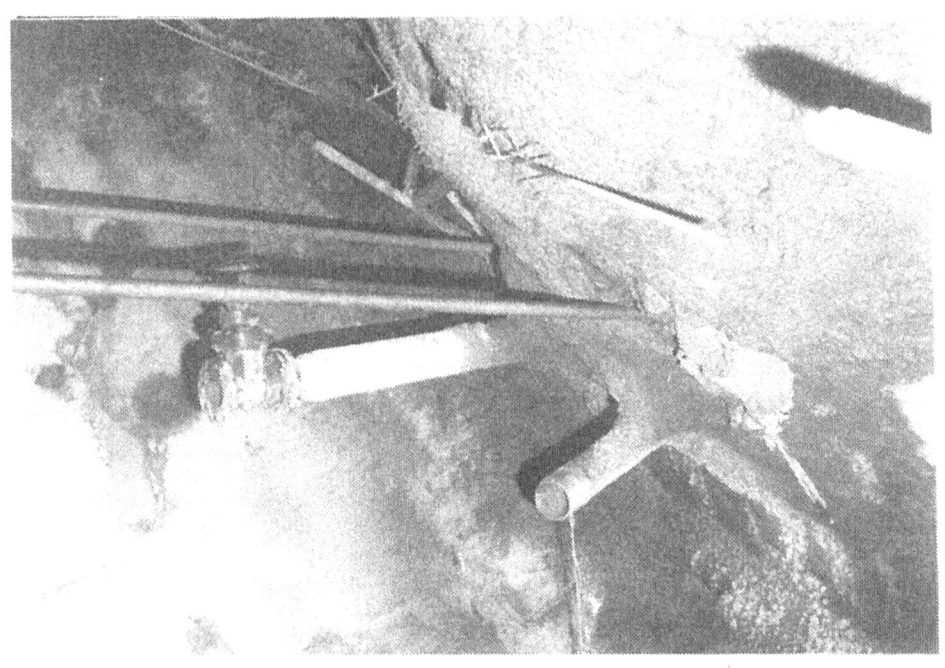

Fig.57 止水完了

4) 굴진시 주의점

① 상부반단면 굴진시 바닥중앙의 굴착은 절대 금한다. 특히 **軟弱地盤**에서는 가능한 짧은 Bench에 중앙 Core를 두어야 한다. 그림 4.23과 같이 중앙부분을 굴착하였을 시 터널에 **土壓**이 가해지면 지반압력을 감소시키고 **支保工** 하단부의 지내력 감소 등으로 위험해지며 점선과 같이 활동면을 따라 터널의 변형과 파괴를 불러일으킨다.

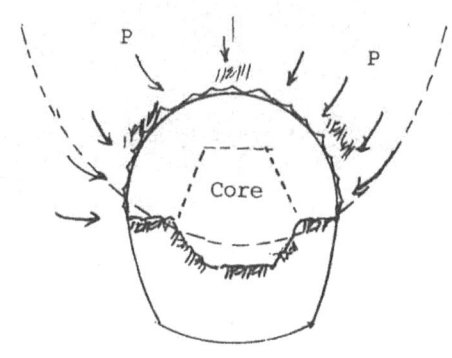

그림 4.23 하부 중앙부위 굴착은 위험 초래

② Invert適時 閉合

굴착즉시 Shotcrete타설은 앞에서 여러 차례 설명하였지만 또 중요한 것은 Arch→側壁→Invert로 연결되는 완전 폐합된 상태의 Tunnel을 완성된 Tunnel로써 NATM의 특징이라 할 수 있다.

Tunnel에 변형이 오기 전에 Invert를 폐합하여 Ring상태의 구조체로 만들어 주변지반을 안정시켜야 한다.

우리 현장에서는 하부 굴착후 하부 Bench끝에서 1D(터널의 직경)이내의 거리에서 Invert를 폐합하여 왔다. 시간적으로는 15일 이내에 폐합시킬 수 있도록 하여야 한다.

③ **Fore Polling** : Fore Polling은 그림 4.24와 같이 Tunnel Arch부에 대해

30~50° 범위 내에 설치하는 것이 일반적이며 간격은 통상 원주방향으로 30~80cm로 설치한다. Rock Bolt나 철근을 이용할 수도 있고 Arch부에 용수가 예상되는 곳은 Pipe로 대용하여 수발공을 겸용할 수도 있다. 어느 경우에도 mortar나 기타 충전제를 완전하게 시공하여 지반이완을 방지하여야 한다.

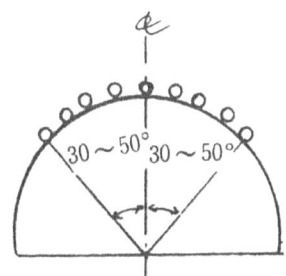

그림 4.24 Fore Polling 시공범위

④ 용수처리를 위한 導水路를 가능한 한 지보공 하단에서 떨어진 곳에 설치하여 세굴현상을 일으키지 않아야 하며 지하수 침투로 인한 地耐力弱化로 위험이 초래되지 않도록 시공하여야 한다.

6. 버럭 처리

Road Header로 상부 전단면 굴착시는 장비 자체의 Conveyer Belt에 의해 후방으로 처리되면서 굴진하였고 뒤에서 Pay-loader가 진입 처리하였다. 그러나 Ring Cut나 상부 Bench Cut시는 장비 진입이 되지 않아 Rear-car를 이용하거나 경사면을 이용하여 Pay-Loader가 진입할 수 있는 하부로 내려놓으면, pay-Loader가 작업구까지 운반하였다. 때로는 坑口에 침입되어 있는 Shotcrete용 대차를 이용 굴착과 동시에 실어 내기도 하였다(Fig.60, 61 참조).

Fig.60 Rear-car를 이용한 버럭처리

Fig.61 경사면을 이용한 버럭처리

7. 鋼支保工(Steel Support)

鋼支保는 H형 鋼支保工과 U형강의 지보공, 삼각형 지보공(Lattice girder)이 있으나 U형은 국내 생산제품이 없는 실정으로 간단히 소개하고자 한다. NATM에 있어서 강지보공은 Shotcrete가 일정한 강도에 이르기까지 원지반을 지보하는 역할만 한다고 주장하고 있다.

1) H형강 支保工

H형강 지보공은 재래공법에서도 대형으로(H250~H300) 제작하여 많이 쓰여져 왔으나 NATM에서는 아주 작은 H100~H200 정도의 간편한 것으로 사용하고 있는 바 아래와 같은 문제점이 있다.

① H형강 형상에서 그 배면에 Shotcrete가 잘 吹付되지 않아 空隙이 생기므로 원지반과 완전히 밀착되지 않을 수 있다.

② H형강 支保를 이을 때 재래공법과는 달리 Shotcrete가 支保工을 고정하고 있으므로 바로 접합하지 못하고 吹付된 Shotcrete를 일부 깨어내야 한다.

2) U형강 支保工

H형 지보공의 문제를 보완하여 U형강의 뒷부분을 지반측으로 설치함에 따라 鋼支保工 주변의 둘레에 Shotcrete의 침투가 좋아진다. U형간의 접속은 계속 Bending하는 방식이어서 재래 Plate에 Bolt를 접속하는 방법보다 시공성이 좋다는 것이다. 또한 U형강의 특징은 可縮構造로도 설치할 수 있어 토압이 크게 작용하는 팽창성 지반에서도 적당한 변형을 허용하는 데에 따라 지보에 작용하는 토압을 경감시킬 수 있다는 것이다. 그러나 앞서 말한 바와 같이 국내에서도 제작되지 않고 있어 인근 日本에서 제작되는 모형과 역학적 성능을 소개하면 그림 4.25와 같다.

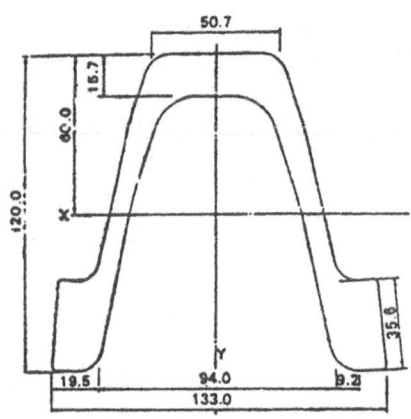

NV-29의 단면성능

단면적	중량	단면2차모멘트		단면계수	
cm^2	kg/m	Ix.cm^4	Iy.cm^4	Zx.cm^2	Zy.cm^2
37.00	29.0	581.0	634.0	57.4	95.8

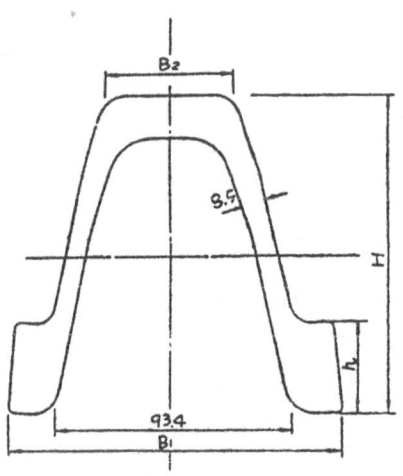

Nv-20의 단면성능

기호	單重	단면각부 치수				단면적	관성 Moment		단면계수		회전반경	
	W	H	B1	B2	k	S	Ix	Iy	Zx	Zy	Kx	Ky
NV-20	kg/m	mm	mm	mm	mm	cm^2	cm^4	cm^4	cm^2	cm^2	cm	cm
	20.4	90	132	46	23	25.95	232.3	389.2	51.7	59.0	2.99	3.87

그림 4.25 U형 支保工

3) 삼각지보공(Lattice Girder)

철근, Pipe등을 이용하여 삼각형 형태의 단면으로 Girder를 만들어 지보공으로 사용하는 것으로 경량이며 취급이 간편하고 특히 Shotcrete타설시 지보공 배면 공극을 없앨 수 있는 장점이 있으나 아직 국내 시공실적이 많지는 않다.

4) 지보공의 시공

NATM의 원리에 따르면 강지보공은 Shotcrete가 강도를 발휘할 때까지의 원지반을 지지하는 것이기 때문에 재래의 강지보공이 직접적으로 또 영구적으로 하중을 감당한다는 개념과는 다르게 아주 작고 간편하게 제작, 사용한다.

따라서 초기에는 支保와 安保의 연결을 Steel Pipe(ϕ50, t=1.5m/m)를 사이에 끼우고 Tie Rod(ϕ16m/m)를 사용 양측에서 Bolt로 긴결시키는 재래방법을 그대로 사용하였으나 NATM용 강지보를 사용할 때는 간격고정쇠를 제작 현장에서 간단하게 조립할 수 있었다. 縱方向연결은 지보공의 간격을 일정하게 유지한다는 목적외에 특별한 의미는 없기 때문이다.

다만, 강지보공은 터널 전체의 Ring이 일시에 이루어지는 것이 아니고 굴착방법에 따라 일반적으로 상부에 2개를 연결해 Arch를 형성하고 하부 굴착시 또 연결해야 하는데 이대 앞에서 말한 연결부위의 Shotcrete를 완전히 제거하고 Plate가 밀착되게 접합하여야 한다. 접합시 Tunnel Pay Line형상에 따라 Plate와 Plate사이에 약간의 틈이 있을 수 있으나 軸方向의 틈은 그림 4.26에서와 같이 하중의 작용에 따라 변형의 우려가 있는 바 시공하여서는 안된다.

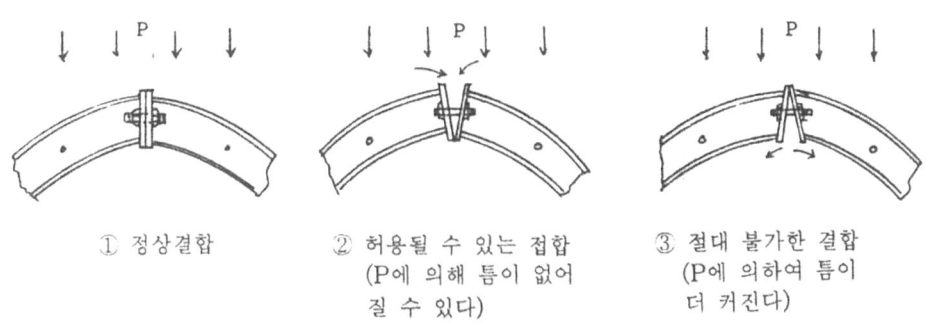

그림 4.26 鋼支保工 橫接合 施工圖

8. Rock Bolt

1) Rock Bolt의 종류

Rock Bolt는 앞서 NATM의 원리에서도 언급한 바와 같이 1940년대 NATM이전에서부터 사용하여 왔기 때문에 지금까지 개발된 것까지 다양한 종류가 있다. 근래 NATM에 사용되고 있는 Rock Bolt는 ① 긴결식, ② 전면접착식(충진형, 주입형), ③ 병용식이 있다.

긴결식에는 Wedge형, Expansion형, 선단접착형(앞부분만 접착)이 있으며 전면 접착식에는 樹脂型, Cement Milk형, Cement Mortar형이 있다. 이는 시공방법에 따라 접착제를 먼저 넣고 Rock Bolt를 타입하는 충진형과 Rock Bolt를 먼저 넣고 접착재를 주입시키는 주입형이 있다.

병용식은 시공방식에 따라 전면접착 혹은 선단접착후 緊結하는 형과 접착제를 樹脂와 Cement Mortar를 같이 사용하는 혼합형을 말한다.

① Wedge Type Rock Bolt

Bolt 선단 Slit에 쐐기를 박아 Bolt두부를 때려 Bolt 선단부를 열어 암반에 정착시키는 방법으로 NATM전부터 사용하였으나 硬岩이 아니고서는 정착이 잘 되지 않아 현재는 잘 쓰여지지 않고 있다(그림 4.27 참조).

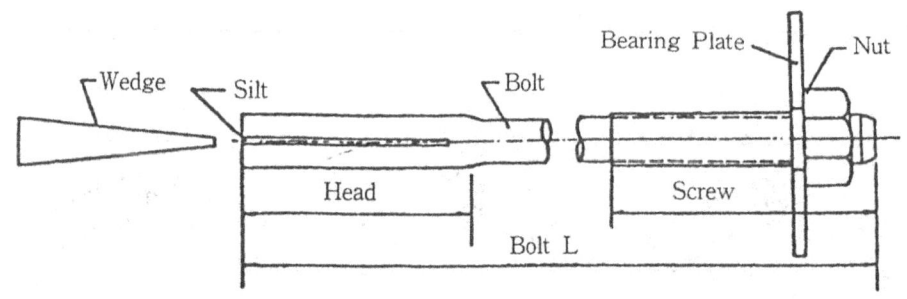

그림 4.27 Wedge Type Rock Bolt

② Expansion Type Rock Bolt

Expansion형 Rock Bolt는 Hole에 Bolt를 넣고 당기거나 회전시키므로 두부의 Shell이 확대되어 암반에 정착시키는 형식으로 취급이 간편하고 경제적이며 비교적 많이 쓰이고 있는 편이나 그 사용이 硬岩이나 軟岩에 한정되며 정착부분에 균열이 있을 때는 정착이 불가능한다. (그림 4.28)

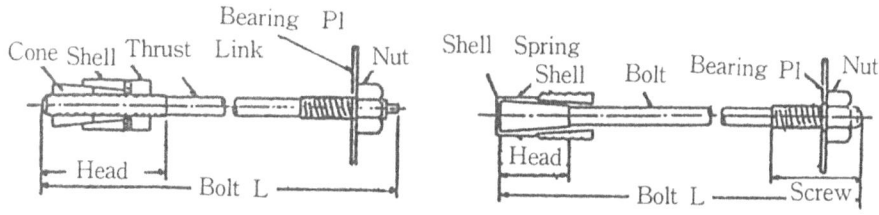

그림 4.28 Expansion Type Rock Bolt

③ 선단정착형 Rock Bolt

Bolt Head부에 정착제를 사용하여 Bolt 선단 일부를 암반에 정착시키는 형식이나 節理나 균열이 작은 암반에 사용한다. (그림 4.29)

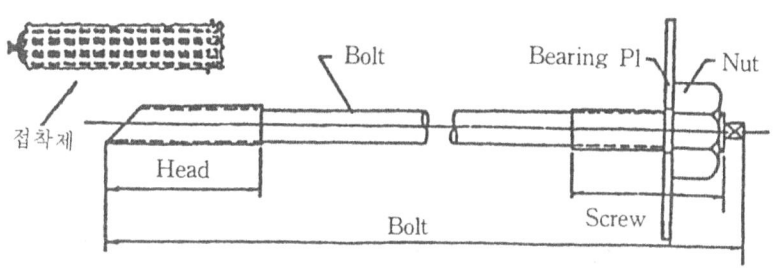

그림 4.29 선단정착형 Rock Bolt

④ 전면접착형 Rock Bolt

원지반의 구분없이 적용범위가 넓기 때문에 NATM공법에 가장 많이 사용되며 당 현장에서도 사용했던 형이다. (그림 4.30)

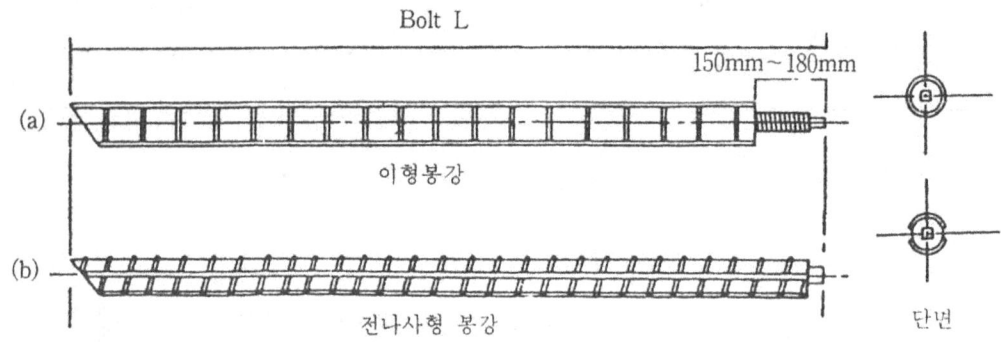

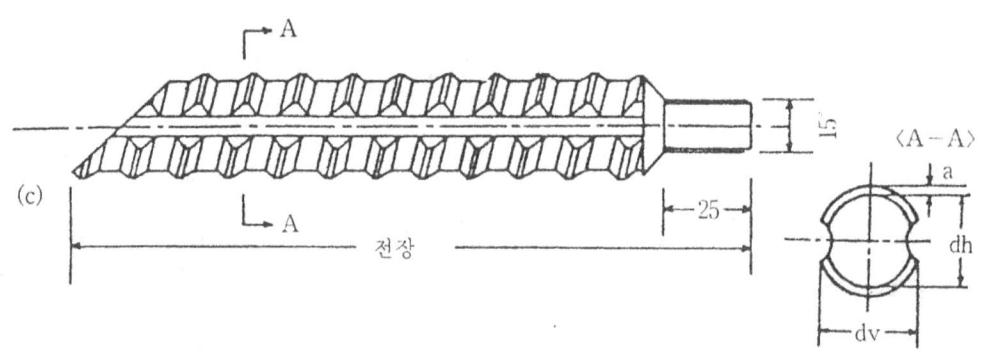

그림 4.30 전면접착형 Rock Bolt

樹脂型의 접착제를 넣고 Bolt軸을 器具를 사용하여 회전시킴으로써 접착제의 화학작용으로 발포되며 확대되어 정착되는 충전형과 Bolt를 먼저 넣은 다음 접착제를 충진하는 방법이 있다. 시공성은 매우 간편하고 경제적이어서 앞으로 사용을 적극 권장하는 바이나 나름대로의 문제점도 있는 바 실시공 보고에서 詳述하기로 하며 우선 전면 접착용 재료로 구분되는 시공법을 설명한다.

가. 樹脂型 : Resin(Fig.29 참조)과 Ready Mixed dry Mortar Capsule(국내에서 생산 : Conbextra Capsule이라 함)을 전체적으로 사용하는 방법

나. Cement Mortar : Rock Bolt를 먼저 Hole안에 넣고 Mortar Feeder를 이용 Mortar를 충진하는 방법

다. 병용식 : 선단부는 상기 樹脂나 Conbextra Capsule로 정착하고 나머지는 Mortar로 채우는 방법 등이 있다.

2) Rock Bolt의 재질

Bolt자체의 재료는 여러 가지가 있겠으나 일반적으로 異形棒鋼이 많이 쓰여지고 있다. 목적이나 용도에 따라 PC강재, Glass Fiber도 쓰여지고 있으나, Table 4의 재질에 준하는 鋼棒을 사용한다.

표 4.22 전면접착형 Rock Bolt용 棒鋼의 재질

Bolt의 종류	재질	항복점 (kg/mm²)	인장강도 (kg/mm²)	Bolt호칭 徑	공칭경 (mm)	나 사 부 徑 (mm)	나 사 부 단면적 (mm²)	나 사 부 항복내력 (t)	나 사 부 파괴내력 (t)	素材部 단면적 (mm)	素材部 항복내력 (t)	素材部 파괴내력 (t)	단위중량 (kg/m)	비 고
異形棒鋼	SD-30	30이상	49~63	D 25	25.4	M24	353	10.6	17.3	506.7	15.2	24.8	3.98	통상의 이형철근
				D 29	28.6	M27	459	13.8	22.5	624.4	18.7	30.6	5.04	
	SD-35	35이상	50이상	D 25	25.4	M24	353	12.3	17.6	506.7	17.7	25.3	3.98	
				D 29	28.6	M27	459	16.0	23.0	624.4	22.4	32.1	5.04	
트위스트 棒鋼	STD-50	50이상	60이상	D 24	23.8	M24	353	17.6	21.1	445.9	22.2	26.7	3.50	Hi-Bar
숫나사 鋼	SD-30	30이상	49~63	D 25	25.4	24.5	506.7	15.2	24.8		나사부와 동일		3.98	
				D 29	28.6	27.6	624.4	18.7	30.6		〃		5.04	
	SD-50	35이상	50이상	D 25	25.3	24.5	506.7	17.7	25.3		〃		3.98	
				D 29	28.6	27.6	624.4	22.4	32.1				5.04	

또한 현재 사용중인 Rock Bolt는 접착재료가 가장 중요한 역할을 하고 있는 바, 이 접착재에 대하여 요구되는 사항은 아래와 같다.

가. 조기접착력이 커야 한다.

나. 취급이 간단하여야 한다.

다. 값이 싸야 한다.

라. 耐久性이 있어야 한다.

접착재료로서는 樹脂型, 시멘트몰타型, 시멘트밀크형등이 있다.

(A) 樹脂型 접착제

여기에도 에폭시 수지계와 포리에스텔계가 있고 포리에스텔계로서는 다음과 같은 것이 있다.

가. 배합비

시 약 품	혼 합 율 (%)
포리에스텔 樹脂	97.0
과 산 화 벤 졸	1.5
나프텐산코발트	1.5

나. 재질과 물리적 특성

比　　　重	1.77
壓 縮 强 度	552kg/cm^2
引 張 强 度	88.7
剪 斷 强 度	154
彈 性 係 數	38,600

이외에 발포 레진형이 있어 시판되고 있는 것을 보면 외관 28mϕ×600mm이며 發泡 배율 2~8까지 있다.

(B) 시멘트모르터형 접착제

이 형에서는 일반적으로 모래시멘트비가 1~1.5의 배합이며 수량은 볼트의 길이, 공경, 방향, 지질 등으로서 조정되어야 하고 플로(Flow)치로서 150~180이다. 다음은 배합의 일례이다.

배 합 례

	시멘트 (kg)	모래 (kg)	물 (kg)	W/C (%)	첨가제 (kg)
1. 보통시멘트	9	10	3	33	1
2. 제트시멘트	8	12	3.4	42	80g

(C) 시멘트밀크형 접착제

보통시멘트와 급결제 혼합으로 된 시멘트밀크는 徑 25mm의 볼트에 대하여 주입후 1시간에 18t이상 2시간에 20t이상의 인발강도를 가지고 있어 樹脂系에 뒤떨어지지 않는다 배합 일례는 경화제 A, 보통시멘트 B로 하여 W/A=55%, W/C=48%, 지연측=0.75% 등으로서 주입액은 W/(A+C)=50%, $\frac{A}{A+C}=30\%$ 이다.

3) Rock Bolt의 선정

① 정착방법에 따른 선정

Rock Bolt의 정착방법 선정은 경제적인 면과 기술적인 면, 지반의 조건 등을 충분히 검토하여 가장 중요한 정착이 잘 될 수 있는 방법을 선정해야 한다. 과거에는 통상 硬岩에는 긴결식, 軟岩에는 전면접착식 등 통념만으로 선정되었으나 NATM은 岩區間 뿐만아니라 軟弱地盤의 시공도 많으므로 전면접착형을 많이 쓰고 있다. 또 본 공법이 가장 확실하고 신뢰도가 높다. 그러나 Bolt 접착방법은 반드시 시험시공후 引拔試驗을 통해 접착상태를 확인하고 시공하지 않으면 안된다.

② Bolt徑의 선정

Bolt徑은 그 Bolt에 발생하는 응력과 시공성으로 선정된다. 한 개의 Bolt에 생기는 응력은 Bolt의 간격에 연관되고 있는 바 Bolt徑이 크고 수량이 작은 것보다 徑이 작고 수가 많은 것이 일반적으로 더 효과적이다.

지금까지의 예를 보면 D22~D26mm가 많이 사용되어 왔으며 Bolt徑을 결정하는데는 개략 Bolt 한 개가 받을 중량,

$$W = H \cdot A \cdot \gamma$$

H : 떠 있는 높이

A : 면적

γ : 암의 비중

으로 표시되고 있으나 이것도 개략치로서 일반적으로 W의 50~70%로 함이 좋다고 하고 있고, 경험적으로는 Bolt 한 개가 **重量** W를 부담함에 그의 **徑** $d=\sqrt{(1.5-1.7)W/\pi\sigma}$로 표시할 수 있다($\sigma$는 Bolt의 항복강도).

③ Bolt의 길이, 간격, 선정

Rabcewicz의 경험과 실험에 의한 다음의 **規準**을 한 개의 추정으로 할 수 있다.

가) Rock Bolt의 길이(L)

$$L \geq \frac{W}{3} \sim \frac{W}{5} \quad \text{or} \quad L \geq t \tag{①}$$

W : 터널 단면폭

t : 막장면과 기지보구간과의 거리

나) Rock Bolt의 간격(P)

$$P \leq 0.5L \tag{②}$$

$$\text{or} \quad P \leq 3D \tag{③}$$

D : 블록화할 **岩塊**의 평균치수

①식의 조건은 이완이 생길 영역에 대한 조건이며,

②식의 조건은 Rock Bolt의 영향범위가 중첩되기 위한 추정이며,

③식의 조건은 각 블록상호가 Bolt작용으로서 서로 상관시킬 수 있는 조건이다.

4) Rock Bolt의 시공

당 현장의 설계 단면중 PS-1(원형구간)은 Rock Bolt시공이 없고 PS-2와 PS-3(Fig. 21, 22 참조)에 시공되었던 바, PS-2구간에는 사방 1m간격으로 14EA를 타입하고 PS-3구간은 사방 1.2m간격으로 12EA를 타입하였다.

Rock Bolt는 모두 전면접착형으로 D=25m/m, l=3m **異形棒鋼** SD-35를

사용했으며 충진재료는 초기에는 樹脂型인 Resin(Fig.29)을 사용했고 점차적으로 Conbextra Capsule, Resint Conbextra Capsule, Resint+Mortar의 혼합으로 사용했으며 Mortar주입 技術習得 후부터는 대부분 Mortar로 시공하였다.

Mortar의 혼합비는 C : S : W=1 : 1: 0.45로 Flow치는 190~200정도를 유지하였다.

穿孔은 Leg Drill을 사용(Fig.70) 정해진 각도로 하고 Rock Bolt 삽입전 Air Hose를 삽입, 孔內를 깨끗이 청소한 후 충진제를 넣어 Rock Bolt를 시공한다. 시공 약 5~10분후 Center Hole Jack을 사용 반드시 인발강도시험(Fig.71 참조)으로 확인하여야 하며 (당 현장에서는 초기 10ton완결후 30~40ton) 강도가 나오지 않을 때는 재시공하여야 할 필요가 있다.

Fig.70 Leg Drill을 이용한 穿孔

Fig.70-1 상부 Rock Bolt穿孔 예

Fig.70-2 Rock Bolt긴결예

Fig.71 Rock Bolt인발강도 시험

① Resin 사용 Rock Bolt

당초 JARTS감리도 및 관계기술진에서 접착제를 Resin으로 결정하고 설계에 전면 Resin을 사용토록 계산되었다. 당사에서는 일본에서 Resin을 수입하여 시공하였으나 초기에는 Resin 정착에의 실패만 거듭하였다. 당시 Resin사용 시공도는 그림 4.31과 같다.

① 穿孔

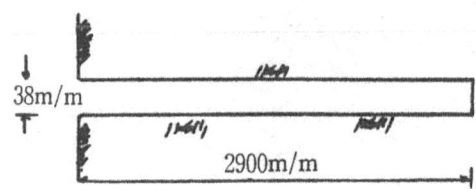

② Resin삽입

Resin ø28m/m l=600mm
① 0200 Label Black
② 0201 Label Red
③ 0407 Label Blue

③ Rock Bolt타입

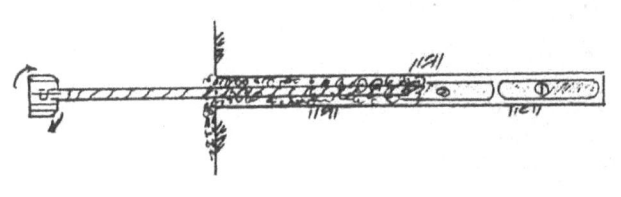

① Rock Bolt ø25mm
   l=3.0m
② Rock Bolt를 회전
   시키면서 타입함
③ Resin이 발포되면서
   밖으로 흘러나와야
   정상임

④ Rock Bolt정착

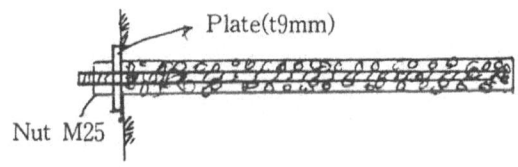

그림 4.31 Resin을 이용한 Rock Bolt정착

가) 穿孔을 ø38m/m Bit를 사용하고 Air Auger(日産)가 투입되기 전 Leg

Drill을 사용 타입을 해 보았으나 Leg Drill 회전속도는 250회/min으로 Air Auger의 900회/min에 미치지 못해 실패

나) φ38m/m Hole에 같은 방법으로 Air Auger를 사용, 약 1분 50초 회전시켰을 때 Rock Bolt는 다 들어갔으나 지질이 풍화토로 Rock Bolt의 회전으로 인하여 Hole이 확대되고 Resin이 밖으로 흘러나오지 않아 完充되지 못하였으므로 실패

다) Bit를 φ30m/m로 Holling하고 Air Auger를 사용 회전시켜 보았으나 똑같은 현상으로 Resin이 擴充되지 않았음.

라) 결론은 風化土를 비롯한 토사구간에서는 회전에 의한 Hole확장으로 Resin사용이 不可하며 Rock Bolt회전시 Hole의 변형이 되지 않을 정도의 風化岩 이상 岩에서만 Resin 사용이 가능하다는 것을 알았다. (Fig.72-1, 72-2 참조)

Fig.72-1 Resin삽입의 예

228 NATM터널공법

Fig.72-2 Air Auger를 이용한 Rock Bolt삽입

② Conbextra Capsule사용

토사구간 접착제로 Resin 사용이 不可하자 당시 Capsule형의 Ready Mixed Dry Mortar로 "Conbextra Capsule"를 시험해 보았다. 사용요령은 우선 Capsule을 청결한 물에 약 2~3분간 담근 후(Fig.73) Hole에 3개를 넣고 Rock

Fig.73 청결한 물에 2-3분 담근다.

Bolt를 Resin과는 달리 회전시키지 않고 Bolt 頭部를 타격하여 설치하였다. (Fig.74)

시험결과 강도도 좋았고(Fig.74-1.74-2) 접착상태도 좋았으나 타격에 의한 설치가 약간 비능률적이었으며 타격에 의한 충격에 아주 軟弱한 지반에서는 원지반의 충격이 염려되었다.

Fig.74 Conbextra Capsule시험 시공예

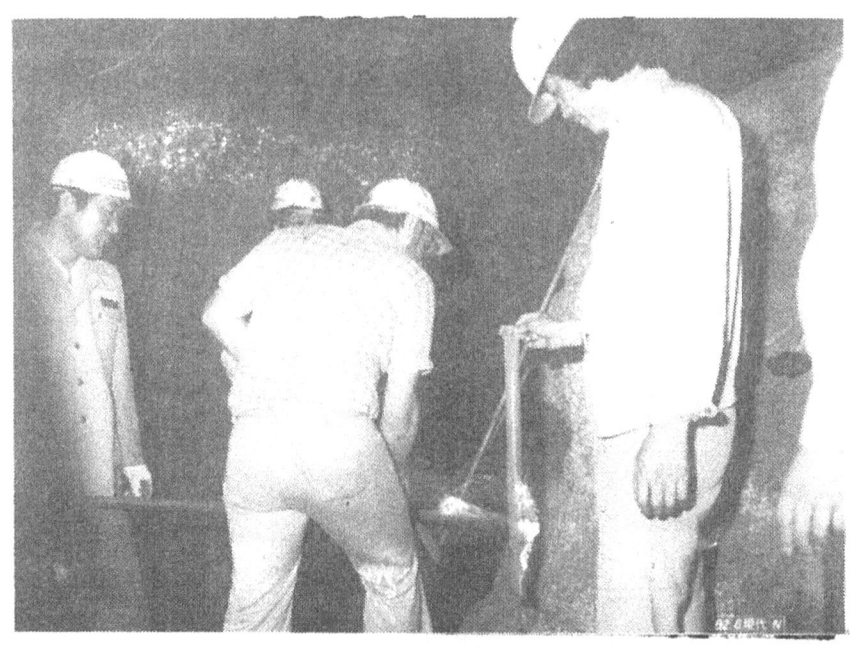

Fig.74-1 Conbextra Capsule을 이용한 Rock Bolt설치

230 NATM터널공법

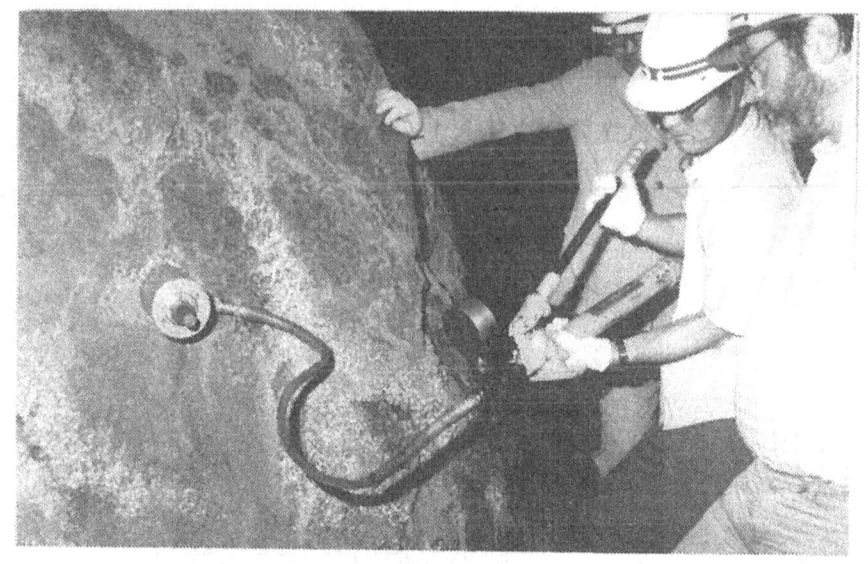

Fig.74-2 일반강도시험 30~40ton의 좋은 성과였다.

③ Mortar 사용

당 현장은 지질상태가 모두 土砂, 風化土, 風化岩 구간이므로 우선 지질변화에 따라 상기 Resin과 Conbextra Capsule을 병용키로 하고 시공을 계속하던 중 Cement Mortar 充鎭을 시험하기 위해 Mortar Feeder를 제작하였다. (그림 4.32)

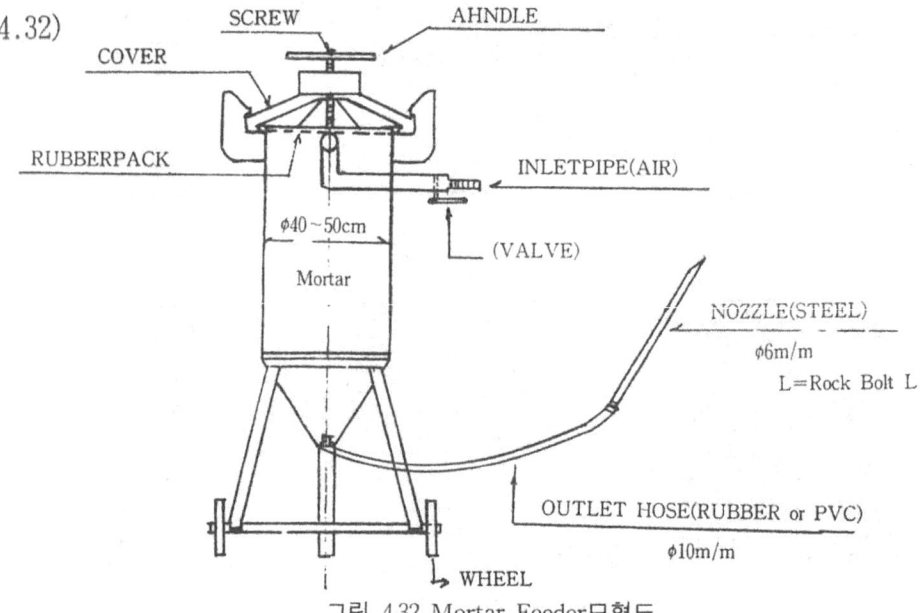

그림 4.32 Mortar Feeder모형도

Fig.75-1 Mortar Feeder에 모르터를 채우는 모습

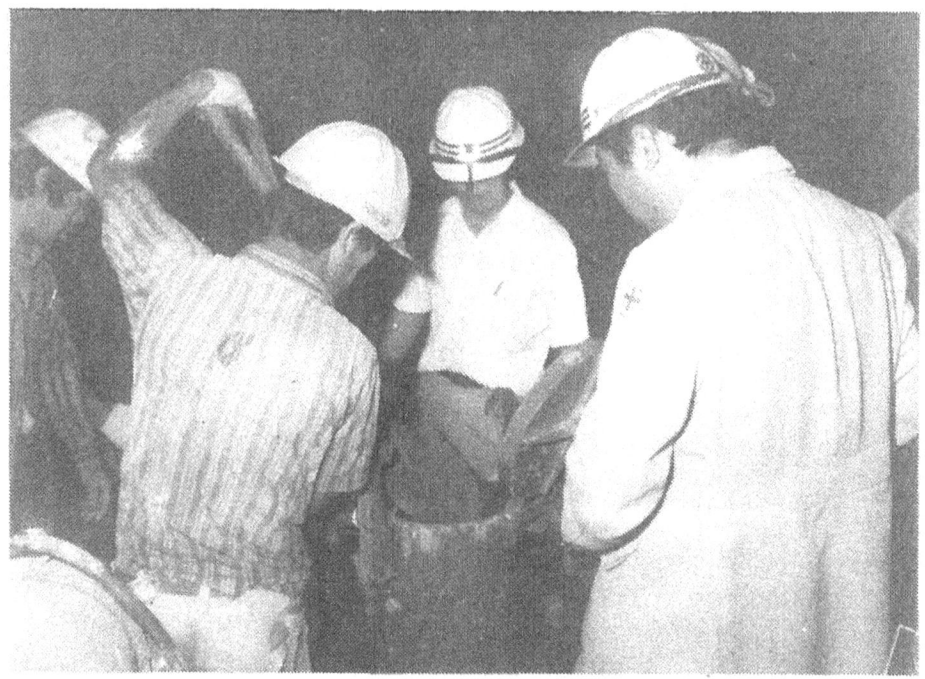

Fig.75-1 Mortar Feeder에 모르터를 채우는 모습

232 NATM터널공법

Fig.75-2 모르터 주입의 예

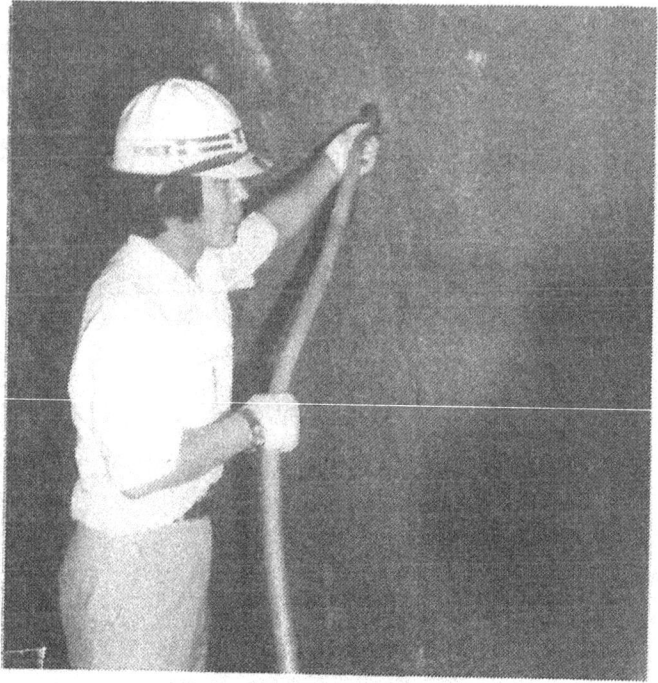

Fig.75-2 모르터 주입의 예

먼저 Cover를 열고 Mortar(Flow치가 좋아야 함)을 넣고 Handle을 돌려 Screw로 완전 긴결한다(Rubber Packing이 있어 완전밀폐됨). In-Let Pipe를 통해 약 $2 \sim 3 kg/cm^2$의 空氣壓縮을 가하면 하부의 Hose를 통하여 주입된다. 현장조건에 따라 적당한 크기로 제작하지만 우리 현장에서 제작하였던 것은 몸통 D=40cm 길이가 70cm 정도로 제작 사용하였다.

Mortar충진은 대단히 경제적이고 기술숙련 후는 시공성도 좋았으며 土砂, 岩 區間 구분없이 접착성이 좋아 당 현장 Rock Bolt 대부분을 본공법으로 시공하여 성공을 거두었다. 앞으로도 본 공법을 사용함이 좋을 것으로 사료된다.

Mortar의 배합비는 앞에서 언급한 C+S+W=1 : 1 : 0.45가 가장 적합할 것으로 생각되며 시공 중에 W/C비를 적당량 조정할 수도 있다. 당 현장에서는 添加劑는 사용치 않았으나 조기 강도를 요할 때는 적당량의 添加劑사용도 가능하다.

다만, Mortar의 특성(Flow) 때문에 Rock Bolt의 上方向인 天端에는 사용이 곤란하다. 그때는 암질에 따라 Resin이나 Conbextra Capsule로(1개) Top Heading부에 1차적인 접착을 시키고 나머지는 Mortar로 충전하여야 한다. 그림 4.33이 같이 Top 부분의 樹脂는 시공과 동시 발포 접착되므로 1차 정착후 하부 Hole Nozzle을 넣고 Hole을 일시 막아 Mortar를 주입, Bolt가 정착된 후 임시 Cover를 제거하면 된다.

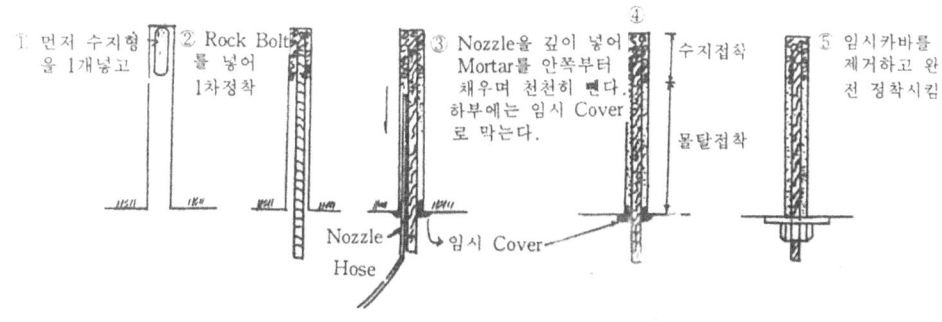

그림 4.33 병용식 접착

Rock Bolt는 側壁 Spring Line 위치의 것이 軸力을 가장 크게 받으므로 上半部는 下部 굴착 전에 설치하는 것이 좋다. 側壁 시공시는 Hole에 mortar를 먼저 채운 후 Bolt를 타입하는 것이 좋다.

Rock Bolt삽입의 예

Rock Bolt의 긴결상태(충진재가 완전히 흘러나와 접착이 확인되어야 한다)

9. Shotcrete

1) 概要

Shotcrete의 지보효과에 대하여는 이미 NATM이론에서 설명하였으므로 여기서는 시공적 측면에서 고찰하겠다.

Holm Green에 의하면 얇은 無筋 Shotcrete(Unreinforced Shotcrete Layer)의 (주: Shotcrete에는 Steel Fiber를 혼합하여 강도를 크게 하는 공법, 적절한 절근, Wire Mesh 등을 병용 타설하는 공법도 있는 바 이를 Reinforced Shotcrete라 할 수 있다.) 발휘능력(Carring Capacity)은 주로 Shotcrete가 약 3cm폭에서 갖는 접착력의 정도에 따른다는 것을 설명하였다. 즉 밑면적이 $1m^2$이고 높이가 1m인 Rock Pyramid의 무게는 1ton이며 $10kg/cm^3$=140Psi의 접착력을 가정하면 발휘능력은 Rock Piece무게의 12배인 $10×4×100×3=12,000kg$이 된다. 또 비교적 두꺼운 Shotcrete Layer는 대단한 Arch효과를 보여 직경 10m의 Tunnel에 사용되는 15cm두께의 Shotcrete는 약 $45ton/cm^2$의 하중을 지지할 수 있는 바 현대 NATM공법에서 Shotcrete공정은 가장 중요한 공정이라 할 수 있다.

2) Shotcrete의 분류

Shotcrete는 사용장비 또는 Process에 따라 Dry Mixed Process Type, Wet Mixed Process Type, Semi-Dry Mixed Process Type, Semi-Wet Mixed Process Type등으로 분류되고 있지만 일반적으로 乾式方法(Dry Mixed Type)과 濕式方法(Wet Mixed Type)으로 분류하고 있다. 당 현장에서는 건식방법으로 시공하였다.

물이 첨가되지 않은 마른 상태의 혼합 재료를 Air Compressor의 압력으로 Hose를 통하여 운반되고 Nozzle 끝부분에 별개의 Hose를 통하여 운송된 高壓水를 첨가 噴射시키는 방법이다. 습식방법은 물까지 미리 첨가된 혼합재료를 高壓으로 분사시키는 방법이다. 일반적으로 건·습식공법의 작업구조는 표 4.23과 같이 비교된다.

표 4.23 乾·濕式 작업비교

건 식 작 업	습 식 작 업
1. Nozzle에서의 물의 초과급수통제 및 일관성이 결여되므로 품질이 작업원의 숙련도에 의해 좌우된다.	1. 처음부터 각 재료의 혼합이 설계에 의해 정확히 계량, 운반되므로 품질관리가 용이하다.
2. Dry Mixing한 재료는 공급만 하므로 운반용구나 시간등 공급작업의 제한이 적다(특히 기계고장등 외적요인에 의한 連休에도 제한이 거의 없다).	2. 재료의 공급에 제한을 받는다.(외적 요인에 의한 運休는 Hose내 Wet Concert 처리가 곤란하며 특히 급결제까지 첨가 되었을 시 Hose는 버림)
3. Hose의 중량이 비교적 가벼워 이동이 용이하고 작업거리도 비교적 멀리할 수 있다.	3. 작업거리가 Dry Mixing보다 크게 제한을 받는다.
4. 작업중 먼지가 많이 발생한다.	4. 먼지가 비교적 적다
5. Rebound율이 비교적 높이다.	5. Rebound율이 낮다.

3) 사용장비(Equipments Requirement)

① Mixing 장비

Mixing 장비는 중량계량에 의한 Batching System이 가장 좋은 방법이며 또 강력히 추천되고 있다. 당 현장에서는 일반 Concrete Mixer(전동식 $0.45m^2$)를 사용하였다.

계량기에 의해 사전에 정확한 양을 측정하고 설계배합에 맞추어진 용기를 이용하여 Cement, 모래, 자갈을 Mixer에 투입한 후 모래입자가 Cement로 완전히 덮어질 때까지(약 1분동안) 1차 Mixing하여 준비하고 있다. 작업원의 신호에 의거 2차 Mixing(Grinding) 및 운송장비(Aliva 260 : Shotcrete용 혼합재료를 Hose까지 운송하는 본체에서 2차 Mixing(Regrinding)하는 과정을 本稿에서는 2차 Mixing이라 함)에 투입시킨다. 이에 대한 NATM공법 시방서에는 "재료의 계량은 계량기를 사용한 중량 계량에 의하여야 하며 계량된 재료는 균등하게 혼합되도록 Mixer를 사용하여야 한다고 규정하고 있다. (Fig.77)

Fig.77 재료 배합은 정확한 계량에 의하여야 한다.

② 운송장비(Deliverly Equipments)

운송장비는 Ready Mixing된 혼합재료를 엄격한 통제하에서 운송, Hose로 배출할 수 있어야 한다. Nozzle 까지 적당한 속도로 균일하고 Smooth하게 계속적으로 운송되어야 한다.

당 현장에 투입된 Aliva 260은 급결제(後述)를 Powder Type과 Liquid Type 중 어느 것이나 사용할 수 있으며 1차 Mixing된 혼합재료를 2차 Mixing System으로 운반될 수 있도록 제작되었다.

운송 공기압은 자유 조절할 수 있고 별개의 Dosage Pump를 통하여 急結劑의 양을 조절할 수 있도록 제작되어 있다.

① 외국인(Mr.Leeman)의 시범   ② 우리 기능공의 시험

Fig.78 시험타설

    장비 반입후 시험 가동시는 중앙청 수직갱내 壁體에 분사, 약 1시간동안 Shotcrete함으로서 성공적이었으나(Fig.78) 실제 작업에 임하여 Tunnel내부에 Shotcrete를 시공하던 중 약간의 난조를 일으키기도 하였다. 이는 별도로 자체에서 준비하였던 고압양수기의 압력조절이 불균형하여 Shotcrete분사시 공급이 원활치 못하였기 때문이었다.

    따라서 완벽한 Shotcrete를 타설하기 위해서는 우선 모든 기계작동이 정상적이어야 하며 배출구(Discharge Nozzle)는 혼합물이 Hose를 통하여 물의 공급까지도 조절될 수 있도록 손으로 操作하는 물조작기구(Watering)까지도 균일한 압력에 의하여 일정하게 유지되어야 한다.

    시공도중 기계는 정상이나 물의 흐름이 불균형을 일으킬 때가 있다. 이 흐름의 불균형은 Nozzle의 Linner가 닳았거나 물 주입기구(Watering)의 기능이 나빠졌다는 것을 말한다. Fig.78 ②의 Nozzle 끝부분(노랑색)에 Nozzle Linner와 Watering이 내장되어 있는 바, 이를 수시로 Check하여 이상 발견시 수리 혹은

Watering이 내장되어 있는 바, 이를 수시로 Check하여 이상 발견시 수리 혹은 교체하여야 한다. Watering 수리시 Ring에 있는 물 주입구가 확장되지 않도록 하여야 한다.

③ 공기 공급(Air Supply)

Aliva 260은 Conveyer Belt작동으로부터 2차 Mixing, Hose를 통한 운송 및 취부까지 Air의 힘으로 작동되고 있어 충분한 용량의 공기 압축기(Air Compressor)를 설치하는 것이 중요하다.

Air Compressor는 Rebound를 깨끗이 없애버릴 수 있도록 blow Pipe를 동시에 작동시킬 뿐 아니라 작업 전과정을 통해 균등한 압력을 발휘할 수 있도록 깨끗하고 乾燥한 공기를 충분히 공급유지시켜야 한다.

표 4.24는 유럽의 한 보고서에 의한 Data로서 Shotcrete작업에 적당한 Compressor의 용량을 보여주고 있다. 여기서 보여준 수치는 Nozzle이 장비위로 25ft이내로써 Hose길이 150ft에 기준한 것이다. 작업압력은 일반적으로 Hose길이가 50ft길어질 때마다 5psi, Nozzle이 장비위로 25ft올라갈 때마다 5psi가 올라간다고 보고되고 있다.

표 4.24 정상작업을 위한 Compressor의 용량

Compressor의 용량	Hose직경 (inch)	Nozzle의 최대규격(inch)	가능한 공기 작동압력(Psi)	비 고
250	1	3/4	40	註 : Psi는 Pound Per Square inch
315	1, ¼	1	45	
365	1, ½	1 1/4	55	
500	1 5/8	1 1/2	65	
600	1 3/8	1 5/8	75	
700	2	1 3/4	85	

당 현장에서는 600CFM Compressor(Air Man사) 2대를 100mm Steel Pipe에 같이 연결 약 3~5kgf/cm^{2}의 압력으로 사용하였다.

④ 물공급(Water Supply)

고압 양수기를 통하여 Nozzle 끝부분에서 혼합될 물의 압력은 물이 이미 Hose를 통하여 Nozzle까지 운송된 Dry Mixed 재료에 충분히 섞일 수 있도록 작동 공기압력보다 다소 높아야 한다. 당 현장에서도 100kgf/cm^{2}의 Pump를

사용, 평균 4~5kgf/cm^{2}의 압력으로 조절하였다. 시방서에서도 "물의 압력은 압축공기의 압력보다 1kgf/cm^{2}정도 높게 유지하여야 한다"(3-4-④라)로 규정하고 있다.

⑤ 기 타

Mixer로부터 타설장소가 멀리 떨어져 있을 때는 Shotcrete장비(Aliva)는 작업장 인근까지 근접 시공할 수 있으나 혼합재료의 신속한 운송을 위하여는 대차를 별도로 준비하여야 한다.

4) Shotcrete의 재료

① Cement

Cement는 KSL5201 기준에 적합한 일반 Portland Cement이어야 한다. (시방서 3-2-1)

② 細骨材

細骨材는 0.1m/m 이하의 세립자를 포함하지 않은 깨끗한 모래이어야 하며 입도분포는 다음표에 명시된 범위 내에 들어야 한다. (시방서 3-2-2가)

입도크기(m/m)	5	2.5	1.2	0.6	0.3
통과율 (%)	95-100	80-95	50-75	30-50	12-20

0.1m/m 이하 세립자는 골재입자 위에 해로운 피막을 형성하여 결과적으로 경화과정에 좋지 않은 영향을 미치는 경향이 있다. 소정의 강도를 위하여서는 Cemen량이 많아져야 하므로 비경제적이라 할 수 있다. 또한 세립자는 Shotcrete 분사시 과다한 분진을 발생하여 작업곤란을 초래하고 작업환경을 좋지 않게 한다. 외국의 한 보고서도 5m/m까지의 細骨材는 0.2m/m 이하의 가는 먼지를 2%이상 함유해서는 절대 안된다고 하고 있다. (Shotcrete Technicolog
-y and its Implement Action in Civil Engineering)

당 현장에서도 실시공 결과 Shotcrete분사시 발생되는 분진은 시야를 완전히 가리고 마스크 없이는 근처의 접근이 어려울 정도였다. 이러한 분진을 감소하기 위해서는 설계 입도분포 범위 내에서 가능한 세사보다는 왕사를 많이 배합하여 사용하는 것이 효과적인 시공방법이다.

③ 粗骨材

조골재는 최대 직경이 15m/m 이하이어야 하며 세골재는 조골재량의 약 60%가 되어야 한다. 조골재와 세골재를 혼합하였을 때 최적 입도분포는 아래와 같다.

입도크기(m/m)	15	10	5	1	0.6	0.3	0.15
통과율 (%)	100	85	65	30	22	12	3

앞의 외국 보고자는 "사면체 쪼개진 알맹이들은 좋지 않다. 그것들은 큰 고유면적을 갖고 있고 그것들을 둘러싸기 위해서는 많은 양의 Cement 접착(Cement Glue)가 필요하다. 자연적이고 가능한 둥근 골재들이 장비 또는 운송 line에서 부서지는 위험을 감소하고 기계의 마모와 손상을 감소시키는데도 더 우수하다"고 보고되고 있다.

당 현장에서는 처음 시도하였을 때는 자연자갈을 구해 사용하였다. 상기 보고서의 내용과 같이 기계의 마모 및 운송 Line에서의 파쇄현상은 뚜렷하게 발현할 수 없었으나 Rebound량이 많이 발생하였다. 즉 굴착면에 Shotcrete를 시공하였을 때 세골재는 잘 붙었으나 조골재는 거의 떨어지고 말았다. (본 건에 관하여는 뒤에 상술) 그 후 골재의 砕石을 구입 시공하였던 바 좋은 부착 효과를 얻을 수 있었으며 골재, 원가도 자연자갈에 비해 월등히 저렴하여 완공시까지 砕石을 사용하였다.

뿐만 아니라 염려하였던 마모 및 파쇄현상도 크게 초래되지 않아 오히려 자연자갈보다는 깬 자갈이 Shotcrete에 적합하다고 사료된다.

15m/m 이상의 골재 사용할 때는 Rebound양이 증가되고 기계손상의 위험이 있으므로 극히 주의하여야 한다.

④ 添加劑

가) 急結劑

급결제는 Shotcrete의 조기강도를 내도록 사용하여야 하며 비율은 Cement양

의 6%를 초과하여서는 안된다고 시방서는 규정하고 있다. (시방서 3-2-3)

급결제는 Shotcrete 타설 후 가능한 한 조속히 굳어져 원지반과 밀착시키는 역할을 한다. 이는 또한 장기강도에 나쁜 영향을 초래하여서는 안된다. 실제 급결제를 사용한 Shotcrete는 타설후 약 10분이 지나면 손가락으로 눌러도 들어가지 않을 정도로 굳어졌다. 材슈 24시간 강도시험 결과 140kgf/cm^{2}의 조기강도를 보였다. (시방서에서는 24시간내 100kgf/cm^2 이상으로 규정)

당시 국내에서 사용되고 있던 급결제의 종류로는 SIKA(日産 : 원래는 Swiss산이었으나 일본에서 생산 공급하고 있음), Tricorsal(독일산), Quickrete Sprayset(영국산 : 원료를 국내에 반입 생산하고 있음) 등 많은 종류가 있으며 현재는 국산 급결제도 많이 개발되었다.

각종 급결제를 고루 시험사용하여 본 결과 상호 비슷한 효과를 보였으며 시공상으로는 제품에 따른 특징을 발견할 수 없었다. 다만, 당시의 국산 개발품은 물비율 1 : 2의 비율로 희석해서 사용하여야 하기 때문에 타 제품에 비하여 많은 양이 소모되었다. 유럽의 경우 Cement양의 3~4%를, 일본의 경우 5~6%를 첨가하여 사용되고 있는 것으로 보고되고 있으나, 당시 당 현장에서 실시공 통계(초기)는 약 6~7%를 보이고 있었다.

이는 비교적 과다한 사용으로 원인분석을 해보았다. 당시 사용하고 있던 액체급결제(SIKS액상)는 ALIVA자체에서 조절되는데 급결제는 계속 같은 양으로 들어가고 혼합골재는 시공상 계속 같은 양으로 분사된다고 판단할 수 없어 기계적인 약간의 미비점이 발견되었다. 이에 따라 기능공들이 물에도 미리 혼합하여 사용함으로써 비과학적인 필요이상의 소모를 초래하였다. (Fig.79 참조)

따라서 현장에서는 급결제를 Powder형으로 전환하고 중량계량에 의한 정확한 양을 사용토록 관리함으로서 설계치인 3~4%를 유지할 수 있었다. 그러나 현장상태에 따라 용수가 있는 곳은 증량되며 아주 좋은 곳은 감량되므로 적절하게 조절하여야 한다.

그러나 Powder 사용시 주의할 점은 혼합된 재료를 1시간 이상 사용치 않을 시는 곤란하다. 작업여건상 만일 장시간이 예상되면 급결제는 미리 혼합하지 말고 Cement, 자갈, 모래만 1차 mixer에서 혼합하고 급결제는 Aliva Hopper에서 다시 혼합하는 방법도 있으므로 각별히 유념하여야 한다.

Fig.79 액상급결제 사용할 때는 기계(ALIVA), 급결제통(우측청색), 물통 등을 같이 운반 설치하므로 불편한 점이 있다.

나) 粉塵防止劑

Shotcrete 타설시 발생되는 분진을 방지하기 위한 Silipon이 있으나 당 현장에서는 사용하지 않았다.

다) 상기 첨가제는 바닷물 또는 황산에 노출되는 부분의 Shotcrete에서는 사용이 금지된다.

⑤ 물(Pure Water)

혼합될 물(Mixing Curing Water)은 깨끗하여야 하며 철근, Concrete 등에 부식을 초래하는 이물질이 없어야 한다.

5) 재료의 配合

재료배합에 대한 시방서의 규정은 다음과 같다.(3-3-1)

① Shotcrete의 배합은 다음 표에 의한다.

종 별	σ28설계기준 강도 (kgf/cm²)	粗骨材최대치수 (mm)	Slump범위	최대 W/C비 (%)
乾式	180이상	15	—	50
濕式	180이상	15	10	60

② Shotcrete의 강도는 24시간 이내에 $100kgf/cm^2$ 이상, 28일강도 $180kgf/cm^2$ 이상 유지되어야 한다.

③ 세골재의 표면 수량은 3~6% 범위 내에 들어야 한다고 규정하고 있다.

Shotcrete의 배합은 시공상 유동성이 좋고 Rebound율이 적으며 강도를 크게 하는 것이 바람직하다.

첫째, 유동성에 대하여 골재는 조립율이 적으며 S/A가 크고 粒狀이 球狀에 가까운 것일수록 좋다.

둘째, 강도적으로는 조골재가 큰 것이 좋으나 Hose가 막힌다거나 기계의 마모를 초래할 수 있으며 분사시 Rebound양이 많이 발생된다. Rebound율은 단위 Cement양이 많을수록 또는 W/C, S/A 등이 클수록 작아지며, W/C가 너무 크면 분리가 일어나 시공상의 문제를 초래한다. 콘크리트의 강도는 W/C, S/A가 작을수록 커지는 상호모순이 있는 바, 이는 현장여건을 감안하여 적정배합을 요하게 된다. 당 현장에서도 초기에 적절한 배합설계에 상당한 애로를 가져왔었다. 일본, 유럽 등 시공사례를 모집해서 배합시공하면서(표 4.25~표 4.26) 계속 현장 종사자, 감리, 감독과의 분석 끝에 초기에는 표 4.27과 같이 후에는 표 4.28과 같이 시공하였었다. 표 4.28의 경우 σ28강도가 $200kgf/cm^2$를 훨씬 초과하는 경향이 많으므로 앞으로는 표 4.28을 기준으로 적절한 배합이 바람직하다.

표 4.25 유럽 Shotcrete배합의 예

G_{max} (mm)	W/C (%)	S/A (%)	單位量 (kgf/cm²)				급결제 CX%	비 고
			W	C	S	G		
20	50	60	175	350	1,114	754	3	

표 4.26 일본의 예(1) 一般地域

G_{max} (mm)	W/C (%)	S/A (%)	C (kg)	S (kg)	G (kg)	SIKA (l)	Silipon	비 고
15	50	60	350	1,120	750	14	(20)	

표 4.26 일본의 예(2) 多濕地域

G_{max} (mm)	W/C (%)	S/A (%)	C (kg)	S (kg)	G (kg)	W (l)	SIKA cx%	비 고
15	40	60	380	1,134	768	152	5	

표 4.27 당현장 초기배합
(설계전 JARTS의 Mr.Yosida의 提案案임)

G_{max} (mm)	W/C (%)	S/A (%)	C (kg)	S (kg)	G (kg)	SIKA cx%	SIKA실사용 cx%
15	40	60	360	1,156	783	4	6~7%

표 4.28 당현장 후기배합(설계배합)

G_{max} (mm)	W/C (%)	S/A (%)	C (kg)	S (kg)	G (kg)	W (l)	急結劑 cx%	비 고
15	41	60	400	1,114	694	164	4~6	多濕地는 6%

6) 재료의 저장

Dry Mixing Type의 Shotcrete는 Mixing에서 운송까지 마른 상태로 작업이 진행되므로 모든 재료는 건조한 상태로 보관되어야 한다. 특히 Tunnel 공사는 강우에 관계없이 전천후공사임을 감안, 골재는 조골재, 세골재를 분리 우수로부터 보호하고 습기가 다량 흡수되지 않도록 야적창고를 설치 보관해야 한다.

7) Shotcrete의 施工

① 시공조의 구성

Shotcrete는 타작업과 달리 전문시공조를 구성하여야 한다.

1차 Mixing(地上) : Mixer 1인, 모래투입 1인, 자갈투입 1인,
　　　　　　　　Cement투입 1인　　　　　　　　　　계 4인
2차 Mixer(Control Box) : 기계공 1인, 助工 1인　　　　계 2인
Hose man : 2인

Nozzle man : 기계공 1인, 조공 1인

일반적으로 10인이 1조가 되며 교대조에 따라 편성되어야 한다. Nozzle man 에서는 안전모(오토바이 화이버가 좋다), 마스크, 고무장갑, 고무장화 및 두터운 雨衣 등의 필수품이 갖추어져 Rebound된 골재로부터 보호되어야 한다.

② Nozzle man

Shotcrete의 시공과 품질은 그 작업원에 크게 의존되고 있고 모든 작업원이 주로 적합한 기능과 능력이 갖추어져야 하겠으며, 특히 Shotcrete는 Nozzle man의 숙련도에 의존되고 있다. 우수한 품질, Rebound의 감소, 물의 조정 등 중요한 역할은 Nozzle man이 담당한다.

유럽의 경우 Nozzle man의 자격을 2년 이상 현장경험이 입증되어야 합격이며 보조공도 최소한 6개월 이상 유경험자로 제한하고 있다고 한다. (Reported By ACI Commite 506 : 4 Qualification and Duties of Craftsman)

당 현장에서는 다행히 중동지역 유경험자를 채용하여 이들을 중심으로 제2진, 3진을 교육하여 육성시킴으로써 Nozzle man의 확보는 어렵지 않았다.

Nozzle man의 주요임무는 다음과 같다.

1. 吹付되는 모든 표면이 요구되는 만큼 Nozzle로부터 공기와 물의 분사를 조절함으로서 표면이 깨끗하고 Laitance나 다른 허술한 이물질이 없게 하여야 한다.
2. 작동 공기압력을 균일하게 하여야 하고 좋은 부착결합(Compaction)을 위해 적당한 Nozzle 속도를 유지하여야 한다.
3. 吹付가 잘되고 Rebound가 없도록 물의 量을 조절하여야 한다. (특히 Dry Mixing Type에서는 W/C의 조절이 전적으로 Nozzle man에 의존함)
4. Nozzle의 끝과 표면과의 적당한 거리(약 1m가 최적)를 유지하여야 하며, 요구되는 두께를 한꺼번에 타설할 수 없으므로 고루 분사하고 다시 그 위를 분사하는 반복작동으로 요구하는 두께를 타설할 수 있도록 감각적인 조절을 하여야 한다.
5. 기계적인 이상에 의하여 재료의 흐름이 균일하지 않을 때 Nozzle man은

기계공에게 운송정지 혹은 조절의 폭을 명령하여야 한다.

이와 같이 Nozzle man의 역할은 막중하며 이는 특별한 이론적인 근거에 의한 것이 아니라 오로지 현장경험에서 오는 감각적인 기능인 바 우수한 Nozzle man의 선택은 중요한 것이다. (Fig. 80 참조)

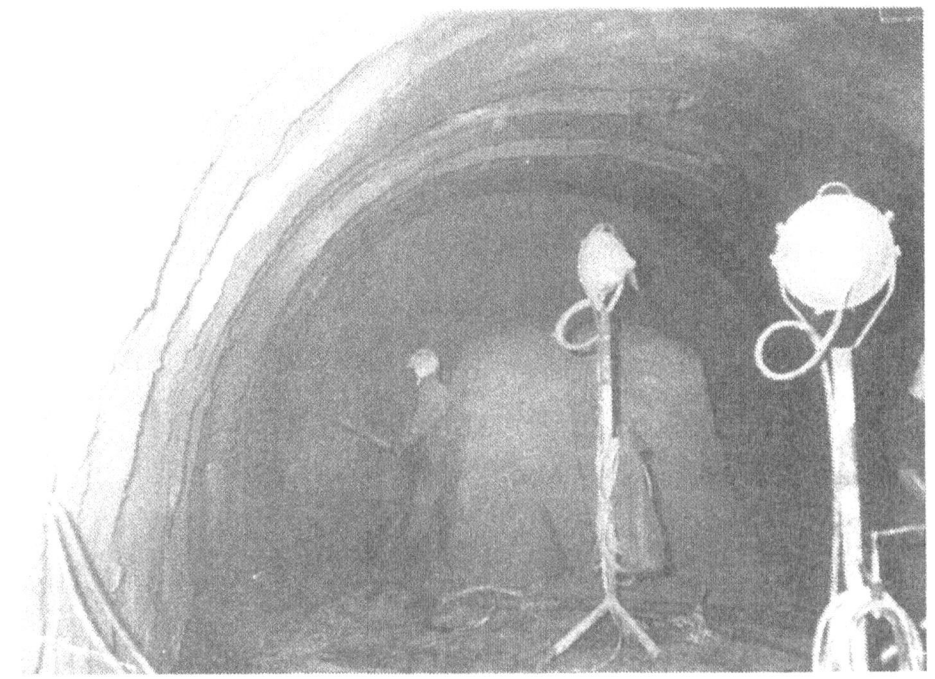

Fig.80 Shotcrete타설

③ 施工方法

Nozzle man은 Shotcrete에 앞서 표면의 이물질을 깨끗이 제거하여야 한다. 당 현장에서는 혼합된 재료가 운송되기 전 Air Water Jet로 전표면을 청소한 다음 압축공기만을 이용하여 벽체에 남은 물을 날려보냈다. 표면이 너무 건조되어 있으며 처음에 잘 붙지 않으므로 Water Jet로 표면에 충분한 물이 흡수되도록 먼저 고루살포 한 후 Shotcrete를 타설한다.

Shotcrete는 반드시 Nozzle끝과 표면이 직각방향(90° 방향)에서 시공하여야 Rebound가 감소되고 표면과의 거리는 약 1m를 유지함이 적절하다.

Shotcrete에서 1차로 요구되는 두께가 7cm이상일 때는 일시에 타설하기가 곤란하므로 적절한 두께의 몇 개 층으로 나누어 계속 반복실시하여야 한다. 일반적인 사용압력은 3~5kgf/cm²범위 내에서 가장 효율적이었으며 재료의 혼합도 처음과 마무리는 약간 변화있게 혼합사용함이 보다 더 효율적이었다.

즉 당 현장에서 처음 Shotcrete를 시작하였을 당시 Spec에 지시한 재료배합과 壓力(5kgf/cm²)에 의거 실시하였으나 Rebound量도 과다하였을 뿐만 아니라 부착도 잘 되지 않았다. 82.5.10 마치 Shotcrete시공기술 지도차 내한 중이던 Swiss Mr.Leemann과 Mr.Hagg을 당 현장에 초대 문제를 논의하였었다. 처음 Shotcrete를 시작할 때(Initial Shotcrete)는 Cement를 Spec배합율보다 다소 많이(400~420kg) 넣은 반면 모래를 많이 넣고 자갈은 거의 놓지 않은 비율로 배합하여 초벌을 뿜어 붙여 Plastic Cushion을 형성한 다음, 그 위로 정상적인 배합에 의한 Shotcrete를 하도록 권고 받고 이를 시행하여 순조롭게 성공할 수 있었다.

④ 軟弱地盤 및 湧水 개소의 Shotcrete

가. 軟弱地盤

앞서 설명하였던 바와 같이 당 현장의 지질은 연약한 風化土(마사토)로 형성된 곳이 많다. 이러한 원지반 중에서도 비교적 단단한 곳에서는 앞의 방법으로

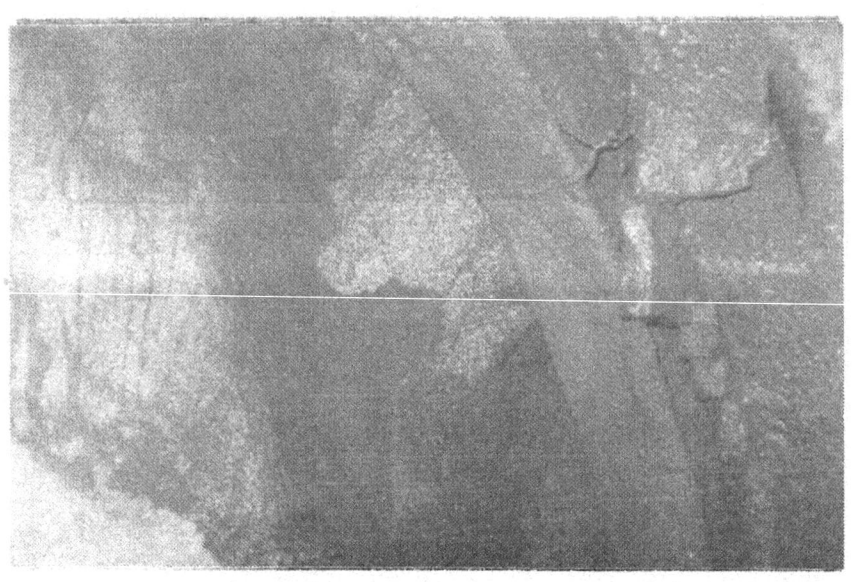

Fig.81 Shotcrete후 원지반이 약하여 떨어진 예

Shotcrete를 성공시켰으나 연약한 곳에서는 문제가 발생하였다. 즉 Shotcrete가 굴착면에 완전히 붙어 있음을 확인하였으나 얼마후 바로 떨어졌다. 조사하여 본 결과 이는 Shotcrete가 떨어지는 것이 아니라 원지반이 연약하여 Shotcrete의 하중에 견디지 못하고 지반자체가 떨어지는 현상이었다. (Fig.81)

따라서 그러한 상태에서 Shotcrete는 불가능하여 본 문제점을 검토하고 자문을 얻어 Shotcrete전 원지반에 $\phi 30m/m \times 50m/m \times 50m/m$의 Wire Mesh를 부착시킨 후 Shotcrete를 타설하였다. (Fig.82)

Fig.82 1차 Wire mesh($\phi 3 \times 50 \times 50$) 부착 광경

Fig.83 2차 Wire mesh설치

본 Wire Mesh는 지반의 부착효과를 위한 것이며 2차 Shotcrete시 Bending Moment파괴에 의한 변형을 방지하기 위해 2차 Wire Mesh(ø5mm×100mm×100mm)를 인장측에 설치하였다. (Fig.83)

그러나 Wire mesh는 Shotcrete의 인장측 보강효과는 기대되나 압축측 보강효과는 기대할 수 없다. 따라서 앞으로는 전술한 Steel Fiber를 이용한 Reinforced Shotcrete를 사용하면 모두 보강되어 Shotcrete의 단면을 줄일 수 있고, Wire mesh설치에 따른 공정이 없어지므로 그만큼 작업 Cycle Time를 줄여 효과적이며 경제적인 시공이 될 것으로 사료된다.

나) 湧水 개소 施工

굴착면에 용수가 있을 때는 Shotcrete가 잘 붙지 않고 혹 부착되어도 바로 떨어져 버리기 때문에 불가능하다. (Fig.84)

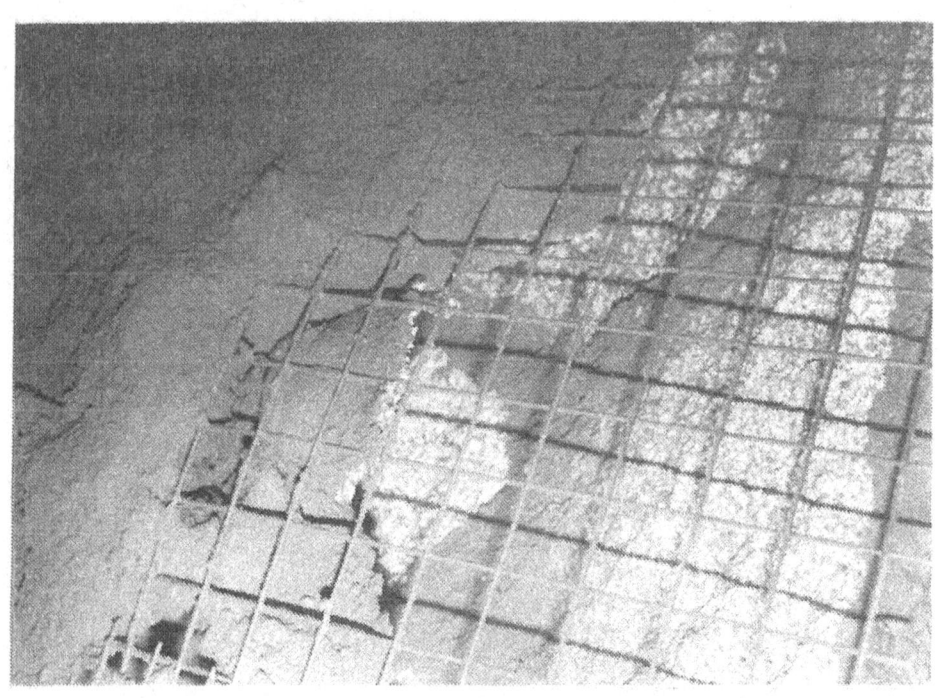

Fig.84 용수가 있는 곳은 바로 떨어져 버린다.

따라서 용수가 많을 때는 별도의 용수처리 Channel이나 배수로를 이용해서 처리하고 소량의 용수에서는 Water Drain Channel을 이용해서 한 곳으로 물을 유도한 다음 Shotcrete해야 한다.

8) Rebound와 品質管理

① Rebound

Rebound는 굴착면에 Shotcrete하는 동안 굴착면에 부딪쳐 혹은 골재와 골재의 자체충돌로 인하여 표면으로부터 퉁겨 떨어지는 현상을 말한다.

Rebound양은 작업위치(천단, 벽체등), 공기압력, Cement양, 물함량, 골재의 최대치수, Layer의 두께에 따라 변화를 초래한다. 특히 Nozzle man의 Shotcrete 방법에서 많은 영향을 받는다. 일반적으로 처음에는 Rebound율이 크지만 앞서 설명한 Initial Spray 후 Plastic Cushion이 형성됨으로서 Rebound양은 점점 감소된다.

타국의 일반적인 Rebound양은 표 4.29와 같다고 보고되고 있다.

표 4.29 일반적인 Rebound율

위 치 별	Rebound율
바닥 또는 Slab	5~15%
경사면 및 수직면	15~30%
天端(천장)面	25~35%

일본의 경우 처음 시도당시는 약 50%의 Rebound양이 발생되었다고 JARTS Team이 전해 주었다.

당 현장에서는 각 위치별 정확한 Rebound양은 측정하지 못하였으나 전체적인 Rebound양은 초기에는 약 30~35%, 정착된 후로는 25~30%의 Rebound양이 발생되었다.

Rebound는 Nozzle의 타설각도, 거리에 의해서도 크게 좌우된다고 설명한 바 있거니와 그림 4.34는 현장의 한 실험에서 측정되었던 결과를 도표화한 것이다.

Rebound된 골재는 재사용이 절대 불가하며 버리는 Concrete이다. 만일 작업장에 떨어져 있을 경우 이를 필히 제거하여야 한다. Rebound는 그 양에 따라 공사원가와도 직접 관계되므로 공사관리에서 Rebound양을 감소시키는 것이 무엇보다 중요하다.

엇보다 중요하다.

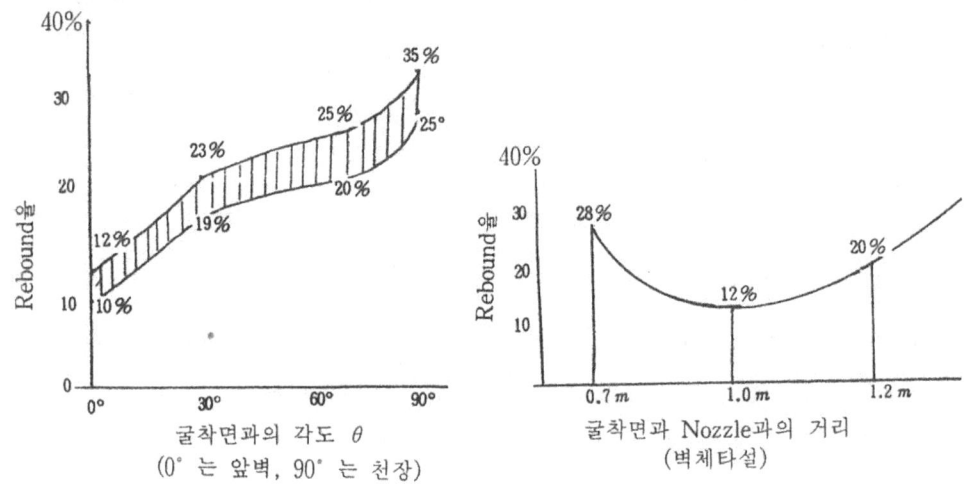

ⓐ굴착위치에 따른 Rebound율　　　　ⓑNozzle과의 거리에 따른 Rebound율
그림 4.34 Rebound실험결과 도표

② 品質管理

품질관리에 대하여 시방서를 중심으로(시방서 3-5) 설명하고자 한다.

㉮ 관리항목

시공자는 현장에서 채취한 시료로 아래와 같은 품질관리를 시행하여야 한다. (표 4.30 Shotcrete품질관리 항목).

㉯ 압축강도 시험

시료채취는 Concrete 휨강도시험용의 Mould(150×150×530mm)를 제작하여 양측 板 가운데 한 면을 제거한 뒤 Rebound가 유출되도록 70° 정도로 걸치고 상부에서 하부로 뿜어 붙인다. (Fig.85) 뿜어 붙인후 윗부분을 삼각 Edge로 고르고 강도시험용 공시체로 양생한 후(Fig.86) 일반 압축강도시험에 의해 시험한다. (Fig.87)

* SFRC(Steel Fiber Reinforced Concrete)

관리항목	관리내용 및 시험	빈 도	비 고
품질관리 A	• 뿜어붙이기 두께의 관리 • 뿜어붙이기 콘크리트의 부착상황 • 리바운드 • 粉塵發生 상황 • Crack발생 상황	뿜어붙이기 시공시에는 매일	
품질관리 B	• 뿜어붙이기 콘크리트의 압축강도시험 • 시공후 뽑기시험 • 뿜어붙이기 콘크리트의 굽힘강도시험 (SFRC*의 경우에 실시)	1회/200m³ 또는 1/10일정도	재령은 28일 1몰드로 시료채취
기타의 시험 및 측정	• 단기재령 압축강도시험 • 장기재령 압축강도시험 • 리바운드率 측정	1회/2개월 또는 필요한 경우	

Fig.85 壓縮强度용 供試体 제작

254 NATM터널공법

Fig.86 供試体 養生

Fig.87 압축강도시험

시공된 Shotcrete의 품질을 확인하기 위한 뽑기 시험을 시행하여야 한다. 시공 28일후 Shotcrete한 면에서 Core Boring Machine에 의해 100×200m/m 혹은 50×100m/m의 원추형 供試体를 채취 일반 압축강도 시험방법에 의해 시험한다. (Fig.88)

Fig.88 Shotcrete Core채취

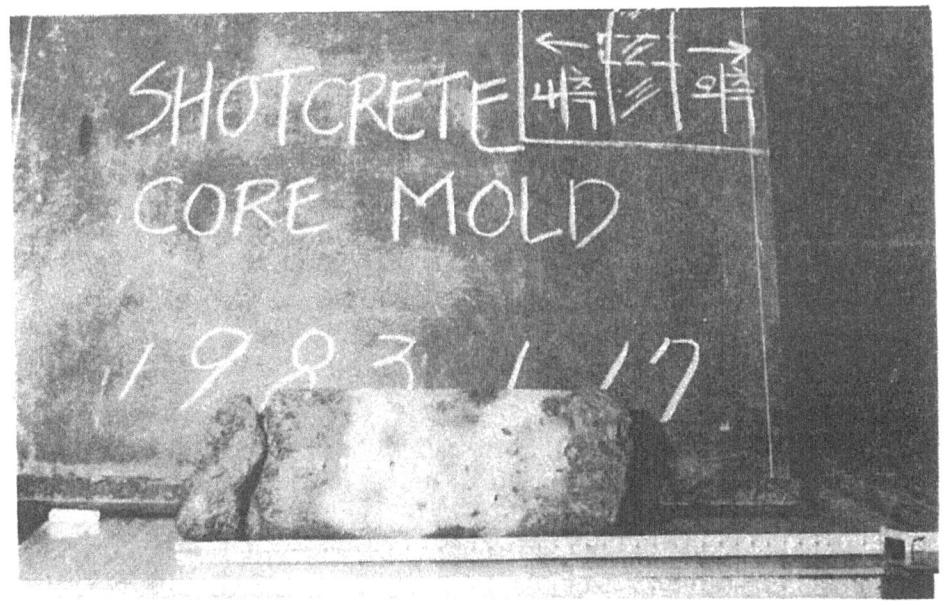

Fig.89 채취된 Core(두께 확인후 앞뒤를 잘라 공시체로 사용)

㉣ 기타 Shotcrete의 시험과 측정

A. 단기 및 장기 재령 압축강도 시험

Shotcrete의 시간 경과에 따른 강도 발생상태를 파악하기 위해 단기 및 장기 압축강도시험을 실시해야 한다.

  a. 시료 채취방법 : Beam Mould 사용

  b. 시험재령 : 단기→3시간, 6시간, 24시간

              장기→3일, 7일, 28일

  c. 시험방법 : 일반압축강도시험

  d : 성　　과 : 재령, 압축강도의 관계를 Graph로 표시한다.

B. Rebound의 측정

현장에서 Shotcrete(약 $0.2m^3$정도)를 시행하고 미리 펴 둔 Seat위에 떨어진 Rebound를 계량하여 다음 식에 의해 계산한다.

$$Rebound率 = \frac{Rebound의\ 전중량}{Shotcrete의\ 전중량} \times 100$$

C. 계측기에 의한 측정

계측기를 이용하여 Shotcrete와 원지반과의 접합응력관계 Shotcrete 내의 Tangential 응력관계를 측정하는 방법으로 Hydroric Cell을 사용하는 바 이는 계측편에서 설명하겠다.

10. Tunnel 防水工

NATM Tunnel에서는 굴진종료와 동시에 전술한 지보 특히 Shotcrete의 종료로 일단 공사를 완료한 상태라고 할 수 있다.

실제 터널의 원지반의 암질조건에 따라 2차복공(Concrete lining)이 없이 Shotcrete 마감으로 공사를 끝낸 곳도 많다는 전언이었다. 그러나 서울 지하철에서는 Tunnel내 배수와 방수의 효율적 처리 및 방수막 보호, 안전도, 미관 등의 사유로 2차 복공을 시공하였던 바 2차복공 전의 시공과정으로 Tunnel배수 및 방수방법부터 설명하고자 한다.

터널방수공법은 排水形工法과 非排水形工法(完全防水工法)이 있다.

1) 시공준비

① 內空確認 및 面整理

터널 방수작업전 필히 터널 내공측량을 정확히 실시하고 단면 부족시는 단면을 수정해야 한다. (그림 4.35 참조) 당 현장에서는 5m간격으로 Fig.90의 1~8 각점을 측량하고 도면화하여 허용범위를 정하고 보수계획을 수립하였다.

당 현장에 사용되는 방수재는 터널면에 밀착되기 때문에 Sheet의 파손방지 및 품질관리를 위해서는 우선 터널면을 정리해야 한다.

가) 이물질 제거

터널면에 돌출되어 있는 철선이나 기타 Pipe 끝, 철근 끝 등은 면에 접해 절단하고 최소 20mm 정도의 Mortar로 마감한다.

258 NATM터널공법

터널 내공 측정표

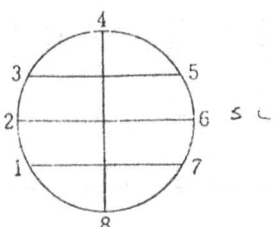

측정자 :

1984. 4. 27   확인자 :

좌 우	STA.	측점	설계치	측정치	과부족	비 고
		1				
		2				
		3				
		4				
		5				
		6				
		7				
		8				
		1				
		2				
		3				
		4				
		5				
		6				
		7				
		8				
		1				
		2				
		3				
		4				
		5				
		6				
		7				
		8				

그림 4.35 터널내공측정표

나) Rock Bolt의 두부정리

시공한 Rock Bolt두부는 Nut면에서 5m/m의 여유를 두고 절단후 Mortar이나 Shotcrete로 마감하여야 한다. 원가적 측면에서 볼 때 Mortar 마감이 바람직하다. 이때 Mortar는 그림 4.36과 같이 약 40mm의 두께를 유지하고 반경을 최소 300mm를 유지하여야 한다.

다) 凹凸整理

岩區間의 불규칙한 Shotcrete면이나 지보로 인한 凹凸面은 길이 대 깊이의 비율이 최대 7:1이 되도록 Mortar로 재조정되어야 한다. 피복은 최소 40mm, 반경은 300mm 이상으로 하여 정리하여야 하며(그림 4.37) 凹凸面이 심하여 재 Shotcrete 타설이 불가피할 경우 사용 골재는 G_{max} 8mm이하 혹은 Cement와 모래만을 사용하여야 한다.

라) 횡갱접합부나 단면 변화접합부는 $R \geq 500mm$정도의 완만한 곡선이 되도록

하며 Shotcrete면 중 날카로운 부분도 몰탈을 사용하여 완만하게 조정되어야 한다. 특히 Shotcrete의 이음부분이 굳어 있는 불규칙한 Shotcrete 殘材는 완전 제거하여야 한다.

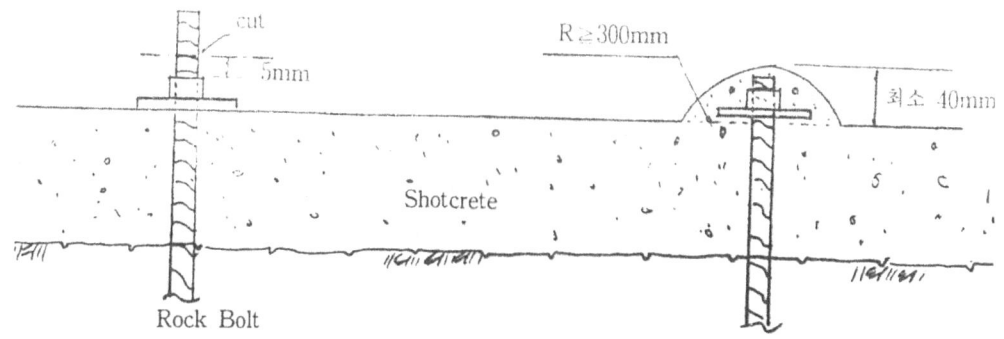

그림 4.36 Rock Bolt의 頭部정리

260 NATM터널공법

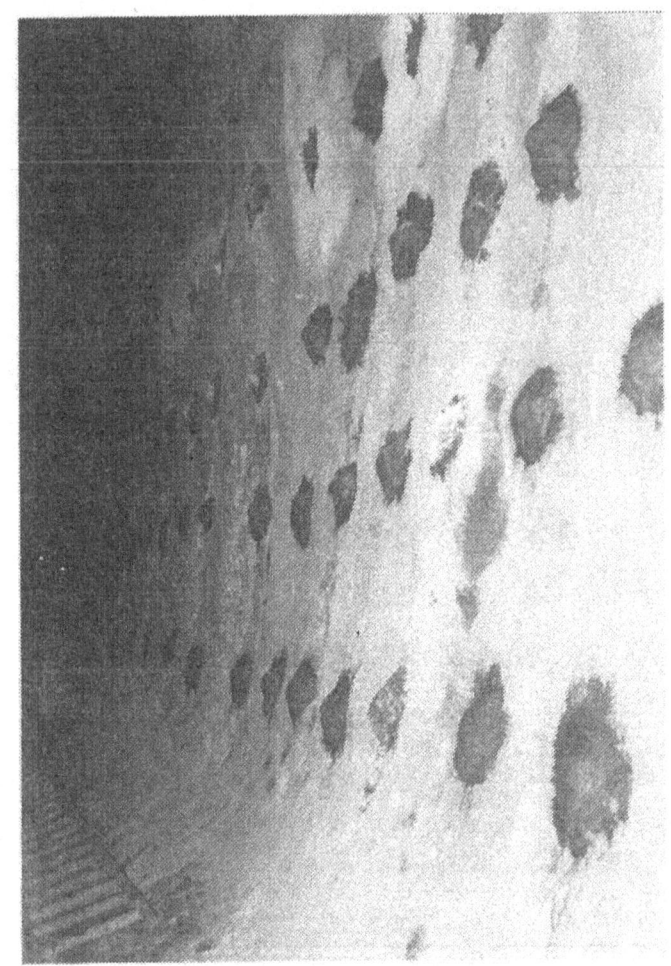

Fig.91 Rock Bolt의 頭部정리

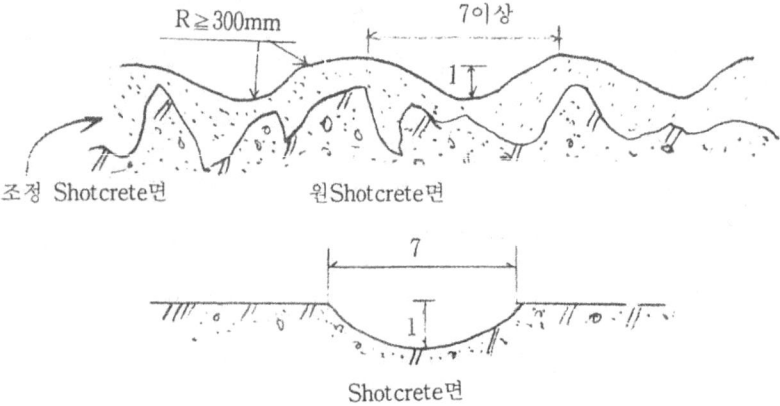

그림 4.37 凹凸面 整理

② 준비물

방수재는 관급자재로서 서독에서 수입하여 각 현장에 공급하였으며 주재료는 다음과 같다.

- 포리펠트(후리스) (Polyfelt, TA700 : Fleece) : 투수, 흡수유도재
- 카보폴 쉿트(Carbofol Watersealing Membrane) : 완전방수막
- 론델(Rondelle): Carbofle 용접 및 Wire mesh이음부재

또한 방수재 시공을 위한 사용 공구는 다음과 같다.

- Carbofole 자동용접기
- 용접기용 Control Box(3.6Amp./220V : 3.6kw/m)
- 전기인두(60W/220V : 1.5kw/m)
- Concrete gun(HilttI DX350) 및 화약, 못
- Air Tester
- 작업용 대차
- 기타 소공구

가) Polyfelt(Fleece)의 역할

Polyfeft는 1차복공(Shotcrete)면과 2차복공(Concrete Lining) 사이에 Carbofol Sheet와 함께 설치되어 원지반의 움직임이나 2차 lining타설시 야기되는 방수 Sheet의 손상을 방지하며 Tunnel전면의 원활한 배수작용을 한다. 특히 유도방수식 Tunnel방수에서는 침투수를 자연스럽게 배수 Line으로 유도시켜 수압증가를 사전에 방지할 수 있다.

나) Carbofol의 역할

유입수를 완전 차단하는 방수막으로서 제작사의 주장에 의하면 어떠한 지하수에서도 변형되지 않으며 설치시 느슨하게(Loose Laying) 설치하면 방수 Sheet 자체가 가지고 있는 신장력에 의해 Concrete 타설시 콘크리트의 하중을 완벽하게 받는다고 한다.

③ 대차제작

터널전면에 방수 Sheet를 부착하기 위해서는 제작해야 할 내공에 알맞은 대차

를 제작 조립하여야 한다. 대차는 작업하기 위한 일종의 발판으로써 특정한 규정하에 제작하는 것은 아니며 다만 ① 이동이 용이하도록 바퀴를 부착하여야 하며, ② 동시 좌우측벽과 터널 Crown부에 작업원이 서서 작업할 수 있는 공간과 높이를 감안한 2~3단의 작업대를 설치하며, ③ 밑의 재료를 천장까지 끌어올릴 수 있는 Hoist를 부착하여야 한다. (Fig.93 참조)

Fig.93 방수작업용 대차

2) 시공방법

시공은 먼저 터널 공간에 맞도록 방수재를 절단하여 가능한 중간부위 이음이 없게 함이 시공상으로나 기능면에서 바람직하다. 다만 먼저 시공하여 둔 Invert

부위의 Polyfelt와 양벽체에서 내려오는 Polyfelt는 전기용접으로 일체가 되도록 하여야 한다.

Polyfelt는 Shotcrete면에 Sheet를 붙이고 Rondelle을 사용하여 Concrete Gun으로 고착시키며 Carbofol은 Rondelle위를 전기인두를 사용하여 부착시킨다. 그림 4.38은 Polyfelt와 Carbofol을 사용한 Tunnel 방수단면의 일반도를 나타낸 것이다.

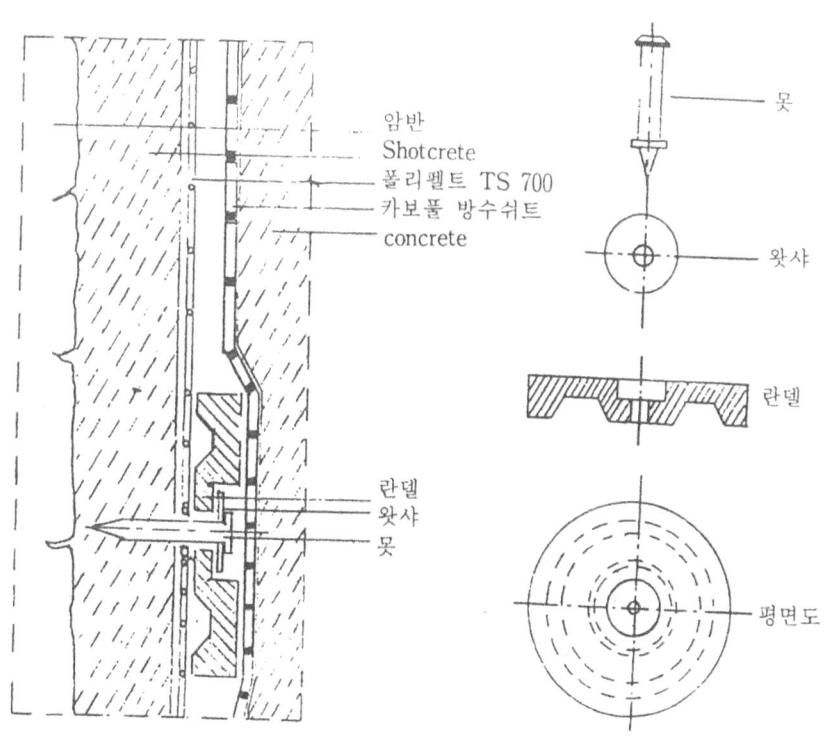

그림 4.38 Sheet부착단면

① Polyfelt 부착시 주의점

가) 유도방수식 구간에서는 하부 배수 pipe(有孔管) 설치부분에 토사유입을 방지하기 위하여 측벽에서 내려오는 Polyfelt와 Invert로부터 올라오는 Polyfelt가 충분히 겹치도록 시공한다. (그림 4.39)

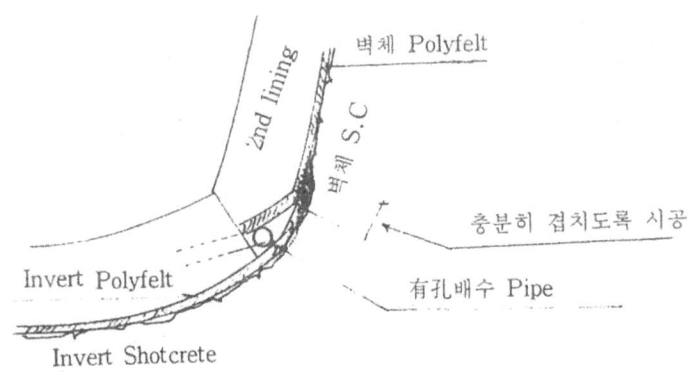

그림 4.39 Polyfelt 의 겹침

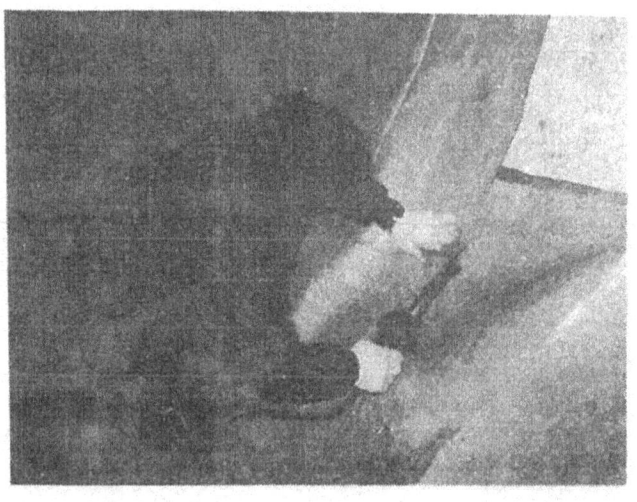

Fig.95. Polyfelt의 겹침 및 용접장명

나) Invert에 Polyfelt를 깔 때 바닥의 Shotcrete에 凹凸이 심하거나 Invert Shotcrete가 없을 때는 약 50mm정도의 Leveling Concrete를 타설한 후 Polyfelt를 깔고, Invert Concrete 타설시 콘크리트가 Polyfelt에 스며들어 막히지 않도록 Vinyle Sheet를 덮는다. (그림 4.40)

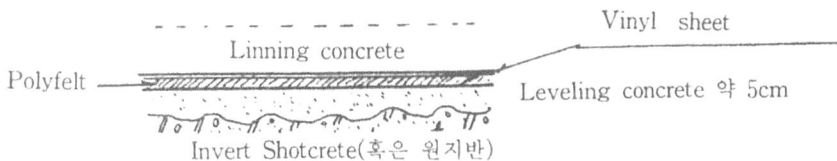

그림 4.40 Invert Polyfelt설치도

다) Polyfelt에 직접 Concrete나 기타 물흐름을 방해하는 이물질이 부착되어 있어서는 안된다.

② Carbofol 부착

가) 전술한 바와 같이 Carbofol은 Rondelle위에 전기인두를 사용하여 부착한다. 이때 열을 과다하게 하여 Polyfelt에 손상이 가지 않도록 하여야 한다.

나) Carbofol과 Carbofol의 이음은 자동 용접기로 이중 봉합하여 봉합된 부위에 대하여는 필히 압축공기에 의한 시험으로 확인하여야 한다. (Fig.97)

다) Carbofol Sheet에 손상이 있을 때는 Sheet조각을 이용하여 수동용접으로 보수하고 Vacuum Test방법으로 필히 확인한다. (Fig.98)

Fig.97 Carbofol의 봉합시험

Fig.98 보수부분의 Vaccum Test

라) 방수 Sheet위에 다시 Wire mesh를 설치할 때가 있는 바, 이때는 이미 설치된 Sheet위에 철선이 달린 Rondelle을 부착하고 Spacer를 사용하여 필요한 간격을 유지토록 한다. (그림 4.41)

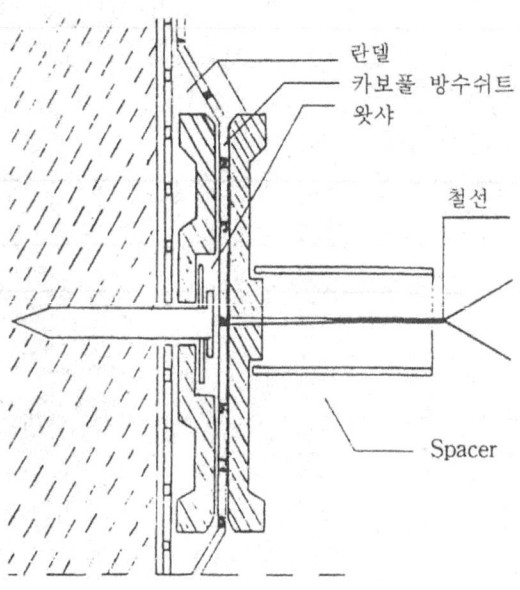

그림 4.41 Wire mesh 설치

第4章 NATM 施工 267

Fig.99. Wire mesh설치

Fig.99-1 Tunnel방수 완성의 例(1)

268 NATM터널공법

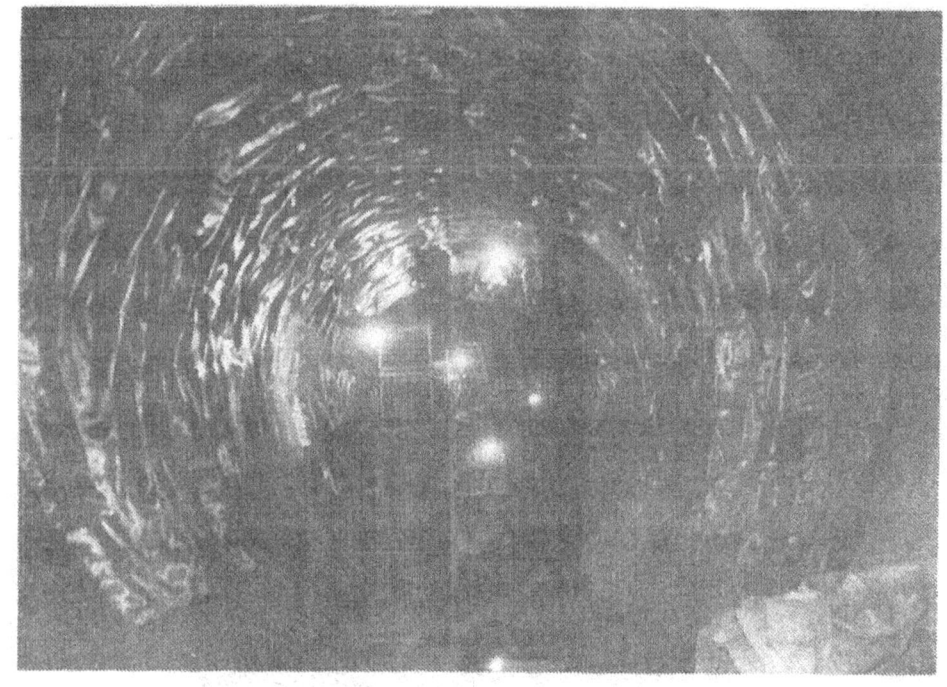

Fig.99-2 Tunnel방수 완성의 예

마) 2차복공(Conc' Lining)의 이음부분에는 약 50cm넓이의 Carbofol을 부분 용접으로 둘러 붙이고 20m/m정도의 스치로폴로 붙여 본 방수 Sheet를 보호하여야 한다. (그림 4.42)

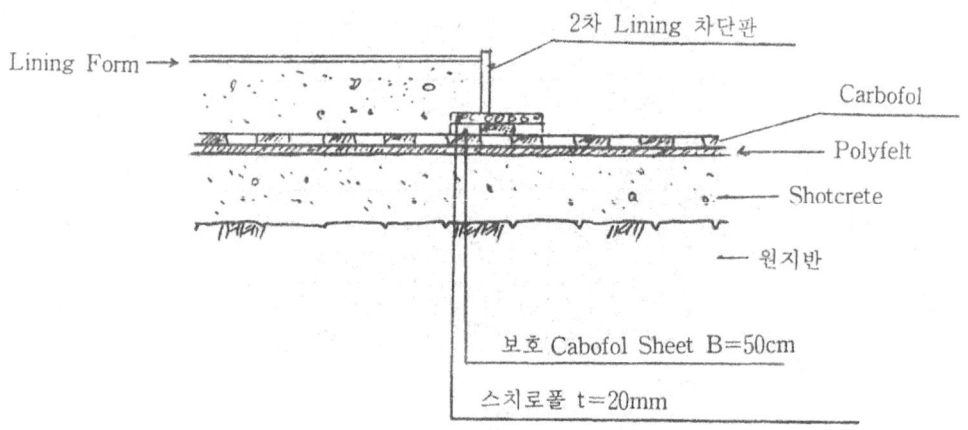

그림 4.42 Lining이음부 보강도

11. 복공(Concrete Lining)

1) 槪 要

2차복공은 재래식 Tunnel에서도 많이 시공되었기 때문에 시공방법 등에 있어 새로운 것은 아니다. 다만 NATM에 있어 2차복공의 특징이라면 Concrete두께가 재래식보다 훨씬 얇다는 것이며 재래공법은 굴착방법에 따라 여러번 나누어 설치하던 Lining을 NATM에서는 일시에 전단면을 타설할 수 있다는 점을 들 수 있다. 또한 일시에 전단면을 시공하기 때문에 지수성이 재래식에 비해 양호하다고 할 수 있다. 반면 야기되는 문제점도 있다. 많은 NATM보고에 의하면 얇고 일시에 타설되기 때문에 건조수축에 의한 균열이 발생되기 쉽고 두께가 얇은만큼 공간이 없어 Form청소가 용이하지 못한 점이다.

당 현장 시공단면은 전술한 마제형 단면부터 Lining 콘크리트를 타설하기로 계획하였다.

2) Sliding Form 제작

당 현장의 Tunnel 곡선은 R=250, R=400, Straight구간으로 구성되어 있는데 그 내공치수가 각각 상이하여 당초 몇 조의 Sliding Form이 준비되어야 하느냐에 고심하였다. 가장 좋은 방법은 각 구간에 맞는 3조를 별도로 제작하는 것이었으나 한 조당 약 1억원의 거액이 소요되어 경제적인 큰 부담이 아닐 수 없었다.

우선 가장 적은 치수와 가장 큰 치수의 중간으로 적절한 Jack과 Hinge를 이용토록 결정짓고 기본 계획을 위해 당시 기 제작타설중인 현장을 방문 견학하여 당 현장 기본안을 결정하였다.

표 4.30 각공구 Sliding Form비교

구 분	316공구의 예	330-3공구의 예	당 현장 채택
Invert타설	Lining시 Invert시공	Invert후 Lining시공	Invert후 Lining시공
Rail설치	Rail 有	Rail 無	Rail 有
고정 Spike	침목(15×20×50cm) 있으나 Spike 無	無	침목만 無
Side Hunch	先施工	先施工	先施工
Form Coating	시행(관으로는 미시행 예정)	未施行(박리재 살포)	未施行(박리재 살포)
측벽확인창	未設置	未設置	未設置
S.L부 확인창	未設置(설치 유리 설명)	設置	設置
천장 타설공	칸마다 設置	칸마다 設置	칸마다 設置
천장 뚜껑	여닫이식	밀창식	여닫이식
Pipe 연결	천정까지 Pipe연결	끝에는 Flexible연결	끝에는 Flexible연결
Form 길이	5m 2조연결	5m 2조연결	5m 2조연결
Form Vibrator	없음	있으나 사용치 않음	불필요
연결부위	반달관 부착	반달관 부착	반달관 부착

Sliding Form제작은 본사의 철가공공장과 협의하였으나 당시의 준비상황으로는 자체제작이 불가하다는 결정에 따라 외주 제작키로 하고 인천 소재 龍馬機械에 외주 제작하였다.

작업량으로 볼 때 정상적인 작업시 공장제작 1개월, 현장설치 20일 정도의 공기가 소요되지만 당시 외주업체의 자체적인 문제로 많은 애로가 있어 결국 현장 직접 조립완료함으로써 약 3개월의 공기가 소요되었다.

Form 완료후 Concrete타설시 발견되었던 문제점을 요약하면 다음과 같은 바 Concrete Sliding Form제작시는 이러한 문제점을 충분히 검토하기 바라는 바이다.

① 上部 Jack(20ton)

20ton Oil Jack을 사용하였던 바 한 조 6개가 받는 等分布荷重은 계산상 충분한 용량으로 되나 실제 작동시는 각각에 집중 및 偏荷重이 작용하므로 용량이 절대 부족하다. 따라서 모든 Jack을 50ton으로 교차하여 사용하여 보았던 바

용량은 안전하다 할 수 있으나 고장이 잦아 역시 불안한 상태였다. 취약부분에 다시 Screw Jack을 보강하였다. 앞으로는 모든 Jack은 Screw Jack을 사용함이 안전하고 효율적이라 사료된다.

② Jack 받침 Hinge

Fig.103의 →표 부위에 변형이 되어 발견치 못할 시 위험을 초래한다. 사전에 12mm정도의 Stiffener로 그림 4.43과 같이 보강하여야 한다.

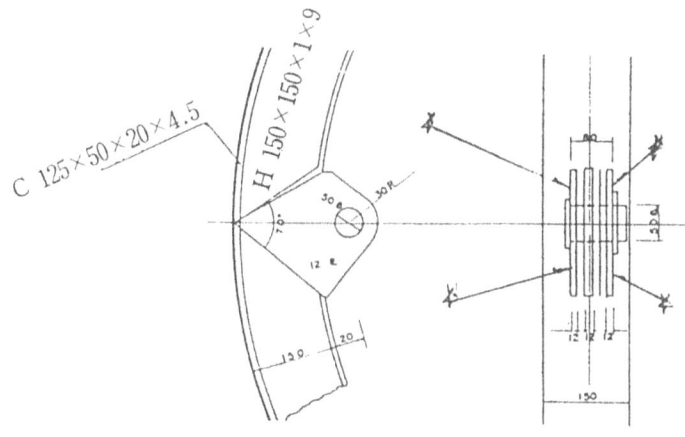

Fig.103 Hinge의 취약부

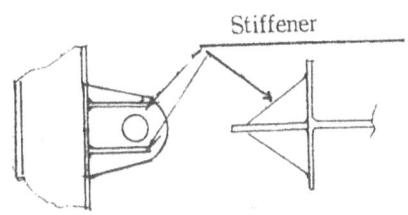

그림 4.43 Hinge Stiffener부착

③ Sliding Form틀에의 C형강은 125×50×20×4.5t를 50cm간격으로 설치하였으나 콘크리트 타설시 약간의 변형이 있어 L형강 및 각목으로 보강해 가면서 공사를 진행하였다. 앞으로는 C형강 두께를 5mm로 대체함이 안전하겠다.

④ 각 시공연결부(시공 Joint)에는 Steel Pipe 3" 반쪽을 부착하는 것이 좋다.

⑤ Form Setting시 Form양측에 Steel Pipe(3~4")로 Support를 하여 두면 콘크리트 펌프진동에 의한 변형을 방지할 수 있다.

⑥ Form에는 항상 용접기와 용접공을 대기시키고 각목 및 L형강 30cm~1.5m정도의 길이로 다량준비하여 다니며 항상 변형발생시 즉각 대처할 수 있는 방법을 모색하여야 한다.

당 현장에 특수단면으로 원형구간이 있으며 본 구간은 앞서 Pattern 설명에서 언급한 바와 같이 완전방수를 위한 콘크리트 Lining을 시공하여야 한다. Steel Form계획시 상하부를 나누어 타설토록 결정하였다.

3) Concrete타설

Lining Concrete타설은 재래식 공법과 같으므로 특별한 사항은 없다. 다만 콘크리트 Pump의 운영면에서 적정한 타설거리 및 투입대수를 계산하여야 한다.

당 현장처럼 진입로가 없는 작업구를 통한 Concrete 투입시 갱내 운반차량(에지데이터)도 별도로 준비되어야 한다. 콘크리트다짐은 당초 Form Vibrator를 강력히 지시 받았으나 실사용 중인 타공구와 협의결과 오히려 Form자체의 변형 초래의 위험이 있어 일반 Concrete Vibrator를 사용하면서 외부에서 Rubber Hammer등으로 타격을 가하는 방법을 이용하였다.

Fig.104-3 馬蹄形 Steel Form

원형 Steel Form 상부

원형 Steel Form 하부

12. 計測

1) 계측의 目的

NATM공법은 설계 시공 전에 사전지질조사 및 각종 지반시료시험에 의하여 물성치를 조사하여 F.E.M(有限要所法)으로 안정한 지보공법을 설계하나 이에 적용된 매개변수는 그 결과치가 절대적이라 할 수 없다.

따라서 시공중의 지질상황을 계측에 의하여 확인하고 당초설계와 비교분석하여 실제 현장에 맞도록 설계를 수정하고 보완하여 가장 효과적이며 안정된 시공을 도모하는데 있다.

계측은 일반적으로 시공과 병행하여 실시하며 계측결과는 즉시 시공이나 설계에 반영되어야 하며 구체적인 계측 목적은 다음과 같다.

(1) 지반거동의 관리
(2) 지보공 효과의 확인
(3) 안정상태의 확인
(4) 근접 구조물의 안정성 확인
(5) 장래공사계획의 자료축적

다음 그림은 공사시 계측의 연관성을 표시한 것이다.

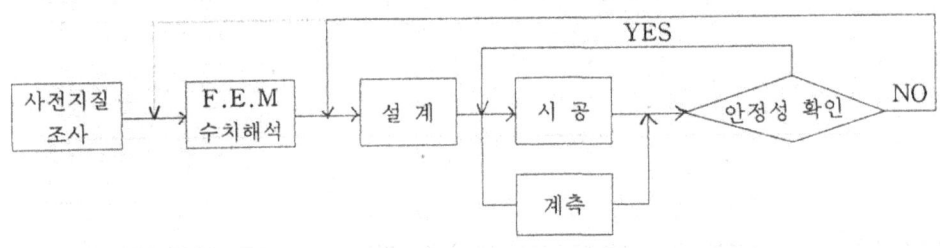

그림 4.44 계측 관련도

2) 사전조사

설계기준 및 시공방법의 결정자료를 얻기 위해 지질구조 및 지반물성에 대하여 사전에 필요한 조사 및 시험을 하여야 한다.

지질조사는 계측 터널 전체에 대한 지반성질의 지형조건, 구조물질(지질, 생성년대 및 특성), 지질구조(단층, 습곡, 절리등), 변질상태(파쇄, 변질, 풍화 등), 함수상태 및 특수성을 조사분류하며 또한 物性調査를 실시하여 설계, 시공 계측에 대한 기준 자료를 제공한다.

지질조사는 야외조사(항공 사진 판독 포함), 탄성파탐사, 시추조사 및 시추공을 이용한 제조사를 포함하며 조사결과를 종합하여 터널 설계시공과 관련된 지반분류를 함이 바람직하다.

표 4.31 예비설계에 필요한 지반물성에 관한 제반상수

설계계산법		地盤物性常數		
Rabcewicz방법		단위체적중량(γ) 내부마찰각(ϕ)	粘着力(C)	
FEM 초기응력의 입력을 필요로 한다.	彈 性	단위체적중량(γ) Poisson비(ν)	Young율(E)	
	彈·塑性	단위체적중량(γ) Poisson비(ν)	Young율(E) 점착력(C)	내부마찰각(ϕ)
	粘·彈·塑性	단위체적중량(γ) 점착력 (C)	Young율(E) 내부마찰각(ϕ)	Poisson비(ν) 점성상수(η)

표 4.32 지반물성치와 시험방법의 관계

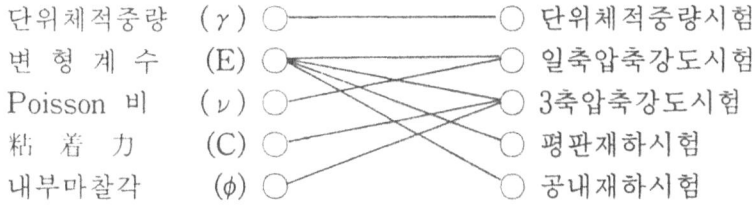

표 4.33 암반분류(예)

한국	탄성파속도 (km/sec)	일본의 암반분류						유럽의 암반분류			
		도로공단		건설성 국유철도			프랑스	Pacher분류		Barton의 분류	
		구분(1)	구분(2)	구분	경암	연암	구분	Tauern	Alberg	카데고리	Q치
초경암	6.0	A		A	IV		I	I	I	1–8	1,000–100
	5.0		I			IV	II				
				B	III		III				
경암	4.0	B	II			III	IV	II	II		
			III	C	II					9–15	100–10
중경암	3.0	C				II	V	III	III	13–25	40–0.4
		D	IV	D		I					
연암	2.0						VI	IV	IV	26–33	1.0–0.01
							VII	a	V		
풍화암	1.0	E	V	E		I	VIII	V			
							IX		b	VI	
							X			34–38	0.1–0.001

* 한국의 경우는 한국기술용역협회의 지질조사 표준품셈을 참조하였다. Barton의 Q치는 암반분류의 기준을 보여준다. (Rock Mass Quality)

3) 計測計劃

(1) 계측계획

시공에 앞서서 사전조사 결과 터널의 규모를 고려해서 설계, 시공에 적용할 計測計劃을 세워야 한다. 아울러 효과적이고 경제적인 계측항목, 방법, 기기를 선정하여 공사에 가능한 한 지장이 없도록 실시되어야 한다.

단계별 계획설정은 다음과 같다.

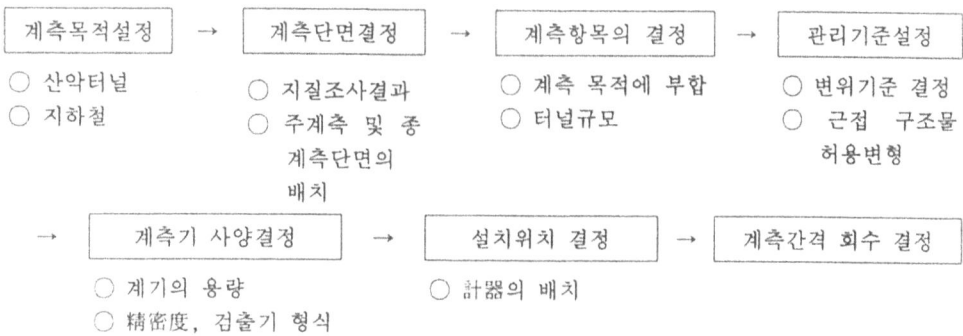

(2) 계측기의 검출기 형식

1) 수동측정 : Dial gauge와 측정 Unit를 이용하여 측정한다.

장점 : ○ Dial gauge하나로 여러 개소의 측점을 측정할 수 있다.
　　　○ Dial gauge는 Extensometer, Disk Load Cell, Deflectometer, Pressure Cell의 측정에 공통으로 사용할 수 있다.
　　　○ 비용이 적게 든다.

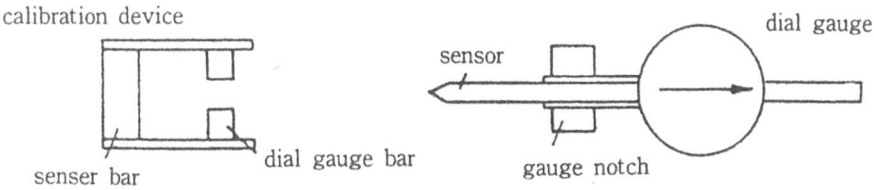

2) 장기기록계 : 한달 또는 일년간 자동기록되는 Mechanical Recorder를 사용하여 측정한다.

장점 : ○ 시계 태엽장치에 의한 張力으로 Power 및 유지관리가 없어도 가능
　　　 ○ 원거리 측정, 구조적운동의 기록, 특히 지진의 기록에 적합하며 Single Channel이다.

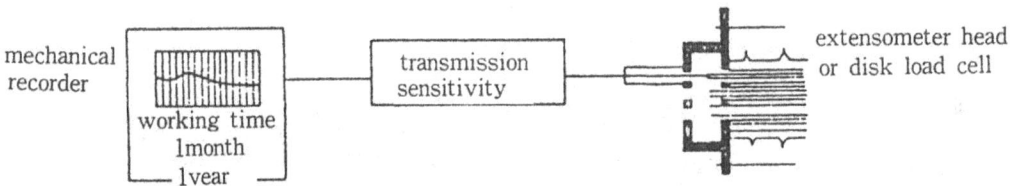

3) 전기식 원격측정 : Potentiometer Sensor를 이용하여 측정
장점 : ○ 접근할 수 없는 장소의 측정
　　　 ○ 여러 측정의 집중화
　　　 ○ 수동전환장치 또는 자동기록계 선택가능
　　　 ○ 경보장치(Lamp, Signaller, siren)부착가능

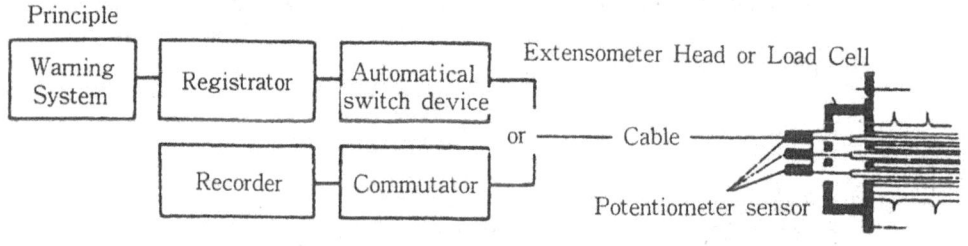

4) 전자식 원격측정 : Inductive Sensor를 이용하여 측정
장점 : ○ 감도가 높고 분석용량이 크다.
　　　 ○ 여러 가지 측정의 집중화가 가능하다.
　　　 ○ 특히 기반의 진동, 지진등 동적현상 점검에 적용된다.

○ 접근하기 힘든 장소와 물 속의 측정에 사용된다.

○ 경보장치를 부착하여 수동전환식 및 자동기록계로 측정할 수 있다.

○ Extensometer, Loadcell, Deflectometer Deformations Indicatorwire Pendulum에 응용할 수 있다.

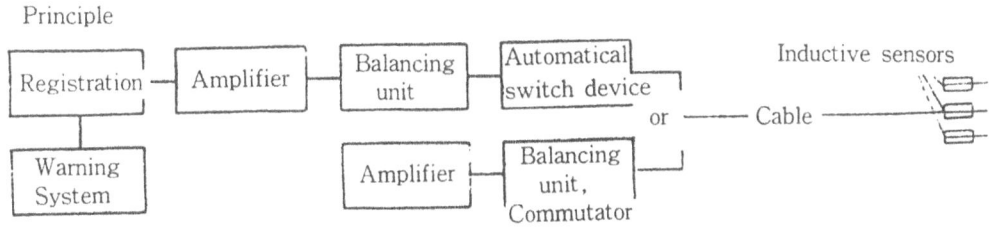

(3) 계측 항목의 선정

여러 가지 계측 항목 중에서 NATM시공관리를 위한 계측에는 다음과 같은 계측을 주로 실시한다.

1) 계측 A(日常 계측)

(1) 갱내 관측조사

(2) 內空 변위측정

(3) 천단의 침하측정

(4) Rock Bolt의 引拔試驗

2) 계측 B(대표 위치에서의 계측)

(5) 지표 및 지중의 침하측정

(6) Shotcrete 응력측정

(7) 지중 변위측정

(8) Rock Bolt 축력측정 및 하중측정

(9) 지중수평변위측정

(10) 갱내 탄성파속도 측정

(11) 지반시료 시험

터널을 굴착할 경우 지하 공간의 형성으로 공간 주위의 응력이 교란되어 내공단면에 변위가 일어나면 이들 변위에 수반되는 영역이 형성되며 이를 안정 내지 억제시키기 위해 여러 가지 지보공법이 사용된다. 터널 시공 중에 관계되는 계측항목은 표 3.1과 같이 여러 가지이나, 이 표에서 NTAM에 필요한 계측 항목으로 중요성과 실적을 감안하여 11개 항목을 선정하고 이중 4항목을 계측 A로 하고 7항목은 계측 B로 하였다. 계측 A는 터널의 주변 지반의 안정확보와 설계시공의 반영을 위하여 행하는 일상의 계측으로 측정간격은 20~50m이며, 계측 B는 지반, Rock Bolt 및 복공의 거동과 미굴착구간과 장래 계획의 설계 및 시공을 위한 계측으로 200~500m 구간중의 대표 위치에서 행하는 계측이다.

이를 측정항목별로 분류하면 다음과 같다.

변위측정 : 內空變位 측정, 天端沈下 측정

변위영역측정 : 지중변위측정, Rock Bolt 축력측정, 지중 및 지표침하 측정, 갱내 탄성파 속도측정, 지중 수평변위측정

지보효과측정 : Rock Bolt축력측정 및 引拔시험, 복공응력 측정

상기 계측항목중 터널구간의 지질상황 및 인접 구조물과의 관계 등을 고려하여 목적에 부합하는 계측항목을 선정하여 시행한다.

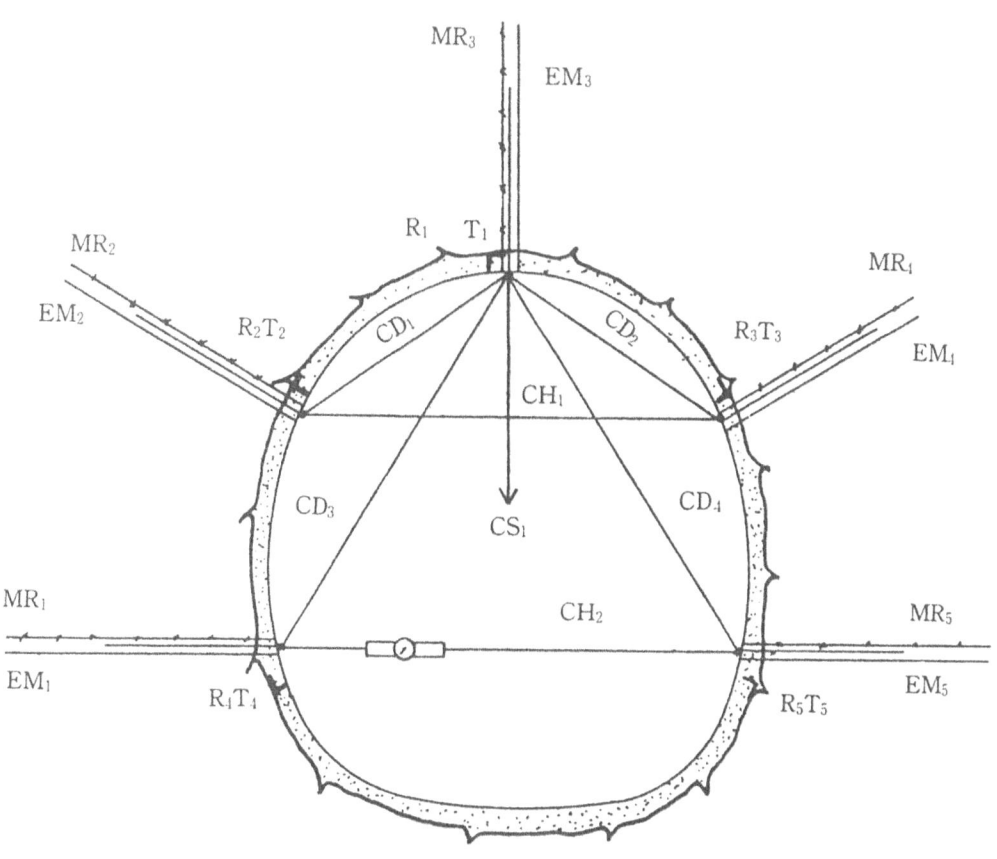

```
CH : Horizontal Convergence      EM : Extensometer
     measurement                       지중변위 측정
     수평내공 변위측정
                                 R  : Radial pressure cell
CD : Diagonal Convergence             반경방향 응력 측정
     measurement
     대각선 내공 변위측정           T  : Tangential pressure
                                      cell 축방향 응력측정
MR : Measuring Rockbolt
     Rockbolt 축력측정             CS : Crown Settlement
                                      천단의 침하 측정
```

그림 4.44 NATM계측 단면도

표 4.34 계측항목

계측항목		계측에 의해 구할 수 있는 사항	계측종별
1. 현지 조사 시험	갱내관찰조사	(1) 암질, 단층 파쇄대, 습곡구조, 변질대 등의 성상파악 (2) Shotcrete등 지보공의 형태변화 관찰	A
	갱내탄성파속도 측정	느슨해진 영역, 지층의 균열, 변질의 정도, 암반으로서의 강도 파악	
	Boring조사	암질, 단층파쇄대, 변질대 등의 성상파악, 지반시료의 채취	B
	Boring공을 이용한 제조사, 검층	地耐力(표준관입시험), 수압, 투수계수(용수압시험), 변형계수(내공수평재하시험)	
	암반직접전단시험	지반의 초기 전단강도(C.φ) 잔류강도(C.φ), 변형계수(Er)	
	Jacky 시험	변형계수(Er) 지반반력계수(K)	
2. 실내 시험	일축압축시험	일축압축강도(σ_c) 靜Young율(E) 靜Poisson비(ν)	B
	초음파전파속도 측정	P파속도(Vp), S파속도(Vs), 動Young율, 動Poisson비	
	단위체적중량시험	단위체적중량(γt) 함수비 (W%)	
	압밀인발시험	압밀인장강도(σt)	
	흡수율시험	흡수율	
	CREEP시험	CREEP의 상수(η)	
	입도분석시험	泥岩, 온천여토 등의 연암의 경우 팽창성에 관한 指表를 얻음	B
	침수붕괴도시험	上 同	B
	삼축압축시험	점착력(C), 내부마찰각(φ), 잔류강도(C.φ)	
	X선회절시험	점토광물의 종류(팽창성 정도의 유무)	
	監基교환용량	몬모리로나이트 함유량의 추정	
3. 시공 관리 계측	공내변위측정	단면의 변형상태, 변위의 收欽상태, 변위속도에 의한 지반의 안정성 Rock Bolt의 길이, 수, Pattern, 증타, 단면폐합의 시기 등을 결정	A
	천단침하측정	Tunnel천단의 절대 침하량은 감시하고 지반의 붕락을 방지	A
	Rock Bolt의 인발시험	Rock Bolt의 引拔耐力, 정착효과 및 적정길이의 판단, Rock Bolt의 정착방식 및 종류를 결정	A
	지중의 변위측정	Tunnel주변의 느슨해진 영역감시, Rock Bolt 길이결정의 판단 자료 획득	B
	Rock Bolt의 축력측정	Rock Bolt내의 응력을 알 수 있고 Rock Bolt의 항목, 강도와의 관계와 응력분포에서 적절한 길이, 증타의 판단자료로 사용	B
	복공응력측정	토압의 크기와 분포, 복공내응력 2차 복공시기, 강도자료	B
	강지보공응력측정	지보공에 작용하는 토압의 크기, 방향, 측압계수(Ko)	
	암반팽창측정	Invert의 여부, 효과의 판정	
	지표지중의 침하측정	터널굴착에 의한 지표에의 영향, 침하방지 대책의 효과판정, 터널에 작용하는 하중 범위의 추정	B

(4) 계측요령

계측은 그 목적 및 지질상황을 파악에서 현장의 상황에 적절한 계측위치 측점의 배치 및 계측빈도를 결정한다.

표 4.35 계측간격 및 빈도의 표준

	계측항목	계측간격	배 치	빈도				설치시기
				−21~0일	0~15일 (0~7일)	15~30일 (8~14일)	30일~ (14일~)	
일상계측 계측 A (S.M.S)	갱내관찰조사	전연장	각막장		1회/일	1회/일	1회/일	
	내공변위측정	15~50m	수평 2측선대 각선 4측선	−	1~2회/일	2회/주	1회/1주	막장 후방 1m
	천단침하측정	〃	1점	−	1~2회/일	2회/주	1회/주	
	Rock Bolt 인발시험	50본당 1본정도	1단면 5본	−	−	−	−	정착효과 발생후 즉시
정밀계측 계측 B (M.M.S)	지표지중의 침하측정	300~600m	터널상부 3~5개소	1회/ 2~7일	1회/일	1회/주	1회/주	터널전방 15~30m
	Shotcrete 응력측정	200~500m	접선, 반경방향 3~5개씩	−	1회/일	1회/주	1회/2주	막장후반 1~3m
	지반시료시험	200~500m	−	−	−	−	−	
	지중변위측정	−	3~5개소/단면, 3~5의 다른 심도	−	1~2회/일	1회/2일	1회/주	막장후반 1~3m
	Rock Bolt축력측정	〃	3~5개소/단면, 3~5점 이상	−	〃	〃	〃	〃
	갱내탄성파속도측정	500m	측선장 100~200m	−	1회	1회	1회	
	지중수평변위측정	200~500m	터널상부 양측	1회/ 2~7일	1회/일	1회/주	1회/2주	터널전방 15~30m

※ 빈도란중 ( )은 수렴이 빨리 수렴해 버리는 경우의 빈도임.
 (주) 다음의 경우는 계측간격, 계측빈도를 변경할 수 있다.
  (1) 팽창성 지질에서 장기간 지반이 안정치 않을 경우
  (2) 굴착의 진행이 현저히 빠르거나 늦은 경우
  (3) Tunnel의 연장이 길거나 혹은 짧은 경우
  (4) 양호하며 같은 형의 지질이 연속될 경우
  (5) 지질의 변화가 현저한 경우
  (6) 변위가 대단히 빨리 수렴해 버리는 경우

4) 계측방법

(1) 日常 計測

① 갱내관찰조사

터널의 설계시공에 갱내 지질조사는 극히 중요하며 주로 막장 부근에서 행한다. 지질상태에 따라 적절한 支保方法이 결정되고 계측위치가 선정되어야 한다. 또한 계측결과는 지질관찰 결과와 같이 정리해 두는 것이 필요하다.

다음사항은 매일 관찰하는 것이 원칙이며 支保工 설치사항도 관찰하여 두는 것이 좋다.

가. 지질관찰사항

가) 지질(암석명)과 그 분포정상

나) 고결도, 硬軟, 균열의 量, 변질정도등

다) 단층의 분포와 방향, 경사 점토화, 연약화, 상태

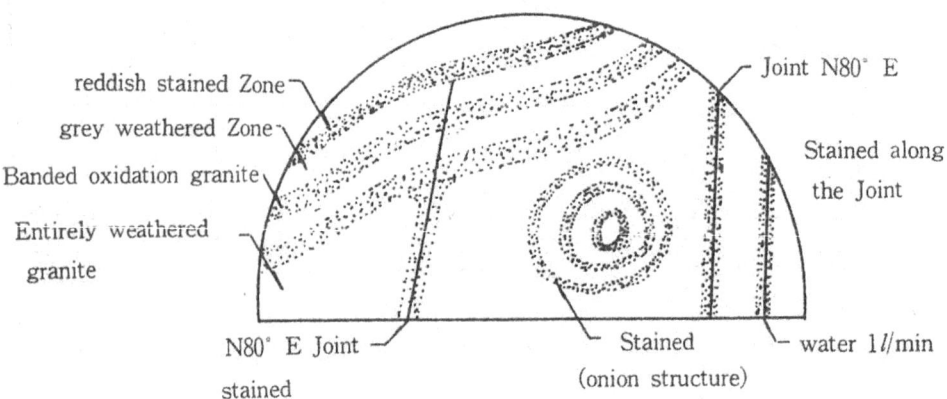

그림 4.45 갱내지질 관찰기록(예)

라) 岩色, 粒度, 특수광물 함유상태등

마) 용수위치, 용수량과 그 상태

나. 支保工 관찰사항

가) 록볼트 : 타설위치, 방향, 볼트의 정착여부

나) 숏크리트 : 두께, 파괴여부(발생위치, 폭, 길이 등), 용수의 장소와 위치

다) 강재지보공 : 변형 여부

② 內空變位 측정

내공변위측정은 터널시공의 안정성, 지보의 효과, 지보의 시공시기, 방법 등을 검토하기 위한 가장 기본적인 계측이다.

가. 목적

가) 막장 굴착후 가능한 초기에 최종 변위량을 예측하고 안정성을 검토하여 1차 복공의 추가여부 판단

나) 하반 굴착 등에 의한 1차복공의 안정성의 판단자료로 사용

나. 계측기기 : 내공변위측정기(15m용) 정밀도 0.1mm~0.01mm

다. 측정방법

가) 측정위치에 Bolt를 매설하여 고정시킨 후 양 Bolt에 내공변위 측정기로 측정함.

나) 측정시마다 Bolt와의 접촉상태가 동일하고 일정장력 유지 필요

다) 15~30m간격으로 막장후방 최소한 1m후방에 설치하며 변위량에 따라 주 1회 측정빈도를 줄임

라) 변질지반, 팽창성지반, 토피가 얇은 지반에서는 측정간격과 빈도를 조밀하게 하며, 하부 Bench 굴착이나 Invert폐합시에도 조밀하게 측정한다.

마) 수평변위 측정은 우선하고 대각선 측정은 필요에 따라 시행

바) Steel Tape식 내공변위계는 측정시마다 Tape 신장의 보정이 가능한 것이 좋다.

사) Interfels 내공변위 측정기는 측정 전후에 Calibration device의 보정이 필요함.

286 NATM터널공법

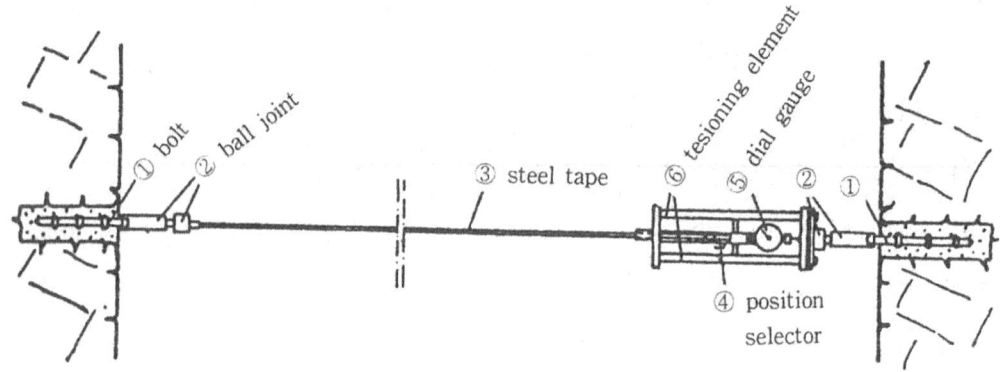

그림 4.46 내공변위 측정기의 설치 측정도

라. 기록의 수집

가) Data Sheet에 의한 측정기록

나) 변위량의 시간경과 변화 Graph작성

다) 막장진행에 따를 변위량 변화 Graph작성

라) 변위속도의 시간경과 변화 Graph

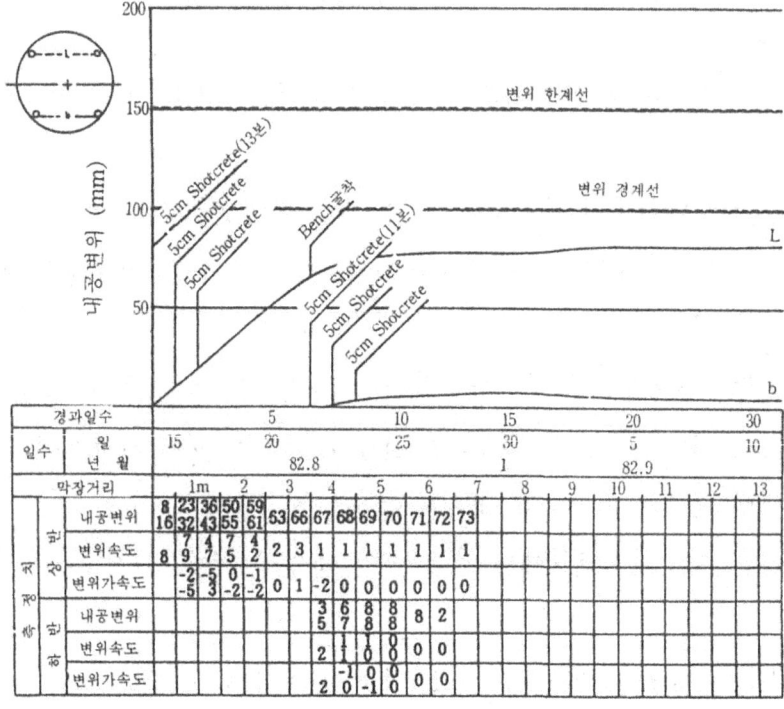

그림 4.47 내공변위 측정(예)

마. 평가기준

가) 변위량 : 최대 변위량이 평가의 기준치 또는 허용치를 넘으면 즉시 Rock Bolt증설이나 Shotcrete를 추가한다. 지반구조물, 토피의 깊이, 굴착공법 등에 따라 평가기준치나 변위허용량은 다르므로 정량적으로 정하는 것이 곤란하나 현장의 상황을 잘 고려한 후 안정성과 경제성의 일치점을 구하여 평가한다.

예로 오스트리아 Alberg터널에서는 내공변위의 최대 허용변위량을 터널변경의 10%, 사용 Rock Bolt 길이의 10%까지로 하고 이상적인 변위는 3~4% 이내에서 시공을 고려하여 30cm이내의 내공변위 수검한계에서 대책공법을 행하도록 되어 있다.

참고로 France 공업성의 평가기준과 지하철 공사시 예상변위량(G.C)은 다음과 같다.

표 4.36 France 공업성의 평가기준
(Tunnel의 단면적 50~100m²)

土被의 깊이 (m)	Arch Crown의 최대허용 변위량	
	硬質地盤 cm	塑性地盤 cm
10-50	1-2	2-5
50-100	2-6	10-20
500이상	6-12	20-40

표 4.37 지하철 공사시 변위량(G.C 설계)

Rock Class	예상변위량
Class I	0. -0.5cm
Class II	0.5-1.5
Class III	1.0-3.0
Class IV	3.0-5.0

나) 변위속도

○ 변위속도가 일정하거나 증가하는 경우는 위험함

○ 2차복공 타설은 변위가 수렴한 후 행하는 것이 바람직하나 평균 변위속도가 규정치에 미달한 경우도 가능하다.

일례로 오스트리아의 Alberg 터널은 2차복공의 시기를 다음과 같이 30일간의 변위량으로 판단하여 시공하였다.

표 4.38 2차복공의 Concrete강도와 타설시의 內空變位
(Alberg터널시공 예)

내공변위 mm(평균변위속도 mm/일)	Concrete강도(28일 강도 kg/cm²)
0~1mm/30일 (0~0.03/일)	250kg/cm²
1~3mm/30일 (0.03~0.1)	300kg/cm²
3~5mm/30일 (0.01~0.17)	400kg/cm²

30일에 3mm의 변위가 일어난 경우 타설직전의 내공변위속도는 0.1mm일이 된다.

③ 천단침하 측정

가. 목   적 : 내공, 변위측정과 같음. 특히 지질적으로 고결도가 낮은 지층이나 토피가 얇은 경우 수평층리 및 절리가 발달된 경우등 붕괴위험개소에서는 중요한 계측이다.

나. 계측기기 : Level

다. 측정방법 : 천단에 측점설치(내공변위 Bolt사용 가능) 수준측량으로 갱외 또는 갱내의 수준점을 기준으로 절대고(標高)를 구한다. 측정정밀도는 1mm 정도라야 하며 측정기간은 굴착후 즉시 초기치를 측정하고(적어도 1~2시간 이내) 변위가 수렴할 때까지 시행(내공변위 측정과 병행) 측정빈도는 표 3.2에 나타나 있지만 침하속도 V_s의 크기에 의해 측정빈도를 정하는 것이 타당하다고 판단될 경우는 다음과 같은 빈도로 행한다.

    $V_s > 1.0$ cm/day   2회/일
$1.0 > V_s > 0.5$ cm/day   1회/일
$0.5 > V_s > 0.2$ cm/day   1회/2일
    $V_s > 0.2$ cm/day   1회/5일

라. 기록수집 : 측정결과는 내공변위와 같은 방법으로 기록하여 정리한다. 측정기간은 변위가 수렴할 때까지 측정한다.

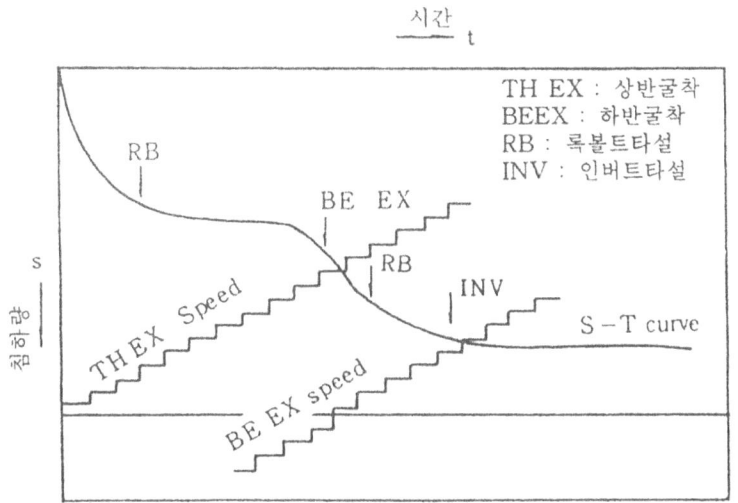

그림 4.48 침하량의 경과시간 및 막장 진행과의 관계

마. 평가기준 : 1차 Creep영역 : 안정상태

2차 Creep영역 : 수렴하는지 또는 3차 Creep로 옮겨가는지 주의깊은 계측 필요

3차 Creep영역 : 파괴영역으로 즉각 침하방지대책 강구필요

특히 3차 Creep에서는 S-logt관계도를 그려보면 판정이 가능하다.

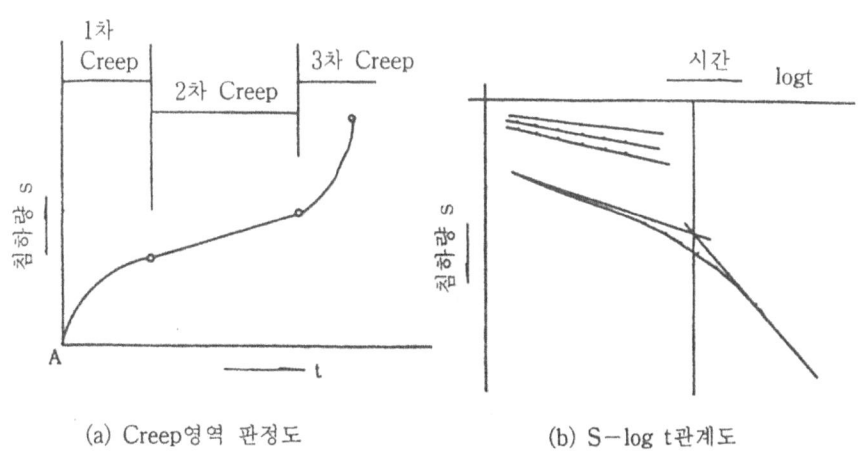

(a) Creep영역 판정도   (b) S-log t관계도

그림 4.49 침하량 시간경과 변화 Graph

④ Rock Bolt 인발시험

가. 목 적 : Rock Bolt의 정착효과 확인

나. 계측기기 : Center Hole Jack and Pump(20T이상 용량), 변위 측정기

다. 측정방법 : ○ 지질상황에 따라 가능한 한 불량한 암반에 일반시험 Bolt를 선정(50본당 1본 원칙)한다.

○ 일반시험용 Bolt에는 Shotcrete 부착영향을 없애야 한다.

○ 반력판은 Bolt축에 직각으로 부착시킨다.

○ Pump로 bolt에 하중을 1톤/분 단위로 가하여 Bolt를 인발하여 변위와 張力과의 관계 및 引拔抵抗을 구한다.

○ 정착효과 발생 즉시 시행한다.

라. 평가기준 : 하중-변위곡선을 그려 인발내력을 구한다. 인발내력은 하중-변위곡선에서 A영역 직선부의 접선과 C영역 접선과의 교점(D)이다.

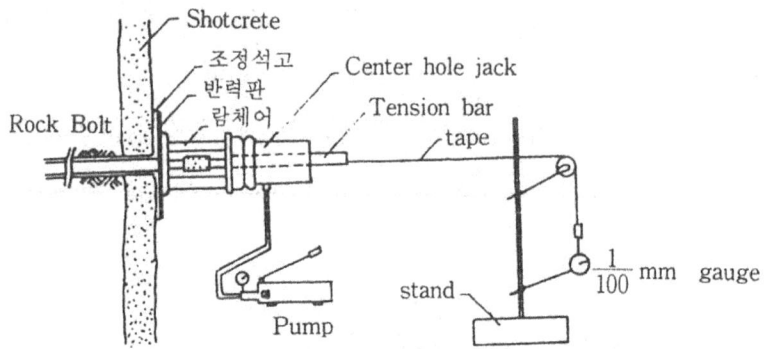

그림 4.50 Rock Bolt 인발 개요도

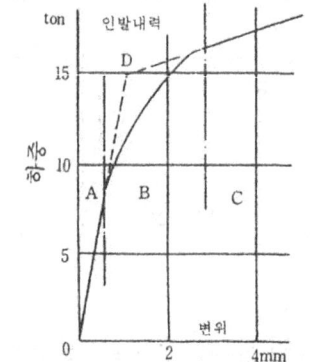

그림 4.51 일반시험 하중 변위곡선

즉 C영역은 Bolt의 정착효과를 기대할 수 없는 영역으로 기대할 수 있는 영역은 D까지이다.

일반적으로 Rock Bolt의 인발하중은 17톤이상 나오는 Rock Bolt를 사용한다. 암반강도가 낮아서 소정의 일반 저항이 얻어지지 않으면 Rock Bolt 길이를 길게 할 필요가 있다.

(2) 정밀계측(대표위치계측)

① 지표 및 지중 침하측정

가. 목 적 : 터널굴착으로 인한 지표 및 지중의 침하측정으로 변위영역(느슨해진 영역)을 추정하여 지보방법을 개선(Rock Bolt 적정길이 판단)하고 지반의 안정도를 관찰함. 특히 토피가 얇은 경우 지상구조물이 인접된 경우는 지표에의 영향범위를 파악하기 위하여 반드시 시행하여야 한다.

표 4.39 지표, 지중침하 측정의 중요도

토피의 두께	측정의 중요도	측정의 여부
3D〈h	×	측정을 하면 좋음
2D〈h〈3D	△	
D〈h〈2D	○	측정이 필요함
D〉h	◎	

D : 터널 굴착로
h : 토피 두께

나. 계측기기

- Multiple extensometer (Rod and Wire Type)
- 정밀도 0.1mm

다. 설치 및 측정방법

계측 B(Main measuring Section)에서 좌우터널의 상부 및 그 사이의 지표에서 3"孔徑(Nx)의 시추공을 굴착후 심도가 다른 3조의 Rod(Anchor 부착)을 공내에 삽입하여 Mortar로 고정시킨다.

원래 Anchor 부분과 Head 부분만을 고정시켜야 정확한 변위를 측정할 수 있

Triple Extensometer의 경우 3개의 Anchor 부분만 Mortar로 고정시키고 나머지 부분은 모래로 채워야 하므로 이 방법은 설치방법이 까다롭다. 그것을 보완하기 위해서는 가압 Anchor로 고정하는 기종을 선택하거나 심도가 다른 Single Extensometer를 50cm이내 간격으로 3개를 설치할 수 있다.

이 측정의 특징은 터널 천단 부근의 선행침하(막장 통과전에 생긴 침하)를 파악하기 위해 유용한 것으로 설치는 터널전방에 터널이 통과되기 약 3주 전엔 설치하여 터널깊이 만큼의 전방에서 측정하기 시작하며 터널이 상당한 거리를(터널폭 1)의 2~5배) 굴착될 때까지 측정한다.

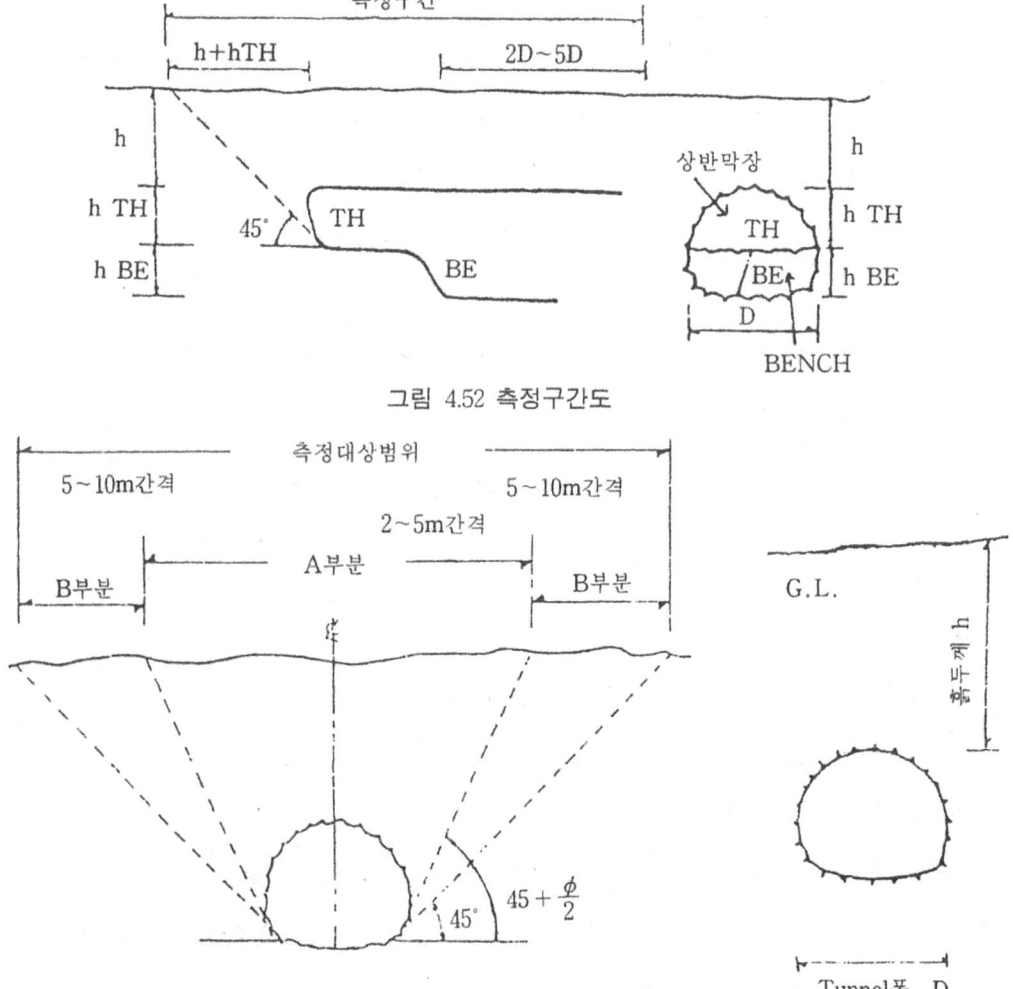

그림 4.52 측정구간도

그림 4.53 측정 대상범위도

第4章 NATM 施工 293

특히 h<2l)의 경우나 토피가 낮은 도심터널에서의 지표침하측정은 터널의 내공변위 측정보다도 중요한 계측이 된다.

지표에는 터널의 종단 및 횡단방향으로 여러 곳에 기준점을 설치하여 터널 진행에 따른 지표 및 각 Anchor지점의 침하를 Gauge에 의해 측정한다. 지표측점은 그림 4.53에서 A부분은 2~5m간격으로, B부분에 대해서는 5~10m간격으로 설치한다.

라. 기록의 수집

측정결과는 막장으로부터의 거리, 시간경과에 따른 변화 및 터널횡단방향, 진행방향의 침하량을 점검한다.

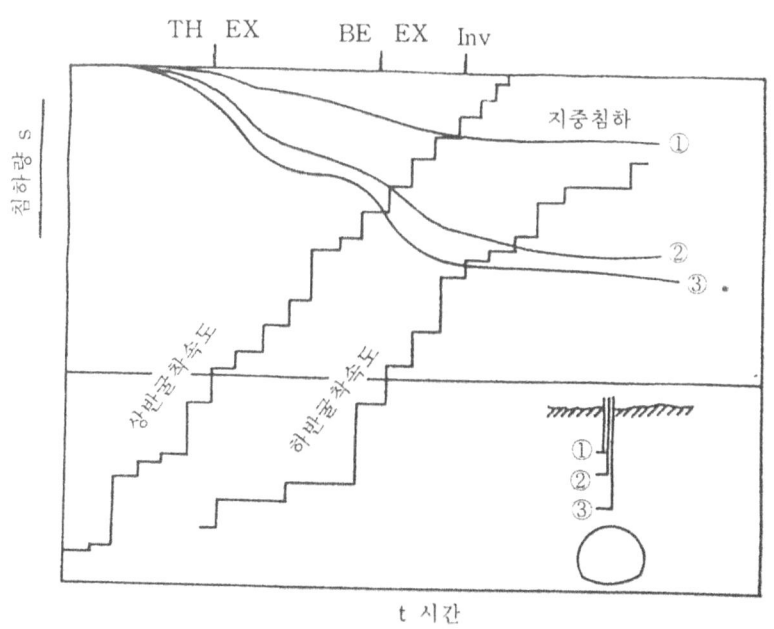

TH EX : 상반굴착
BE EX : 하반굴착
Inv   : 인버트타설

그림 4.54 침하량의 시간경과 및 막장 진행과의 관계

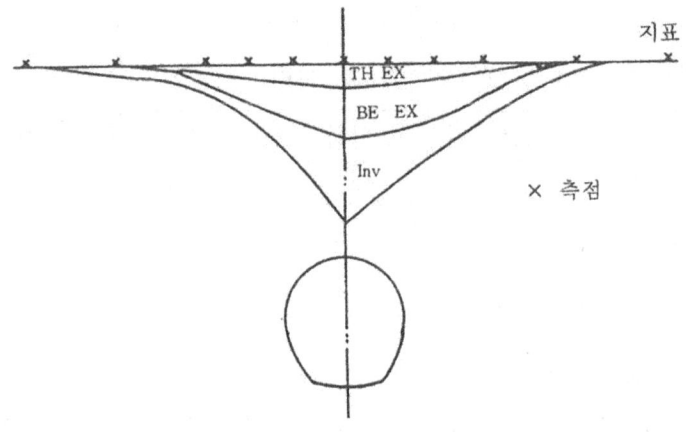

그림 4.55 지표침하 분포도(횡단방향)

마. 평가기준

가) 천단침하 측정결과와 함께 평가한다.

나) 주변구조물에 미치는 영향은 허용 변형각을 설정하여 침하가 이를 넘어 일어날 경우 대책을 수립해야 한다. 건축기초 구조설계기준에는 다음과 같은 변형각에 대한 허용치가 나타나 있다.

철근 Concrete구조 $\frac{1}{1,000} - \frac{2}{1,000}$

Concrete Block구조 $\frac{0.5}{1,000} - \frac{1}{1,000}$

횡단방향의 지표 침하곡선이 좌우 비대칭이 되거나 침하량이 비정상적으로 크게되면 偏壓地形, 근접 터널의 영향, Sliding에 기인되는 경우가 많으므로 지형, 지질구조를 검토하여 적절한 계측을 추가하여 검토한다.

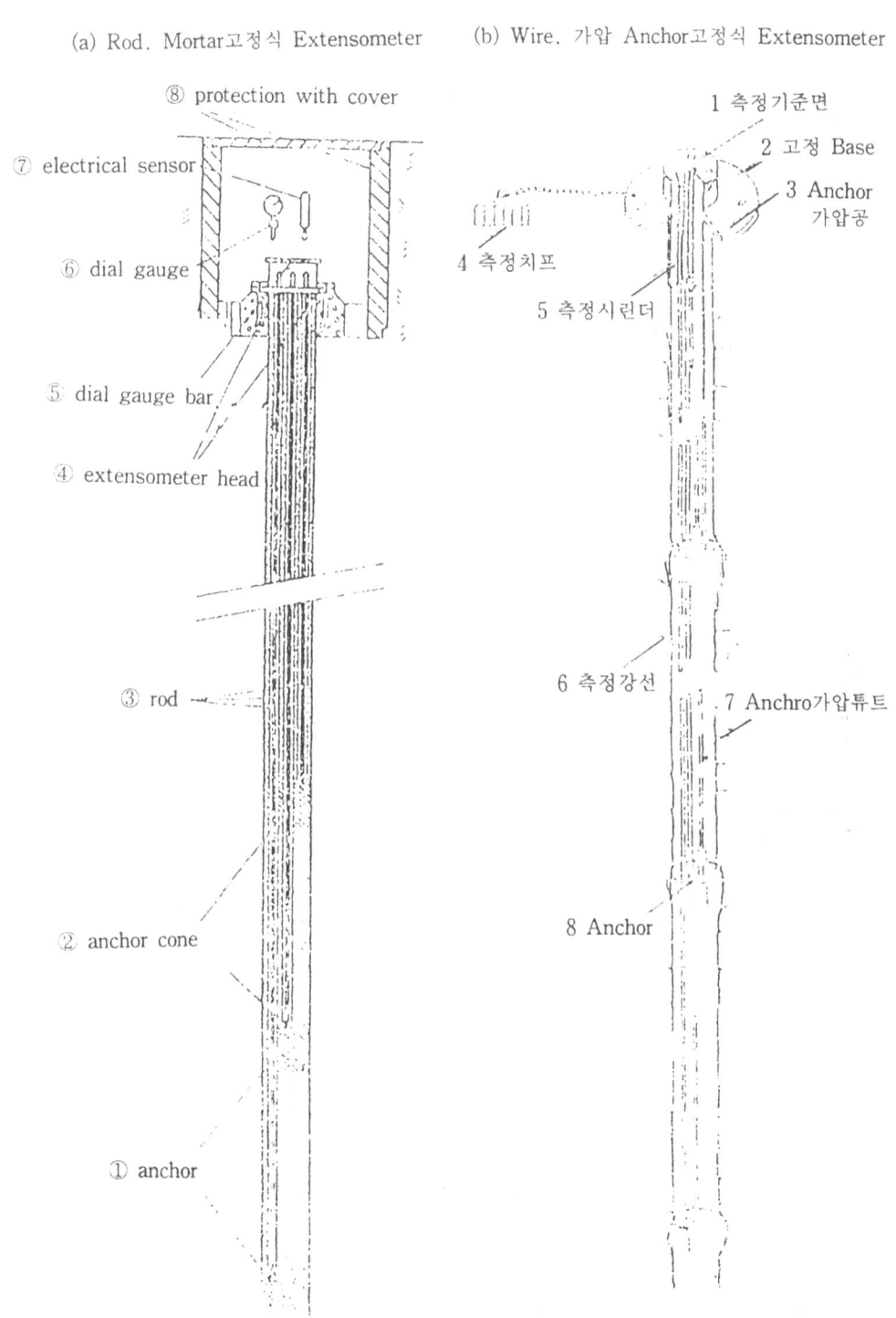

그림 4.56 Multiple Extensometer

② Shotcrete응력 측정

가. 목　적 : 1차복공의 안정성 및 2차 복공의 두께, 시공시기 결정

　○ 터널반경반향 응력측정(Radial Pressure) : 원지반과 Shotcrete경계면에 Cell을 매설하여 Shotcrete축 방향 응력측정(Tangential Pressure) : Shotcrete의 두께방향으로 Cell을 매설하여 Shotcrete파괴를 감시할 목적임.

나. 계측기기 : Radial Pressure Cell, Tangential Pressure Cell 면적은 넓고 얇은 것일수록 정확함.

$$정밀도 \ \frac{1}{1,000}$$

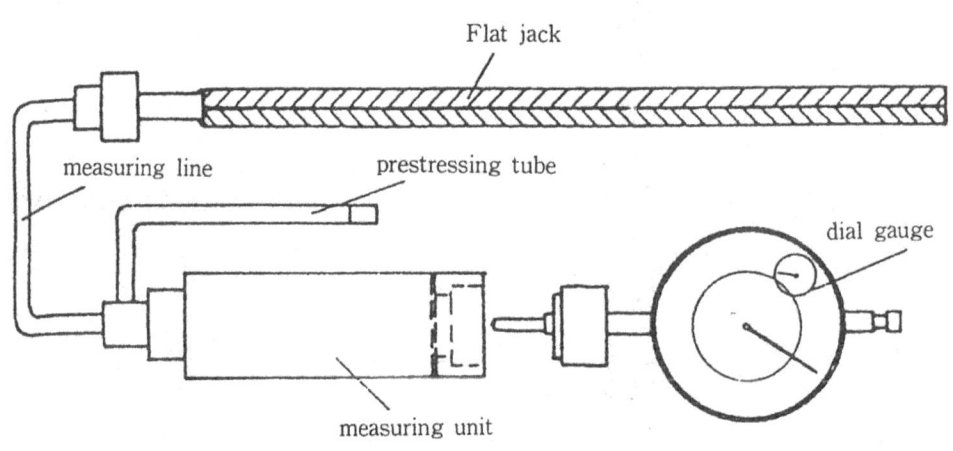

그림 4.57 Hydraulic Pressure Cell

다. 설치 및 측정방법

Shotcrete 취부전에 1개단면에 각 방향으로 5족씩 매설한 후 Line을 Tunnel의 양측 하부의 Connecting Unit에 연결시킨 후 Shotcrete를 취부한다. (정밀계를 M.M.S에만 설치)

측정방법은 구형 Cell 경우 유압식 Pump로 압력을 가하여 Cell과 외부압력의 평행상태에서의 Gauge를 점검하나 최근에는 Pressure Cell 자체에 Hydraulic

Fluid를 가한 상태로 압력변화에 따른 유압의 변화가 Measuring Unit에 전달되어 이를 Dial Gauge로 측정하여 Stress로 환산한다. 특히 Cell 매설시는 Shotcrete가 완전 부착되도록 주의한다.

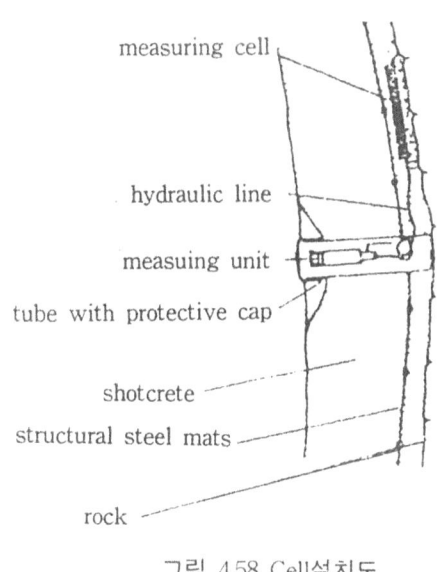

그림 4.58 Cell설치도

라. 기록수집

가) 막장의 진행상황 지보공의 시공상황과의 연관성

나) 막장의 진행에 따른 응력의 변화관계

다) 각 단면에 작용하는 응력의 분포상황의 시간적 변화

마. 측정결과 해석은 내공변위, 지중변위 등의 결과와 종합하여 판단하는 것이 좋다.

일반적으로 평가오차로 과대설계가 바람직하며 내공변위 결과와 종합하여 Concrete 타설시기, 두께 강도 등을 설계해야 한다.

298 NATM터널공법

(a) tangential press 측정 graph

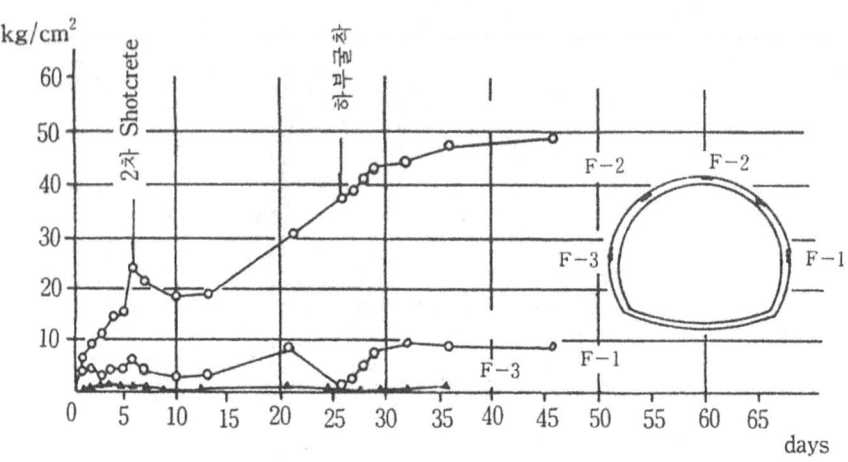

(b) radial press 측정 graph

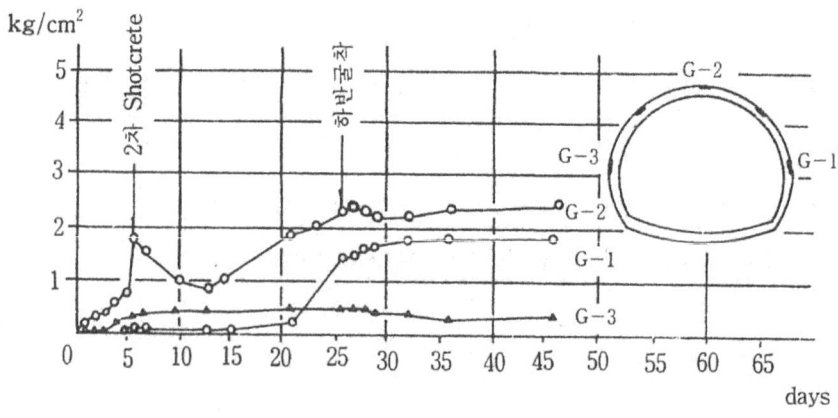

그림 4.59 Shotcrete응력 측정(예)

③ 지중변위측정(Extensometer)

가. 목적 : 터널의 반경반향으로 변위를 측정하여 터널주변의 느슨해진 영역을 파악하고 Rock Bolt의 적정길이를 판단함.

나. 계측기기 : Multiple Extensometer(Rod 및 Wire)

  정밀도 0.1~0.01mm

다. 설치 및 측정방법

터널의 반경방향으로 여러 시추공을 굴착하여 1개공마다 심도가 다른 Anchor가 부착된 Extensometer를 삽입하여 각 Anchor와 터널벽면 변위를 Dial Gauge로 측정하며 느슨해진 영역을 파악한다. 설치중에 공 내에서의 Anchor를 고정시키는 것이 가장 중요하며 이는 Mortar로 하는 방식과 가압 Anchor로 고정시키는 방식이 있다.

전구간이 Mortar로 고정될 경우 Data가 부정확할 가능성이 많아 가압

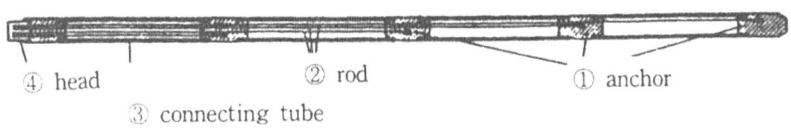

(a) Mortar 고정식 Extensometer

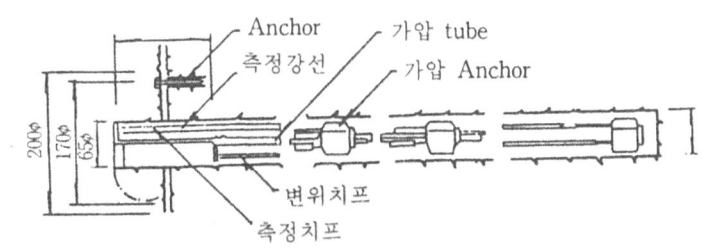

(b) 가압 Anchor식 Extensometer

그림 4.60 갱내용 Multiple Extensometer

Anchor방식이 Anchor부위만 고정시킬 수 있고 설치작업이 간단하며 정확한 Data를 기대할 수 있다.

Mortar고정식은 Single Extensometer를 각각 심도가 다르게 설치함으로써 정밀성을 기할 수 있다.

측정시 주의사항은 가장 깊은 점을 느슨한 영역밖에 설치하여 부동점이 되도록 추정 설치한다. 이와 같은 목적으로 坑內 탄성파속도 측정이 있으며, 이는 종파전파속도로서 속도층의 분포와 심도를 구하여 느슨해진 영역을 추정할 수 있어 두 결과를 비교하여 검토하는 것이 가능하다.

라. 기록수집 및 평가

경과일수별로 변화되는 Graph와 Anchor의 심도별 변위를 Graph화하면 심도의 불연속선이 나타나며 이로써 각 지점의 변위를 알 수 있다. 이에 따라 변위

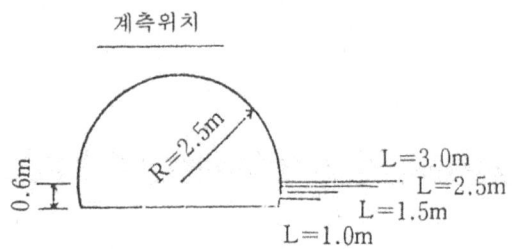

그림 4.61 Extensometer설치도

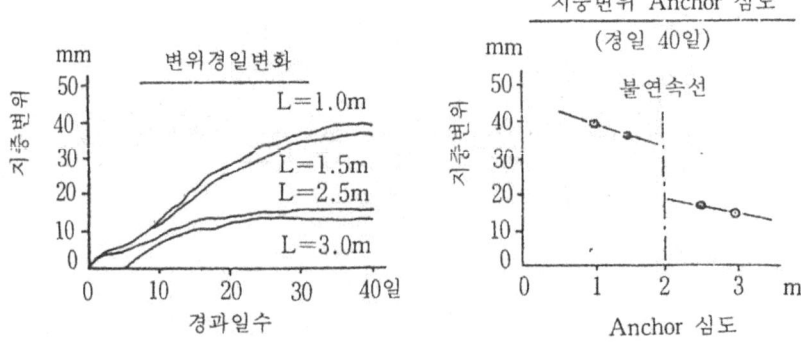

그림 4.62 지중의 변위측정(예)

영역을 판단할 수 있으며 Rock Bolt의 적정길이를 파악할 수 있다.

그림 4.62에서 Anchor의 심도 2m전방에서 불연속선이 있고 2m보다 얕은 곳은 느슨해진 영역으로 판단되어 Rock Bolt길이가 2m이상이어야 함을 알 수 있다. 해석은 Rock Bolt축력측정과 내공변위 측정과 연관시켜 행하여야 한다.

④-1 Rock Bolt축력 측정

가. 목적 : 전면 접착식 Rock Bolt는 설치 당초에는 무응력상태이고 그 후 지반의 이동으로 Rock Bolt에 應力이 도입된다. 이와 같이 Rock Bolt각 지점의 축력을 측정함으로써 Bolt 의 증설여부와 느슨해진 영역을 파악하여 Rock Bolt의 적정길이를 판단한다.

나. 측정기기 : Mechanical anchor
　　　　　　　변형 Gauge식 Rock Bolt

다. 특징

○ Mechanical Anchor

Rock Bolt와 Extensometer의 조합으로 26mm의 Anchor rod 내부에 miniextensometer를 부착하여 길이변화를 기계적으로 측정한다. 측정지점과 고정점과의 변위를 Dialgauge로 측정시 해석하기 힘든 경우가 있으나 값은 저렴한 편이다.

○ 변형 Gauge식 Rock Bolt

Rock Bolt의 측정위치마다 변형 Gauge를 부착하여 전기식으로 측정하는 것으로 측정위치의 변형을 직접 측정한다. 전기식이기 때문에 측정이 편리하며 계측결과 해석이 용이하나 Mortar충진시 주의를 요하며 값이 비싼 편이다.

라. 설치방법

주 계측 B Section에서 시행하는 계측으로 측정방향으로 천공한 후 공내에 Mortar를 완전히 충전하고 Anchor를 삽입한다. 특히 상향방향은 Mortar주입에 주의를 요하며 벽면과 Plate사이에 凹凸이 없고 축력이 Plate에 직각으로 작용하도록 벽면을 골라야 한다.

전기식인 경우는 Cable이 Anchor에 직결되어 있어 삽입시 파손에 주의를 요하며 Cable 배선은 발파 및 기계작업 등을 고려하여 보호피막을 씌워야 한다.

마. 기록수집 및 평가

Rock Bolt의 축력측정은 터널벽면의 상대변위와 연관시켜 주는 것이 중요하다. 각 지점 및 구간의 응력을 구하여 引張應力을 상단으로 압축응력을 하단으로 하는 Graph를 그리며 이와 함께 느슨한 영역 판단도 가능하다. Rock Bolt가 유효하게 작용할 때에는 인장응력이 작용하며 이 인장응력 분포로 느슨한 영역과 Bolt의 개수 및 길이의 과부족을 판단한다.

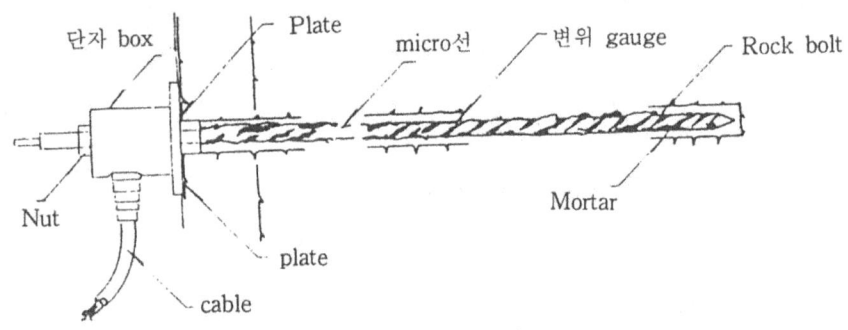

그림 4.63 변형 Gauge식 Anchor

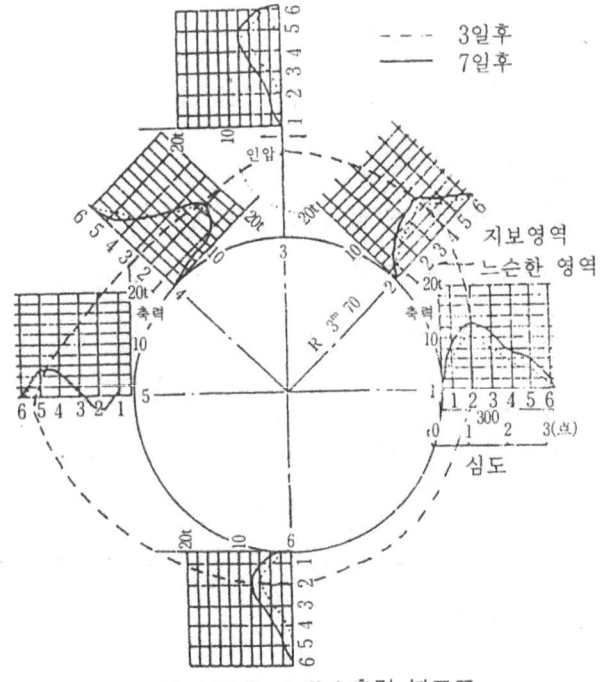

그림 4.64 Rock Bolt축력 분포도

⑤-2 Rock Bolt 하중측정

가. 목적 : 선단 정착식 Rock Bolt의 장력측정 및 정착효과 파악

나. 계측기기 : Cup spring disk load cell or hydraulic disk load cell

다. 측정방법 : Rock Bolt의 선단 정착후 Disk load cell 및 Load distribution Plate를 끼우고 Anchor Nut로 고정하여 설치 후 하중을 증가시켜서 Stress를 가한다.

○ Cup spring식(13-16ton) : 하중을 증가시킴에 따라 spring이 압축되어 이의 변화를 Dial Gauge로 점검한다.

○ Hydraulic식(20ton이상) : Hydraulic Fluid를 가한 Cell로서 하중을 가함에 따라 油壓의 작용으로 인한 Measuring Unit의 변화를 Dial Gauge로 점검한다.

라. 하중계산 : Dial Gauge로는 변위량(mm)으로 점검되어 이를 하중변위곡선 Chart(Calibration Chart)에 의해 하중을 구한다.

이 방법은 Rock Bolt의 선단을 정착한 후 Stress를 가하여 Prestress를 측정하므로 선단정착 효과와 Rock Bolt의 장력 및 느슨해진 영역을 파악할 수 있으며 Load Cell은 재사용 가능하다.

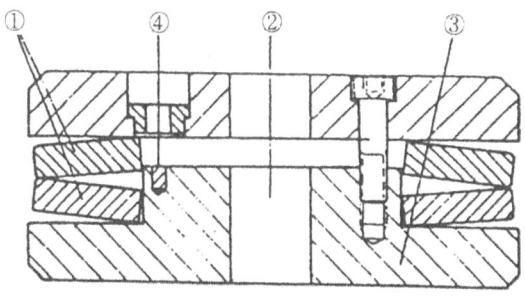

① cup springs(16tons)
② central hole for rock
③ load distribution plate, 152mm diameter
④ sensor plate for readout

그림 4.65 Disk Load Cell 13/16tons

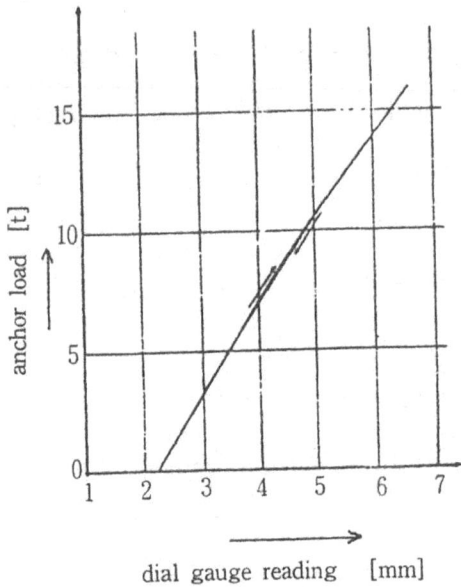

그림 4.66 Calibration Chart

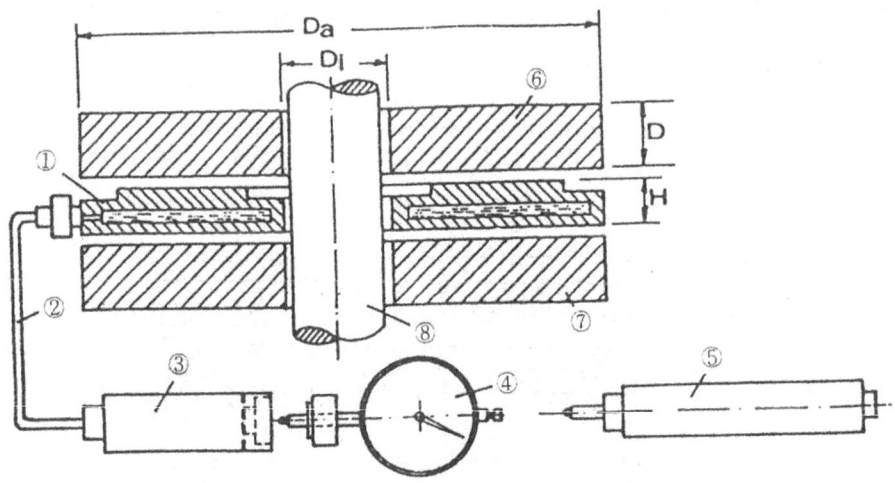

① measuring cell
② tube
③ measuring unit
④ dial gauge
⑤ electrical transducer
⑥ load distrubution plate
⑦ load distrubution plate
⑧ rockbolt

그림 4.67 Hydraulic Disk Load Cell

⑥ 地中의 수평변위 측정

가. 목적 : 굴착에 의한 지표 및 지중침하의 측정과 더불어 수평방향의 변위를 측정한다. 이는 경사지형에서 편압으로 인한 Land sliding의 우려 및 주변 구조물의 거동감시에 그 목적이 있음.

나. 측정기기 : Inclinometer(Deflectometer)

(삽입식 및 고정식) Indicator(전기식)

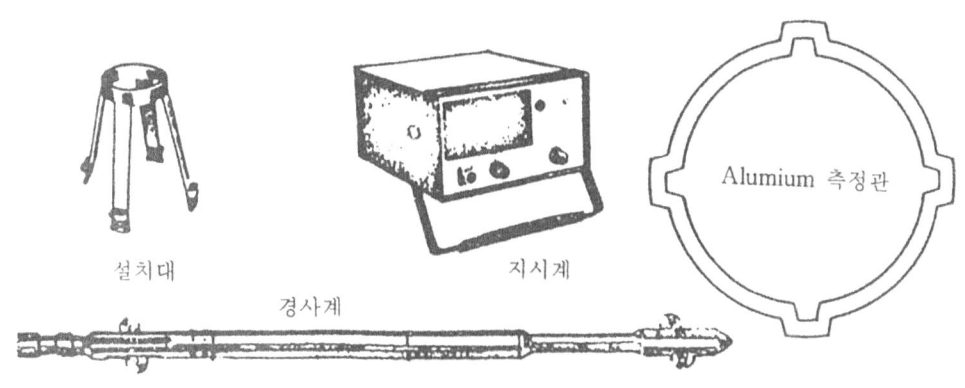

그림 4.68 삽입식 경사계

다. 설치방법 : 터널의 양측에 지표에서 115-150mm경 시추공을 굴착한 후 삽입식은 Stainless각 Pipe(경질암)나 Rib가 부착된 Aluminum pipe의 측정관을 매설하여 Mortar로 고정시킨 후 경사계를 삽입 측정하는 방식으로 경사계는 여러 공에 이동 사용할 수 있다. 이 방법은 설치가 어렵고 기상조건에 영향을 받는 단점이 있으나 가격이 저렴한 편이다. 고정식은 시추공에 경사계를 매설하여 Mortar로 고정시켜 변위를 전기식으로 측정하는 것으로 설치·측정이 간편하고 Data정리가 간편하나 비싼 편이다.

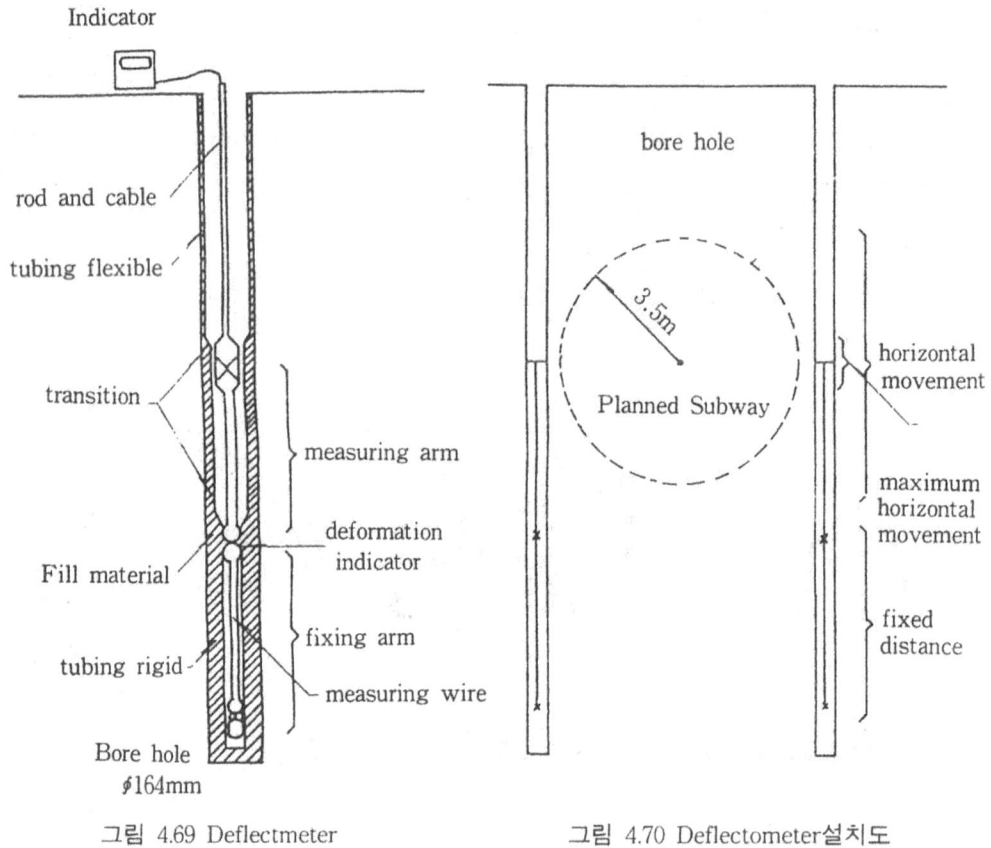

그림 4.69 Deflectmeter   그림 4.70 Deflectometer설치도

라. 기록수집 및 평가

각 지점의 수평변위 결과를 터널진행결과와 같이 기록하며 내공변위, 지표 및 지중침하결과와 지형, 지질구조와 함께 판단하여 편압작용과 Landsliding을 예측할 수 있다.

⑩ 갱내 탄성파속도 측정

가. 목적 : ○ 막장의 자립성 판단

　　　　　○ 변위량의 개략추정

　　　　　　Rock Bolt길이 판단

나. 원리 : 암층의 탄성적 성질의 차이에 의해 지진파의 전파속도가 다르다는 것을 이용하여 탄성파속도로부터 지층의 고결정도, 균열정도, 변질정도 등을 추정하는 것으로 이를 갱내에서 실시하여 굴착으로 인한 암층의 느슨한 영역을 추

정하는 방법이다.

다. 계측기기 : 수진기 Cable, 증폭기, 발화기

라. 설치 및 측정방법

受震器는 Shotcrete를 제거한 갱벽에 부착시켜 Attachment를 파묻어야 하며 수진점 간격은 갱내의 경우 2~5m로 함이 바람직하다.

발진원에서 화약폭파를 이용하거나 타격을 되풀이하여 각 수진기까지의 탄성파동의 전파를 동시에 측정하는 것이다. 여러번 반복함으로써 시간경과에 따른 느슨한 영역변화를 추정할 수 있다.

측정시에는 갱내의 전력선, 동력선이나 환풍기 등의 진동에 의한 소음도 영향을 주지 않도록 하며 항상 동일조건의 측정이 되도록 세심한 주의를 하여야 한다.

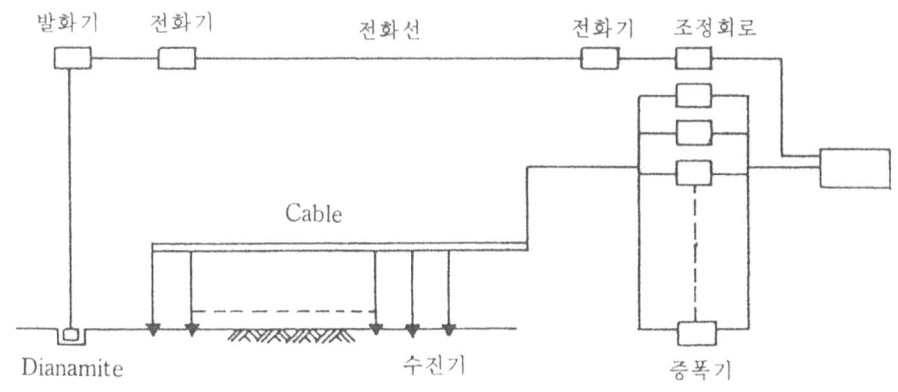

그림 4.71 굴진법 탄성파탐사의 측정기배치

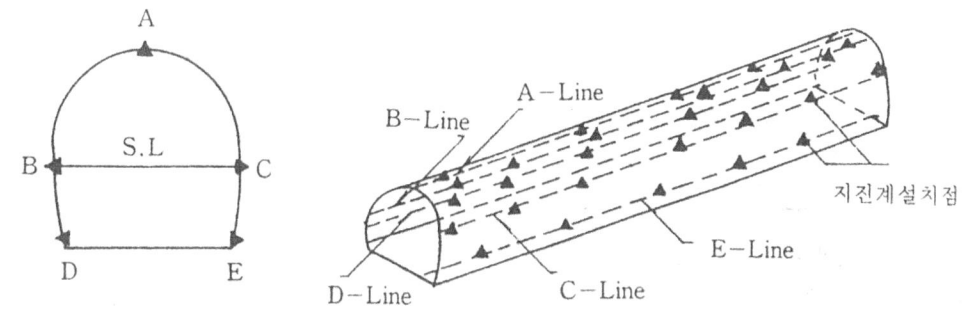

그림 4.72 느슨한 영역을 추정경우의 측선배치(예)

⑦ 지반 물성조사

공사시공중에도 지반물성치를 앎으로써 사전조사자료와 비교 검토하여 보다 정확한 설계시공이 가능하다. 일반적으로 압축강도시험과 초음파 전파속도측정을 시행하며 軟岩에 대해서는 입도시험과 침수 붕괴도시험을 추가한다.

시험재료는 갱벽에서 채취된 것으로 채취·보존 및 공시체의 제작도 중요하다.

표 4.40 지반시료시험 일람표

	시험항목	土砂	硬岩	軟岩	膨脹性岩	1회시험당 공시체수
物理試驗	단위체적중량(강제건조, 강제습윤, 자연상태)	◎	◎	◎	◎	
	자연 含水比	◎		○	○	
	흡수율		○			
	유효 간극율		○			
	粒度	◎		◎	◎	
	LL	○		○	○	
	PL	○		○	○	
	침수 붕괴도			○	○	
	팽윤도				○	
	흡수 팽창율				○	
	X선 분석			○	◎	
	염기 교환용량			○	◎	
力學試驗	초음파전파속도		◎	◎	◎	3
	1축압축강도	◎	◎	◎	◎	3
	압밀인장시험		○	○	○	3
	3축압축시험	◎		○	◎	4
	정탄성계수			◎	◎	1
	Poisson비			○	○	1
	다단파괴 3축압축시험			○	◎	1
	3축 Creep시험			○	○	1
現場試驗	Jacky Test			○	○	
	직접 전단시험			○	○	
	시추공 횡방향 중고압 재하시험	◎		◎	◎	

注 : ◎ 대개의 경우 실시할 필요가 있는 것
　　○ 때에 따라 생략할 수 있는 것

표 4.41 지반시험 성적표(예)

채취년월일 : 　년　　월　　일
시험년월일 : 　년　　월　　일　　　　　시험자 :

시험편번호	채취장소	암석명, 지질년대 충명	암석의 특징조직	단위체적 중량 (g/cm²)		흡수율 (%)	초음파 전파속도 (km/s)		1축압축강도 (kg/cm²)	Young율 (×10⁴kg/cm²)	Poisson비
				건조	습윤		종파(Vp)	횡파(Vs)			
18-1	터널지질조사용 No.18 Boring지 표하심도 -31.5m -32.5m	砂質頁岩 (제3기) (팔운충)	엷은 회색, 표면거침, 풍화정도는 현저않음. 수평축과 약 30° 각도의 접합하면 인지됨.				3.24	1.68	587	12.5 (14.6)	0.32 (0.34)
2							3.18	1.76	545	13.5 (15.1)	0.28 (0.30)
3							3.02	1.70	484		
4							3.23	1.73	532	13.2	0.30
5							2.89	1.55	438	10.6	0.30
6							3.12	1.67	548	12.3	0.30
7							3.30	1.76	578	13.8	0.30
8				1.71	1.98	1.96	—	—	—	—	—

5) 계측관리

계측관리는 각종 계측을 조직적으로 행하면서 계측결과를 바로 설계, 시공에 반영하고 계획시의 설계시공을 현장에 적절한 것으로 변경시키면서 공사를 안정하고 경제적으로 시공관리해야 하므로 계측 각 단계별로 관리지침이 필요하다.

(1) 계측관리 기준치의 설정

근접구조물을 포함한 지반의 안정을 위해 변형허용량을 설정하여 변형속도, 변형가속도, 허용가속도, 허용응력도 등의 기준치를 설정하며 경우에 따라서는 작업 속행기준, 주의기준, 정지기준 등을 정할 필요도 있다.

(2) 계기의 설치 및 보수

- 공정, 작업순서들을 고려하여 설치장소, 시기를 결정한다.
- 계기, 측점의 설치는 굴착후 가능한 한 빨리 시행한다.
- 갱외 설치기기는 막장 진행 전에 설치한다.
- 발파 및 기계 등의 갱내작업에 의하여 손상이 가지 않도록 계기 및 측점을

보호한다.
- 인발시험용 Rock Bolt 는 번호로 표시하면 좋다.
- 습기에 약한 계기는 방수 및 방습의 수단을 강구한다.
- 자동계측기의 경우는 전압의 안정을 요한다.
- 계기류의 보수관리는 책임자가 책임진다.

(3) 측정
- 기본순서를 지켜 시행하여야 하며 목적에 맞는 정밀도로 측정한다.
- 전회의 Data를 지참하여 이상치가 아닌가를 현장에서 파악한다.
- 굴착후 1~2일간의 변위량에 의하여 최종치가 결정되는 경우가 많으므로 정밀을 요한다.
- 관리기준치에 측정치가 가까우면 측정빈도를 증가시킴과 동시에 대응책을 결정한다.

(4) Data정리
- 측정이 종료되면 즉시 graph화하고 측정치의 경향을 파악하고 이상치가 있으면 즉시 재측정 할 것.
- Data정리는 막장과의 거리 및 지보시공시기에 대해서 병기한다.
- 측점이 많고 장기간 이루어지면 Computer로 Data를 처리한다.
- 계측결과와 지질상황과의 상호관계를 잘 나타내도록 계측 총괄표를 작성한다.

(5) 施工 및 설계에의 반영

가. 지보증설 시기

○ 내공변위

(1) 변위속도가 변함없이 일정하든지 가속도상태에 있는 경우
(2) 평균 변위속도로 추정하여 변형 여유치를 넘는다고 판단되는 경우
(3) 시공의 변화(하부의 벤치커트등)가 없을 때 시간과 변위의 관계를 반대수지에 그렸을 때 변출점이 생긴 경우
(4) 변위방향이 일정하지 않으며 부분적으로 극히 커서 지보에 Buckling이 생

길 때

  (5) 변위량이 터널반경이 10%를 넘는다고 예상되는 경우

  ○ Rock Bolt

  (1) Rock Bolt길이의 약 6%이상이 터널벽면의 변형이 생기리라고 예상되는 경우

  (2) Rock Bolt의 인발시험결과로부터 충분한 인발내력이 얻어지지 않는 경우

  (3) Rock Bolt길이의 약 반이상으로부터 지반심부까지의 사이에 축력분포의 Peak치가 존재하는 경우

  (4) 소성영역의 확대가 Rock Bolt길이를 넘는다고 판단되는 경우(Rock Bolt의 축력측정과 지중변위측정의 결과로부터)

  나. 2차복공 시기

  (1) 변위량이 수렴한 경우

  (2) 30일간의 평균 변위속도가 규정치에 미달하는 경우. 예를 들면, 알베르크터널에서는 0.3mm/Day, 중산터널, 백산터널에서는 0.5mm/Day이하에 달하는 경우

  (3) 변위속도가 좀처럼 수렴하지 않지만 2차복공에 의해 변위속도가 수렴하리라고 판단되는 경우

  (4) 시간경과 변화에 의존하지 않으면서 수렴이 빠르고 토피가 얇으며 터널하중으로 느슨한 토압만 생각할 수 없는 경우

표 4.42 계측결과의 판단사항

관리항목	중요한 계측항목			판단사항
일상관리를 위한 계획	일상 시공 관리	갱내관찰조사		○ 시공의 적합 및 안정성 여부의 Check
		지표면 침하		○ 두께가 얕은 경우 위험방지효과등 적용하중 Check
		대단침하 내공변위 암반팽창	시공	○ 굴착방법, 굴착단면의 크기, 1회의 굴착길이, 시공순서
			설계	○ Rock Bolt길이, Pattern, 순서 ○ Shotcrete두께, 시공순서, 종류 ○ 강지보공의 형상, 방법, 종류 ○ 기타(Wire Mesh등) ○ 복공의 시간 ○ 변형 여유량 ○ Invert의 필요성, 효과
	재료 관리	Rock Bolt인발시험		○ 재료 Check ○ 종류 선정
		Shotcrete강도시험		○ 재료의 Check
장래설계를 위한 수집을 목적으로 한 계측 및 미굴착 구간의 설계, 시공에의 반영	지반시험			○ 지반의 물성치
	내공변위			○ 지보의 설계 ○ 변형여유량 ○ 시공계획
	지중변위측정			○ 설계조사 ○ Rock Bolt길이
	Rock Bolt응력측정 복공 응력측정			○ Rock Bolt설계 ○ 복공두께, 시공시기

第4章 NATM 施工 313

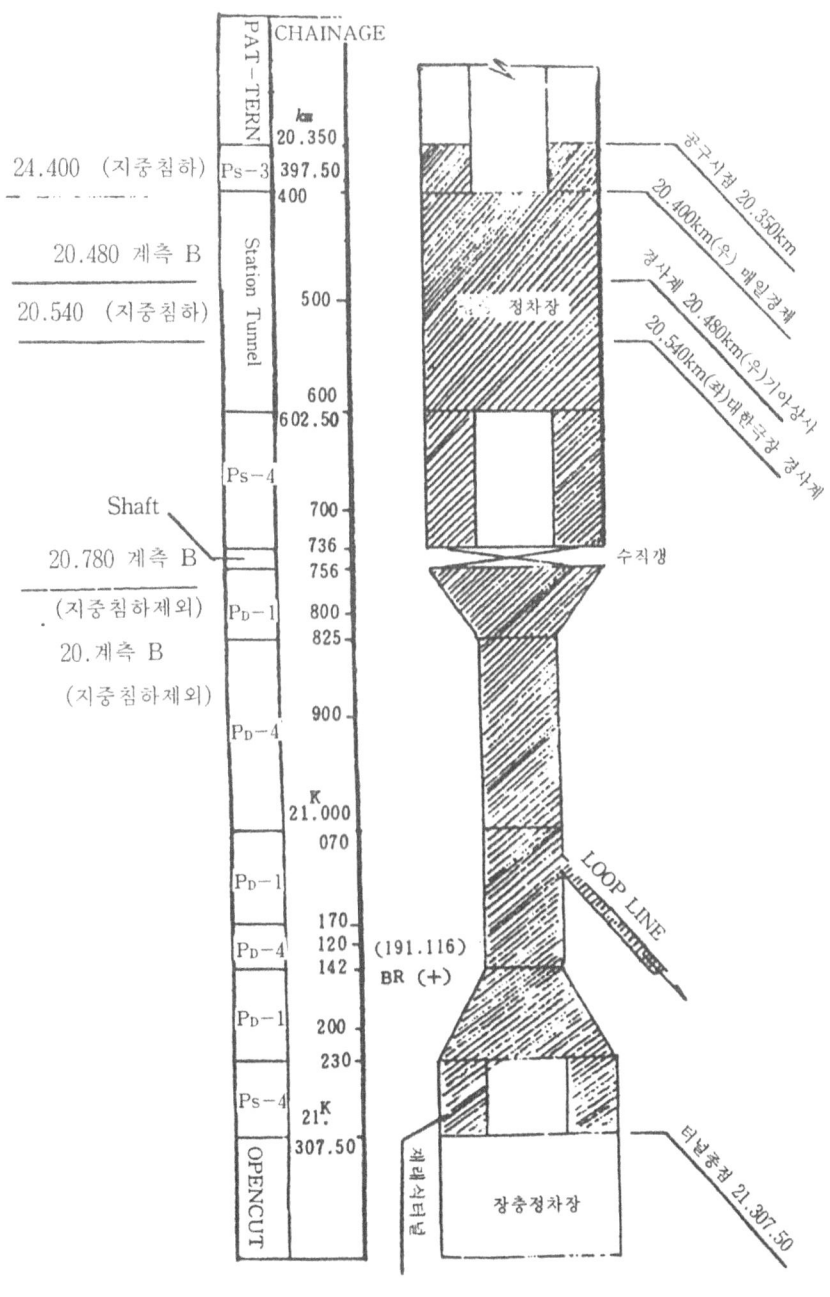

그림 4.73 공구계측계획 약도(예1)

314 NATM터널공법

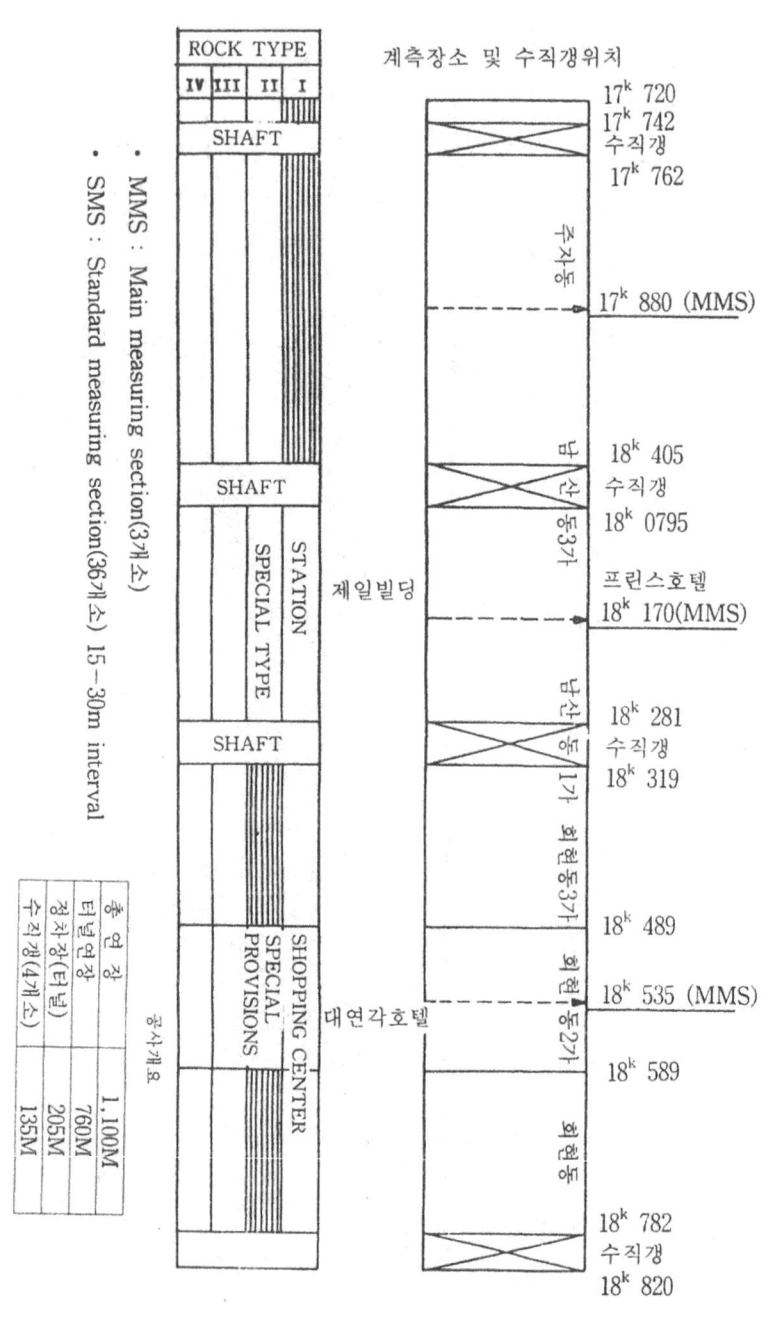

그림 4.74 공구계측계획 약도(예2)

第4章 NATM 施工 315

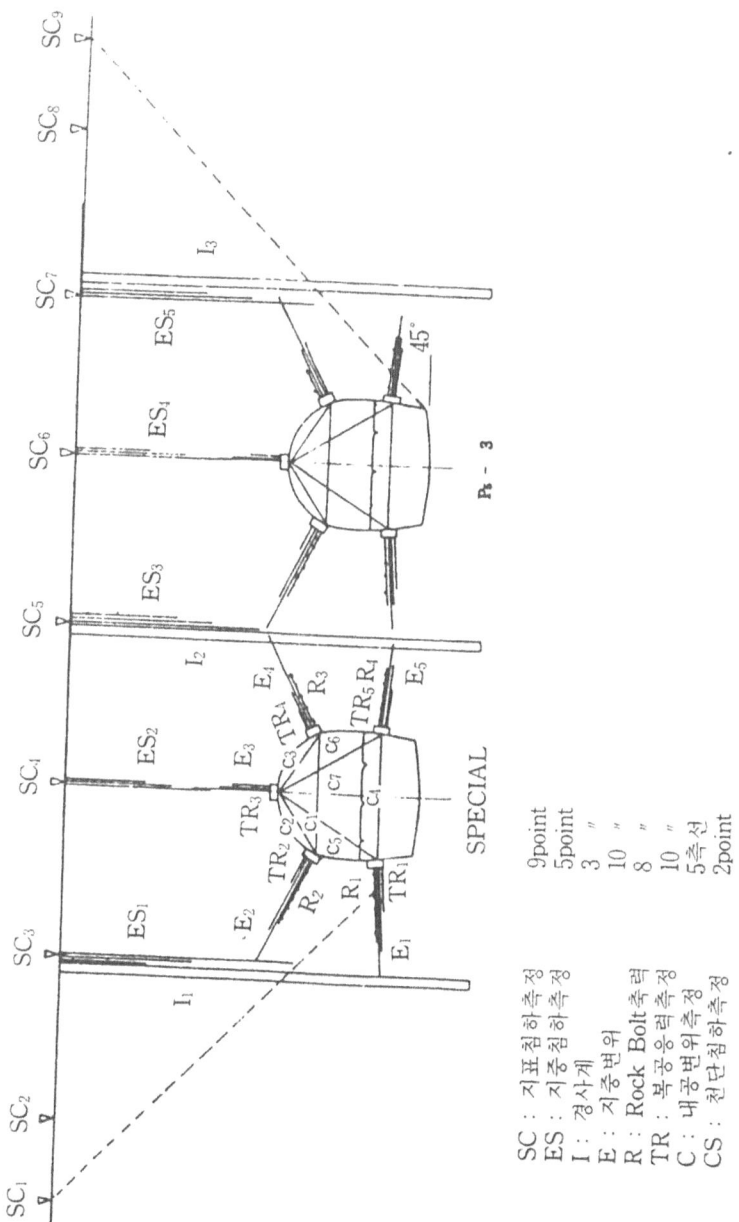

그림 4.75 계측기 설치단면도(예1)
주계측(계측 B) 단면 (STA : 19k180)

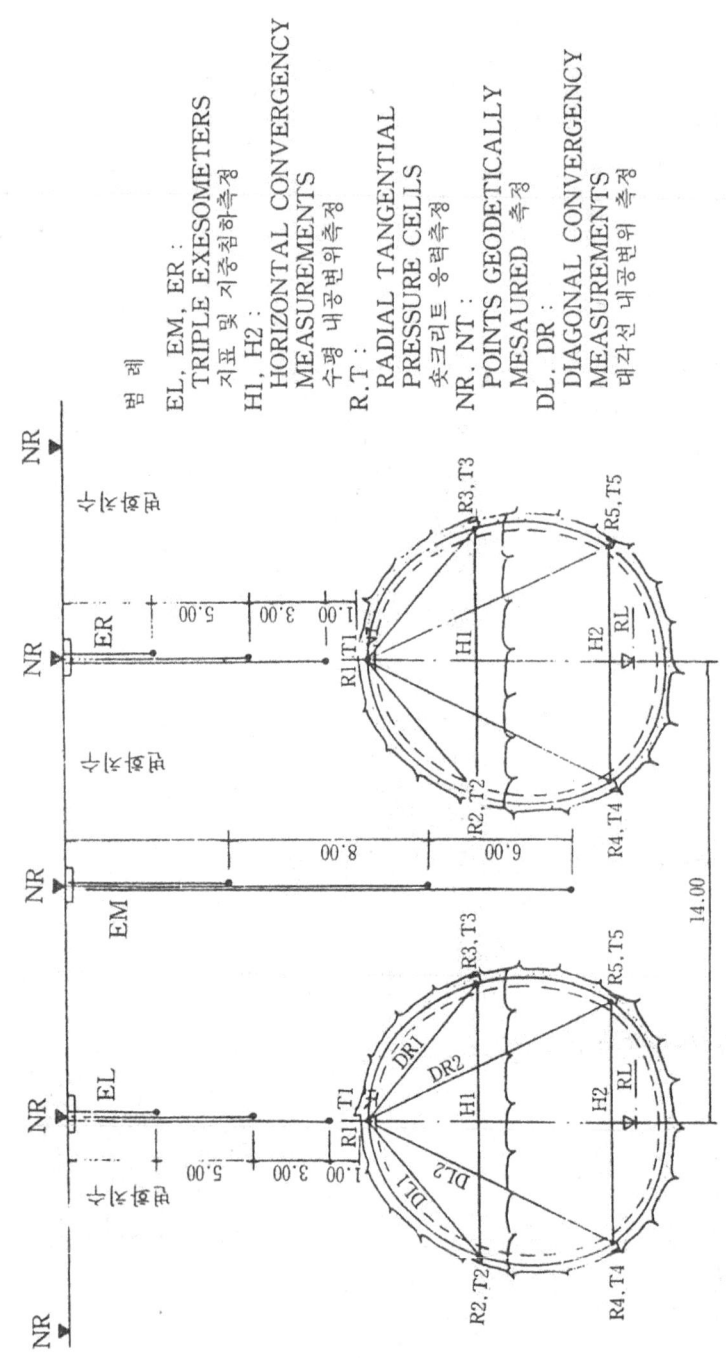

그림 4.76 계측기 설치단면도(예2)
주계측 단면 (STA : 17k180)

第4章 NATM 施工

Rock Mass Classification

Class	A	B	C	Pattern	D	E	Note
R-V (HardRock)	1	1	1	P-5	2 or 2		Random Prebolting
R-IV (Soft Rock)	1	2	2	P-4	2 or 2		P-4 → P-3
R-III (W/DRock)	2	2	3	P-3	3 or 3		P-3 → P-1
R-II (Res. Soft)	3	3	3	P-2	4 or 4		P-2 → P-1
	3	3	4				
	3	4	4				

5(3) ⊢⊣ Wire Mesh(5cm, φ=3mm)
B×(3) Rock Bolt (l = 3m)
sh (10) Shotcrete(t=10cm)
⌒(125) Steel Rib(125mm)
[S] (319-1) Sampling Location and Number
[T] ( ) Test Location and Name

LEGEND

- Hard Rock
- Soil Rock
- Weathered Rock
- Residual Soil
- Crushed Zone
- Drke
- Joint

(예 1)

Sector	Chang km m	Date	Inspector	No.	Note
A. Hammering	1. Clear Sound Broken by strong Action	2. Easily Broken	3. Scratched by Pick		
B. Condition of joint	1. Messive, Closed	2. Many, Partially Open 3. Many, Open 4. Earth Filled like of Goupe			
C. Condition of Rock	1. Fresh	2. Colored along Joint 3. ColorChange of Rock	4. Earth like		
D. State of Face	1. Stable	2. Falling of Rock Block	3. Squeezing	1. Flowing	
E. Strength Decrasing by Water	1. Non	2. Loose	3. Collapse	1. Liquefy	
Rock Mass Classification	Hard Rock(A, B), Soft Rock(CH, CM), Weathered Rock(CL), Residual Soil(D)				

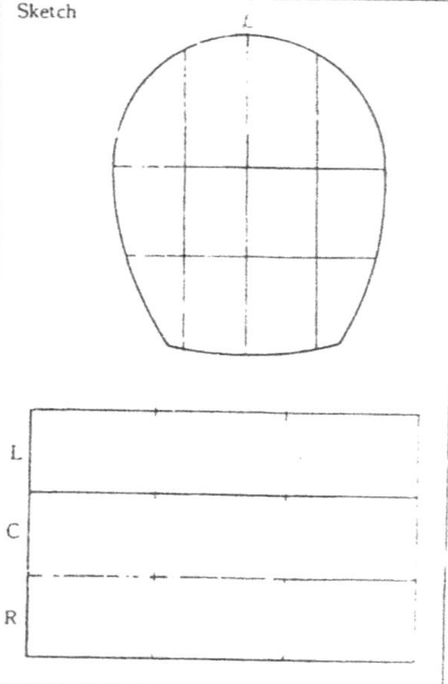

Water inflow Non, a Little, Heavy, Quantity( ) l/min

Pattern	m/cycle	m/day
Ex. Progress		
Rock Bolt	1 φ= No.=	
Shotcrete	1st cm 2nd cm	
Wier Mesh	φ= No.	
Steel Rib		
Assistance Method		
Other		

Sketch

그림 4.77 막장관찰야장

내공변위 DATA SHEET

(예1)

측선 No. 측정위치 조기치					측선 No. 측정위치 조기치				
날자시간	측정치	변위량	막장거리(위치)	기 타(경과일수)	날자시간	측정치	변위량	막장거리(위치)	기 타(경과일수)
			K m					K m	

(예2)

내공변위측정   측정선 _____   측정위치 ____ K ____ m

No.	측정일시	측정자	보정 전/후/평균	측정치		온도	허용변위량		변위량
				측정치	평 균	℃	보정	결 과	
1									
2									
3									
4									
5									

第4章 NATM 施工 319

지표 및 지중 침하 DATA SHEET

No.	측정일자	측정자	측 정 치								막		
			M	△M	M	△M	M	△M	M	△M	위치	거리	
1													
2													
3													
4													
5													
6													

Shotcrete 응력측정 DATASHEET

No.	측정일시	측정자	측 정 치										막	장
			Radial stress					Tangential stress						
			R1	R2	R3	R4	R5	T1	T2	T3	T4	T5	위치	거리

천단 침하측정 DATA SHEET

위치	No.___ ㎞ ___m		초기치 ___	위치	No.___ ㎞ ___m		초기치 ___
날자시간	측정치	금 회 침하량	누 계 침하량	막장거리 경과일수	날자시간	측정치	금 회 침하량	누 계 침하량	막장거리 경과일수

(K m / 일)

지표침하측정 DATA SHEET

설치번호
위 치   K   m

측정 월일	막장 거리 m	No. 초기치 계측치 침하차량	No.	No.	No.	측정 월일	막장 거리 m	No. 초기치 계측치 침하차량	No.	No.	No.

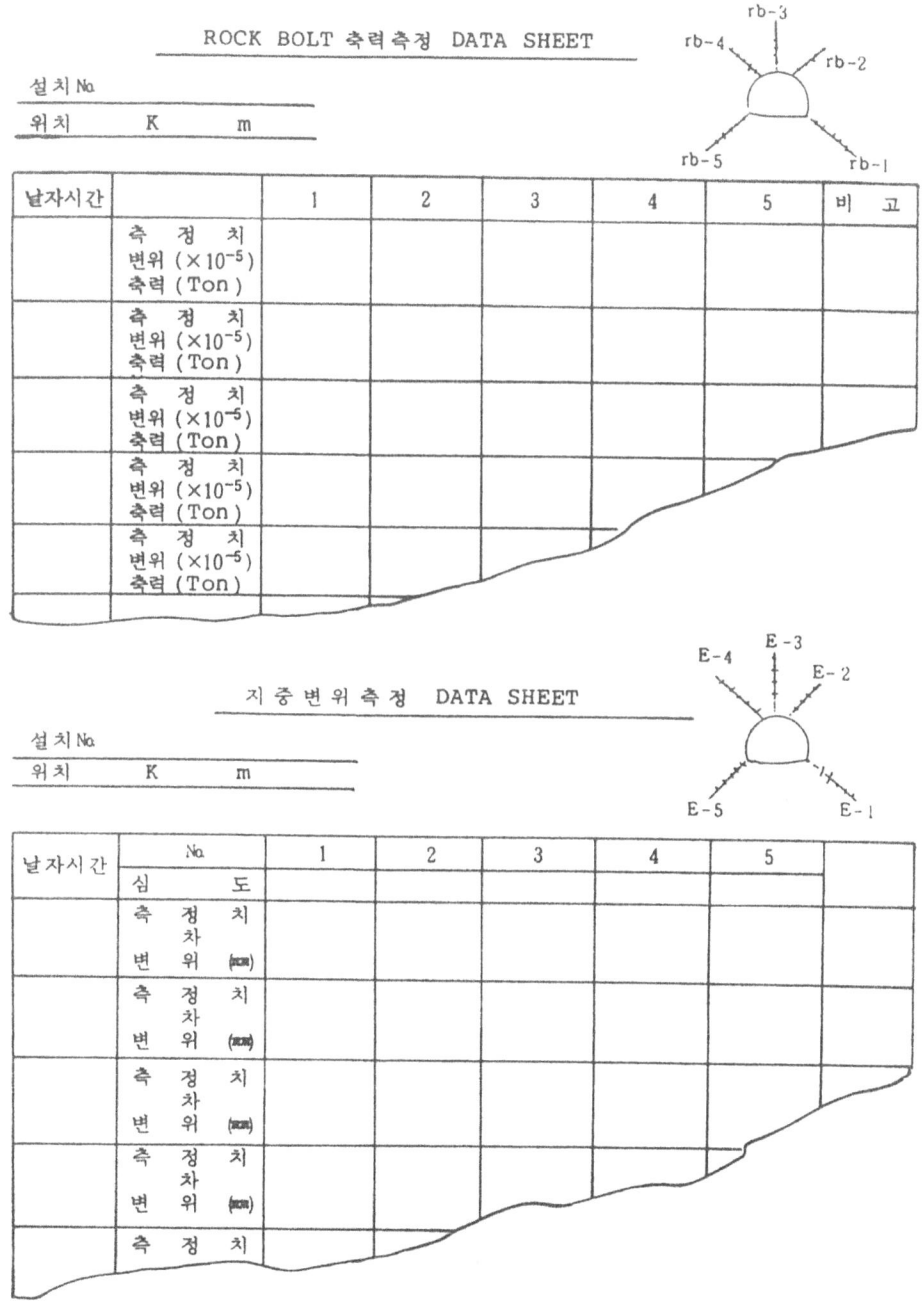

6) 지하철 ○○공구 계측분석

(1) 概要

本稿에서 소개하고자 하는 지하철 3호선 320공구의 계측결과 분석은 당사 기술진에서 측정하였던 자료이다. 地表面 침하측정 분석은 Tunnel 굴진 초기에 분석하여 NATM시공 기술보고서 제1집에 이미 발표 하였던 내용을 재수록하였다. 나머지 천단침하측정, 내용변위 및 Rock Bolt 축력측정에 대하여 새롭게 분석하여 보았다. 이밖에도 지중 침하측정 지중변위측정, Shotcrete응력측정 등도 계측하였으나 자료가 빈약하고 계측기 Man Hole이 도로 가운데 있어 시정지역의 잦은 행사로 뚜껑을 봉하는 사례가 많았으며 동절기에는 얼어 붙어서 지속적인 계측이 불가능하여 분석하지 못하였다.

(2) 地表面 침하측정

① 목 적 : 터널 굴착으로 인한 지표면 침하를 측정함으로써 변위영역을 분석하여 지보방법을 개선하고 지반의 안정도를 관찰함.

② 계측기기 : 일반 Level 측량기기

③ 측정방법 : 1일 1회 수준측량방법에 의함.

④ 측정 DATA분석 : 당 공구의 Tunnel을 시공함에 있어 특이한 지점의 지표침하 현황을 5가지로 비교해 보았다. 여기에 표시된 각종 Graph는 橫方向 침하표시를 제외하고는 전체적으로는 單線 竝列 Tunnel의 중앙점 변화를 표시한 것이다.

第4章 NATM 施工 323

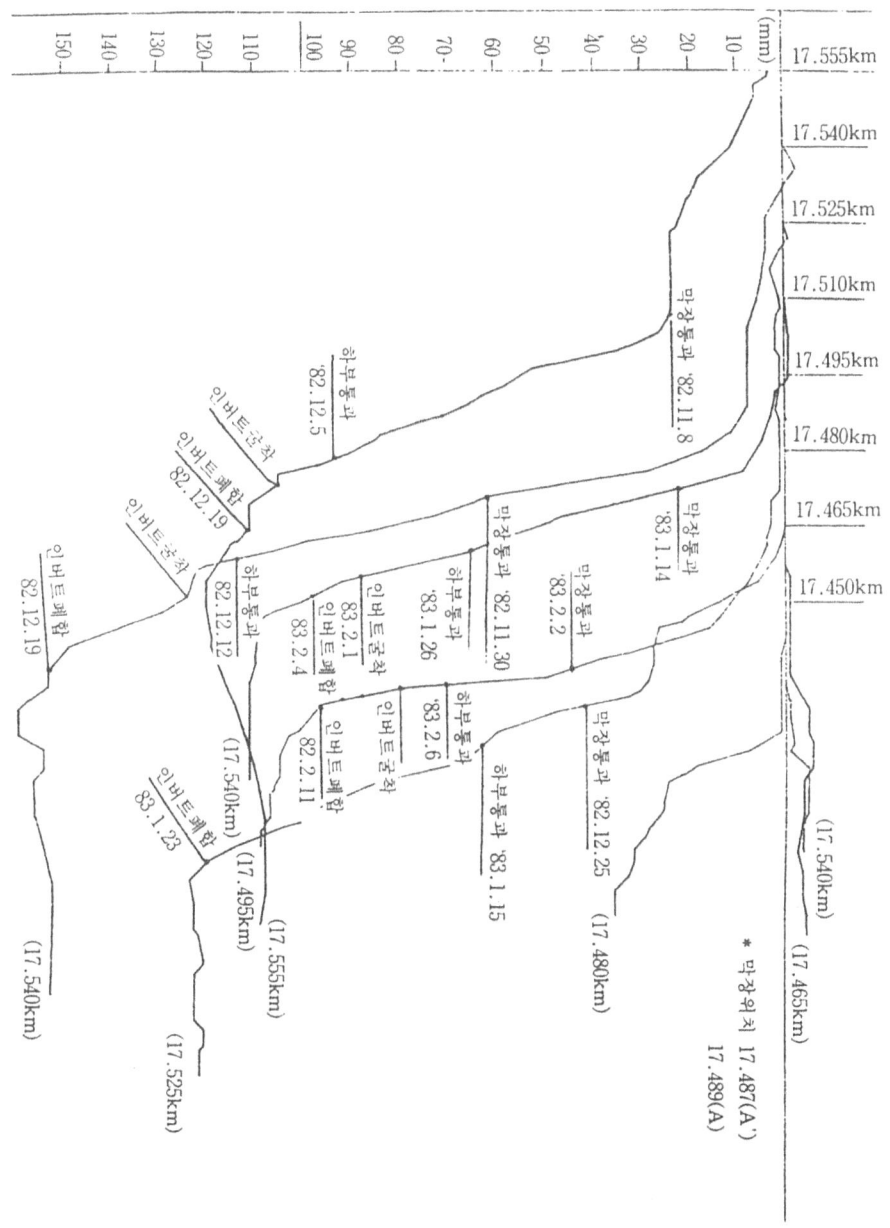

도표 1 제1공구 지표침하 현황(서측) : 각 지점의 경과일수에 따른 전개도

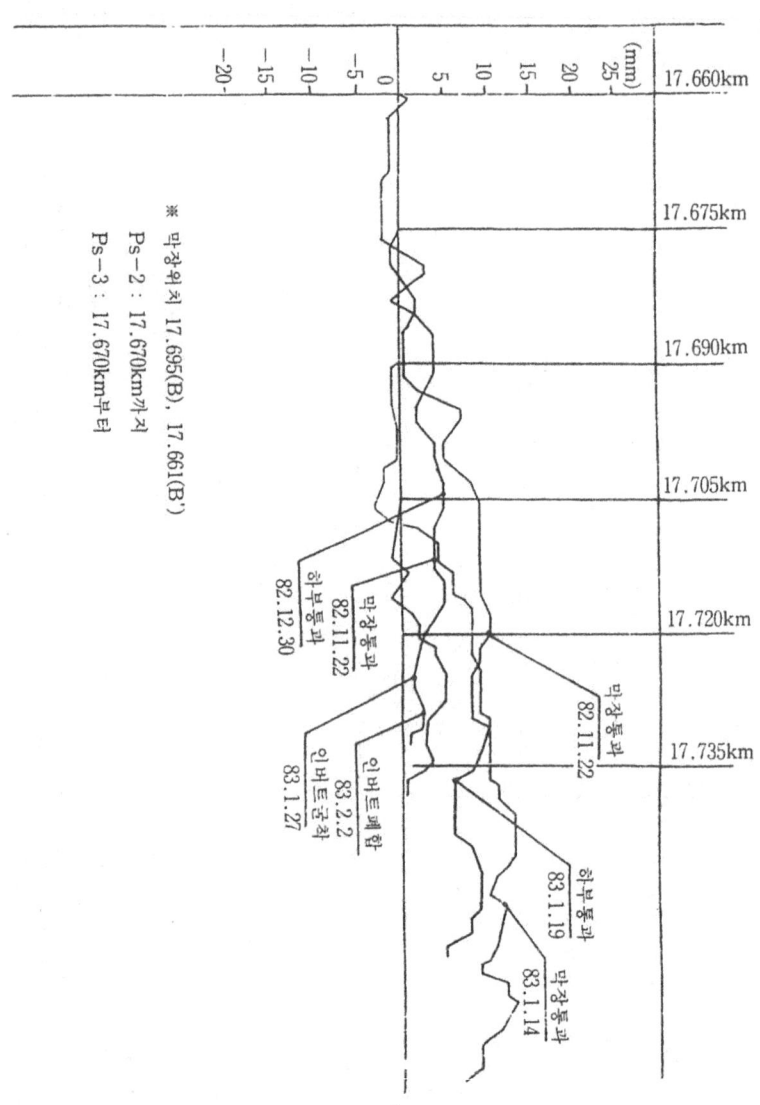

도표 2 제1공구 지표침하 현장(동측) : 각지점의 경과일수에 따른 전개도

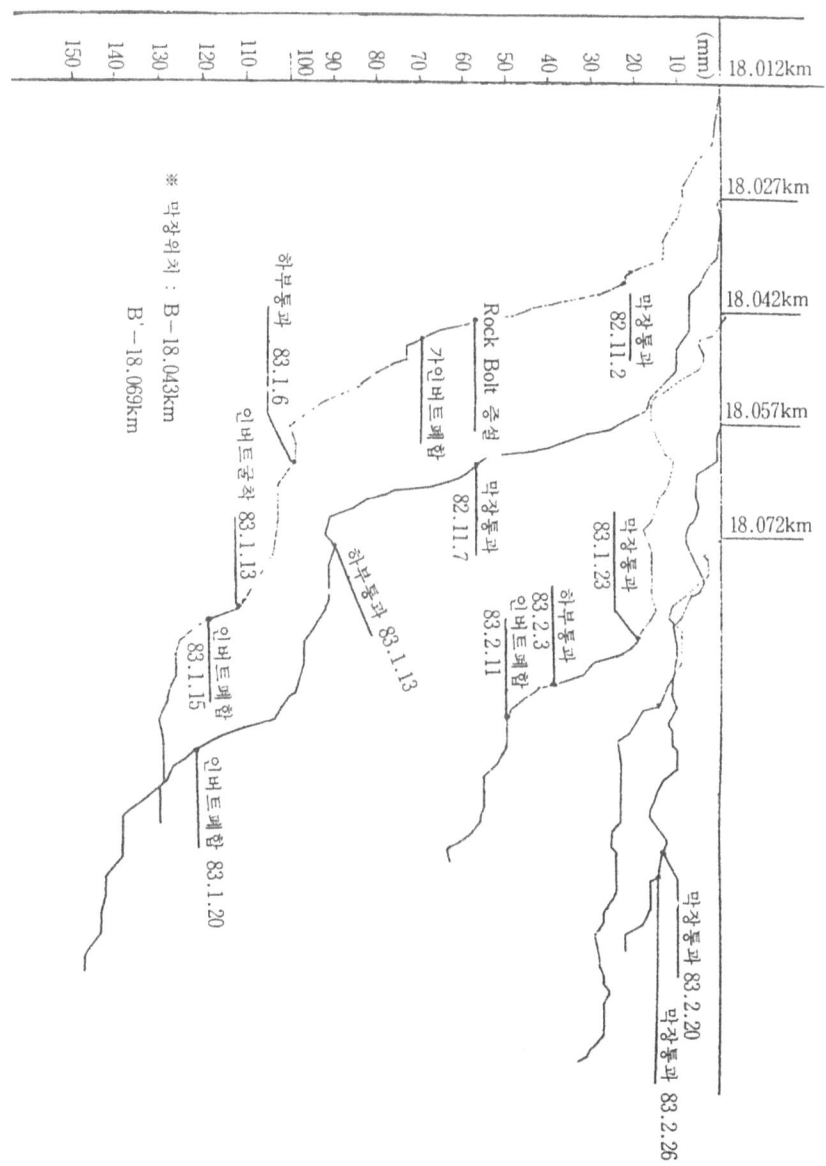

도표 3 제2공구 지표침하 현황(동측) : 각 지점의 경과일수에 따른 전개도

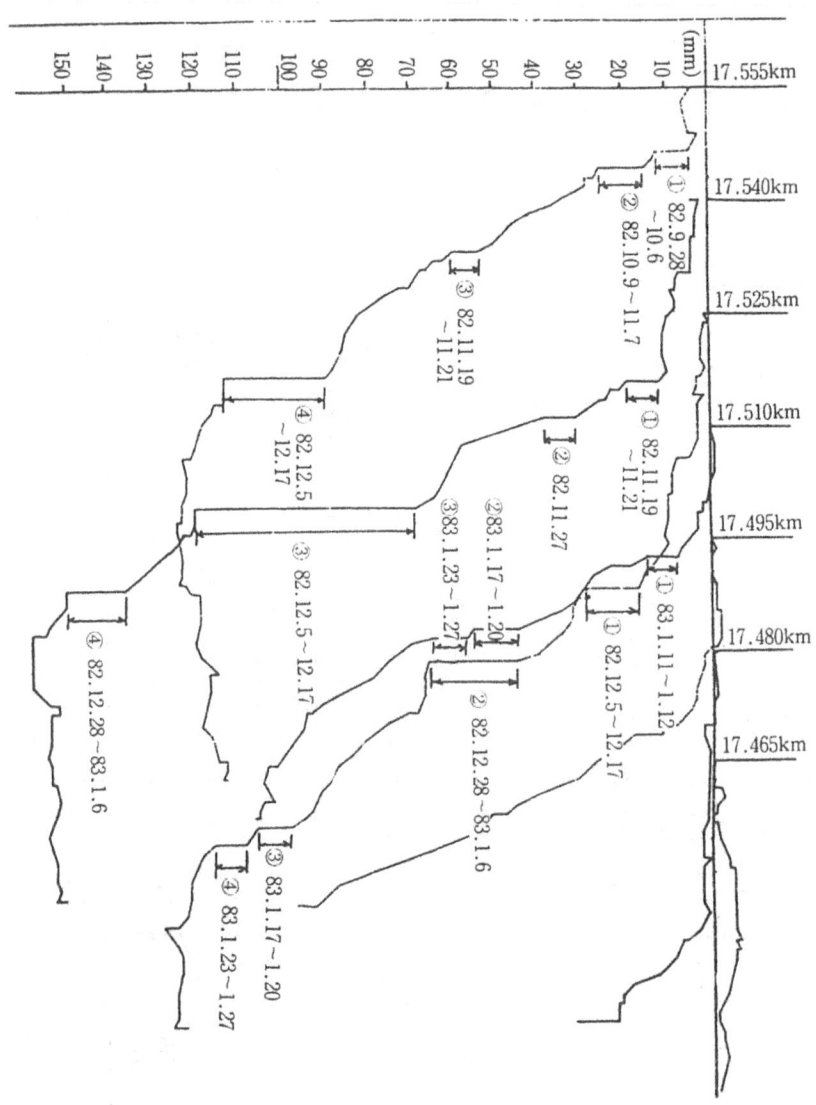

도표 4 제1공구 각지점의 굴진속도에 따른 지표침하 전개도

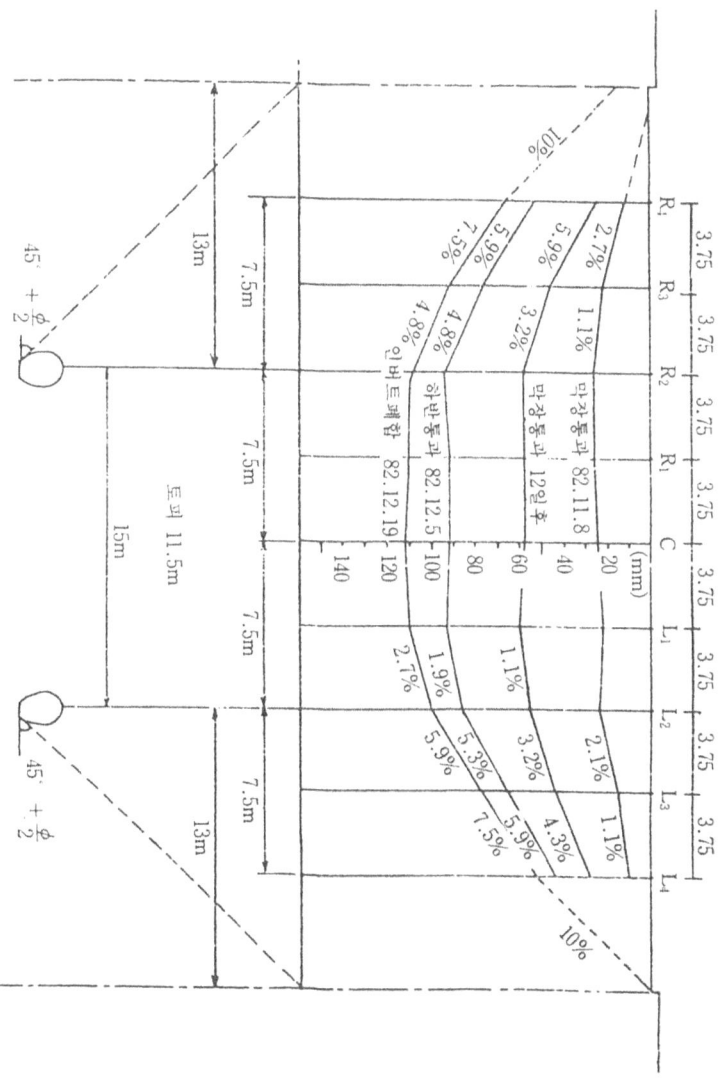

도표 5 SAT 17,555km지점 횡방향 지표침하

328 NATM터널공법

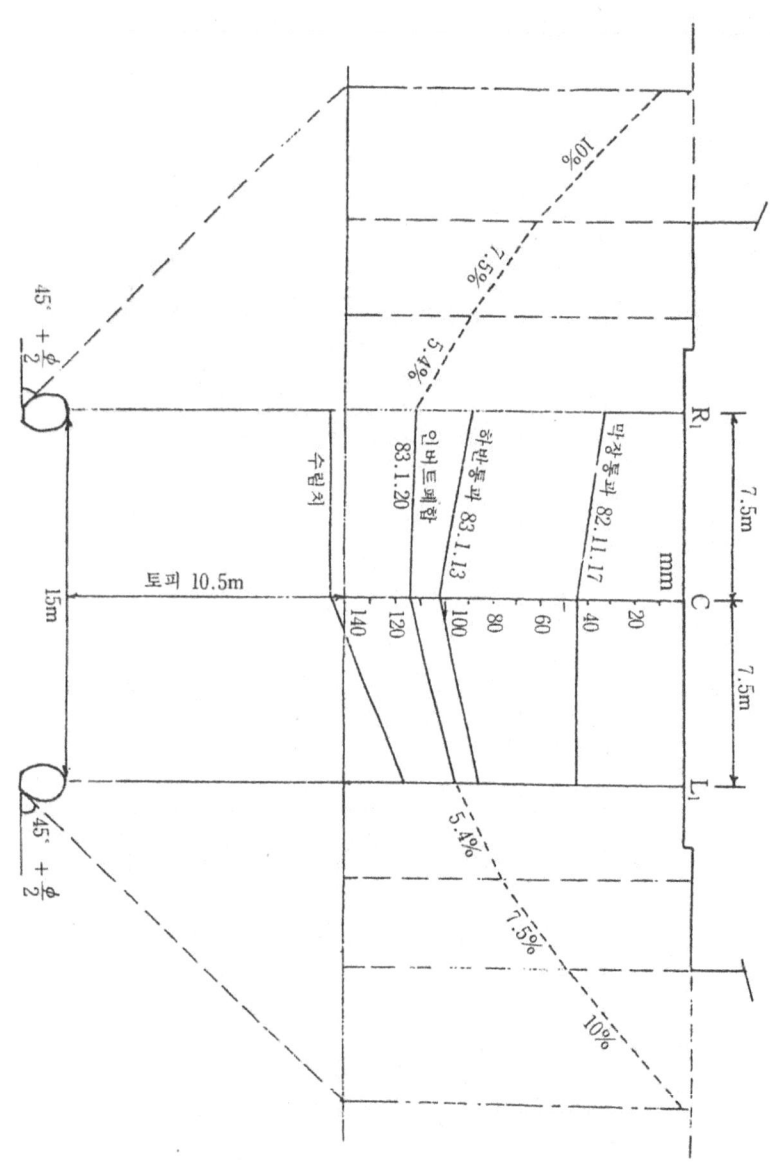

도표 6 STA 18.027km지점 횡방향 침하

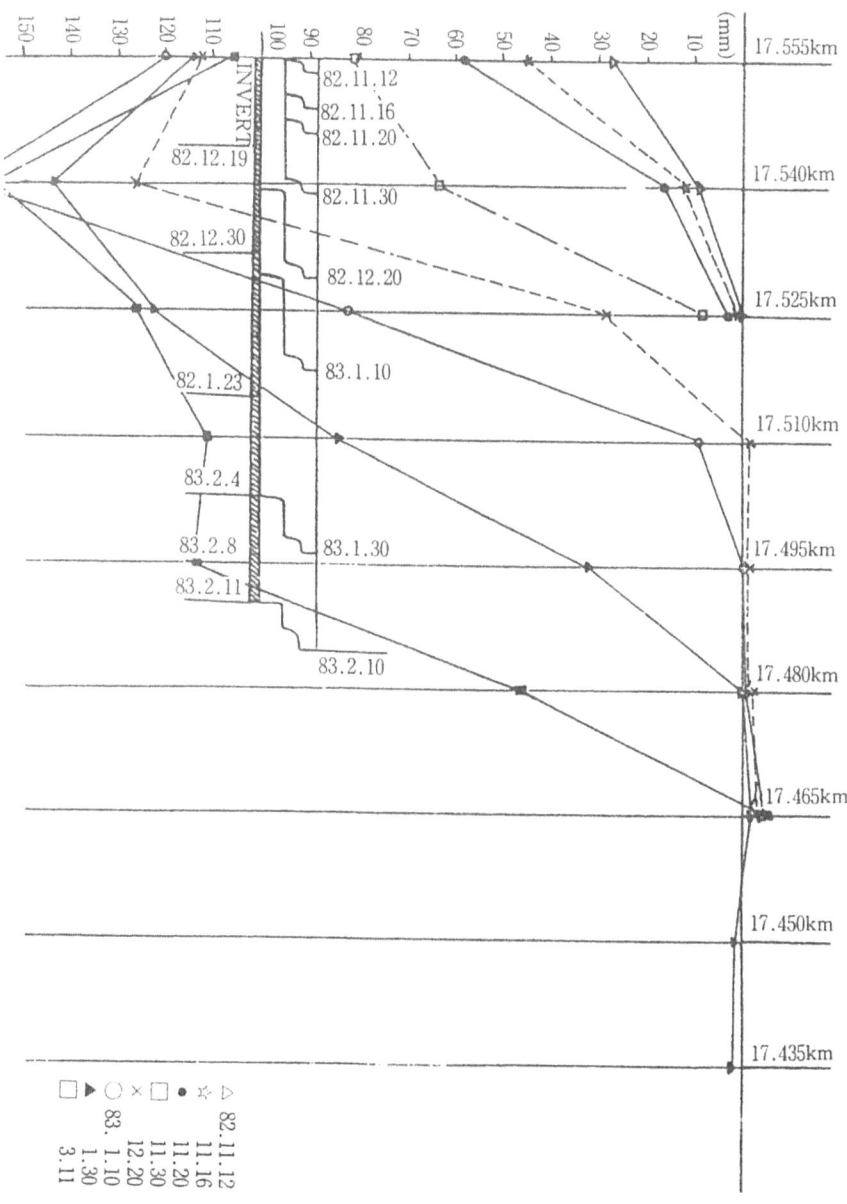

도표 7 제1공구 각지점별 임의의 일자로 표시한 지표침하 현황도

(침하량 종합표)

단위 : mm

구분 측점	막장통과시	하부통과시	인버트굴착	인버트폐합	최저치	수렴치	비 고
17K495	-45	-70	-80	-96	-109	-109	
510	-22	-65	-88	-98	-111	-111	
525	-42	-63	-120	-120	-124	-122	
540	-62	-113	-124	-153	-159	-153	
555	-24	-93	-105	-111	-120	-108	
660	+5	+4	+1	+2	-	-	
675	+10	+6	-	-	-	-	
690	+12	-	-	-	-	-	
18K012	-22	-99	-112	-119	-130	-129	
027	-56	-90	-	-122	-147	-147	
042	-19	-39	-	-50	-64	-63	
057	-13	-14	-	-	-	-	

가. 지표침하 수렴치 추정

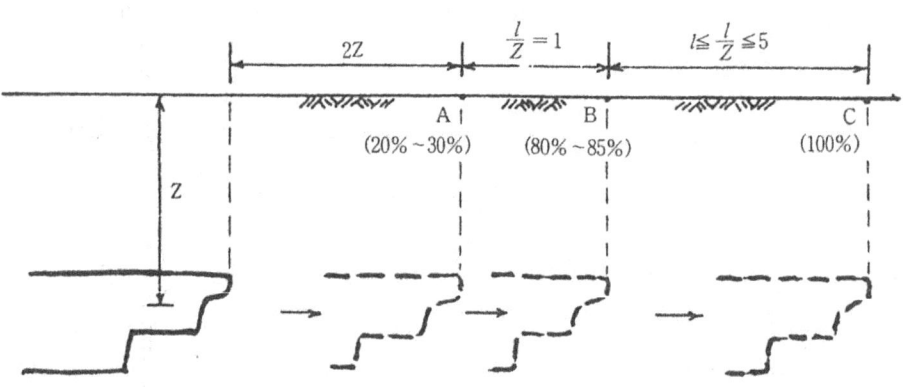

여기서 Z=지표면에서 상부반단면 중심까지의 거리

ℓ =터널굴진 길이

따라서, $\frac{\ell}{Z}=1$은 터널 Z거리만큼 굴진된 것을 표시함. 상기도는 연약지반의 터널을 굴착할 경우 발생되는 지표면 침하의 관계를 나타낸다. A, B, C점은 편의상 표시한 것이며 통상적으로 터널굴착시 지반의 움직임은 막장에서 2Z되는 전방에서도 생기며 막장이 A점까지 도달했을 때의 침하량은 최종 침하량의 20~30%정도 생기고 Z만큼 더굴진한 다음 측정된 침하량은 최종침하량의 85~85%정도로 추정할 수 있으며 막장이 측정점에서 5Z만큼 더 굴진해 나가면 침하가 100%전부 발생되었다고 판단해도 무리가 없다. 정확한 방법은 아니지만 지표침하가 예민할 경우 수렴치를 예측하기에는 매우 편리하다.

(예1) 제1공구(중앙청앞) 17.510km지점을 막장이 통과할 때 83.1.14 침하량은 22mm이었다. 수렴치를 추정하면 $22 \times \frac{100}{20} = 110\,mm$가 예상되며 상기 지점에서 Z(13.5m)만큼 더 굴진하였을 때 17.510km지점의 침하량은 84mm(83.1.29)로서 수렴치는 $84 \times \frac{100}{80} = 105\,mm$가 예상된다. 따라서 본지점의 수렴치는 약 110mm정도로 추정되는데 실제로 도표 1의 17.510km지점 전개도에서 볼 수 있는 것과 같이 111mm에서 수렴되었다.

(예 2) 현장주변 점검시(82.12.7) A점(17.506km) 및 B점(17.488)에 길이 15m, 폭 2mm정도의 아스팔트균열이 발생된 것을 발견하였다. 그당시 터널굴진길이는 72m이었다.

이를 분석해보면 A지점에서 생긴 균열은 막장에서 2Z되는 27m, B지점균열은 막장에서 3Z되는 41m보다 4m이격된 지점에 발생되었다. 이를 보면 터널굴진시 2-3Z 전방에 나타나므로 주의깊은 관찰이 요구된다.

332 NATM터널공법

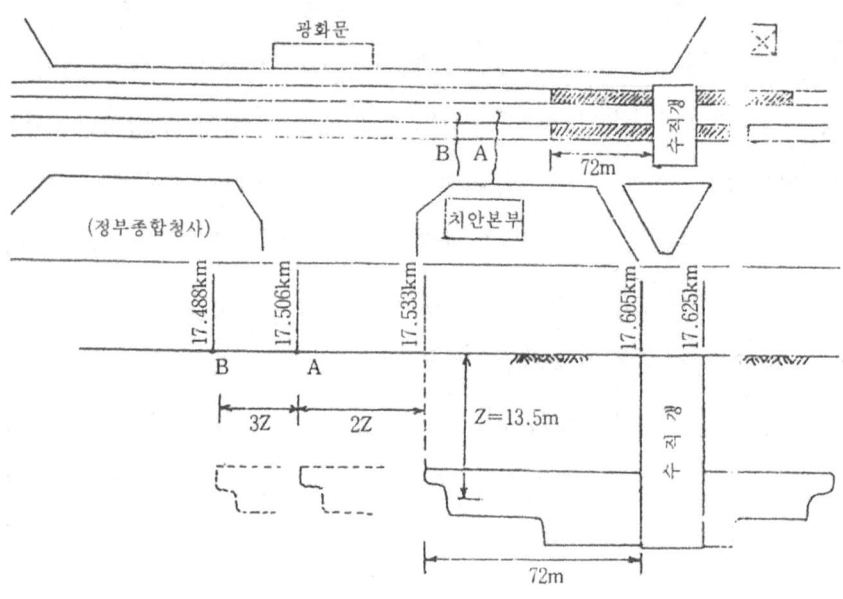

나. 지표면의 융기현상

지표침하를 계속 측정해본 결과 다음과 같이 특이한 융기현상 2가지를 발견하였다.

하나는 도표 1에서 볼 수 있는 바와 같이 적은 양이지만 어느정도 일단 융기현상을 보인다음 침하가 시작되는 것과, 또 하나는 표 4에서와 같이 침하없이 융기현상만 보이는 것이다. 이 두가지 현상은 매우 흥미로운 사실로서 다음과 같이 분석해 보았다.

첫째 도표1의 융기현상

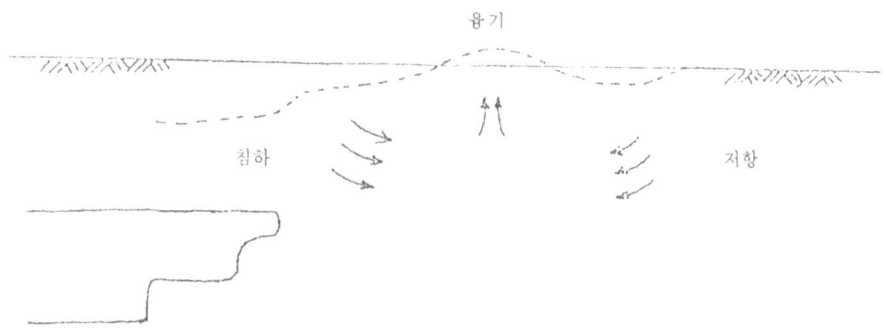

위 그림과 같이 지표침하가 계속 진행될 경우 앞으로 밀어내려는 하항력이 발생함에 따라 전방지반의 저항력으로 인하여 융기현상이 발생되는 것으로 판단되며 연약지반에서는 지속적이 아니고 일시적인 현상으로 나타나며 세밀하게 측정해 보면 터널 횡방향으로도 같은 현상이 발생되고 있다.

둘째, 도표 2의 융기현상

제1공구 B갱을 35m정도를 굴진하였을 때 막장 위치인 17.660 측정점이 82.10.27부터 융기현상을 보이다가 10일후에는 원위치까지 침하된 후 다시 융기현상이 지속되고 있으며 현재는 측정점보다 35m 를 더 굴진하였지만 아직 초기치 이하로 내려가지 않고 있으며 이 부근의 지표면은 전부 10mm전후씩 융기되어 있다. 터널굴착은 발파없이 인력으로 굴착을 하지만 부레카로 굴착이 어려울 정도로 단단한데도 융기량이 크지는 않지만 다시 침하를 않고 계속 진행되는 원인을 몰라 고심하던 중 막장지질을 면밀히 관찰해 본 결과 토립자의 배열이 다음 그림과 같이 수평으로 쌓여 있는 Sheet Joint로서 지질재요와 같은 것을 발견하였다.

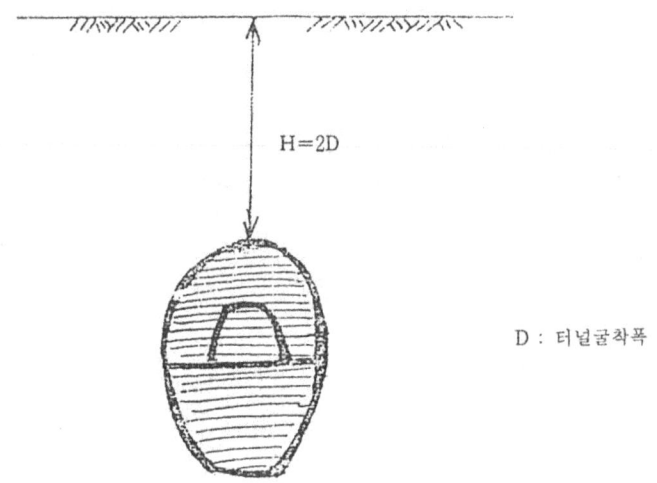

터널굴착으로 원지반의 응력이 재배열되는 과정에서 측압이 발생하여 여기에 대한 반력이 자유면쪽으로 작용되어 토피가 얇은 지표면까지 영향을 미쳐 융기현상이 발생되고 있다고 판단된다. 그러나 여기서 중요한 점은 연약지반일 경우에는 일시적인 융기후에 바로 침하로 전달되나 지질이 굳은 경우에는 상당기간 동안 지속된다. 아직은 침하로 전환되지는 않았지만 Zero점 이하로 침하가 될 경우에 대비하여 터널 내공변위 측정을 주의깊게 측정하여야 한다.

다. 횡방향 침하

도표 5와 도표 6에 표시된 17.555km, 18.027km두 지점을 대표로 분석해 보기로 한다. 17.555지점의 횡방향 침하를 보면 좌우 터널 사이는 침하량이 비슷하게 내려가지만 터널 크라운부를 밖으로 벗어나면 급격하게 침하가 억제되는 것을 알 수 있다. 18.027km지점은 터널크라운부 및 터널사이의 중심점, 이렇게 3점만 측정한 결과만 있지만, 인버트폐합시 17.555km지점 112mm, 18.027km 지점 114mm의 침하량으로 서로 비슷하여 17.555km지점의 횡방향 침하구배를 18.027km지점에 적용시켜보면 인근건물 부위까지 침하범위에 들어가지만 이것은 어디까지나 추정일 뿐이며 현재까지 인근건물에 별다른 이상이 발견되지 않고 있는 것을 보면 터널에서 7m정도 떨어진 부분은 지표침하로 주변 건물에 끼치는 영향이 상당히 적다고 판단된다.

라. 굴진속도와 지표침하 비교

도표 4는 제1공구 시점방향으로 각 지점의 지표침하를 굴진속도와 비교한 전개도를 표시하였는데, 여기서 사선은 굴착이 진행되는 과정에서의 침하를 나타낸 것이고 수직선은 굴착이 중단된 기간중에 발생된 침하량은 표시한 것이다. (날자는 굴착중단 기간임)

NATM시공에서의 상식으로는 대개 막장이 멈추면 지표침하로 멎어야 하는데도 상당한 양의 침하가 필요없이 발생되었다는 것은 매우 나쁜 현상이다. 이것은 가급적 굴진을 중단하지 않고 계속 진행해야만 유리하다는 것을 나타내기도 하는 것이다.

(굴진중단시 침하량)   단위 : mm

구 분 측 정	누 계 치	일일침하속도	비 고
17.555	48	0.9	
540	81	3.1	
525	48	1.5	
510	25	2.3	

중단없는 굴진을 계속하고 막장작업이 중단될 때는 반드시 두께 7cm정도의 숏크리트로 막장을 폐합한다면 소성범위 확산을 억제시킬 수 있어 상기 침하누계량의 60~70%를 감소시킬 수 있다.

침하량이 가장 크게 일어난 17.540지점을 분석해보면 다음과 같은 취약점을 찾을 수 있다.

굴착진행시의 침하속도는 82.11.27이후 6일간 일평균 3.3mm로 다른 어떤 구간보다도 심했다. 그 당시 굴착상황은 상부 벤취장이 25m이었고 인버트시공은 막장에서 35m후방까지만 시공되어 있을 뿐만 아니라 표 7의 터널투시도와 같이 가장 악조건인 상태로 시공이 되고 있었다. 더욱이 82.1.17.555km 지점의 A갱 좌측 숏크리트면에 헤어크랙이 발생하더니 82.12.17에는 10cm정도까지 발달되고 우측벽에도 수개소에 헤어크랙이 발생되기 시작하였다.

터널에 변형이 발견될 때에는 중단하지 말고 굴진속도를 더욱 내어 영향권에서 빨리 벗어나는 것이 안전하지만 이것은 기본패턴에 의한 굴진방식과 각 공종이 정확히 지켜질 때만 가능한 것이다. 그래서 현장에서는 여러 가지 취약점 보완이 우선이라고 판단하여 즉각 터널굴착을 중단시키고 12일 동안에 벤취장을 6m로 유지시키고 인버트 폐합과 아울러 앞에서 설명한 터널굴착시 주의사항 보완에 중점을 두었다.

다음 구간부터는 이러한 취약점들을 주의하여 시공했지만 도표 1에서 나타나는 것과 같이 17.525km, 17.510km, 17.495km지점의 침하는 110mm전후까지 발생했다. 이것은 FEM해석결과 제시된 Ps-2구간의 예상침하량 40.2mm를 훨씬 초과하지만 터널굴착 외적인 요인 즉, 압밀침하와 탄성침하를 배제할 수 있다.

당 공구 터널지질이 마사토는 화강암이 풍화작용을 받아서 토양화한 것으로 그 조성입도 분포는 점토광물을 포함하며 조세사까지 포함한 대단히 좋은 압도 배합으로 되어 있는 지질이나 굴착에 의한 지반의 능력상태가 변화하고 지하수의 침투과정에서 그 성질이 급격히 약화되는 특성을 가지고 있다. 특히 터널내 용수에 의해 점토분이 유출되고 점착력과 마찰력이 소실 또는 감소되어 소성변형을 가속시킬 뿐 아니라 과도한 침하가 발생되고 있다고 생각된다. 따라서 연약지반의 터널은 차수 또는 강제배수 조치를 취하여 DRY상태로 만든 다음 굴착에 착수하는 것이 가장 안전하다.

마) 임의의 같은 일자에 각 지점의 침하방향

도표 7에 표시된 것을 보면 17.555지점과 17.540지점은 다른 측점과는 달리 그 지점의 최대치까지 침하되었다가 인버트폐합후 다시 상승되는 것과 굴진속도가 빠를수록 침하량이 적어진다는 것을 알 수 있다.

Fig.105 지표침하측정

(3) 천단침하측정

① 목적 : 터널 내공변위 측정과 함께 주변지반 안정의 확인 및 Rock Bolt, Shotcrete 등의 지보효과를 파악하는데 있다.

② 측정요령 :

• 측점설치 : Tunnel Crown부의 Shotcrete에 콘크리트못을 타입하거나 내공변위 측정용의 Bolt를 설치한다.

• 막장 통과후 가능한한 빨리 적어도 1~2시간 이내에 초기치를 측정하여야 하며

• Level을 이용하여 수준측량으로 정밀도 ±1mm정도로 측정한다.

• 측정기간은 측정점이 막장과의 거리가 터널굴착폭의 2~5배 이상 멀어질 때까지 한다.

③ 측정 데이터 분석

가. 한국일보사 앞

대표적인 위치로서 STA 17.725km, STA 17.735, STA17.740, STA.17.776 4곳을 택한다. 본 측정지점은 풍화암대로서 터널은 Ps-3 단면이며 별도의 보강 공사를 하지 않았다. 도표 1의 Graph는 위 각측정점의 천단침하 현황을 표시한 것이다. 도표 1을 이해하기 쉽도록 당시의 터널 굴착상태를 그리면 다음과 같다.

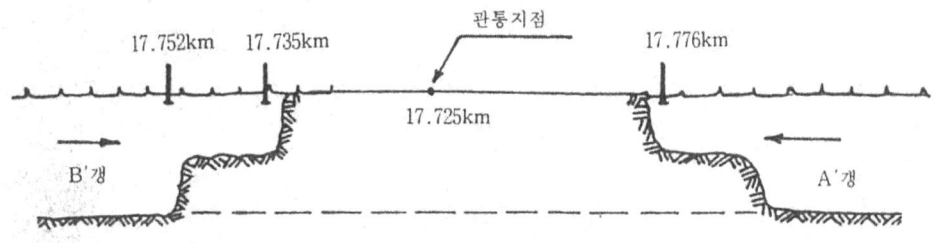

그림 4.78 터널굴착상태 : 하행선

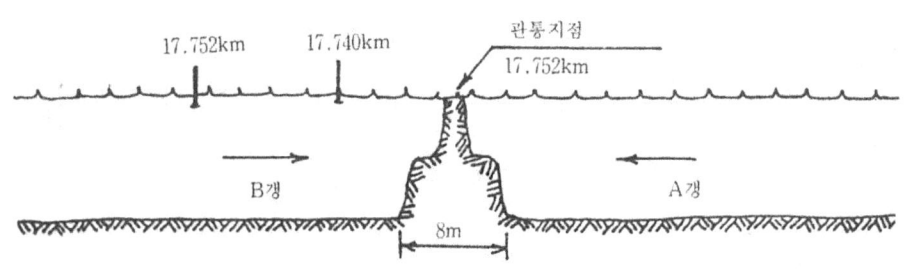

그림 4.79 터널굴착상태 83.10.28 상행선

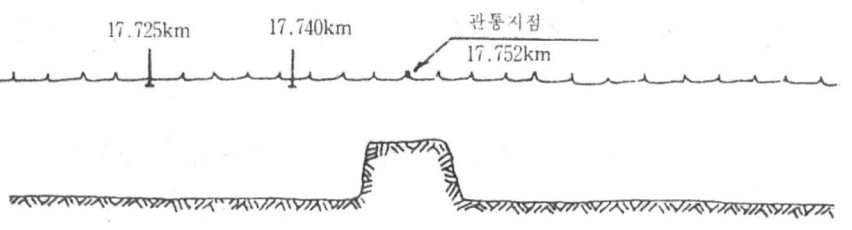

그림 4.80 터널굴착상태 83.10.29 상행선

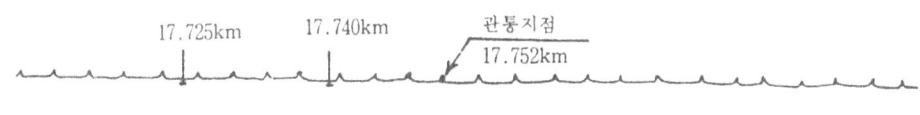

그림 4.81 터널굴착상태 83.11.3 상행선

　나. ・표로 표시된 17.740km를 보면 급격한 침하를 나타내고 있다. Graph중 ☆1은 그림 4.79에서 볼 수 있는 것과 같이 83.10.28 현재 상부는 1.2m, 하부는 8m를 남겨 놓은 상태였다. ☆1과 ☆2의 급격한 침하는 터널을 양측에서 굴진해 옴에 따라 터널이 굴진하면서 전방상단부에 미치는 Plastic Zone이 서로 중첩됨에 따른 영향이 큰 것이나 ☆2에서와 같이 83.10.29 일단 상부반단면을 관통하고서는 침하곡선이 완만함을 보이다가 하부반단면까지 완전히 관통하고서는 6일정도 후부터 침하가 완전히 멈춘다는 것을 알 수 있다.

　다. ▲표로 표시된 17.725를 보면 17.740보다는 완만한 침하곡선을 그리고 있다. 이는 측점이 17.740km보다 15m후방에 있어 앞쪽에서 굴진해 오고 있는 터널의 영향을 적게 받기 때문이다. 그러나 27mm정도까지는 완만한 침하를 보이다가 ☆8에서와 같이 상부 관통되면서 급격한 침하를 보이다가 ☆9에서와 같이 하부 관통되면서 침하가 멎어 버리는 경향을 알 수 있다.

　라. 따라서 ☆표나 □표의 Graph도 천단침하량이 10mm전방에 불과하지만 나,다항의 설명을 기준으로 판단해 볼 수 있다고 생각한다.

　마. 광화문앞 치안본부 뒤

　본구간 터널의 천단침하되는 약액주입구간과 일반구간으로 구분하여 일반구간에서는 STA 17.390. 약액주입구간에서는 STA 17.415km를 대표적인 위치를 택하여 비교해 본다. 약액주입구간과 일반구간의 천단침하는 약 10mm정도의 차이를 보이고 있지만 한국일보앞 구간같이 급격한 침하를 보이지 않는 것은 서로 반대방향에서 굴진해 오지 않고 일방향으로만 굴진함에 따라 Plastic Zone의 중첩현상이 적은 것으로 판단된다.

(4) 내공변위 측정

① 목적 : 터널시공의 안정성, 지보의 효과, 지보의 시공시기, 방법 등을 검토하기 위해 가장 기본이 되며 1타복공(Shotcrete)의 필요성을 판단하며 하반굴진착 등에 의한 안정성을 판단하고 2차복공(Lining Concrete)타설시기의 판단자료로 한다.

② 계측기구

가. 견고하여 내구성이 있고 취급이 쉽고 측정에 의한 개인오차가 없는 것으로 한다.

나. 측정의 정밀도는 0.1~1mm로 한다.

다. Steel Tape를 이용한 내공변위계는 측정시마다 일정 장력이 보장되어야 하며 장력에 의한 Tape신장의 보정이 가능해야 한다.

③ 측정요령

가. 내공변위 측선도

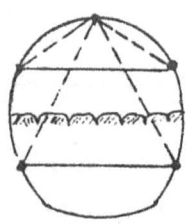

여기서 점선은 필요에 의하여 행하는 측선이며 실선은 꼭 행하여야 하는 측선이다.

나. 측정은 지질의 상황 또는 현장의 상황에 따라 적절히 변경해야 하나 상부단면 굴착에서 상부단면굴착으로 옮겨 가거나 Invert의 폐합이 행해진 경우 등에는 측정빈도를 증가시킨다.

다. 내공변위 측정위치는 대표적으로 STA 17,400km(광화문 앞)과 ST

17,725(한국일보사 앞) 두지점을 택하여 "도표 3", 도표 4"에 나타냈다.

④ 측정데이타 분석

　가. 변위량이 시간경과 변화 Graph와 막장 진행에 따른 변위량 변화 Graph를 도표 3과 도표 4에 나타냈으며 특히 같은 위치에서의 내공변위와 천단침하 관계를 표현했다.

　나. 지질형태 : 17.400km(풍화토), 17.725(풍화암)

　다. 17.725측점은 보강공사를 하지 않은 일반구간이나 17.400km측점은 약액주입의 일종인 SGR공법(Space Grout Rocket System)을 시행한 구간이다.

　라. 도표 3의 계단식 Graph는 상부, 하부의 굴착진행 상태를 표현한 것으로 내공변위량 Graph와 비교해 보면 막장 진행에 따른 상관관계를 어느정도 알 수 있다. •표 Graph는 터널의 상부반단면의 수평 내공변위량이며 ◦표 Graph는 하부반단면의 수평내공변위량이다.

17.400km이나 17.725km의 상하부 수평내공변위량은 3.5mm정도에 불과하나 17.725km측점의 천단침하량은 40mm정도, 17.400km의 천단침하량의 10mm정도로서 약액주입구간이 일반구간의 천단침하량의 $\frac{1}{4}$ 정도인 것을 알 수 있다.

　마. NATM의 경우 내공변위의 허용치는 암반의 공학적 성질과 움직임, 구조물의 종류와 형상, 토피의 정도, 굴착공법등 다수의 요인에 영향을 받으므로 평가의 기준치를 정량적으로 정하는 것은 곤란하다.

따라서 현장의 상황을 잘 고려한 후 안정성과 경제성의 일치점을 구하여 평가해야 하며 변위속도가 계속해서 일정치를 보이거나 시간에 따라 증가하는 경우에는 견디지 못하고 파괴를 일으키는 경우가 있어 가장 위험하다. 또한 변위속도가 점점 감소하는 경우에도 하반의 굴착에 의해 상반부의 변위속도를 크게 일으키는 경우도 있으므로 충분히 관찰해야 한다.

342 NATM터널공법

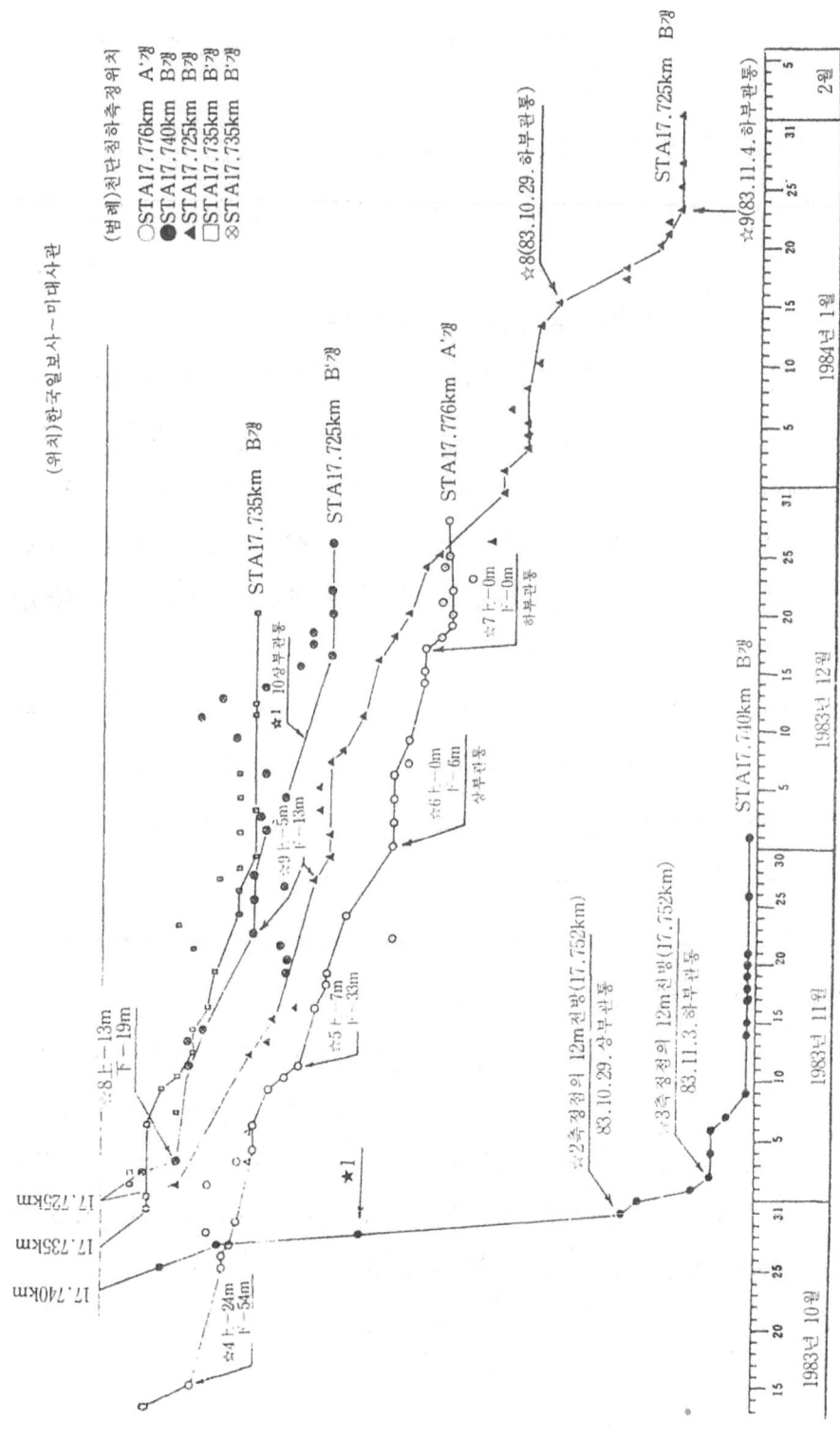

도표1 * 위치별 천단침하 곡선

第4章 NATM 施工 343

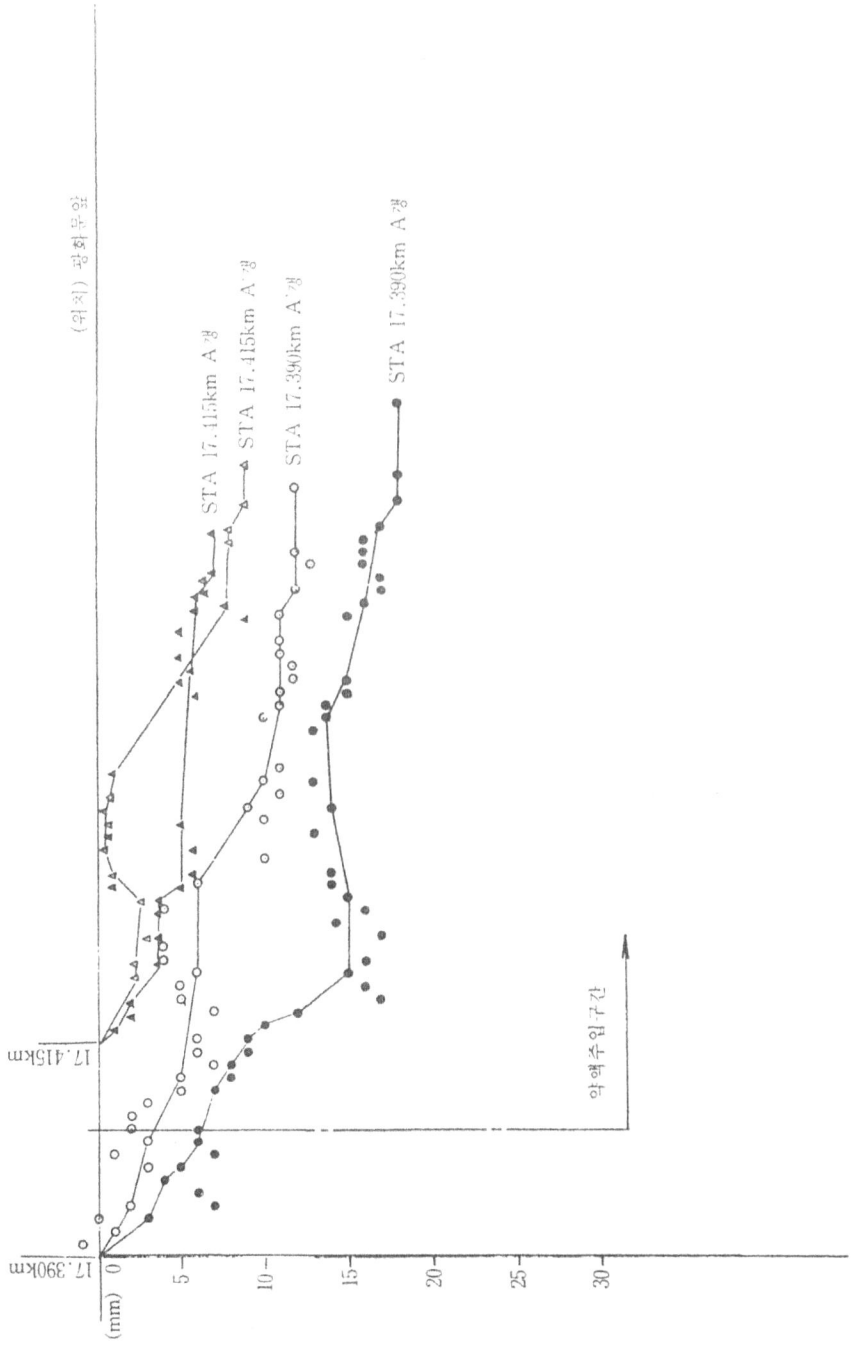

도표2 약액주입구간과 일반구간의 천단침하 관계

344 NATM터널공법

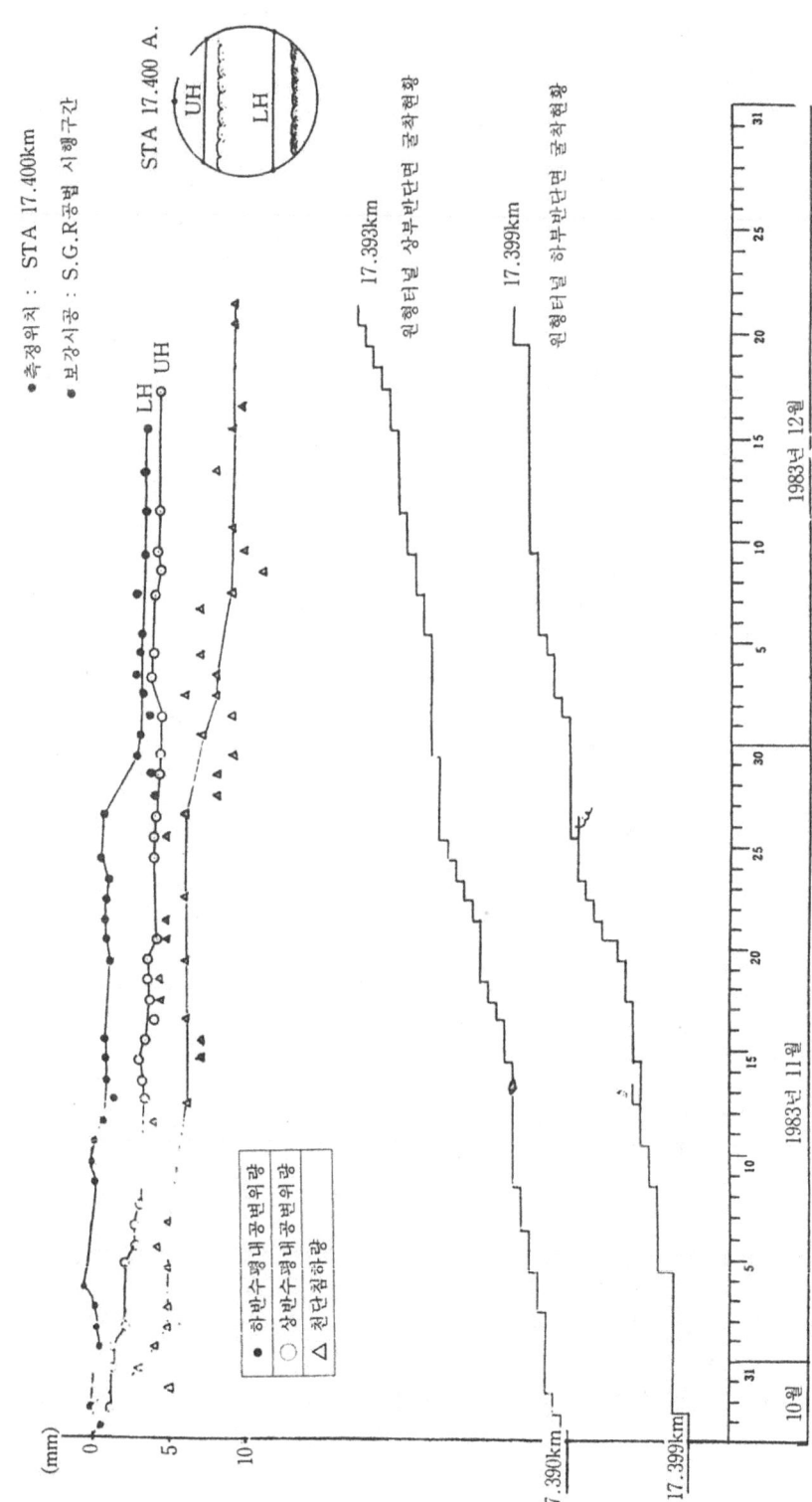

도표3 원형터널구간의 굴착속도에 따른 내공변위와 천단침하량과의 관계

第4章 NATM 施工 345

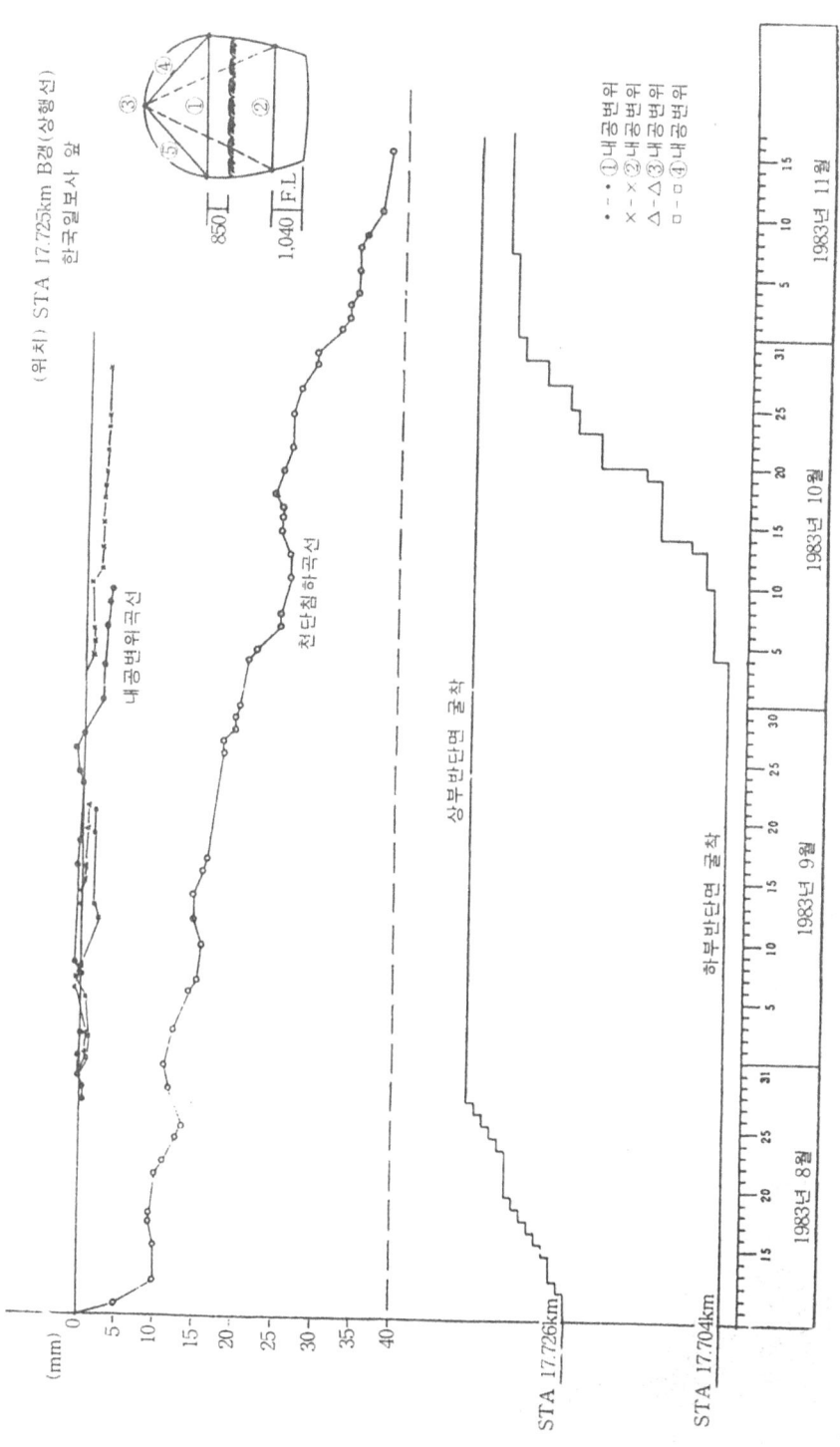

도표4 내공변위와 천단침하와의 관계

346 NATM터널공법

Fig.105 천단침하측정

Fig.106 내공변위측정

(5) ROCK BOLT 축력측정

① 목적 : Rock Bolt의 축력측정은 Rock Bolt의 축력을 측정하여 그 응력도에 의해 Rock Bolt의 증타 등을 판단하는 자료를 얻기 위해 행해진다.

② 측정요령

가. 측정은 Rock Bolt에 변형 Gage를 붙이거나 Mechanial Anchor에 의해 행한다.

나. 전면 접착식에서는 설치 당초는 무응력상태이고 그 후 지반거동에 의해 Rock Bolt내에 응력이 도입되며 측정된 응력도에 의하여 설계 Pattern 및 Pitch의 적정 여부를 판단한다.

③ 측정데이터 분석

가. Rock Bolt의 축응력이 작아서 상대변위가 있을 경우에는 느슨한 영역이 크고 Rock Bolt의 길이가 부족하다는 것을 나타내며 Rock Bolt가 유효하게 이용하고 있을 때는 Bolt의 응력은 인장응력이 된다. 따라서 Bolt에 의한 응력분포를 알면 Bolt의 개수, 길이의 과부족을 판단할 수 있으며 축력분포의 형태에 따라 느슨한 영역과 지보영역의 판단이 가능해 진다.

나. 도표 5에 17.458km 'A갱의 Rock Bolt축력치를 표현해 보았다. 도표 5의 하기도는 상기도보다 약 2개월 후의 측정치이다.

다. 도표 6은 상기도에 17.723km 좌측갱, 하기도는 17.720km우측갱의 측정치를 표현했으며 둘다 상부측 Bolt의 측정은 하부반단면 통과 직후 측정했고 하부측 Bolt의 측정은 설치 1일후의 값이다.

라. 그러나 도표 5나 도표 6에서는 별로 흥미있는 내용을 알 수가 없었으나 도표 6을 도표 7과 같이 표현방식을 달리 해본결과 터널막장이 측정점을 지나기 전과 후의 변화되는 것을 살펴 볼 수 있다.

도표5

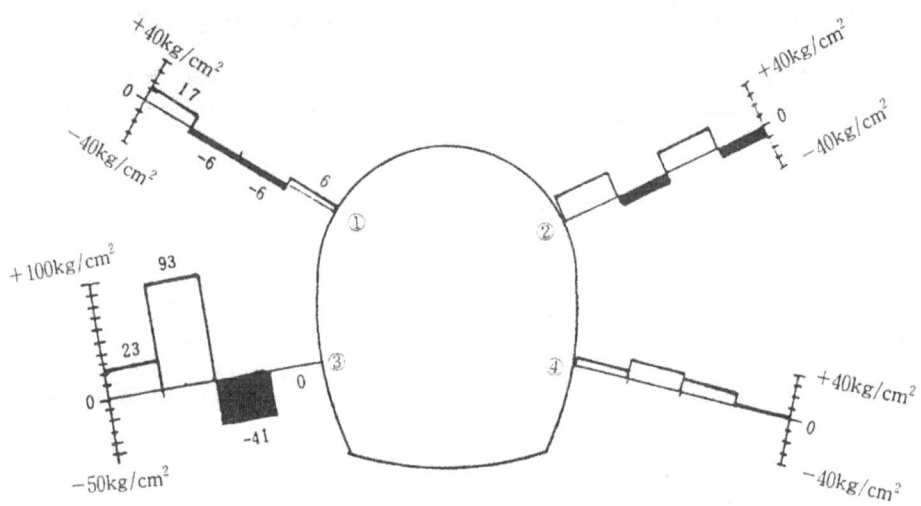

STA 17.458kg A'갱
①, ② 하부반단면 통과직후(83.5.25)
③, ④ 설치후 6일 계측지(83.6.6)

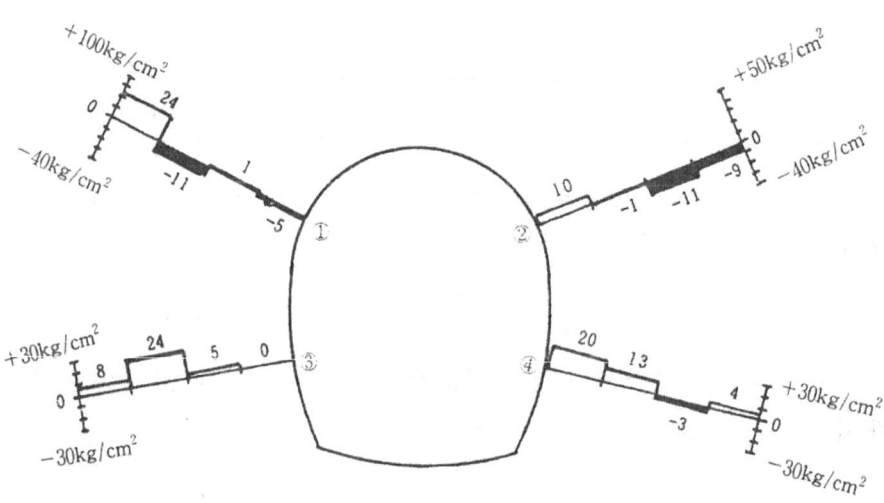

STA 17.458kg A'갱
①, ②, ③, ④ DATE (83.8.4)

도표6

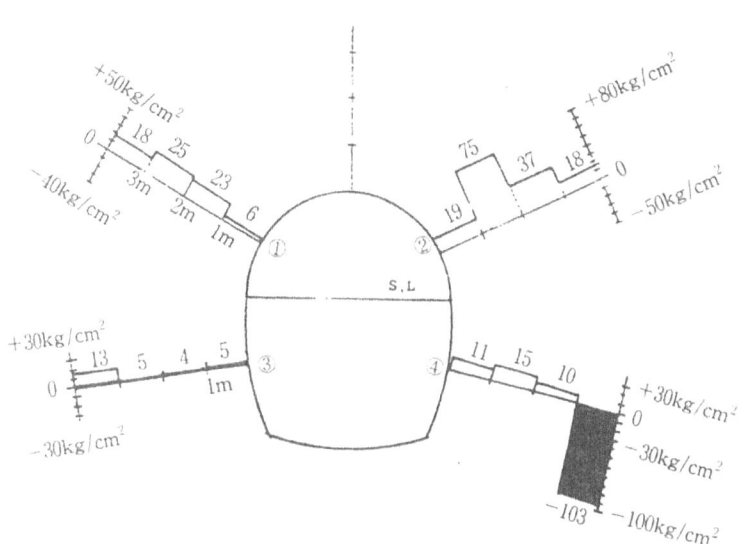

STA 17..732.2kg B갱
①, ② 하부반단면 통과직후(83.9.28)
③, ④ 설치 1일후(83.9.29)
地質 : 화강암대 풍화암

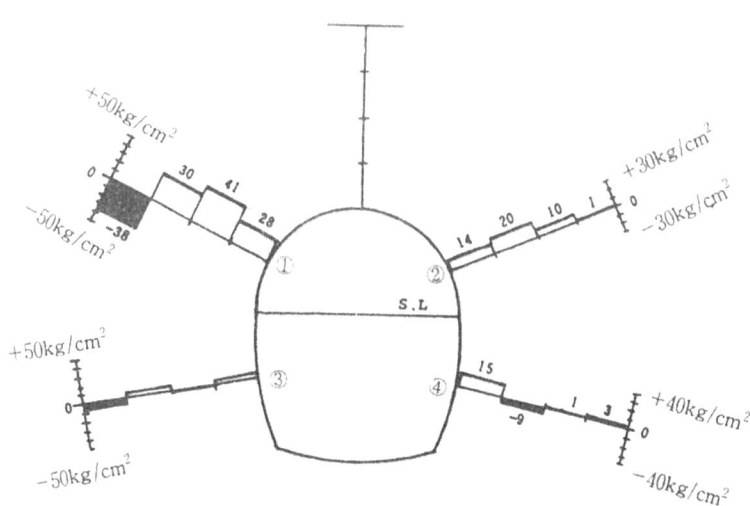

STA 17.720.7kg B′갱
①, ③ 하부반단면 통과직후(83.9.15)
②, ④ 설치 1일후 계측지(83.9.16)
地質 : 화강암대 풍화암

도표7

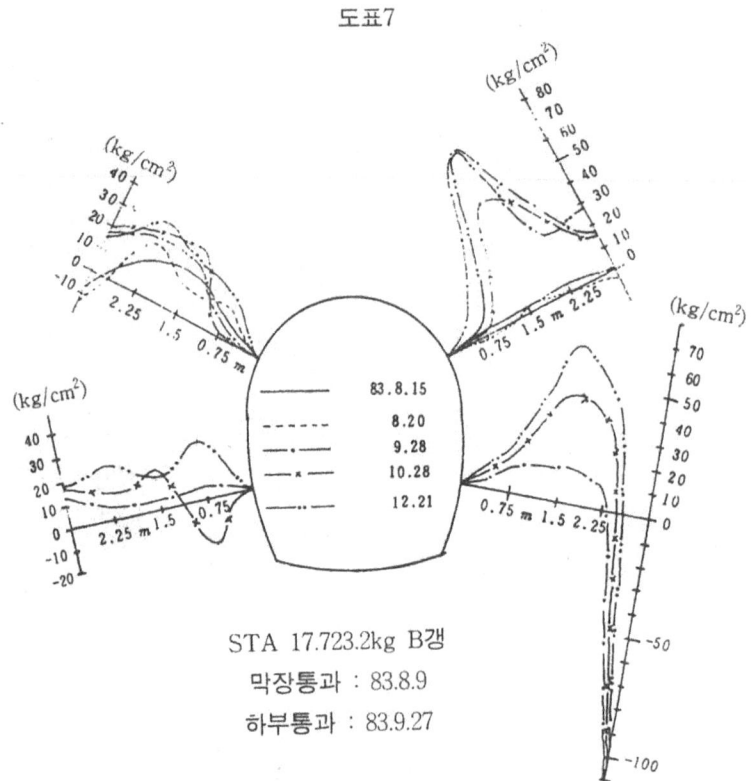

STA 17.723.2kg B갱
막장통과 : 83.8.9
하부통과 : 83.9.27

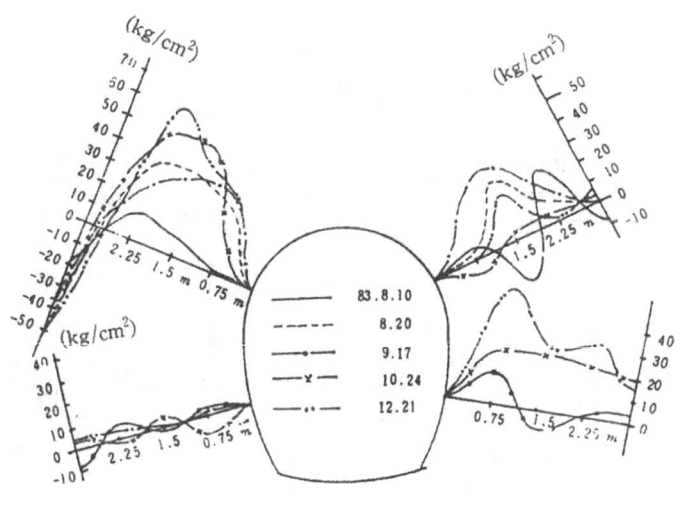

STA 17.720.7갱
막장통과 : 83.8.5
하부통과 : 83.9.12

(6) 막장위치와 터널변형과의 관계

① 그림 82는 막장 진행거리와 경과일수에 따른 내공변위관계도를 나타낸 것으로 D는 터널 직경을 말한다. 좌측 곡선은 막장이 1D에서 2D정도 지날때까지 변위가 수검되는 과정을 나타내며 우측 곡선은 1주일 정도까지는 변위가 크다가 10일 정도지나면 수검된다는 것을 말한다.

② 그림 83은 막장위치와 터널 변형의 관계도로서 막장이 2D~3D전방에 접근하면 변형이 발생되어 막장이 측정점까지 도달하면 약 35%정도의 변형이 생기고 막장이 측정점을 지나면서부터 변형이 급격히 생기다가 2D~3D정도 지나면 수렴된다.

이러한 관련도를 잘 숙지하고 있으면 NATM터널 시공시 현장에서 많은 참고가 될 것이다.

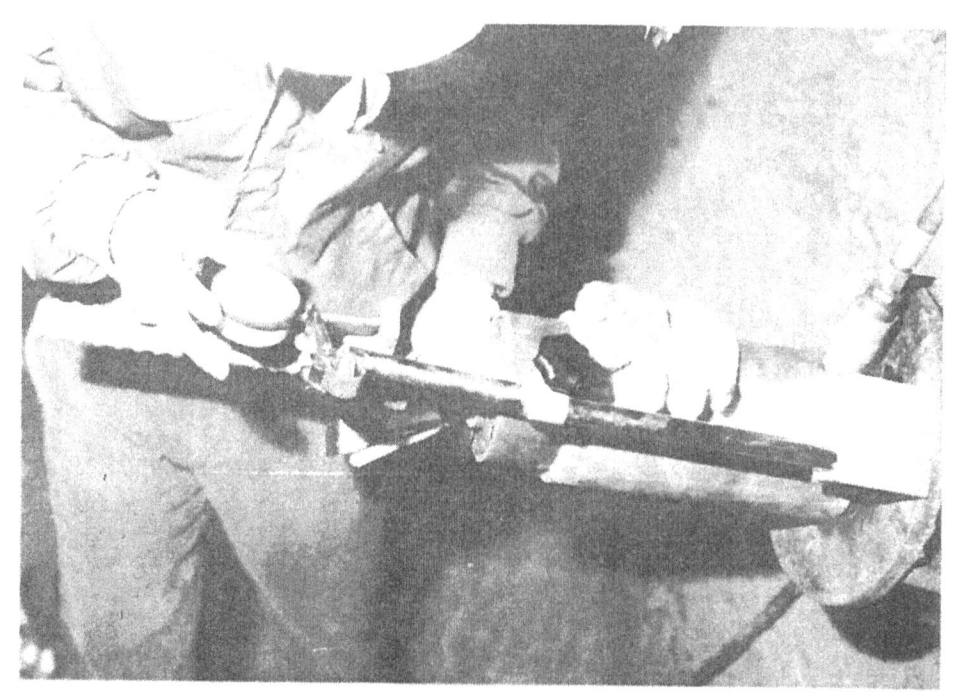

Fig.107 Rock Bolt축력 측정

352 NATM터널공법

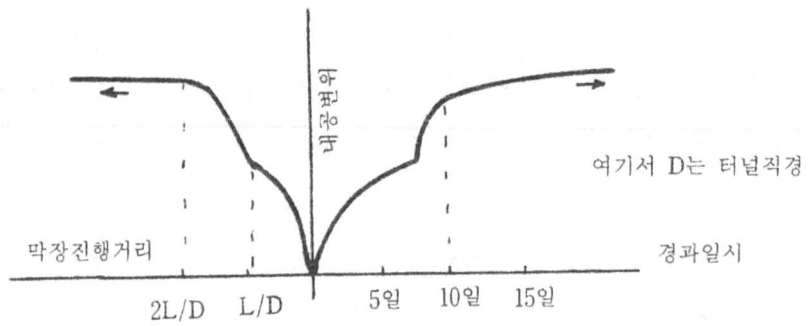

그림 4.82 막장진행거리와 경과일수에 따른 내공변위 관계도

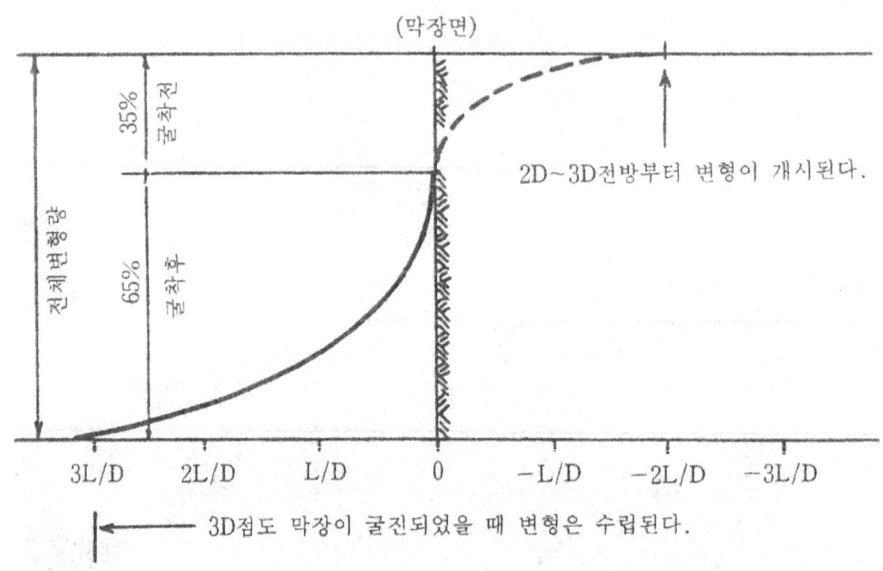

그림 4.83 막장위치와 터널변형의 관계도

Fig 108 지중 변위 측정

7) 계측기 설치요령

(1) 지중변위기의 설치(SINGLE EXTENSOMETER)

① 천공 : $\phi 36 \sim 40mm$

② 장비 : Leg Drill, Jumbo Drill

③ 천공길이 : 설치기준 길이보다 30cm이상 더 천공한다.

④ 준비물

○ 선단고정 : Conbextra 또는 Resin(2~3EA/hole)

○ 두부고정 : Cement Mortar급결재 소량

○ 설　치 :

- 30cm길이의 Extemsometer Rod(미리 30cm정도로 잘라둔다)
- 각목(8cm×8cm×30cm) 3~4EA
- 타격용 Hammer
- 쇠톱

- Conbextra 삽입용 Plastic Pipe
- 파이프렌치 2EA
- Pitch 만드는 도구

⑤ 설치순서

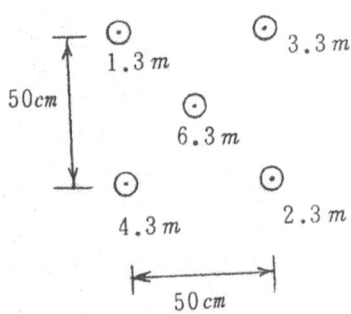

가. 좌도와 같이 50cm간격으로 천공을 하고 중앙에 6m Extemsometer용 Hole을 천공하고 6m Extensometer가 없으면 중앙부만 생략한다.

나. 미리 결합하여 준비해둔 Single Extensometer를 삽입하여 천공길이가 적절한지 확인하다.(1m, 2m, 3m, 4m, 6m, Hole 모두 확인)

다. 선단고정

○ 암구간의 경우 Resin(1~2EA, 02계열) 사용.(여기서 02는 체적 2배 팽창을 말한다)

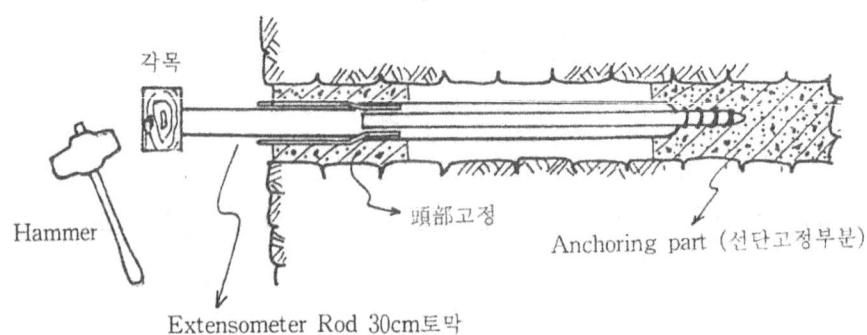

그림 4.84 지중변위기 설치

○ 토사구간 또는 용수 다량구간에는 Conbextra 사용하며 선단을 고정시킬 때 각목과 Extensometer Rod를 이용하여 Hammer로 타격한다. 이때 너무 센 힘으로 타격하면 Tube가 빠지므로 조심할 것.

라. Extensometer두부고정

Extensometer의 Head 부분을 Cement Mortar를 이용하여 단단히 지반과 고정시킨다.

마. Sensor Bar를 조합하고 초기치를 측정하고 이후 측정을 기록 유지한다.

(2) Rock Bolt축력 측정기설치(기계식)

① 설치순서

가. 천공 : φ40mm정도의 Hole을 천공한다.

나. 공내청소 : 압축공기로 공내를 청소한다.

다. 충전재의 충전 : Morton Feeder를 통해 Cement Mortar 사용

라. Anchor삽입

마. 초기치 측정 및 이후측정 유지

② 주의사항

가. Rock Bolt축력측정용 Anchor의 충전재는 Cement Mortar가 가장 좋다.

나. Anchor의 삽입시 Hammer의 타격으로 측정부의 손상이 일어나지 않도록 하여야 하며 특히 Conbextra 혹은 Resin의 사용할 때 Anchor두부에 Adaptor를 설치하여 시공하는 세심한 주의가 있어야 한다.

다. 발파의 영향으로 인하여 Head부가 손상될 우려가 있으므로 Shotcrete로 피복하던가 설치위치를 발파의 영향을 받지 않도록 강지보 뒤에 설치한다. Head부에서 나오는 Wire도 발파에 의하여 절단되지 않도록 주의해서 설치해야 한다.

(3) Shotcrete 응력측정용 Cell 설치

① Redial Cell(반경방향 응력측정) : Interfels Type

가. 측정위치에 3~4개의 Cell 고정용 Anchor를 설치한다.

나. Radial Cell배면과 지반사이의 공극을 없애기 위하여 석고 또는 Cement Mortar를 반죽하여 지반과 밀착시킨다.

다. Anchor와 Cell을 결속선으로 잘 묶어서 Shotcrete 타설시 이동이 없고 배면에 공극이 발생하지 않도록 해야 한다.

라. Cell과 직각이 되도록 각도를 유지하여 Shotcrete를 타설한다.

마. Shotcrete 타설전에 Swith Box를 설치하여 초기치 측정을 행하되 이때 연결된 Tube가 손상되지 않도록 支保工 뒤쪽으로 주의해서 설치하고 Shotcrete 後는 연결 Tube가 설치된 곳을 붉은 Paint로 Mark하여 Tube의 손상이 없도록 주의한다.

② Tangential Cell(축방향 응력측정) Interfels Type

가. 측정위치에 Cell고정용 Anchor를 설치한다.(ϕ19mm 철근 1m정도)

나. 벽면에 세워서 Cell을 결속선으로 묶는다. 이때 Cell의 고정을 위한 부분을 설치하기 쉽게 휘어서 Shotcrete의 축력 즉, Tangential Force가 잘 측정되도록 유의하여 결속한다.

다. Radial Cell과 같은 요령으로 Shotcrete를 타설한다.

③ 전기식 Tangential Cell

가. 1차 Shotcrete후 Cell이 Shotcrete의 중간위치에 들어가도록 설치한다.

나. Cell을 정착시키기 위하여 소정의 위치에 Anchor Pin을 박는다. 이때 Cell의 위치가 길이로 Tangential방향이 되도록 Pin을 받는다.

다. Tangential Cell의 뚜껑을 열고 Cell안에 Shotcrete의 材質과 같은 모래, Cement, 급결재 등을 Mixing하여 채워 넣는다.

라. Shotcrete후 Cell에서 나온 Wire를 소정의 위치에 고정시키고 초기치를 측정한다.

④ 전기식 Radial Cell

가. Cell을 정착시키기 위하여 소정의 위치에 Anchor Pin을 박는다.

나. 얇은 석고, Mortar를 이용하여 Cell을 반경방향에 수직이 되도록 완전히 밀착시켜서 설치하고 Wire로 Pin에 고정시킨다.

다. Radial Cell은 굴착후 즉시 설치한다.

라. 1차 Shotcrete후 Cell에서 나오는 Wire를 소정의 위치에 고정시키고 초기치를 측정한다.

第4章 NATM 施工 357

Fig.109 지중침하측정기 설치

Fig.110 지중침하측정기 설치 완료

358 NATM터널공법

Fig.111 지중변위 측정용 Anchor설치

Fig.112 지중변위 측정용 Anchor설치

8) 계측결과의 Feed Back

(1) 槪要

NATM에 있어서 계측은 필수 불가결한 것이지만 계측을 하는 것만이 중요한 것이 아니라 계측결과를 Feed Back하는 것에 의해 현재의 지보 Pattern의 타당성을 검토하고 최적설계를 목표로 해야 한다.

NATM에 있어서 Tunnel의 안정성을 평가하는 경우는 아래와 같은 항목에 착안해야 한다.

1. Shotcrete의 파괴
2. Tunnel주변지반의 거동
3. Rock Bolt축력

이들의 항목을 검토하는데 있어서 중요한 것은 터널의 내변위량을 예측하는 것이다.

(2) 변위의 예측

서울지하철의 경우 Tunnel 굴착에 의해 Tunnel 주변에 소성영역이 발생하는 일이 적으므로 탄성이론에서 Tunnel 굴착에 의한 변위를 구한다.

그림의 응력상태에서 Tunnel 굴착에 의해 생기는 벽면에서의 변위는

$$U = \frac{(1+v) \cdot a}{2D} \{(P_V + P_H) + (3-2v)(P_V - P_H)\cos 2\theta\} \quad (1)$$

여기서, v : Poisson's Ratio

D : 지반의 등가계수

a : Tunnel반경

P_V : 토피에 의한 수직압(γ_t, H)

P_H : 측압(K_0, γ_t, H)

D : 지반의 등가계수
a : Tunnel 반경

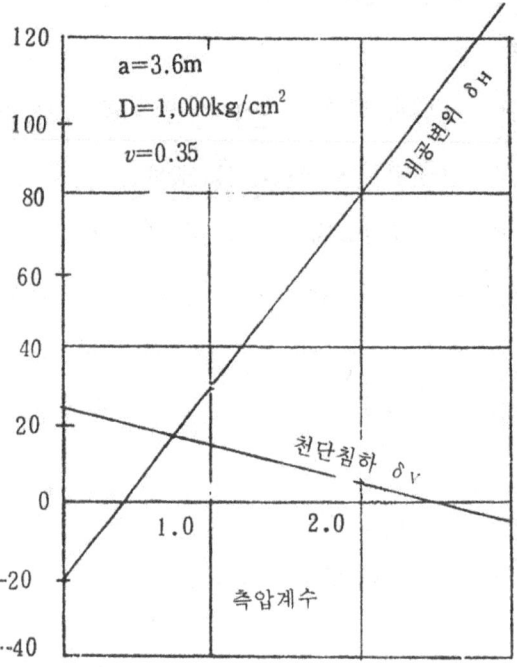

그림 4.85 측압계수와 내공변위 δ_H 천단침하 δ_V의 관계

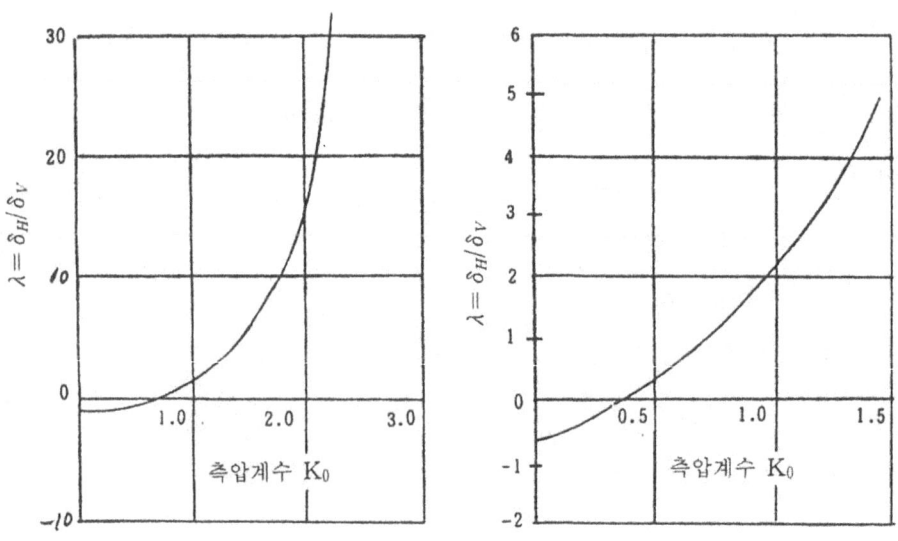

그림 4.86 측압계수 K_0와 변위비율($\lambda = \delta_H/\delta_V$)의 관계)

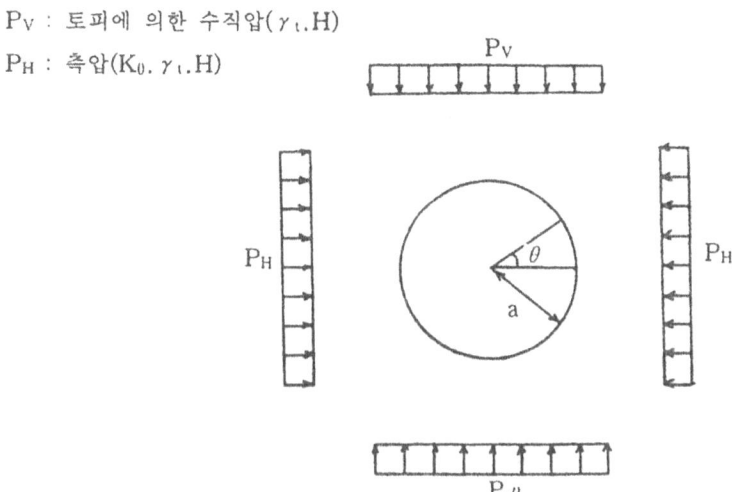

P_V : 토피에 의한 수직압($\gamma_t \cdot H$)
P_H : 측압($K_0 \cdot \gamma_t \cdot H$)

그림 4.87

(1) 식에서 천단침하 및 SL에서의 내공변위는 다음 식과 같이 된다.

$$\left. \begin{array}{l} U_H = \dfrac{(1+v) \cdot a}{D} \{(1+K_0)+(3-2v)(1-K_0)\} P_V \\[2mm] U_V = \dfrac{(1+v) \cdot a}{D} \{(1+K_0)-(3-2v)(1-K_0)\} P_V \end{array} \right\} \quad (2)$$

K_0 : 측압계수 ($=P_V/P_H$)

그림 4.87하단의 320구간의 원형터널에 대하여 예를 든다.

계산조건 $a = 3.6\text{m}$

$D = 1,000 \text{kg/cm}^2$

$v = 0.35$

토피 15m

$\gamma_t = 2.1 \text{T/m}^3$

로 하고 측압계수($K_0 = P_H/P_v$)를 변화시킨다. 이 계산결과에서 내공변위와 천단침하의 변위비율 $\lambda = (\delta_H / \delta_V)$를 구하면 그림 4.85와 같이 되고, 계측결과에서 내공변위와 천단침하를 알면 측압계수 K_0의 개략치를 알 수가 있다.

(3) 초기변위에서 최대변위의 추정

터널벽면의 변위는 일반적으로 막장의 진행과 병행해서 발생한다. 팽창성 지반에서의 막장의 진행에 의한 변위와 지질추성에 의한 Greep 변위와를 분리할 필요가 있지만 일반적인 구간에서의 Greep 변위는 대단히 적다.

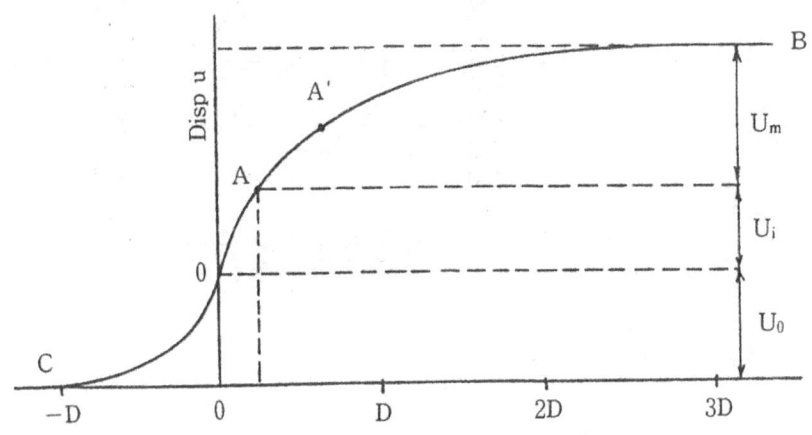

그림 4.88 막장 진행에 따른 변위

여기서, D : Tunnel직경

U_0 : 막장 도달전의 변위

U_i : 막장도달부터 계측개시전까지의 변위

U_m : 계측변위

터널 굴착에 의한 벽면 변위는 막장이 계측위치에 도달한 시점에 이미 어느정도 발생하고 그 이후에도 막장의 진행과 함께 증대하고 어느 시점에서 수속한다.

실제의 계측은 계측점에서 약간 막장이 진행되고나서 개시되므로 계측변위는 그림 4.88에 있어서 A점에서의 변위 U_m으로 표시된다.

만일 굴착후 어느정도 지난다음 A'점부터 계측에 개시되면 계측변위는 작은 값만 측정이 된다. 따라서 정도 좋은 값을 얻기 위해서는 굴착후 즉시 계측을 개시해야만 한다.

막장 도달후의 변위는 막장의 진행에 따라서 탄성적 거동을 나타내므로 그림

4.88의 곡선 C→A→B를 점탄성 Model에 의해 다음 식과 같이 접근시킬 수 있다. 즉 변위를 막장거리 L의 관계로 하면,

$$U = U_m \{1 - E \times P(-K \cdot L)\} \qquad ①$$

U_m : 계측 최대변위

L : 막장거리

R : 지연예수(＝Const)

또 막장의 진행속도를 일정하게 하면 ①식은 시간의 관계로서 다음식과 같이 나타낼 수가 있다.

$$U = U_m \{1 - E \times P(-\beta \cdot t)\} \qquad ②$$

t : 경과시간

β : 지연계수(＝Const)

실제의 계측에 있어서 변위는 시간 또는 막장거리의 경과와 병행해서 점으로써 구할 수 있다. 또 계측치는 어느 정도 불균형 등이 있으므로 ①, ②식에 표시하듯이 곡선이 된다고는 말할 수 없다. 그러나 실용적 개략적인 최대변위량 U_m을 추정할 수 있다.

$U = U_m\{1 - E \times P(-\beta \cdot t)\}$을 변형하여 $(U_m{}' - u) = U_m \cdot E \times P(-\beta \cdot t)$로 한다.

$U_m{}'$는 U_m의 근사치이다.

$$\ell_n(U_m{}' - u) = \ell_n \cdot U_m - \beta \cdot t \qquad ③$$

$\ell_n(U_m{}' - U) = Y$, $\ell_n U_m = X$로 하면,

③식은 $Y = X - \beta \cdot t$로 되고 $X \cdot \beta$는 다음식에서 구할 수 있다.

$$\left. \begin{array}{l} X = \dfrac{\Sigma_t{}^2 \cdot \Sigma Y - \Sigma_t \cdot \Sigma tY}{{}_n\Sigma t^2 - (\Sigma t)^2} = \ell_n \cdot U_m \\[2mm] \beta = \dfrac{n\Sigma \cdot tY - \Sigma t \cdot \Sigma Y}{{}_n\Sigma t^2 - (\Sigma t)^2} \end{array} \right\} \qquad ④$$

따라서 U_m, β가 구해지지만 여기서 구해진 U_m의 최초의 U_m의 값은 달라지

므로 $U_m' = U_m$으로 반복해서 계산하고 U_{mi}와 $U_m j+1$가 충분히 일치할 때까지 계산을 계속한다.

본 계산은 Pocket Computer를 이용해서 간단히 계산할 수 있다. 다음에 계측전에 발생하는 변위 Ui를 구할 필요가 있지만 Ui는 아래와 같이 구해진다.

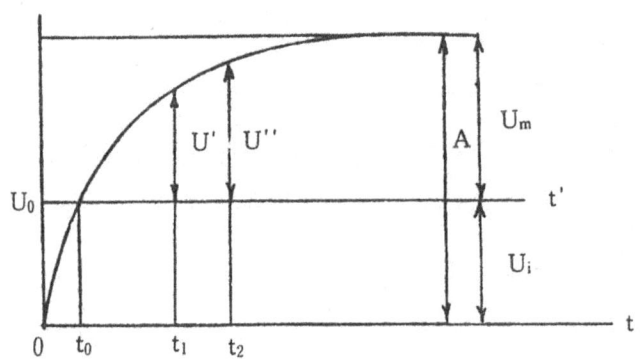

그림 4.89

그림 4.89에서 t_1 및 t_2에 있어서 계측변위를 U', U''로 하고 $\beta =$ Const로 하면,

$$U = U_m(1-e^{-\beta t}) \qquad \text{ⓐ}$$

$$U' + U_i A(1-e^{-\beta t_1}) \qquad \text{ⓑ}$$

$$U' + U_i A(1-e^{-\beta t_2}) \qquad \text{ⓒ}$$

여기서 ⓑ식－ⓒ식에서 Ui는 다음과 같다.

$$\text{Ui} = \frac{U'' - U'}{e^{-\beta t_1} - e^{-\beta t_2}} - U_m \qquad \text{ⓓ}$$

다음에 막장 도달전의 선행변위 U_0는 3차원 FEM해석에 의하면 전변위 $(U_0 + U_i + U_m)$의 약 $\frac{1}{3}$의 값이 얻어지고 있다. 이 값은 NATM FEM이나 다른 Program에도 사용되고 있다. 실제로 막장 도달전에 발생하는 변위 U_0를 측정하는 것은 어려우므로,

$$U_0 = (U_0 + U_i + U_m)/3$$

$$= (U_i + U_m)/2$$

로 하면 터널 굴착에 의한 전변위 U_T는 $U_T = \frac{3}{2}(U_i + U_m)$으로 된다.

따라서 내공변위, 천단침하에 대해서 이상의 계산을 실시하고 그림 4.86에서 측압계수 K_0, (2)식에서 지반의 등가변형계수 D를 구할 수 있다.

(4) 초기변위속도와 최대변위량의 관계

최대변위량은 FEM해석이나 전술한 바와 같은 탄성계산에 의해 구해 지지만 변위속도에 의해 최대변위량을 예상하는 것은 유효하다고 생각된다.

계측결과에서 양자의 관계를 구하고 각각의 지질상황에 대응한 최대변위량을 산측하는 것이 가능하다. 계측변위 그 자체는 불균등이 크므로 최대변위량으로 서는 전술한 바와 같이 보정을 하든가 또는 계측 개시 시기를 통일할 필요가 있다.

(5) Shotcrete의 파괴

Shotcrete의 타설후에 받는 변형에 의한 축응력의 증가에 의하여 파괴하는 것으로서 한계변위를 구한다.

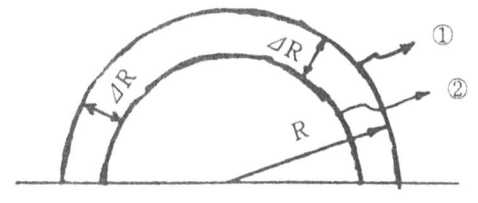

① 변형전 Shotcrete
② 변형후 Shotcrete

R : 터널반경 $\varDelta R$: 벽면변위

그림 4.90

즉 그림 4.90에 표시하듯이 Shotcrete가 반경방향으로 $\varDelta R$의 변형을 받는다. 초기상태의 Shotcrete주장 L, 및 변형후의 주장 L'는 $L = 2\pi R/2$

$L = 2\pi(R-\varDelta R)/2$이므로 변형후 Shotcrete에 발생하는 축방향 변형 ε는

$$\varepsilon = \frac{L-L'}{L} = \frac{2\pi R/2 - 2\pi(R-\varDelta R)/2}{2\pi R/2} = \frac{\varDelta R}{R}$$ 로 된다.

여기서 숏크리트 $\delta c = 200 kg/cm^2$, $E = 100,000 kg/cm^2$로 하면 Shotcrete의 파괴변형 ε_f는 $\varepsilon_f = \delta c/E = 200/100,000 = 0.2\%$로 된다.

실제로는 응력과 변형의 관계는 비선형을 띠고 0.4~0.11% 정도의 변형으로 파괴하고 있다. 숏크리트의 파괴변형을 0.5%로 하면 한계벽면변위는 아래와 같이 계산할 수 있다.

(단선 터널의 경우) $R = 2.8m$로 하면,

$\varDelta R = \varepsilon_f \times R$

$\quad\quad = 0.005 \times 2.8 = 1.4 cm$

(복선 터널의 경우) $R = 5.4m$로 하면,

$\varDelta R = \varepsilon_f \times R$

$\quad\quad = 0.005 \times 5.4 = 2.7 cm$

따라서 한계내공변위는 단선에서 2.8cm, 복선에서 5.4cm로 된다. 그러나 실제로는 10cm정도의 내공변위가 발생해도 Shotcrete에 균열이 발생하지 않는 경우도 있다. 또 Shotcrete의 축력예정 결과에 의하면 축력은 작은 경우가 많다. 이것은 Sensor와 숏크리트의 밀착성 등 현재의 측정 Shotcrete의 응력은 축력으로 전달된다고 하기보다는 원지반과의 대착에 의해 전달되고 결과로써 Shotcrete내의 응력이 지반에 분산된다고도 생각할 수 있다. 이와 같이 Shotcrete의 응력에 대해서는 불명한 점도 있지만 상기의 한계변위는 안전측으로 평가할 수 있는 것이다.

第5章 터널시공을 위한 보조공법

第5章 터널시공을 위한 보조공법

 NATM 터널시공을 위한 보조공법이란, 굴착시 지반의 상황이나 용수에 의해 시공이 곤란해지거나 지보효과가 저하되는 경우에 안전하고 효율적으로 시공을 수행하기 위해 터널의 지보재(뿜어붙임 콘크리트, 록볼트, 철망, 강지보재 등)와 병용하여 사용되는 공법으로 터널의 안전시공을 위해 자주 채택되고 있다.

1. 보조공법의 분류

1) 굴착면 안정을 위한 보조공법
① 천단부 안정
- 폴링(Forepoling)
- 경사볼트
- 파이프 루프
- 래깅(Lagging)
- 동결공법
- 주입공법

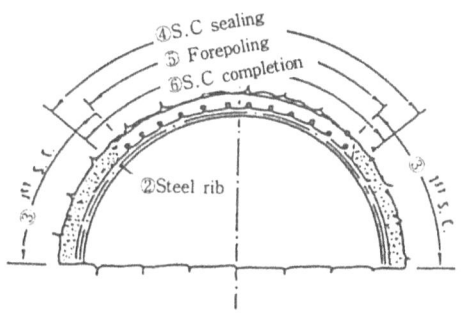

② 막장면 안정
- 막장 뿜어붙임 콘크리트
- 주입공법
- 록볼트

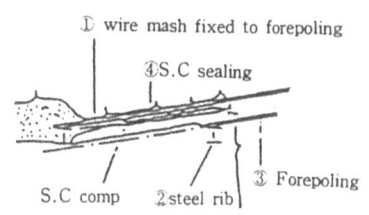

2) 지하수 처리
① 지수
- 주입공법
- 동결공법
- 압기공법

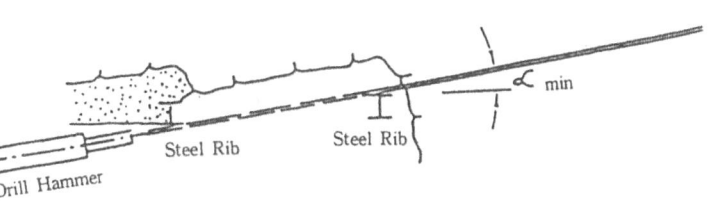

그림 5.1 보조공법

② 배수
- 수발공
- 딥 웰(Deep well)
- 웰 포인트(Well Point)

2. Forepoling

1) 설치목적 및 기능

Forepoling은 일시적 지보재로서 굴착전 터널 천단부에 종방향으로 설치하여 굴착 천단부의 안정을 도모하고 막장 전반의 지반보호 및 느슨함을 방지한다.

2) 규격 및 설치범위

- 철근, 강관 혹은 강지보말뚝
- 길이는 굴진장의 2~3배 정도
- 설치간격(횡방향) : 지반조건과 굴진장에 따라 탄력적으로 조정(50cm이하)
- 설치범위 : 천단에서 좌우로 30° ~ 50°

3) 설치방법과 주의사항

- 최대한 수평(설치각도 15° 미만) : 여굴방지
- 강지보공과 지반을 이용하여 2점 지지가 되도록 : 들보로서 작용
- 매막장마다 설치하여 상호 중첩 : 안전성 증가
- 천공면은 반드시 몰탈 그라우팅 : 여굴 및 느슨함 방지

3. 파이프루프

1) 기능 및 장점

- 岩被覆이 얇아 과대여굴에 의하여 충적층이 노출될 가능성이 있는 지역에서 암피복의 강도증진 혹은 천단부 연약지반의 이완방지 등을 주목적으로 하며 다음과 같은 이점이 있다.
  - 중량에 비해 휨강성이 크고 취급이 용이

― 파이프에 작은 구멍을 뚫고 시멘트밀크를 주입하여 막장전방의 암반을 굳히는 동시에 지반붕락방지
― 점착력이 작은 토사지반에도 효과가 탁월
• Forepoling과 기능이 유사하므로 반드시 강지보재 바깥쪽에서 가능한 한 수평으로 시공하여야 하며 충분한 그라우팅이 요구된다.

4. 막장면 자립공

절리가 많은 붕괴성 암반이나 연약한 지반에 위치하는 막장면이 밀어냄이나 붕괴에 저항할 수 있도록 도와주는 공법

1) 막장면 뿜어붙임 콘크리트타설
• 미고결지반이나 팽창성 암반이 1사이클 사이에 현저히 열화하여 작은 붕락으로부터 큰 붕괴로의 연결이 예상될 경우 수 센티미터의 뿜어붙임 콘크리트를 막장면에 타설
• 장기간 공사중지시 필수적
• 시공이 용이하고 효과가 빠름

2) 지지코아를 설치
• 막장면의 밀려나옴을 억제하기 위해 중앙부에 지지코아를 남겨 두고 굴착한 후 지보설치
• 토사지반에서는 필수적임
• 지지코아의 크기는 지보설치에 방해가 되지 않도록 작아야 한다.

3) 막장 록볼트
• 밀려나오는 막장의 암반에 사용
• 길이는 굴진장의 3배이상
• 연약지반은 막장 뿜어붙임 콘크리트와 병용하면 효과증대
• 절단이 용이한 록볼트가 바람직(글라스파이버 록볼트)
• 베어링 플레이트로 단단히 막장면 구속필요

- 천공홀은 몰탈 그라우트로 충진 필요

4) 기타
- 수발공으로 용수처리(수압제거)
- 굴착단면 축소(분할굴착) : 무지보 Span길이를 최소화

5. 그라우팅 공법

1) 그라우팅의 정의
주입재를 지반에 주입시켜 지반의 강도증진, 압축성 절감(변형방지), 지수성 증진 등을 성취하여 구조물을 보호하고 시공의 용이성, 안정성을 도모하는 것이다.

① 지반의 강도증진

굴착에 따라 위험이 발생할 부분을 고결시킴으로써 공사를 용이하게 하고 안전성 도모 : 기초지반의 지지력 증대, 터널굴착시 주변지반 붕괴방지, 인접구조물 보호, 토압의 경감등

② 지반의 지수성 증진
- 댐에서 차수대 형성 : 댐의 목적달성
- 터널굴착시의 용수방지 : 작업용이
- 지하수위 저하방지 : 침하방지

③ 지반의 압축성 절감
- 지반강화 및 차수성 증대의 부산물로 지반의 변형감소

2) 그라우팅에 영향을 미치는 요인
- 대상지반의 불균질성, 균열, 투수성 등의 지반특성과 주입재의 종류에 따른 점성, 겔타임, 화학적 성질 및 주입압력, 시공방법등
- 따라서 여러 가지 주입재 및 주입방법의 특성을 파악 → 사용목적과 대상지반에 적합한 공법선정 → 철저한 시공관리와 주입효과의 확인이 요망됨(육안 확인 불가능함)

3) 주입재

주입재가 갖추어야 할 물리화학적 성질

㉠ 침투성이 좋을 것(세밀한 토립자 간극에 침투)
㉡ 겔반응 종료와 동시에 고강도를 발휘할 것
㉢ 겔화 또는 고화한 주입재는 수축 등을 일으키지 않고 지반을 불투수성화할 것
㉣ 환경오염 문제를 일으키지 않을 것
㉤ 취급, 조합 등이 간단하고 겔타임 조정이 용이할 것
㉥ 고화 및 겔화시 지반의 물리화학적 성질에 대해 영향을 적게 받을 것

4) 주입공법

- 주입공법은 주입재의 혼합방식, 주입순서, 주입관의 설치방법, 주입재의 겔타임 등에 따라 다음 표와 같이 분류될 수 있다.

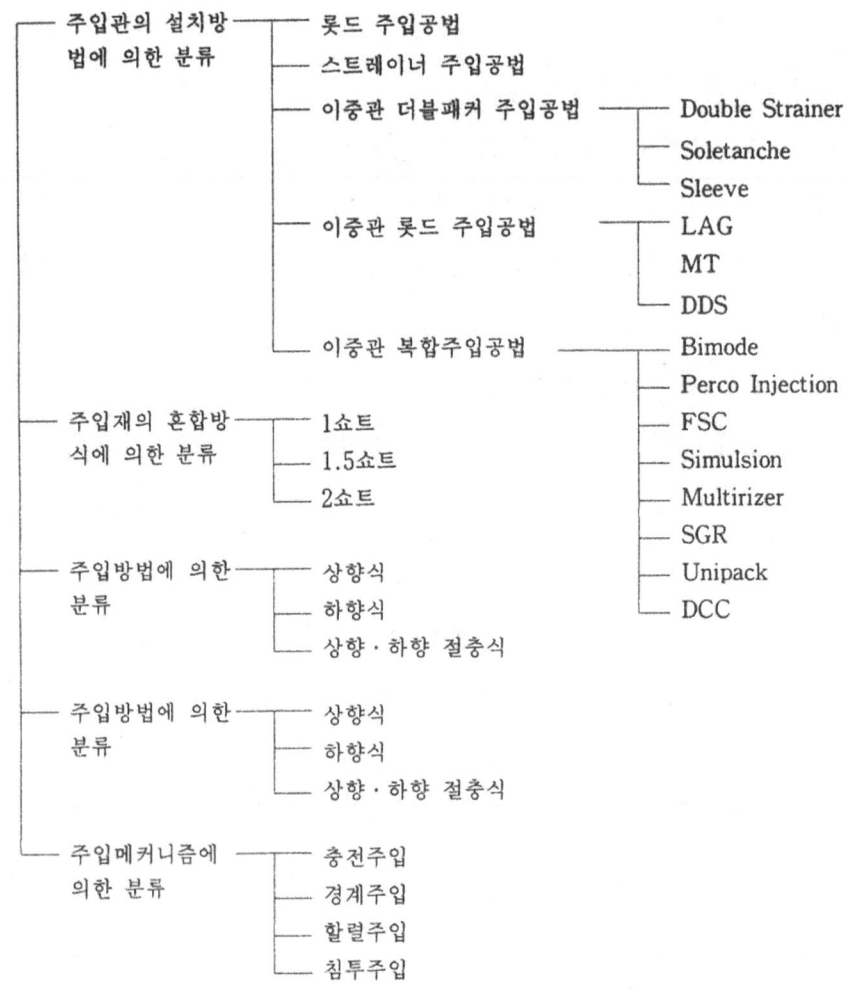

① 롯드주입공법

가. 보링롯드를 그대로 주입관으로 사용(주입관 선단에서 주입재 토출)

나. 착공작업의 종료와 함께 바로 주입작업 시행으로 작업이 간편하고 경제적

다. 0.5~1.0m간격의 주입포인트마다 소정양을 주입하고 차례로 롯드를 뽑아 올린다.

라. 호모겔 강도가 큰 현탁액형 물유리를 사용하여 큰 공극이나 지반의 균열, 틈 등의 충진에 적합

마. 롯드와 지반사이의 공극을 따라 주입재가 지표면에 유출되고 의도하지 않았던 곳도 주입

② 스트레이너 주입공법

가. 스트레이너관(다공관, 공경 : 2~5mm)을 지중에 설치하여 주입 : 주입압이 낮고 롯드 공법에 비해 균일한 주입가능

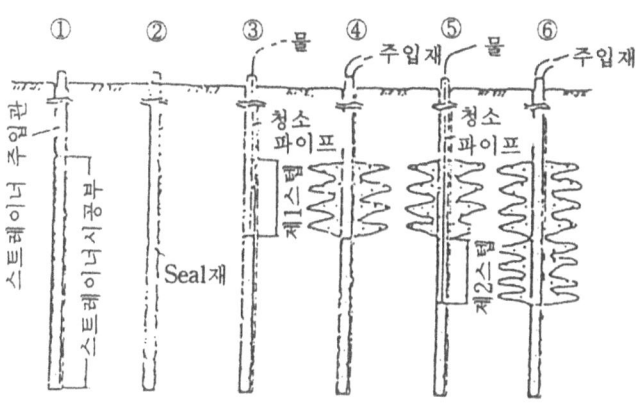

①착공, 스트레이너관 삽입
②Seal재 충전
③제1스텝의 Seal재 청소
④제1스텝의 주입
⑤제2스텝의 Seal재 청소
⑥제2스텝의 주입

그림 5.2 스트레이나주입

나. 장점

㉠ 주입재 지표유출 억제(하향식 주입)

㉡ 토층의 구성에 따라 스텝분할 가능

㉢ 주입재 유출면과 지반과의 접촉면적이 커서 저항이 작고 고침투효율 획득

㉣ 주입재 분출방향이 주입재 반경방향과 일치하여 효율적

㉤ 토층별 다른 주입재 구별사용 가능

다. 단점

㉠ 주입관의 가공설치 작업이 필요 — 롯드주입에 비해 고가

㉡ 수세작업을 하므로 주입심도에 한계(경계심도 20m)

㉢ 주입관 설치방법이 한정됨

㉣ 상향식 주입불가

㉮ 주입관 미회수에 따른 차후 굴착작업에 장애

③ 이중관 더블패커주입공법 : 스트레이너 공법의 개량형

가. 작업순서

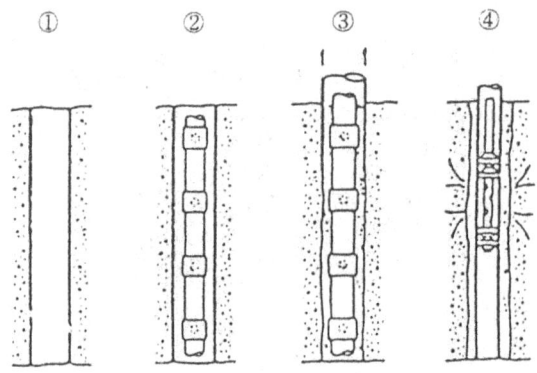

①착공, 케이싱삽입
②외관삽입
③Seal재 주입, 케이싱 인발
④내관삽입, 주입개시

그림 5.3 스트레이너 공법 개량형

나. 장단점

㉠ 임의의 심도에서 어떤 순서로도 주입가능

㉡ 주입관 설치와 작업이 분리되므로 시공관리가 용이하여 주입의 정도가 높음

㉢ 일반적으로 현탁형 그라우트에 의한 1차 주입후 겔타임이 긴 용액형 주입 (복합주입)

㉣ 굴착공이 크고 주입관 미회수에 의한 차후 굴착에 장애

④ 이중관 롯드공법

가. 이중관 사용으로 A, B양액을 롯드 선단에서 합류시켜 주입
(겔타임을 짧게 함에 따른 주입재 손실방지)

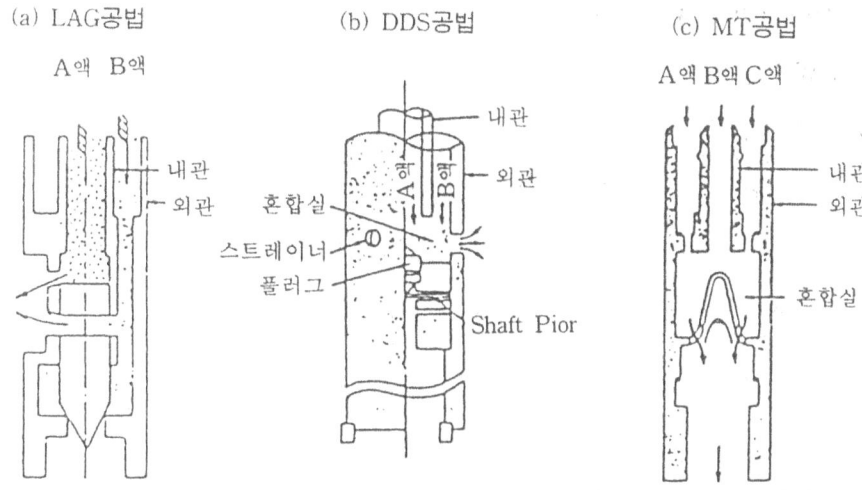

그림 5.4 이중관 Rod공법

나. 장단점

㉠ 착공과 주입작업이 1공정이므로 작업이 효율적

㉡ 주입관을 지중에 남겨 두지 않고 소굴착경 이어서 경제적

㉢ 세심한 시공관리가 요구됨

㉣ 생성된 고결물은 요철이 심하고 가지형태로 뻗는 것도 많음

㉤ 시간 또는 재료를 바꾸어 같은 장소에 중복 주입 불가

⑤ 이중관 복합 주입방법

가. 침투성능을 높이기 위해 개발(롯드방식 약점 보완)

나. 급결배합의 주입재로 1차 주입하여 할렬과 패커의 역할을 얻은 후 겔타임이 긴 침투형 주입재를 2차주입

⑥ 주입재 혼합방식에 의한 분류

가. 1쇼트방식

㉠ 모든 주입재료를 일시에 혼합후 단관으로 주입

㉡ 충분한 겔타임 필요 : 시멘트계 주입에 용이

㉢ 스트레이터공법, 이중관 더블패커 공법에서 주로 사용

나. 1.5쇼트방식

㉠ A액과 B액이 주입관 시점의 Y자 형태의 관에서 합류되어 지중에 주입

ⓛ 겔타임이 수십초~수분

ⓒ LW공법에서 사용

다. 2쇼트방식

㉠ A액, B액을 주입관 선단에서 분출시 혼합주입

ⓛ 겔타임이 극히 짧은(수초이내) 주입재 사용할 때 쓰는 방식

ⓒ 이중관 롯드 및 이중관 복합주입 공법에서 사용

⑦ 주입방법에 의한 분류

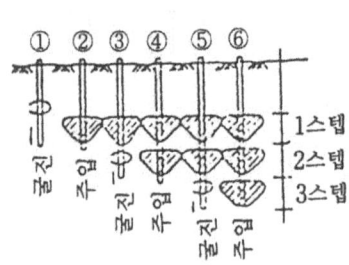

특징
- 주입재 상부유출 억제
- 연약한 실트의 지반강화용 주입에 적합(물유리계 주입재)
- 롯드공법에서 사용곤란(회전과 송수로 패커파괴)
- 스트레이너공법에서 주로 사용

그림 5.5 하향식 주입방법

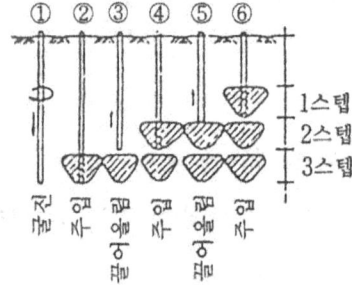

특징
- 하향식보다 작업간편
- 물사용에 의한 주입재의 희석부재
- 패커효과의 부재로 상부투수성이 큰 흙이 존재하면 2층으로 주입재 집중
- 주입재 지표유출 가능

그림 5.6 상향식 주입방법

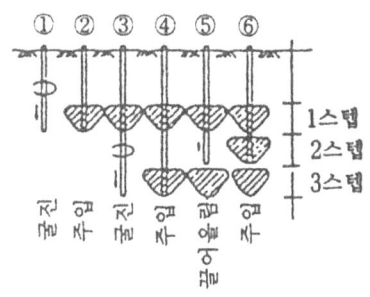

특징
- 상부에 투수계수가 큰 지층이 있을 때 효과적
- 더블패커 공법에서 채택용이

그림 5.7 상향·하향 절충식 주입방법

⑧ 주입메커니즘에 의한 분류

가. 충전주입 : 지반과 구조물 사이의 공극주입

나. 경계주입(사전처리용 주입) : 압축성이 다른 두 개의 토층간의 경계부에 주입

다. 할렬주입 : 맥상으로 관입(점성토층)

라. 침투주입 : 사층에 대한 주입재의 진행형태(용액형 저점성 주입재가 요구됨)

9) 기타 : **고분사주입공법**

- 일반적인 주입공법은 저압주입이며 가능한 한 지반의 골격을 파괴하지 않고 그 공극에 주입재를 침투 또는 맥상주입시키는 점에 반하여 이 공법은 지반을 파쇄하여 치환 또는 혼합충진하는 방식을 택함.
- 소정의 깊이까지 굴착(일반로타리 보링과 동일) 고결재를 함유한 초고압분사로(수백 kg/cm^2의 압력으로) 지반을 파쇄하며 롯드를 뽑아 올림으로써 주입재와 지반을 혼합하여 기둥모양의 개량토 조성)

6. 주입재 및 주입공법 선정과 대상지반

1) 주입재 선정시 고려할 사항

① 주입목적

㉠ 지반강화냐, 지수냐 또는 그 양쪽이냐?

ⓒ 본 공사의 보조수단인가, 구조물의 일부로서 강도적, 수리적 개량에 사용되는가

ⓒ 공동충진이냐, 간극충진이냐, 균열충진이냐 혹은 연약층의 맥상주입이냐

ⓔ 주입효과로서 어느 정도의 완전성이 요구되고 있는가

표 5.1 주입목적에 따른 주입재의 기본조건

항 목			기 본 적 조 건
주입목적		지 수	• 침투성만을 고려 저점성용액형 약액(단, 사전처리로서 현탁형 사용)
	지반강화	침 투	• 침투성에 뛰어난 고결토는 어느 정도 강도가 필요 (저점성용액형 약액)
		맥 상	• 겔타임이 짧고 호모겔 강도가 큰 현탁형 약액
		침투 맥상병용	• 호모겔 강도가 크고 침투성이 뛰어난 약액
		용 수	• 지하수에 희석되어도 겔타임이 지연되지 않는 약액 • 급결성 고결에 뛰어난 약액(용액 또는 현탁형) (2중관 사용)
복합주입		선행주입	• 겔타임이 짧고 호모겔 강도가 비교적 큰 현탁형 약액
		본 주 입	• 선행주입재와의 적합성이 좋고 침투성이 뛰어난 약액
특 수 지 반			• 사전에 테스트를 하고 시험하여 주입재를 선정 (산성, 알칼리성 지반, Peat)
기 타			• 환경보전성 검토(독성, 지하수오염, 수질오탁등)

② 주입재의 특성

㉠ 침투성

ⓒ 고결성

ⓒ 강도

ⓔ 내구성

ⓜ 겔타임의 조절 난이성

ⓗ 경제성

ⓢ 약액의 인화성, 독성

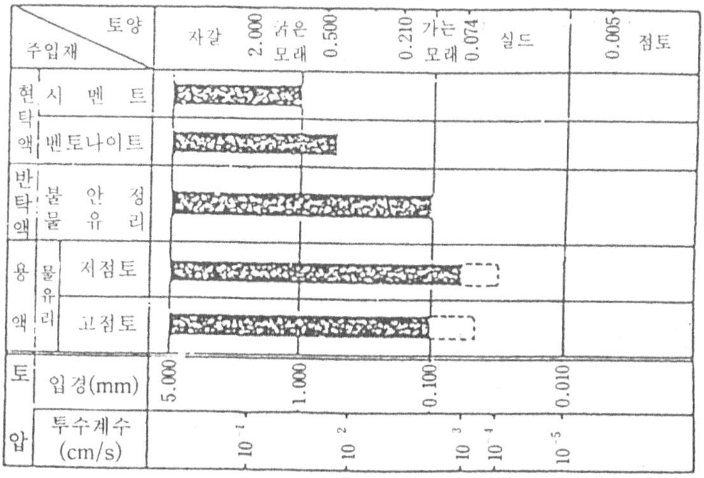

그림 5.8 주입재의 침투가능 범위

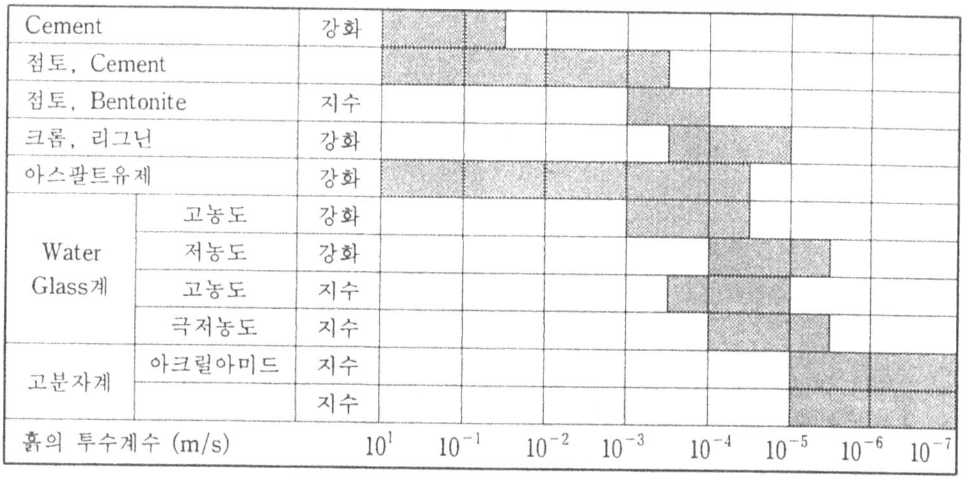

그림 5.9 주입재의 토질에 대한 침투성

③ 현장상황

㉠ 대상지반의 제반성질 및 특성(지층구조, 입도, 밀도, 투수계수, 함수비 등)

㉡ 지하수 상황(유속, 용수량, 수질, 수온 등)

㉢ 하중조건(요구되는 강도)

㉣ 지수조건(요구된 지수성)

㉤ 환경조건(용수 등에의 영향)

④ 시공조건

㉠ 주입방법(1, 1.5, 2쇼트)

㉡ 주입관리방식

㉢ 혼합방식

2) 주입공법과 적합한 주입재

주입공법의 종류	적합한 주입재의 종류	비고
롯드 주입공법	• 유기계용액 물유리계(확실한 고결성, 겔타임의 안정성, 침투성, 강도의 점에서 우수하다) • 무기계 용액 물유리계(특히 겔타임이 짧은 경우) • 무기계 현탁액 물유리계(LW등)(조립토로 된 지반, 점성토지반)	
스트레이너 주입공법	• 롯드주입공법의 경우에 준함	
이중관 더블패커공법	• 1차 주입 : 시멘트계 주입재 • 2차 주입 : 글리옥살이나 다가알콜, 초산에스텔을 사용한 유기계 용액 물유리계 산성용액의 실리카졸, 점토겔	
이중관 롯드급결공법	• 무기계용액 물유리계, 중성주입재	
이중관 롯드 복합주입공법	• 유기계 물유리계 혹은 실리카졸계 주입재	

7. 주입공법을 위한 사전조사

• 사전조사는 크게 토질조사와 환경조사로 구분되며 지반개량을 위한 주입공법을 계획시공함에 있어서 필수적이며 그 목적은 다음과 같다.

- 적절한 주입공법 채택 여부 판단
- 설계계획 검토
- 시공 및 시공관리기준
- 환경보호대책 검토
- 시공효과 확인을 위한 기초자료 수집

1) 토질조사 내용

가. 원위치시험 : N치, 투수계수, 주상도 등

나. 물리적 성질 : 단위중량, 비중, 간극비, 입도, 함수비 등

다. 컨시스턴시 : 액성한계, 소성한계등

라. 전단특성 : 압축강도, 점착력, 내부마찰각, 예민비 등

마. 압밀특성 : 선행압밀하중, 압축지수, 압밀계수 등

바. 화학성분 시험

2) 환경조사 내용

가. 지하매설물 및 인접구조물

나. 지하수, 우물 및 공공용수역

다. 식생 및 어패류 상태조사

8. 시험주입 및 시공

① 시험주입

• 주입대상지반에 대한 주입재의 거동을 조사하고 설계의 타당성을 검토하여 설계수정 및 시공관리를 위한 자료를 얻기 위해 실시

가. 시험의 실시조건

㉠ 주입공법의 효과가 전체공사비와 공기에 큰 영향을 미치는 경우

㉡ 주입효과를 직접 확인할 수 있는 경우

㉢ 실제 주입 범위대상에서 시험이 가능한 경우

나. 주입시험의 목적과 효과확인 방법

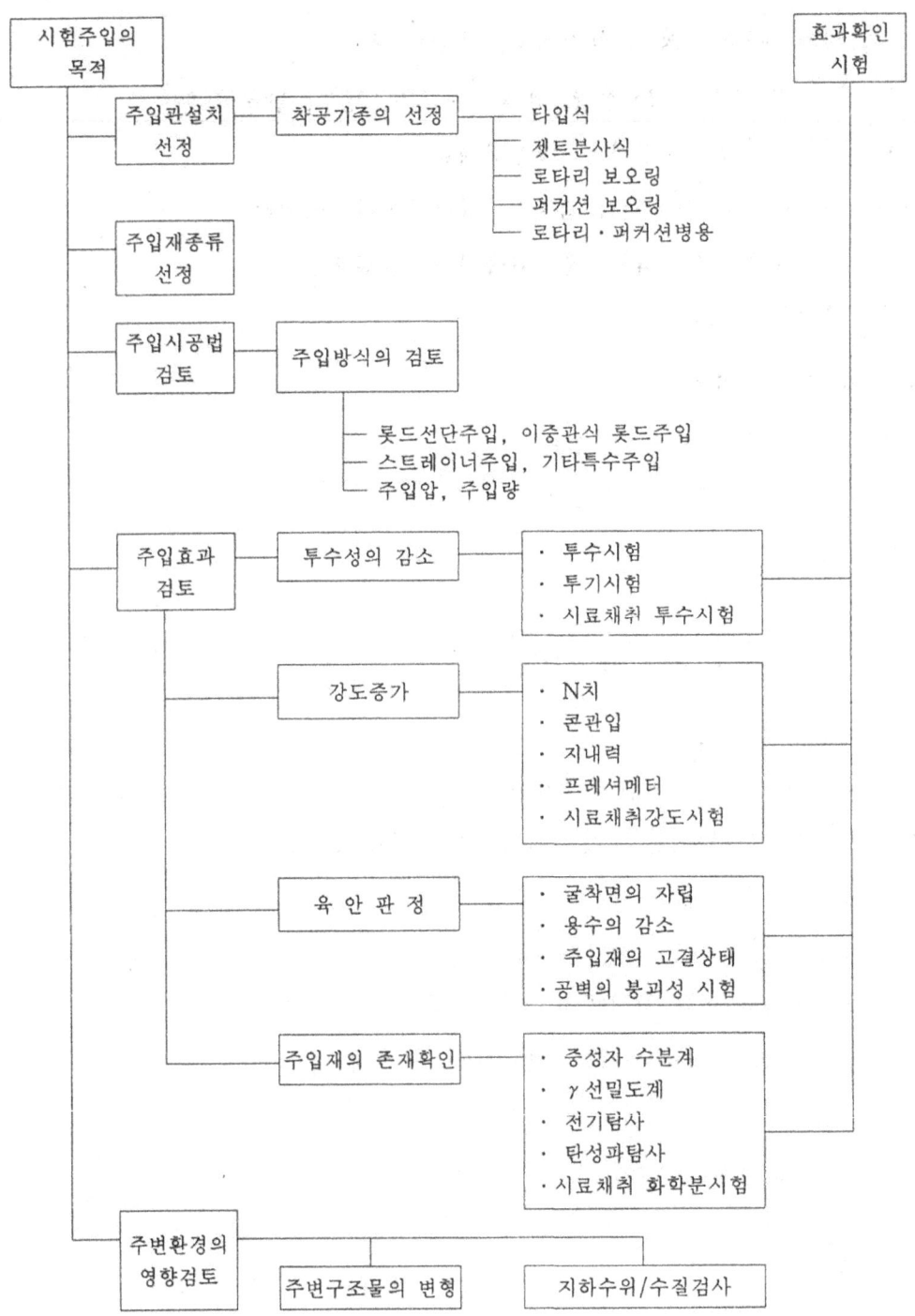

9. 진행성 여굴 차단법

터널시공에서 여굴발생은 불가피한 것이지만 진행성 여굴은 막장의 작업인부나 터널, 인접구조물의 안성에 영향을 미치며 과도한 변형을 발생시켜 최악의 경우에는 터널의 붕괴를 초래할 수도 있다. 따라서 진행성 여굴을 방지하거나 차단하는 것은 매우 중요하다.

1) 진행성 여굴의 원인

진행성 여굴의 주요발생원인을 다음과 같다.

- 지하수의 집중유입
- 불충분한 지하수 처리대책
- 암피복이 얇은 지역 굴착중 암층에 손상을 입히는 경우
- 파쇄대, 불연속면 존재
- 지하수위 이하의 충적토층 굴착
- 자연공동
- 모래나 자갈의 렌즈
- 시추조사공의 불충분한 채움
- Forepoling 미시공
- 과다한 화약사용
- 부주의한 기계굴착
- 지보설치 지연 또는 부적합한 지보설치
- 너무 긴 굴진장
- 시공기술의 미숙

상기의 항목들은 진행성 여굴발생원인의 전부는 아니나 가장 빈번하게 발생하는 원인들이다.

2) 진행성 여굴의 예측과 대응

일반적으로 진행성 여굴은 그 징후를 예상할 수 있다. 대부분의 진행성 여굴

의 위험은 전 막장의 상태로부터 예측할 수 있기 때문에 예방책을 강구할 수 있다. 진행성여굴을 방지하기 위하여 유의하여야 할 사항은 다음과 같다.
- 막장에서 터널작업을 수행하는 인부들의 경계심
- **충분한 인력배치**
- 징후의 정확한 예견과 신속한 판단
- 뿜어붙임 콘크리트타설장비를 막장으로부터 30m거리이내에 대기시킴
- 즉시 타설이 가능한 충분한 양의 건식 배합재 확보
- 응급조치용 자재(철망, 철근, 결속선, 나무쐐기, 각목, 짚, 대패 나무밥), 천조각, 강관, 호스 등을 즉시 이용 가능하도록 막장 근처에 확보
- 모든 노출면과 막장의 신속한 폐합
- 적절한 시공중 배수대책
- 여분의 대기용 펌프
- Shotcrete 라이닝에 과도한 수압작용을 막기 위하여 수발공(Relief Hole)을 설치하여 이를 통한 배수
- 지보상태가 불충분한 상태에서 중단되지 않는 연속적인 작업

진행성여굴의 발생을 방지하기 위해서는 진행성 여굴을 초래할 가능성이 있는 위험한 사태를 예측하고 작업순서를 조절하는 것이 위험한 상황을 대처하는 가장 적합한 방법이다.

여굴이 예상될 때는 굴진장을 0.8m보다 작지 않은 범위에서 합리적으로 감소시킬 필요가 있다. 나쁜 지반조건에서 지반보강을 실시하였을 것이므로 부주의하게 터널굴착을 수행한다면 안정성을 확보할 수 없다. 그라우팅만 잘하면 적당히 시공하고 터널시공의 기본수칙을 무시해도 안전하다는 잘못된 인식을 가질 수 있고 이러한 사공방식이 결국 여굴을 초래하고 급기야 붕괴까지 초래할 수 있음을 인식하여야 한다.

3) 진행성 여굴을 차단하는 방법
① 일반사항

진행성 여굴을 차단하기 위한 가장 중요한 요소는 시간이다. 즉, 진행성 여굴 발생 초기에 즉각적인 조치가 취해져야 한다.

막장면과 모든 노출면의 신속한 폐합은 절대적으로 필요하다.

② 건조된 비점착성 토사

굴착 중에 forepoling 사이로 흘러내리는 소규모의 비점착성 건조토사가 있는 경우 그 지역을 즉시 틀어막아야 한다. 왜냐하면 토사가 본격적으로 흘러내리기 시작하면 그것을 막는다는 것은 거의 불가능하기 때문이다.

유출되는 토사는 적기에(뿜어붙임 콘크리트 타설전) 짚, 대패밥, 천조각 등으로 틀어막아 진행을 중단시켜야 한다. 여굴발생지역에 직접 뿜어붙임 콘크리트를 타설하는 것은 접착력이 없기 때문에 대부분의 경우 효과가 없으며 아주 짧은 시간 내에 뿜어붙임 콘크리트를 경화하도록 하기 위해서는 급결재 투입량을 증가시켜야 한다.

연약한 토층에서는 forepoling 대신에 래깅쉬트의 사용을 고려할 수 있다. 여굴면적이 다 크고 깊으나 진행정도가 빠르지 않으면 뿜어붙임 콘크리트와 철망으로 진행성 여굴을 차단할 수 있다.

뿜어붙임 콘크리트의 타설은 자연지반을 교란시키지 않도록 주의 깊게 이루어져야 하며 동일 지점을 장시간동안 타설하는 것은 피해야 한다.

③ 지하수 유입에 따른 진행성 여굴

지하수 유입에 따른 진행성 여굴을 차단하는 것은 매우 어렵기 때문에 1~2막장 후방에 방사선형으로 배수수발공을 설치하고 적절한 시공중 배수시설을 갖추는 등 사전예방이 효과적이다.

지하수의 집중유입에 의하여 지반이 유실된다면 가능한 한 깊게 유공관을 삽입하고 천공홀에 칼라(Collar)를 설치하여 지반의 추가유실을 방지하여야 한다. 펌프와 시공중 배수시설은 증가되는 유입수를 감당할 수 있어야 한다.

유입수가 어느 정도 잡히면 이미 발생된 여굴면을 앞에서 언급한 절차에 따라 철망과 뿜어붙임 콘크리트로 채워야 한다. 뿜어붙임 콘크리트라이닝에 작용하는 수압은 수발공(Relief Hole)을 시공하여 해소하여야 하며 이를 통해 토사유출이 발생되면 유공관을 설치한다.

　④ 진행성 여굴 차단후 여굴지역 복구방법

토사유입이 차단된 후 여굴지역은 시멘트모르타르나 또는 철망과 뿜어붙임 콘크리트로 채워져야 한다. 추가되는 층의 철망은 결속선으로 전층의 철망과 고정시킬 수 있다. 시멘트모르타르나 콘크리트로 공극을 채우기 위해서는 주입용과 배기용의 두 개의 호스가 설치되어야 한다.

10. 藥液注入 실례분석

1) 槪要

해석단면으로써는 가장 나쁜 지질조건을 나타내는 Boring B-3221(17.295km 지점)을 택해서 터널굴착이 지표면 침하와 지하차도의 침하에 미치는 영향 및 터널 주변지반의 약액주입에 의한 개선효과에 대해서 예측한다.

　① 지질현황

터널 위의 지표면까지 토피는 약 13m 지하차도는 터널 Crown부에 4.3m떨어져 지나고 있다. 지층구성은 Boring조사결과에 따르면 Fill, Alluvium, R.S, W.R, S.R로 이루어져 있고 터널의 상반은 R.S, 하반은 W.R으로 되어 있다.

　② 초기측압계수 K_0

터널 굴착전 자연상태의 지반에 있어서 작용하고 있는 수평응력은 지질적인 이력에 지배된다고 일컬어지고 있어 일반적으로 정하기 어렵다.

해석상 K_0를 작게 취하면 침하량이 크게 되고 반대로 K_0를 크게 취하면 수평 Convergence나 지보부재의 응력이 크게 되는 경향이 있다. 본 해석에서는 작은 값으로 $K_0=0.5$, 큰 값으로 $K_0=1.0$을 채용해서 침하 및 부재응력의 양쪽에 대해서 안전 측의 값을 얻도록 배려했다.

　③ 藥液注入의 범위

터널과 구조물의 위치관계에 따라서 아래 그림과 같이 Cover Rock방식, Under Pinning방식, Combined방식의 3종류의 주입형태가 기본적으로 사용되고 있다.

㉠ Cover Rock-Type

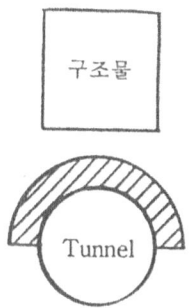

㉡ Combined-Type

㉢ Under Pinning-Type

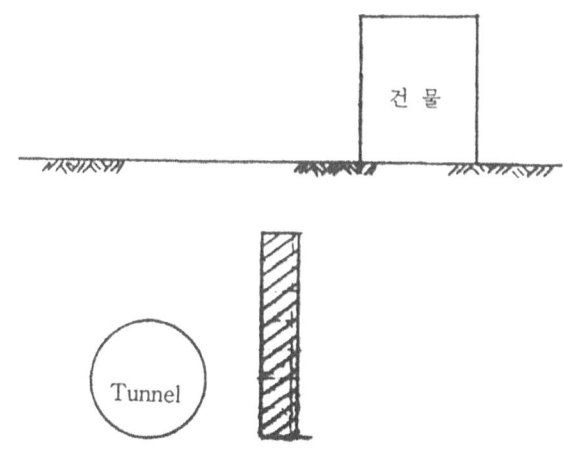

그림 5.10 약액주입범위 형태

이것에 따르면 구조물과 터널의 간격이 터널 외경 D이상 떨어져 있는 경우는 Cover Rock방식, 간격이 D이내의 경우는 Combined방식이 사용되고 있다.

본 해석에서 대상으로 하고 있는 지하차도와 터널의 간격(4.3m)이 터널 외경 $D(≒7.5m)$보다도 작게 되어 있으므로 Cover Rock방식 주입과 Combined방식 주입의 경우에 대해서 해석했다.

④ 해석 CASE

초기측압계수 K_0치와 주입의 범위에 따라서 아래에 5가지 Case에 대해서 실시했다.

표 5.2

초기 측압계수 \ 주입범위	없 음	Cover Rock 방식	Combined방식	비 고
$K_0=0.5$	CASE 1	CASE 3	CASE 5	
$K_0=1.0$	CASE 2	CASE 4		

2) 지질조건

해석단면의 지질과 해석에 사용한 각층의 기본적 특성은 다음과 같다.

표 5.3 Ground Parameters for the Analysis

Geological classification	Fill	Alluvial Soil	Residual Soil	Weathered Rock	Soft Rock	Grouted Soil
Unit. Weight $\gamma_t (t/m^3)$	1.6	1.8	1.9	2.2	2.5	2.0
Deformation D_0 Modurus (kg/cm^2)	100	150	300	3,000	10,000	600
Cohesion C Factor (kg/cm^2)	0.1	0.1	0.1	3	10	2.5
Friction ϕ Angle (Deg)	20	30	35	40	45	35

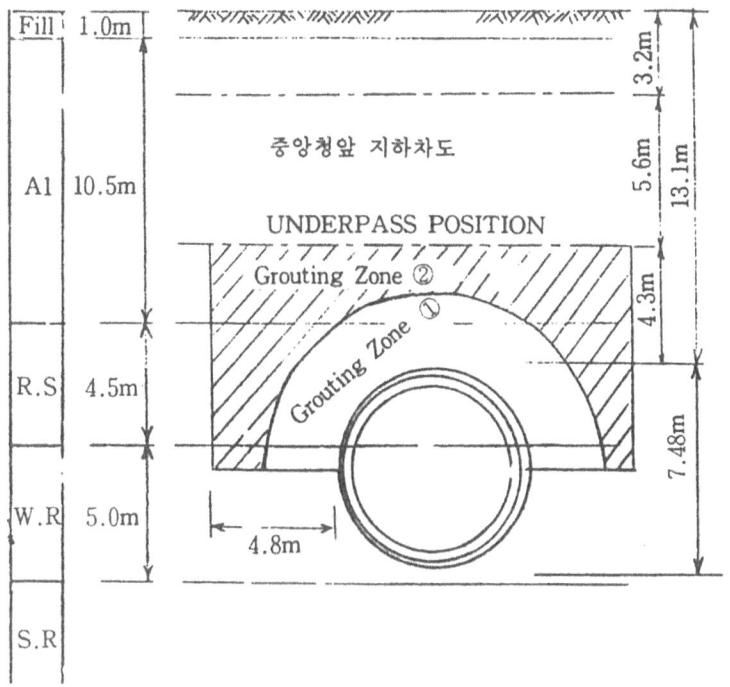

CASE 1, CASE 2	Non Grouting
CASE 3, CASE 4	Grouting Zone ①
	(Cover Rock Method)
CASE 5	Grouting Zone ②
	(Combined Method)

그림 5.11 Geological Condition

 RS, WR, SR의 변형계수 D_0에 대해서도 Boring 공내재하시험결과 중에서 극단적인 값을 제외하고 평균해서 그 위에 Reduction Factor를 각각 곱해서 구했다. 이와 같이 해서 얻어진 SR의 값 11,000kg/cm^{2}은 표준적인 값으로서 설정하고 있는 값 4,000~10,000kg/cm^{2}의 상한을 넘고 있으므로 안전 측으로 $D_0=10,000$kg/cm^{2}로 했다. Alluvium에 대해서는 삼축시험 결과에서 WR, SR에 대해서는 일본의 원위치 Block 재하시험 결과에서 정했다.

표 5.4 공내재하시험에 의한 D (Deformation Mondulus)치

(단위 : kg/cm²)

Geological Classification		Residual Soil	Weathered Rock	Soft Rock
Bore Hole No.	B-3505			25,266 ×1,411
	B-3507		11,391	
	B-3512	651 × 1,860		
	B-3514		3,303 4,044	
	B-3515			19,273
	B-3516			× 181,266
	B-3518	199 ×76		14,400 29,452
	B-3520		5,797	
Open Cut Portion	18.150km	130		
	18.200km	239		
	18.225km	× 92		
	18.275km	255		
Average (X:Omitted)		295	6,134	22,108
Reduced Value (Reduction Factor)		300 (100%)	3,000 (50%)	11,000 (50%)

표 5.5 Sample Test Results of Alluvial Soil

Sampling Position	Unit Weight (t/m³)	Simple Shear		Tri-Axial		
		C (kg/cm²)	φ (Deg)	C (kg/cm²)	φ (Deg)	Eso (kg/cm²)
D-3507	1.59	0.09	24	0.08	34	95 ($\delta_3=0.5$kg/cm²) 135 ($\delta_3=1.0$kg/cm²) 227 ($\delta_3=1.5$kg/cm²)

표 5.6 Sample Test Results of Residual Soil

Sampling Position		Unit Weight (t/m^3)	Simple Shear		Tri-Axial	
			C (kg/cm^2)	ϕ (Deg)	C (kg/cm^2)	ϕ (Deg)
Shaft (동십자각앞) Open-cut 안국정거장	17.605km	1.93	0.3	39	0.1	36
	〃	2.11	0.32	38	0.1	34
	〃	1.97	0.36	38.5	0.13	37
	18.125km	1.79	0.02	45	0	35
	18.175km	1.85	0	45	0	38
	18.225km	1.86	0	43	0.07	30
	18.275km	1.81	0	42	0	28.5
Average		1.90	0.14	42	0.06	34

주입에 의한 개량토의 특성에 대해서는 토질, 약액의 종류, 주입기술 등에 의하여 크게 좌우된다고 일컬어지고 있고 일반적으로는 결정하기 어려운 것이다.

본 해석에서는 Water Glass계 藥液을 사용하는 것을 전제로 해서 $D_0=600$ kg/cm^2, $C=2.5kg/cm^2$, $\phi 35°$로 설정했다. 이것은 1축압축강도로 해서 $g_u = 2C \times \frac{\cos\phi}{1-\sin\phi} = 9.6 ≒ 10 kg/cm^2$의 개량토를 상정하고 있는 것이 된다.

3) 터널 형상과 해석 Step

터널형상은 외경 7.48m의 완전한 원형단면에서 Rock Bolt는 사용하지 않았다. 굴착순서는 Ring Cut, Core굴착, 하반굴착, Invert굴착의 4단계로 했으며 해석 Step은 합계 Steep이 된다.

4) 해석 Model

해석 Model을 Fig.127에 나타낸다. 병렬 터널을 생각할 경우 좌우 대칭이 되므로 좌반분을 취해서 실시한다. 해석 영역으로써는 우측에는 또 하나의 터널까지의 중간점까지 좌측에는 굴착경의 2.5배 이상, 상부는 지표면까지로 했다. 지표면에는 노면교통하중으로서 $1ton/m^2$의 하중을 재하했다.

바로 지하차도가 있는 단면을 생각하면 지하차도의 공간만큼 토하중이 가볍게 되고 또한 지하차도 자체의 강성도 있으므로 그 전후의 단면과는 다른 조건 밑에 있다. 그러나 지하차도의 폭은 12m로 좁고 이 부분만 그 전후의 지반과는 다른 변형을 한다고 생각하기 어렵다. 또한 구조물은 그 주변의 지반의 변형에 따라서 변형된다고 생각하는 것이 일반적으로 안전 측의 결과를 주는 것이 된다. 그래서 분해석에서는 지하차도에 인접하는 지반의 변형을 구해서 이것에서 지하차도의 변형을 추정했다.

5) 해석결과

① 터널의 변형

해석결과에서 보면 계측되는 천단침하량은 주입을 하지 않은 경우에 9~25mm, Cover Rock방식을 행한 경우 5~11mm가 예상된다. 같은 K_0를 쓰고 있는 Case로 비교하면 계측된 침하량도 선행침하를 포함한 절대량과 함께 Cover Rock방식의 주입에 의해 45~50%로 감소하고 Combined방식의 주입에 의해 35%로 감소한다.

수평 내공변위량은 주입을 하지 않은 경우에도 작다. 주입을 하면 더욱 작게 되지만 천단침하에 대한 것만큼의 현저한 효과는 없다. 이것은 수평내공변위는 하반굴착에 따른 변위가 대부분을 차지하지만 본 구간의 터널의 경우 풍화토(RS)에 비하면 상당히 단단한 풍화암(WR)이 하반에 있으므로 약액주입의 유무에 관계없이 하반굴착에 따른 변위 그 자체가 적기 때문이다. (그림 5.12~5.14 참조)

② 지표면 침하(도표 3.1, 도표 3.2 참조)

해석결과로 하면 주입하지 않은 경우 CASE1에서는 최대침하량은 37mm, 최대침하구배는 $\frac{2.73}{1,000}$이 되고 침하구배로 $\frac{1}{1,000}$을 상회하는 범위는 터널 중심에서 좌측 1.5m의 위치까지 미친다. 한편 Cover Rock방식의 주입을 한 경우의 CASE 3에서는 최대침하량은 17mm, 최대침하구배는 $\frac{1.3}{1,000}$으로 약 50%로 감소하고 침하구배가 $\frac{1}{1,000}$의 위치까지 한정된다. 게다가 Combined방식의 주입을 한 경우의 CASE 5에서는 최대침하량은 13mm, 최대 침하구배는 $\frac{0.8}{1,000}$로 약 30%로 감소한다.

MODEL of the ANALYSIS

1) Analyzed Area and Boundary Conditions

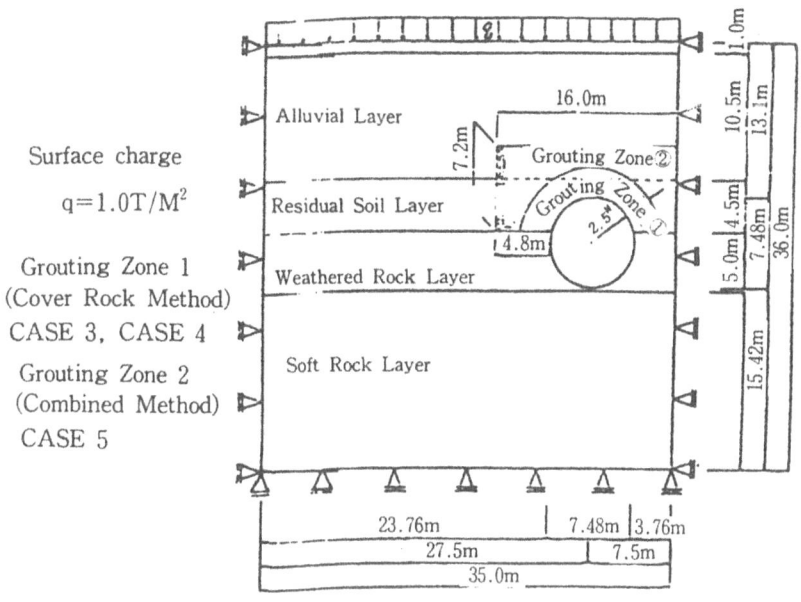

2) Modelization

NODE	Kind of Nodes	Number	Amount
	General Nodal Points	1~520	520
	Additional Nodal Points for Spring Joint	(Not Used)	-
	Total		520

ELEMENT	Material	Element Type	Number	Amount
	Ground	Plane Strain Elem.	1~518	518
	Shotcrete	Rod Elem.	519~556	38
	Rock Bolts	(Not Used)	-	-
	Connection between Ground and Bolts	(〃)	-	-
	2nd Lining	(〃)	-	-
	Total			556

그림 5.12 Model of the ANALYSIS

INPUT PARAMEIERS USED for the ANAEYSIS

CASE No.		1						2					
Layer		Fill	Alluvial Soil	R.S.	W.R.	S.R.	Grouted Soil	Fill	Alluvial Soil	R.S.	W.R.	S.R.	Grouted Soil
Initial Lateral Pressure Coefficient	K_0	\multicolumn{6}{c	}{0.5}	\multicolumn{6}{c	}{1.0}
Unit Weight	γ_t (T/M₃)	1.6	1.8	1.9	2.2	2.5							
Deformation Modulus at Initial	D_0(kg/cm²)	100	150	300	3,000	10,000	N O T U S E D		S A M E				N O T U S E D
Deformation Mosulus at Failure	D_f (″)	20	30	60	300	1,000							
Polsson's Ratio at Initial	ν_0	0.35	0.35	0.35	0.35	0.30			A S				
Polsson's Ratio at Failure	ν_f	0.48	0.48	0.48	0.48	0.45			C A S E				
Parameter	n	1.0	1.0	1.0	1.5	1.5			1				
Cohesion Factor	C(kg/cm²)	0.1	0.1	0.1	3	10							
Frictional Angle	φ(Deg.)	20	30	35	40	45							
Tensile Strength	σ_t(kg/cm²)	0	0	0	0.6	2							

CASE No.		3, 5						4					
Layer		Fill	Alluvial Soil	R.S.	W.R.	S.R.	Grouted Soil	Fill	Alluvial Soil	R.S.	W.R.	S.R.	Grouted Soil
Initial Lateral Pressure Coefficient	K_0	\multicolumn{6}{c	}{0.5}	\multicolumn{6}{c	}{1.0}
Unit Weight	γ_t (T/M₃)	1.6	1.8	1.9	2.2	2.5	2.0						
Deformation Modulus at Initial	D_0(kg/cm²)	100	150	300	3,000	10,000	600		S A M E				
Deformation Mosulus at Failure	D_f (″)	20	30	60	300	1,000	120						
Polsson's Ratio at Initial	ν_0	0.35	0.35	0.35	0.35	0.30	0.35		A S				
Polsson's Ratio at Failure	ν_f	0.48	0.48	0.48	0.48	0.45	0.48		C A S E				
Parameter	n	1.0	1.0	1.0	1.5	1.5	1.0		3 / 5				
Cohesion Factor	C(kg/cm²)	0.1	0.1	0.1	3	10	2.5						
Frictional Angle	φ(Deg.)	20	30	35	40	45	35						
Tensile Strength	σ_t(kg/cm²)	0	0	0	0.6	2.0	2.6						

그림 5.13 INPUT PARAMETERS USED for the ANALYSIS

Section Shape
   UNIT : M

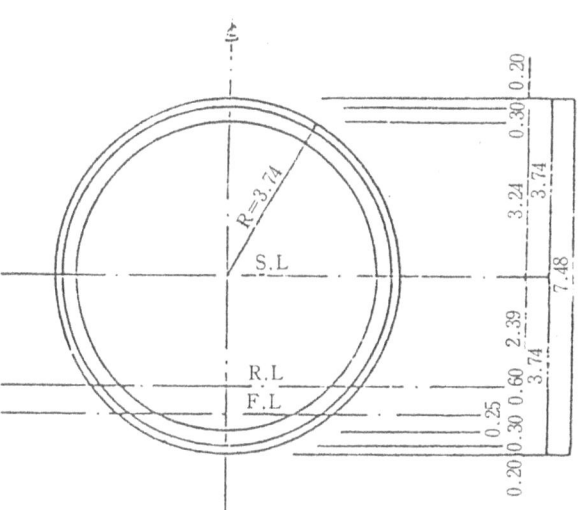

Details of linings
   UNIT : M

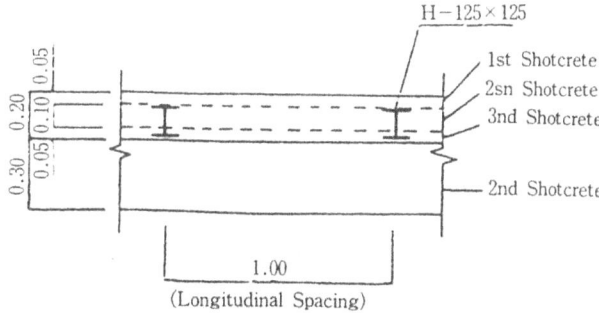

398 NATM터널공법

CALCULATION STEPS

Step No.	0	1	2	3	4	5	6	7
Events	Initial stress Condition	Ring Cut	U.H. shotcreting	Core Excavation	L.H Excavation	L.H. shotcreting	L.H Excavation	Invert shotcreting
Days after the Face passes through	—	Day 0~1.0	Day 1.0~2.5	Day 2.5~6.0	Day 6.0~7.0	Day 7.0~11.0	Day 11.0~12.0	Day 12.0~30.0
Distance from the Face	—	M 0~1.0	M 1.0~2.5	M 2.5~6.0	M 6.0~7.0	M 7.0~11.0	M 11.0~12.0	M 12.0~30.0
Shape.								

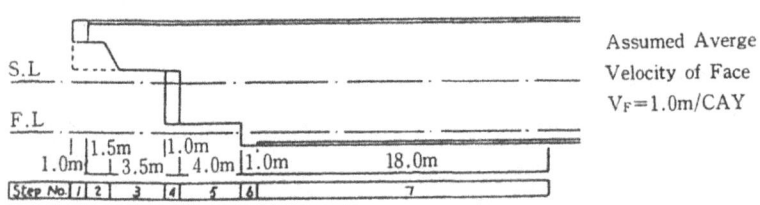

Assumed Averge Velocity of Face $V_F = 1.0 m/CAY$

그림 5.14

표 5.7 터널중심에서의 거리는 우측이 -, 좌측이 +

	CASE 1	CASE 2	CASE 3	CASE 4	CASE 5
최대침하량 (mm)	36.8	22.2	17.3	12.7	12.5
터널중심부터의 거리 (m)	-2.5	-2.5	-2.5	-2.5	-2.5
최대침하구배	$\frac{2.73}{1,000}$	$\frac{1.43}{1,000}$	$\frac{1.30}{1,000}$	$\frac{0.80}{1,000}$	$\frac{0.87}{1,000}$
터널중심부터의 거리 (m)	5.5~8.5	5.5~8.5	5.5~8.5	5.5~8.5	5.5~8.5
구배가 1/1,000을 넘는 범위 (m)	0~15.5	2.5~10.5	2.5~8.5	無	無

③ 지하차도 저면위치에서의 지반침하(도표 3.1, 도표 3.2 참조) 해석결과에서 알 수 있듯이 지표면에서의 침하곡선이 얕고 완만한데 대해 터널에 가까운 지하차도 저면위치에서의 침하곡선은 크고 급하게 되어 있다. 이것은 터널에 가

다. 이 때문에 터널에 가까운 위치에서는 최대침하량이 같은 경우에도 침하구배는 지표면보다도 크게 된다.

주입하지 않는 경우의 CASE 1에서는 최대침하량은 54mm, 최대침하구배는 $\frac{6.72}{1,000}$ 이 되고, 침하구배에 $\frac{2}{1,000}$ 을 넘는 범위는 터널 중심에서 우측으로 6.5m, 좌측으로 10.5m의 위치까지 미친다. 한편 Cover Rock방식의 주입을 한 경우의 CASE 3에서는 최대침하량은 25mm, 최대침하구배는 $\frac{3.16}{1,000}$ 로 약 50%로 감소하고 침하구배에서 $\frac{2}{1,000}$ 을 넘는 범위도 터널 중심에서 우측으로 1.5~5.0m의 위치와 좌측으로 1.5~7.2m의 위치의 2개소에 한정된다.

게다가 Combined방식의 주입경우의 CASE 5에서 최대침하량은 20mm, 최대침하구배는 $\frac{2.67}{1,000}$ 로 약 40%로 감소하지만 침하구배에서 $\frac{2}{1,000}$ 를 넘는 범위에 대해서는 CASE 3과 같다.

이상의 해석에서는 주입을 해도 터널 통과에 따른 응력해방에 의해 지하차도 저면위치 Level의 지반에서는 침하구배가 $\frac{2}{1,000}$ 를 상회하는 구간이 부분적으로 발생한다는 결과가 되었다. 일본의 지하철 건설에 있어서는 Cover Rock방식 또는 Combined방식의 주입에 의해 大過없이 근접 구조물의 直下를 통과하고 있다. 이것은 주입에 의한 지반개량효과 뿐만 아니라 주입시 구조물의 浮揚도 포함해서 침하관리를 하고 있기 때문이다.

즉, 주입시에 구조물은 불가피하게 浮上하고 터널 통과시에는 沈下한다. 이들의 변위를 허용치 내에 두기 위해 관리하는 것이다. 본 구간의 경우에도 이들 구조물의 변위를 ±15mm의 범위에서 관리하면 침하구배도 $\frac{2}{1,000}$ 이내에 머무를 것으로 예상한다.

표 5.8 터널중심부터의 거리는 우측이 -, 좌측이 +

	CASE 1	CASE 2	CASE 3	CASE 4	CASE 5
최대침하량 (mm)	53.8	29.4	24.8	16.7	19.9
터널중심부터의 거리 (m)	0	0	0	0	0
최대침하구배	$\frac{6.72}{1,000}$	$\frac{3.06}{1,000}$	$\frac{3.16}{1,000}$	$\frac{1.72}{1,000}$	$\frac{2.67}{1,000}$
터널중심부터의 거리 (m)	3.2~5.0	3.2~5.0	3.2~5.0	3.0~5.0	3.2~5.0
구배가 2/1,000을 넘는 범위 (m)	-6.5~10.5	1.5~8.5	-1.5~-5.0 1.5~7.2	無	-1.5~-5.0 1.5~7.2

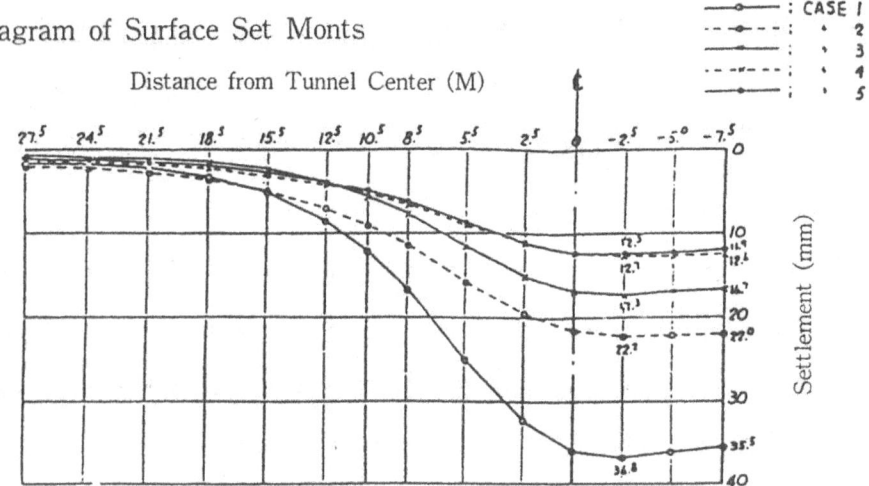

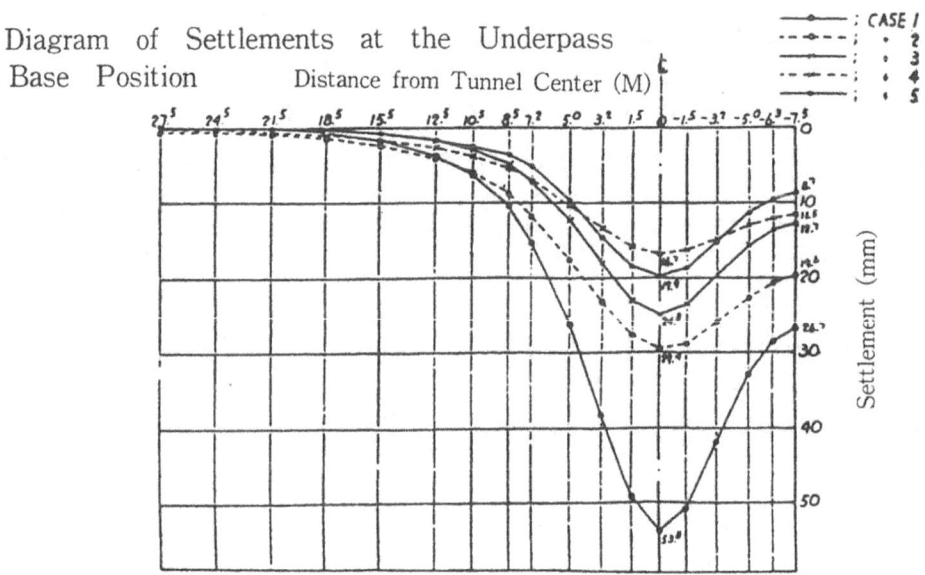

Table of Tunnel Displacements at the Final State

UNIT ; MM

Kind		CASE 1	CASE 2	CASE 3	CASE 4	CASE 5
Crown Settl	①	25.3 (82.3)	9.3 (45.9)	11.4 (36.1)	4.8 (23.9)	9.5 (27.0)
U.H. Conv.	②	−2.6 (4.4)	5.8 (14.6)	−0.4 (0.5)	4.5 (8.4)	0.1 (1.8)
	③	−4.0 (4.2)	2.1 (10.6)	−1.0 (0.4)	1.8 (5.5)	−0.6 (1.3)
L.H. Conv.	④	0.9 (1.9)	2.5 (4.2)	0.9 (1.7)	2.4 (3.9)	0.9 (1.8)
	⑤	0.7 (1.7)	1.5 (2.6)	0.7 (1.7)	1.5 (2.6)	0.8 (1.8)

( ) : Valus including the displacements before measuring

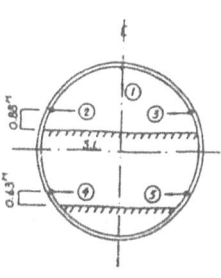

Table of Shotcrete Stresses at the Final State

UNIT ; KG/CM² (Positive in Compressive Stress)

Position		CASE 1	CASE 2	CASE 3	CASE 4	CASE 5
Crown	①	8.0	9.1	12.8	16.4	12.3
	②	8.0	9.1	12.9	16.4	12.4
S.L.	③	5.9	6.4	7.0	7.4	7.3
	④	5.9	6.3	6.8	7.4	7.2
R.L.	⑤	7.3	8.7	7.2	8.9	7.3
	⑥	7.2	7.6	7.2	7.9	7.3
Bottom	⑦	4.1	9.6	3.9	9.5	4.0
	⑧	4.1	9.4	3.9	9.3	4.0
Max. value (Position)		10.7 (⑨,⑩)	9.9 (⑪)	13.4 (⑫)	16.4 (①,②)	13.1 (⑫)

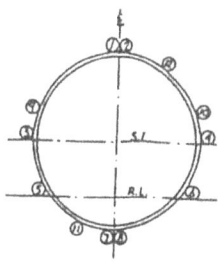

Table of Plastic Zone in the Surrounding Ground

UNIT ; M

Portion	CASE 1	CASE 2	CASE 3	CASE 4	CASE 5
Arch	1.6~3.5	0.8~1.6	Non	Non	Non
Side Wall	(0~0.8)	(0~1.6)	(0~0.8)	(0~0.8)	(0~0.8)
Invert	Non	Non	Non	Non	Non

( ) ; Only little portion shows plasticity

그림 5.13

④ Shotcrete 응력

해석결과에 하면 최대응력은 주입하지 않은 경우에 10~11kg/cm²로 모두 크지 않다.

⑤ 주변지반의 안정성

해석결과로 하면 주입하지 않는 경우는 Arch부에 0.8~3.5m의 소성영역(Plastic Zone)이 예상되지만 약액주입에 의한 지반개량을 하면 이들 소성영역의 발생은 없어지고 파괴접근도에도 0.4이상으로 안정된 응력상태로 유지할 수 있다.

측벽이나 Invert부는 점차로 강도가 작은 풍화암(WR)중에 있으므로 주입의 유무와는 관계없이 안정한 응력상태에 있다. 上半의 굴착선의 우각부에 해당하는 1~2요소만이 응력집중에 의해 소성화하고 있지만 특별히 문제시할 필요는 없다.

6) 결론

주입에 의한 지반개량을 하지 않고 터널을 통과시키면 터널상의 지반에 Plastic Zone이 발생하고 지하차도저면 위치에서 지반침하가 크게 되고 구조물에 유해한 균열을 발생시키는 사태가 예상된다. 주입에 의한 지반개량을 하면 Plastic Zone의 발생은 없어지고 침하량도 Cover Rock방식에서 약 50% Combined방식에서 약 40%까지 감소시킬 수 있다.

해석상으로는 주입을 해도 침하구배가 $\frac{2}{1,000}$ 를 부분적으로 상회하는 결과가 되고 있지만 아래의 3가지 요인을 생각하면 실제의 침하량은 더욱 적어지는 것으로 예상된다.

① 지하차도의 공간만큼 土荷重이 적어진다.

② 지하차도의 剛性에 의해 不等沈下가 균등화된다.

③ 주입시 지하차도의 浮上이 있다.

특히 ③은 주입공법에 의해 구조물의 침하방지를 할 경우 대단히 중요한 관리항목이며 이것을 포함해 구조물의 변형을 관리해야만 한다.

터널 내에서 주입을 해서 지하차도 직하의 지반까지 개량하려고 하면 착공정밀도, 주입압이 직접 구조물작용, 구조물표면에 藥液의 표출 등 해결하지 않으면 안되는 諸問題가 남는다. 이러한 점을 생각하면 지하차도 底面에 Cover Rock방식 쪽이 주입작업상의 문제가 적으며 구조물의 변위를 ±15mm 이내로 관리할 수 있으면 Cover Rock방식으로 대처할 수 있다고 생각된다.

그러나 지반개량 효과는 현장의 토질이나 주입기술에 크게 의존하는 것이고 사전에 시험주입을 해서 확인해 두는 것이 바람직하다. 또 터널 굴착에 있어서는 계측을 세밀하게 하고 막장에서 인버트 開合까지의 시간과 거리를 될 수 있는 한 짧게 하도록 노력해야 겠다.

7) 약액주입 施工

① 개요

320공구 구간의 터널 시공은 대부분 연약한 풍화토(Residual Soil)지반을 통과하고 있으며 평균토피 12~13m 정도이다. 치안본부와 한국일보사의 중간 위치에 있는 동십자각 앞에 수직갱을 설치하여 적선동방향과 안국동방향으로 각각 단선병렬 터널을 굴진했다.

앞서 320공구 NATM시공 계측분석에서 기술한 바와 같이 지표면 침하가 FEM해석상의 예상침하량을 훨씬 초과하여 120~150mm 정도의 지표면 침하가 발생되고 있었다.

수직갱에서 치안본부 街角部까지 120m 조심조심해서 터널굴착을 끝냈지만 광화문 앞을 통과해야 되고 터널 상부부에서 4.3m이격되어 있는 지하차도 밑을 통과해야 하는 난제에 음착하게 됨에 따라 지표면 침하를 억제시켜야만 했다. 따라서 감리단과 감독관의 協助를 받아 광화문앞 80m구간은 Curtain Type과 Cover Rock Type으로 SGR시공을 하였고 지하차도 구간은 Cover Rock Type과 Combined Type를 혼용한 SGR공법과 LW공법을 채택하게 되었다.

404 NATM터널공법

② 시공현황

(가) 광화문앞 구간 평면도

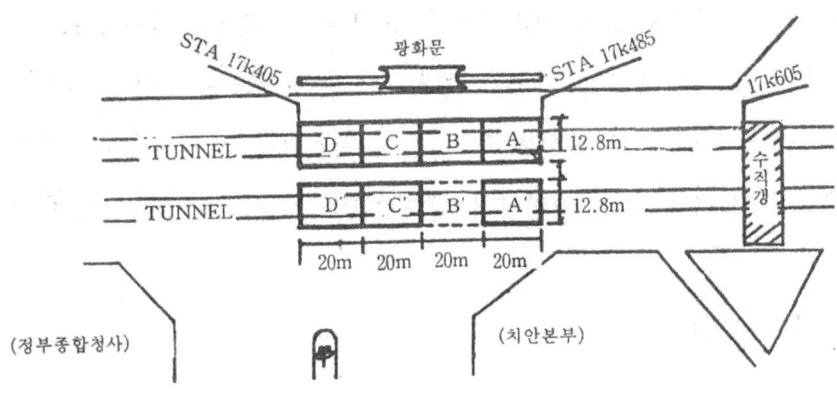

그림 5.13 광화문앞 구간 평면도

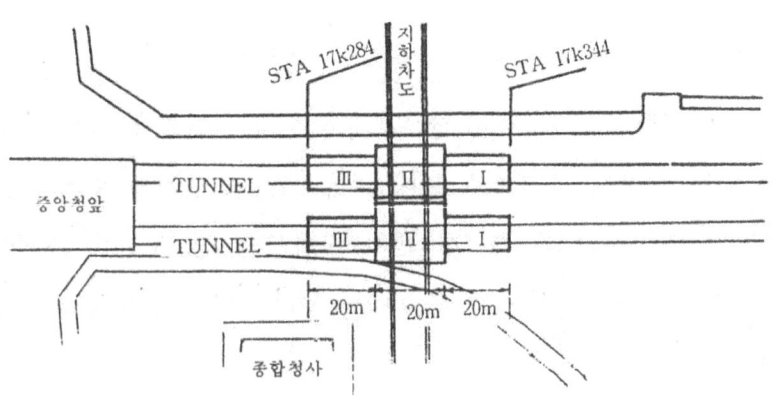

그림 5.14 지하차도 구간 평면도

第5章 터널시공을 위한 보조공법 405

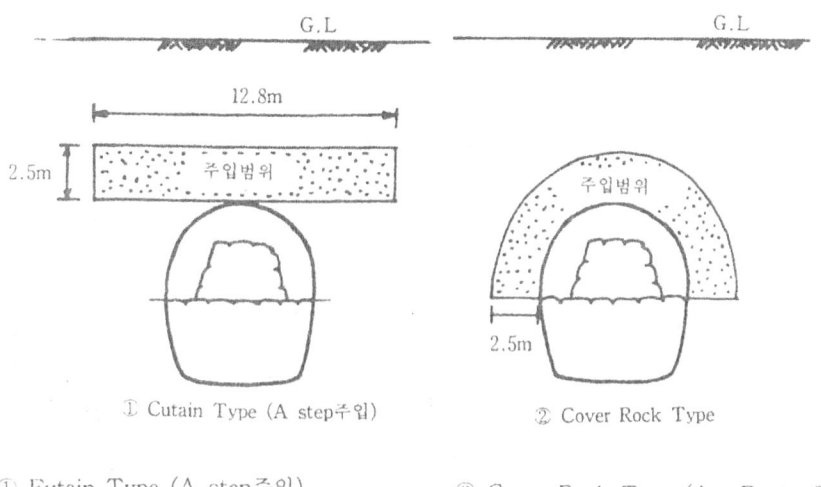

① Eutain Type (A step주입)　　② Cover Rock Type (A : B step주입)

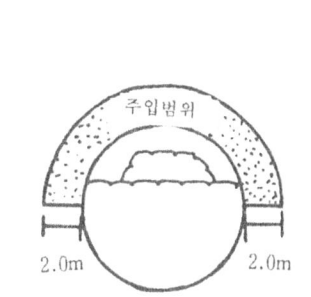

③ Cover Rock Type (C, C', D' step 주입)

그림 5.15 주입형태

광화문 보호를 위한 SGR주입형태는 우선 ①그림과 같은 방식으로 주입하여 Plastic Zone확산을 방지하여 지표침하를 억제시키고 효과가 적을 때 ②그림과 같이 주입토록 계획하였으나 공기나 공비의 차이가 별로 없어 A step을 제외하고 Cover Rock Type으로 변경시공하였다. 계측결과 변형이 감소하는 효과가 있어 ③그림과 같이 주입폭을 2.5m에서 2m로 변경시행하였다.

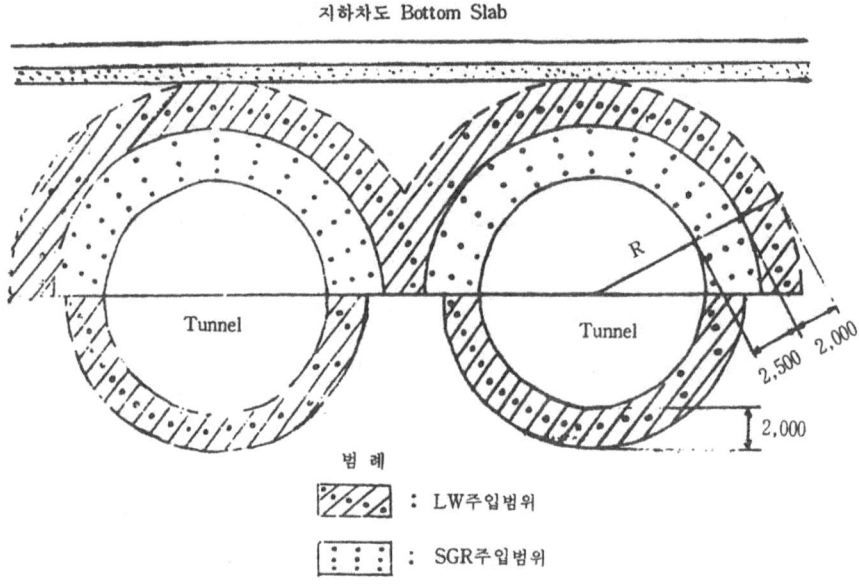

그림 5.16 Combined Type

㉠ Longitudinal Section

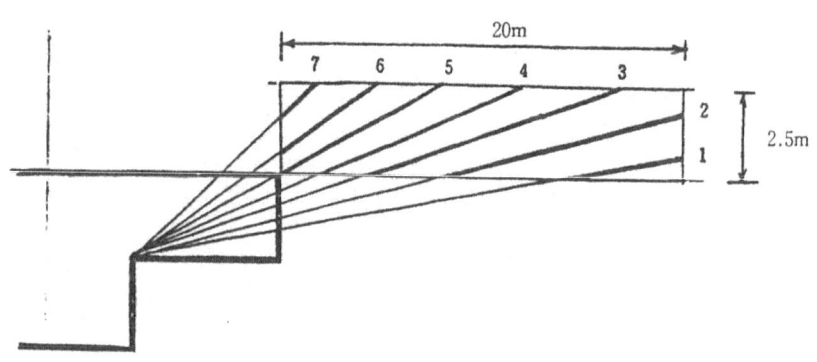

그림 5.17 穿孔 配列圖

ⓛ Typical Section

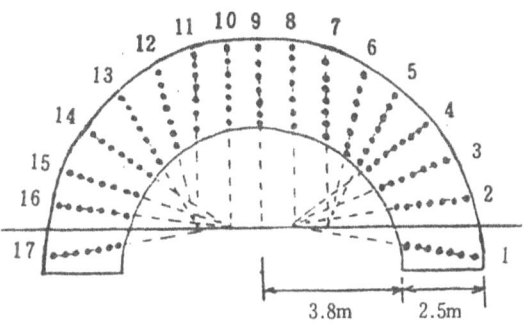

ⓒ 穿孔長

(STEP당)

段 別	천공각도	穿孔長	孔 數	穿孔 累計	備 考
1	6.27°	25.2m	17	428m	
2	8.95°	25.2m	17	428	
3	9.85°	24.2m	17	411	
4	12.06°	18.8m	17	319	
5	15.20°	14.7m	17	249	
6	19.40°	11.0m	17	187	
7	23.00°	8.0m	17	136	
계			119공	2,158m	

그림 5.17 穿孔 配列圖(계속)

③ 시공효과

㉠ 약액주입전에 본 구간에서 통상 발생되던 지표침하량은 110m 전후였으나 주입후에는 25~38mm이하로 억제되었다.

㉡ 또한 막장 굴착시 Tunnel Crown부의 붕락현상이 없어졌을 뿐만 아니라 막장 전면부에서 유출되던 지하수가 격감되어 안전 시공을 할 수 있었다.

Fig.113 약액주입 Plant (지상작업의 경우)

Fig.114 약액주입 시공현장

Fig.115 약액주입 시공현장

④ 개선점

㉠ 천공 및 주입작업

○ 현재 사용중인 천공기는 ROTARY식 천공기를 개조한 것으로 유지하기가 곤란하여 주입범위 관리가 모호하다. 단, 粘質土 구간에서는 오차의 범위가 적을 것으로 예상된다.

○ 천공작업을 완료하고 나면 ROD선단의 ROCKET를 밀어내고 50cm를 1Step단위로 하여 주입을 하고 ROD를 인발하게 된다. 이 때 인부들이 인력으로 Pipe Wrench를 사용하여 ROD를 1Step(50cm)을 뽑아 내는데 매우 힘들고 시간낭비가 많으므로 유압을 이용한 인발장비를 개선해야 한다.

○ 주입작업은 최초에 $2 \sim 3 kg/cm^2$의 주입압력을 가하고 최종에 $5 \sim 6 kg/cm^2$의 주입압을 걸었다. 1Step(50cm)을 주입하는데 소요되는 시간은 통상 12~14분이 걸렸다. 이때 규산소다에 S.G.R 3호와 S.G.R 4호의 혼합용량인 A+B액을 1Step(50cm)당 일정량을 주입하고 인위적으로 A+B 2액으로 교환하므로(이

때 관리자는 계량기를 도측으로 함) 주의가 산만할 경우 정확한 관리가 어려우므로 자동 계량주입 장치가 필요하다.

⑤ 약액주입 시공배경

지하차도구간의 지반조건은 앞서 2-4굴착에서 지하구조물 통과 설명시 상세히 설명하였고 약액주입 항목의 FEM祥析에서 이론적인 사항을 기술하였다.

본 항에서는 주입구간에 대한 계측결과 약액주입계측에 대하여 설명하고자 한다.

○ 주입구간에 대한 계측결과

광화문 구간은 주입이 완료된 후 인력굴착에 의하여 가급적 설계 Pattern에 의한 Mini Short Bench Cut공법으로 굴진하면서 막장의 용수상태와 계측을 실시하였던 바 막장의 용수는 거의 완벽하게 遮水가 되었으며 지표면 침하의 결과는 30mm의 정도로 억제되었다.

계측결과에서 나타난 바와 같이 지표면의 최대침하량은 FEM해석상의 모든 CASE를 넘어서서 지상 구조물의 경사한계 1/1,000를 초과하는 것으로 나타났다. 이에 대한 원인은 주입 기간동안의 막장 정지에 의한 침하발생과 인버트 폐합의 지연 등을 생각할 수 있는데 주된 원인은 계측결과에서 보듯이 갱내주입에 의한 막장 정지기간(Step당 평균 15일 정지)동안의 침하로 생각된다. 이는 당초 FEM에서 예상하였던 갱외주입으로 막장 통과전에 미리 주입한 후 터널 단면을 Short Bench로 폐합하면서 신속히 굴진하는 것과는 상당한 차이를 나타내고 있다. 따라서 지하차도 直下部 1Step 20m구간은 지표면 침하 등의 지반변상을 적극적으로 구속하기 위하여 遮水效果用의 Cover Rock Type 藥液注入과 병용하여 별도의 지반보강공법이 필요하였다.

○ 약액 및 L.W주입계획

전항에서 언급한 바와 같이 지반조건이 거의 동일한 구간에서 Cover Rock Type범위의 藥液注入으로 遮水效果는 충분하였으나 구조물 直下部 통과를 위한 지표면 침하를 억제할 정도의 지반보강 효과는 미흡한 것으로 생각된다.

이것은 갱내주입이라는 작업의 여건에 의하여 장기간 굴착을 중지해야 했던 것이 과대한 地盤變狀을 유발하였지만 지하차도 내부나 지상에서의 갱외주입이 실제 불가능한 점을 고려할 때 약액주입만으로는 지반변위에 대한 지하차도의 안전을 도모할 수 없다고 판단되었다.

따라서 지하차도 하부의 연약층과 터널 주변지반의 보강을 위하여 지하차도 直下部 20m구간에 대해서는 Combined Type으로 확대하여 LW로 주입보강을 병용하도록 계획했다.

여기서의 LW주입을 지반공극을 완전히 침투 충진하여 차수하려는 목적이 아니라 터널 주변과 지하차도 하부의 절리공극을 약액보다는 강도가 월등히 기대되는 시멘트 현탁액 계열인 LW로 맥상 주입하여 지반강도를 증가시키는데 목적을 두었다. 그러나 시공당시에는 4장 5.3의 지하수용출대책에서 시행하였던 3M공법(Mighty Multiple Mixing Grout)으로 대체 시공하였다.

본 3M공법은 SGR공법과 마찬가지로 Water Glass인 규산소다 3호(Na_2Si_3)를 主材로 하여 보통포틀랜드시멘트를 Ground FIEX라는 장비로 細粒子로 갈아 혼합주입하는 반형탁액으로 SGR공법보다는 工費가 저렴하며 강도를 높일 수 있는 효과적인 주입공법이나 갱내주입시 Slime의 積滯와 注入 Rod의 인발작업이 어려운 난점도 갖고 있다.

⑥ 藥液注入의 설계

○ 토압에 의한 막장의 안전도

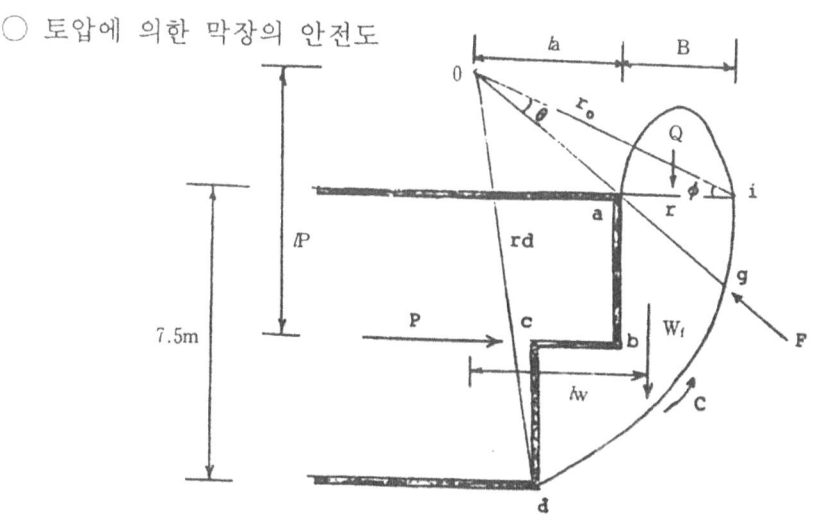

그림 5.18 막장 전면의 활동면

도면에서 W_f : 土壤의 중량

Q : 토양상부의 鉛直弛緩土壓

P : 막장을 밀어내려는 水平力

F : 내부마찰에 의한 저항력

C : 점착력

막장을 안정시키는데 필요한 수평력 P는 다음과 같이 구한다.

$$P = \frac{1}{lP}\left\{W_f \cdot W_w + Q\left(la + \frac{B}{2}\right) - \frac{C}{2\tan\phi}(r_d^2 - r_0^2)\right\} \quad ①$$

만일 $\phi = 0$일 경우에는

$$P = \frac{1}{lP}\left\{W_f \cdot l_w + Q\left(la + \frac{B}{2}\right) - \frac{\pi r_0^2}{2} \cdot C\right\} \quad ②$$

①이나 ②식을 적용할 때는 그림 5.18의 i점을 임의로 결정하되 i점을 좌우로 이동시키면서 P값을 구한다. P값이 최대가 될 때 i점을 통과하는 활동면이 실제의 활동면이며 P값이 Minus부호일 때 막장은 자립한다.

약액주입범위를 굴착에 의해서 외주의 소성영역에서 결정된다. 그림 5.19에 그 기본응력도를 제시하고 탄성해는 다음 식과 같다.

$$\delta_r = P_0 \frac{a^2 - a^2}{a^2 - 1} + P_i \frac{a^2 - 1}{a^2 - 1} \quad ①$$

$$\delta\theta = P_0 \frac{a^2 - a^2}{a^2 - 1} - P_i \frac{a^2 - 1}{a^2 - 1} \quad ②$$

$$a = \frac{\gamma_0}{\gamma_i} \qquad a = \frac{\gamma_0}{\gamma}$$

여기서 γ_i : 터널굴착 半徑

γ_0 : 터널중심에서 예상되는 주입범위 외측까지의 거리

γ : 응력을 고려하는 점에서 터널중심까지의 거리

δ_r : 법선응력

$\gamma\theta$: 접선응력

P_0 : 주입범위 외측에 작용하는 토압

第5章 터널시공을 위한 보조공법   413

P_i : 半徑 r_i에 예상하는 압력

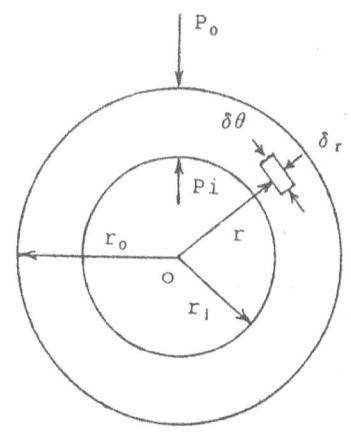

그림 5.19 기본응력도

가) 연직토압계산(K, Terzaghi의 공식에서 사질토를 적용)

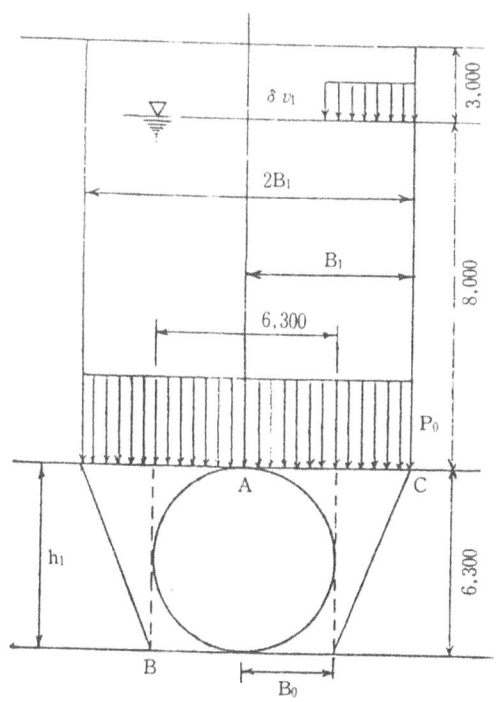

그림 5.20 320공구 Ps-1터널 하중 작용도

$$P_0 = \frac{\gamma_1 \cdot B_1 - C}{K \cdot \tan\phi}\left(1 - e^{-k\tan\frac{H}{B_1}}\right) + g \cdot e^{-k\tan\frac{H}{B_1}} \qquad ③$$

여기서, P_0 : 연직토압(t/m²)

B_1 : 토압영향폭

γ_1 : 흙의 단위중량

C : 흙의 점착력(t/m²)

ϕ : 흙의 내부마찰각(°)

K : 토압계수

g : 지하수면상의 연직토압(t/m²)

H : 피복토(m)

나) 토압영향폭

$$B = B_0 + 2B_0\tan\left(45° - \frac{\phi}{2}\right)$$

$$= 3.15 + 2 \times 3.15 \times \tan\left(45° - \frac{31.6°}{2}\right)$$

$$= 6.67\,\text{m}$$

여기서 B_0는 Ps-1 터널단면의 半徑이며 B_1을 ③식에 대입하여 터널정부의 연직토압 P_0를 구한다.

다) $P_0 = \dfrac{(1.88 \times 6.67) - 0.08}{1 \times 0.615} \times \left(1 - e^{-615 \times \frac{8,000}{6.67}}\right)$

$\qquad = 5.7\,\text{ton/m}^2$

여기서 P_0는 흙의 중량에서 점착력에 의한 역작용 하중을 뺀 하중이다.

①, ②식에 내원에 대해 $a = \dfrac{\gamma_0}{\gamma} = \dfrac{\gamma_0}{\gamma_i} = a$

외주에 대해 $a = \dfrac{\gamma_0}{\gamma} = \dfrac{\gamma_0}{\gamma_0} = 1$

$P_i = 0$인 조건을 대입하면,

$$*\delta\theta = P_0 \frac{2a^2}{a^2-1} \qquad ④$$

④식에 $a = \frac{\gamma_0}{\gamma_i}$ 를 대입하여 $\delta\theta$ 값이 주입개량토 강도의 허용치가 이하가 되도록 개량폭을 구한다.

라) 320구간 적용례

Ps-1 터널 주입폭　　　　　　　2.0m

$$a = \frac{\gamma_0}{\gamma_i} = \frac{5.15}{3.15} = 1.635$$

$$* \ \delta\theta_1 = P_0 \times \frac{2a^2}{a^2-1}$$

$$= 5.7 \times \frac{2 \times (1.635)^2}{(1.635)^2 - 1} = 1.82 \, kg/cm^2$$

Ps-1 Tunnel주입폭　　　　　　2.5m

$$a = \frac{\gamma_0}{\gamma_i} = \frac{5.65}{3.15} = 1.794$$

$$* \ \delta\theta_2 = P_0 \times \frac{2a^2}{a^2-1}$$

$$= 5.7 \times \frac{2 \times (1.794)^2}{(1.794)^2 - 1} = 1.65 \, kg/cm^2$$

당구간에서는 안전율을 Fs=2.5로 보았다.

따라서, $\delta\theta_1 = 1.82 \times 2.5 = 4.55 kg/cm^2 > 4 kg/cm^2$

　　　　$\delta\theta_2 = 1.65 \times 2.5 = 4.13 kg/cm^2 > 4 kg/cm^2$

여기서 $4kg/cm^2$는 S.G.R 1호, 2호의 SANDGEL 1축압축강도로서 전부 불완전하므로 S.G.R 3호, 4호를 채택하였다.

마) S.G.R은 일종의 경화제로써 그 종류는 표 5.8과 같다.

표 5.8 S.G.R 약액종류

GROUT	型	分類	GEL TIME	1일후 1축압축강도 (HOMOGEL)	(SANDGEL)
SGR-1호 SGR-2호	A型	無機系 표준강도처분	SHORT(표준 6초) MIDDLE(표준 90초)	$0.5 kg/cm^2$	$4 kg/cm^2$
SGR-3호 SGR-4호	B型	有機系 고강도처분	SHORT(표준 6초) MIDDLE(표준 90초)	$1 kg/cm^2$	$6 kg/cm^2$
SGR-5호 SGR-6호	C型	有機系 초고강도처분	SHORT(표준 6초) MIDDLE(표준 90초)	$2 kg/cm^2$	$10 kg/cm^2$
SGR-7호 SGR-8호	D型	無機系 Cemem강도 無機系 표준강도	SHORT(표준 6초) MIDDLE(표준 90초)	$6.5 kg/cm^2$	$25 kg/cm^2$
SGR-9호 SGR-10호	E型	無機止水强度	SHORT(표준 6초) MIDDLE(표준 90초)	$0.45 kg/cm^2$	$3.6 kg/cm^2$
SGR-11호 SGR-12호	F型	無機系 M/C강도 有機系고강도	SHORT(표준 6초) MIDDLE(표준 90초)	$8.0 kg/cm^2$	$30 kg/cm^2$

② 주입량의 결정

가) 주입량의 계산식은 다음 식에 의한다.

$$Q = V \times n \times \alpha (1+\beta) \qquad ⑤$$

여기서, Q : 주입량

V : 개량토량

n : 간극율

α : 충전율

β : 손실율(1~5%)

나) 당공구의 지질물성치에 의해 n=0.36, α=0.6~0.8(풍화토 0.8, 풍화암은 0.6)로 하였고 β=0.01로 하였다.

ⅰ) CURTAIN식 주입인 경우

$V = 12.8 \times 2.5 \times 20m = 640 m^2$

* $Q = 640 \times 0.36 \times 0.8 \times (1+0.01)$

  $= 186 m^3/single\ 20m$

ⅱ) CAP식 주입인 경우

$V = \{(5.65)^2 - (3.15)P2\} \times \pi \times 20m$

$\quad =1.382\text{m}^3$

* $Q=1.382\times 0.36\times 0.8\times (1+0.01)$
   $=401\text{m}^3/\text{single 20m}$

⑦ 결론

320공구의 연약지반 터널을 시공하면서 광화문과 지하차도 밑을 통과하면서 약액주입공법(SGR 3M, 삼보지질(주))을 채택하여 대과없이 무사히 완료하였고 특히 터널내 지하수 용출시 즉각 3m공법으로 대처할 수 있던 것은 무척 다행스럽게 생각한다. 그러나 아직 국내실정으로는 주입재의 가격이 고가로서 저렴화시킬 수 있는 방안을 연구해야 할 것이다.

또한 약액주입 공사의 설계나 시공에 있어서 사람의 건강피해발생 및 지하수의 오염을 방지하는데 소홀히 해서는 안된다. 본 주입공법은 주입재를 지반의 공극내에 압력으로 밀어 넣어 지반의 강화 및 지수를 도모하는 것으로써 주입의 설계나 시공 전에 토질기초 공학적 성질을 분명히 해야 한다.

주입공법에 관련된 공학은 토질공학은 물론 수리학, 화학, 응용역학 등 광범위하며 기존의 토질공학의 사고방식만으로는 설명할 수 없는 부분이 많아 전혀 새로운 개념을 도입할 필요가 생기고 있다.

第6章 NATM의 施工管理

第6章 NATM의 施工管理

1. 概要

1) 시공관리 일반

시공에 있어서는 터널주변원지반이 본래 가지고 있는 지지력을 활용하고 Shotcrete, Rock Bolt, 강지보등 지보부재로 원지반의 성상에 적합한 터널을 시공할 수 있도록 적절한 시공관리를 기본으로 하여 시행하여야 한다.

시공관리에 있어서는 시방서 또는 감독원의 지시가 있을 경우에는 이에 따라야 하나 여기서는 일반적인 시공관리기준을 기술한다. 또 시공관리에 대해서는 (1) 품질관리, (2) 작업관리로 분류한다.

시공관리의 Flow Chart는 그림 6.1과 같다.

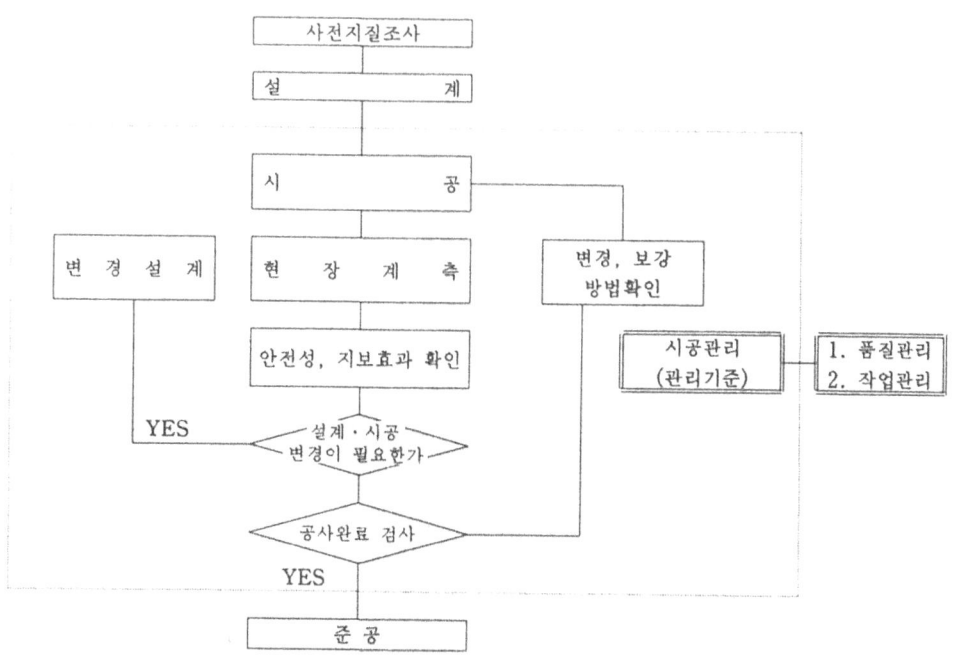

그림 6.1 시공관리의 Flow Chart

2) 품질관리

주요재료 및 공사목적물에 대하여 소정의 시험검사를 하고 그 품질, 치수, 강도 등을 확인하여야 한다. 또 재료에 따라서는 파손, 변질될 우려가 있으므로 그 품질에는 충분히 주의하여야 한다.

품질관리의 일반적인 관리기준은 각 항목에서 기술하겠으나 주된 부재인 Shotcrete, Rock Bolt, 강지보 등의 주된 시험 및 검사를 적정한 빈도로 시행할 필요가 있다.

특히 공사목적물이란 Shotcrete와 타설한 Rock Bolt를 말한다.

3) 작업관리

시공에 있어서는 막장의 상황, 터널중심선의 偏位, 지보재(Shotcrete, Rock Bolt, 강지보공)의 변형파손 및 원지반의 擧動에 주의하여 갱내의 관찰, 현장계측 등을 하면서 신중하게 작업을 진행시켜 공사가 시방대로 완성되도록 항상 일상작업의 관리에 노력하여야 한다.

일상작업에 있어서의 주된 관리항목은 다음과 같다.

(1) 막장의 관리
(2) 지보재(뿜어붙이기 콘크리트, Rock Bolt, 강지보공)의 관리
(3) 원지반 擧動의 관리
(4) 2차 라이닝의 관리

시공에 따른 일상작업의 관리방법으로 굴착 및 지보설치 등에 대하여 정확하고 신속하게 체크할 수 있는 방법을 채택하고 확실하게 관찰, 계측을 하여 시공에 Feed Back하는 것이 가장 중요하다. 작업관리에 있어 필요한 기준은 표 6.1과 같으며 관리항목마다 시공중의 현상과 그 대응책을 참고로 설명한다.

표 6.1 시공중의 현상과 그 대응책

작업관리 항목	시공중의 현상	대응책 (A) 비교적 간단한 변경으로 끝나는 경우의 대응책	대응책 (B) 비교적 큰 변경을 필요로 할 경우의 대응책
막장 및 막장부근의 원지반	막장정면이 안정되지 않는다.	○ 1굴착길이를 짧게 한다. ○ 核을 남겨 두고 굴착한다.(Ring Cut) ○ 막장정면에 뿜어붙이기 또는 Rock Bolt를 시공한다. ○ 강널판, 미니파이프로우프 등을 시공한다.	○ 굴착단면분할을 작게 한다. ○ 지반개량을 한다.
	막장천단에서 표피탈락이 많아진다.	○ 표피탈락방지공(강널판, 미니파이프 루우프등)을 시공한다. ○ 1굴착길이를 짧게 한다. ○ 굴착단면을 일시적으로 분할하여 시공한다.	○ 강지보공을 넣는다. ○ 지반개량을 수반한다.
	막장부에 용수가 나온다. 또는 용수량이 증가한다.	○ 뿜어붙이기 콘크리트의 경화를 빠르게 한다.(급결제의 증가등) ○ 뿜어붙이기를 위한 배수처리를 한다. ○ 눈이 가는 철망을 시공한다.	○ 배수공법(水拔) 보우링, 디프웰, 웰포인트등) ○ 지반개량을 한다.
	지지원지반의 지지력이 부족하여 침하가 커진다.	○ 지지원지반을 손상시키지 않도록 굴착한다. ○ 脚部의 뿜어붙이기 콘크리트를 두껍게 하여 지지면적을 증대한다. ○ 추가보울트를 시공한다.	○ 벤치길이를 짧게 하며 조기폐합을 한다. ○ 뿜어붙이기로 임시 인버트를 시공한다. ○ 지반개량을 한다.
	지반융기가 생긴다.	○ 인버어트에도 Rock Bolt를 타설한다.	○ 인버트의 조기뿜어붙이기를 한다. ○ 벤치길이를 짧게 하고 조기폐합을 한다. ○ 미니벤치공법으로 한다.
뿜어붙이기 콘크리트	뿜어붙이기 콘크리트가 떠오른다. 또는 빗겨진다.	○ 굴착후 조기뿜어붙이기를 한다. ○ 철망을 넣는다. ○ 용수압을 빼낸다. ○ 추가보울트를 시공한다.	○ 뿜어붙이기 콘크리트의 두께를 증가한다. ○ 긴 보울트를 시공한다.
	뿜어붙이기 콘크리트의 응력이 증가하여 균열이나 전단파괴가 생긴다.	○ 추가보울트를 시공한다. ○ 철망을 넣는다.	○ 긴보울트를 시공한다. ○ 강지보공을 넣는다.(경우에 따라서는 可縮으로 한다)

작업관리 항목	시공중의 현상	대응책 (A) 비교적 간단한 변경으로 끝나는 경우의 대응책	대응책 (B) 비교적 큰 변경을 필요로 할 경우의 대응책
Rock Bolt	Rock Bolt의 軸力이 증가하여 지압판이 휜다. 또는 보울트가 파단된다.	○ 추가보울트를 시공한다.	○ 긴 보울트를 시공한다. ○ 보울트 耐力이 큰 것을 사용한다.
강제동바리공	강제동바리공의 응력이 증가하여 座屈이 생긴다.	○ 추가보울트를 시공한다.	○ 긴 보울트를 시공한다. ○ 강제동바리공을 可縮으로 하고 뿜어붙이기 콘크리트에 스릿트를 설치한다.
지표 및 천단침하	지표침하나 천단침하가 크게 되고 침하속도가 증가한다.	○ 긴 미니파이프 루우프 등에 의하여 원지반을 먼저 받친다.(Fore Polling) ○ 1굴착길이를 짧게 하여 조기뿜어붙이기를 한다. ○ 핵을 남겨 두고 굴착한다.(Ring Cut)	○ 벤치길이를 짧게 하고 인버트의 폐합을 빨리한다. ○ 가인버트공법 또는 사이롯공법으로 대체한다. ○ 지반개량을 한다.
지중변위	지중변위가 크게 되고 이완영역이 이상하게 넓어진다.	○ 추가보울트를 시공한다. ○ 1굴착길이를 짧게 하여 조기에 뿜어붙이기를 한다.	○ 긴 보울트를 시공한다. ○ 강지보공을 넣는다. ○ 벤치를 짧게 하여 조기에 폐합을 한다. ○ 미니벤치공법 또는 임시인버어트공법으로 대체한다. ○ 지반개량을 한다.
내공변위	내공변위량이 크게 되고 변위속도가 증가한다.	○ 추가보울트를 시공한다. ○ 1굴착길이를 짧게 하여 조기에 뿜어붙이기를 한다.	○ 긴 보울트를 시공한다. ○ 벤치를 짧게 하여 조기에 폐합을 한다. ○ 굴착단면의 변경 ○ 미니벤치공법 또는 임시인버어트공법으로 대체한다.

[주] : 이 표는 개략적인 기준을 보인 것이다. 각각의 대책에 따라 어느 것을 우선할 것인가는 원지반조건, 시공법, 변형의 상태 등에 따라 다르므로 개개의 터널에 있어서 종합적으로 판단할 필요가 있다.

2. Shotcrete

1) Shotcrete재료의 품질관리

Shotcrete재료는 품질이 변질되지 않도록 보관에 주의하여야 한다.

재료는 소정의 시험, 검사를 시행하여 그 품질을 확인한 것을 사용하여야 한다.

Shotcrete재료중 특히 急結劑는 일반적으로 粉末急結劑가 사용되고 있으나 습기가 차면 취급상 난점이 생기므로 첨가하기까지의 보관에 주의할 필요가 있다.

Shotcrete재료의 품질관리는 다음을 표준으로 한다. (표 6.2, 6.3)

표 6.2 기준시험

항목 종별	시험 항목	시험 방법	시험 빈도	규 정 값
시멘트	품질시험	KSL 5103 KSL 5106 KSL 5110 (제조공장의 규격증명서)		KSL 5201 KSL 5210 KSL 5211
물	수질시험	콘크리트 표준시방서	채집개소 또는 수질의 변경이 있을 때마다 1회. (언제나 음료수는 제외함)	① 기름, 酸, 염분, 유기질등 콘크리트의 품질에 영향을 미칠 물질의 유해량을 포함해서는 안된다. ② 檢水를 쓴 모르터의 재령 7일 및 28일의 압축강도가 기준물을 사용한 경우의 90%이상이라야 한다. ③ 해수를 사용해서는 안된다.
급결제	품질시험	비중, 압축강도비, 응결시간 (제조공장의 규격증명서)		
잔골재	입 도	KSF 2502	채취개소 또는 품질변경이 있을 때마다 1회. 다만 라이닝콘크리트와 동일재료의 경우에는 생각한다.	
	비중(표면건조)	KSF 2504		2.50이상
	흡 수 율	KSF 2504		3.5%이하
	단위체적중량	KSF 2505		
	실 적 율	KSF 2505		
	씻기시험에서 잃는 것	KSF 2511		5%이하(7%이하)
	유기 불순물	KSF 2510		표준색보다 엷다.
	내 구 성	KSF 2507		10%이하
굵은 골재	입 도	KSF 2502	채취개소 또는 품질변경이 있을 때마다 1회.	
	비중(표면건조)	KSF 2503		2.50이상
	흡 수 율	KSF 2503		3.0%이하
	단위체적중량	KSF 2505		
	실 적 율	KSF 2505		25%이상
	낱알의 형상 판정실적율	KSF 2527		55%이상(부순돌만)
	점토덩어리	KSF 2512		0.25%이하
	씻기시험에서 잃는 것	KSF 2511		1.0%이하(부순돌 1.5%이하)
	내 구 성	KSF 2507		12%이하

표 6.3 일상 및 정기관리시험

시험종별	시험 내용	시험빈도	비 고
일상관리시험	○ 모래의 표면수량시험(KSF 2509) ○ 골재의 입하시에 입도의 상태, 진흙, 먼지 등의 유해물의 함유상황(KSF 2510)	필요할 때마다	
	• 잔 골 재 ○ 체가름시험(KSF 2502) ○ 비중시험(KSF 2504) ○ 흡수량시험(KSF 2504) ○ 씻기 시험(KSF 2511) • 굵은골재 ○ 체가름시험(KSF 2502) ○ 비중시험(KSF 2503) ○ 흡수량시험(KSF 2503)	필요할 때마다 또는 채취장소가 바뀔 때마다	

2) Shotcrete의 품질관리

Shotcrete에 대해서는 다음사항에 대하여 소요의 시험 및 검사를 시행하여 그 치수 등을 확인하여야 한다.

1) 뿜어붙이기 두께

2) Shotcrete의 품질

3) Shotcrete의 변형등

Shotcrete는 굴착면의 凹凸등으로 균일하게 뿜어붙이기가 매우 곤란하다. 따라서 그 두께의 관리는 대단히 어렵고 기본적인 방법으로서 다음을 표준으로 한다.

① 원지반분류

연암, 및 경암에서는 설계두께는 최소두께로 관리한다.(최소두께≧설계두께)

② ①이외의 설계두께는 평균두께로서 관리한다(평균두께≧설계두께).

shotcrete 두께의 관리요령은 다음과 같이하면 좋다.

(a) 뿜어붙이기 두께의 검측은 원칙적으로 檢査孔에 의하여 다음과 같이 실시한다.

○ 검측간격은 연장 20m이내에 1단면의 검측개소를 설치하는 것으로 한다.

Shotcrete두께 검측표

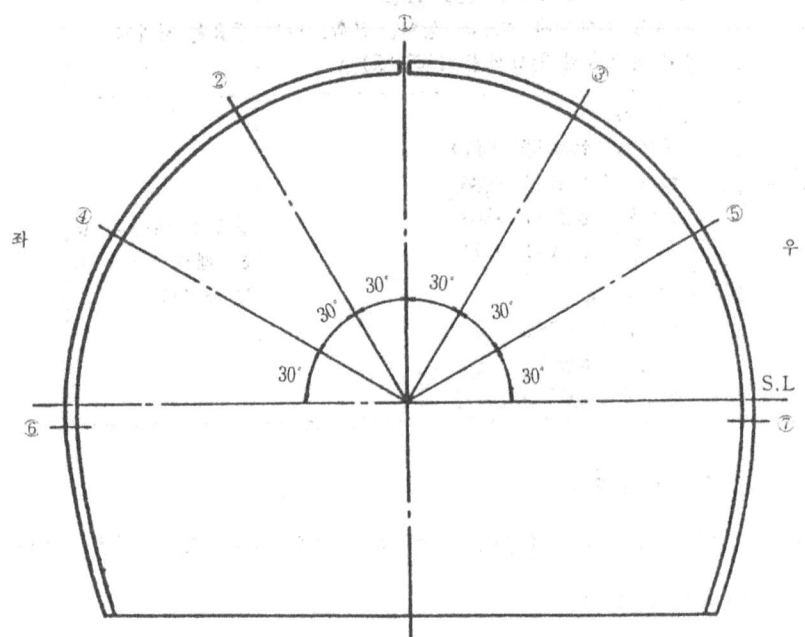

거 리		km	시공년월일		서기		년	월	일
암 질			설계두께						
측 점	1	2	3	4	5	6	7		평균두께
측정두께									

그림 6.2 Shotcrete 두께 검측

○ 검측개소는 적어도 아치부에 5개소, 측벽에 좌우 각 1개소, 합계 7개소로 한다.(그림 6.2 참조)

○ 검측방법은 검사공에 의할 경우에는 電動 Auger 등에 의하여 32mm이상으로 착공하여 검측하고 부득이 편에 의할 경우에는 등근 못 또는 원형강 등을 사용하여 굴착후 검측위치에 박고 Shotcrete의 두께가 확인될 수 있도록 테이프 또는 페인트 등으로 설계두께를 표시해 둔다.

표 6.4 Shotcrete의 품질관리표준

종별	관리항목	관리내용 및 시험	시험빈도	비 고
일상관리	배 합	배합 및 사용량의 검사		현장배합에 의함
	시 공 상 황	Shotcrete의 부착, 性狀, Rebound 등의 관찰		
	뿜어붙이기두께	핀 등에 의한 확인		
	변 형 등	균열 등의 관찰		현장계측결과에 따라 대책을 강구한다.
정기관리	배 합	배합표 및 사용수량의 점검	터널연장 20m 마다	현장배합에 의함.
	두 께	뿜어붙이기두께의 검측		6.5조항 해설(1) 참조
	강 도 (試行)	압축강도시험 휨강도시험 (강섬유를 사용할 때)		$\sigma 28$강도시험 ① 빔거푸집(KSF 2422) ② 직접코아채취(KSF 2405) ③ 핀 引拔중 한 방법에 의한다.
기 타	强 度	단기재령 압축강도시험 장기재령 압축강도시험	필요할 때마다	(KSF 2422)
	Rebound	반발률의 측정		

(b) Shotcrete두께의 검사는 검측표(그림 6.2 참조)를 기초로 하여 필요에 따라 현지에서 확인하는 것으로 한다. 뿜어붙이기 두께의 검측은 뿜어붙이기 두께에 부족이 있는 경우 바로 조치할 수 있도록 Shotcrete의 시공후 될 수 있으면 조기에 실시하는 것이 바람직하다.

Shotcrete의 품질관리는 일반적으로 표 6.4를 표준으로 한다.

(a) 배합의 관리

○ 배합표를 정기적으로 점검한다.

○ 재료에 있어서는 현장반입량 및 사용량을 명확하게 하기 위하여 기록시켜 정기적으로 점검한다.

(b) 강도의 관리

Shotcrete의 강도는 배합, 작업원의 숙련도, 작업시의 원지반상황 등에 의하여 영향을 받으므로 강도차이가 커서 그 관리는 매우 어려운 것이 현실이나 강도관리의 시험방법을 확립시키기 위하여,

a) 빔거푸집에서 시료를 채취하는 방법

b) 직접 코어를 채취하는 방법

c) 핀을 매설하여 인발시험을 실시하는 방법

등에 의해 강도시험을 실시하여 자료를 수집한다.

Shotcrete의 각종 시험 및 측정방법은 다음과 같다.

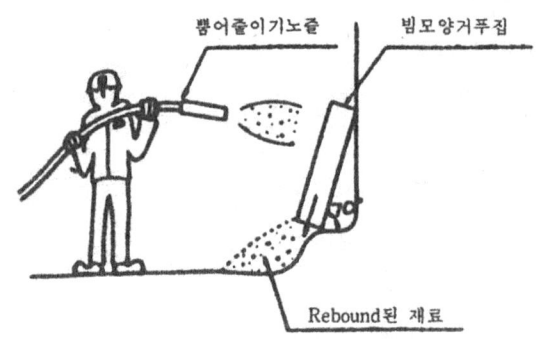

그림 6.3 빔모양 거푸집에 의한 시료채취방법

(가) 빔거푸집에서 시료를 채취하는 방법

ⓐ 시료채취방법

시료채취방법은 그림 6.3에 보인 바와 같이 보통의 콘크리트 휨시험용의 빔모양거푸집(150×150×530mm)을 사용하여 端板의 한 장을 뗀 상태에서 Rebound 재료가 유출되도록 70° 정도로 세워서 상부에서 하부로 순차적으로 뿜어붙이기를 한다.

뿜어붙이기 종료후 빔모양 거푸집의 윗면을 삼각자 끝으로 바르게 고르고 강도시험용 공시체로 한다. 다만, 강섬유 뿜어붙이기 콘크리트 경우에는 휨강도시험도 행하므로 거푸집의 치수는 150×150×840mm정도의 것을 사용한다.

ⓑ 시험방법

각 재령의 압축강도시험은 빔모양 거푸집에 의하여 채취한 공시체를 KSF 2422(콘크리트에서 절취한 코어 및 보의 강도시험방법)에 준하여 실시한다(그림 6.4 참조). 다만 이 방법으로 얻어지는 압축강도는 원주공시체에 의한 시험값보다 10~20%정도 크게 된다.

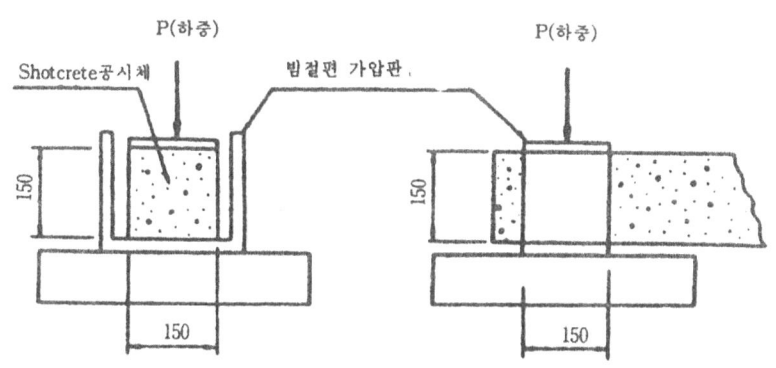

그림 6.4 Shotcrete 압축강도시험 방법

(나) 직접 코어를 채취하는 방법(시공후의 채취시험)

이 시험은 터널 내에서 실제로 시공된 Shotcrete의 품질을 확인하기 위하여 시행한다. 시료채취방법은 터널내에 Shotcrete로부터 그림 6.5에 보인 바와 같이 코어보링기계에 의하여 $\phi 100 \times 200mm$ 또는 $\phi 50 \times 100mm$의 원주공시체를 채취한다. 다만 이 방법에서는 3일이상의 재령이 아니면 코어의 채취가 어렵다. 또 공시체의 높이(Shotcrete의 두께)가 이 조건에 만족되지 않는 때에는 압축강도시험결과를 높이에 따라 補正할 필요가 있다.

○ 시험재령 : 28일
○ 시험방법 : KSF 2405(콘크리트의 압축강도시험방법)

(다) 핀을 매입하여 인발시험을 행하는 방법

이 방법은 실제로 원지반에 시공한 Shotcrete를 조기에 그러나 간편하게 시험하는 것을 목적으로 고안된 것이며 미국, 구라파에서 사용되고 있다.

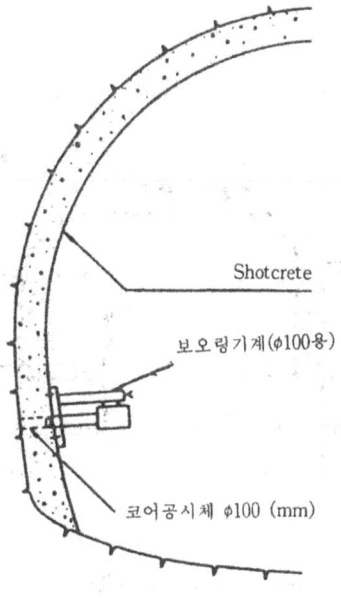

그림 6.5 터널내 뿜어붙이기의 시료채취

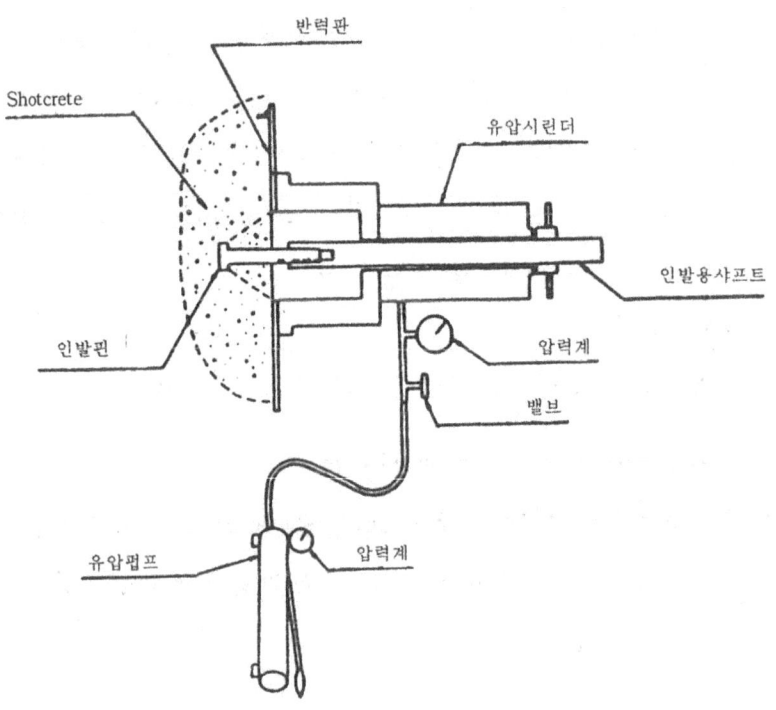

그림 6.6 인발시험방법

기본적으로는 그림 6.6에 보인 바와 같이 Shotcrete안에 매입한 핀을 인발하여 하중과 파괴면의 면적으로부터 Shotcrete의 전단강도를 구하는 방법이다. 또한 미리 공시체를 사용하여 구해 둔 압축강도와 전단강도와의 관계로부터 압축강도를 추정한다. 그러나 실제로는 뿜어붙이기두께의 차이에 의한 영향이 나타나기 쉬운 점이 있다.

측정 순서는 다음과 같다.

① 시험개소에 핀꽂이용 밴드를 고정한다.

② 인발핀을 붙인다.

③ 뿜어붙이기를 한다.

④ 인발핀의 주위를 고르기판으로 평활하게 마감한다.

⑤ 소요재령(시간)에 이르면 인발핀에 인발장치를 붙여서 유압펌프에 의하여 인발한다.

⑥ 파괴하중은 압력계로 측정하고 다음에 콘크리트의 두께를 잰다.

인발한 콘(Cone 그림 6.7 참조)의 표면적을 A라 하면 콘크리트의 인발강도 τ는

$$\tau = \frac{P}{A} \ (\text{kg/cm}^2)$$

여기서, W: 핀의 머리지름

D: 링에 의하여 결정되는 콘상면의 지름

H: 시험재료의 두께

α : 頂角

A : 콘의 표면적

$$A = \pi \left[\frac{D}{2} + \frac{W}{2} \right] \sqrt{H^2 + \left[\frac{D}{2} - \frac{W}{2} \right]^2}$$

$$\tan \left[\frac{\alpha}{2} \right] = \left[\frac{D}{2} - \frac{W}{2} \right] / H$$

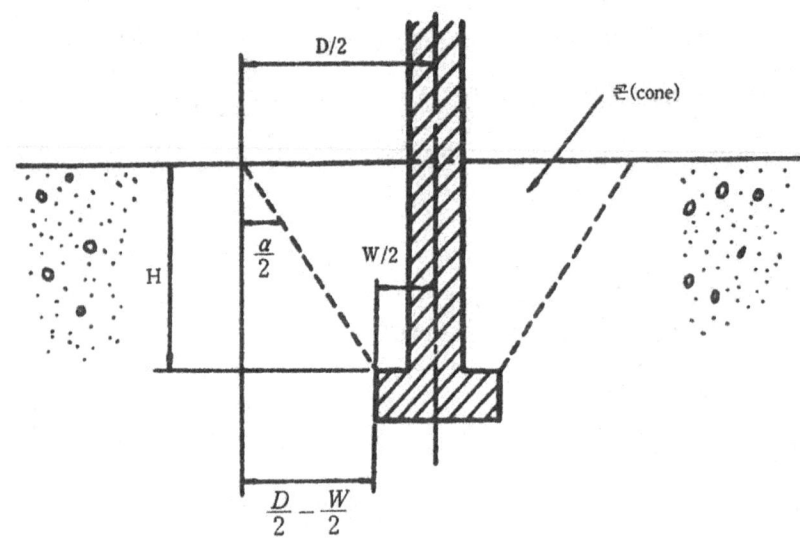

그림 6.7 인발에 의하여 발생하는 콘부분

⑦ 압축강도는 사전에 제작한 공시체에 의하여 압축강도와 전단강도와의 관계를 구해 두고 이로부터 추정한다.

(라) Shotcrete의 기타시험 및 측정

① 단기 및 장기재령압축강도시험

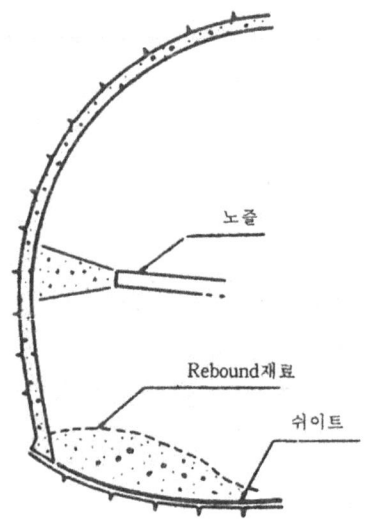

그림 6.8 반발율 시험

Shotcrete의 단기재령 및 장기재령에 있어서 강도의 발휘상태를 파악할 목적으로 시행한다.

　ⓐ 시료채취방법 : 빔모양거푸집

　ⓑ 시험재령 : (단기) 3시간, 6시간, 24시간

　　　　　　　(장기) 3일, 7일, 28일

　ⓒ 시험방법 : KSF 2422(콘크리트에서 절취한 코어 및 보의 강도시험방법)

　ⓓ 성과물 : 재령~압축강도의 관계를 그래프로 정리한다.

② 반발율(Rebound)의 측정

현장에서의 실제측정은 그림 6.8에 보인 방법으로 원지반에 1배치(Batch, $0.2m^2$정도)를 뿜어붙이고 쉬이트위에 떨어진 콘크리트(Rebound 재료)를 계량하여 다음 공식으로 계산한다.

$$반발율 = \frac{Rebound 재료의\ 전중량\ (kg)}{Shotcrete 재료의\ 전중량\ (kg)} \times 100\%$$

　(주) : 건식 뿜어붙이기의 단위수량은 물·시멘트비를 W/C=42~45%로 가정한 수치로 계산한다.

Shotcrete의 변형 등에 대해서는 일상의 갱내관찰시 Shotcrete시공후의 상황을 관찰하고 이상(균열, 누수, 변형등)이 판정된 경우에는 바로 필요한 대책을 강구한다. 이 경우 현장계측결과를 기초로 하여 충분한 검토를 할 필요가 있다.

3. Rock Bolt

1) Rock Bolt재료의 품질관리

Rock Bolt용 재료는 유해한 녹, 기타의 이물질이 부착되지 않도록 청소하여야 하며 재료는 소정의 시험, 검사를 시행하여 그 품질을 확인한 것을 사용하여야 한다.

Rock Bolt 鋼材類에는 녹, 먼지, 기름 등이 부착되어 있으면 접착효과를 해치므로 청소후 사용한다. Rock Bolt 강재류는 棒鋼의 KS규격품 또는 동등품 이상의 것을 사용하여야 한다. 또 정착재료에 대해서는 사전에 시험을 시행하여 품질을 확인한 다음 사용하여야 한다.

2) Rock Bolt의 품질관리

Rock Bolt에 대해서는 다음사항에 대하여 소정의 검사, 시험을 시행하고 그 치수, 강도 등을 확인하여야 한다.

1) Rock Bolt의 품질
2) Rock Bolt의 변형

Rock Bolt의 품질관리는 일반적으로 표 6.5를 표준으로 한다. 특히 Rock Bolt의 引拔試驗에 대하여 설명하면 다음과 같다.

표 6.5 Rock Bolt의 품질관리시험

종별	관리항목	관리내용 및 시험	시험빈도	비 고
일상 관리	시공정밀도	소정의 위치, 구멍지름, 깊이로 시공되어 있는가의 확인		Rock Bolt의 檢尺
	모르터채우기	시공중의 모르터가 Rock Bolt와 원지반의 사이에 확실히 채워져 있는가의 확인		
	정 착 효 과	시공후의 정착효과를 확인한다.(토크렌치로 조임등)		
	변 형	지압판의 변형 등을 관찰한다.		현장계측결과에 따라 대책을 강구한다.
정기 관리	강 도	Rock Bolt 인발시험	터널연장 20m 마다	3개/20m(천정, 아아치, 측벽 각 1개)
기 타	FLOW 값	모르터의 플로우값 측정	필요할 때마다	(KSF 2432)
	강 도	모르터의 압축강도 시험		(KSF 2426)

(a) 인발내력의 설정

Rock Bolt의 인발시험은 Rock Bolt의 정착효과를 확인하기 위한 중요한 시험이다. Rock Bolt의 정착효과를 원지반의 강도와 孔壁의 상태, 정착방식 등의 조건에 지배되므로 시공에 앞서 사전에 시험을 하여 인발내력을 확인해 둘 필요가 있다. 일반적으로 인발내력은 강재의 降伏點耐力과 같은 정도가 되도록 정한다.

Rock Bolt의 인발시험결과는 그림 6.9에 보인 바와 같이 하중-변위곡선이 된다. 그림의 곡선은 직선부, 곡선부 및 직선부에 의하여 구성된다. 최초의 직선부를 A영역, 곡선부를 B영역, 끝의 직선부를 C영역으로 한다. C영역은 보울트의 정착효과를 기대할 수 없는 영역이며 기대할 수 있는 인발영역은 D점까지이다. D점은 A영역 직선부의 접선과 C영역의 접선과의 交點이다.

438 NATM터널공법

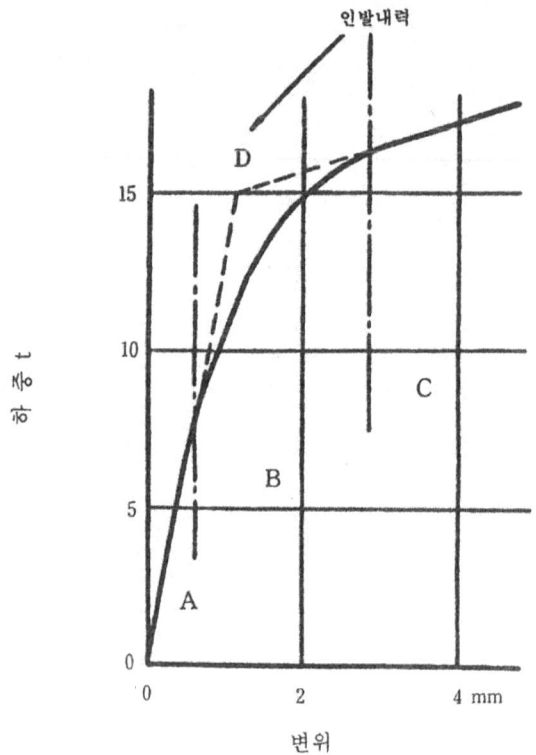

그림 6.9 Rock Bolt인발시험(하중-변위곡선)

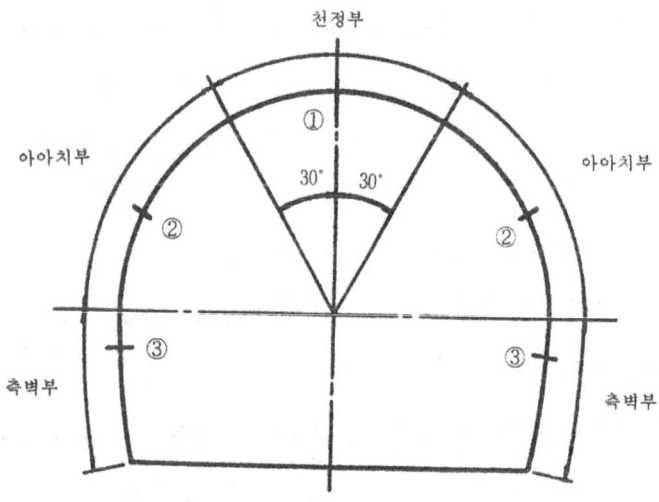

(주) Arch부와 측벽부는 좌우교호로 한다.
그림 6.10 인발 시험위치

(b) 인발시험의 확인방법

인발시험은 정착효과를 확인하기 위하여 실시하는 것이므로 먼저 사전시험에 의하여 설정된 인발내력의 약 80%에 달하면 합격으로 보아도 지장이 없다.

(c) 일발시험의 위치

시험위치는 터널연장 20m마다 그림 6.10의 위치에 의하여 천장, Arch, 측벽에 각 1개씩 합계 3개를 표준으로 한다.

(d) 인발시험의 시기

인발시험의 시기는 될 수 있으면 조기에 실시하는 것이 좋으나 그림 6.11과 같이 불충분한 모르터의 채움이 있더라도 인발시험의 실시시기가 늦어짐으로써 사전에 정한 인발내력을 상회하는 수도 있으므로 전면접착의 경우 모르터가 충분히 채워졌는지의 여부의 판정은 시공후 모르터가 굳기 직전(약 12시간 장도)에 인발시험을 실시하는 것이 바람직하다. 따라서 60m마다의 단면에 대해서는 시공후 12시간 이내에 인발시험을 하는 것이 바람직하다.

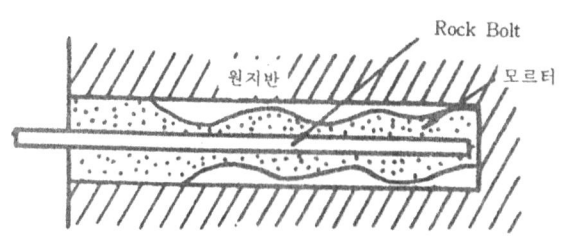

그림 6.11 Rock Bolt의 시공불량 예

일상적인 갱내 관찰시에 Rock Bolt시공후의 상황을 관찰하여 이상(너트파손, 지압판의 변형등)이 발견되었을 경우에 바로 필요한 대책을 강구하여야 한다. 또 이 경우 현장계측결과를 기초로 하여 충분히 검토할 필요가 있다.

4. 라이닝 콘크리트

1) 라이닝 콘크리트의 품질관리

라이닝콘크리트에 대해서는 다음 사항에 대하여 필요한 시험검사를 시행하고 그 품질, 치수, 강도 등을 확인하여야 한다.

① 라이닝 콘크리트 두께
② 라이닝 콘크리트의 품질
③ 라이닝 콘크리트의 변형 등

라이닝 콘크리트 두께에 대해서는 다음 요령에 의하여 관리하는 것이 좋다.

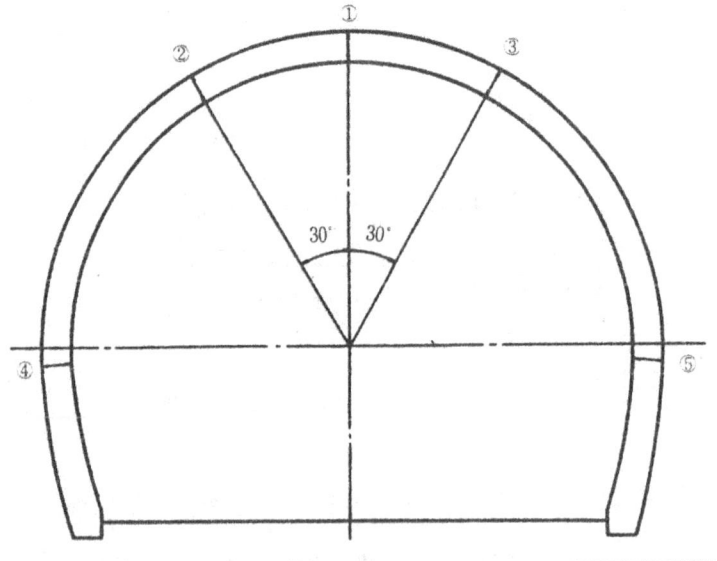

검측개소	설계두께	측정두께							평균두께
거 리		1	2	3	4	5			

그림 6.12 라이닝 콘크리트두께 검측표

(a) 라이닝 콘크리트 타설전에 실시하는 소요공간두께의 검측은 다음과 같이 실시한다.

① 공간두께의 검측은 콘크리트 1회 타설연장의 중간, 종점의 2단면이상에 있어서 Arch부는 5개소 이상, 측벽부는 좌우 각각 3개소 이상 검측을 한다.

② Lining 시공하는 경우에는 원지반의 변위속도 및 내공단면에 유의하여 계측을 시행하고 거푸집 설치 전에 내공단면이 확보되어 있는가를 확인한다.

(b) 콘크리트타설후의 Arch콘크리트 및 측벽콘크리트의 두께검사는 연장 약 100m마다 Arch부는 1단면 3개소이상(이중 1개소는 크라운부로 하고 크라운부는 약 20m마다로 한다), 측벽부는 좌우 1개이상으로 하고(그림 6.12 참조) 다음에 정하는 2종류의 검사방법 중 택하여 실시한다. 그리고 라이닝 콘크리트의 검사에 있어서는 Arch 크라운부의 측정을 특히 엄격하게 하여야 한다. 또 방수시트를 사용하는 경우에는 검사공의 착공에 의하여 방수시트를 파손하고 방수효과가 손상되는 것을 피하기 위하여 라이닝 두께검사는 라이닝 두께 검측용 핀에 의한 방법이 바람직하다.

① 검사공에 의한 방법

라이닝두께의 확인은 필요한 위치에 구멍지름 32mm이상의 검사공을 천공하고 검측한다. 검측결과 라이닝두께가 부족하다고 인정되는 경우에는 검사공을 추가하여 라이닝두께의 부족범위를 확인하고 검사공은 되메운다.

② 라이닝 검측용 핀에 의한 방법

라이닝 두께 검측용 핀을 콘크리트타설시에 강제거푸집의 소정위치(그림 6.13 참조)에 붙이고 콘크리트타설후 4~5시간에 부착을 끊고 콘크리트의 응결이 종료된 후에 떼어 내어 검측한다.

라이닝두께가 부족한 경우에는 별도로 구멍지름 32mm이상의 검사공을 천공하여 라이닝두께의 부족범위를 확인한다.

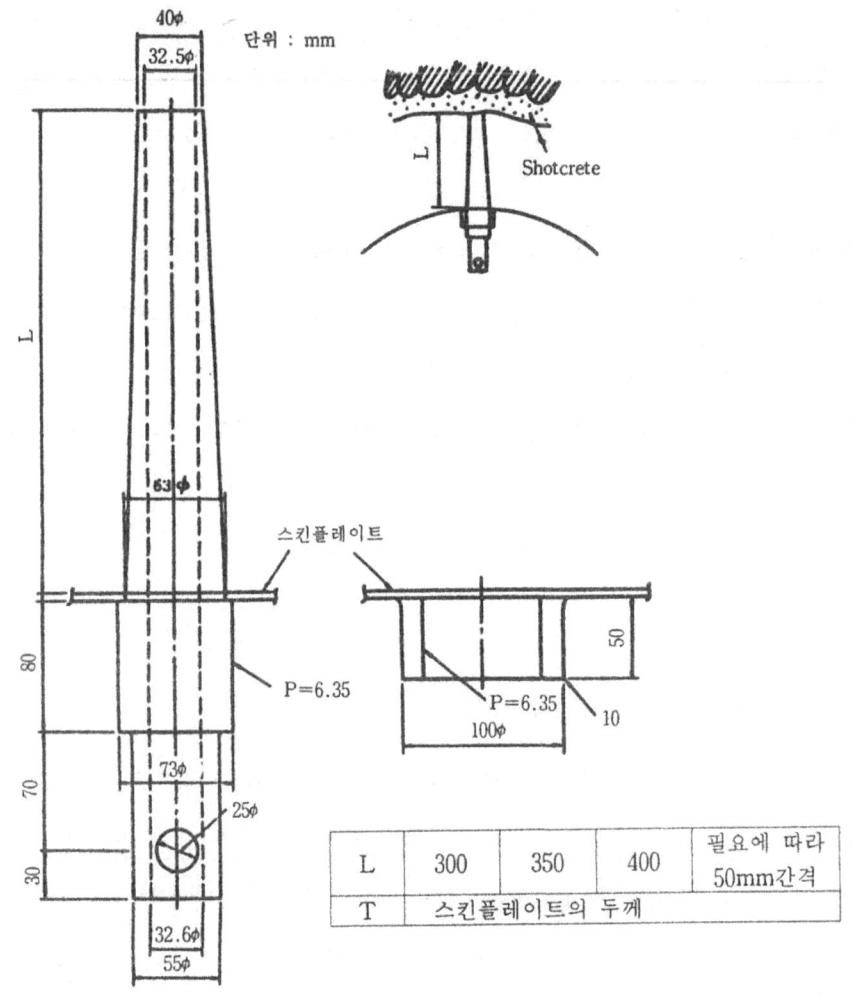

그림 6.13 라이닝두께 검측용 핀

　라이닝콘크리트의 품질관리에 대해서는 건설교통부 제정 「콘크리트표준시방서」의 「품질관리 및 검사」편에 따른다.

　라이닝콘크리트의 변형 등에 대해서는 일상 갱내관찰시에 라이닝콘크리트 시공후의 상황을 관찰하여 이상(균열, 변형등)이 발견되었을 경우에 바로 필요한 대책을 강구하여야 한다.

부록. 터널 F.E.M해석 보고서

　이 附錄은 筆者가 근무하는 회사의 設計팀에서 設計를 하고, 필자가 責任 監理를 하고 있는 서울 지하철 6호선의 한 터널에 대한 FEM 解析報告書다.
　FEM 解析報告書는 電算 設計資料와 結果로서 터널 현장 시공시 시공자, 감리자 및 모든 공사관계자들이 사전에 이들 내용을 숙지하고, 시공중에도 항상 옆에 두고 참고로 하고 있는 공사 참고도서다.
　筆者는 이 附錄을 통하여 본서에서 설명한 NATM 이론들이 어떻게 實用되고 있고, FEM 解析報告書의 구성내용이 어떻게 되어 있는가를 독자들에게 보여주므로써 추후 독자들이 NATM 터널 현장에서 活用할 수 있도록 이해를 돕고자 附錄으로 편책한다.

목 차

제1장 서 론 ··· 447

제2장 PROGRAM의 소개 ·· 449
  2.1 PROGRAM의 개요 ··· 449
  2.2 구성 방정식 ·· 450
    2.2.1 2차원 문제에 대한 탄성체의 지배방정식 ·· 450
    2.2.2 강성 MATRIX ··· 451
    2.2.3 ISOPARAMETERIC 요소 ··· 452
    2.2.4 탄성체 이론 ··· 455
    2.2.5 JOINT 요소 ··· 457
  2.3 PROGRAM의 구성 및 계산 방법 ··· 462
    2.3.1 PROGRAM FLOW-CHART ·· 463
    2.3.2 해석기법 ·· 464
    2.3.3 해석결과의 출력 ··· 467

제3장 해석위치선정 및 해석조건 ··· 469
  3.1 해석위치 선정 ··· 469
  3.2 해석조건 ··· 469
    3.2.1 해석범위 ·· 470
    3.2.2 경계조건 ·· 470
    3.2.3 지보공 ·· 470

제4장 정거장 구간 ·· 471
  4.1 서강 정거장(STA.14K825.000) ·· 471
    4.1.1 지반의 특성치 및 물성치 ·· 471

4.1.2 해석단면 ………………………………………………………………… 472
  4.1.3 해석단계 ………………………………………………………………… 473
  4.1.4 해석결과 및 분석 ……………………………………………………… 476
  4.1.5 결론 ………………………………………………………………………… 484
  4.1.6 PLOT ……………………………………………………………………… 486
 4.2 서강 정거장(STA.14K890.000) ………………………………………………… 508
  4.2.1 지반의 특성치 및 물성치 …………………………………………… 508
  4.2.2 해석단면 ………………………………………………………………… 509
  4.2.3 해석단계 ………………………………………………………………… 510
  4.2.4 해석결과 및 분석 ……………………………………………………… 513
  4.2.5 결론 ………………………………………………………………………… 521

제1장 서 론

  수도권의 증가하는 교통 교통수요를 해결하기 위하여 시행중인 지하철 6호선 구간 실시설계 구간중 6-3 토목공구 실시설계 수행에 따른 NATM공법에 의한 터널 설계를 실시함에 있어 보다 정밀한 수치해석에 의해 단면의 검토, 지보형식, 시공방법 등을 검토 수립하여 안정성 있고 경제적인 설계가 되도록 하기 위하여 본 F.E.M 해석을 수행하였다.

  NATM은 굴착후 지반이 이완되기 전에 유연성과 지반과의 부착성이 좋은 지보공인 SHOTCRETE와 ROCK BOLT를 타설하여, 원지반을 삼축압축상태로 유지시키므로서 지반의 강도저하를 방지하고 지반Arch를 형성시켜서 지반자체의 지지력을 최대한 활용하며 시공중 주변 지반과 지보공의 응력 및 변위거동을 계측하여 시공을 제어, 조정하므로서 터널 안정성을 확보하는 공법으로 다음 그림에서 공법의 원리를 알 수 있다.

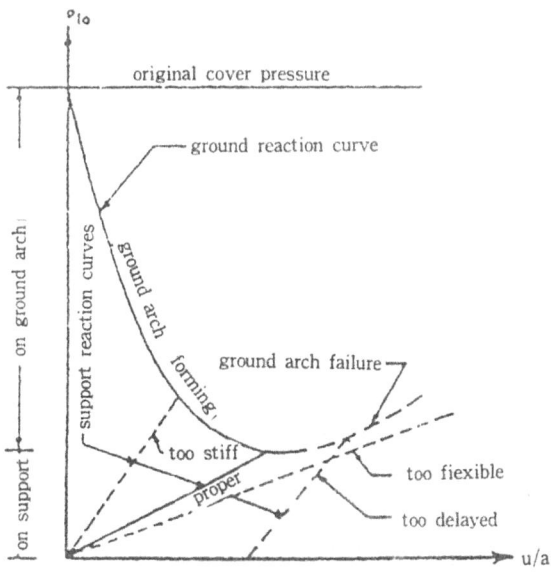

이러한 이론에 의한 NATM 공법의 특징은,
- o 지반의 역학적인 거동검토
- o 적절한 시기에 정확한 지보공 설치
- o 단면을 Ring 으로서 폐합함에 의해 정역학적으로 효과적인 안정성을 가지고 있는 원환상의 지지체를 형성
- o 계측에 의한 시공관리
- o 허용변형과의 관계에 있어서 지보구조를 최적화하는 것 등이다.

따라서 NATM터널의 수치해석에 의한 설계평가는 중요한 역할을 담당하는데 일반적으로 터널해석에 이용되고 있는 수치해석 기법은 다음과 같이 연속체 모델과 불연속체 모델로 구분할 수 있다.

- o 연속체 모델
  - F.E.M(Finite Element Method)
  - F.D.M(Finite Difference Method)
  - B.E.M(Boundary Element Method)

- o 불연속체 모델 ── D.E.M (Distinct Element Method)

이들 해석기법 중 유한요소 해석(F.E.M)은 일반적으로 연속체 역학 및 미소변형이론을 전제로 한 2차원 해석에 3차원적 거동개념을 도입한 기법으로 터널 주변의 지반을 유한개의 요소로 분할해 절점에 작용하는 외력에서 절점의 변위를 구하고 이 변위에서 평형방정식을 이용하여 각 요소의 변위, 응력을 산출하는 기법이다.

이러한 유한요소해석 기법을 이용한 PROGRAM이 국내외적으로 많이 사용되고 있으나 본 지하철6호선 실시설계사업은 유한요소해석법에 의한 터널 전용 PROGRAM인 MR.SOIL을 이용하여 현장여건을 감안하여 각 단계별로 해석을 수행하여 그 결과를 검토 분석하였다.

제2장 PROGRAM의 소개

2.1 PROGRAM의 개요

본 해석에 사용된 PROGRAM은 일본 (주) CENTURY RESEARCH CENTER 에서 개발한 "MR.SOIL" VERSION 2.5 PROGRAM으로 유한요소법에 의한 지반 구조해석에 선형해석 및 비선형해석까지 가능하며 해석기능 개요도를 보면 다음과 같다.

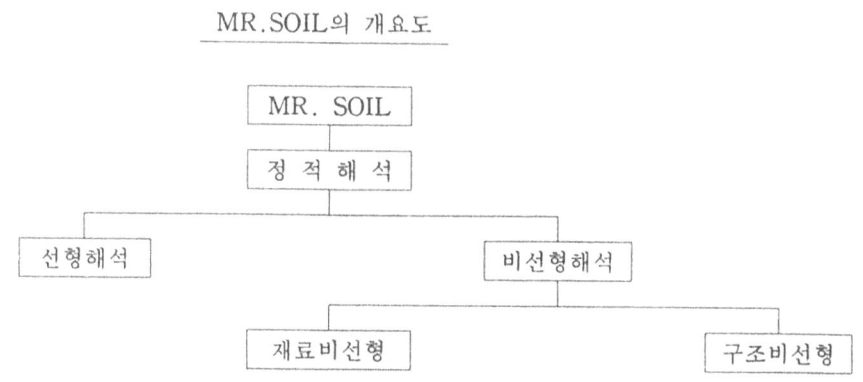

MR.SOIL의 개요도

o 재료비선형 : DRUCKER-PRAGER의 항복조건을 근거로한 완전탄성-
　　　　　　　소성해석 SOFTENING을 고려한 해석
o 구조비선형 : GOODMAN TYPE JOINT를 고려한 해석

따라서 본 PROGRAM은 중력하중, 성토 또는 굴착의 순서에 따른 토목구조 물의 변형, 불연속면을 포함하는 지반거동, 재료의 비선형을 포함한 소성모델까 지도 수치해석 가능하도록 구성되어 있다.

본 해석 PROGRAM을 사용하여 서울지하철 3-3공구 실시설계(1990.6), 서울 지하철 5-11공구 실시설계(1991.9) 터널해석, 보령댐 가배수로 터널(1991.3), 분 당 신도시진입도로(하대원-분당) (1990.5) 터널, 지하철 5-17공구 실시설계

(1991.10)등 각종 터널 F.E.M해석을 실시한 결과, 해석결과의 신뢰성은 입증되었다.

2.2 구성 방정식

본 해석에서 사용된 구성방정식은 2차원 유한요소 PROGRAM으로서 3차원 거동을 2차원화 하기 위해 평면응력상태와 평면변형 상태의 탄성기초 방정식을 근거로 다음과 같이 전개된다.

변위 : u, v, z

변형 : ε_x, ε_y, ε_z, γ_{xy}

응력 : σ_x, σ_y, τ_{xy}

o 평면응력 상태

$$\gamma_{yz} = \gamma_{zx} = 0$$
$$\sigma_z = \tau_{yz} = \tau_{zx} = 0 \qquad (2-1)$$

o 평면변형 상태

$$\varepsilon_z = \gamma_{yz} = \gamma_{zx} = 0$$
$$\tau_{yz} = \tau_{zx} = 0 \qquad (2-2)$$

이 중에서 토질역학이나 암반역학이 대상이 되는 지반공학의 문제중 터널 등 축방향이 긴 구조체는 평면변형조건으로 취급하는 경우가 많은데 MR.SOIL에서도 이러한 방식을 이용하여 해석하였다.

2.2.1 2차원 문제에 대한 탄성체의 지배방정식

1) 평형 방정식

$$\frac{\partial \sigma_x}{\partial x} + \frac{\partial \tau_{xy}}{\partial y} + F_x = 0$$
$$\frac{\partial \tau_{xy}}{\partial x} + \frac{\partial \sigma_y}{\partial y} + F_y = 0 \qquad (2-3)$$

2) 구성 방정식

$$\begin{bmatrix} \sigma_x \\ \sigma_y \\ \tau_{xy} \end{bmatrix} = \frac{E(1-v)}{(1+v)(1-2v)} \begin{bmatrix} 1 & \alpha & 0 \\ \alpha & 1 & 0 \\ 0 & 0 & \beta \end{bmatrix} \begin{bmatrix} \varepsilon_x \\ \varepsilon_y \\ \gamma_{xy} \end{bmatrix} \qquad (2-4)$$

※ $\alpha = \dfrac{v}{(1-v)} \qquad \beta = \dfrac{1-2v}{2(1-v)}$

3) 변형과 변위 관계

$$\begin{bmatrix} \varepsilon_x \\ \varepsilon_y \\ \gamma_{xy} \end{bmatrix} = \begin{bmatrix} \dfrac{\partial}{\partial x} & 0 \\ 0 & \dfrac{\partial}{\partial y} \\ \dfrac{\partial}{\partial x} & \dfrac{\partial}{\partial y} \end{bmatrix} \begin{bmatrix} U \\ V \end{bmatrix}$$

2.2.2 강성 MATRIX

A를 변형과 변위의 관계를 나타내는 행렬이라 하고 D를 응력과 변형과의 관계를 나타내는 행렬이라 하면,

(2-3) 식에서

$$A^T \sigma = F \qquad (2-6)$$

(2-4) 식에서

$$\sigma = D \varepsilon \qquad (2-7)$$

(2-5) 식에서

$$\varepsilon = A e \qquad (2-8)$$

《강성》
POTENTIAL ENERGY의 원리를 이용해서,

$$U = \iint \sigma^T \varepsilon \, dx \, dy \qquad (2-9)$$

$$= \int\int (AN)^T D(AN) dxdy \qquad (2-10)$$

$$= \int\int B^T DB \, dxdy \qquad (2-11)$$

여기서,

$$N = \begin{bmatrix} N_1 & N_2 & N_3 & N_4 & 0 & 0 & 0 & 0 \\ 0 & 0 & 0 & 0 & N_1 & N_2 & N_3 & N_4 \end{bmatrix} \qquad (2-12)$$

2.2.3 ISOPARAMETERIC 요소

수치해석의 정밀성과 계산의 경제성 등에 있어서 분할요소를 원호상의 곡선경계분할에 편리한 ISOPARAMETERIC 요소를 도입한다. 즉, 전면적에 대한 비율을 자연좌표계로 선정하여 직교좌표계와의 사이에 변환식이 성립되어 요소의 형상을 나타내는 함수와 변위함수가 같은 ISOPARAMETERIC 요소가 형성된다.

일반적으로 다음식으로 주어지는 좌표변환식,

$$\begin{Bmatrix} X \\ Y \end{Bmatrix} = \begin{bmatrix} \{N\}^T & 0 \\ 0 & \{N\}^T \end{bmatrix} \begin{Bmatrix} \{X_n\} \\ \{Y_n\} \end{Bmatrix} \qquad (2-13)$$

여기에서,

$$\begin{aligned} \{N\}^T &= N_1, N_2, N_3, N_4, \ldots\ldots, N_n \\ \{X_n\}^T &= X_1, X_2, X_3, X_4, \ldots\ldots, X_n \\ \{Y_n\}^T &= Y_1, Y_2, Y_3, Y_4, \ldots\ldots, Y_n \end{aligned} \qquad (2-14)$$

N_1, N_2 …이 일차이상의 직교좌표계와 곡선좌표계 사이의 변환을 나타내며, 국소좌표계의 직선을 전체 좌표계의 직각 좌표계에서는 곡선으로 사용한다.

사변형 요소의 4정점으로한 절점(G_1, G_2, G_3, G_4)은 요소내의 좌표(X, Y)를 국소좌표(ξ, η)을 이용해 표현하면,

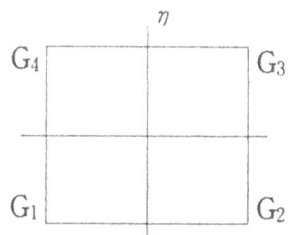

$$X = \sum X_i N_i$$
$$Y = \sum Y_i N_i$$
(2-15)

여기서, N은 형상함수로,

$$N_1 = \frac{1}{4}(1-\eta)(1-\xi)$$
$$N_2 = \frac{1}{4}(1-\eta)(1+\xi)$$
$$N_3 = \frac{1}{4}(1+\eta)(1+\xi)$$
$$N_4 = \frac{1}{4}(1+\eta)(1-\xi)$$
(2-16)

8절점의 경우

$$N_1 = -\frac{1}{4}(1-\eta)(1-\xi)(\eta+\xi+1)$$
$$N_2 = \frac{1}{4}(1-\eta)(1+\xi)(\eta-\xi+1)$$
$$N_3 = \frac{1}{4}(1+\eta)(1+\xi)(\eta+\xi-1)$$
$$N_4 = -\frac{1}{4}(1+\eta)(1-\xi)(\eta-\xi-1)$$
$$N_5 = \frac{1}{2}(1-\eta)(1-\xi^2)$$
$$N_6 = \frac{1}{2}(1-\eta^2)(1+\xi)$$
$$N_7 = \frac{1}{2}(1+\eta)(1+\xi^2)$$
(2-17)

$$N_8 = \frac{1}{2}(1+\eta^2)(1-\xi)$$

로 표시한다.

(X, Y)계에서 (ξ, η)계의 JACOBI행렬 [J]는,

$$[J] = \begin{bmatrix} \dfrac{\partial X}{\partial \xi} & \dfrac{\partial Y}{\partial \xi} \\ \dfrac{\partial X}{\partial \eta} & \dfrac{\partial Y}{\partial \eta} \end{bmatrix} \qquad (2-18)$$

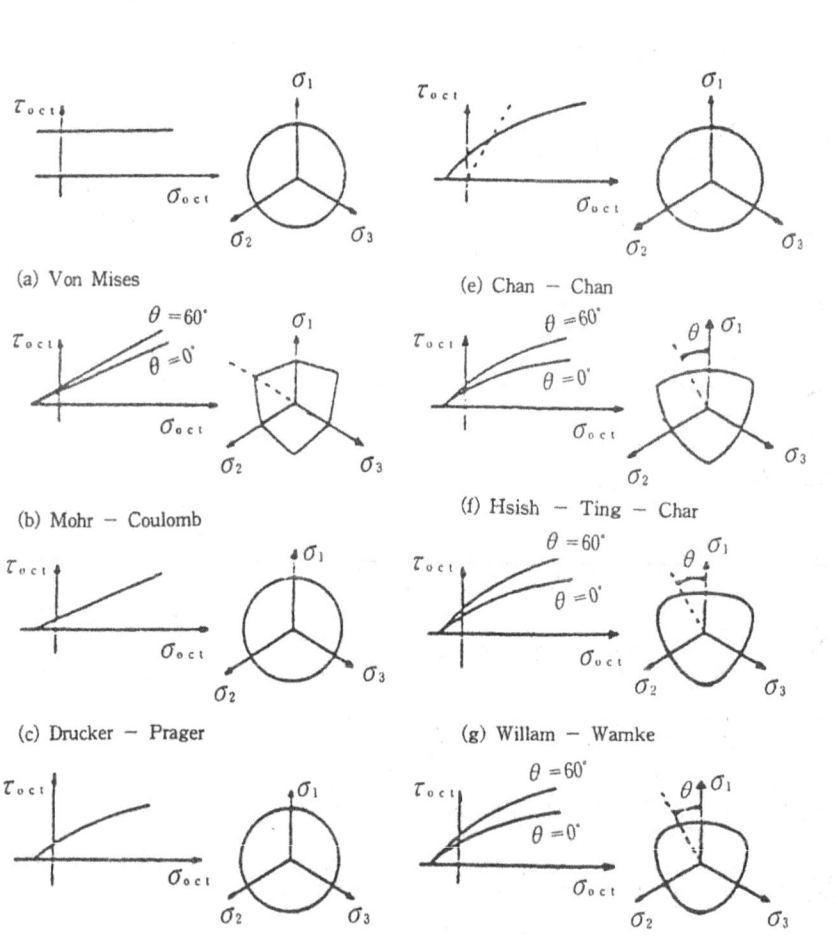

그림 2.1 FAILURE MODEL

2.2.4 탄성체 이론

지반공학의 대상이 되는 대부분은 하중을 제거해도 변형이 복원되지 않는 상태로 유지되는 비선형적 성질을 가지는데, 이에 대한 수학적 MODEL에는 소성이론이 있다. 여기서 중요한 것은 항복면의 절점으로 이론적으로 재정의 하면 재료를 균질한 것으로 고려해 적당한 탄성파손이 되어 소성변형개시의 항복조건으로 하면 다음과 같이 표현된다.

$$F(\sigma) = C \qquad F(\sigma, C) = f(\sigma) - C = 0 \qquad (2-19)$$

C : 재료 한계치

이것을 응력공간으로 도시하면 곡면이 형성되는데 이것을 항복면이라고 하며 일반적으로 사용되는 있는 항복 MODEL을 소개하면 그림 2.1과 같다.

상기 MODEL중에서 지반공학에 가장 넓게 사용되는 파괴기준은 그림 2.2의 DRUCKER-PRAGER의 모델인데, 본 MR.SOIL PROGRAM에서는 항복면의 내측에는 탄성적거동을 외측에서는 소성적 거동을 나타내어 DRUCKER-PRAGER의 기준을 근거로 완전탄성체를 채택하고 있다.

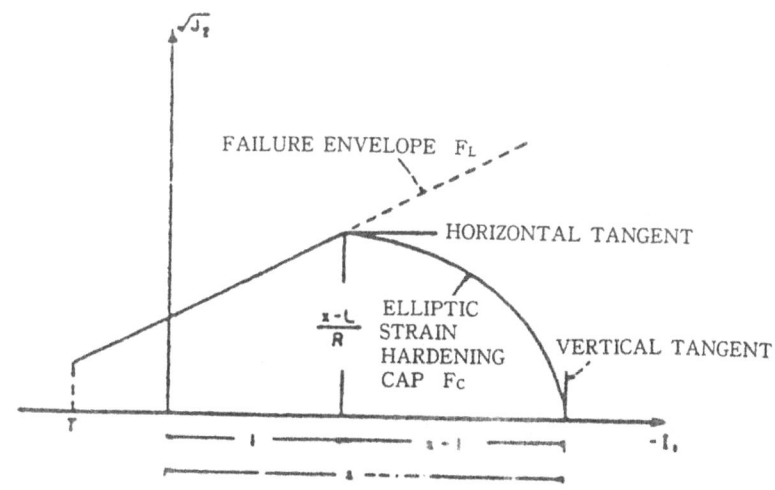

그림 2.2 DRUCKER-PRAGER FAILURE CRITERION

DRUCKER-PRAGER의 항복기준은 다음 식으로 표현된다.

$$f = \sqrt{J_2} + aJ_1 - K \tag{2-20}$$

여기서, $J_1 = (\sigma_x + \sigma_y + \sigma_z)$

$$J_2 = (\frac{1}{2}(\sigma_x^2 + \sigma_y^2 + \sigma_z^2) + \tau_{xy}^2) \tag{2-21}$$

$$\overline{\sigma_x} = \frac{1}{3}(2\sigma_x - \sigma_y - \sigma_z)$$

$$\overline{\sigma_y} = \frac{1}{3}(2\sigma_y - \sigma_x - \sigma_z)$$

$$\overline{\sigma_z} = \frac{1}{3}(2\sigma_z - \sigma_y - \sigma_x)$$

DRUCKER-PRAGER의 항복조건식에 이용되고 있는 PARAMETER a 와 K를 MOHR-COLOMB의 조건 C와 ϕ사이에 다음과 같은 환산식이 성립된다.

$$C \cos\phi = \frac{K}{\sqrt{(1-3a^2)}} \qquad \sin\phi = \frac{3a}{\sqrt{(1-3a^2)}}$$

a와 K에 대하여 풀면,

$$a = \frac{\sin\phi}{\sqrt{9+3\sin^2\phi}} = \frac{\tan\phi}{\sqrt{9+12\tan^2\phi}} \tag{2-22}$$

$$K = \frac{3C\cos\phi}{\sqrt{9+3\sin^2\phi}} = \frac{3C}{\sqrt{9+12\tan^2\phi}} \tag{2-23}$$

여기서 $f<0$ 일때는 탄성영역으로 탄성문제에 있어서 HOOK의 법칙에 대한 증분형으로 표시하면,

$$\{d\sigma\} = [De]\{d\varepsilon\} \tag{2-24}$$

또한 $f>0$ 이면 소성영역으로 소성 변형을 포함하는 문제로 구성 식은 다음과 같다.

$$\{d\sigma\} = [Dep]\{d\varepsilon\} \tag{2-25}$$

상기 식에서 탄성해석과 소성해석의 차이는 탄성응력-변형행렬를 탄소성응력-변형행렬 [Dep]로 치환한 것이다.

$$[Dep] = [dE] - [S] \tag{2-26}$$

여기서, $[S]$, α, K 이외에 응력증분의 시점에 따라서 정해진 6×6의 행렬이다.

$$[S] = \frac{1}{S}\begin{bmatrix} S_x^2 & & & \\ S_X S_Y & S_Y^2 & & \\ \varepsilon_{XY} S_X & \varepsilon_{XY} S_X & \varepsilon\tau_{XY}^2 & \\ S_Z S_X & S_Z S_X & S_Z \tau_{XY} & S_Z^2 \end{bmatrix} \tag{2-27}$$

여기서,

$$S_X = \frac{G}{\sqrt{J^2}}\sigma_X + \frac{\alpha E}{(1-2v)}$$

$$S_Y = \frac{G}{\sqrt{J^2}}\sigma_Y + \frac{\alpha E}{(1-2v)}$$

2.2.5 JOINT 요소

JOINT 등 불연속면의 존재는 암반의 특징으로 암반의 역학적 특성을 좌우하는 중요한 요인이다. 유한요소법을 적용하는데 있어 절리, 단층 또는 구조물과 지반과의 접촉부분 등과 같은 불연속면 거동을 고려한 해석으로 ANDERSON의 PIN-ENDED BAR요소, GOODMAN의 JOINT요소, NGO의 LINKAGE요소를 삽입하는 방법이 있고, 암반 내의 균열, 절리가 외력에 의해 변형되는 상태를 탄성 또는 탄소성적으로 취급하고, 항복조건수축 및 팽창을 고려하여 직교 이방성소성이론을 적용해서 불연속성을 유한요소 해석으로 도입하는 방법도 제안되고 있다.

1) JOINT요소의 전단특성

가) 최대전단강도의 결정

JOINT요소의 전단강도는 PATTON(1966) 및 MOHR-COULOMB에 의한 파괴기준에 의하면 그림 2.3과 같다.

MR.SOIL은 JOINT요소의 전단특성으로서 개념을 아래와 같이 도입하고 있다.

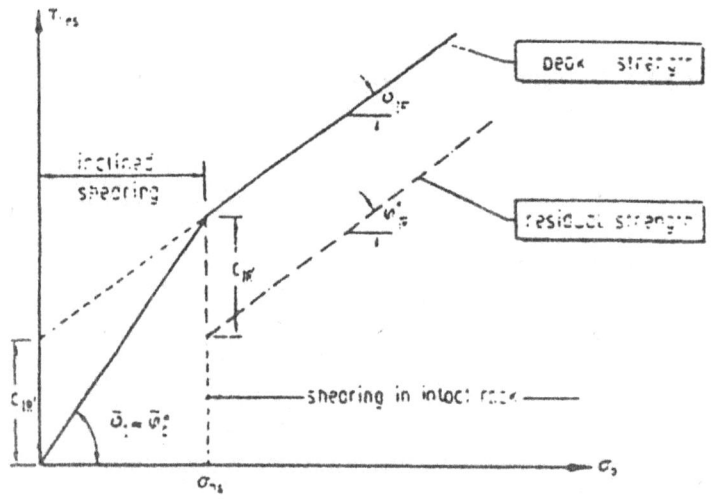

그림 2.3 BILINEAR FAILURE CRITERION OF PATTON

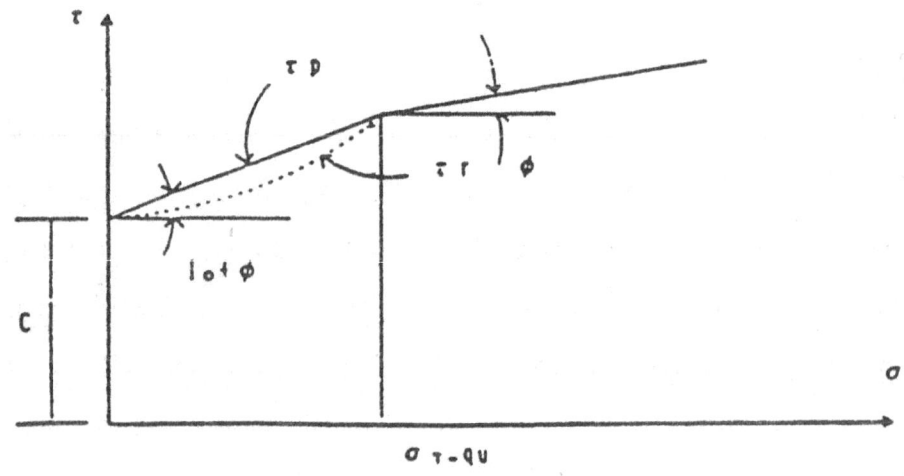

그림 2.4 전단특성

즉, $\sigma_n < q_u$ 일 때,

$$\tau_r = \tau_p (B_0 + (1-B_0) \sigma_n/q_u) \tag{2-28}$$

$\sigma_n > q_u$ 일 때,

$$\tau_r = \tau_p \tag{2-29}$$

여기서, B_0 : 낮은 수직응력 상태에서 최대(PEAK)강도에 대한 잔류강도의 비

나) 전단변형

최대전단강도가 결정되고 MR.SOIL에서는 전단에 대해 아래 그림 2.5와 같이 전단변형특성을 정의하고 있다. JOINT면의 수직응력이 일정한 경우에 전단응력이 초기전단상태에서 변화하는 JOINT면의 전단강도가 PEAK가 되면 그 이후부터 전단변위가 증진되고 강도는 떨어져 잔류강도에 일정한 값으로 수렴하는 것을 나타내고 있다.

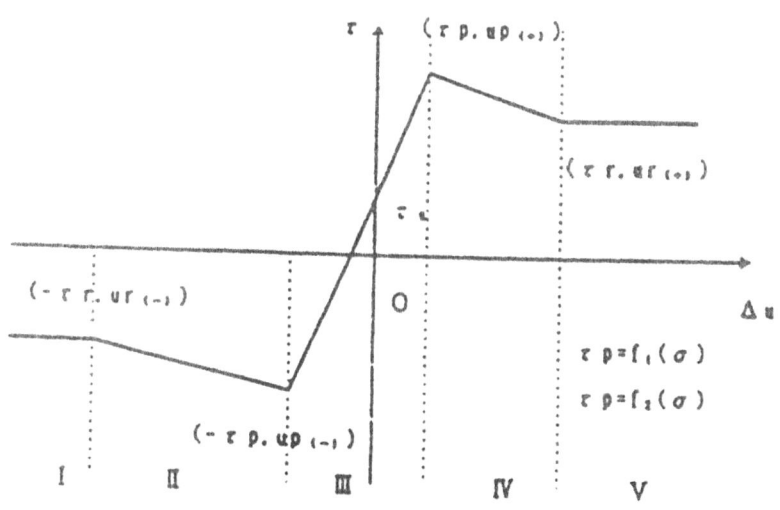

그림 2.5 전단변형의 구성 법칙

수직응력 σ에 대한 최대전단응력 때의 변위 U_P와 잔류응력때의 변위 U_r는 아래와 같이 정의된다.

$$U_P(+) = (\tau_p - \tau_0)/K_s \qquad (2-30)$$

$$U_P(-) = (4\tau_p - \tau_0)/K_s \qquad (2-31)$$

$$U_P(+) = (-\tau_p - \tau_0)/K_s \qquad (2-32)$$

$$U_P(-) = (-4\tau_p - \tau_0)/K_s \qquad (2-33)$$

구성식은 다음과 같이 공식화된다.

$$\tau = \tau_r \qquad \Delta U \leq U_r(-) \qquad (2-34)$$

$$\tau = -\tau_p + \frac{\tau_p - \tau_r}{U_p - U_r}(\Delta U - U_p(-)) \quad U_r(-) \leq \Delta U \leq U_p(-) \qquad (2-35)$$

$$\tau = K_s u + \tau_0 \qquad U_p(-) \leq \Delta U \leq U_p(+) \qquad (2-36)$$

$$\tau = \tau_p + \frac{\tau_p - \tau_r}{U_p - U_r}(\Delta U - U_p(+)) \quad U_p(+) \leq \Delta U \leq U_r(+) \qquad (2-37)$$

$$\tau = \tau_r \qquad \Delta U \geq U_r(+) \qquad (2-38)$$

2) JOINT요소의 수직변위

일정한 전단응력 상태에서 JOINT면에 수직응력이 변화될 때 JOINT쪽의 변화(수직변위)는 일반적으로 비선형적이지만 MR.SOIL에서는 그림 2.6과 같이 절곡선으로 표현되는 구성식이 이용되고 있다. 초기 압축응력 상태 $\alpha_{n,0}$에서 응력이 해방되면 JOINT 접촉점은 상대적으로 분리하는 경향이 있고, JOINT는 개구되어 수직응력은 0이 된다. 한편 초기 압축응력 상태 $\alpha_{n,0}$에서 더욱 압축되면 JOINT 접촉점은 최대폐합량 V_{mc}까지 근접되고 폐합이 종료된 후에 수직응력이 전달된다.

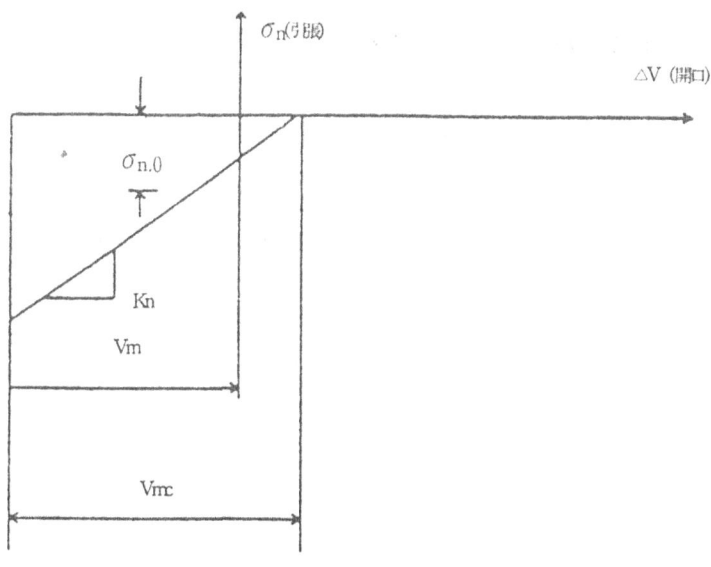

그림 2.6 JOINT요소의 수직특성

여기에서,

V_{mc} : 초기의 기준하중 상태에서 폐합될 수 있는 최대량

V_m : 초기의 하중에서 시작되어 폐합될 수 있는 최대량

K_n : 수직강성

$\sigma_{n,0}$: 초기 수직응력

2.3 PROGRAM의 구성 및 계산방법

본 과업에서 수행된 MR.SOIL PROGRAM은 유한요소해석법에 의한 지반구조해석으로 다음과 같은 기능의 4가지 독립적으로 구성되어 있다.

- MR.SOIL : FEM해석 PROGRAM으로 연산을 실시한다.
- MRSOILP : 해석결과의 수치 및 도화선택 PROGRAM
- XYPLOT : PLOT 도화출력 PROGRAM
- DISPLAY : CRT 도화출력 PROGRAM

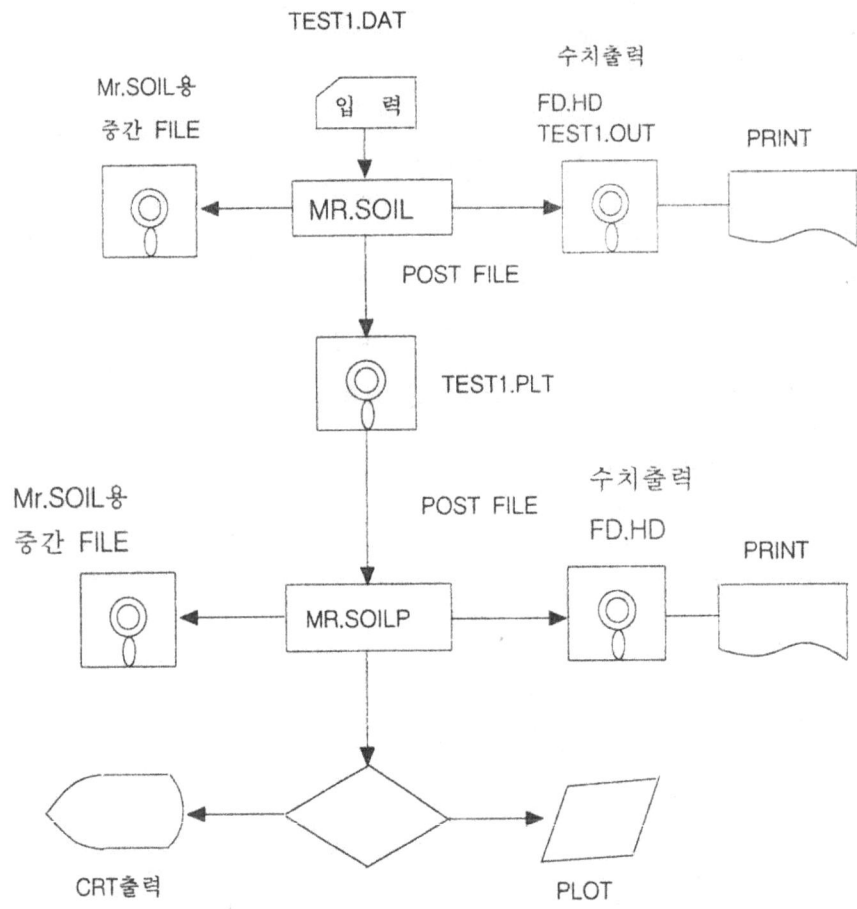

그림 2.7 PROGRAM의 구성

2.3.1 PROGRAM FLOW-CHART

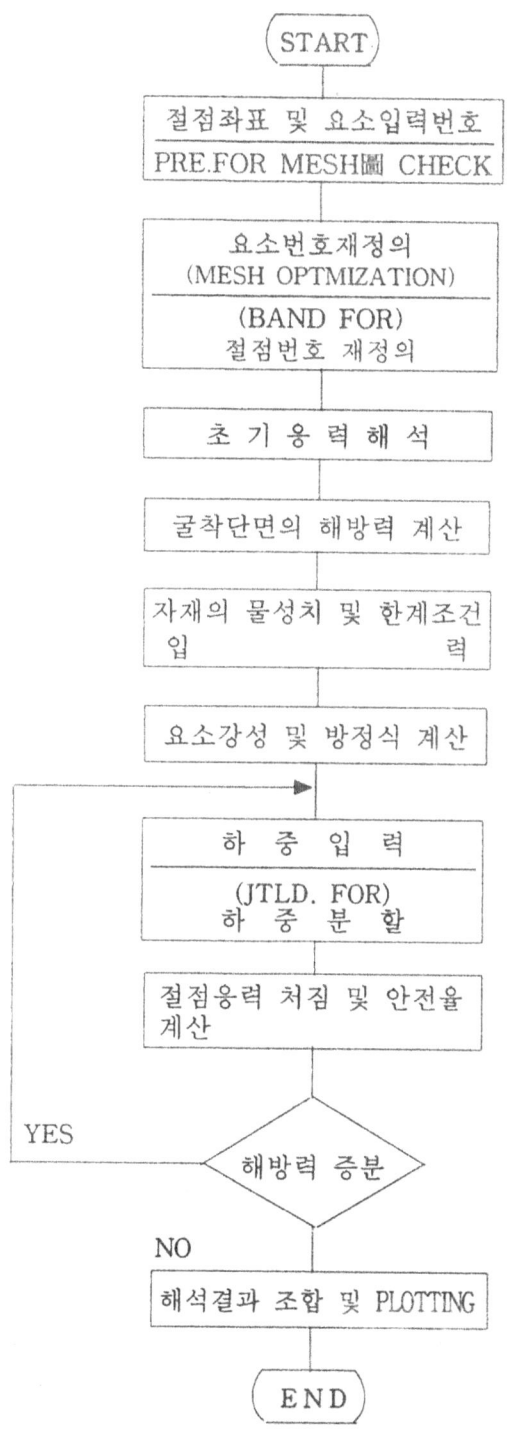

2.3.2 해석 기법

지반의 물리적 특성을 탄성 및 탄소성이론을 도입하여 구조적으로 적당한 미소요소로 분할해서 각요소가 유한개의 점으로 연결되는 요소로 가정한 MODEL로 고려하여 수치적 해석을 수행한다.

1) 지반에 대한 역학 MODEL

지반에 대한 거동 및 응력분석은 2차원 평면변형 요소를 사용하고 탄소성이론을 도입하여 연속체로 해석하였으며 지반재료의 거동은 MOHR-COULUMB 및 DRUCKER-PRAGER파괴기준을 MODEL화하여 분석하였다. 또한 암반의 절리 및 단층, 지반과 구조물의 불연속성을 고려하여 JOINT 등의 불연속을 PATTON BILINEAR관계 및 MOHR-COULUMB의 파괴조건식을 이용하며 지반의 공학적 성질인 PEAK강도, 잔류강도, 전단 및 수직방향 강성, DILATANCY 특성 등을 시험 및 추정치에 의해 입력시켜 분석하게 된다.

2) 초기응력

초기응력이란 굴착작업전의 응력상태를 말하며 전요소의 절점변위를 0 으로 하고 절점응력은 다음과 같은 식으로 표현할 수 있다.

$$\sigma_y = \gamma h \tag{2-39}$$

$$\sigma_x = k_o \sigma_y \tag{2-40}$$

여기서,

γ : 지반의 단위중량

h : 성토고

k_0 : 측압계수

3) 해방력

지반을 터널진행 방향으로 굴착을 실시할 때 초기응력을 받고 있는 지반이 굴착부분에서 응력의 해방을 받게된다. 이때 이 자유면이 받는 하중은 초기응력으로부터 계산되는데 이 하중을 해방력이라고 한다.

본 프로그램에서는 굴착전 상태에서의 초기응력으로부터 각 요소의 절점에 작용하는 2 방향하중을 계산한 후 이 결과로부터 굴착 자유면의 각 절점에서의 방향하중을 구하여 이를 하중역할단계별 굴착해석의 해방력으로 하고 다음과 같은 식으로 표현할 수 있다.

$$\{F\} = -[N]\{\sigma\}ds$$

{F} : 해방력

[N] : 계수

$\{\sigma\}$: 굴착면에 작용하는 응력

그리고 응력 $\{\sigma\}$는 요소내의 평형방정식에 의해 구한다. 위 식에 계수 N을 대입하여 요소전체에 대하여 적분하면,

$$\int N \sigma_{iji}\, dv + \int N \Phi_i\, dv = 0$$

$$\int (N \sigma_{iji}), i\, dv + \int N, i\, \Phi_{ij}\, dv = 0$$

과 같고 이를 GREEN의 정리에 의해 다시 정리하면,

$$\int N \sigma_{ij} n_j\, ds = \int N_j\, \sigma_{ij}\, dv - \int N \Phi_i\, dv$$

과 같이 쓸수 있다. MATRIX형태로 이를 재정리하면 다음 식과 같다.

$$[N]\{\sigma\}ds = [B]\{\sigma\}dv - [N]\{P\}dv$$

해방력　　　굴착요소응력　BODY FORCE

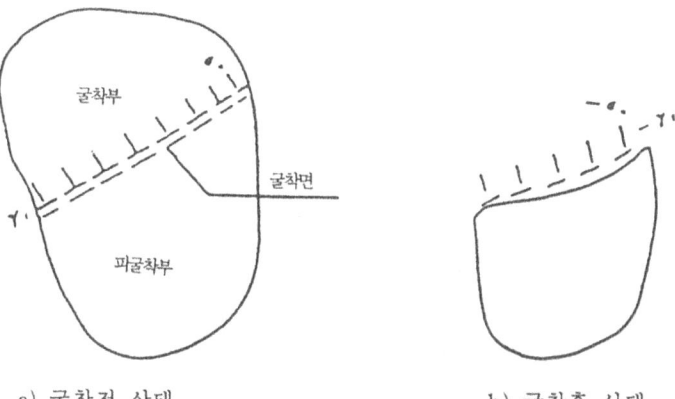

a) 굴착전 상태　　　　　　b) 굴착후 상태

그림 2.8 굴착 상당력의 결정

4) 지반보강

지보공 및 복공이 터널의 붕괴를 방지하고 그 기능과 형상을 유지할 목적으로 실시하고 있으며 주지보공으로는 SHOTCRETE, ROCK BOLT, STEEL RIB등이 이용되고 있고 복공은 콘크리트라이닝으로 많이 사용된다. 본 프로그램에서는 다음과 같은 요소로 입력되어 해석된다.

ㅇ 봉요소(ROD ELEMENT)

봉요소는 양단 HINGE의 TRUSS TYPE으로 횡방향의 압축과 인장을 전달할 수 있으며 ROCK BOLT, ARCH상의 구조물 등 주로 축력에 저항하는 부재의 MODEL화에 적합하다.

ㅇ 보요소(SIMPLE BEAM ELEMENT)

보요소는 양단 고정 라멘구조에서 횡방향의 압축과 인장을 전달하는 외에도 회전력을 전달할 수 있으며 축력과 모멘트를 계산할 수 있다.

보요소로서 SHOTCRETE, CONCRETE LINING 등의 MODEL화가 가능하다.

5) 안전율(FACTOE OF SAFETY)

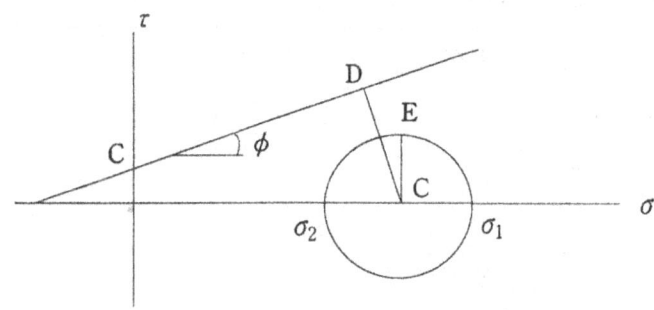

그림 2.9 안전율의 정의

지반을 굴착했을 때 지반은 해방력에 의해 변형을 하게된다. 이때 전단응력 수직응력 및 지반의 물성치(점착력내부 저항마찰각)와의 관계는 MOHR-COULOMB의 파괴기준에 의해 그림 2.9와 같이 나타낼 수 있다. 여기서 CD와 파괴원의 반지름 CE 의 비를 안전율로 정의한다.

이를 수식으로 표현하면 다음과 같다.

$$F.S = \frac{CD}{CE}$$

$$= \frac{A \sin \phi + C \cos \phi}{B} \qquad (2-43)$$

$$= \frac{(\sigma_1 + \sigma_2) \sin \phi + 2 C \cos \phi}{\sigma_1 - \sigma_2}$$

여기서,

$$A = \frac{(\sigma_1 + \sigma_2)}{2} \qquad B = \frac{(\sigma_1 - \sigma_2)}{2}$$

단 주응력은 압축을 정으로 하여 F.S<0일 경우는 F.S=0, F.S>10일 경우 F.S=10으로 가정한다.

2.3.3 해석결과의 출력

MR.SOIL에 의하여 계산된 해석결과를 수치 및 도화로 출력하며 그 항목은 다음과 같다.

표 2.1 수치출력

항 목	출력프린트
입력데이터	절점정보, 요소정보
변 위	변위의 수치출력
사변형 요소응력	사변형 요소 응력의 수치출력
봉재 단면력	봉요소 단면력의 수치출력
보재 단면력	보요소 단면력의 수치출력
JOINT 요소응력	JOINT요소 응력의 수치출력
초 기 응 력	사변형 요소 초기응력의 FILE출력

표 2.2 도화출력

MODEL	절점 번호도, 요소 번호도, 재료 번호도
안 전 율	안전율 등고선도
변 형	변형도
변 위	변위 VECTOR도 변위 등고선도
응 력	응력 VECTOR도 응력 등고선도
봉 재 단 면 력	축력도
보 재 단 면 력	축력도, 전단력도, 모멘트도
항 복	항복요소 PLOT도

제3장 해석위치선정 및 해석조건

3.1 해석위치 선정

F.E.M 해석위치는 터널 구조물 형태(정거장, 본선), 지보패턴, 지질조건, 주변구조물상태 등을 종합적으로 고려하여 표 3.1과 같이 선정하였다.

표 3.1

구 분		해석위치	해석조건	지보패턴	특 기 사 항
정거장	서 강	STA.14K825.000	보통암 경암	TWIN	○ 도로하부 통과 ○ 주변 지상 1-2층 건물
	서 강	STA.14K890.000	보통암 경암	TWIN	○ 복개천 하부 통과
본선	TYPE I	STA.15K080.000	풍화암, 연암 보통암, 경암	PSW-4	○ 도로하부 통과 ○ 주변 지상 1-2층 건물
	TYPE II	STA.15K331.000	풍화암 연암	PSW-3	○ 주택지 하부 통과
	TYPE III	STA.15K485.000	풍화암 연암	PSW-3	○ 용산선 통과

3.2 해석조건

터널해석의 목적은 하중이완 개념을 도입하여 터널에 작용하는 하중에 따라 터널을 지지하는 지보공의 응력 및 복공을 구축하기 위한 것과 터널 굴착에 따른 터널 주변 지반의 응력 재분배에 의해 안정을 위하여 지보공 또는 복공을 검토하기 위한 것이다.

이러한 목적을 만족시키기 위해서는 구조물에 작용하는 외력, 응력과 재료의 특성, 시공방법 등을 정확하게 추정하여 해석을 해야 하지만 이러한 요소들을 정확히 일치시키기는 불가능하다.

따라서 합리적인 설계를 수행하기 위해 표준설계의 응용, 유사한 조건의 설계를 참고하여 다음과 같은 해석조건을 결정하여 F.E.M해석을 수행하였다.

3.2.1 해석범위

굴착으로 인한 지반의 응력 변화가 거의 없는 영역은 터널형상에 따라 다르지만 일반적으로 터널직경의 2~3배 까지이다.

따라서 각 터널의 해석범위는 터널 상부는 지표면까지 측면은 터널폭의 2.5배 이상, 하부는 터널 높이의 2배 이상을 취하여 해석 대상으로 하였다.

3.2.2 경계조건

해석 영역에 대한 경계조건은 좌우 및 하부는 ROLLER를 연속하여 측방 및 하부의 변위를 구속하고 하부의 양모서리는 HINGE로서 회전만을 허용하였다. 지반하중은 지반굴착시 발생되는 EQUIVALENT FORCE를 지반강도 및 SHOTCRETE의 경화시간을 고려하여

1) 굴착만 한 상태에서 40%

2) SOFT SHOTCRETE가 타설된 상태에서 30%

3) ROCK BOLT 및 HARD SHOTCRETE 타설된 상태에서 나머지 30%를 적용하였다.

3.2.3 지보공

표 3.2 SHOTCRETE 물성치

구 분	탄성계수 E (t/m^2)	단위중량 (t/m^3)	포아슨비
SOFT SHOTCRETE	0.5×10^5	2.4	0.2
HARD SHOTCRETE	1.0×10^6	2.4	0.2

표 3.3 ROCK BOLT 물성치

구 분	탄성계수 E (t/m^2)	단위중량 (t/m^3)	단면적 (m^2)
ROCK BOLT	2.1×10^7	7.85	5.0×10^{-4}

제4장 정거장 구간

4.1 서강 정거장 (STA. 14K825.000)

4.1.1 지반의 특성치 및 물성치

해석위치인 STA.14K825.000지점의 지반은 4.5m의 실트, 모래 등으로 구성된 매립층이 분포하며, 그 하단에 7.0m의 풍화토가 존재하고 그 하부로는 풍화암, 연암, 보통암 순으로 분포되어 있다.

F.E.M 해석시 지반특성 입력치는 표 4.1와 같다.

표 4.1 지반특성 입력치

구 분	탄성계수 $E(t/m^2)$	포아송비 (ν)	단위중량 (t/m^3)	마찰력 (t/m^2)	마찰각(ϕ)
충적토	1000	0.35	2.0	1	30
풍화토	4000	0.33	2.0	10	30
풍화암	30000	0.30	2.2	30	35
연 암	60000	0.25	2.5	100	40
보통암	100000	0.25	2.6	150	45

4.1.2 해석단면

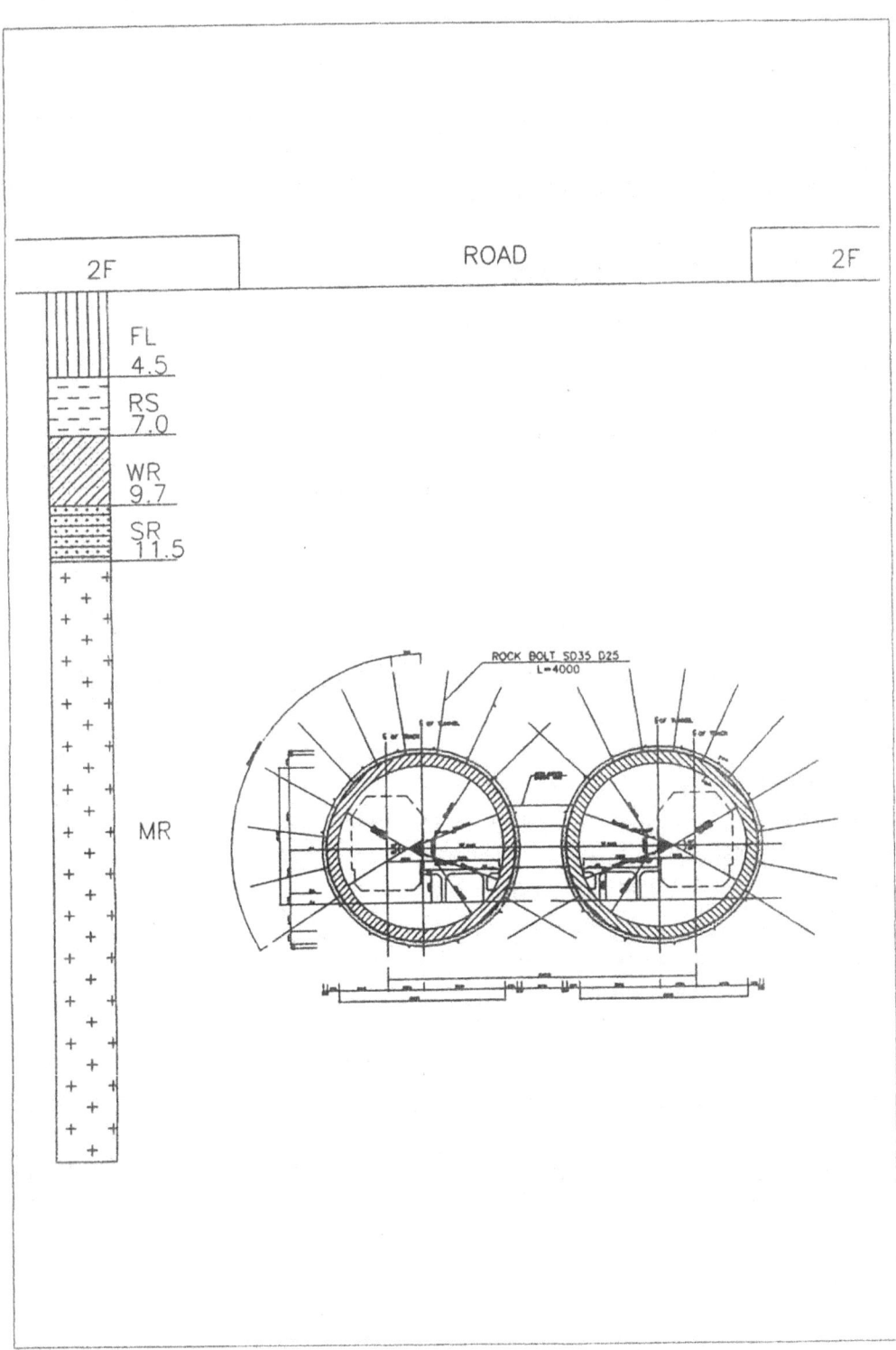

4.1.3 해석단계

해 석 단 계	1	2	3
시 공 순 서	초기상태	좌측상반CD부굴착	S/S타설
하중 분담율		40%	30%
형 상			
해 석 단 계	4	5	6
시 공 순 서	H/S+R/B타설	좌측상반확대부 굴착	S/S 타설
하중 분담율	30%	40%	30%
형 상			
해 석 단 계	7	8	9
시 공 순 서	H/S+R/B타설	좌측하반 1차 굴착	S/S 타설
하중 분담율	30%	40%	30%
형 상			
해 석 단 계	10	11	12
시 공 순 서	H/S+R/B타설	좌측하반 2차 굴착	S/S 타설
하중 분담율	30%	40%	30%
형 상			

해석단계	13	14	15
시공순서	H/S+R/B 타설	좌측하반인버트굴착	S/S타설
하중 분담율	30%	40%	30%
형 상			

해석단계	16	17	18
시공순서	H/S 타 설	라이닝콘크리트타설	우측상반CD부굴착
하중 분담율	30%		40%
형 상			

해석단계	19	20	21
시공순서	S/S 타 설	H/S+R/B 타설	우측상반확대부 굴착
하중 분담율	30%	30%	40%
형 상			

해석단계	22	23	24
시공순서	S/S 타 설	H/S+R/B 타설	우측하반 1차 굴착
하중 분담율	30%	30%	40%
형 상			

해석단계	25	26	27
시공순서	S/S 타설	H/S+R/B 타설	우측하반2차굴착
하중 분담율	30%	30%	40%
형 상			

해석단계	28	29	30
시공순서	S/S 타설	H/S+R/B 타설	우측하반인버트굴착
하중 분담율	30%	30%	40%
형 상			

해석단계	31	32	33
시공순서	S/S 타설	H/S+R/B 타설	라이닝콘크리트타설
하중 분담율	30%	30%	
형 상			

해석단계			
시공순서			
하중 분담율			
형 상			

4.1.4 해석결과 및 분석

1) 변위

대표적인 터널의 변위 지점 및 변화도는 그림 4.1에 변위량은 표 4.2에 나타냈다. 도로주변 양쪽으로 주택지 및 상업지구가 형성되어 있으며, 터널은 도로 중앙 하부 보통암층을 통과하고 있다.

해석결과 터널의 변위는 좌측상부 굴착후 지표면 침하량이 1.7mm, 좌측 직상부의 침하량은 4.7mm, 좌측 측벽부 위는 0.3mm이며, 좌측하부 굴착후 지표면 침하량이 1.5mm, 좌측 직상부 4.4mm가 발생하였다.

최종 굴착후 지표면 침하량은 2.4mm, 좌측단면 직상부 침하량 4.3mm 우측단면 직상부 4.2mm로 비교적 균등한 값을 나타내었다.

전체적인 터널의 변위는 중앙단면 직상부에서 크게 나타나고 있음을 알 수 있다.

그림 4.7은 터널 횡단방향에서의 지표면 침하곡선을 나타내고 있다.

부록. 터널 F.E.M해석 보고서 477

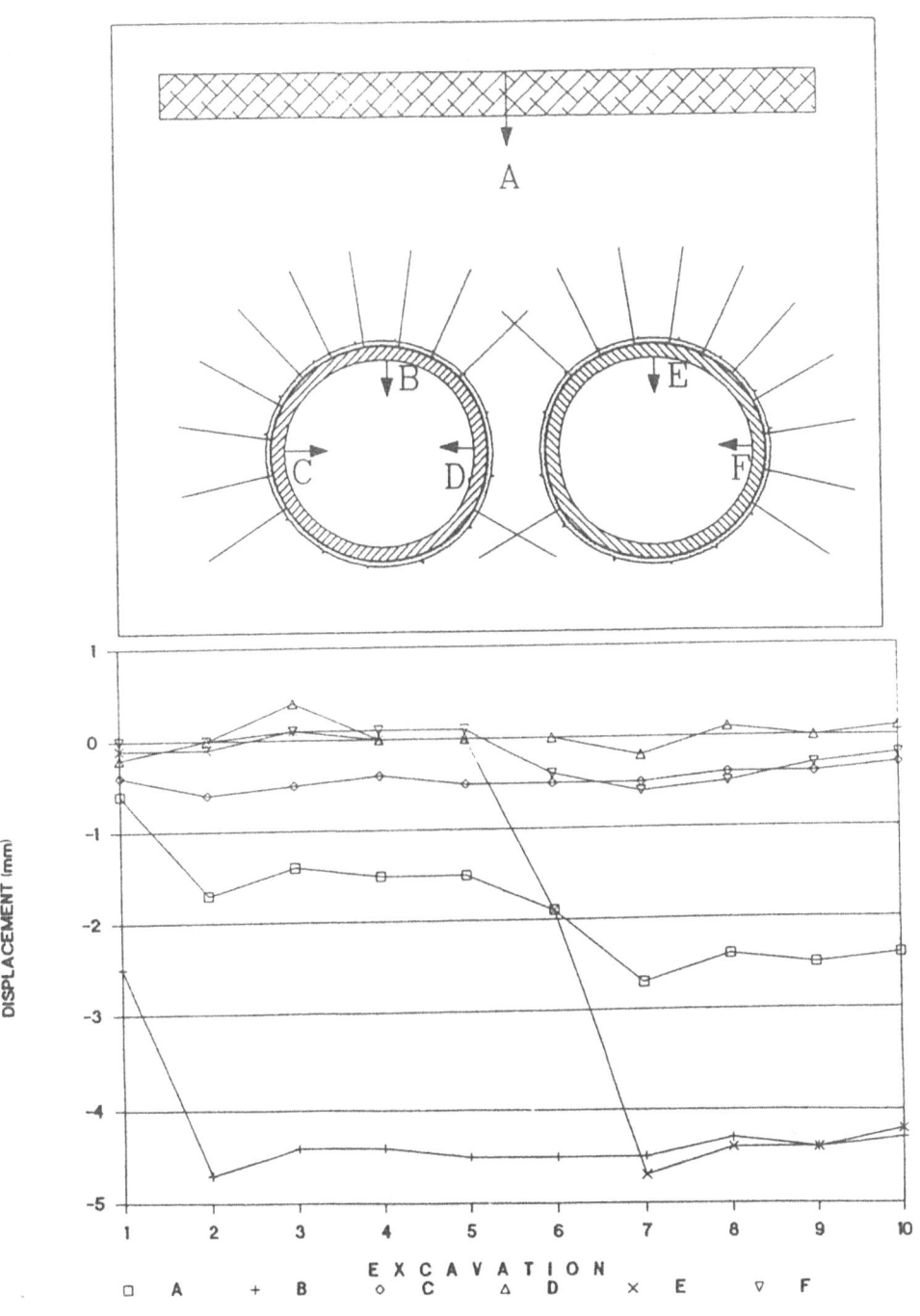

그림 4.1 변위지점 및 변위 변화도

표 4.2 굴착단계별 변위량

(단위 : mm)

	1 굴착	2 굴착	3 굴착	4 굴착	5 굴착	6 굴착	7 굴착	8 굴착	9 굴착	10 굴착
A	-0.6	-1.7	-1.4	-1.5	-1.5	-1.9	-2.7	-2.4	-2.5	-2.4
B	-2.5	-4.7	-4.4	-4.4	-4.5	-4.5	-4.5	-4.3	-4.4	-4.3
C	-0.4	-0.6	-0.5	-0.4	-0.5	-0.5	-0.5	-0.4	-0.4	-0.3
D	-0.2	0.0	0.4	0.0	0.0	0.0	-0.2	0.1	0.0	0.1
E	-0.1	-0.1	0.1	0.0	0.0	-1.9	-4.7	-4.4	-4.4	-4.2
F	0.0	0.0	0.1	0.1	0.1	-0.4	-0.6	-0.5	-0.3	-0.2

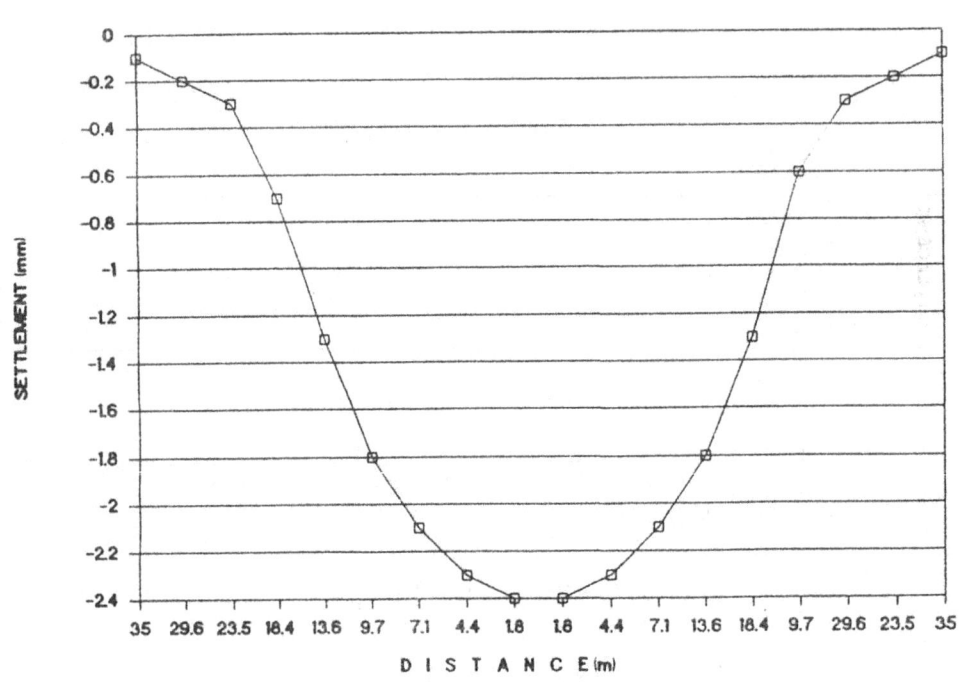

그림 4.2 지표면 침하곡선

2) SHOTCRETE 응력

SHOTCRETE 부재와 해석단계별 응력변화도는 그림 4.3에 나타내었고, 굴착단계별 응력은 표 4.3에 나타내었다.

해석결과 좌측상반 굴착후 좌우측 측벽부에서 최대 $28.4 kg/cm^2$ 의 응력이 발생하였다. 우측 하반 굴착후 측벽부에서 최대 $30.9 kg/cm^2$ 의 응력이 발생하였으며 우측하반 굴착후에는 부재의 응력이 최대 $31.1 kg/cm^2$ 이 발생하였다.

요소에서 위험한 부재는 3, 28번이나 압축응력은 SHOTCRETE로 사용된 콘크리트 허용응력 $84 kg/cm^2$ 보다 작으므로 지반조건에 대한 해석치는 안전한 것으로 나타났다. 그러나 원지반이 시간이 경과함에 따라 부석의 낙하, 이완이 진행되는 경우가 있고 상부 굴착 후에는 응력이 크게 나타나는 현상을 방지하기 위하여 SHOTCRETE의 조기 타설이 요구된다.

480 NATM터널공법

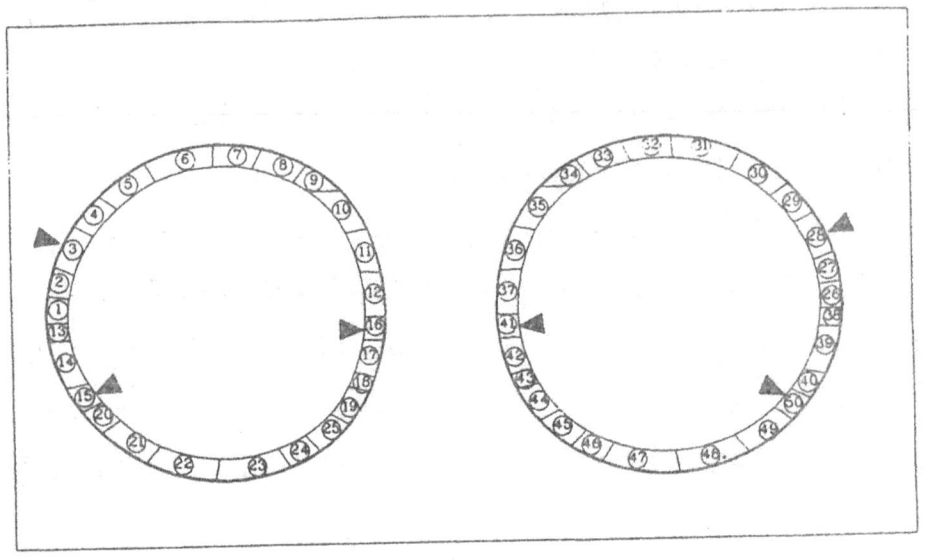

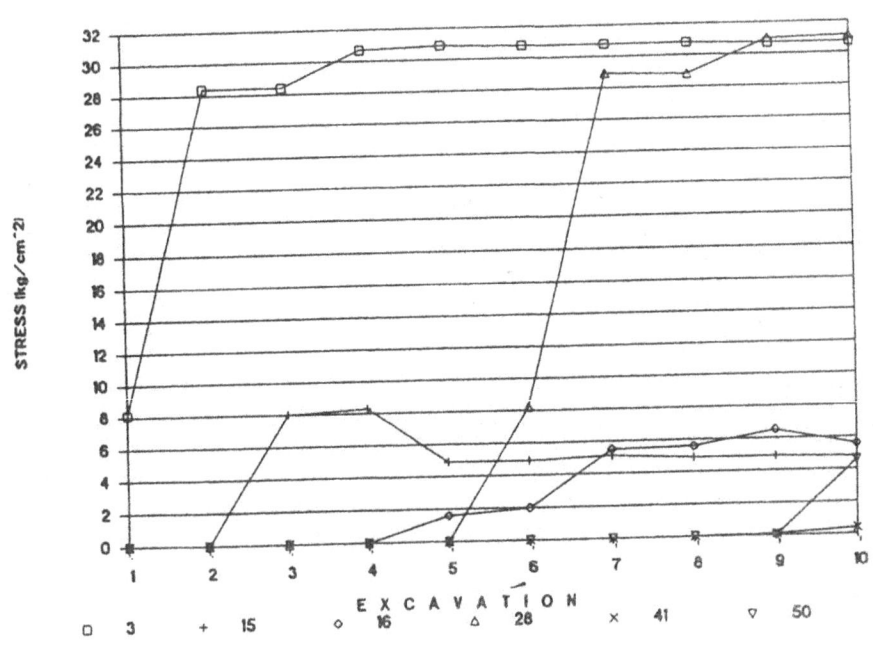

그림 4.3 SHOTCRETE 부재 및 응력 변화도

표 4.3 굴착단계별 SHOTCRETE 응력

(단위 : kg/cm²)

요소	1굴착	2굴착	3굴착	4굴착	5굴착	6굴착	7굴착	8굴착	9굴착	10굴착
1	-10.1	-23.4	-18.0	-19.3	-19.3	-19.2	-19.3	-19.3	-19.2	-19.2
2	-10.1	-28.4	-27.4	-29.2	-29.5	-29.5	-29.4	-29.4	-29.4	-29.4
3	-8.1	-28.4	-28.4	-30.7	-30.9	-30.8	-30.8	-30.8	-30.7	-30.7
4	-5.5	-25.2	-25.5	-28.1	-28.2	-28.2	-28.0	-27.9	-27.8	-27.7
5	-6.0	-15.6	-16.1	-18.6	-18.6	-18.5	-18.6	-18.8	-18.4	-18.4
6	-8.2	-6.5	-7.3	-9.4	-9.4	-9.3	-8.8	-8.8	-8.8	-8.8
7	-	-1.8	-2.6	-4.0	-4.6	-4.4	-2.8	-2.6	-3.3	-3.2
8	-	-4.3	-5.4	-5.6	-6.0	-6.0	-6.0	-6.1	-5.8	-5.8
9	-	-10.4	-11.4	-10.3	-11.0	-11.2	-11.7	-11.8	-11.5	-11.5
10	-	-12.6	-13.4	-12.0	-12.7	-12.7	-14.2	-14.4	-14.0	-14.0
11	-	-15.6	-16.7	-13.2	-14.3-1	-15.3	-20.5	-20.6	-19.6	-19.6
12	-	-16.8	-18.2	-11.3	2.8	-13.7	-18.0	-18.1	-18.7	-18.6
13	-	-	-5.5	-6.8	-6.0	-5.9	-6.1	-6.2	-5.9	-5.9
14	-	-	-7.4	-8.2	-6.6	-6.5	-6.6	-6.5	-6.5	-6.5
15	-	-	-8.0	-8.3	-4.9	-4.9	-5.1	-4.9	-4.9	-4.8
16	-	-	-	0.0	-1.6	-2.0	-5.5	-5.9	-6.5	-6.4
17	-	-	-	-0.4	-1.5	-1.9	-5.0	-4.9	-5.4	-5.6
18	-	-	-	-0.5	-0.8	-0.9	-2.5	-2.2	-2.5	-2.7
19	-	-	-	-1.2	1.0	0.9	0.5	0.3	-1.4	-2.0
20	-	-	-	-	-4.5	-4.4	-4.7	-4.5	-4.5	-4.5
21	-	-	-	-	-2.8	-2.8	-3.0	-2.9	-3.0	-3.0
22	-	-	-	-	-0.2	-0.3	-0.7	-0.4	-0.7	-0.6
23	-	-	-	-	-1.8	-1.9	-2.7	-2.4	-2.6	-2.5
24	-	-	-	-	-3.8	-3.8	-4.3	-4.0	-4.6	-4.6
25	-	-	-	-	-5.4	-5.8	-8.1	-7.9	-8.2	-8.1
26	-	-	-	-	-	-10.6	-24.7	-18.9	-20.2	-20.0
27	-	-	-	-	-	-10.4	-29.7	-28.3	-30.2	-30.3
28	-	-	-	-	-	-8.2	-28.9	-28.8	-31.0	-31.1
29	-	-	-	-	-	-5.4	-24.7	-24.8	-27.5	-27.5
30	-	-	-	-	-	-5.7	-13.9	-14.3	-17.0	-17.0
31	-	-	-	-	-	-8.6	-3.3	-4.0	-6.2	-6.3
32	-	-	-	-	-	-	-0.9	-1.7	-3.4	-3.5
33	-	-	-	-	-	-	-4.4	-5.5	-5.9	-6.2
34	-	-	-	-	-	-	-11.1	-12.0	-11.0	-11.3
35	-	-	-	-	-	-	-12.6	-13.4	-11.1	-11.2
36	-	-	-	-	-	-	-16.3	-17.5	-12.8	-13.1
37	-	-	-	-	-	-	-18.6	-20.4	-13.3	-13.6
38	-	-	-	-	-	-	-	-5.7	-7.2	-6.2
39	-	-	-	-	-	-	-	-7.6	-8.7	-6.5
40	-	-	-	-	-	-	-	-8.3	-8.8	-5.0
41	-	-	-	-	-	-	-	-	-0.1	-0.4
42	-	-	-	-	-	-	-	-	-0.5	-0.1
43	-	-	-	-	-	-	-	-	-0.7	0.9
44	-	-	-	-	-	-	-	-	-1.8	4.4
45	-	-	-	-	-	-	-	-	-	-5.4
46	-	-	-	-	-	-	-	-	-	-3.4
47	-	-	-	-	-	-	-	-	-	-1.1
48	-	-	-	-	-	-	-	-	-	0.4
49	-	-	-	-	-	-	-	-	-	-2.5
50	-	-	-	-	-	-	-	-	-	-4.6

3) ROCK BOLT 축력

ROCK BOLT부재 및 해석단계별 축력 변화도는 그림 4.4에 축력은 표 4.4에 나타내었다. 해석결과 축력은 최대 1.52TON의 값을 나타내고 있으며 이 값은 ROCK BOLT의 허용차인 10TON 이내이므로 지반조건에 대한 해석치는 안정한 것으로 나타났다.

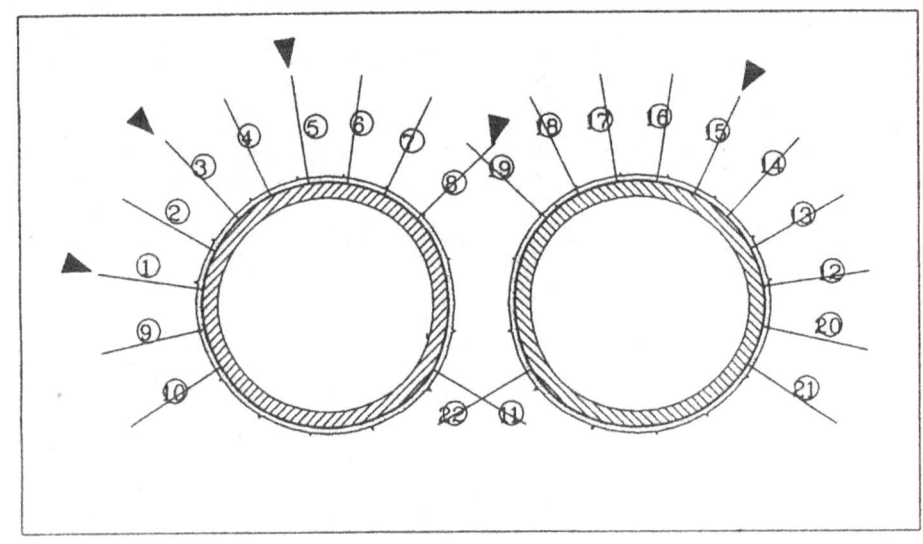

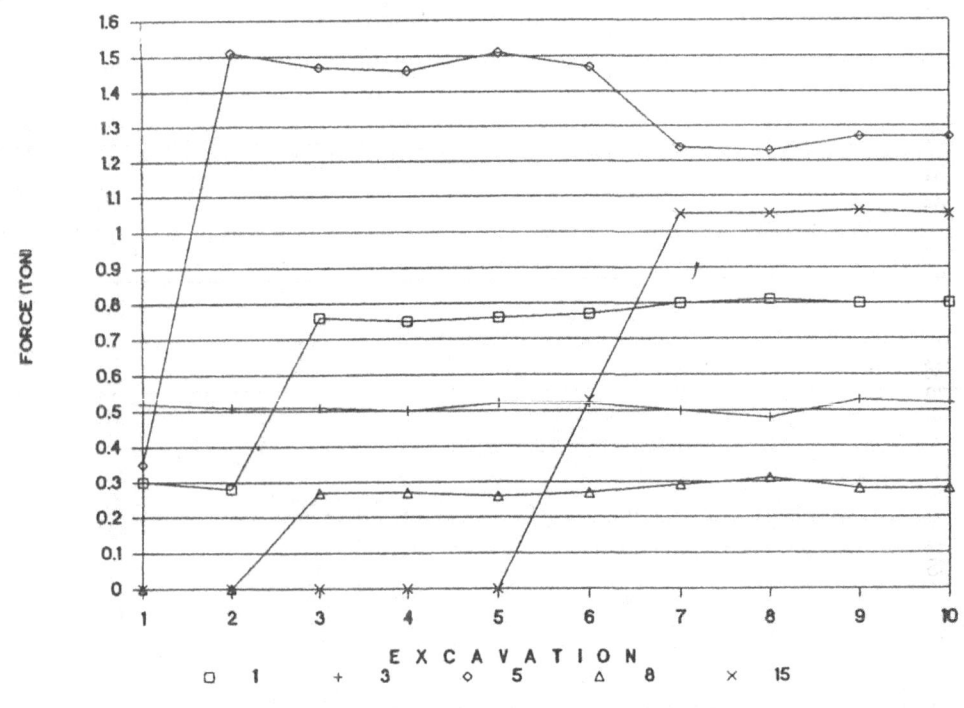

그림 4.4 ROCK BOLT 요소 및 축력 변화도

표 4.4 굴착단계별 ROCK BOLT 축력

(단위 : TON)

요소	1굴착	2굴착	3굴착	4굴착	5굴착	6굴착	7굴착	8굴착	9굴착	10굴착
1	0.32	0.28	0.76	0.75	0.76	0.77	0.80	0.81	0.80	0.80
2	0.43	0.34	0.38	0.36	0.38	0.38	0.39	0.38	0.41	0.41
3	0.52	0.51	0.51	0.50	0.52	0.52	0.50	0.48	0.53	0.52
4	0.39	0.73	0.72	0.73	0.75	0.74	0.68	0.65	0.73	0.72
5	0.35	1.51	1.47	1.46	1.51	1.47	1.24	1.23	1.27	1.27
6	-	0.52	0.52	0.54	0.57	0.56	0.38	0.37	0.42	0.42
7	-	0.44	0.45	0.45	0.47	0.45	0.24	0.24	0.25	0.25
8	-	-	0.27	0.27	0.26	0.27	0.29	0.31	0.28	0.28
9	-	-	0.11	0.14	0.43	0.45	0.44	0.48	0.45	0.46
10	-	-	-	0.00	0.10	0.08	-0.50	-0.43	-0.94	-0.96
11	-	-	-	-	0.08	0.00	0.69	-0.60	-0.61	-0.82
12	-	-	-	-	-	-	0.32	0.31	0.81	0.79	0.83
13	-	-	-	-	-	0.53	0.55	0.56	0.54	0.54
14	-	-	-	-	-	0.48	0.23	0.29	0.23	0.21
15	-	-	-	-	-	0.53	1.05	1.05	1.06	1.05
16	-	-	-	-	-	0.41	1.52	1.48	1.47	1.45
17	-	-	-	-	-	-	0.60	0.56	0.57	0.55
18	-	-	-	-	-	-	0.19	0.16	0.30	0.29
19	-	-	-	-	-	-	-	0.09	0.13	0.52
20	-	-	-	-	-	-	-	-	0.00	0.23

4) 터널 주변의 안정성

해석결과 최대예상 지표면 침하량 2.4mm이며, 부등침하로 인한 최대구배 0.2/1000로 일반 구조물의 허용구배 2/1000에 못 미치고, 주변지반의 변위, SHOTCRETE부재응력, ROCK BOLT축력치 등은 허용응력이내이므로 안정하다.

시공상 시간지체가 예상될 경우 다음과 같은 대책이 필요하다.

- 터널 주변 지반 보강을 위한 실시
- BENCH 장을 짧게하고 INVERT폐합
- 막장에 SHOTCRETE, ROCK BOLT설치
- 보조공법으로 FOREPOLING실시

4.1.5 결 론

서강정거장 터널은 지표에서 약 15m깊이에 위치하며 보통암층을 통과하고 있다. 해석결과 최종지표면 침하량은 2.4mm, 좌측단면 직상부 침하량 4.3mm, 좌측벽측벽부 내공변위는 0.4mm가 발생하였다.

SHOTCRETE부재응력은 우측하부 굴착후 측벽부(28번)에서 최대 $31.1kg/cm^2$, ROCK BOLT축력은 최대 1.52TON의 수치를 보이고 있다.

또한, 터널 주변 지반에 소성영역이 발생하지 않는 것으로 보아 터널은 안정한 것으로 판단된다.

본 서강정거장 터널의 F.E.M해석은 지반의 특성치를 가정하여 해석한 결과이므로 해석치를 근거로 시공시 현장계측을 철저히 시행하여 과대한 침하나 응력이 발생하지 않도록 하며, 과대한 침하가 발생하거나 안정시공을 위하여 터널 굴착시 시간지체가 예상될 경우 시공순서를 변경하거나 추가로 지보를 설치하는 것을 검토하여야 한다.

본 구간의 설계적용치(최대값)은 다음과 같다.

구 분	단 위	최 대 값	허 용 치	비 고
지 표 면 침 하	mm	2.40		
천 단 침 하	mm	4.30		
내 공 침 하	mm	0.40		
ROCK BOLT축력	TON	1.52	10	O.K
SHOTCRETE응력	kg/cm^2	31.10	84	O.K
부 등 침 하		0.2/1000	2/1000	O.K

4.1.6 PLOT

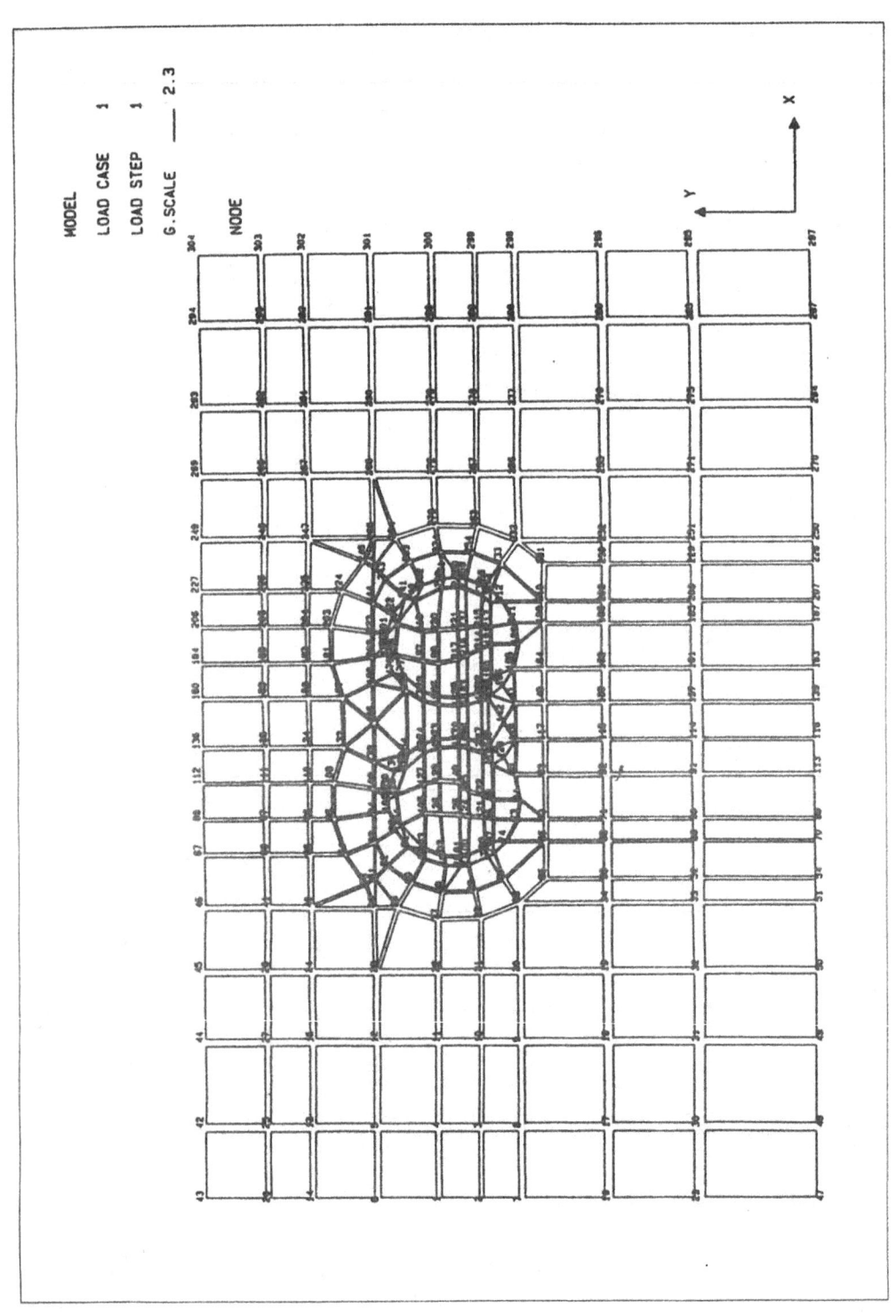

부록. 터널 F.E.M해석 보고서 487

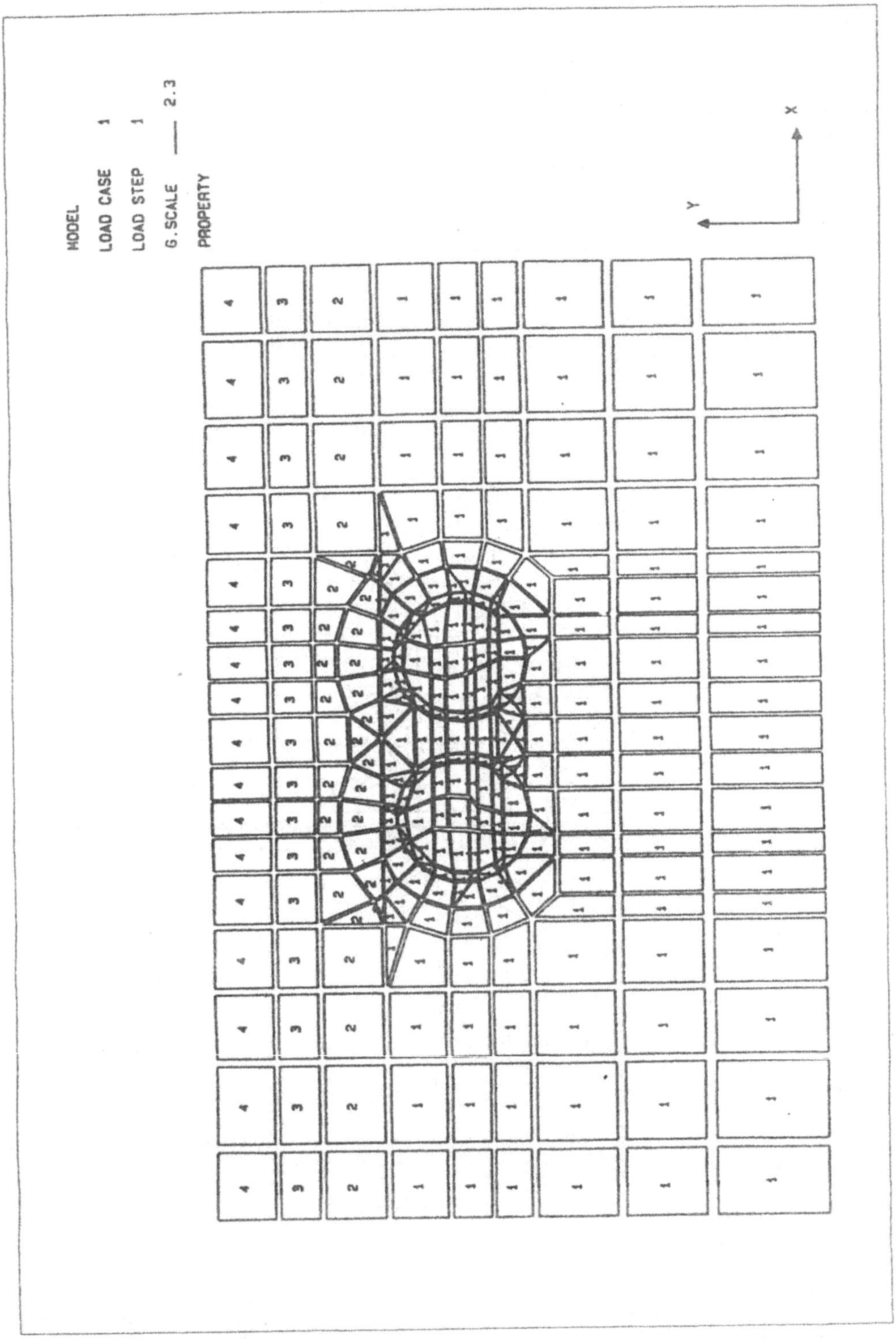
MODEL
LOAD CASE 1
LOAD STEP 1
G.SCALE —— 2.3
PROPERTY
Y
X

부록. 터널 F.E.M해석 보고서 489

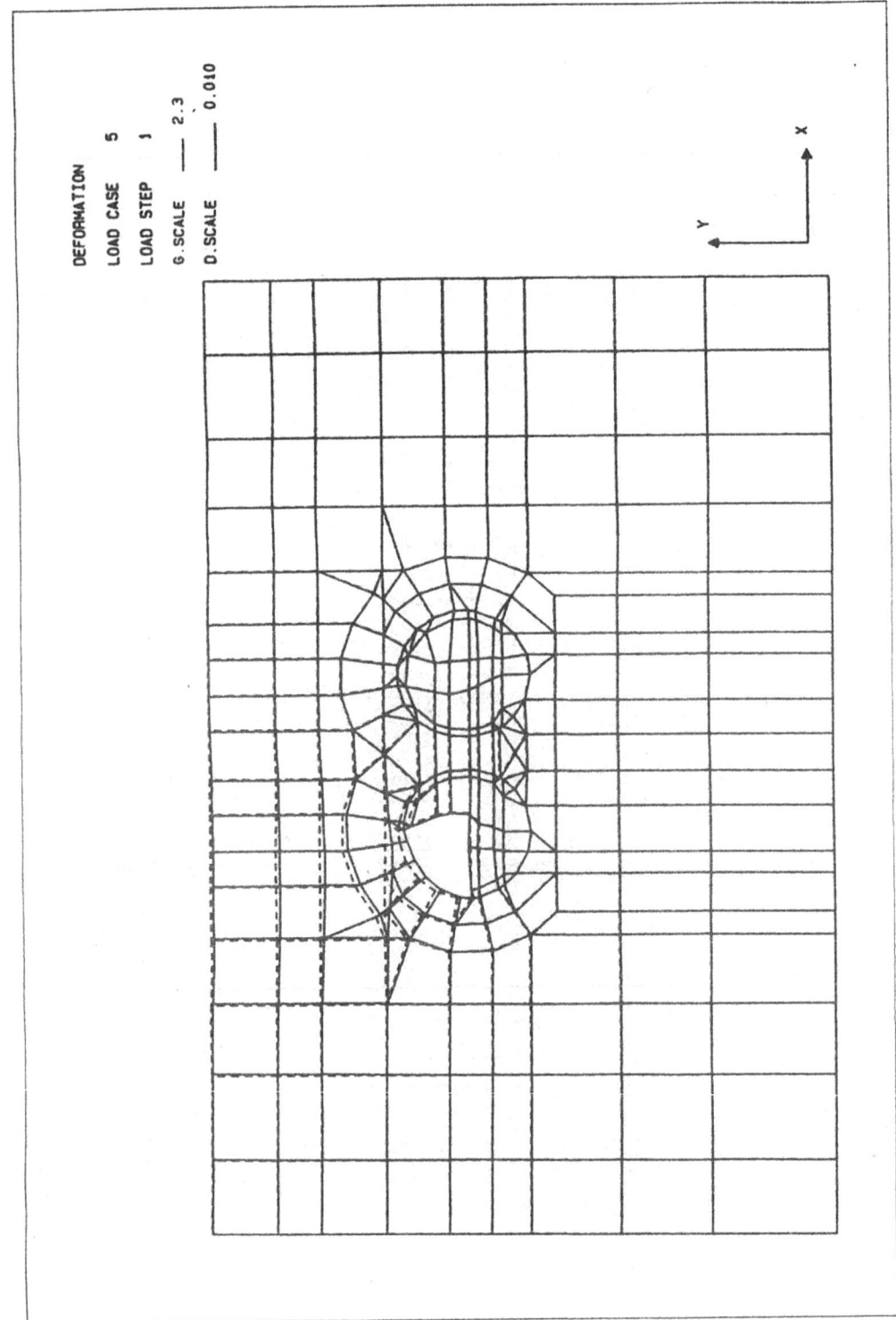

부록. 터널 F.E.M해석 보고서 491

492 NATM터널공법

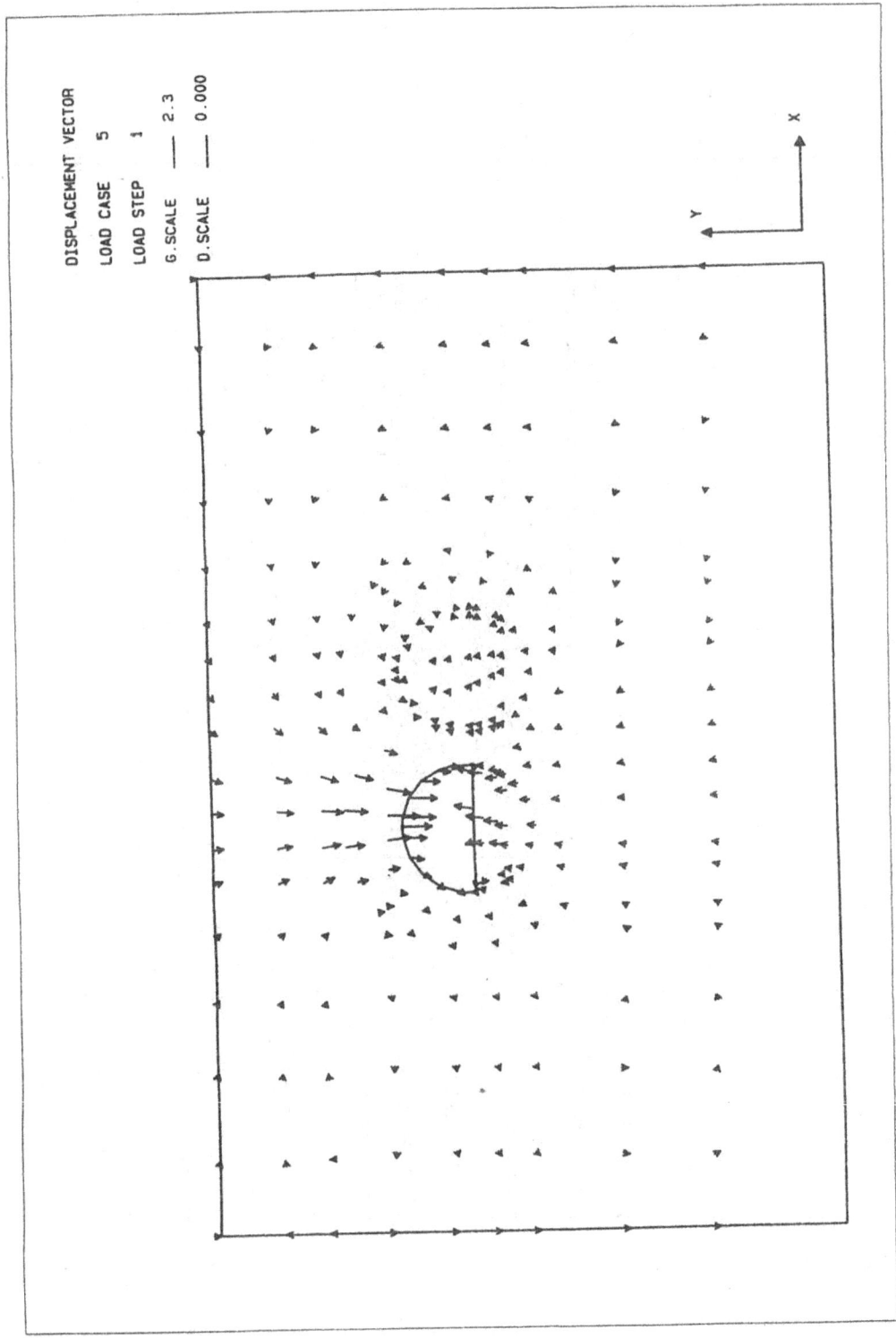

```
PRINCIPAL STRESS
LOAD CASE      5
LOAD STEP      1
G.SCALE   ——  2.3
S.SCALE   ——  65.1
```

494 NATM터널공법

부록. 터널 F.E.M해석 보고서　495

496 NATM터널공법

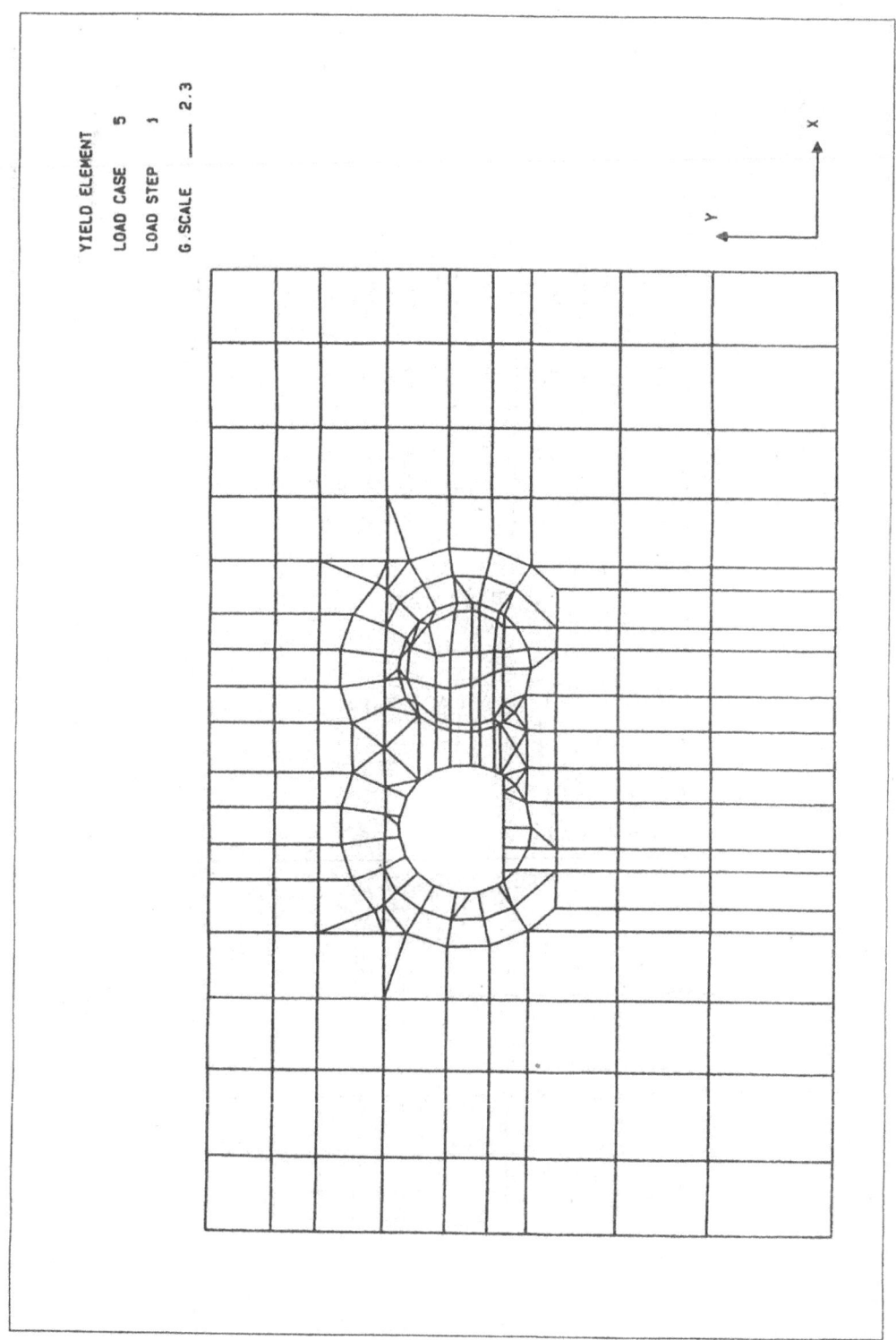

부록. 터널 F.E.M해석 보고서 497

498 NATM터널공법

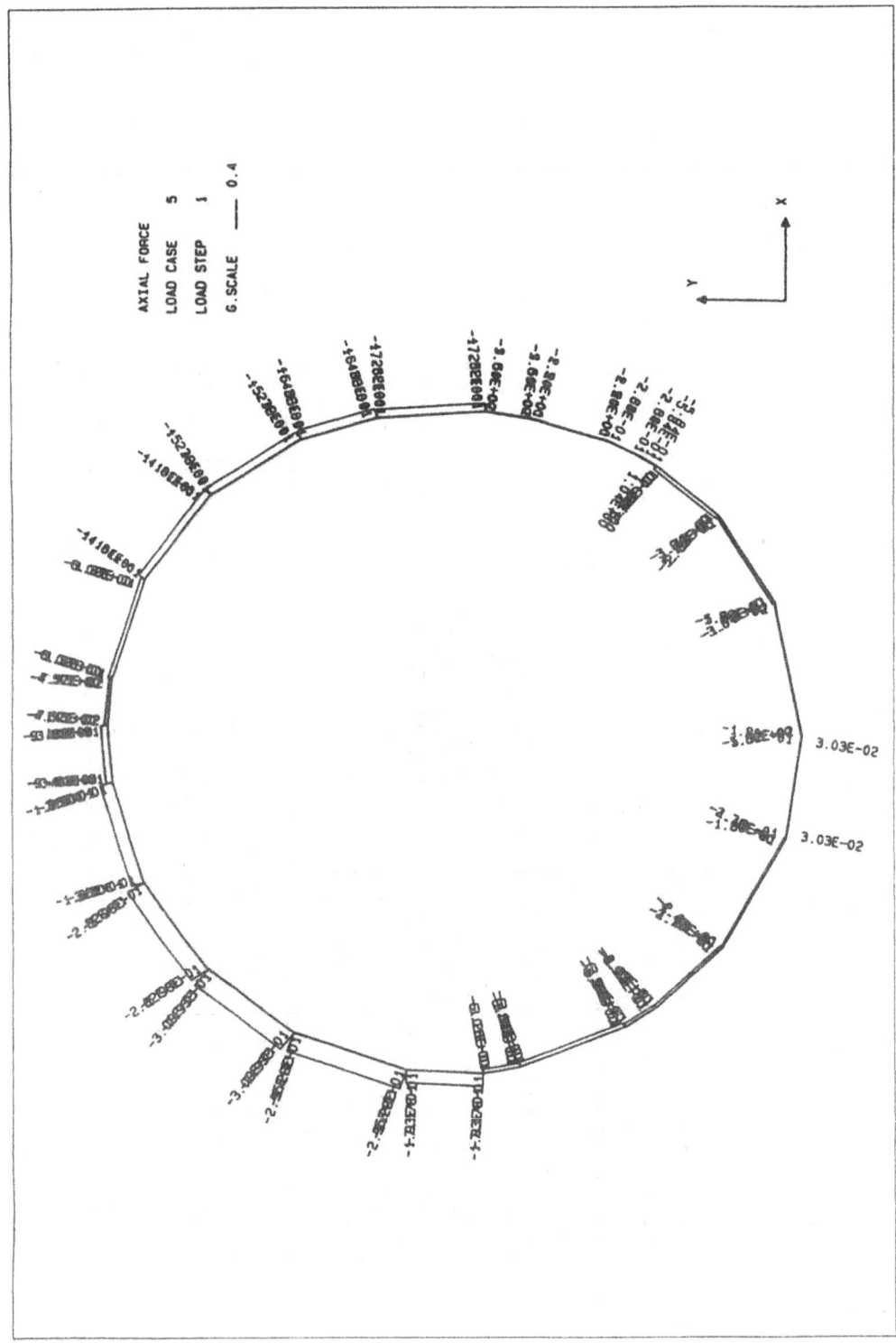

부록. 터널 F.E.M해석 보고서 499

500 NATM터널공법

부록. 터널 F.E.M해석 보고서 501

502 NATM터널공법

부록. 터널 F.E.M해석 보고서 503

504 NATM터널공법

부록. 터널 F.E.M해석 보고서 505

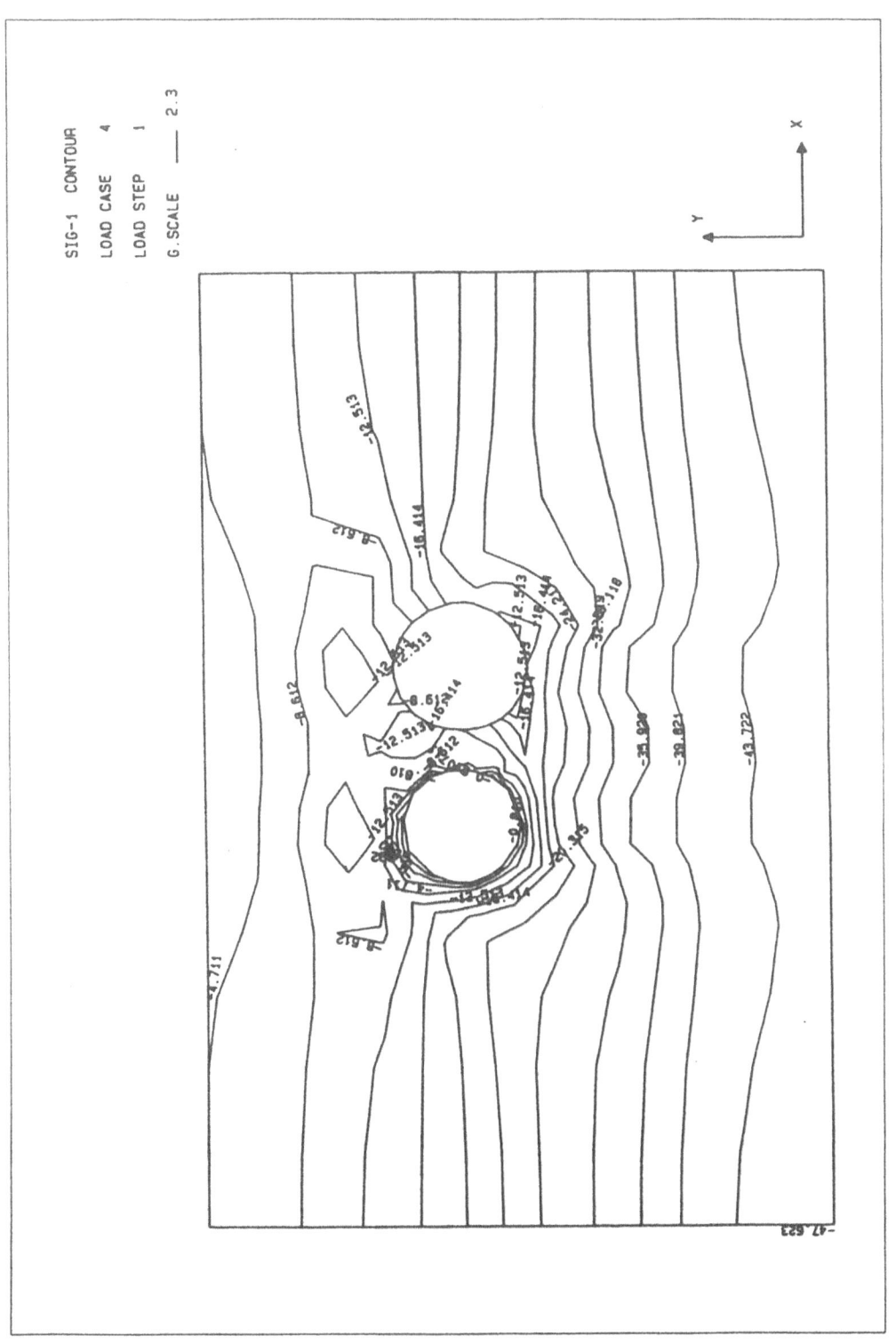

506 NATM터널공법

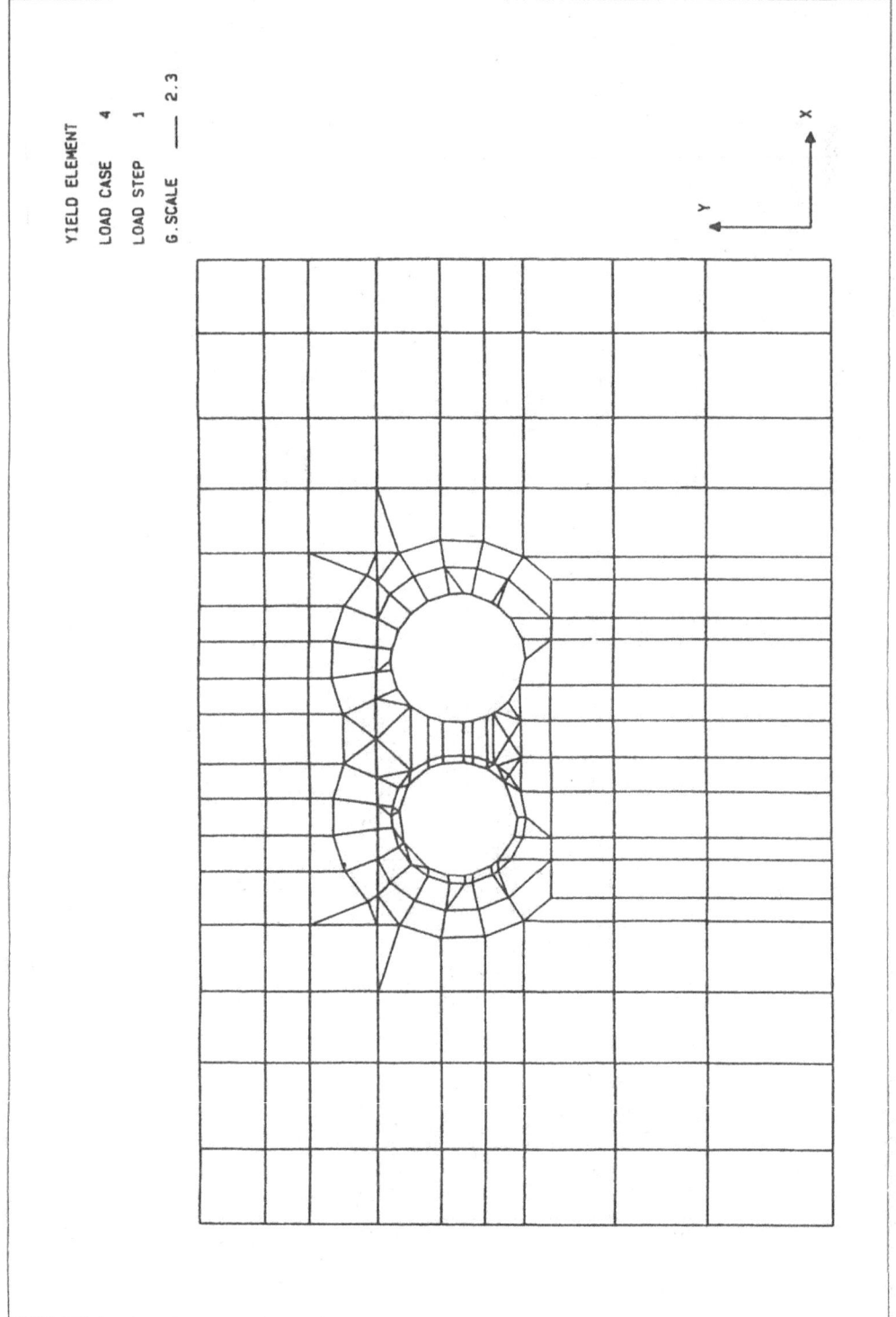

부록. 터널 F.E.M해석 보고서 507

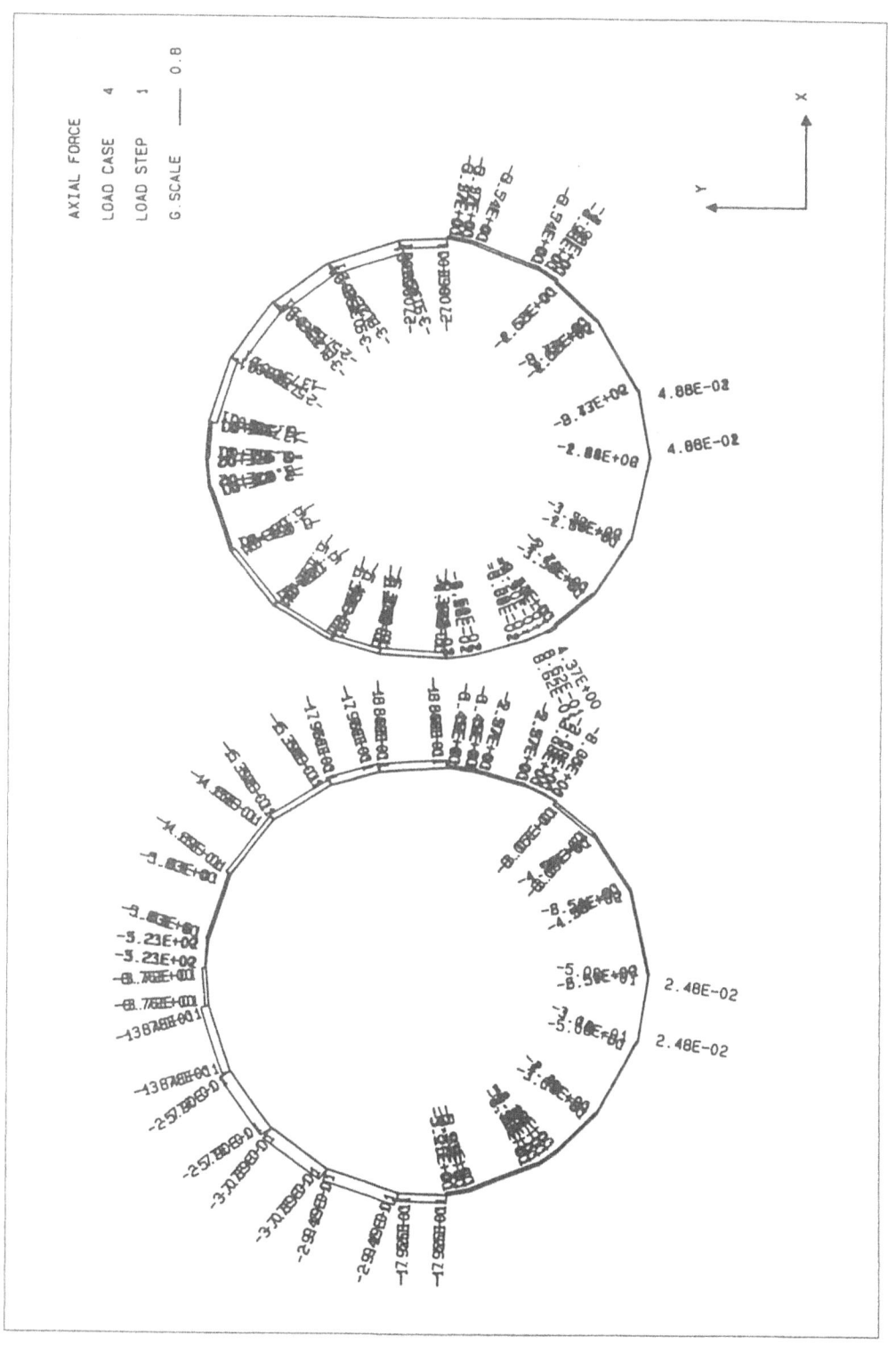

4.2 서강 정거장 (STA.14K890.000)

4.2.1 지반의 특성치 및 물성치

해석위치인 STA.14K890.000지점의 지반은 4.5m의 실트, 모래 등으로 구성된 매립층이 분포하며, 그 하단에 2.5m의 풍화토가 존재하고 그 하부로는 풍화암, 연암, 보통암 순으로 분포되어 있다.

F.E.M 해석시 지반특성 입력치는 표 4.5와 같다.

표 4.5 지반 특성 입력치

구 분	탄성계수 $E(t/m^2)$	포아슨비 v	단위중량 (t/m^3)	마찰력 (t/m^2)	마찰각 $(\varnothing)$
충 적 토	1000	0.35	2.0	1	30
풍 화 토	4000	0.33	2.0	10	30
풍 화 암	30000	0.30	2.2	30	35
연 암	60000	0.25	2.5	100	40
보 통 암	100000	0.25	2.6	150	45

4.2.2 해석단면

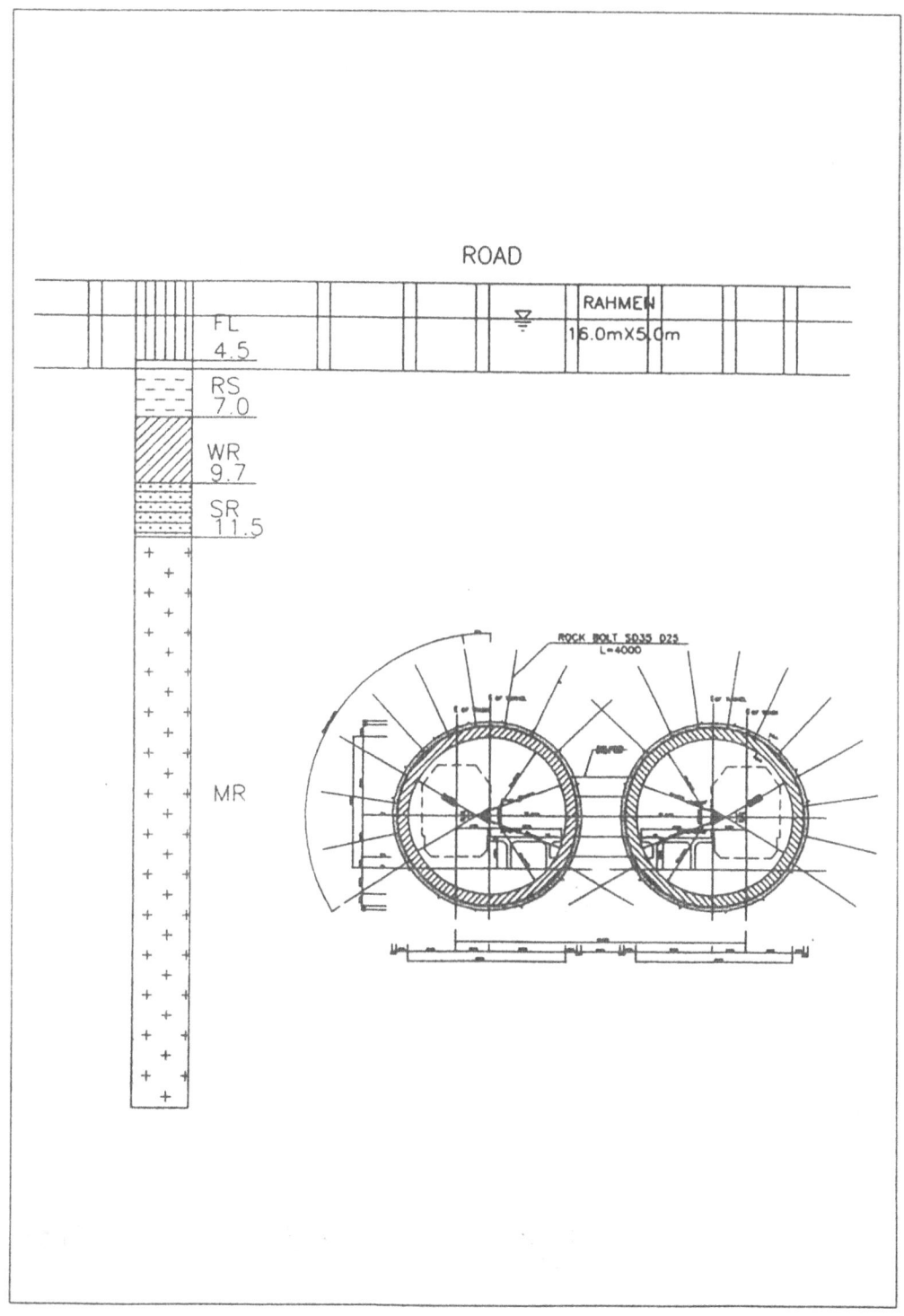

4.2.3 해석단계

해석단계	1	2	3
시공순서	초기상태	좌측상반CD부굴착	S/S타설
하중 분담율		40%	30%
형상			

해석단계	4	5	6
시공순서	H/S+R/B타설	좌측상반확대부 굴착	S/S 타설
하중 분담율	30%	40%	30%
형상			

해석단계	7	8	9
시공순서	H/S+R/B타설	좌측하반 1차 굴착	S/S 타설
하중 분담율	30%	40%	30%
형상			

해석단계	10	11	12
시공순서	H/S+R/B타설	좌측하반 2차 굴착	S/S 타설
하중 분담율	30%	40%	30%
형상			

해석단계	13	14	15
시공순서	H/S+R/B타설	좌측하반인버트굴착	S/S타설
하중 분담율	30%	40%	30%
형 상			

해석단계	16	17	18
시공순서	H/S 타설	라이닝콘크리트 타설	우측상반CD부 굴착
하중 분담율	30%		40%
형 상			

해석단계	19	20	21
시공순서	S/S 타설	H/S+R/B 타설	우측상반확대부 굴착
하중 분담율	30%	30%	40%
형 상			

해석단계	22	23	24
시공순서	S/S 타설	H/S+R/B 타설	우측하반1차 굴착
하중 분담율	30%	30%	40%
형 상			

해석단계	25	26	27
시공순서	S/S 타설	H/S+R/B 타설	우측하반 2차 굴착
하중 분담율	30%	30%	40%
형 상			

해석단계	28	29	30
시공순서	S/S 타설	H/S+R/B 타설	우측하반인버트굴착
하중 분담율	30%	30%	40%
형 상			

해석단계	31	32	33
시공순서	S/S 타설	H/S+R/B 타설	라이닝 콘크리트 타설
하중 분담율	30%	30%	
형 상			

해석단계			
시공순서			
하중 분담율			
형 상			

4.2.4 해석결과 및 분석

1) 변위

대표적인 터널의 변위 지점 및 변화도는 그림 4.5에 변위량은 표 4.6에 나타냈다. 터널 상부로 도로가 통과하고 하부로 16.0m×5.0m의 복개천이 있으며, 터널은 도로중앙 하부 보통 암층을 통과하고 있다.

해석결과 터널의 변위는 좌측 상부 굴착후 지표면 침하량이 1.8mm, 좌측 직상부의 침하량은 3.9mm, 좌측 측벽부 위는 0.3mm이며, 좌측 하부 굴착후 지표면 침하량이 1.6mm, 직상부 3.7mm가 발생하였다.

최종 굴착후 지표면 침하량은 2.2mm, 좌측 단면 직상부 침하량 3.5mm 우측단면 직상부 3.4mm로 비교적 균등한 값을 나타냈었다.

전체적인 터널의 변위는 좌측단면 직상부에서 크게 나타나고 있음을 알 수 있다.

그림 4.6은 터널 횡단방향에서의 지표면 침하곡선을 나타내고 있다.

514 NATM터널공법

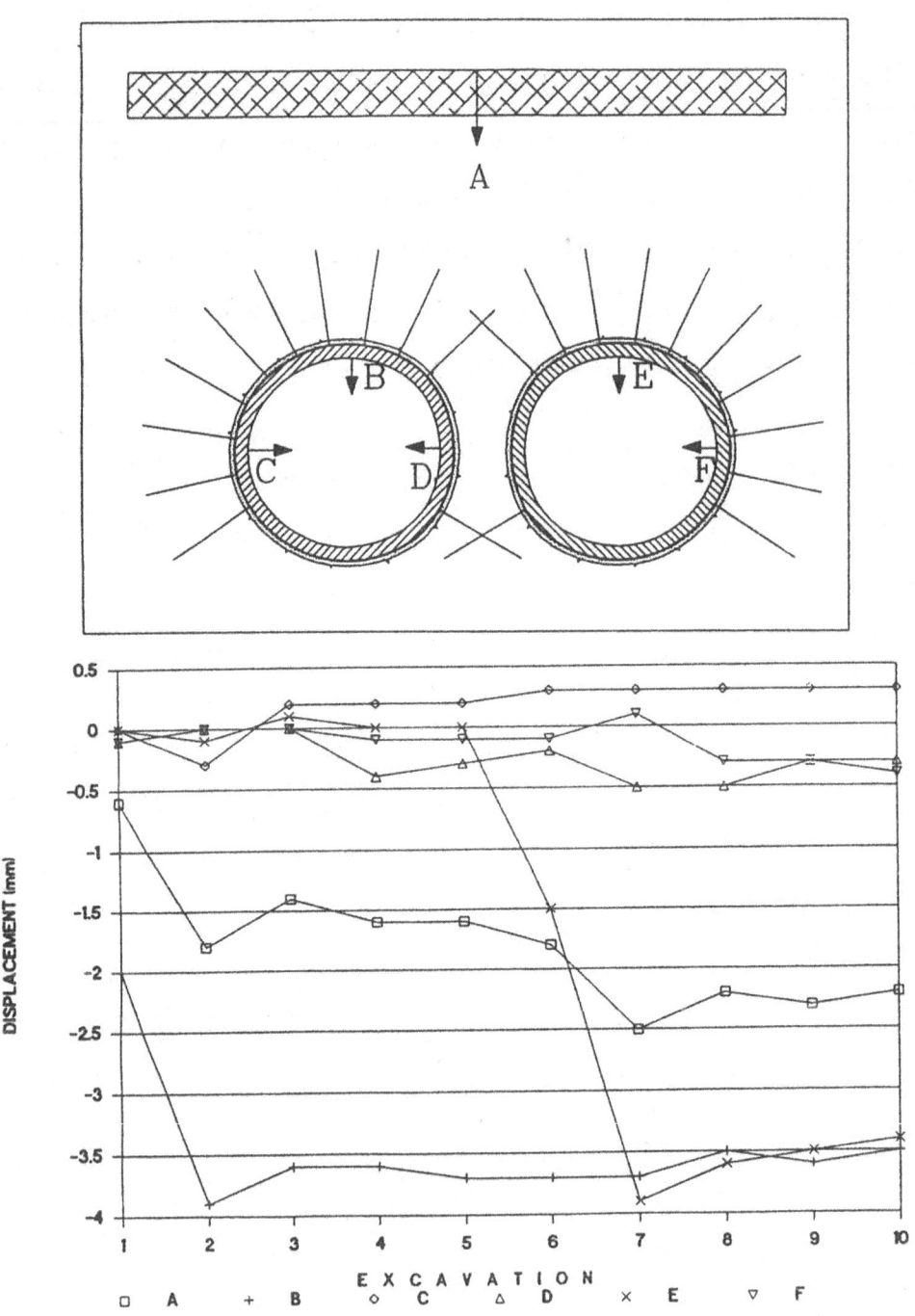

그림 4.5 변위지점 및 변위 변화도

표 4.6 굴착단계별 변위량

(단위 : mm)

지점	1굴착	2굴착	3굴착	4굴착	5굴착	6굴착	7굴착	8굴착	9굴착	10굴착
A	-0.6	-1.8	-1.4	-1.6	-1.6	-1.8	-2.5	-2.2	-2.3	-2.2
B	-2.0	-3.9	-3.6	-3.6	-3.7	-3.7	-3.7	-3.5	-3.6	-3.5
C	0.0	-0.3	0.2	0.2	0.2	0.3	0.3	0.3	0.3	0.3
D	-0.1	0.0	0.0	-0.4	-0.3	-0.2	-0.5	-0.5	-0.3	-0.3
E	0.0	-0.1	0.1	0.0	0.0	-1.5	-3.9	-3.6	-3.5	-3.4
F	-0.1	0.0	0.0	-0.1	-0.1	-0.1	0.1	-0.3	-0.3	-0.4

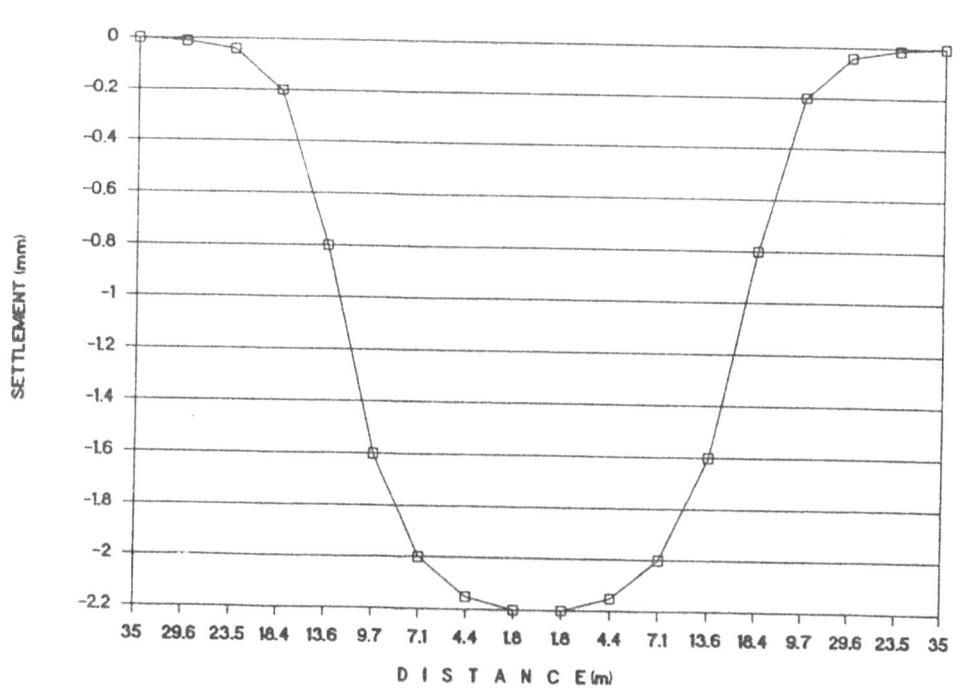

그림 4.6 지표면 침하곡선

2) SHOTCRETE 응력

SHOTCRETE 부재와 해석단계별 응력변화도는 그림 4.7에 나타내었고, 굴착단계별 응력은 표 4.7에 나타내었다.

해석결과 좌측상반 굴착후 좌우측 측벽부에서 최대 $24.3 kg/cm^2$의 응력이 발생하였다. 좌측 하반 굴착후 측벽부에서 최대 $26.6 kg/cm^2$의 응력이 발생하였으며 최종굴착후에는 부재의 응력이 최대 $26.8 kg/cm^2$이 발생하였다.

요소에서 위험한 부재는 3, 28번이나 압축응력은 SHOTCRETE로 사용된 콘크리트 허용응력 $84 kg/cm^2$ 보다 작으므로 지반조건에 대한 해석치는 안정한 것으로 나타났다. 그러나 원지반이 시간이 경과함에 따라 부석의 낙하, 이완이 진행되는 경우가 있고 상부 굴착후에는 응력이 크게 나타나는 현상을 방지하기 위하여 SHOTCRETE의 조기 타설이 요구된다.

부록. 터널 F.E.M해석 보고서 517

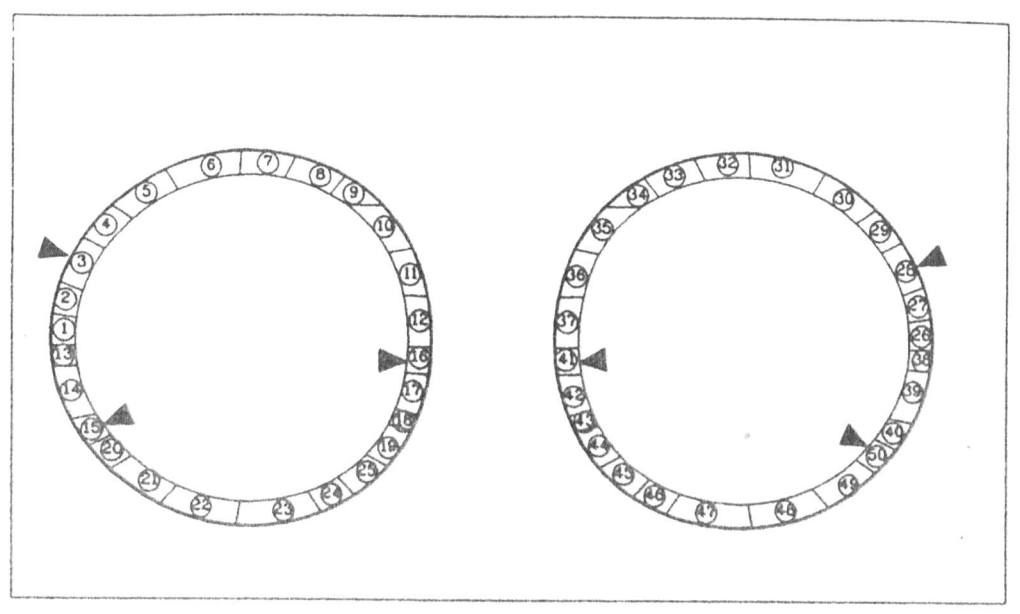

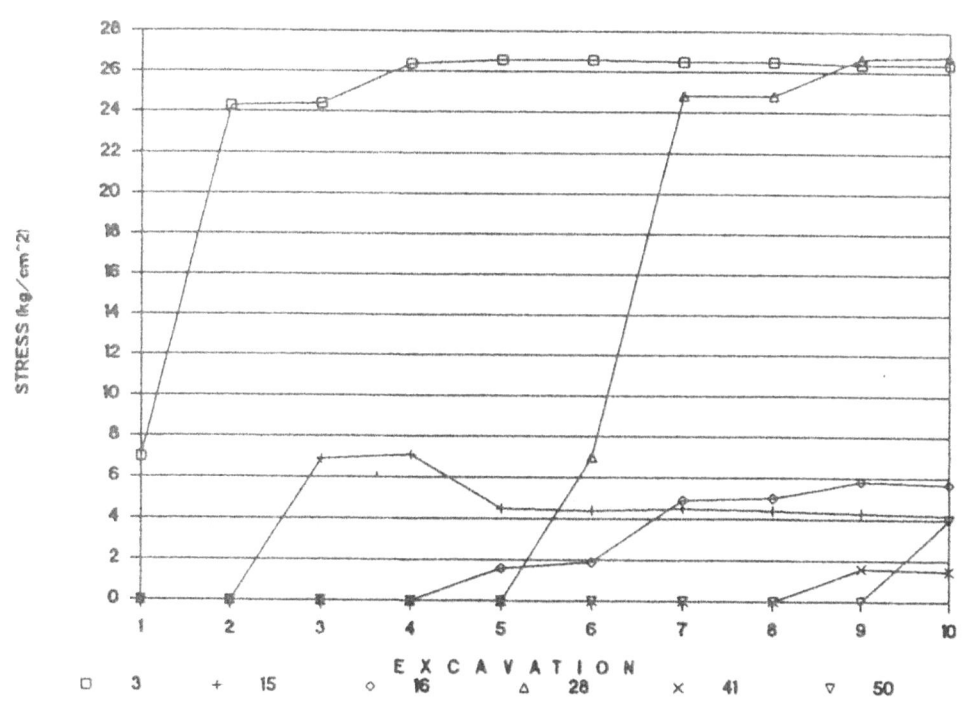

그림 4.7 SHOTCRETE 부재 및 응력 변화도

표 4.7 굴착단계별 SHOTCRETE 응력

(단위 : kg/cm²)

요소	1굴착	2굴착	3굴착	4굴착	5굴착	6굴착	7굴착	8굴착	9굴착	10굴착
1	-8.4	-19.6	-15.4	-16.5	-16.7	-16.6	-16.7	-16.7	-16.6	-16.6
2	-8.5	-24.1	-23.4	-25.0	-25.5	-25.4	-25.3	-25.3	-25.3	-25.3
3	-7.0	-24.3	-24.4	-26.4	-26.6	-26.6	-26.5	-26.5	-26.4	-26.4
4	-4.9	-21.7	-22.0	-24.3	-24.4	-24.3	-24.1	-24.1	-24.0	-23.9
5	-5.1	-13.6	-13.9	-16.2	-16.1	-16.0	-16.1	-16.2	-15.9	-15.9
6	-6.9	-5.8	-6.3	-8.2	-8.1	-8.1	-7.6	-7.6	-7.5	-7.5
7	-	-1.5	-2.0	-3.3	-3.7	-3.6	-2.2	-2.0	-2.6	-2.5
8	-	-3.5	-4.3	-4.5	-4.8	-4.8	-4.7	-4.8	-4.6	-4.6
9	-	-8.7	-9.4	-8.4	-9.0	-9.2	-9.6	-9.7	-9.4	-9.4
10	-	-10.6	-11.3	-10.0	-10.7	-10.7	-11.9	-12.0	-11.7	-11.7
11	-	-13.4	-14.3	-11.2	-12.2	-13.0	-17.4	-17.5	-16.6	-16.6
12	-	-14.5	-15.8	-9.7	-11.1	-11.8	-15.6	-15.6	-16.1	-16.1
13	-	-	-4.8	-6.0	-5.5	-5.4	-5.6	-5.6	-5.4	-5.4
14	-	-	-6.3	-7.1	-6.0	-5.9	-5.9	-5.8	-5.9	-5.9
15	-	-	-6.9	-7.1	-4.5	-4.4	-4.5	-4.4	-4.3	-4.2
16	-	-	-	0.0	-1.6	-1.9	-4.9	-5.0	-5.8	-5.7
17	-	-	-	0.0	-1.6	-1.8	-4.5	-4.4	-4.9	-5.0
18	-	-	-	0.0	-0.9	-1.0	-2.4	-2.1	-2.3	-2.6
19	-	-	-	0.0	0.7	0.5	0.1	0.0	-1.5	-2.1
20	-	-	-	-	-3.9	-3.8	-4.0	-3.8	-3.9	-3.8
21	-	-	-	-	-2.5	-2.5	-2.7	-2.5	-2.7	-2.7
22	-	-	-	-	-0.1	-0.2	-0.5	-0.3	-0.5	-0.4
23	-	-	-	-	-1.6	-1.6	-2.3	-2.1	-2.2	-2.1
24	-	-	-	-	-3.7	-3.6	-4.0	-3.7	-4.3	-4.3
25	-	-	-	-	-5.0	-5.3	-7.2	-7.1	-7.3	-7.2
26	-	-	-	-	-	-8.8	-20.8	-16.2	-17.4	-17.3
27	-	-	-	-	-	-8.7	-25.2	-24.3	-25.9	-26.1
28	-	-	-	-	-	-7.0	-24.8	-24.8	-26.7	-26.8
29	-	-	-	-	-	-4.6	-21.4	-21.5	-23.8	-23.9
30	-	-	-	-	-	-4.8	-12.4	-12.7	-14.9	-14.9
31	-	-	-	-	-	-7.1	-3.2	-3.7	-5.6	-5.6
32	-	-	-	-	-	-	-0.8	-1.4	-2.8	-2.8
33	-	-	-	-	-	-	-3.6	-4.3	-4.7	-4.8
34	-	-	-	-	-	-	-9.3	-10.0	-9.1	-9.3
35	-	-	-	-	-	-	-10.8	-11.4	-9.4	-9.5
36	-	-	-	-	-	-	-14.0	-15.1	-11.0	-11.3
37	-	-	-	-	-	-	-16.1	-17.6	-11.5	-11.9
38	-	-	-	-	-	-	-	-4.9	-6.3	-5.6
39	-	-	-	-	-	-	-	-6.5	-7.5	-5.8
40	-	-	-	-	-	-	-	-7.1	-7.6	-4.4
41	-	-	-	-	-	-	-	-	-1.6	-1.5
42	-	-	-	-	-	-	-	-	-	0.2
43	-	-	-	-	-	-	-	-	-	0.7
44	-	-	-	-	-	-	-	-	-	3.7
45	-	-	-	-	-	-	-	-	-	-4.9
46	-	-	-	-	-	-	-	-	-	-3.1
47	-	-	-	-	-	-	-	-	-	-1.2
48	-	-	-	-	-	-	-	-	-	0.3
49	-	-	-	-	-	-	-	-	-	-2.2
50	-	-	-	-	-	-	-	-	-	-4.0

3) ROCK BOLT 축력

ROCK BOLT부재 및 해석단계별 축력 변화도는 그림 4.8에 축력은 표 4.8에 나타내었다. 해석결과 축력은 최대 1.26TON의 값을 나타내고 있으며 이 값은 ROCK BOLT의 허용치인 10TON이내이므로 지반조건에 대한 해석치는 안정한 것으로 나타났다.

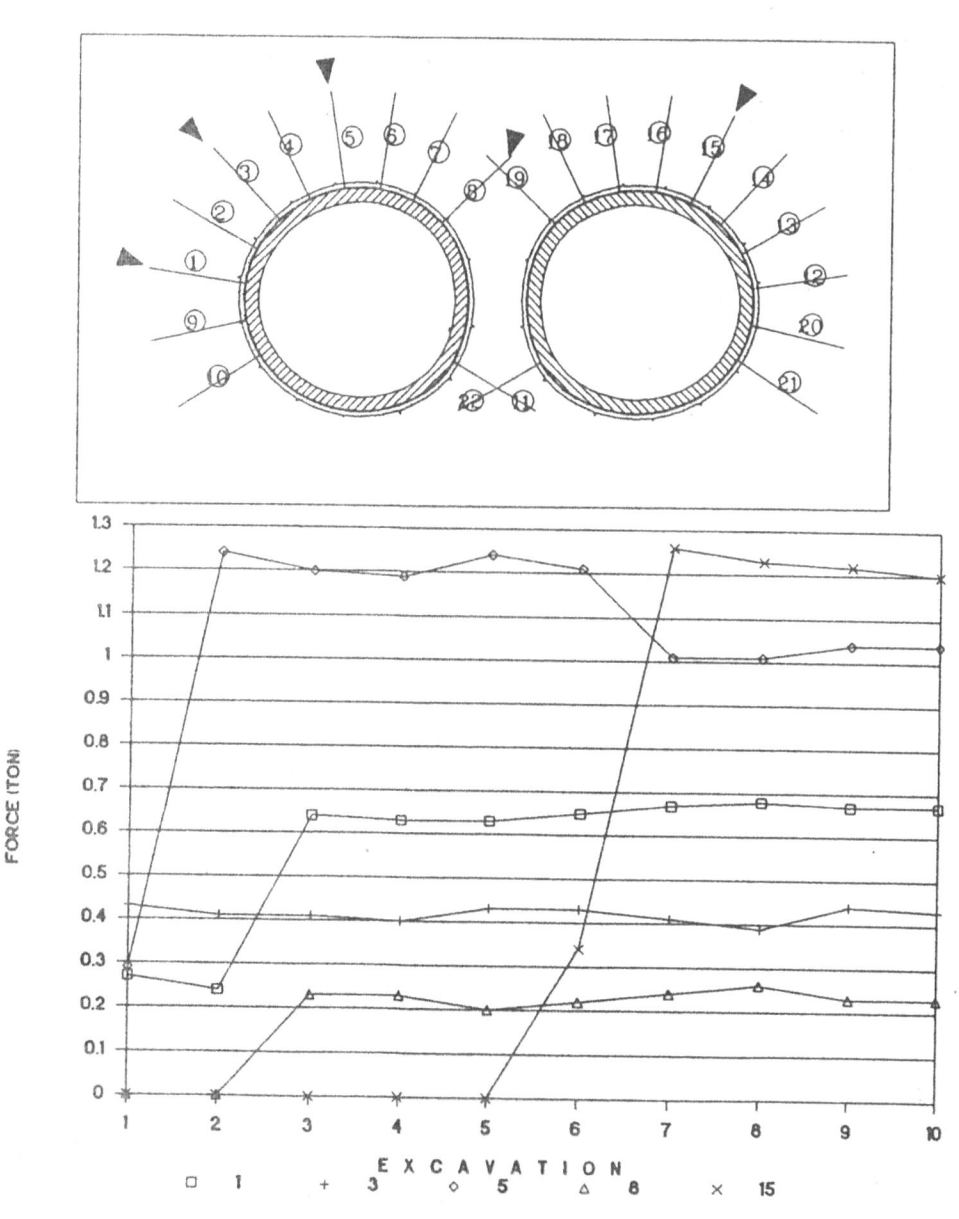

그림 4.8 ROCK BOLT 요소 및 축력 변화도

표 4.8 굴착단계별 ROCK BOLT 축력

(단위 : kg/cm²)

요소	1굴착	2굴착	3굴착	4굴착	5굴착	6굴착	7굴착	8굴착	9굴착	10굴착
1	0.27	0.24	0.64	0.63	0.63	0.65	0.67	0.68	0.67	0.67
2	0.36	0.27	0.31	0.29	0.30	0.31	0.32	0.31	0.34	0.34
3	0.43	0.41	0.41	0.40	0.43	0.43	0.41	0.39	0.44	0.43
4	0.32	0.60	0.60	0.60	0.63	0.63	0.57	0.55	0.61	0.61
5	0.29	1.24	1.20	1.19	1.24	1.21	1.01	1.01	1.04	1.04
6	-	0.43	0.43	0.45	0.48	0.48	0.32	0.31	0.35	0.35
7	-	0.38	0.38	0.38	0.40	0.39	0.19	0.19	0.19	0.20
8	-	-	0.23	0.23	0.20	0.22	0.24	0.26	0.23	0.23
9	-	-	0.10	0.13	0.38	0.40	0.40	0.43	0.40	0.41
10	-	-	-	0.00	0.08	0.06	-0.43	-0.37	-0.83	-0.85
11	-	-	-	-	-	0.27	0.26	0.68	0.67	0.70
12	-	-	-	-	-	0.38	0.31	0.35	0.33	0.33
13	-	-	-	-	-	0.23	0.49	0.47	0.45	0.45
14	-	-	-	-	-	0.34	0.63	0.62	0.63	0.62
15	-	-	-	-	-	0.34	1.26	1.23	1.22	1.20
16	-	-	-	-	-	-	0.54	0.51	0.52	0.50
17	-	-	-	-	-	-	0.41	0.36	0.47	0.45
18	-	-	-	-	-	-	-	0.24	0.23	0.28
19	-	-	-	-	-	-	-	0.09	0.13	0.47
20	-	-	-	-	-	-	-	-	0.00	0.21

4) 터널 주변의 안정성

해석결과 최대예상 지표면 침하량 2.5mm이며 부등침하로 인한 최대구배 0.1/1000로 일반 구조물의 허용구배 2/1000에 못 미치고, 주변지반의 변위, SHOTCRETE 부재응력, ROCK BOLT축력치 등은 허용응력이내이므로 안정하다.

시공상 시간지체가 예상될 경우 다음과 같은 대책이 필요하다.
- 터널 주변 지반 보강을 위한 실시
- BENCH장을 짧게하고 INVERT폐합
- 막장에 SHOTCRETE, ROCK BOLT설치
- 보조공법으로 FOREPOLING 실시

4.2.5 결론

본 해석단면은 지표에서 약 15m 깊이에 위치하며 보통암층을 통과하고 있다. 해석결과 최종 지표면 침하량은 2.2mm, 좌측 단면 직상부 침하량 3.5mm, 좌측벽 측벽부 내공변위는 0.3mm가 발생하였다.

SHOTCRETE부재응력은 좌측하부 굴착후 측벽부(3번)에서 최대 $26.6kg/cm^2$, ROCK BOLT 축력은 최대 1.26TON의 수치를 보이고 있다.

또한 터널주변 지반에 소성영역이 발생하지 않는 것으로 보아 터널은 안정한 것으로 판단된다.

본 서강 정거장 터널의 F.E.M해석은 지반의 특성치를 가정하여 해석한 결과이므로 해석치를 근거로 시공시 현장 계측을 철저히 시행하여 과대한 침하나 응력이 발생하지 않도록 하며, 과대한 침하가 발생하거나 안정시공을 위하여 터널굴착시 시간지체가 예상될 경우 시공순서를 변경하거나 추가로 지보를 설치하는 것을 검토하여야 한다.

본 구간의 설계적용치(최대값)은 다음과 같다.

구 분	단 위	최대값	허용치	비 고
지 표 면 침 하	mm	2.50		
천 단 침 하	mm	3.50		
내 공 침 하	mm	0.30		
ROCK BOLT 축력	TON	1.26	10	O.K
SHOTCRETE 응력	kg/cm^2	26.60	84	O.K
부 등 침 하		0.1/1000	.2/1000	O.K

參考文獻

日本土質工學會,『NATM工法の調査・設計から施工まで』, 1986

서울特別市地下鐵公社,『뿜어붙이기 Concrete』, 1982. 11

서울特別市地下鐵公社,『NATM敎育資料』, 1982. 5

대한건설협회,『建設技術세미나 敎材』, 1984. 2

朴吉洙, 한국철도기술협력회,『NATM工法』, 1981. 1

서울特別市地下鐵公社, (주)대우엔지니어링터널신공법,『(NATM)設計監理報告書 1, 2輯』

서울特別市地下鐵公社, 有元建設(株) 技術施工結果報告書,『(NATM) 제1호』, 1983. 7

서울特別市地下鐵公社,『地下鐵建設 (제14호)』, 1985. 5

서울特別市地下鐵公社, (주) 대우엔지니어링,『NATM 특별 시방서』 1982.11

서울特別市地下鐵公社,『NATM計測管理』, 1982. 9

삼하건공주식회사,『CABOFOL 방수기공 특별 시방서』

세경통상주식회사,『Shotcreting』, 1983.

權仁煥,『NATM터널공법』원기술, 1991. 6

건설교통부,『터널공사 표준 시방서』, 1996.

임영국 역,『터널역학』, 원기술, 1993.8

한국도로공사,『도로설계요령 제4권 터널』, 1992,

櫻井春輔, 足立紀尙, 金相洙 譯,『都市터널의 NATM 공법』, 창우출판사, 1992.

Megaw, T.M. and J.V. Bartlett, *Tunnels, Vol. 1,2*, 1881 Ellishorwood

Franklin, John and Maurice B.Dusseault, *Rock Enineering*, McGraw-Hill, 1989

Hausmann, Anfred R., *Engineering Principles of Ground Modification*,

McGraw-Hill, 1990

權仁煥 『A Study on an Effective Method of Reducing Shotcreting Rebound』, 중앙대학교 건설대학원, 1994. 12

土木學會岩盤力學會(日本), 『터널조사계측의 평가와 이용』, 원기술, 1994.

徐東烈, 『發破實務』, 원기술, 1994. 5

개착터널공사
설계시공지침 및 동해설

編輯部\編譯

圓 技 術

『터널工事開鑿式 설계·시공 指針 및 同解說』의 適用과 발간에 즈음하여

開鑿式터널工法은, 터널形狀의 여하, 規模의 大小, 土質의 硬軟等에 불구하고 各種施工條件에 適用可能한 彈力的인 工法이며, 施工條件에 따라 各種 多樣한 施工法이 채택된다.

그러나, 各種 開鑿式터널工法 사이에는 자연히 共通된 面이 많으므로, 在來의 工事事例를 기본으로하여 이들의 共通点을 整理하고, 安全하고 經濟的인 터널 施工法의 標準을 表示하기로 했다. 具體的으로는, 굴착幅 3m 以上, 굴착깊이 30m 以內程度의 覆工式全斷面開鑿式터널 工法을 標準的인 對象으로 한 것이다. 기타의 開鑿式터널 대해서도, 施工條件을 잘 파악한 후에 本指針書를 準用할 수가 있다.

工事의 指針은, 그 工事에 適合하지 않으면 안되나, 본 指針이 모든 경우를 網羅할 수는 없으나, 그 適用에 있어서는 이 指針의 解說을 잘 理解하고, 必要가 있으면 實驗 기타의 硏究를 한 결과, 適切한 修正을 더하여 活用을 圖謀하지 않으면 안된다.

또, 時代는 恒常 變革하고, 技術革新이나 社會情勢의 變化는 必然的이며, 이 指針書를 발판으로 하여 더욱 綜合的인 硏究를 推進, 時代의 要求에 即應한 터널의 築造法을 確立하는 것이 바람직하다.

이 指針書의 各條項은 모든 工事의 企業者와 施工者의 立場을 區別하지 않고, 넓은 意味의 工事擔當者가 開鑿式터널工法에 의한 터널工事에 있어 지키지 않으면 안될 事項을 表示하고있다. 따라서, 이것을 都給工事에 適用할 때는, 必要에 따라 適宜條項을 加減하여 使用하여야 한다.

끝으로 前의 『터널공사설계시공지침 및 동해설』산악편에 이어 개착식편을 국내판으로 출간하게 된 것입니다.

본서의 원본은 日本 토목학회에서 『터널공사표준시방서中개착편』을 우리말로 개착터널공사설계시공지침 및 동해설이라 하여 편역한 것임을 알려 드리며 본지침서가 발행되기까지 협조해 주신 임영국, 권인환 두이사님께 깊은 감사를 드립니다.

目　　次

第1編 總　　論 ·· 11

  1.1 總　　則 ·· 11
    1.1.1 適用의 範圍 ··· 11
    1.1.2 關聯法規 ·· 12
  1.2 調　　査 ·· 13
    1.2.1 調査의 目的 ··· 13
    1.2.2 立地條件調査 ·· 13
    1.2.3 支障物調査 ·· 15
    1.2.4 地盤調査 ·· 16
    1.2.5 環境保全을 위한 調査 ··· 19
  1.3 計　　劃 ·· 21
    1.3.1 計劃의 基本 ··· 21
    1.3.2 터널의 設置位置 ·· 22
    1.3.3 터널의 線形및 句配 ··· 22
    1.3.4 工法의 選定 ··· 23
    1.3.5 工程 ·· 24

第2編 터널의 設計 ··· 25

  2.1 總　　則 ·· 25
    2.1.1 設計의 基本方針 ·· 25
    2.1.2 關聯規定및 基準 ·· 25
    2.1.3 設計計算書 ·· 26
    2.1.4 設計圖 ·· 26
  2.2 設計의 基本 ·· 29
    2.2.1 設計의 基本 ··· 29

  2.2.2 地形및 土質 · 29
  2.2.3 環境保全 · 31
  2.2.4 施工方法 · 31
  2.2.5 補修管理 · 31
  2.2.6 內空斷面 · 32
  2.2.7 構造形式 · 34
2.3 荷　　重 · 37
  2.3.1 荷重과 地盤反力 · 37
  2.3.2 荷重의 種類 · 37
  2.3.3 地表面上의 荷重 · 38
  2.3.4 土被荷重 · 39
  2.3.5 土　　壓 · 40
  2.3.6 水　　壓 · 43
  2.3.7 浮　　力 · 44
  2.3.8 自　　重 · 45
  2.3.9 터널內部의 荷重 · 45
  2.3.10 溫度變化에 따른 乾燥收縮 · 46
  2.3.11 地震의 影響 · 46
  2.3.12 施工時의 荷重 · 47
  2.3.13 기타 荷重 · 47
2.4 構造計算 · 49
  2.4.1 構造計算의 基本 · 49
  2.4.2 荷重의 選定 · 50
  2.4.3 地盤反力 · 51
  2.4.4 軀體의 安定 · 55
  2.4.5 軀體의 安定 · 55
  2.4.6 터널의 耐震設計 · 57
2.5 材　　料 · 61
  2.5.1 材　　料 · 61
2.6 許容應力度 · 63
  2.6.1 許容應力度의 決定 · 63

    2.6.2 콘크리트의 許容應力 · 63
    2.6.3 鐵筋의 許容應力 · 66
    2.6.4 鋼管柱의 許容應力 · 67
    2.6.5 許容應力度의 割增 · 68
2.7 垂　直　坑 · 69
    2.7.1 適用의 範圍 · 69
    2.7.2 設計의 基本 · 69
    2.7.3 荷　　重 · 70
    2.7.4 構造計算 · 72
    2.7.5 構造細目 · 77
2.8 構造細目 · 79
    2.8.1 構造細目 · 79
    2.8.2 防　　水 · 80
2.9 付屬設備 · 83
    2.9.1 換氣設備 · 83
    2.9.2 排水設備 · 83
    2.9.3 浸水防止設備 · 84
    2.9.4 照明設備 · 84
    2.9.5 保安設備 · 84

第3編 假設構造物의 設計 · 87

3.1 總　　則 · 87
    3.1.1 適用의 範圍 · 87
3.2 荷　　重 · 89
    3.2.1 荷重의 種類 · 89
    3.2.2 死荷重 · 89
    3.2.3 活荷重 · 90
    3.2.4 衝　　擊 · 91
    3.2.5 土壓및 水壓 · 92

    3.2.6 기타 荷重 ··· 99
3.3 材　　料 ·· 101
    3.3.1 材　　料 ··· 101
3.4 許容應力度 ··· 102
    3.4.1 許容應力度의 決定 ·· 102
    3.4.2 鋼材의 許容應力 ·· 102
    3.4.3 PC鋼材의 許容引張應力 ·· 103
    3.4.4 溶接部및 볼트의 許容應力 ··· 104
    3.4.5 通常工法에 의한 콘크리트의 許容應力 ····························· 106
    3.4.6 泥水置換工法에 의한 콘크리트의 許容應力 ······················ 107
    3.4.7 鐵筋의 許容應力 ·· 108
    3.4.8 木材의 許容應力 ·· 109
3.5 路面覆工 ··· 111
    3.5.1 覆工板의 設計 ··· 111
    3.5.2 주보의 設計 ·· 113
    3.5.3 주보챤넬 部材의 設計 ·· 116
3.6 흙막이벽(壁) ·· 117
    3.6.1 흙막이벽 ··· 117
    3.6.2 흙막이벽의 設計 ·· 118
    3.6.3 根入部의 土壓및 水壓에 대한 安定의 檢討 ······················ 119
    3.6.4 鉛直支持力의 檢討 ·· 122
    3.6.5 흙막이壁의 斷面計算 ··· 122
    3.6.6 굴착底面의 安定의 計算 ··· 127
    3.6.7 띠장의 設計 ·· 136
    3.6.8 버팀대의 設計 ··· 140
    3.6.9 수평보강재의 設計 ·· 142
    3.6.10 흙막이앵커의 設計 ··· 144
    3.6.11 흙막이壁의 變形 및 背面地盤의 變位檢討 ······················ 149
3.7 흙막이壁및 中間말뚝의 支持力 ·· 151
    3.7.1 흙막이壁 및 中間말뚝에 作用하는 鉛直荷重 ···················· 151
    3.7.2 許容支持力 ··· 153

第4編 施   工 ·· 159

  4.1 總   則 ··· 159
    4.1.1 施工計劃 ··· 159
    4.1.2 施工法의 變更 ·· 159
  4.2 測   量 ··· 160
    4.2.1 一   般 ··· 160
    4.2.2 地上測量 ··· 161
    4.2.3 坑內測量 ··· 162
  4.3 鋼말뚝·鋼널말뚝및 鋼管널말뚝 ································ 165
    4.3.1 施工計劃 ··· 165
    4.3.2 줄파기와 假覆工(라이닝) ······························ 166
    4.3.3 使用機械 ··· 167
    4.3.4 말뚝박기, 穿孔세움 ··································· 169
    4.3.5 鋼널 말뚝박기, 壓込 ·································· 170
    4.3.6 鋼管널 말뚝박기, 穿孔壓込 ···························· 171
  4.4 柱列式地下連續壁 ··· 173
    4.4.1 施工計劃 ··· 173
    4.4.2 使用機械 ··· 174
    4.4.3 施   工 ··· 175
  4.5 地下連續壁 ··· 177
    4.5.1 施工計劃 ··· 177
    4.5.2 掘鑿機械 ··· 178
    4.5.3 掘   鑿 ··· 179
    4.5.4 鐵筋콘크리트 ··· 181
    4.5.5 泥水의 固化 ·· 183
    4.5.6 廢棄泥水의 處理 ······································ 184
  4.6 路面覆工(라이닝) ··· 185
    4.6.1 施工計劃 ··· 185
    4.6.2 주보찬넬부재의 設置 ································· 185
    4.6.3 路面鋪裝의 置換 및 빈틈제거 굴착 ····················· 187

4.6.4 주보의 架設 ································· 188
  4.6.5 覆工板의 架設 ································ 190
  4.6.6 旣存路面과의 接續 ···························· 191
  4.6.7 路面覆工의 維持管理 ·························· 191
 4.7 掘鑿 ··· 193
  4.7.1 施工計劃 ····································· 193
  4.7.2 掘鑿機械및 諸設備 ···························· 193
  4.7.3 掘 鑿 ·· 194
  4.7.4 흙막이板工 ···································· 197
  4.7.5 흙막이不連續部의 施工 ························ 198
  4.7.6 掘鑿에 따른 中間말뚝의 補强 ·················· 198
  4.7.7 坑內排水 ····································· 199
  4.7.8 掘鑿土의 處理 ································ 199
  4.7.9 安全管理 ····································· 200
 4.8 흙막이支保工 ····································· 201
  4.8.1 一 般 ·· 201
  4.8.2 흙막이支保工의 設置, 撤去 ···················· 201
  4.8.3 띠 장 ·· 202
  4.8.4 버팀대 ·· 203
  4.8.5 흙막이 앵커 ··································· 203
  4.8.6 흙막이支保工의 点檢 ·························· 204
 4.9 防 水 ·· 205
  4.9.1 一 般 ·· 205
  4.9.2 合成高分子材料系防水 ·························· 205
  4.9.3 몰탈防水 ······································ 206
  4.9.4 아스팔트 防水 ································· 207
  4.9.5 防水下地 ······································ 208
  4.9.6 防水層의 保護 ································· 208
  4.9.7 연결부 ·· 209
 4.10 軀 體 ·· 211
  4.10.1 施工計劃 ····································· 211

4.10.2 基礎깔기 ··· 211
4.10.3 鐵筋의 組立 ·· 212
4.10.4 鐵筋의 이음 ·· 212
4.10.5 거푸집 및 동바리공(支保工) ······························· 213
4.10.6 콘크리트치기 및 養生 ······································ 214
4.10.7 연결부 施工 ··· 215
4.10.8 逆卷콘크리트 ··· 216

4.11 되메우기 ··· 219
4.11.1 施工計劃 ··· 219
4.11.2 施　　工 ·· 219

4.12 路面覆工撤去및 路面復舊 ······································ 221
4.12.1 一　　般 ·· 221
4.12.2 路面覆工撤去 ··· 221
4.12.3 路面復舊 ·· 222

4.13 흙막이 말뚝등의 撤去 ··· 223
4.13.1 施工計劃 ··· 223
4.13.2 흙막이 말뚝의 引拔(뽑기), 撤去 ························· 223
4.13.3 中間말뚝 撤去 ·· 224

4.14 地下埋設物의 保護措置 ·· 227
4.14.1 一　　般 ·· 227
4.11.2 本工事着工前의 保護措置 ································· 228
4.14.3 掘鑿中의 措置 ·· 229
4.14.4 保守와 点檢 ··· 233
4.14.5 되메우기時의 措置 ··· 234

4.15 補助工法 ··· 237
4.15.1 一　　般 ·· 237
4.15.2 補助工法의 選定 ·· 238
4.15.3 注入工法 ··· 239
4.15.4 地下水 低下工法 ·· 239
4.15.5 凍結工法 ··· 240
4.15.6 生石灰말뚝工法 ··· 241

    4.15.7 攪拌工法··· 242
  4.16 언더필링··· 245
    4.16.1 一   般··· 245
    4.16.2 가받침및 補强··· 246
    4.16.3 本 받침·· 247
    4.16.4 計   測··· 248
  4.17 部分掘鑿工法··· 251
    4.17.1 一   般··· 251
    4.17.2 트렌치工法··· 251
    4.17.3 아이랜드 工法··· 254
    4.17.4 逆卷工法·· 255
  4.18 垂直坑·· 257
    4.18.1 施工計劃·· 257
    4.18.2 施   工··· 258
  4.19 施工管理··· 261
    4.19.1 工程管理·· 261
    4.19.2 品質管理·· 262
    4.19.3 作業管理·· 264
    4.19.4 安全衛生管理··· 266
    4.19.5 環境保全對策··· 267
  4.20 觀測, 測定, 工事記錄··· 271
    4.20.1 觀測, 測定, 工事記錄·· 271

【資料編】
「第2編 터널의 設計」 터널의 耐震設計 ··· 275
『第3編 假設構造物의 설계』 겉보기 土壓에 關한 資料 ··························· 281

-10-

第1編 總 論

1.1 總 則

1.1.1 適用의 範圍

이 指針書는 一般 開鑿式工法에 의한 터널을 築造하는 경우의 調査, 計劃, 設計및 施工에 대하여 一般的인 標準을 表示한 것이다.

【解 說】開鑿式工法은 地表面에서 파 내려서 所定의 位置에 構造物을 築造하는 工法의 總稱이다.

開鑿式工法에는 여러 方法이 있으나 오늘날 우리나라에서 가장 많이 採擇되고 있는 一般的인 開鑿式工法은 覆工式全斷面開鑿式工法이다. 이것은 地表面에 路面覆工을 하여 흙막이工을 行하면서 全斷面掘鑿을 行하는 方式이다.

이 指針書는 掘鑿幅 3m以上, 掘鑿깊이는 30m 程度까지의 覆工式全斷面掘鑿工法에 의한 상자形터널 築造工法을 주로 對象으로 하여 그 調査, 計劃, 設計 및 施工에 대해 一般的인 標準을 表示한것이다. 그러나 다른 開鑿式工法 에 대해서도 이 指針書의 該當事項을 準用할 수가 있다.

더욱, 이 指針書以外에도 準한 示方書類가 있으며 그 主要한 것을 表示하면 다음과 같다.

① 콘크리트標準示方書 建設部
② 터널標準示方書   建設部
③ 프리캐스트 콘크리트 標準示方書 建設部
④ 道路橋示方書 建設部

> 1.1.2 關聯法規
>
> 工事의 實施에 앞서 關聯되는 法規의 內容을 충분히 把握하고 手續, 對策等에 万全을 期하여야 한다.

【解 說】 工事의 實施에 있어 關聯法規에 適合하도록 工事에 대한 規制의 程度, 諸般手續, 對策等에 대하여 事前에 충분히 調査, 檢討하여야 한다. 더욱, 關係諸官廳이나 管理者에 대한 諸般手續 및 認許可, 承認에는 相當한 時日을 要하는 경우도 있음으로 이 点을 충분히 考慮할 必要가 있다.

1.2 調査

> 1.2.1 調査의 目的
>
> 調査는 適切한 터널의 設計, 工事의 安全·經濟的인 施工, 周邊의 環境保全을 目的으로하여 實施하여야 한다.
>
> 調査에는 크게 나누어 다음과 같다.
>
> 1) 立地條調査
> 2) 支障物件調査
> 3) 地盤調査
> 4) 環境保全을 위한 調査

【解 說】調査의 目的은 適切한 터널을 設計하고 工事를 安全, 迅速 또한 經濟的으로 施工함과 同時에 주변의 環境保全을 위해 路線選定및 線形, 形狀및 構造, 施工法, 地表面의 使用方法, 安全對策, 環境保全對策, 工事工程, 工費等을 檢討 하는데 必要한 資料를 얻는데 있다.

必要로 하는 調査는 充分하게 할 것이며 調査를 위한 時間과 費用을 아끼는 것은 工事의 實施에 있어 생각지 않는 障害에 직면하게 되고 工法의 變更을 한다든지 諸關係에 앞서 迷惑을 가져온다든지 事故의 原因이 생기므로 이 点에 充分히 留意하여야 한다.

또, 이 調査資料는 工事를 實施하기 위한 必要뿐 아니라 完成後의 터널의 維持管理에도 使用하는 것임으로 調査는 이것을 充分考慮하여 行하여야 한다.

> 1.2.2 立地條件調査
>
> 立地條件調査는 다음 項目에 대하여 행하여야 한다.
>
> 1) 土地利用狀況및 物權狀況
> 2) 道路種別과 交通狀況
> 3) 地形狀況

> 4) 工事用地의 狀況
> 5) 河川, 湖沼等의 狀況

【解 說】 立地條件調査란 여기에 쓴 項目에 대해 터널 通過地附近의 狀況을 調査하는 것으로 주로 路線의 選定, 開鑿式工法採用의 可否의 決定, 施工法의 選定에 쓰이며 主로 工事施工前의 計劃段階에 있어 資料로서 利用된다.

　1) 土地利用狀況및 物權狀況에 대해 土地利用狀況調査는 市街地, 農地, 山林, 公園, 河川, 湖沼等의 別途로 市街地의 경우에는 用途地域別로 複雜性의 程度, 또한 土地利用의 將來計劃을 調査하는 것이며 物權狀況調査는 地權·水利權의 有無, 天然記念物, 遺跡, 重要文化財等에 指定되어 있나 없나를 調査하는 것으로 어떤것도 工事現場周邊의 一般的인 地表·地下의 **制約條件을** 把握하는 것이다.

　2) 道路種別과 交通狀況에 대하여 道路敷地內에서의 工事는 道路種別, 重要度, 交通量및 路面掘鑿 規制의 有無에 의한 作業帶路上設置의 可否, 殘土나 諸材料運搬의 難易, 工事工程等에 크게 影響을 받음으로 工事施行의 具體的인 計劃에 대해서는 이들의 調査하고 全般的인 狀況을 把握하여야 한다.

　3) 地形狀況에 대하여 地形狀況調査는 文獻이나 地圖等의 旣存資料및 踏査等에 의해 高低差等地表面의 地形狀況을 調査하는 것이다. 이 調査에 의해 土質構成이 單純한가 複雜한가 問題가 되는것은 不良土質·地下水가 豫想되는가 아닌가 等의 전체적인 地盤狀況에 대해서도 一端 알수가 있다. 이 調査에 의해 計劃段階에 있어 터널 設置位置의 槪略的인 選定을 하며 또 路線全體의 全般的인 狀況把握의 資料로 이용한다.

　4) 工事用地의 狀況에 대하여 開鑿式工法을 行하는 경우에는 重機械의 待避場所, 土砂搬出設置의 設置場所等의 位置는 施工條件을 左右하는 重要한 要素이므로 이들 用地의 確保에 대해서는 事前에 충분히 調査하고 必要한 手段을 講究할 必要가 있다. 特히 市街地中心附近에는 用地確保에 어려움이 많으므로 충분하게 留意하여야 한다. 또, 工事에 있어서는 工事用電力이 不足한다든가 大量의 排水가 생기는 경우도 있음으로 工事用地周邊의 給電施設이나 排水施設의 狀況을 事前에 確認하여야 한다.

　5) 河川, 湖沼等의 狀況에 대하여 河川 밑에 터널을 設置하는 경우 河川의

水文, 航路, 水利狀況等을 調査하여야 한다. 河川에 近接하여 開鑿式工法에 의한 터널을 築造할 경우에 河川으로부터 물의 流入防止를 위해 河川의 一時的인 占用을 必要로 할 때가 있으므로 이와같은 調査를 하여야 한다. 湖沼等의 경우도 이것에 準한다.

1.2.3 支障物件調査

支障物件調査는 다음 項目에 대하여 실시한다.
1) 地上및 地下建造物
2) 埋設物
3) 建造物터 · 假設工事터
4) 기타

【解 說】支障物件調査란 터널設置에 直接 지장이 있는가 또는 影響이 있다고 생각되는 範圍에 있는 諸物件을 調査하는 것으로 터널 路線選定 및 工事施工計劃上의 資料를 얻기위해 工事施工前의 計劃段階에 있어 먼저 槪略調査를 하고 그 後 工事의 實施의 段階에 있어서는 必要에 따라서 精密調査를 하여 施工上의 必要한 資料를 얻고져 하는 것이다.

1) 地上및 地下建造物에 대하여 地上및 地下建造物의 調査에 있어서는 建物, 橋梁, 路上施設物等의 地上建造物이나 地下駐車場, 地下街, 地下鐵等의 地下建造物에 대하여 構造形式, 基礎의 狀況, 施設의 利用狀況等을 調査하여야 한다.

2) 埋設物에 대하여 埋設物調査란 가스, 上下水道, 電力및 通信케이블 等의 地中管路나 共同構等에 대해서 그 規模, 位置, 깊이, 材質等을 調査하는 것으로 必要에 따라 노후도를 조사하여야 한다. 이들의 埋設物은 말뚝박기, 掘鑿等에 지장을 주는것이 많으므로 누락된 것이 없도록 調査하여야 한다.

3) 建造物터 · 架設工事터에 대하여 建物等의 撤去터나 假設工事터에는 現在 使用하고 있지 않는 基礎나 假設用의 말뚝이 殘置하고 있는 경우가 있고 또, 河川이나 湖沼等의 埋立地에는 護岸이나 橋脚等의 一部가 地中에 殘置되어 있는 경우도 있음으로 殘存遺物의 有無나 狀態를 調査하여야 한다.

4) 其他 沿線에 다른 都市施設이나 建物의 將來計劃이 있는 경우는 이들의 構造, 設置時期等에 대하여 調査를 하고 必要에 따라 **相互支障이 없도록** 調整하여야 한다.

이들의 調査는 그 管理者 또는 所有者가 所有하고있는 臺帳이나 圖書를 근간으로 하여 現地와 組合하여 確認하는 방법을 一般的으로 취하고 있으나 특히 2)의 경우는 現場의 狀況이 變하여 埋設物臺帳과 一致하지 않는 경우가 있으므로 構造物의 設計및 施工計劃의 段階에 있어 踏査나 試掘에 의한 臺帳과의 組合이 必要하다. 더욱이 工事에 있어서는 施工法에 따라서 터널工事에 대한 支障의 有無를 現地에서 試掘等에 의해 精密하게 確認할 必要가 있다. 埋設物調査의 槪要를 表示하면 解說 表 1.1과 같이 된다.

解說 表 1.1 埋設物調査의 槪要

調査의 段階	豫備調査	設計및 施工計劃段階에 있어서 調査	工事實施에 있어서의 調査
調査의 目的	① 埋設物의 槪略狀況 把握 ② 터널工事에 影響을 주는 埋設物의 豫測및 豫備調査 以後에 있어서 調査할 個所確認	① 影響을 주는 埋設物의 狀況을 確認하고 設計및 施工計劃의 資料를 얻다. ② 埋設物의 平面圖 作成	① 工事의 實施에 支障을 주느냐 아니냐의 確認
調査의 方法	① 平面測量圖에 의한 맨홀 位置의 調査 ② 埋設物 臺帳調査(各 管理者保管) ③ 踏査에 의한 確認	① 洞道, 맨홀 等의 內部調査 ② 試掘 ③ 磁器探査	① 必要한 個所에 대해서의 詳細한 試掘 ② 洞道, 맨홀 等의 位置 및 內部狀況의 確認
摘 要	臺帳調査에 대해서는 各 埋設物管理者에서 資料의 提供을 求한다.	各 埋設物管理者의 立會를 求한다.	各 埋設物管理者와 緊密하게 연락을 取하고 立會를 구하며 不明管, 老朽管等의 處理方法에 대해 협의한다.

1.2.4 地盤調査

地盤調査는 먼저 豫備調査 및 本調査를 하고 이들의 結果를 基礎로 더욱 必要가 있다고 認定되는 境遇는 細部調査를 하여야 한다.

調査는 다음의 項目에 대해서 실시한다.

> 1) 地層構成
> 2) 土質
> 3) 地下水
> 4) 酸化空氣·有害가스의 有無
>
> 이들의 調査는 文獻調査, 踏査, 보링, 試掘, 物理探査等의 適當한 方法에 의해 실시하는 것으로 하고 調査位置나 調査項目등에 대해서는 責任技術者의 判斷에 의한 것으로 한다.

【解 說】 地盤은 工事의 難易에 크게 影響을 주므로 施工法選定의 重要한 要素이므로 調査는 특히 留念하여 行하여야 한다. 調査는 豫備調査와 本調査, 더 必要한 事項에 대해서 細部調査로 나누어 行하는 것이 一般的이나 各 段階에 따라서 必要 또한 충분한 設計施工上의 基本資料를 準備하는것이 目的이므로 그 目的에 따라서 調査를 行할 必要가 있다.

地盤調査의 槪要는 解說 表 1.2와 같다. 이들의 調査는 工事의 規模나 內容에 따라서 省略이나 追加를 하는것이 一般的이다. 또, 本調査나 補助調査에 있어서는 前段階의 調査結果에 基礎하여 調査位置, 調査項目, 調査內容등을 判斷하여야 한다.

解說 表 1.2 地盤調査의 槪要

調査의 段階	豫備調査	本調査	補助調査
調査의 目的	① 槪略의 地層構成및 土質狀況의 把握 ② 問題 되는 土質의 豫測및 以後의 必要調査 作業의 確認	① 路線全體의 地層構成 및 土質狀況의 把握 ② 地下水分布의 把握 ③ 土質工學的 諸性質의 把握土質縱斷面圖, 土質橫斷面圖의 作成	① 土質調査의 補充 ② 設計施工上 問題 되는 土質에 대해서의 精密調査 ③ 解明不充分한 箇所의 追加調査 ④ 地震, 기타 特殊條件의 경우 設計資料
調査의 方法	① 旣存資料의 蒐集整理 ② 文獻調査 ③ 踏査에 의한 觀察	① 보링 調査 ② 標準貫入試驗 ③ 샘플링(sampling) ④ 水位調査 ⑤ 間隙水壓測定 ⑥ 室內土質試驗	① 보링調査 ② 標準貫入試驗 ③ 샘플링 ④ 間隙水壓測定 ⑤ 透水試驗 ⑥ 室內土質試驗 ⑦ 水質調査 ⑧ 酸化空氣,有害가스調査 ⑨ 揚水試驗 ⑩ PS檢層
調査의 內容	過去의 土木建築工事의 土質調査報告書等의 收集 地形圖, 土質圖等의 文獻調査 現地에 있어서의 地形土質, 周邊狀況의 觀察	地層構成, 立度分布, N값, 間隙比, 地下水位, 一縮壓縮强度, 函數比, 單位體積重量, 塑性및 液性限界, 壓密特性	N값, 粒度分布, 透水係數, 一軸壓縮强度, 函數比, 單位體積重量, 塑性 및 液性限界, 壓密特性, 被壓水頭, 彈性波速度 등

1) 地層構成에 대하여   地形은 地下 地盤 條件을 反映하고 있는것이 많음으로 計劃 段階에 있어서 調査의 第一步는 地形 觀察과 把握으로 行하는 것이 좋다. 丘陵地나 臺地에는 緣邊部에서의 冲積段丘를 除外하고는 冲積層이 存在하지 않고 軟弱한 地層은 적은것이 普通이다. 낮은 冲積平地에 있어서도 微細한 地形의 觀察및 地形的 環境條件을 考察하는것에 의해 地下의 地層構成을 어느 程度 推定하는것도 可能하다.

또, 臺地와 低地의 境界部에 平行 또는 斜行하여 路線이 計劃되는 경우에는 土質의 狀況에 의해 顯著하게 偏壓을 받을 危險이 있음으로 注意하여야한다.

더욱, 터널이 地震의 影響을 크게 받는다고 생각되는 地盤에 있어서는 調査를 보다 深層까지 넓힐 必要가 있다.

2) 土質에 대하여   터널의 設計에 있어서는 土質의 狀況에 따라서 터널에 동하는 土壓을 算定하고 그 構造形式, 部材두께 等을 決定하여야 한다(2.3 參照). 또, 施工에 있어서도 土質의 狀況에 따라서 흙막이 工法, 掘鑿工法等의 選定 하여야 하나 특히 問題가 되는 土質은 다음과 같다.

① 大礫層, 被壓水를 갖는 砂礫層等의 土質에 대해서는 흙막이 말뚝 貫入, 掘鑿等의 施工에 있어서 困難이 따르므로 흙막이의 選定·掘鑿의 方法에 대하여 처음부터 充分히 檢討하여야 한다. 또, 地下水位低下工法等의 補助工法을 必要로 하는 경우도 있다.

② 地下水位以下의 緩慢한 모래層의 掘鑿에 있어서는 보링이나 파이핑 現象等에 의한 掘鑿不能에 缺陷할 경우도 있음으로 N값, 透水係數의 測定, 粒度試驗 等을 하여 흙막이의 選定및 補助工法의 採用을 檢討해야 한다.

③ 극히 軟弱한 실드나 粘土層에 있어서 施工은 掘鑿의 進行에 따라 히빙 現象이 생길 危險이 있음으로 N값이 1~2程度以下의 軟弱한 경우에는 흐트러지지 않는 試料에 의해 一軸壓縮强度나 變形特性을 把握할 必要가 있다. 또, 地下水位低下工法의 採用등에 의해 壓密沈下가 생기는 危險있는 경우에는 壓密試驗이 必要하다. 이들의 試驗외는 含水比, 흙의 單位體積重量, 塑性및 液性限界等을 測定하여 두면 흙막이壁의 根入, 間隔, 掘鑿方法等의 檢討資料가 되어 有用하다.

3) 地下水에 대하여   地下水位는 通常보링調査로 測定되나 모래層, 砂礫層등의 中間에 粘土, 실드 層등의 不透水層이 介在하는 경우는 이들의 帶水層中의 間隙水壓은 반드시 通常의 地下水位에 對應하는 靜水壓分布를 하고있다고 할 수 없으나 各帶水層에 대해서 각각의 間隙水壓을 測定하여 두는것이 터널의 設計上 및

施工計劃上 必要하다.

　山地나 大地의 近處나 扇狀地砂礫層等에는 通常 地下水位以上의 被壓水頭를 갖는 경우가 있다. 이와같은 경우에는 設計上 쓰이는 水壓에 대해 충분히 配慮할 必要가 있다. 또, 施工에 있어서는 掘鑿이 극히 困難하다든지 掘鑿 進行에 따라 융기하거나 보링이 發生하는 수가 있으므로 地下水를 품어 올려서 水壓을 低下시킨다든가 藥液注入等에 의한 止水를 할 必要가 생기는 수가 있다. 이 경우에는 帶水層의 透水係數를 調査하여 止水方法, 품어 올림을 要하는 數量및 그 影響範圍를 알 必要가 있다. 透水係數는 粒度分布에서도 槪略値는 잡히나 一般的으로 現場에서 揚水試驗에 의해 測定하는것이 좋다. 한편 大都市等에서는 여기까지 深井戶等에 의한 人工的인 過剩揚水 때문에 通常의 地下水位에 달하지 않는 낮은 水頭를 갖는 경우도 있었으나 近年에는 地下水 품어올림의 規制에 의해 地下水가 上昇함으로 注意하여야 한다.

　이들의 地下水位나 被壓水頭는 季節的인 變動이나 人工的으로 變動하는 수가 많음으로 調査測定時의 水頭가 어떤 條件의 시기인가를 確認하여두는것이 設計上도 施工上도 必要하다.

　4) <u>酸化空氣·有害가스有無에 대해서</u>　地下水가 없거나 또는 적은 砂礫層이 不透水層下에 存在하는 경우나 有機質을 包含한 腐蝕土層이 不透水層에 덥혀있는 砂層이나 砂礫層의 밑에 存在하는 경우에는 이들의 砂層이나 砂礫層의 間隙中에는 酸化空氣나 有害가스가 넘치는 수가 있다. 따라서 이와같은 危險이 있는 경우는 間隙中의 空氣의 組成, 가스의 性質等을 조사하여야 한다. 酸化空氣나 有害가스의 存在가 확인된 경우에는 施工에 있어서 新鮮한 空氣에 의한 換氣, 坑內空氣의 酸素濃度測定等의 適切한 措置를 취하여야 한다.

　이상과 같이 地盤은 工事의 難易에 크게 關係됨으로 工事에 있어서는 얻어진 資料에서 正確한 土質縱斷面圖를 作成하고 터널의 位置와 地層의 構成, 土質, 地下水等과의 關係를 充分히 考慮하여 그 設計·施工을 할 必要가 있다.

1.2.5 環境保全을 위한 調査

　터널設置에 따른 周邊의 環境保全을 위한 必要에 따라 다음과 같은 事項에 대하여 調査하여야 한다.

　1) 騷音·振動

2) 地盤沈下
3) 地下水
4) 廢棄物處理
5) 기타

【解 說】 環境保全을 위한 調査란 터널設置에 따른 周邊環境에 影響을 준다고 豫測되는 事項에 대하여 工事前과 工事中에 더욱 必要에 따라서 工事完了後도 調査를 하는것으로 設計및 施工管理의 資料로서 쓰인다 (4.19 參照).

1) 騷音·振動에 대해서 騷音·振動에 關하여 市街地에서는 工事에 대하여 各種 規制가 實施되고 있고 學校, 病院等의 公共施設의 周邊에는 특히 嚴格히 制限되어 있다. 따라서 事前에 規制의 有無 및 內容을 熟知하여 둠과 아울러 이들의 公共施設의 狀況을 조사하여야 한다. 더욱 工事의 實施段階에는 騷音·振動의 計測을 하여 工事에 따라서 發生하는 騷音·振動과 周邊에의 影響을 把握하여야 한다.

2) 地盤沈下에 대해서 地盤의 現況을 事前에 確認함과 더불어 地盤調査資料等에 의한 工事에 따른 豫想되는 地盤沈下의 範圍와 그 程度 및 影響을 처음부터 調査하여 두어야 한다. 또, 工事의 實施段階에는 必要에 따라서 適切한 對策을 취하도록 地表面이나 周邊建造物의 變狀測定을 하고 工事의 影響에 의한 地盤沈下에 注意하여야 한다.

3) 地下水에 대해서 地下水位의 低下는 地盤變狀이나 周邊의 샘물의 枯渴을 가져오고 沿線住民의 生活에 큰 影響을 주는 수도 있다. 또, 藥液注入工法을 쓰는 경우에는 地下水의 水質에 影響을 주는 수가 있다. 따라서 事前에 影響이 豫想되는 範圍의 샘물의 位置, 깊이, 利用狀況, 水位 및 水質等을 調査를 하여 둠과 아울러 工事中에는 地下水의 狀況에 注意하여야 한다.

4) 廢棄物處理에 대해서 工事에 의해 發生하는 廢棄物의 處理에 있어서는 關聯法規를 事前에 熟知함과 아울러 最終處分地의 位置, 運搬方法, 處分方法 等을 調査하여 두어야 한다.

5) 其他 作業帶의 設置및 工事車輛의 通行等에 의한 周邊의 一般交通에 의해 影響을 把握하기 위해 交通量調査를 實施하여야 한다.

특히 2)와 3)에 대해서는 必要에 따라 터널 完成後도 調査를 繼續하고 周邊環境에의 影響을 把握하여야 한다.

1.3 計 劃

1.3.1 計劃의 基本

開鑿式터널의 計劃은 周邊의 環境을 損傷치 않고 目的에 適合한 터널을 安全 그리고 經濟的으로 築造하는 것이어야 한다.

【解 說】開鑿式工法은 從來 都市터널의 標準工法으로서 一般的으로 使用되어 왔으나 最近에는 실드 工法이 普及되어 이들과의 對比中 그 場所를 살리는 方向을 採用하고 있다.

즉, 平坦한 地形에 比較的 낮은 터널을 設置할 경우에는 安全 面에서도 經濟的인 面에서도 最適合한 工法이다. 또, 開鑿式工法을 쓰면 比較的 複雜한 形狀의 構造物을 地中에 만드는 것이 容易하며 여러 目的에 따른 불필요한 터널 斷面을 確保할 수 있다. 더욱 工事의 途中의 段階에 있어서도 土質의 變化, 地下水位의 變化等에 對應하여 그때 그것에 最適合한 施工方法의 變更이 可能하며 彈力性에 豊富한 經濟的인 工法이다.

한편, 開鑿式工法은 掘鑿깊이가 크게 되면 工費·工期도 增大되어 실드工法이 有利하게 된다. 또, 工事中의 地表面使用에 의한 交通·沿線에의 影響이 크고 실드 工法에 比較하여 工事中의 環境保全에 難点이 많다.

따라서 計劃에 있어서는 그 長点을 가장 잘 살리도록 하여야 한다.

開鑿式工法의 計劃에 있어서의 一般的인 檢討事項은 다음과 같다.

① 실드 工法, 기타의 工法과의 比較에 의한 開鑿式工法 適用區間의 決定
② 터널의 線形, 깊이, 形狀및 構造의 檢討
③ 施工法의 檢討 특히 흙막이工法, 掘鑿工法 및 터널구체축조의 方法에 대해서의 檢討
④ 環境保全對策의 檢討 특히 地表面使用方法, 作業時間, 騷音·振動等의 檢討
⑤ 工事의 安全對策의 檢討
⑥ 工事工程및 工事費의 檢討

1.3.2 터널의 設置位置
터널의 設置位置는 立地條件, 支障物件, 環境條件等에 대해서 現狀 및 將來의 計劃도 包含해서 考慮하고 施工條件 및 使用目的을 충분히 檢討한 후에 그 깊이, 平面的位置를 決定하여야 한다.

【解 說】開鑿式터널의 設置깊이, 平面的位置의 決定에 있어서는 經濟的인 檢討와 아울러 下記의 事項을 考慮하여야 한다.

① 立地條件에 대해서는 土地利用 및 物權狀況, 道路種別과 交通狀況, 都市計劃區域의 種別, 河川, 湖沼等과 關聯되는 現狀 및 將來의 計劃을 包含해서 配慮한다.

② 支障物件(地下建造物, 埋設物, 地上建造物等)과의 關連에 대해서는 旣存의 施設에 대해서 뿐만 아니라 將來設置되는 豫定의 것에 대해서도 터널과의 相互關連을 施工方法도 包含해서 充分히 考慮할 必要가 있다.

地下建造物, 埋設物, 地上建造物等과 터널과의 離隔距離 및 이들의 防護方法은 地盤條件, 施工方法等을 考慮하여 定할 必要가 있다.

③ 環境條件에 대해서는 터널의 設置에 의해 騷音·振動, 大氣汚染等의 問題가 없도록 周邊에 대한 影響을 配慮한다.

④ 設置位置의 決定에 있어서는 施工條件와 그 使用目的에 따라서 터널內의 点檢, 補修가 容易하도록 配慮한다.

1.3.3 터널의 線形 및 勾配
터널의 線形 및 勾配는 使用目的, 立地條件, 支障物件等을 考慮하여 決定하여야 한다.

【解 說】터널의 線形 및 勾配의 決定에 있어서도 다음事項에 注意하여야 한다.
① 터널의 線形은 使用目的에 의해 다르나 鐵道나 道路터널의 경우는 되도록 直線으로 하고 부득이한 경우에도 曲線半徑을 될수있는데로 큰 것으로 할 必要가 있다.

② 開鑿式터널은 施工上에서는 그 最急勾配에 制限을 받는것은 적음으로 勾配는 터널의 使用目的, 立地條件等에서 定하는 境遇가 많다. 그러나 터널 內의 排水를 必要로 하는 경우는 縱斷方向에 自然流下可能한 最緩勾配(0.2% 程度)를 確保할 必要가 있다. 또, 水路터널에는 目的에 따른 通水量, 通水斷面積, 流速等의 相互關係를 考慮하여 勾配를 決定할 必要가 있다.

③ 地盤의 不等沈下等에 의한 將來勾配가 變化할 危險이 있는 곳에는 그 變化를 잘 살펴 勾配를 決定하고 變化가 생겨도 터널의 機能에 支障없도록 配慮할 必要가 있다.

1.3.4 工法의 選定

施工에 있어서는 安全性, 經濟性및 周邊의 環境保全等에서 綜合的으로 判斷을 하고 흙막이, 掘鑿, 軀體築造等에 대해서 最適한 工法을 採用하여야 한다.

【解 說】 一般的으로 개착工法에 의한 工事의 主된 內容은 흙막이, 굴착, 軀體築造等이나 이들에는 여러 施工法이 있다. 開鑿式工法은 이들 各種의 施工方法을 組合해서 더욱 各種의 補助工法을 倂用함에 따라 現場의 土質의 狀況, 施工環境, 工事의 規模等에 따른 最適合한 工法을 採用할 수 있다. 따라서 工法의 決定에 있어서는 第3編및 第4編에 記述되어 있는 各種工法의 特徵을 考慮하여 比較檢討를 하여 가장 有利한 工法을 選定하여야 한다.

1) 흙막이工法의 種類에 對해서 흙막이壁의 種類로서는 ① 엄지말뚝 ② 鋼널말뚝 ③ 鋼管널말뚝 ④ 柱列式地下連續壁 ⑤ 地下連續壁等이 있다. 이들 중 ①~③에 대해서는 直接地中에 타설方法과 처음부터 穿孔해서 세움方法等이 있다.

이들 흙막이의 支保工으로서는 버팀方式과 흙막이앵커 方式等이 있다. 또, 逆卷工法에는 逆卷스라브가 支保工의 役割을 한다.

以上의 흙막이工法中 어느것을 採用하는것은 掘鑿의 規模, 土質, 地下埋設物, 現場付近의 環境, 工費, 工期等과의 關係에서 綜合的으로 判斷한다.

2) 掘鑿工法의 種類에 對해서 開鑿式工法을 掘鑿工法에 의해 分類하면 全斷面掘鑿工法과 部分掘鑿工法으로 大別된다.

全斷面掘鑿工法은 築造하는 軀體에 따라서 全斷面을 同時에 掘鑿하는 方法으

로 覆工形式과 無覆工形式등이 있다.

  部分掘鑿工法은 全斷面을 同時에 掘鑿않고 部分的으로 掘鑿하는 方法으로 覆工形式과 無覆工形式等이 있다.

  이들의 工法외는 素掘式掘鑿工法등이 있으나 全斷面掘鑿工法이 가장 一般的인 工法이다.

  3) 軀體築造工法의 種類에 대해서 軀體築造의 順序는 底部에서 順次立上하는것이 一般的이나 旣設建造物直下掘鑿의 경우, 沿線建造物近接施工의 경우, 掘鑿面積이 極端으로 넓은 경우等의 特殊條件下에 있어서는 側壁및 中壁을 先行하여 築造하는 트렌치工法, 上部스라브를 先行하여 築造하는 **逆卷工法**, 部分的인 斷面을 先行하여 築造하는 아이랜드 工法등이 쓰인다.

  4) 補助工法의 種類에 대해서 掘鑿作業을 安全하고 能率的으로 施工하기 위한 補助工法이 使用된다. 地盤安定을 위한 補助工法의 種類로서는 注入工法, 地下水位低下工法, 凍結工法, 生石灰말뚝工法, 噴射攪拌工法等이 있고 이들은 現場의 狀況에 따라서 止水, 地盤强化等의 目的으로 使用된다.

1.3.5 工　程
  工事의 工程은 工事의 規模, 順序, 施工條件等을 考慮하여 安全하고 經濟的으로 計劃하여야 한다.

【解　說】 工事의 工程은 흙막이, 路面覆工, 掘鑿, 軀體, 路面復舊等, 主要工種의 工事量, 施工順序, 期間, 支障物件의 處理, 補助工法等을 考慮하여 經濟的으로 計劃되나 터널의 共用必要時期, 用地의 使用期間等 外的條件도 工程決定上의 큰 要素가 된다.

  全體工程은 수많은 複雜한 部分工程으로 構成됨으로 이것을 適切하게 管理하기 위해 複雜한 作業의 關連을 明確하게 하고 施工上에 있어서도 豫定工程에 대한 進行管理가 可能하도록 有效한 手法을 導入하는것이 바람직하다.

  工程表는 全體工程表, 部分工程表等 그 使用目的에 따라 活用하기 쉬운것을 作成할 必要가 있다.

第2篇 터널의 設計

2.1 總 則

2.1.1 設計의 基本方針

開鑿式터널의 設計는 安全하고 經濟的으로 그 使用目的을 達成토록 하여야 한다.

【解 說】 開鑿式터널은 이것을 만드는 目的에 適合하고 所要의 安全度를 갖도록 하여야 한다. 즉 目的에 適合한 構造物을 만들기 위해서는 計劃에 基礎하여 斷面, 線形, 勾配 및 外力의 決定및 安全性, 經濟性의 檢討를 하여 環境과의 調和 및 公害防止에 대해서도 配慮하여 設計할 必要가 있다.

開鑿式터널은 充分한 設計, 施工의 經驗에 基礎하여 設計하는것에 의해 처음으로 使用目的에 適合했다. 安全하고 經濟的인 構造物로 할 수 있다. 특히 鐵筋콘크리트 構造物을 補修, 改良等이 困難한 경우가 많으므로 1.2 調査 結果에 基礎하여 適切한 判斷을 하여 터널에 有害한 變狀이 생기기 않도록 하여야 한다. 第2編은 이 基本方針을 達成하기 위해 必要한 各 條件을 表示한 것이다.

2.1.2 關聯規定 및 基準類

開鑿式터널의 設計는 關連하는 規定및 基準類에 準하여 행하여야 한다.

【解 說】 開鑿式터널의 設計에 있어서 關連하는 規定및 基準類로서는 一般的으로 콘크리트 標準示方書, 터널標準示方書 等이 있다.

2.1.3 設計計算書

設計計算書에는 計算上의 條件, 假定, 方法및 計算過程을 明記하여야 한다.

【解 說】 設計計算書는 그 計算課程은 基礎부터 그 近間으로된 條件, 方法, 本體構造物의 一部 또는 全部를 假設構造物로 하여 쓰이는 경우의 設計上의 假定等을 明記하여 施工中 및 施工後에 問題가 생긴 경우에 對處하기 쉽게 하여둘 必要가 있다.

 設計條件은 2.1.4(2)에 準하여 設計計算書의 처음부터 明記한다.

2.1.4 設計圖

(1) 設計圖는 構造物의 設置位置, 構造物 또는 部材의 形狀, 方法및 斷面強度에 關係하는 諸要素를 明示하여야 한다.

(2) 設計圖에는 原則으로 아래에 表示한 設計計算의 基本事項, 施工條件等을 明記하여야 한다.

 1) 設計荷重
 2) 許容應力度 또는 安全率
 3) 使用材料의 種類및 性狀
 4) 地盤條件 및 地下水位
 5) 施工條件
 6) 設計責任者의 所屬, 姓名
 7) 設計年月日
 8) 縮尺
 9) 치수單位

【解 說】

(1)에 대해서 設計圖는 터널과 그 周圍의 物件과의 平面的및 縱斷的인 位置關係가 明瞭하며 또한 構造物自體의 形狀, 치수와 構造細目等의 構造物 詳細한 것에 대해서도 不明한 点이 없도록 圖示할 必要가 있다.

(2)에 대해서 設計條件은 圖面에도 明示하고 設計와 施工과의 사이에 條件의 差異가 없도록 容易하게 確認할 수 있도록 할 必要가 있다.

또, 本體構造物의 一部 또는 全部를 假設構造物로 하여 쓰이는 境遇等의 設計上의 假定도 必要에 따라서 記載하는것이 좋다.

2.2 設計의 基本

> 2.2.1 設計의 基本
>
> 開鑿式터널의 設計에 있어서는 地形 및 土質, 環境保全, 施工方法, 유지관리, 線形 및 勾配, 設置位置, 內空斷面, 構造形式等을 考慮하여야 한다.

【解 說】開鑿式터널의 設計에 있어서 考慮할 基本事項을 提示한 것으로서 各 事項에 대해서는 以下의 條로 具體的으로 表示한다.

더욱, 線形및 勾配, 設置位置에 대해서는 1.3을 參照할것.

> 2.2.2 地形 및 土質
>
> 開鑿式터널의 設計에 있어서는 地形및 土質을 考慮하고 施工時및 完成後의 터널의 安全性과 機能을 保全하도록 配慮하여야 한다.

【解 說】開鑿式터널은 大規模掘鑿을 하여 地中에 設置되는 構造物로서 地形및 土質의 狀態는 設計條件으로서 극히 重要한 要素이다.

따라서 地形및 土質에 있어서는 充分한 調査를 하여 이것에 對應한 設計를 하여야 한다. 특히 地下水位에 대해서는 現在및 將來의 水位에 대해 調査, 檢討할 必要가 있다. 또, 터널의 設置位置는 될수있는대로 安定한 良質의 地質 地層을 選定하는것이 바람직하다. 地形 및 土質條件에서 施工方法이 定하여 오는 경우에는 그 施工方法을 考慮하여 設計하는것이 중요하다.

地形및 土質等의 關係에서 터널 完成後에 地盤이 變位할 危險이 있는 경우에는 그 影響에 대하여 檢討하고 이것에 對應하도록 設計하여두는것이 必要하다. 地盤變位가 생기는 條件및 그 對策에 대하여 表示하면 다음과 같다.

1) 地盤變位가 생기는 條件에 대하여 地盤變位가 생기는 主된 條件으로서는 軟弱地盤및 斜面에 있어 常時및 地震時의 變位, 近接工事에 의한 變位等이 있으나 특히 注意를 要하는 것은 軟弱地盤에서 變位이다. 一般的으로 軟弱地盤中의 터널

은 近接한 場所에서의 盛土나 掘鑿, 地下水位의 低下 및 地震等에 의한 地盤變位에 의해 影響을 받는 것으로서 이것에 대해서 檢討하는것이 必要한 경우가 있다.

 예를 들면 터널에 近接한 地表面에 過載荷重이 쌓인 경우 그 影響으로 터널이 偏壓을 받는다. 이 경우 過載荷重 分布의 範圍外에 있어서도 큰 變位가 생기는 경우가 있다. 또, 過載荷重이 局部的으로 作用하는 경우에는 縱斷方向의 耐力 檢討도 必要하다.

 軟弱地盤의 地盤變位에 關하여서는 그 외에 軟弱地盤의 層두께가 變化하는 경우 地層이 急變하는 경우 等에 대해서 注意를 要한다. 예를들면 解說 그림 2.1와 같은 地盤의 不均一한 沈下에 의해 縱斷方向으로 應力이 생기는 일이 있다. 特히 良質地盤에서 軟弱地盤에 變化하는 場所를 터널이 通過하는 境遇에는 軟弱層의 沈下에 의한 縱斷方向의 變位및 地震時의 水平方向에 의한 影響을 받는것으로 생각된다.

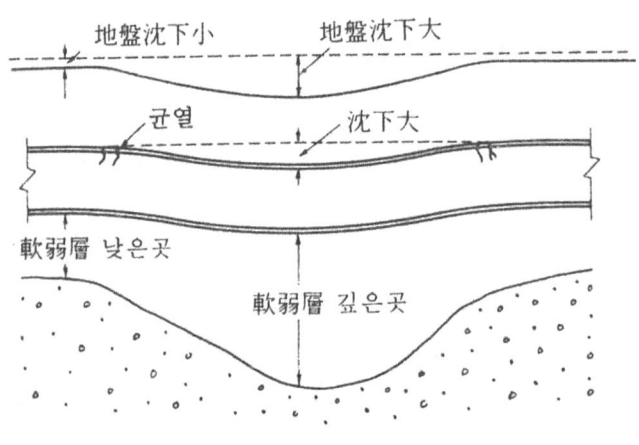

解說 그림 2.1 地盤 沈下와 터널의 變狀

<u>2) 地盤變位에 대한 對策에 대하여</u> 地盤變位에 대한 對策으로서는 먼저 地盤變位의 위험이 있는 地域을 避한다든지 地盤變位의 原因이 되는것을 除去한다든지 地盤變位의 影響을 避하는 것을 檢討할 必要가 있다.

 地盤變位에 의한 影響을 避하기 어려운 境遇에는 이것에 對應되는 터널을 設計하여야 하나 地盤變位에 對應하기 위해서는 地盤의 變位에 追從하면서 應力上, 機能上의 障害를 避하도록 하든가 또는 地盤의 變位에 抵抗하여 터널의 變位나 破損을 防止하도록 할 必要가 있다.

2.2.3 環境保全
　開鑿式터널의 設計에 있어서도 周邊地域의 環境保全에 대하여 충분한 配慮를 하여야 한다.

【解　說】周邊環境의 保全에 대하여 考慮할 主된 点을 表示하면 다음과 같다.
① 振動
② 騷音
③ 地下水位의 變動
④ 地盤變位

2.2.4 施工方法
　開鑿式터널의 設計에 있어서는 施工方法 및 施工順序를 考慮하여 構造物의 形狀을 決定하여야 한다.

【解　說】터널의 形狀은 터널의 使用目的에 應한 것으로 土砂의 掘鑿量, 흙막이 面積等 工費가 적게 되도록 設計하는 것이 바람직하다. 또, 開鑿式터널의 設計에 있어서는 흙막이, 中間말뚝, 띠장, 버팀대 等의 設置, 施工方法과의 關係를 考慮하여 이들의 施工이 너무나 複雜하지 않도록 形狀을 定하는 것이 좋다. 斷面形狀으로서는 2.2.7 解說에 表示함과 같은 矩形이 一般的으로 쓰이고 있다.

　또, 共同溝와 같은 터널이 數個의 空間에 필요할 境遇에는 이를 全體로 하여 施工이 容易한 **斷面形狀**이 되도록 調整할 必要가 있다.

　逆卷工法等의 部分築造工法이나 地下連續壁의 本體利用에 대해서는 施工過程에 있어 各部材에 생기는 應力을 充分히 配慮하여 設計할 必要가 있다.

2.2.5 保守管理
　開鑿式터널의 設計에 있어서는 터널使用時의 保守管理가 容易하게 할 수 있도록 考慮하여야 한다.

【解 說】터널의 使用時의 点檢이나 補修方法을 처음부터 檢討하고 이것들에 必要한 出入口의 치수및 設置間隔, 待避空間, 換氣, 配水, 照明, 作業空間等, 使用上의 安全性을 充分히 考慮하여 設計할 必要가 있다.

2.2.6 內空斷面

開鑿式터널의 內空斷面은 機能上, 保守管理上 必要한 形狀치수 외 터널設置位置에 있어 諸條件을 考慮하여 決定하여야 한다.

【解 說】開鑿式터널의 內空斷面의 크기의 決定에 있어서는 經濟性의 檢討뿐 아니라 施工및 保守管理가 安全하고 容易하게 할 수 있도록 配慮하여야 한다.

內空斷面을 定하는 경우의 要素는 使用目的에 따라 다르나 그 主된것을 揭時하면 다음과 같다.

① 鐵道, 道路(解說 그림 2.2 및 解說 그림 2.3 參照)
   a) 建築限界(또는 建築定規)
   b) 視距
   c) 軌道 또는 鋪裝構造
   d) 內裝, 照明, 換氣, 排水, 기타의 付屬設備
   e) 保守管理

② 水 路
   a) 必要通水面積
   b) 保守管理

③ 電力, 通信
   a) 케이블條數
   b) 換氣, 排水, 기타의 付屬設備
   c) 保守管理

共用터널의 경우는 각각의 用途에 따라 設計를 하여야 한다(解說 그림 2.4 參照).

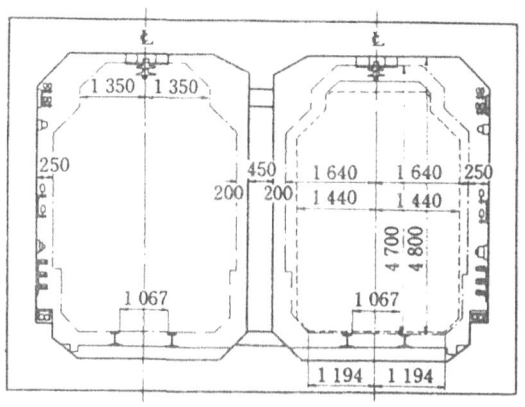

解說 그림 2.2 鐵道터널의 例

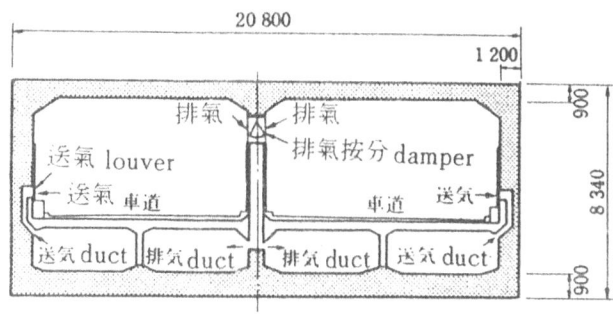

解說 그림 2.3 道路터널의 例

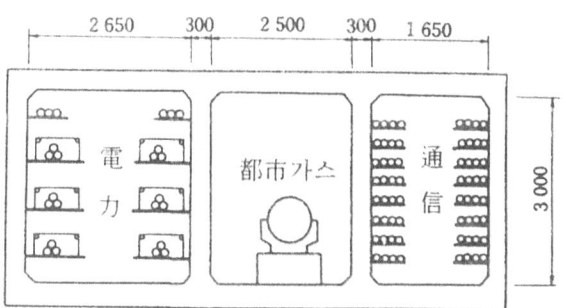

解說 그림 2.4 共用터널의 例

 더욱 軟弱地盤, 傾斜地等에서 地表上의 過載荷重, 地下水位의 變動, 地震等 에 의한 地盤의 變位가 豫想되는 곳에는 이것에 따른 터널의 變位에 對應할 餘裕 를 考慮하여야 한다.

2.2.7 構造形式

開鑿式터널의 構造形式은 그 使用目的, 地形및 土質, 施工方法, 荷重條件等을 考慮하여 定하여야 한다.

【解 說】1) 橫斷方向의 構造形式에 대해서 一般的으로 쓰이고 있는 開鑿式터널의 橫斷方向의 構造形式은 상자形 라멘(解說 그림 2.5 參照)이며 그 特徵은 다음과 같다.

① 掘鑿斷面積에 대한 有效斷面의 割合이 크다.
② 施工이 比較的 容易하다.
③ 道路, 鐵道等에는 使用目的에서 求하여 지는 內空斷面에 대하여 效果的인 形狀이다.
④ 土被가 큰 경우등 荷重條件에 의해서는 아치, 円環等보다는 큰 應力이 생겨 部材두께가 增加한다.

解說 그림 2.5의 (e)에 표시와 같은 變形斷面構造에 대해서는 地盤의 支持條件, 作用하는 土壓等을 充分하게 檢討할 必要가 있다.

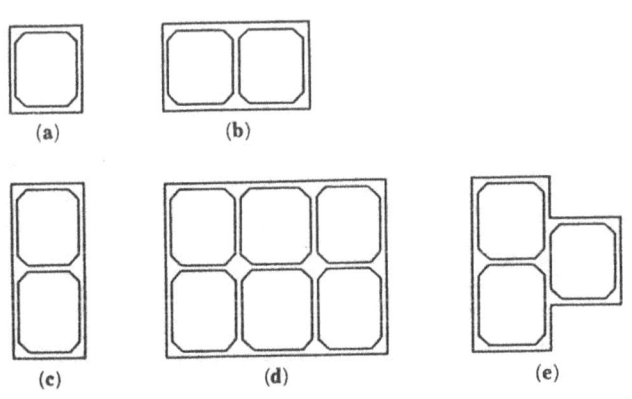

解說 그림 2.5 開鑿터널의 斷面形狀

2) 縱斷方向의 構造形式에 대해서 터널의 縱斷方向에는 이음매 設置하지 않을때도 있으나 다음과 같은 箇所의 前後에는 不等沈下나 地震時에 있어 터널斷面에 큰 應力이 생기므로 이것에 대한 配慮가 必要하다.

① 載荷狀態, 地盤條件이 顯著하게 變化하는 箇所
② 터널斷面이 顯著하게 變化하고 前後의 質量이 크게 다른 箇所
③ 말뚝基礎等을 施設하고 그 場所가 터널의 支点으로 되는 箇所

이와같은 경우 通常의 터널 構造物 斷面에는 應力, 變位에 對應하는 것이 困難하게 되는 경우도 있으므로 이음매를 設置하는 등의 處置에 의해 터널의 安全性을 確保하는것도 필요하다.

3) <u>防水에 대하여</u> 鐵筋콘크리트의 軀體自體를 水密構造로 하는 경우에는 部材 두께가 터널의 强度計算에서 決定되었어도 어느정도 以上에 적은 斷面으로 하는 것은 遮水性이 低下함으로 좋지 않다.

또 防水層에서 軀體를 덮을 경우에는 터널外周의 形狀이 複雜하게 되면 防水 施工의 確實性이 損失될 危險이 있음으로 形狀은 되도록 單純化 하는것이 좋다.

더욱 地下連續壁으로 本體를 利用하는 경우에는 軀體의 外周에 防水層을 施工하는것이 困難하게 되므로 防水에 대해서는 別途檢討할 必要가 있다.

2.3 荷 重

2.3.1 荷重과 地盤反力
開鑿式터널의 設計에는 터널의 外部에서 作用하는 荷重, 自重, 터널內部의 荷重및 이것에 의해 생기는 地盤反力을 考慮하여야 한다.

【解 說】 터널의 外部에서 作用하는 荷重이란 터널 上部의 地表面上의 荷重, 土被荷重, 土壓, 水壓等이며 터널內部의 荷重이란 터널內를 走行荷重, 自動車荷重, 기타 水路터널의 물 重量等이다.

터널底面및 側面의 地盤反力은 터널內外部에서의 荷重에 상응한 外力으로서 터널에 作用하는 것이다. 開鑿式터널의 設計에 있어서는 이들 荷重과 地盤反力과의 關係를 충분하게 檢討하여야 한다.

2.3.2 荷重의 種類
開鑿式터널의 設計에 있어서는 다음의 荷重을 考慮하여야 한다.
1) 地表面上의 荷重
2) 土被의 荷重
3) 土壓
4) 水壓
5) 浮力
6) 自重
7) 터널內部의 荷重
8) 溫度變化및 乾燥收縮의 影響
9) 地震의 影響
10) 施工時의 荷重
11) 其他의 荷重

【解 說】 開鑿式터널의 設計에 關한 荷重을 列擧한 것이며 여하한 荷重狀態로 設計하는 터널이 計劃되어 있는 地形및 土質, 터널 形狀等에서 定하여지는 것이다. 各荷重에 대해서는 다음과 같이 具體的으로 표시한다.

이들의 荷重에 대해서 將來의 變化가 豫想되는 경우에는 그 變化에 대해서는 考慮하여야 한다.

2.3.3 地表面上의 荷重

開鑿式터널에 作用하는 地表面上의 荷重은 一般的으로 路面交通荷重, 列車荷重, 建物荷重, 盛土荷重等이며 現在및 將來의 狀態에 對해서 配慮하고 이것을 定하여야 한다.

【解 說】 路面交通荷重이란 道路內를 通行하는 自動車, 路面電車, 自轉車, 步行者等의 모든것을 包含한 荷重을 말한다.

列車荷重이란 鐵道가 터널 위를 通過하는 경우에 發生하는 荷重을 말한다.

路面交通荷重 및 列車荷重에는 一般的으로 衝擊을 考慮한다. 土被가 있는 경우의 衝擊은 땅의 變形 또는 振動等에 의해 減少함으로 土被가 3m 정도이상에는 그 影響은 無視해도 좋다.

土被가 3m未滿의 경우에는 다음식에 표시한 衝擊의 低減率 α 를 써서 衝擊의 影響을 低減해도 좋다.

$$\alpha = 1 - h/3$$

여기서 α : 衝擊의 低減率
  h : 土被(m)

路面交通荷重은 一般的으로 衝擊을 包含해서 터널土被에 對應하는 等分布荷重으로 할수가 있고 特히 詳細한 檢討를 行할 경우를 除外하고 解說 表 2.1에 의해도 좋다. 中間土被에 對해서는 上位의 荷重値를 取한다. 土被 1m未滿의 경우에 對해서는 實狀에 따라 算出한다.

解說 表 2.1 路面交通荷重(衝擊을 包含)

土 被 (m)	1.0	1.5	2.0	2.5	3.0	3.5	4.5	9.0	10.0
路面交通荷重 (tf/m²)	4.50	2.75	2.05	1.50	1.20	1.15	1.10	1.05	0.95

注) 解說 表 2.1의 荷重은 下記의 條件에 의해 算出한 것이다.

① 路面交通荷重은 自動車荷重 T-20로 하고 縱橫으로 사이없이 세운다.

② 自動車荷重의 土中에 있어서의 分布는 Kögler의 方法을 使用하여 分布 角은 55°로 했다.

③ 衝擊은 土被 3m까지 考慮했다.

地表面上의 荷重은 2.3.4 解說의 表示와 같은 條件의 境遇에는 터널 直上部 보다도 넓은 範圍의 荷重이 作用함으로 主意할 必要가 있다.

道路內에 있어 架道橋의 基礎등을 載荷할 境遇에는 그 實重量에 의해 設計 한다.

터널이 通한 用地는 道路외, 河川, 公園, 鐵道敷地, 私有地等이 있다. 私有地의 建物荷重은 建物의 計劃이 明確한 境遇에는 그 荷重에 基礎하여 設計하나 未定인 境遇에는 土地所有者와의 契約에 의해 터널위의 荷重을 制限하는 것이 一般的 이다.

2.3.4 土被荷重

開鑿式터널에 作用하는 土被荷重은 地表에서 터널 上面까지의 깊이, 되메운 흙 및 地下水의 무게 等을 考慮하여 定하여야 한다.

【解 說】開鑿式터널의 土被荷重은 一般的인 경우 터널 上面까지의 깊이에 흙의 單位體積重量을 곱하여 구한다.

이 경우 地下水位以下의 흙에 對해서는 물의 影響을 考慮하는것으로 한다. 되메운 흙의 單位體積重量은 確實한 資料가 없을 境遇에는 解說 表 2.2에 의할 수가 있다.

解說 表 2.2 되메운 흙의 單位體積重量 (tf/m³)

地下水位以上	1.6
地下水位以下	2.0

地盤沈下의 危險이 있는 軟弱地盤中에 터널이 말뚝으로 支持되거나 터널 底面이 沈下하지 않는 良質의 地盤에 支持되어 있는 경우等에는 터널 直上部보다 넓은 範圍의 흙이 土被 荷重으로 하여 作用함으로 注意할 必要가 있다.

2.3.5 土 壓

開鑿式터널에 作用하는 土壓은 一般的인 경우 靜止土壓으로 한다. 粘性土等으로 土壓과 水壓을 分離하여 取扱하기 困難한 경우에는 水壓을 包含한 것을 土壓으로하여 使用한다.

【解 說】 1) 터널과 地盤의 相對變位와 土壓에 對해서 터널 그 側部의 地盤이 相對的으로 近接할 경우에 土壓을 增加하고 그 限界값은 受動土壓으로 되며 떨어진 경우는 土壓은 감소하고 그 限界값은 主動土壓으로 된다. 터널과 그 側部의 地盤이 相對的으로 움직이지 않는 경우에는 靜止土壓이 作用하여 터널과 地盤의 相對變位와 土壓의 關係는 다음식에 의해 나타낸다.

$$p = p_0 \pm k\delta$$

여기서 p : 土壓

p_0 : 靜止土壓

k : 地盤反力係數

δ : 터널과 地盤의 相對變位(가까운 경우 : $+\delta$, 떨어진 경우 : $-\delta$)

受動土壓을 p_p, 主動土壓을 p_a로 하고 上記의 關係를 圖示하면 解說 그림 2.6로 된다. 主動土壓과 受動土壓의 사이의 狀態에 있어서는 地盤은 壁體에 對해서 彈性體로 하여 取扱할 수 있다.

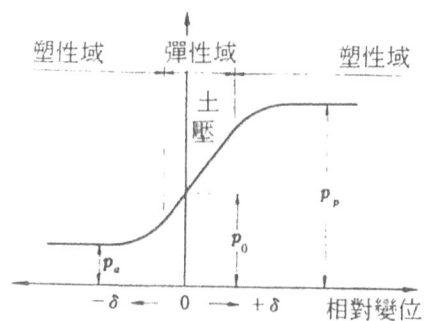

解說 그림 2.6 터널과 側部의 地盤과의 相對關係에 의한 土壓의 變化

2) 터널의 側壁에 作用하는 土壓의 方法에 대하여 흙막이를 써서 開鑿式工法에 의해 터널을 構築할 경우에는 흙막이壁이 變形하기 때문에 靜止土壓보다도 相當히 적은 土壓이 흙막이壁에 作用할 때가 많다.

그러나 터널 側壁과 같은 거의 變形하지 않는다고 생각되는 剛性의 큰 壁體에 대해서는 施工直後에는 적은 土壓에 있어서도 期間의 經過와 아울러 增大하고 靜止土壓에 가까운 土壓으로 되는것을 생각케 한다.

이 때문에 一般的인 경우 터널 側壁에 作用하는 最大土壓으로 하여 靜止土壓을 사용하는 것으로 했다. 그러나 터널 壁體에 作用하는 長期間의 土壓 變化에 關한 데이타는 現 時点에는 거의 없고 또, 土壓의 變化는 地盤의 强度, 掘鑿깊이, 施工條件, 터널 側壁의 剛性等에 의해 當然히 다른것으로 생각된다. 따라서 이것들에 대해서는 충분한 檢討가 行하여지면 靜止土壓보다도 적은 土壓을 側壁에 作用하는 最大土壓으로 하여 使用할 수 있다. 더욱, 地震時의 土壓에 對해서는 2.4.6및 【資料編】에 표시한다.

3) 터널에 作用하는 最大土壓과 最小土壓에 對해서 상자形라멘形式의 터널에는 土壓이 큰 경우에 應力이 크게되는 部材와 土壓이 적은 경우에 應力이 크게되는 部材가 있다.

터널側壁에 作用하는 土壓은 前述한것 같은 期間의 經過에 의한 變動이나 地下水位의 高低에 따른 變動이 생각되며 더욱, 土壓의 計算값에도 土質定數의 判定 等 많은 不確定要素가 假定으로 包含되어 있다. 따라서 側壁에 作用하는 土壓은 最大값뿐 아니라 最小값에 대해서도 檢討해야 한다.

4) 터널에 作用하는 土壓의 計算式에 대해서 터널의 側壁에 作用하는 土壓은 特히 檢討를 하지 않는 경우에는 下記에 의해 算定해도 좋다.

① 靜止土壓

  (a) 計算式

$$p_o = k_o(q + \gamma_o H)$$

  여기서 p_o : 靜止土壓(tf/m²)

          k_o : 靜止土壓係數

          q : 地表面上의 荷重(tf/m²)

          γ_o : 흙의 單位體積重量(tf/m³)(地下水位 以下에서는 水中單位重量)

          H : 地表面에서 土壓을 求하는 位置까지의 깊이(m)

  (b) 砂質土層의 靜止土壓係數

$$k_o = 1 - \sin \phi$$

  여기서 k_o : 靜止土壓係數

          ϕ : 흙의 內部摩擦角

② 水壓을 包含한 경우의 土壓

  (a) 計算式

$$p_s = k_s(q + \gamma_s H)$$

  여기서 p_s : 土壓(tf/m²)

          k_s : 土壓係數

          q : 地表面上의 荷重(tf/m²)

          γ_s : 물의 무게를 包含한 흙의 單位體積重量(tf/m³)

          H : 地表面에서 土壓을 구하는 位置까지의 깊이(m)

  (b) 水壓을 包含한 경우의 土壓係數

  N값 4以下의 軟弱粘性土層의 土壓係數는 解說 表 2.3에 의한다.

解說 表 2.3 軟弱粘性土層의 土壓係數(k_s)

極軟弱粘性土層 $N \leq 2$	0.7~1.0
軟弱粘性土層 $2 < N \leq 4$	0.6

軟弱粘性土層 特히 極軟弱粘性土層의 土壓係數는 그 값도 크고 N값에 의한 判定만으로는 충분치 못할때가 많으므로 흙의 壓縮强度 其他의 土質條件도 檢討한 후 愼重한 判定이 바람직하다.

N값 5以上의 粘性土層의 土壓係數는 다음식에 의한다.

$k_s = 0.5 - 6.0 \times 10^{-2} \times N$

③ 堅固한 地盤의 土壓

土丹이나 岩等의 堅固한 地盤 또는 터널의 굴착깊이가 粘性土의 自立높이 $H_s = \dfrac{4C}{\gamma}$ 보다 적은 경우에는 上記에 의하지 않고 別途上記보다도 적은 土壓을 生覺해도 좋다. 단 將來豫想되는 地下水位에 對應하는 水壓보다도 土壓이 적게 되는 경우에는 이 水壓에 의해 터널의 檢討를 行하여야 한다.

2.3.6 水　壓

地下水位以下에 있는 開鑿式터널에는 一般的으로 土壓외에 水壓을 考慮하여야 한다. 水壓은 그 位置에 있어 間隙水壓으로 한다.

【解　說】 1) 水壓의 影響에 대하여　透水係數가 큰 砂質地盤에 있어서는 터널의 側壁에 荷重으로 하여 作用하는 水壓의 影響은 重要하다. 掘鑿깊이가 30m을 넘는 깊은 開鑿式터널의 경우에는 特히 水壓이 設計에 미치는 影響이 크게 된다.

粘性土에는 2.3.5에 표시와 같이 一般的인경우 土壓과 水壓을 합한것을 土壓으로 하여 取扱함으로 別途水壓을 생각할 必要가 없다.

2) 地中의 間隙水壓에 對해서　地中의 間隙水壓은 一般的인 경우는 解說 그림 2.7(a)에 표시와 같이 地下水位面보다 直線分布로 하고 있으나 地下水를 품어올리는 등을 行하고 있다. 地域에는 解說 그림 2.7(b)에 表示와 같은 不透水層의 아래層 水壓이 낮게 되어 있는 경우가 있고 또 산기슭이나 盆地等에는 解說그림 2.7(c)에 표시와 같은 不透水層의 下層 水壓이 높게 되어있는 경우도 있으므로 注意할 必要가 있다.

3) 地中의 間隙水壓의 變動에 對해서　設計에 쓰이는 地中의 間隙水壓은 現地에서 實側하는것을 原則으로 하나 水壓을 季節的인 週期變動이나 施工時의 一次的 變動및 長期間에 걸쳐 繼續하는 變動等에 의해 變化됨으로 터널의 設計에 있어서는 그들의 要素를 충분히 檢討하여 數値를 定할 必要가 있다.

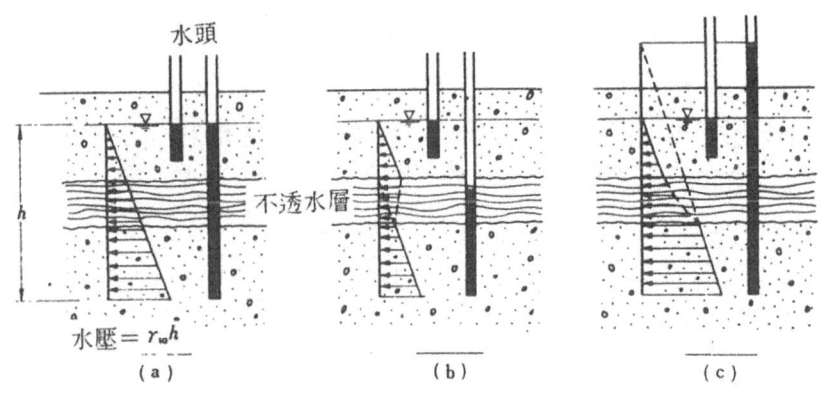

解說 그림 2.7 地中 間隙水壓의 例

大都市에 있어서는 過去數十年間 地下水壓이 低下되는 傾向에 있었으나 近年 上昇의 傾向에 轉하고 있는 都市가 있음으로 注意할 必要가 있다.

4) 設計計算에 쓰이는 水壓에 대해서 設計計算에 쓰이는 水壓은 間隙水壓으로 하는 것이 原則이나 正確한 間隙水壓을 把握하기가 어렵다. 이와같은 實狀에서 設計計算에 쓰이는 水壓은 地下水位를 假定하여 算出하는 것으로 되나 그 값의 決定에는 2)나 3)의 要素를 考慮하여 綜合的인 判斷이 必要하다.

2.7.3 浮力

開鑿式터널에 作用하는 浮力은 터널의 上下面에 있어 間隙水壓에서 求하는것 으로 한다.

【解 說】 地下水中에 設置하는 開鑿式터널에 있어 그 下面에 揚壓力이 作用하는 경우에는 原則으로 터널全體의 浮上에 對해서는 檢討할 必要가 있다.

浮力은 터널의 上下面에 있어 間隙水壓의 差에서 求하나 間隙水壓은 2.3.6 解 說3)에 表示되는것 같은 變化하는 것이 많다. 따라서 浮力의 檢討에 있어서도 水 壓의 경우와 똑같은 間隙水壓의 變動을 考慮할 必要가 있다.

2.3.8 自 重
自重은 터널을 構成하는 材料의 實重量에 의한것을 原則으로 한다.

解說 表 2.4 材料의 單位體積重量

材料의 種別	單位體積重量(tf/m³)
鐵筋콘크리트	2.50
콘크리트	2.35
시멘트 몰탈	2.15
아스팔트콘크리트	2.30
방수용 아스팔트	1.10
石 材	2.60
鋼 鑄 鋼	7.85
鑄 鐵	7.25

【解 說】 材料의 單位體積重量은 一般的으로 解說 表 2.4의 값을 標準으로 한다.

2.3.9 터널內部의 荷重
開鑿式터널은 터널 內部의 死荷重및 活荷重에 대해서도 考慮하여 設計하여야 한다.

【解 說】 터널內部의 死荷重이란 터널內部의 固定施設物의 荷重이며 活荷重이란 터널內를 移動하는 電車, 自動車, 步行者, 水(內部水壓을 포함)等의 荷重이다. 電車및 自動車등에 대해서는 鐵道橋및 道路橋의 基準에 따라야 한다.

터널 內部의 荷重이 터널의 아래 스라브의 全面에 等分布荷重으로 作用하는 경우 등에는 一般的인 경우 터널 部材應力에 미치는 影響이 적음으로 荷重의 檢討를 省略할 경우가 많다.

2.3.10 溫度變化및 乾燥收縮의 影響

一般的인 경우 開鑿式터널에는 溫度變化및 콘크리트의 乾燥收縮의 影響은 考慮 안해도 좋다.

【解 說】溫度는 地下 50cm정도까지 日變化가 있으나 地中의 溫度變化量은 깊이에 따라 急激하게 減少함으로 土被가 1m以上인 터널에 대해서는 溫度變化의 影響을 無視해도 좋다. 단, 터널上面이 地表에 露出하고있는 등 確實하게 影響을 받는것에 대해서는 이것을 考慮하여야 한다. 이 경우 溫度變化는 ±15℃을 上限으로 하고 狀況에 따라 低減할수가 있다.

터널의 縱方向의 施工區分 30m을 넘어서 施工이음을 設置하지 않는 경우나 大斷面多層構造의 터널 等에는 콘크리트의 乾燥收縮의 影響을 考慮할 必要가 있다.

이 경우의 乾燥收縮의 影響은 溫度變化 −15℃에 相當하는것을 上限으로하고 狀況에 따라 低減할수가 있다.

2.3.11 地震의 影響

地震의 影響에 대해서는 터널의 土被, 地形및 地盤 기타 必要한 條件을 考慮하여 決定하여야 한다.

【解 說】굴착터널이 거의 均一한 地盤中에 있고 또 土被가 큰 경우에는 터널은 地盤의 振動과 거의 같은 振動하고 그 影響을 크게 받지 않는다. 따라서 一般的인 경우에는 地震의 影響은 考慮하지 않아도 좋다.

① 터널의 一部가 露出할 경우
② 터널의 위에 地上構造物의 基礎가 載荷되어 있는 경우
③ 터널이 顯著하게 性狀이 다른 地盤에 걸쳐 있는 경우
④ 터널下方의 基盤의 깊이가 顯著하게 變化하고 있는 경우
⑤ 터널이 流動化되는 위험한 砂層中, 또는 變位를 發生하기쉬운 地形이나 軟弱地盤에 있는 경우
⑥ 터널斷面이 急變하고 있는 接續部分이 있는 경우

上記의 경우　檢討에 대해서는　2.4.6을 참조바랍니다.

2.3.12 施工時의 荷重

開鑿式터널의 施工時에 完成時와 다른 荷重이 作用하는 경우에는 그 影響을 考慮하여 設計해야한다.

【解　說】施工時의 荷重은 一般的인 경우는 第3編에 표시한 假設構造物로서의 흙막이支保工에 의하여 바쳐지며 터널 本體에는 影響을 미치지 않음. 그러나 下記와 같은 경우에는 施工時荷重을 考慮하여야 한다.

① 터널의 斷面이 큰 경우에는 構造物의 施工途中에 있어 단단한 一部를 撤去하여 土壓을 軀體에 作用시키는 경우
② 터널을 逆卷工法으로 築造하는 경우
③ 本體의 一部를 假設構造物로 하여 利用하는 경우
④ 床版上에 실드 發進基地의 設備등을 載荷하는 경우

2.3.13 기타의 荷重

近接工事, 環境變化等 開鑿式터널에 影響을 주는 條件이 豫測되는 경우에는 이것들에 대해 考慮한 設計를 해야한다.

【解　說】開鑿式터널에 近接한 位置에서 地盤의 掘鑿이나 盛土, 各種 構造物의 設置等이 行하여지거나 또는 環境變化에 의한 地下水位의 큰 幅인 低下나 上昇, 地形의 變化等이 있으면 터널에 作用하는 荷重條件에 큰 變化가 생길수가 있다.

따라서 이들의 條件의 變化가 豫測되는 경우에는 이들에 대해서의 對策을 考慮한 設計를 할 必要가 있다.

2.4 構造計算

2.4.1 構造計算의 基本

開鑿式터널의 構造計算은 構造物의 性狀, 터널周圍의 地盤狀態를 考慮하여 彈性理論에 따라 計算하는것을 原則으로 한다.

【解 說】鐵道, 道路, 기타의 開鑿式터널의 構造物은 一般 地上構造物과 달라 構造物의 周圍는 地盤에 의해 둘러싸여 있다. 또, 터널 構造物重量은 그 排土重量보다도 가벼울때가 많기 때문 一般的으로 터널 構造物은 掘鑿底面上에 直接設置하고 있는 경우가 많다. 따라서 터널構造物은 터널의 橫斷·縱斷方向의 剛性, 터널 構造物과 地盤과의 相對關係및 터널에 接하는 地盤의 性質을 考慮하여 構造計算을 하여야 한다.

構造計算에 쓰이는 底面의 地盤反力分布, 側面의 土壓分布, 기타의 偏壓에 대한 反力分布等에 대하여 形狀과 數値는 一律로 定하기 어렵고 더욱, 이들의 計算에 쓰이는 數値는 條件에 따라 變動하는 것으로 대체로 不確定要素를 包含하고 있다. 따라서 開鑿式터널의 構造計算에는 이들의 條件을 考慮하여 實狀에 適合한 假定으로 세워 構造解析을 할 必要가 있다.

構造計算에 있어 應力의 計算은 彈性理論에 따른것으로 하고. 部材의 安全度조사는 許容應力度法에 의하는것을 原則으로 한다. 地震時에 큰 地盤變位가 豫想되는 特殊한 狀態에 있어 安全度의 調査는 塑性理論에 따라 檢討할 수가 있다. 또, 軀體의 安定에 대해서는 2.4.4에 의해 檢討를 할 必要가 있다.

開鑿式터널은 特殊한 것을 除外하고 대부분이 鐵筋콘크리트構造物이다. 鐵筋콘크리트의 構造計算으로 이 指針書에 明示되어 있지 않은 事項에 대해서는 建設部 「콘크리트標準示方書」에 準하는 것으로 한다.

2.4.2 荷重의 選定

開鑿式터널의 構造計算에 쓰이는 荷重은 部材마다 그 應力이 最大로 되는 選定, 組合을 하여야 한다.

【解 說】 地中에 있어 터널에는 周圍의 地盤에서의 土壓및 水壓, 地盤反力및 地上의 諸荷重等이 作用한다. 이들의 荷重은 不確定要素가 많은 것임으로 土壓및 水壓, 地表上의 荷重에 의한 偏土壓, 施工段階마다의 荷重變化, 活荷重等에 대해서는 荷重變動幅, 載荷狀態等을 考慮하여 생각되는 部材의 應力이 가장 크게 되는 荷重의 組合과 載荷狀態를 選定하여 設計하여야 한다.

開鑿式터널은 通常不靜定構造이나 不靜定構造의 部材應力은 생각하고 있는 部材에 直接 作用하는 荷重외에 다른 部材에 작용하는 荷重은 實狀에 따라서 最大값이 아닌 값을 쓰는 경우가 있다.

例를들면 해설 그림 2.8의 상자形라멘의 위에 스라브의 應力의 檢討에 있어서는 위 스라브에 加하는 沿直荷重이 一定한 경우 위 스라브의 支点모멘트$(-M)$는 側壁에 作用하는 土壓및 水壓이 큰 경우에 크게되나 中間모멘트$(+M)$는 側壁에 作用하는 土壓이나 水壓이 적은 경우에 크게 된다. 이 경우의 水壓의 크기는 地下水位에 의해 變動됨으로 耐用年限內에 있어 最高水位및 最低水位에 相當하는 水壓을 생각할 必要가 있다.

土壓에 있어서는 2.3.5에 算定方法이 표시되어 있으나 이 값은 一般 設計에 있어 생각되는 土壓의 上限의 값을 表示한 것임으로 實際로 壁體에 作用하는 土壓은 이 값보다도 적을 때가 많다. 따라서 土壓을 적게 생각되는 應力이 크게되는 경우는 2.3.5에 表示한 最小土壓을 取할 必要가 있다. 또, 相當이 긴 區間에 걸쳐 同一의 設計斷面의 것을 쓰고져 할 경우에는 그 區間에 있어 가장 土壓이 크게 되는곳과 적게 되는곳의 兩者에 대해서의 檢討가 必要하다. 더욱 스라브에 作用하는 荷重에 대해서도 같은 檢討가 必要하다.

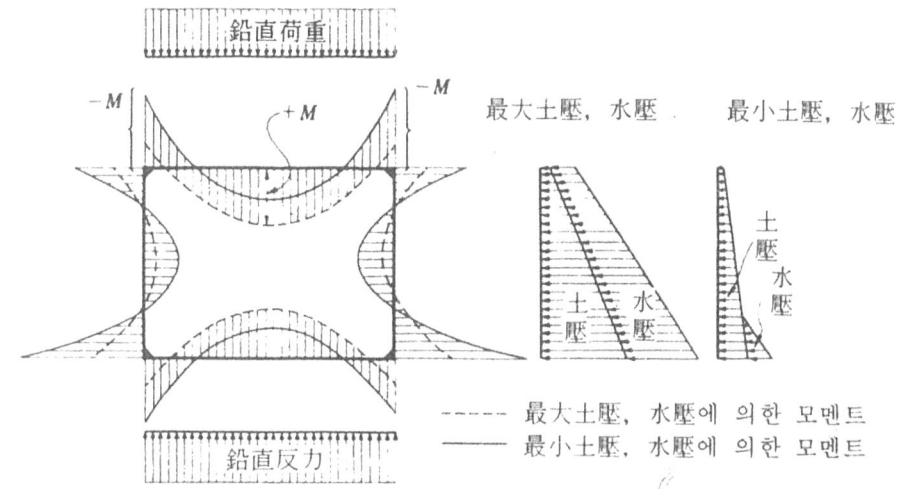

解說 그림 2.8 側壁荷重의 變化에 의한 첨 모멘트의 變化

2.4.3 地盤反力

터널構造物에 作用하는 荷重에 대한 鉛直및 水平地盤反力은 周圍의 地盤狀態, 構造物의 性狀等을 考慮하여 算定하여야 한다.

【解 說】 1) 橫斷面에 있어서 地盤反力의 計算法에 대하여 開鑿式터널에 作用하는 鉛直, 水平, 其他諸荷重은 터널軀體를 통하여 터널軀體底面및 側面의 地盤에 轉하여 진다. 이때문에 構造計算에는 먼저 荷重에 대한 地盤反力을 求할 必要가 있으나 이 터널 周邊의 地盤反力의 分布狀態는 地盤의 狀態, 軀體의 性狀, 施工方法等의 條件에 따라 다르게 된다.

 一般的으로 地盤反力分布는 構造物의 剛性에 대해서 地盤이 軟한 境遇는 넓고 均等으로 分布하고 硬한 地盤의 境遇에는 側壁, 柱, 스라브 等支点附近에 集中的으로 分布한다.

 이들 設計에 있어 地盤反力의 計算法에는 다음과 같은 方法이 생각된다(解說 表 2.5參照).

① 터널을 剛體로 하고 鉛直荷重, 水平荷重및 轉倒모멘트를 모든 터널 底面에 있어 地盤反力에 의해 支持하는 생각의 方法.

② 터널을 剛體로 하고 鉛直荷重, 水平荷重및 轉倒모멘트에 대해서 터널底面 뿐 아니라 側面(경우에 따라서 上面)에도 支持하는것으로 하고 각각의 分但比에 의해 算定하는 方法.

③ 터널各部材 및 地盤은 各各 彈性體로 하고 彈性理論에 의한 解析에 基礎해서 생각되는 모든 荷重에 대해서 터널各部材의 變形을 考慮하여 地盤反力을 算定하는 方法.

2) 橫斷面에 있어 地盤反力의 計算法의 適用에 대해서 1)의 ①에 의한 計算法은 가장 簡單한 計算法으로 터널 斷面의 剛性이 地盤에 대해서 크고 터널 底面에 대한 地盤의 支持力이 側面에 대한 地盤의 支持力보다도 顯著하게 큰 경우에 適用한다. 一般的인 경우에는 이 計算法이다. 따라서 터널 斷面인 地盤이 上記의 條件에 適合한 경우 및 比較的 적은 斷面의 터널 경우등에는 이 計算法에 의할 수 있다.

解說 表 2.5 地盤反力反力의 計算法과 地盤反力의 分布形狀

諸元	1. 構造物을 剛體로 하는 ①의 경우	2. 構造物을 剛體로 ②의 경우	3. 構造物을 彈性體로 하는 ③의 경우
反力形狀	(그림)	(그림)	(그림)
記號說明	w : 上部 스라브 鉛直荷重 (tf/m²) P : 壁, 기둥의 荷重 (tf) w' : 下슬래브 有效鉛直荷重(tf/m²) w_r : 有效鉛直地盤反力 (tf/m²)	q_0 : 靜止土壓 (tf/m²) q' : 偏 壓 (tf/m²) q_r : 水平地盤反力 (tf/m²) H_r : 底面剪斷抵抗力 (tf/m²)	k_r : 鉛直地盤反力係數 (tf/m²/cm) k_h : 水平地盤反力係數 (tf/m²/cm) k_s : 剪斷地盤反力係數 (tf/m²/cm)
適用條件	地盤에 對해서 部材剛性이 比較的 크고 라아멘 底面에 대하여 地盤 支持力이 側面에 대한 支持力보다도 顯著하게 큰 경우	地盤에 대해서 部材剛性이 비교적 크고 라아멘 側面의 地盤 支持과 底面의 支持力에 대차 없는 경우	地盤에 대해서 部材剛性이 비교적 적고 部材變形의 影響을 無視하지 못하는 경우
均衡잡힌條件	$\Sigma V=0$ $\Sigma H=0$ $\Sigma M=0$	$\Sigma V=0$ $\Sigma H=0$ $\Sigma M=0$	$\Sigma V=0$ $w_r=k_r \cdot \delta$ $\Sigma H=0$ $q_r=k_h \cdot \delta$ $\Sigma M=0$ $H_r=k_s \cdot \delta$ 단, δ : 變位量(cm)

註) 對稱荷重인 경우 ①과 ②는 같은 反力形狀으로 된다.

1)의 ②에 의한 計算法은 터널斷面의 剛性이 地盤에 대하여 크고 터널底面에 대한 地盤의 支持力이 側面에 대한 地盤支持力에 대하여 너무나 크지 않는 경우에 適合하다.

이 計算法은 ①보다는 약간 複雜하나 地盤條件에 대한 適合度는 ①보다도 높고 一般的으로 ①보다도 經濟的인 斷面으로 된다.

1)의 ③에 의한 計算法은 構造物이나 地盤의 條件에 對應한 가장 理論的인 計算法이라 하나 計算은 複雜하다.

地盤을 對象으로 하는 設計에는 土質諸數值의 判定, 其他에 不確定要素가 많음으로 精密한 計算을 해도 그 값이 반드시 信賴할수는 없다. 그러나 ①, ②의 條件에 適合하지 않을 경우 또는 특히 大斷面의 重要構造物, 特殊形狀의 構造物, 地盤性狀이 顯著하게 不均一한 경우 또는 地盤變位等을 對象으로 하는 경우 等에는 設計에 쓰이는 荷重, 土質諸數值를 충분히 검토한 다음 이 計算法에 의해 解析을 하는것도 必要하다.

開鑿式터널의 設計에 있어서는 地盤反力의 算定은 設計를 左右하는 중요한 要因이 되나 그 計算法에도 上述한 것 이외의 方法도 있고 각각 適合한 範圍가 다르다. 따라서 構造物, 地盤等의 實狀과 計算法의 適用範圍를 檢討하고 適切한 計算法을 選定하는것이 중요하다.

解說 表 2.5는 이들의 計算法에 의한 荷重과 地盤反力의 分布形狀을 表示하는 것이다.

3) **縱斷方向의 地盤反力의 檢討를 要하는 條件에 대해서** 開鑿式터널의 縱斷方向의 地盤反力에는 鉛直反力과 水平反力이 있으나 그 計算을 하는것은 一般的으로 다음과 같은 경우이다.

① 縱斷方向의 地表에 凹凸이 있고 土被 荷重이 場所에 따라 다른 경우

② 橋脚, 기타에 의한 局部的인 構造物荷重 또는 土壓等이 터널에 作用하는 경우

③ 支持地盤의 條件이 縱斷方向에서 다른 경우

④ 地盤變位 기타에 의한 局部荷重이 加한 경우

4) **縱斷方向의 地盤反力의 計算法에 대해서** 縱斷方向의 地盤反力 計算法으로서는 다음과 같은 方法이 있다.

①터널을 剛體로 하고 地盤을 彈性體로 하는 方法

②터널도 地盤도 彈性體로 하는 方法

③터널을 彈性體, 地盤을 剛體로 하는 方法

5) **縱斷方向의 地盤反力과 橫斷方向이 地盤反力과의 關係에 대해서** 縱斷方向의 地盤反力의 檢討를 할 경우 縱斷方向의 局部荷重이 相當의 넓은 範圍에 分布하고 이것에 의해 地盤反力이 增減하면 橫斷方向의 斷面에 있어서는 外觀上은 荷重과 地盤反力이 均衡이 잡히지 않는다. 이 경우 不均衡의 힘은 壁의 剪斷力으로 되어 縱斷方向의 다른 部分에 傳達된다. 따라서 橫斷面의 地盤反力 判定 및 이것에 基礎한 應力計算에는 이들의 影響을 충분히 考慮해야 한다.

6) **軀體의 下部에 말뚝等을 殘置하는 경우의 地盤反力에 대해서** 坑口付近等에서 아래 스라브의 아래에 말뚝을 施工하는 경우, 假設에 使用한 말뚝이 殘置되어 그 支持力이 큰 경우, 地下連續壁을 本體利用하는 경우 等에는, 解說 그림 2.9에 表示한것 같이, 말뚝이나 地下連續壁의 根入部가 存在하는 것에 의해, 一般的인 아래 스라브 直接支持의 경우와 顯著하게 다른 支持條件이 된다. 이 경우 말뚝等의 나사定數, 地盤反力係數, 部材의 變形等을 考慮하여 地盤反力을 算定할 必要가 있다.

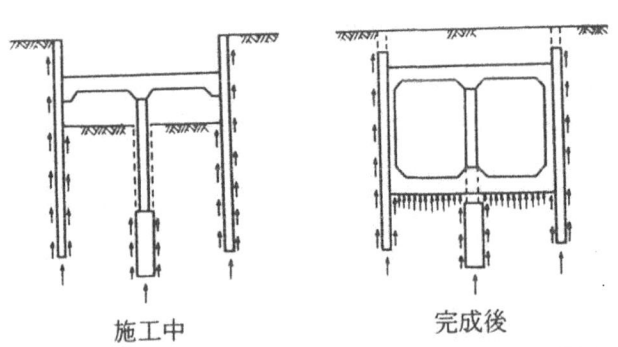

施工中   完成後

解說 그림 2.9 말뚝 등을 殘置한 경우의 支持狀態

> 2.4.4 軀體의 安定
> (1) 開鑿式터널의 設計에 있어서는 터널의 荷重에 대해서 地盤支持力이 충분하다고 確認하여야 한다.
> (2) 地下水位以下에 設置되는 開鑿式터널은 浮力에 대하여 安全하여야 한다.

【解 說】(1)에 대해서   터널 底面의 地盤에 作用하는 鉛直荷重은 터널의 自重과 內部荷重이 그 排土重量보다도 가벼운 경우가 많기 때문에 施工前의 흙의 先行荷重보다도 적게 됨으로 一般的으로 地盤支持力이 設計上問題로 되는것은 드문일이다.

터널 上部에 構造物이 設置되는 경우는 터널 底面의 地盤은 上載構造物과 터널과의 荷重을 받기 때문에 터널 및 上載構造物의 諸條件을 考慮하여 地盤支持力의 計算을 해서 그 값이 許容支持力以內에 있는가 어떤가를 檢討하여야 한다. 許容支持力을 넘는 경우에는 말뚝基礎 等을 使用할 必要가 있다.

(2)에 대해서   地下水中에 設置되는 開鑿式터널에 浮力이 作用하기 때문에 터널全體의 浮力에 對한 檢討가 必要하다.

浮力에 대해서 特히 注意할 必要가 있는것은 다음과 같은 터널의 自重및 土被荷重에 비해서 浮力이 크게 된다고 豫想되는 경우이다.

① 地下水位가 높고 土被가 적은 경우
② 터널部에서 地上으로 移行區間

> 2.4.5 軀體의 應力
> 軀體의 應力計算은 터널에 作用하는 2.3의 諸荷重에 따라 主로서 橫斷方向에 대해서 하는 것으로 한다. 더욱, 必要한 경우에는 縱斷方向에 대해서도 計算을 하여야 한다.

【解 說】開鑿式터널의 軀體는 橫斷方向과 더불어 縱斷方向에도 立體的으로 連續하고 있다. 따라서 橫斷方向과 縱斷方向의 어느것에 대해서도 軀體의 應力을

檢討할 必要가 있으나 縱斷方向에 대해서는 一般的인 경우 2.4.3 解說3)에 表示한 경우 외에는 그 檢討計算을 省略해도 좋다.

1) 橫斷方向의 應力에 대해서   開鑿式터널의 橫斷面形狀은 施工性, 利用目的 等의 關係에서 一般的으로 상자形라멘으로 하고 있다. 이 라멘應力計算에는 2.3.2에 表示되어 있는 各 荷重에서 터널 建設地點의 狀況에 適應하는 荷重을 選定하고 이들의 荷重에 의해 생기는 地盤反力을 加해서 彈性理論에 基礎해서 部材應力을 計算하는 것으로 한다.

地盤反力의 算定은 2.4.3에 표시에 따르나 解說1)의 ①, ②, ③의 어느것을 選定하느냐 하는 地盤의 性狀, 構造物의 剛性이나 形狀, 構造物에 作用하는 偏壓의 程度等을 勘案하여 決定한다.

應力計算에 임해서는 2.4.3 解說1)의 ①, ②의 地盤反力狀態에 의해 應力의 算定할 경우에는 構造物에 作用하는 荷重과 이것에 均衡하는 地盤反力을 外力으로 하여 라멘의 應力을 求하는 것으로 通常 使用하는 方法이다. 또, ③의 反力狀態의 경우에는 反力이 생기는 部材를 彈性床上의 빔으로 假定하고 처음부터 地盤反力을 주지 않고 應力等을 求하는 것이다.

2) 縱斷方向의 應力에 대해서 縱斷方向의 應力計算을 必要로 하는것은 主로 2.4.3 解說 3)에 表示와 같은 경우이다.

同項에 表示한 경우 外에는 縱斷方向의 乾燥收縮等에 對해서 適正한 主鐵筋이 配置되어 있으면 縱斷方向의 計算은 省略해도 좋다.

縱斷方向의 軀體應力의 計算에 대해서 2.4.3 解說4) ①, ③에 表示한 方法에 의한 경우는 먼저 地盤反力을 算定하고 算定한 地盤反力과 터널에 作用하는 荷重等에서 縱斷方向의 各部應力을 求하는것으로 한다. ②에 表示方法에 의한 경우는 彈性床上의 빔으로한 計算에 의해 地盤反力, 터널 軀體의 휨, 應力等이 同時에 求하는 것이다.

3) 地下連續壁의 本體利用의 경우에 대해서 地下連續壁을 本體構造物의 一部로 使用하는 경우는 施工中의 狀態와 完成後의 狀態에 對해 各各 檢討해야 한다. 이 경우 地下連續壁을 本體에 結合하는 時点에 地下連續壁에 생기는 應力, 本體와의 結合方法, 本體와 地下連續壁과의 剛比및 結合後에 作用하는 荷重等이 設計上의 重要한 條件이 됨으로 充分한 檢討가 必要하다. 그 檢討方法은 다음의 2種類로 大別된다.

① 施工時의 設計와 完成後의 設計를 分離하여 생각하는 方法

② 施工時부터 完成後의 狀態를 連續하여 생각하는 方法

①에 대해서 施工中의 狀態에 대해서는 3.6에 表示하는 方法에 의해 흙막이 壁으로서의 安全性을 確認하고 完成後에 대해서는 完成後의 構造系와 荷重에 의해 設計를 하는 方法이다.

②에 대해서 施工開始에서 完成後까지 施工段階에 따른 構造系및 荷重의 變化에 대하여 一貫한 解析手法을 使用하여 設計하는 方法이다.

이들의 方法중 ②의 方法은 部材應力의 合成等에 의해 合理的인 檢討를 하는 利点이 있으나 計算은 複雜하다.

解說 表 2.6 地下連續壁의 本體利用의 例

方式	特徵
單獨壁方式	地下連續壁을 本體構造物로 하여 그대로 이용하는 方法이다. 깊은 터널의 경우에는 벽두께가 큰것으로 되고 施工이 곤란.
重壁方式	地下連續壁과 本體壁의 사이에 전단력의 傳達을 기대하지 않는 構造로 지하연속벽과 본체벽이 그 剛比에 의해 하중을 분담한다.
一體壁方式	地下連續壁과 本體壁을 鐵筋등으로 緊結한 것으로 兩壁에 완전히 일체로 되고 외력에 저항하기 때문에 다른 방식에 비해 剛性이 높은 구조로 된다.

土質諸數値의 精度나 斷面破壞의 縱局耐力에 대한 先行應力의 影響度合等을 勘案하면 ①의 方法으로 한것도 많다.

地下連續壁을 本體構造物로 하여 利用하는 例를 解說 表2.6에 表示한다.

2.4.6 터널의 耐震設計

터널의 耐震設計를 할 경우는 震度法 또는 應答變位法에 의해 터널의 安全을 確認을 하여야 한다. 또, 建設地点의 地形및 地盤等의 影響을 包含 全體的으로 터널의 安全性을 確認할 必要가 있다.

【解 說】 開鑿式터널의 設計에 있어서는 地震의 影響을 다음과 같이 생각하는 것이 一般的이다. 터널이 거의 均一한 地盤中에 있고 또 土被가 큰 경우에는 터널은 地盤의 振動과 거의 같이 振動하고 그 影響은 크게 받지 않은 것으로 생각되어 地震에 대한 檢討를 省略하는 수가 많다.

그러나 터널의 地震에 있어 擧動은 地上構造物의 경우와 달라 地震動과 터널 및 周邊地盤의 相互作用은 대단히 複雜하며 지금 더욱 不明한 점도 많고 충분히 注意할 必要가 있다. 터널이 地震의 影響을 크게 받는것으로 생각되는 要件으로 하여 2.3.11 解說에 표시한 ①~⑥의 경우에 대해서는 터널의 耐震性을 充分히 檢討하여야 한다.

地震의 影響을 檢討하는데 있어서는 다음의 地震力을 考慮한다.

① 터널의 自重 및 載荷重에 起因하는 慣性力
② 地震振動에 따른 土壓
③ 地震時의 地盤의 變位 또는 變形에 의해 생기는 土壓
④ 地盤의 流動化에 의한 浮力및 水壓

實際의 計算에 있어서는 上記의 荷重要素를 設計條件에 合해서 適宜選擇하고 安全側의 設計로 되도록 考慮한다.

터널은 構造物이 길게 連續하고 있기에 驛部터널이나 수직坑等 보통 斷面剛性의 다른 部分이 있음으로 部分的인 檢討를 하여 構造物 全體가 耐震的으로 되도록 특히 配慮할 必要가 있다.

또, 터널 周邊地盤의 安定 특히 遊動化하기 쉬운 砂質地盤, 塑性變形이 豫測되는 軟한 粘性土地盤, 地形的으로 傾斜되어 있는 地盤等의 安定性에 대해 檢討할 必要가 있다.

1) 耐震計算法의 適用에 대해서 構造物은 地震力을 받으면 振動한다. 따라서 이것에 대해 動的解析을 할 것이나 이 方法을 모든 경우의 터널에 採用해 얻기에는 이루지 못했다. 여기서 터널의 耐震設計는 터널의 形狀, 치수, 重量 및 地盤의 狀態等에 의해 震度法 또는 應答變位法에 의해 터널의 安全을 確認하는 것으로 했다.

터널은 그 內空部를 包含한 單位體積重量이 周邊 地盤의 單位體的重量에 比해서 가벼운가 또는 같은 程度 일때가 많음으로 一般的인 地震의 影響으로서는 地震動에 따른 周邊地盤에 생기는 變位, 變形等이 重要한 것이다.

이것에 대해서 構造物의 重量이 周邊地盤의 重量에 比較하여 相當程度 무겁고 땅덩어리 같은 경우는 地震의 影響으로서는 構造物의 自重에 起因하는 慣性力이 支配的인 要素로 된다.

이와같은 構造物에 대한 地震 影響의 特性에서 耐震計算法으로서는 前者와 같은 경우는 應答變位法에 의하나 또, 後者와 같은 경우는 震度法等에 의하는것이 適當하다.

터널 各部의 耐震設計는 다음의 檢討手法에 의하는 것을 標準으로 한다.

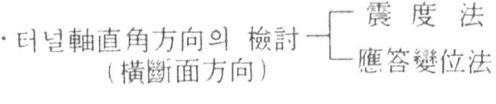

震度法은 地震의 影響을 便宜上 靜的인 힘으로 생각하고 터널의 自重, 터널內部의 死荷重 및 上部의 載荷重에 起因하는 慣性力 및 地震時 土壓에 대해서 計算을 할 手法이며 主로 2.3.11 解說 ①및 ②의 경우에 適用한다.

應答變位法은 터널의 地震時에 있어 擧動을 主로하여 周邊地盤 變形에 의해 支配되는것으로 생각하고 地震時의 地盤 變位를 適當한 方法으로 推察하고 이 地盤의 變位에 比例하는 外力을 地震力으로 하여 터널에 作用시켜 한편 터널을 받치고있는 周邊地盤도 適當한 地盤모델을 假定하고 周邊地盤에서의 反力이나 터널의 變位, 應力의 算出을 할 手法이며 主로 2.3.11 解說 ③및 ④와 같이 터널의 軸方向 또는 軸直角方向에 대해서 地盤 變位量의 差가 생기는 경우에 適用한다.

더욱, 震度法이 適用된다는 ①또는 ②의 條件과 應答變位法이 適用된다. ③또는 ④의 條件等이 重複하고 있는것 같은 경우에는 兩者에 대해서 檢討를 하여 安全을 確認할 必要가 있다.

動的解析法은 主로 前記의 震度法, 應答變位法에 의한 檢討를 하고 다시 嚴密한 檢討를 要하는 터널을 對象으로 하고 特히 軟弱地盤上의 터널이나 地盤의 急變地帶를 通過하는 터널 等에 있어 터널 軸方向의 檢討할때 地盤에 의한 動的擧動을 正確하게 考慮할 때 等에 適用된다. 이 手法은 터널과 周邊地盤을 質点系에 置換하고 應答解析을 하는 方法이나 計算모델, 入力地震動의 適切, 解析結果의 分析等이 複雜하며 全面的으로 採用하기는 이루지 못했다. 그러나 地震時의 自

然現象을 취할 때에는 有力한 手法이므로 本解析法을 使用하여 計算했을 경우는 그 結果는 충분히 尊重하고 다른 計算法에 의한 結果 및 設計條件等을 組合하여 解釋하는것이 바람직하다.

더욱 터널의 耐震設計에 관한 具體的인 設計方法 및 注意事項等에 대해서는 圈末의 【資料編】을 參照할것.

2) 許容應力度의 割增에 대해서 地震時에 있어 許容應力度의 割增時는 2.6.5에 의한것으로 한다.

더욱 地盤의 性狀, 地震動의 特性및 構造物의 特性等에 의해서는 部分的으로 대단히 큰 應力이 생기는 수가 있고 許容應力度法의 適用이 適當치 않을 경우가 있다.

一般的으로 터널은 地盤의 變位에 追隨한 擧動을 表示하기 때문에 地盤變位以上의 構造物의 變位는 이르키기 어렵고 또, 部分的으로 큰 應力이 생겨도 **龜裂發生**에 의해 應力의 再分配에 의해 그 部分이 즉시 破壞는 되지 않는다고 본다. 따라서 이와같은 構造物全體의 變形性態를 評價할때는 許容應力度法뿐 아니라 材料의 許容하는 變形을 考慮한 部材斷面의 安全性의 調査를 必要로 하는 경우도 있다.

3) 構造細目에 대해서 터널은 縱斷方向으로 連續한 構造物임으로 地震의 影響을 考慮하고 터널을 充分補强해 둘 必要가 있다.

이 경우 設計上 다음과 같은 配慮가 必要하다.

① 縱斷方向의 檢討計算을 했을 경우 縱斷方向의 鐵筋이 主鐵筋으로써 作用함으로 橫斷方向의 設計에서 定하는 配力鐵筋으로 충분한가 어떤가를 檢討할 必要가 있다.

② 軟弱한 支持地盤中에 設置하는 地下鐵 터널 等에는 中柱를 連續한 壁構造로 하고 充分한 配力鐵筋을 配置한다.

③ 剛性, 形狀이 顯著하게 다른 터널(수직坑等)의 接續部分은 큰 應力集中에 대해 構造物이 致命的인 被害를 받지 않도록 可撓性의 이음을 使用하는등 각각의 部材端部는 充分補强한다.

坑口付近에서 顯著한 土被가 적은 터널이 地下水位의 높은 砂地盤中에 있는 경우는 流動化에 따른 浮力을 豫測하고 充分히 安全한 配慮가 必要하다.

2.5 材　　料

2.5.1 材　料

開鑿式터널의 軀體에 使用하는 材料는 表 2.1의 規格에 適合한 것을 標準으로 하거나 建設部「콘크리트標準示方書」의 規定에 의한다.

表 2.1 使用材料規格

種別		規　格	記號
시멘트		KS L 5201 포틀랜드 시멘트	
		KS L 5210 고로 슬래그 시멘트 A, B, C 3種	
		KS L 5401 실리카 시멘트 A, B, C 3種	
		KS L 5211 플라이애쉬 시멘트 A, B, C 3種	
鐵筋		KS D 3504 鐵筋콘크리트用 棒鋼	SR 24, SR 30, SD 30A, SD 30B, SD 35, SD 40
鋼管기둥	鋼材	KS D 3503 一般構造用壓延鋼材	SS 41
		KS D 3515 熔接構造用壓延鋼材	SWS 50
		KS D 3566 일반구조용 炭素鋼鋼管	SPS 50
	鑄鋼品	KS D 3710 炭素鋼鑄鋼品	SF 49
		KS D 4106 熔接構造用鑄鋼品	SCW 49
		KS D 4108 熔接構造用遠心力鑄鋼管	SCW 50-CF

【解　說】開鑿式터널의 軀體에 使用하는 材料의 規格을 表示한 것이다.

더욱 本文에 規定이 없는것을 使用할 경우는 責任技術者의 承認을 얻어야 한다.

1) 시멘트에 對해서　여기에 실린 시멘트는 각각 特徵이 있고 品質에는 약간의 差異가 있다. 따라서 工事에 쓰이는 시멘트를 選定할 경우에는 構造物의 種類, 位置, 氣象條件, 施工時期, 施工法等을 考慮하여 所要의 品質의 콘크리트가 經濟的으로 얻어지도록 注意하여야 한다.

2) 鐵筋에 對해서　KS D 3504「鐵筋콘크리트用棒鋼」에 規定되어 있는 鐵筋중 使用實績이 많은 것에 對해 表示하면 解說 表 2.7과 같다.

解說 表 2.7 鐵筋의 機械的 性質

種別	規格		記號	降伏点(kgf/mm²)	引張强度(kgf/mm²)
鐵筋	KS D3504 鐵筋콘크리트用棒鋼	丸鋼	SR 24 SR 30	24 以上 30 以上	39~53 45~61
		異形鋼俸	SD 30 A SD 30 B SD 35 SD 40	30 以上 30~40 35~45 40~52	45~61 45 以上 50 以上 57 以上

3) **鋼管기둥에 대해서** 地下鐵驛의 홈 및 콘코스의 기둥으로 널리 사용되고 있는 鋼管기둥等 一般的인 材質에 대해서 規定한 것이다. 이 機械的性質에 대해서 解說 表 2.8에 표시한다.

解說 表 2.8 鋼管기둥 등의 機械的 性質

種別	規格		記號	降伏点 (kgf/mm²)	引張强度 (kgf/mm²)
鋼材	KS D 3503 一般構造用圧延鋼材	2種	SS 41	두께에 의해 22~25 以上	41~52
	KS D 3515 溶接構造用圧延鋼材	2種	SWS 50	두께에 의해 30~33 以上	50~62
	KS D 3566 一般構造用炭素鋼鋼管	——	SPS 50	32 以上	50 以上
鑄鋼品	KS D 3710 炭素鋼鑄鋼品	——	SF 49	28 以上	49 以上
	KS D 4106 溶接構造用鑄鋼品	2種	SCW 49	28 以上	49 以上
	KS D 4108 溶接構造用遠心力鑄鋼管	11種	SCW 50-CF	32 以上	50 以上

2.6 許容應力度

2.6.1 許容應力度의 決定

開鑿式터널의 設計에 使用하는 許容應力度는 荷重狀態, 設計計算上의 假定, 構造細目, 施工方法, 構造物의 種類및 重要度 部材의 構造物에 있어 重要度 程度, 設計荷重을 받을때의 變形 및 균열 等을 考慮하여 定하여야 한다.

[解 說] 이 章에 規定한 許容應力度는 上記의 것을 생각하여 一般的인 標準値를 表示한 것이다.

이 指針書에 表示하고 있는 設計方法및 施工方法에 따라서 만들어진 開鑿式터널의 構造物에 適用되는 것으로 實際의 設計에 있어서는 그 構造物의 條件을 充分히 考慮하고 이 章에 表示한 값을 標準으로 하여 適切한 값을 定하는 것으로 한다.

2.6.2 콘크리트의 許容應力度

(1) 콘크리트의 許容應力度는 一般的으로 28日 設計基準强度 σ_{ck}를 근간으로 하여 이것을 定하는 것으로 한다.

(2) 許容휨 壓縮應力度 σ_{ca} (軸方向壓縮에 따른 경우를 包含)

$$\sigma_{ca} \leq \frac{\sigma_{ck}}{3}$$

(3) 許容勢斷應力度는 表 2.2의 값 以下로 한다.

표 2.2 허용전단응력도 (kgf/cm²)

區 分		設計基準强度 σ_{ck}				
		180	210	240	300	400以上
경사인장철근의 계산을 하지 않을 경우		4	4.2	4.5	5	5.5
암발전단에 대해서		8	8.5	9	10	11
경사인장철근의 계산을 한 경우	전단력만의 경우*	18	19	20	22	24

* 나사의 영향을 고려하는 경우에는 그 값을 割增할수가 있다.

(4) 許容付着應力度는 表 2.3의 값 以下로 한다.

表 2.3 許容付着應力度　　　(kgf/cm²)

區分	設計基準强度 σ_{ck}				
	180	210	240	300	400以上
丸鋼	7	7.5	8	9	10
異形棒鋼	14	15	16	18	20

(5) 許容支壓應力度

$$\sigma_{ca} \leq 0.3\, \sigma_{ck}$$

局部的載荷의 경우에는 콘크리트面의 全面積을 A, 支壓을 받는 面積을 A'로 한 경우 許容支壓應力度 σ_{ca}는 다음 式으로 이것을 구할수가 있다.

$$\sigma_{ca} \leq \left(0.25 + 0.05\, \frac{A}{A'}\right) \sigma_{ck} \quad 단, \quad \sigma_{ca} \leq 0.5\, \sigma_{ck}$$

支壓을 받는 部分이 充分히 補强되어 있는 경우에는 試驗에 의해 安全率이 3 以上으로 되는 範圍內에서 許容支壓應力度를 定할수가 있다.

(6) 泥水置換工法에 쓰는 콘크리트의 配合은 單位시멘트量 370 kgf/m³以上, 물시멘트比 50%以下로 하고 施工方法, 泥水의 濃度等도 考慮하여 許容應力度를 定하여야 한다.

【解 說】 콘크리트의 許容應力度는 건설부 「콘크리트標準示方書」에 準하여 定한것이다.

(1)에 대해서　許容剪斷應力度 및 許容付着應力度는 σ_{ck}가 表의 中間 값인 경우는 比例에 의해 定해도 좋다.

기둥의 中心軸方向荷重에 대해서는 極限强度에 近間한 設計를 함으로 콘크리트의 許容軸方向壓縮應力度를 規定하고 있지 않다.

(2)에 대해서　휨은 모멘트와 軸方向荷重을 받는 部材의 設計에 彈性理論을 取入하는 경우에는 軸方向荷重의 偏心量 또는 斷面에 있어 壓縮應力의 分布狀態

에 따라 許容應力度를 變하는 것도 생각되나 여기에는 許容 휨 壓縮應力度는 軸方向荷重을 따른 경우도 包含해서 設計基準强度의 1/3로 定한 것이다. 더욱 軸方向荷中의 偏心量이 적은 경우에 대해서는 極限强度에 近間해서 最大許容軸方向荷重을 定하는 것이 좋다.

(3)에 대해서 여기에 定한 許容剪斷應力度는 傾斜로 균열된 것을 피할것, 傾斜로 균열된 그 幅이 有害가 크게되지 않는 範圍에 제어할것 및 剪斷破壞에 대해서 충분히 安全한 것을 생각해 實驗結果와 實際的 考慮에 基礎해서 從來의 實績을 尊重하고 定한 것이다.

(4)에 대해서 鐵筋과 콘크리트의 付着强度는 콘크리트의 强度, 鐵筋의 表面形狀, 部材에 있어 鐵筋의 位置및 方向및 鐵筋의 지름 등에 의해 다르다. 또, 鐵筋의 定着 또는 이음에 있어 付着과 휨은 部材에 있어 剪斷力에 의한 鐵筋의 付着이란 性質이 같지는 않다. 이와같은 鐵筋의 許容付着應力度에 대해서는 더욱 明確치 못한 点이 적지 않으나 여기서는 實績을 尊重하고 從來의 規定에 따라 許容應力度를 定한 것이다.

(5)에 대해서 A와 A'의 도심은 일치하고 A'가 多數 있을때는 각각의 A는 重複해서는 않된다. 또, 支壓面의 付近은 適當하게 配筋하여야 한다.

(6)에 대해서 泥水置換工法에 쓰이는 콘크리트의 强度는 트레미를 써서 施工한 경우에도 施工條件에 의해 약간 變化함으로 一般的인 값을 표시하기는 어려우나 콘크리트의 許容應力度는 解說 表 2.9를 基準으로 하여 定해도 좋다.

解說 表 2.9 泥水置換工法에 사용되는 콘크리트許容應力度(kgf/cm²)

		許容応力度
許容휨 壓縮應力度		70
許容剪斷應力度	경사인장철근의계산을하지않은경우	4.2
	경사인장철근의 계산을 한 경우	18*
許容付着応力度	丸 鋼	5
	異形棒鋼	11
許容支圧応力度	A : 콘크리트면의 전면적 A' : 지압을 받는 면적	$\left(0.25 + 0.05\dfrac{A}{A'}\right) \times 210$ 단, 105 以下

注1) 공준공시체의 설계기준강도는 300kgf/cm²이상
　2) 니수의 농도가 10%를 초과한 경우에는 별도로 정하여야 한다.
　3) 나사의 영향등을 고려할 경우에는 *인 수치는 별도로 정할수가 있다.

2.6.3 鐵筋의 許容應力度

(1) 鐵筋의 許容引張應力度는 一般的으로 表 2.4의 값 以下로 한다.

표 2.4 鐵筋의 許容引張應力度 (kgf/cm²)

鐵筋의 種類	SR 24	SR 30	SD 30 A	SD 30 B	SD 35	SD 40
許容引張應力度	1 400	1 600	1 800	1 800	2 000	2 100

(2) 返操하는 荷重의 影響이 顯著한 部材의 鐵筋 許容引張應力度는 一般的으로 疲勞强度에 의해 定하며 表 2.5의 값 以下로 한다.

표 2.5 疲勞强度에서 定하는 鐵筋許容引張應力度 (kgf/cm²)

鐵筋의 種類	SR 24	SR 30	SD 30 A	SD 30 B	SD 35	SD 40
許容引張應力度	1 400	1 600	1 600	1 600	1 800	1 800

【解 說】鐵筋의 許容應力度는 건설부「콘크리트 標準示方書」에 準하여 定한 것이다. 鐵筋의 許容引張應力度를 높게 잡으면 콘크리트에 比較的 큰 균열이 나서 철근에 녹이 생겨 部材의 耐久性이 손실되는 위험이 있다. 따라서 특히 激한 氣象作用을 받는 部材, 물, 其他의 液體에 接하는 部材 특히 水密性을 要하는 部材等과 같이 콘크리트에 생기는 균열이 有害한 影響을 미치는 경우에는 (1)에 표시한 鐵筋의 許容引張應力度는 部材의 露出條件, 其他에 따라서 더욱 낮게 취하여야 한다.

터널이 多層의 構造로 中層이 鐵道터널等에 使用하는 경우 여기서 活荷重을 支持하는 스라브 및 反復荷重의 影響을 받는 部材로 하여 設計해야 한다.

泥水置換工法에 의한 콘크리트에 쓰이는 鐵筋의 許容應力度는 解說 表 2.10를 基準으로 하여 定한 것이다.

표 2.10 泥水置換工法에 사용되는 鐵筋許容引張應力度
(kgf/cm²)

鐵筋의 種類	SR 24	SD 30 A	SD 30 B	SD 35
許容引張應力度	1 400	1 600	1 600	1 800

2.6.4 鋼管기둥의 許容應力度

鋼管기둥의 許容應力度는 一般的으로 표 2.6의 값 以下로 한다.

표 2.6 鋼管기둥의 許容應力度

記 號	引張應力度 (kgf/cm²)	壓縮應力度 (kgf/cm²)	軸方向許容壓縮應力度 應力度 (kgf/cm²)	適用
SPS 50 SWS 50 SCW 50-CF	1 900	1 900	1 900	$l/r \leq 15$
			$1\,900 - 13(l/r - 15)$	$15 < l/r \leq 80$
			$\dfrac{12\,000\,000}{5\,000 + (l/r)^2}$	$80 < l/r$
SF 49	1 400	1 500	—	
SCW 49	1 600	1 700	—	
SS 41	1 400	1 400	—	

여기서, r : 鋼管의 斷面2次 半徑(cm)
l : 기둥의 길이(cm)

【解 說】鋼管기둥은 地下鐵驛의 홈 및 콘코스의 기둥으로 하여 널리 사용하고 있으나 그 構造形式에는 두가지로 크게 나눈다. 그 하나는 鋼管本體에 溶接構造用遠心力鑄鋼管 等을 써서 全荷重을 鋼管本體로 支持하여 모든 鋼管기둥이라 칭한다.

또 하나는 鋼管本體에 一般構造用 炭素鋼管을 써서 全荷重을 鋼管本體와 鋼管 內에 충진하는 콘크리트로 分担하여 支持하며 合成鋼管기둥이라 칭한 것이다. 이러한 경우에 있어서도 鋼管의 應力計算에는 여기서 表示한 許容應力度를 適用해도 좋다.

2.6.5 許容應力度의 割增

本章의 許容應力度는 表 2.7에 表示한 荷重 種類의 組合에 따라 表 2.8에 表示한 係數에 의해 割增할 수가 있다.

表 2.7 荷重의 種類

(a) 地表面上의 荷重
(b) 土被荷重
(c) 土壓
(d) 水壓
(e) 浮力
(f) 自重
(g) 터널내부의 荷重
(h) 溫度變化 및 乾燥收縮의 影響
(i) 地震의 影響

表 2.8 許容應力度의 割增係數

表 2.7에 荷重의 組合	係 數
(a)+(b)+(c)+(d)+(e)+(f)+(g)	1.00
(a)+(b)+(c)+(d)+(e)+(f)+(g)+(h)	1.15
(a)+(b)+(c)+(d)+(e)+(f)+(g)+(i)	1.50

단, 施工時의 荷重에 대해서는 施工時의 狀態, 期間을 考慮하여 割增을 할수가 있다.

【解 說】 表 2.7의 荷重以外의 荷重이 作用하는 경우에 대해서도 載荷條件等을 考慮하여 割增할수가 있다. 단 콘크리트에 대해서는 本章에 定해진 許容應力度의 2倍 鐵筋에 대해서는 降伏点應力度를 넘어서는 안된다.

2.7 垂直坑

2.7.1 適用의 範圍

本章은 開鑿式工法에 의한 永久構造物로서의 수직坑의 設計에 관해 特히 必要한 事項에 대해서 表示한 것이다.

【解 說】 最近의 都市터널은 地下埋設物에 따라 深部化되어 있고 실드工法에 代表되는 水平掘進工法이 많이 이용되고 있다. 이 水平掘進工法에 의한 터널에는 터널施工上 必要로 하는 發進수직坑, 到達수직坑 等의 作業基地로서의 假設수직坑과 터널施設의 機能上 必要로 하는 永久構造物로서의 수직坑等이 있다. 後者는 前者를 검하여 計劃되는 경우가 많다.

垂直坑은 一般的으로 깊고 開鑿式工法에 의해 施工되는 獨立된 가늘고 긴 構造體이며 平面치수에 비해 鉛直方向의 치수가 比較的 큰 것으로 設計에 있어서는 通常의 開鑿式터널과 다른 配慮가 必要하다.

또, 鐵道터널 等에는 獨立한 수직坑이 아니고 驛部로서의 開鑿式터널의 端部를 水平掘進工事의 作業基地로 쓰는 수도 있다. 이 경우 本章의 關聯條件을 充分히 檢討한 後에 必要에 따라서 準用하면 좋다.

2.7.2 設計의 基本

수직坑의 形狀및 크기는 永久構造物로서의 機能을 滿足하고 또한 保守管理上必要로 하는 形狀치수이나 荷重條件, 地盤條件, 施工方法等을 考慮하여 決定하여야 한다.

【解 說】 內空斷面의 決定에 있어서는 2.2.6 외에 수직坑에 있어서는 昇降段階나 資材搬入出을 위한 크레인設備等 特有의 設備에 대해서도 考慮한다. 또, 水平掘進工事等의 作業基地로서 쓰이는 경우는 4.18.1에 의한 假設時에 必要한 內空

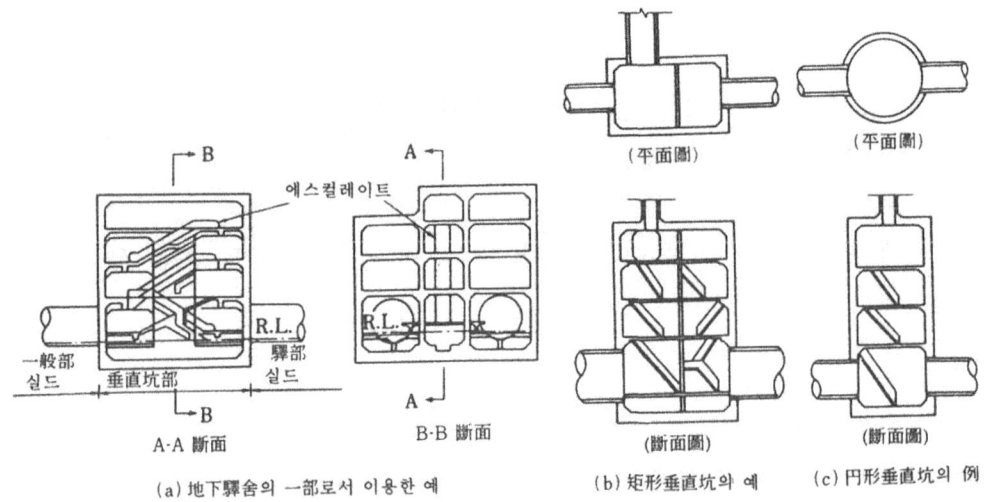

解說 그림 2.10 垂直坑의 構造例

斷面을 確保하여야 한다.

  一般的으로 使用하는 수직坑의 斷面形狀은 矩形및 円形이다. 구형의 경우는 土壓에 抵抗하기 때문에 部材로서 빔이나 隔壁等이 必要할때가 많고 上下에 連續한 內空斷面을 確保하는 点으로 工夫를 要하나 斷面의 有效利用이 可能하다. 円形의 경우는 地盤條件이 나쁜 경우나 깊은 경우에도 壁體만으로 土壓에 對應하는 것이 比較的 容易하며 또, 실드터널等의 設置方向이 任意로 選定되므로 設置位置가 制限되는 경우에는 有利하나 利用할 때에는 余剩空間이 생기는 경우가 있다.

  수직坑의 構造의 例를 解說 그림 2.10에 表示한다.

2.7.3 荷 重

수직坑의 設計에 있어서는 2.3에 표시한 荷重을 考慮하고 특히 다음의 事項에 대해서 檢討하여야 한다.

1) 수직坑에 作用하는 土壓및 水壓
2) 偏荷重
3) 地震의 影響

【解 說】 수직갱의 設計에 關한 荷重은 基本的으로는 2.3에 表示한 荷重 중에서 必要한것을 選定하면 좋다. 그러나 通常의 開鑿式터널이 地盤內의 比較的 낮은 位置에 水平方向으로 連續하여 設置되는 構造物임에 대하여 수직갱은 地表에서 地盤深部까지 鉛直方向에 筒狀으로 되는 獨立된 構造物로 平面치수에 比해서 깊을때가 많다. 이때문에 設計에 있어서 수직갱固有의 檢討가 必要 事項이 있다.

1) 수직갱에 作用하는 土壓및 水壓에 對해서 土壓에 있어서는 2.3.5에 있어 記述한것 같이 橫方向에 긴 壁面을 갖는 一般的인 開鑿式터널에는 깊이는 거의 比例하여 土壓이 增加하는 것으로 생각된다. 이것에 對하여 上下方向에 가늘고 긴 構造인 수직갱에는 構造의 크기, 土質條件等에 따라 深部로 土壓의 增加가 없는 경우가 있다. 이와같은 土壓輕減效果는 地盤의 硬軟, 수직갱의 깊이와 幅의 比率 等의 條件에 따라 다른것으로 생각되며 定量的으로 求하는 것은 어려우나 比較的 良好한 地盤에 있어 幅에 對하여 깊이가 큰 경우 地表面下 15~20m以上 깊이 에는 깊이에 의한 土壓의 增加를 低減하여 設計할수가 있다.

水壓에 對해서는 깊은 수직갱의 경우에는 水壓이 本體에 미치는 影響이 크다. 地中의 水壓分布는 不透水層의 存在에 의해 不連續으로 되어 있으나 수직갱의 施工에 의해 不透水層이 掘鑿되어 上部透水層에서 下部透水層으로 側壁等을 傳하는 逸水하는 경우에는 上下의 透水層 이어지는 水壓分布로 되는수가 있다. 따라서 設計水壓을 決定하는것은 土質, 施工方法에 의한 地下水頭의 變化에 對해 檢討할 必要가 있다.

2) 偏荷重에 對해서 解說 그림 2.11의 例에 表示와 같은 수직갱에 隣接하는 다른 構造物等의 影響에 의해 수직갱側壁에 偏荷重에 作用하는수가 있다. 特히 円形斷面의 수직갱에는 이 偏荷重의 影響이 크기 때문에 注意가 必要하다.

以下에 偏荷重이 作用하는 경우의 例를 列擧한다.

① 地上構造物에서 上載荷重으로서 수직갱側壁에 偏荷重이 作用할 경우
② 다른地下構造物에서 수직갱側壁에 偏荷重이 作用할 경우
③ 수직갱의 片側에 盛土 切取가 行하여질 경우

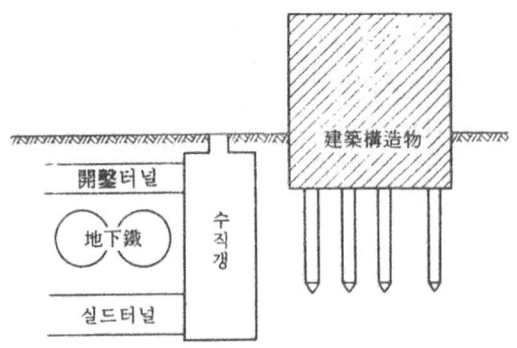

解說 그림 2.11 隣接構造物에서의 影響

3) 地震의 影響에 대해서 地震의 影響에 대해서는 2.3.11를 參照할것.

一般的으로 地震에 대한 檢討를 必要치 않을 경우가 많으나 수직坑은 鉛直方向에 긴 構造物임으로 周邊地盤의 깊이 方向의 相對變位量이 큰 경우에는 수직坑의 耐震性에 대해 檢討하는 것이 좋다.

더욱 수직坑과 水平掘進터널의 接續部에는 수직坑과 터널의 地震에 의한 擧動이 다를때가 많기 때문에 全體가 耐震的인 것이 되도록 2.7.4~2.7.5에 表示와 같은 檢討나 對策이 必要하다.

2.7.4 構造計算

수직坑의 構造計算은 構造形式, 地盤條件等을 考慮하고 實狀에 適合한 解析을 하여야 한다. 이때 다음의 事項에 대해 特히 注意할 必要가 있다.

1) 構造形式에 따른 適切한 解釋모델
2) 터널接續部
3) 假設構造物의 本體利用

【解 說】수직坑의 構造計算에 使用되는 地盤의 諸性質이나 荷重은 各種의 假定下에 算出된 것이며 그 값에 대해서는 變動幅을 가지고 생각할 必要가 있다. 또,

一般的으로 使用되는 設計手法에는 立體不靜定構造物이다. 수직坑을 平面모델로 置換해서 解析을 하기 때문에 모델化의 段階로 假定이 따른다. 이때문에 構造計算에 있어서 計算의 前堤條件 및 計算結果에 대해서 從來의 經驗이나 데이타의 蓄積을 參考로 하여 實狀에 따라 檢討가 必要하다.

1) 構造形式에 따른 適切한 解析모델에 대해서 수직坑의 解析모델로서는 수직坑의 周面 土壓, 水壓等에 의해 外壁 및 그것을 支持하는 水平빔에 생기는 應力에 關한 것과 地盤의 變位等에 의해 수직坑全體의 縱方向에 생기는 應力에 關한 것이 있다.

① 外壁 및 水平빔의 應力에 關한것

수직坑의 外壁等의 應力은 2.7.3에서 기술한 荷重에 대해서 檢討한다.

外壁의 解析모델은 그 斷面形狀에 따라 다르나 여기서는 一般的으로 사용하고 있는 矩形, 및 円形斷面에 대해서 表示하는 것으로 한다.

(a) 矩形斷面

ⓐ 外壁의 縱方向을 對象으로 하고 水平빔, 上下스라브를 支点으로 하는 縱方向의 連續스라브로 하는것.

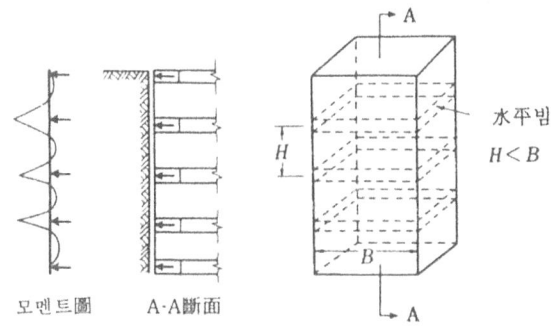

解說 그림 2.12 外壁을 縱方向의 連續스라브로한 例

外壁을 支持하는 水平빔 間隔 H가 側壁(縱方向의 隔壁등이 있는 경우에는 隔壁)의 間隔 B에 대해서 적은경우 또는 主鐵筋을 水平方向에 사용이 困難한 경우(地下連續壁을 外壁으로 한 경우等)等에 適用되는 일이 많다.

ⓑ 수직坑의 橫斷面을 對象으로 하고 外壁 또는 水平빔를 水平方向의 상자形라멘으로 하는 것.

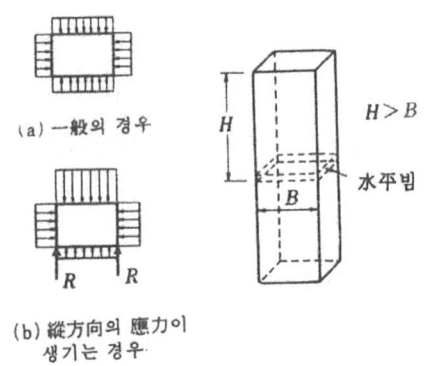

解說 그림 2.13 상자형 라멘에 작용하는 하중

　外壁을 支持하는 水平빔의 間隔 H가 側壁의 間隔 B보다도 큰 경우에 適用되는 일이 많다. 이 경우 2.7.3, 2)에 있는것 같이 外壁의 周圍에 偏荷重이 作用할 경우에는 그 影響을 考慮해야 한다. 더욱 計算斷面의 均衡은 解說 그림 2.13(b)에 表示와 같은 假想支点反力 R을 생각하는 것으로 한다.

　또, 水平빔은 外壁스라브의 反力을 荷重으로하여 상자형라멘의 計算을 한다.

　상자형라멘의 스펜이 크게되는 경우에는 中間에 部材를 設置하고 많은 스펜상자形라멘으로 한다.

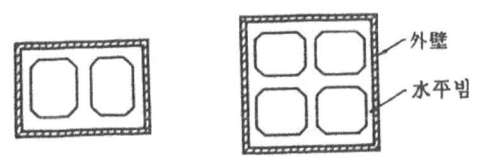

解說 그림 2.14 다스팬 상자형 라멘의 例

　ⓒ 外壁을 二方向스라브로 하는것

　外壁을 支持하는 水平빔의 間隔 H와 側壁의 間隔 B가 近似하고 있을 경우에 많이 適用된다. 이 경우 周緣의 固定度의 判定을 實狀에 맞도록 愼重하게 할 必要가 있다.

　또, 二方向스라브에 있어 H, B의 각 스팬에 대한 荷重分担割合을 求한후 이것에 의해 縱方向에 대해서는 前述한 ⓐ에 表示한 方法, 橫方向은 ⓑ에 表示한 方法에 의해 外壁의 縱橫方向의 應力을 求하는 수도 있다.

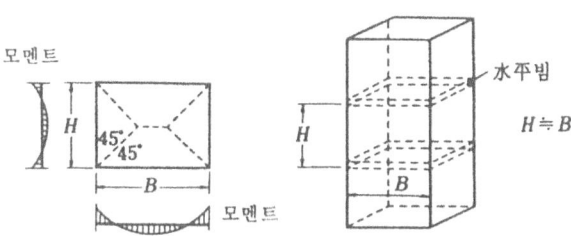

解說 그림 2.15 外壁을 二方向스라브로하는 例

또, 前述의 ⓐ및 ⓑ에 의한 경우에도 檢討한 方向과 直角인 支点付近에는 二方向스라브로서의 應力이 생기고 있음으로 ⓐ의 경우에는 側壁等의 付近의 水平方向 ⓑ의 경우는 水平빔 및 上下스라브 付近의 鉛直方向으로 用心鐵筋配置하여 두는것이 좋다.

(b) 円形斷面

円形斷面으로 外壁에 作用하는 周邊의 荷重이 均一인 경우 斷面에는 휨 모멘트가 생기지 않고 軸力만으로 되므로 矩形斷面에 비해서 應力上은 有利하다.
解析모델로는 四周에 荷重의 作用이 円環으로 한다.

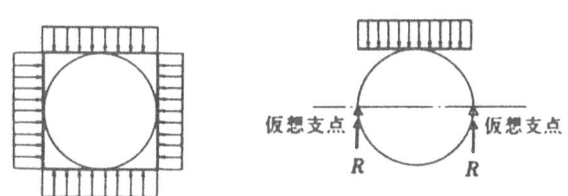

(a) 均一한 荷重에 대한 경우   (b) 不均衡한 荷重에 대한 경우

解說 그림 2.16 円形斷面에 作用하는 荷重

円形斷面에 偏荷重이 作用하는 경우는 解說 그림 2.16(b)에 있는 것 같은 假想 支点을 設置不均衡荷重에 의한 應力에 대한 檢討를 愼重하게 할 必要가 있다.

② 수직갱全體의 縱方向 應力에 關한것

수직갱全體의 周邊에는 均等인 荷重이 作用 解說 그림 2.17(a)에 表示한 應力狀態로 된다고 생각되기 때문에 수직갱全體의 縱方向의 檢討는 省略되는수가 많다.

그러나 地盤變位나 偏土壓, 수직갱의 一部에 作用하는 큰 水平荷重이 存在하는 경우等에는 解說 그림 2.17(b)와 같이 수직갱의 縱方向으로 휨 모멘트 等이 생기는 일이 있기 때문에 縱方向의 檢討가 必要하다.

이 경우 解說 그림 2.17(b)와 같이 수직갱의 縱方向으로 휨 모멘트 等의 應力이 생길 때 縱方向의 引張力, 壓縮力等도 合해서 檢討할 必要가 있다.

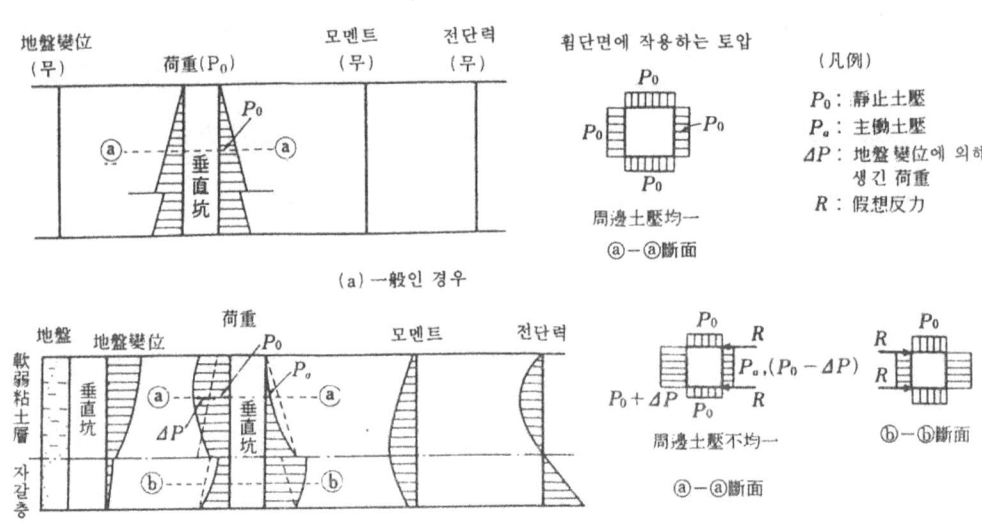

解說 그림 2.17 垂直坑의 縱方向應力에 관한 模式圖

2) 터널接續部에 대해서 터널接續部는 큰 開口가 생겨 수직갱一般部와는 構造形式 및 荷重條件이 크게 다르다. 이것에 대해 開口部周邊에 假想빔을 想定하는 등 開口部의 形狀, 치수에 따라서 適切한 解析모델을 使用하여 檢討하여야 한다.

3) 假設構造物의 本體利用에 대해서 수직갱은 深部掘鑿을 동반 큰 土壓 및 水壓을 받음으로 假設흙막이工에는 一般的으로 높은 剛性이 求해진다. 이때문에 近年 地下連續壁을 使用하는 경우가 많다. 地下連續壁工法에 있어서는 最近에 技術的

進步에 의해 施工精度가 向上하고 工法의 信賴性이 높아지고 있음으로 이것을 永久構造物로 하여 수직坑本體에 利用하는 例가 있다. 또, 深部掘鑿에 對해서 安定한 흙막이工으로 하기 때문에 **逆卷工法을 使用할** 때도 있다. 이들의 경우 地下連續壁과 內壁과 接合, 假設時에 생긴 部材應力의 本體設計에 있어 取扱等에 對해서 2.4.5, 4.17.4 等을 參考로 하여 檢討하여야 하다.

2.7.5 構造細目

수직坑의 構造細目은, 2.8.1에 準하는 外 다음 事項에 對해서 檢討하여야 한다.

1) 터널接續部
2) 防水工

【解 說】1) <u>터널接續部에 對해서</u> 터널과 수직坑의 接合部에 있어 생기는 應力集中을 減하는 方法으로서는 一般的으로 수직坑과 터널을 構造的으로 緣을 끊는 경우가 많고 特히 큰 相對變位가 豫想되는 경우에는 伸縮이음을 設置하는 수도 있다. 伸縮이음部는 構造的 不連續部分이기 때문에 **漏水發生箇所로** 되기 쉽다. 地下構造物에의 地下水의 流入은 周邊地盤을 문란케 하는 原因이 되기 때문에 充分한 止水工을 施工하여야 한다.

接續部의 構造例를 解說 그림 2.18에 表示한다.

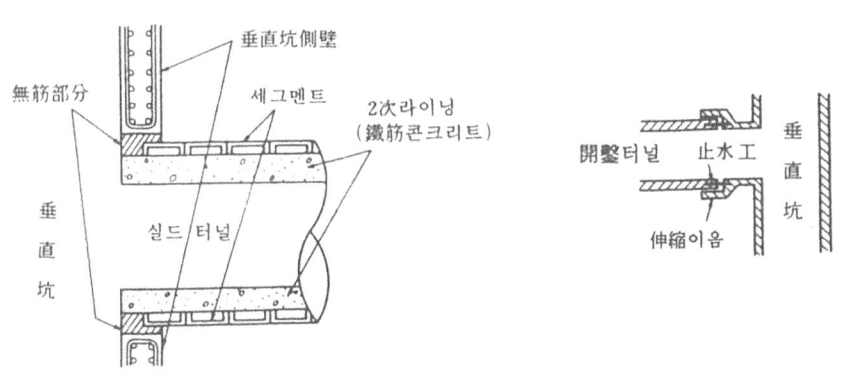

(a) 垂直坑과 실드터널 接續部의 例   (b) 垂直坑과 開鑿터널 接續部의 例

그림 2.18 垂直坑과 터널의 接續部의 例

2) **防水工에 대해서** 一般的으로 수직坑은 깊은 地層까지 掘鑿하여 設置되는 일이 많고 큰 水壓을 받기 때문에 防水工에는 충분한 配慮가 있어야 하다. 地下連續壁等의 假設構造物을 本體와 結合하여 一體利用하는 경우에는 構造的, 施工的인 制約에서 通常의 防水工을 使用할 수 없을 경우가 있으므로 防水에 대해서는 別途檢討할 必要가 있다.

2.8 構造細目

2.8.1 構造細目

(1) 鐵筋의 中心間隔은 部材치수, 굵은골재치수, 配筋狀態等을 考慮하여 定하여야 한다.

(2) 피복은 鐵筋의 크기, 配筋箇所等을 考慮해서 定하여야 한다. 또, 地下水나 流水의 水質 影響을 考慮하여야 한다.

(3) 鐵筋의 이음位置는 應力이 적은 곳에 設置하고 또, 콘크리트의 打設順序를 考慮해서 定하여야 한다.

(4) 스라브 및 壁의 配力鐵筋은 引張主鐵筋量의 1/5以上을 原則으로 한다.

(5) 터널의 斷面形狀이 變化하는 箇所, 스라브 및 壁等의 一部가 開口하는 箇所等에 있어서는 충분한 注意를 하여 配筋하여야 한다.

(6) 라멘의 구석角部에는 原則으로 헌치를 設置하여야 한다.

【解 說】構造細目에 대해서 이 지침에 明示되어 있지 않는 事項에 대해서는 建設部「콘크리트 標準示方書」에 準하는 것으로 한다.

(1)에 대해서 鐵筋의 中心間隔은 部材치수, 콘크리트의 굵은골재치수, 配筋의 種類等에 의해 定해지나 標準的인 값으로 하여 主鐵筋에는 100~200mm, 壓縮鐵筋 및 配力鐵筋에는 400mm以下로 하면 좋다. 또, 主鐵筋은 同一斷面에 있어서는 同一間隔 또는 그 倍數로 하는것이 좋다.

(2)에 대해서 鐵筋의 피복은 鐵筋의 크기, 配筋個所, 構造物의 重要性, 地下水나 流水의 水質 影響等을 考慮하여 定하면 좋다. 터널에 防水가 있는 경우와 없는 경우에는 構造物에 대한 地下水의 影響은 약간 다른 것으로 防水가 없는 경우는 피복을 一般的인 경우보다 크게 할 必要가 있다. 또, 콘크리트가 直接地中에 타설시킨 경우예를 들면 地下連續壁을 本體壁으로 하여 使用할 경우에는 施工誤差도 考慮해서 이것을 定하여야 한다.

(3)에 대해서 鐵筋의 이음位置는 施工時의 콘크리트타설이음매, 흙막이支保

工의 位置等을 充分히 考慮하여 應力的으로 不利하지 않도록 定하여야 한다. 이음의 位置는 相互간에 조금 밀어 옮겨 一斷面에 集中하지 않도록 한다. 또, 應力이 큰 部分에는 이음은 되도록 避하여야 한다.

더욱 地下連續壁을 本體構造物로 利用할 경우에는 地下連續壁과 스라브 및 本體壁과의 接合鐵筋이 필요하게 된다. 接合鐵筋에 대해서는 휨 자리의 可否 이음의 形式等에 대해 檢討함과 아울러 地下連續壁의 파넬나누기나 트레미管의 位置에 의한 配筋上의 制約條件에 대해서도 考慮하여야 한다.

(4)에 대해서 터널은 縱斷方向으로 連續한 構造物이며 그 斷面은 各種으로 變化한다. 또, 地盤도 複雜하게 變化하므로 縱斷方向에 대해서도 設計上 충분한 考慮가 필요하다. 配力鐵筋에 대해서는 主要한 部材는 引張主鐵筋의 1/5을 標準으로 하나 構造上으로 보아 縱斷方向의 補强을 필요로 하는 箇所에는 配力鐵筋에 걸친 힘이 크므로 충분한 鐵筋量을 使用하여야 한다.

(5)에 대해서 터널의 橫斷面의 形狀이 徑間割, 階層等으로 變化하는 경우는 그 接合部의 스라브 및 壁等에는 特殊한 應力이 作用하므로 設計上 충분한 配慮가 필요하다.

또, 스라브 및 壁等의 一部가 開口하는 경우에도 應力集中等에 의한 균열 發生을 防止하기 때문에 開口部周邊에 補强하기 위한 鐵筋을 配置하여야 한다.

(6)에 대해서 구석角部 및 部材接合部는 一般的으로 應力이 크게될 뿐 아니라 應力의 흐름도 不規則하게 되는 箇所이다. 따라서 라멘 구석角部및 部材接合箇所는 헌치를 設置와 더불어 헌치 筋이나 補强을 위해 鐵筋을 配置하고 충분한 補强을 行할 必要가 있다.

2.8.2 防　水

(1) 터널軀體는 그 水密性에 充分留意하여야 하다.
(2) 터널 軀體의 防水는 터널의 用途, 構造, 形狀, 施工方法 및 施工環境等에 適合하고 止水의 目的을 滿足하는 構造로 하여야 한다.

【解　說】 (1)에 대해서　開鑿式터널은　一般的으로鐵筋콘크리트構造로 地下水位 以下에 만들어지는 경우가 많음으로　터널軀體의　水密性에 충분히 留意하여야 한다.

　이때문에　터널軀體自身을 水密構造로 하는 方法 또는 防水物質로 터널軀體를 被覆하여 防水層을 만들고 水密構造로 하는 方法等에 의해　터널軀體의 水密性을 保持하는 手段이 取하여지고 있다. 防水層을 軀體가 直接水壓을 받는 面에 施工하는 것을 原則으로 한다. 또, 터널의 이음매(施工이음매)및 伸縮이음매(構造이음매)部等은　水密構造上에서 弱点으로 되는 위험이 있음으로 適切한 防水工을 設置할 必要가 있다.

　(2)에 대해서　防水工을 使用材料, 施工位置等도 分類하면 다음과 같이 된다.
　1) 材料에 의한 分類
　　① 아스팔트系防水 : 아스팔트 루핑類를 熱溶融한 아스팔트로 積層하는 方法, 아스팔트루핑類의 表面을 加熱溶融하여 積層하는 方法 및 接着材에 의한 積層하는 方法等
　　② 合成高分子材料系防水 : 合成高分子材料를 시트狀에 成型한 루핑을 張合시키는 方法(시트防水) 및 合成高分子材料의 溶液 또는 에멜죤을 塗布하여 防水層을 形成하는 方法(塗膜防水)等
　　③ 시멘트, 몰탈系防水 : 시멘트防水劑를 混入한 防水性이 있는 몰탈을 軀體에 塗布하여 防水層을 形成하는 方法
　2) 施工位置에 의한 分類
　　① 底部防水
　　② 側部防水
　　③ 頂部防水
　　④ 이음매防水
　3) 軀體 內外面에 의한 分類
　　① 外面防水(外防水) : 軀體外面에 設置하는 防水(先防水및 後防水가 있다)
　　② 內面防水(內防水) : 軀體內面에 設置하는 防水(主로 後防水)

　開鑿式터널의 種類는 많고 建設方式이나 現場의 環境條件및 施工條件도 千差万別로 하나의 防水工으로 모든것에 適應시키는 것은 어렵고 軀體工事도 建設用地 또는 經濟性等의 關係에서 狹隘한 場所에서의 施工이 大部分을 占하기 때문에 터널의 水壓을 받는 側에의 防水施工은 容易하지 않다.

특히 側部防水의 경우는 거푸집 兼用의 地下板에 防水層을 形成하여두고 그 후에 內側에 軀體를 築造하는 方法이 많이 採擇되기 때문에 防水施工에 있어서는 흙막이 支保工의 되바꿈, 撤去方法, 메꾸는 方法等 關係를 충분히 考慮하여 防水層이 確實하게 施工하고 그리고도 完成한 防水層을 損傷하는 일이 없고 止水의 目的을 滿足하도록 처음부터 施工性도 考慮하여 設計하여야 한다.

2.9 付屬設備

2.9.1 換氣設備
開鑿式터널에는 必要에 따라서 換氣設備를 設置하여야 한다.

【解 說】터널에 있어 換氣는 터널內의 發熱量이나 空氣汚染의 度合을 考慮해서 必要한 換氣量을 算定하고 이것에 기초해서 適當한 換氣設備를 設置하여야 한다.

터널內에 있어 發熱源으로서는 地下鐵의 경우 旅客, 電車, 照明等에서 發生하는 熱, 道路의 경우 自動車에서 發生하는 熱等이 있다. 또, 空氣汚染源으로서는 自動車排氣가스, 旅客의 呼吸, 漏水等에 의한 濕氣나 臭氣, 먼지 等이 있다.

換氣設備의 換氣는 空氣의 흐름에 대해서 抵抗이 적은 構造로 하고 또, 周邊에 影響을 주지 않도록 留意하여야 한다.

2.9.2 排水設備
開鑿式터널에는 必要에 따라서 適當한 排水設備를 設置하여야 한다.

【解 說】水路터널 等을 除外하고는 터널內에 滯水되지 않도록 適切한 排水設備를 設置하여야 한다.

排水溝의 勾配는 터널 內의 물을 停滯없이 흐르기 때문에 0.2%以上이 바람직하다. 排水管을 設置하는 경우는 將來의 淸掃, 点檢을 생각해서 충분한 斷面의 管을 設置할 必要가 있다.

2.9.3 浸水防止設備
開鑿式터널에는 必要에 따라서 浸水防止設備를 設置하여야 한다.

【解 說】 開鑿式터널은 開口部에서 浸水를 막기 때문에 地形, 地下水位, 潮位等을 考慮해서 必要에 따라서 防水扉, 防水판넬等의 浸水防止設備를 設置하여야 한다.

2.9.4 照明設備
開鑿式터널에는 必要에 따라서 照明設備를 設置하여야 한다.

【解 說】 터널에 있어서는 構造物의 使用目的, 規模, 重要性等을 考慮하여 修理, 保守等의 作業 또는 緊急時의 避難等을 위해서 必要에 따라서 適當한 照明設備를 설치하여야 한다.

2.9.5 保安設備
開鑿式터널에는 安全確保및 保守点檢을 위해 必要에 따라서 防火·消化設備, 連絡·監視設備, 作業通路等의 保安設備를 設置하여야 한다.

【解 說】 1) 防火·消化設備에 대해서 터널內에 있어 火災가 發生한 경우 큰 災害로 되는 危險이 있으므로 빨리 消化·救助活動을 하도록 必要한 設備를 設置하여야 한다.
 또, 연소를 막기 위해 防火設備나 排煙設備를 必要에 따라서 설치하여야 한다. 旅客等 多數의 利用者가 있는 경우는 특히 주의가 必要하다.

2) 連絡·監視設備에 대해서 火災·事故等의 災害에 대비하기 위해 各種監視·警報設備나 電話等의 連絡設備를 設置하고 災害에 대해 早期對處가 되도록 할 必要가 있다. 또, 大規模 터널에는 이들의 機能을 總合한 監視設備를 設置할 경우가 있다.

3) 作業通路에 대해서 作業者의 安全確保를 위해 作業通路에는 다리의 난간, 階段等을 必要에 따라서 設置함과 아울러 適當한 間隔으로 待避場所를 設置하여야 한다.

4) 保安設備에 關한 規制에 대해서 鐵道및 道路터널等에는 각각에 定하여진 保安設備에 關한 規制가 있음으로 그것에 基準하여야 한다.

第3編 假設構造物의 設計

3.1 總則

3.1.1 適用의 範圍
이 編은 터널을 開鑿式工法에 의해 施工할 때에 使用하는 標準的인 假設構造物의 設計에 適用한다.

【解說】開鑿式工法에 있어 假設構造物은 掘鑿, 터널軀體의 構築 및 메울때까지의 사이 路面荷重, 土壓, 水壓等을 支持하여 掘鑿地盤및 周邊地盤의 安定을 確保하기 위한 一時的인 構造物이다.

假設構造物에는 土壓·水壓에 抵抗하는 흙막이와 路面荷重을 미치는 路面覆工이 있다. 흙막이는 土壓·水壓을 直接 받는 흙막이壁과 이것을 支持하는 흙막이 支保工으로 나눈다. 흙막이는 흙막이 支保工을 갖는 버팀대 흙막이와 이것을 갖지않는 自立흙막이가 있다. 흙막이壁에는 엄지말뚝橫널말뚝, 강널말뚝鋼管널말뚝, 柱列式地下連續壁, 地下連續壁等이 있다. 이중 遮水性이 전혀 없는 엄지말뚝橫널말뚝은 開水性흙막이라 부르며 다른 比較的 물을 遮斷하는 能力이 높음으로 遮水性흙막이라 부른다. 設計上 水壓을 考慮하고 있다. 軟弱地盤에서의 施工이나 構造物에 近接한 施工에는 鋼널말뚝, 鋼管널말뚝, 柱列式 地下連續壁, 地下連續壁과 같은 엄지말뚝 橫널말뚝보다 剛性의 큰 흙막이壁이 採用되고 있다.

흙막이 支保工은 버팀대, 띠장, 수평보강재, 水平·鉛直형材, 버팀材에 의해서 된다. 버팀대 대신에 흙막이 앵커가 使用되는 경우도 있다. 路面覆工은 覆工板, 주보, 중간말뚝, 챤넬부재 등으로 構成된다. 이들의 名稱은 解說 그림 3.1, 3.2에 표시와 같다.

이 編에서 取扱하는 標準的인 假設構造物이란 흙막이壁에는 上記의 엄지말뚝橫널말뚝, 鋼널말뚝, 鋼管널말뚝, 柱列式 地下連續壁, 地下連續壁, 소일 시멘트壁, 泥水固化壁을 흙막이 支保工에는 버팀대, 띠장, 흙막이앵커를 또, 路面覆工에는 覆工板, 주보, 챤넬部材를 말함. 이들 以外의 것 예를 들면 列車荷重을 받는 工事보, 地下埋設物의 매달보, 逆卷工法에서의 床版, 本體構造物에 利用되는

假設構造物등은 取扱않는다. 또, 水中施工에 사용되는 물막이보도 對象으로 하지 않는다.

當編의 適用 範圍를 掘鑿의 規模로 말하면 自立흙막이에는 掘鑿깊이 3m程度까지 버팀대 및 앵커흙막이에서의 掘鑿의 깊이는, 慣用計算法에 의한 경우로 15m 程度, 彈塑性法의 경우는 30m程度까지 이다.

또, 連續한 開鑿式터널의 假設構造物을 對象으로서 생각하고 있으나 수직坑의 假設構造物의 設計에도 準用할 수가 있다. 단, 수직坑의 경우 連續한 溝狀의 掘鑿에서의 假設構造物이란 土壓의 分布形狀이나 크기가 다르다고 생각됨으로 準用에 있어서는 충분한 檢討를 하여 摘宜修正할 必要가 있다.

또, 원지반背面이 傾斜되어있는 경우나 付近에 盛土가 있는 경우에도 이들을 考慮한후 準用하면 좋다.

掘鑿깊이가 30m을 넘는 경우나 地盤의 N값이 全體的으로 2를 下回하는 極軟弱한 地盤에서의 掘鑿에는 本編을 그대로 適用하지말고, 工法의 選定이나 設計에 있어서는 愼重한 檢討가 必要하다. 경우에 따라서는 地盤改良등의 補助工法의 採用을 考慮한다든가 開鑿式工法에서 다른工法에의 變更을 생각할 必要가 있다.

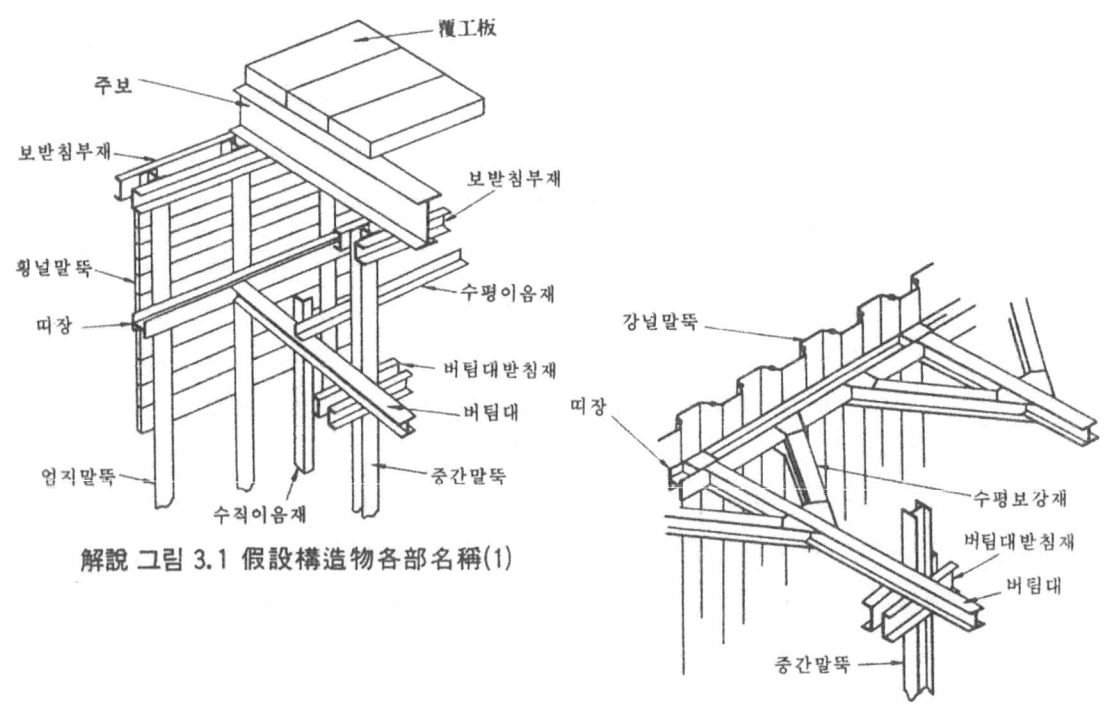

解說 그림 3.1 假設構造物各部名稱(1)

解說 그림 3.2 假設構造物各部名稱(2)

3.2 荷重

3.2.1 荷重의 種類
假設構造物의 設計에 있어서는 다음의 荷重을 考慮해야 한다.
(1) 死荷重
(2) 活荷重
(3) 衝擊
(4) 土壓 및 水壓
(5) 기타의 荷重

【解 說】假設構造物의 設計에 있어서 一般的으로 생각할 것은 荷重의 種類를 列擧한 것이나 假設構造物의 種類나 施工地点에서의 諸條件에 의해 摘宜選擇하여야 한다.

3.2.2 死荷重
死荷重의 算出에는 表 3.1에 表示한 單位體積重量을 使用해도 좋다. 단, 實重量의 明確한 것은 그 값을 使用해야한다.

表3.1 材料의 單位體積重量

材料	單位體積重量 (kgf/m³)	材料	單位體積重量 (kgf/m³)
鋼·鑄鋼·鍛鋼	7 850	시멘트몰탈	2 150
鑄鐵	7 250	木材	800
鐵筋콘크리트	2 500	아스팔트 콘크리트鋪裝	2 300
콘크리트	2 350	자갈·부순돌	1 900

【解 說】覆工板의 單位重量은 解說 表 3.1의 값을 使用해도 좋다.

地下埋設物의 重量에 대해서는 埋設物管理者의 定하는 값을 使用하는 것으로 한다.

解說 表 3.1 覆工板의 單位重量(kgf/㎡)

種 類	單位重量	
	支間 2m	支間 3m
鋼 材	200	220
鋼·콘크리트 合成	300	—

3.2.3 活荷重
活荷重으로서는 自動車荷重, 群集荷重等을 考慮해야 한다.

【解 說】<u>1) 自動車荷重에 대해서</u> 自動車荷重은 解說 表 2.3 및 解說 그림 3.3, 解說 그림 3.4를 使用하는것으로 한다.

이 중 T-20, T-14및 TT-43는 건설부「道路橋示方書·共通編 2.1.3, 2.1.4 活荷重」에 規定되어 있는 荷重이다.

<u>2) 群集荷重에 대해서</u> 群集荷重은 $500 kgf/m^2$의 等分布荷重으로 한다.

<u>3) 其他</u> 크레인등 建設用重機의 荷重은 그 自重, 吊上荷重, 作業時의 偏心荷重等을 考慮해서 決定해야한다.

解說 表 3.2 T荷重

荷 重	總荷重 W (tf)	前輪荷重 $0.1W$(tf)	後輪荷重 $0.4W$(tf)	前輪輪帶幅 b_1(cm)	後輪輪帶幅 b_2(cm)	車輪接길이 a(cm)
T-20	20	4	8	12.5	50	20
T-14	14	1.4	5.6	12.5	50	20
T-7	7	0.7	2.8	12.5	50	20

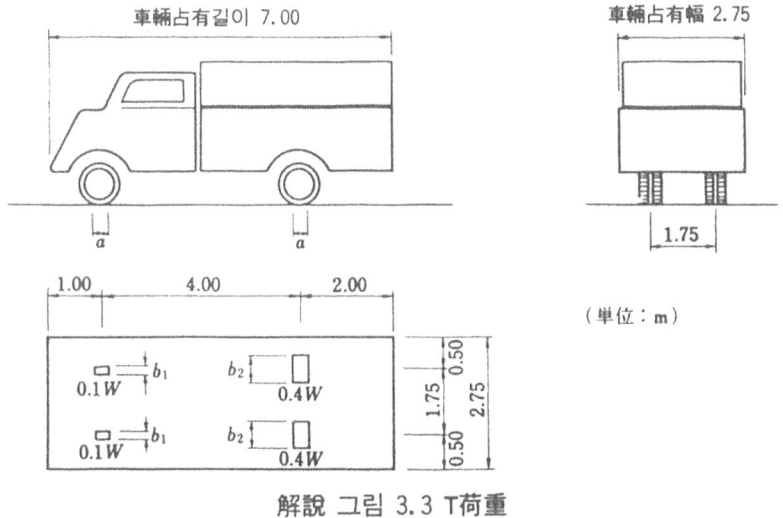

解說 그림 3.3 T荷重

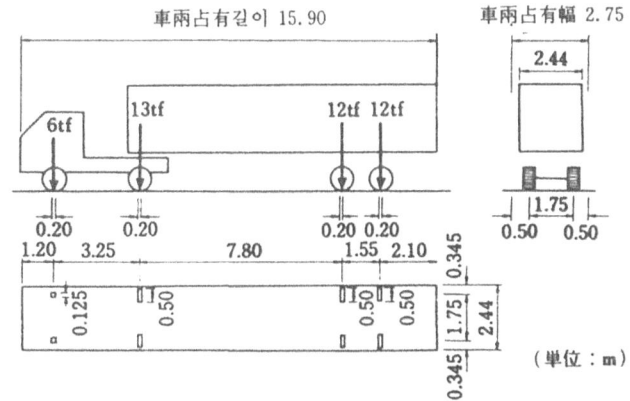

解說 그림 3.4 TT-43荷重

3.2.4 衝擊

活荷重에는 衝擊을 考慮해야 한다. 단, 群集荷重에 대해서는 衝擊은 考慮하지 않는것으로 한다.

【解 說】假設構造物에는 一般的으로 衝擊係數 $i=0.3$으로 設計하는 것으로 한다.

단, 覆工板의 衝擊係數는 $i=0.4$를 標準으로 한다.

自動車荷重에 의한 衝擊係數로서는 道路橋示方書에 $i=\dfrac{20}{50+l}$ (l : 支間 m)로 定해져 있으나 路面覆工에 使用되는 **주보는** 一般的으로 支間 7~10m程度가 많고 적어도 支間 3~5m程度이며 이 경우에도 $i=0.3$의 경우와 比較해서 算出되는 部材의 應力度에 큰 差가 없고 實質的으로도 構造物에 주는 影響은 적다고 判斷했기 때문에 여기서는 衝擊係數 $i=0.3$로 했다.

그러나 覆工板의 경우에는 支間이 적은 衝擊을 直接 받음으로 $i=0.4$로 했다.

3.2.5 土壓및 水壓

흙막이에 걸친 土壓및 水壓의 크기는 地質, 地盤의 性狀, 地下水의 狀況, 周圍의 構造物, 施工方法等을 考慮하고 充分히 安全한 크기를 생각해야 한다.

【解 說】 흙막이에 걸친 土壓및 水壓은 극히 多樣하며 그 크기는 地質, 흙막이의 變形形狀, 變形量, 施工方法等에 크게 影響됨으로 理論的으로 求하는 것은 어렵다.

一般으로 흙막이 壁의 計算에 쓰이는 土壓및 水壓은 極限平衡狀態에 있어 土壓및 水壓과 土壓計土壓이나 버팀대計土壓의 實測値에서 얻어진 土壓과 水壓의 合力의 各 掘鑿段階에서의 最大값을 包絡한다. 말하는 겉보기 土壓과의 두개가 있다.

前者는 根入 길이算定用, 彈塑性法에 의한 斷面算定用 및 自立흙막이用等에 使用되며 後者는 慣用計算法에 의한 斷面算定用으로서 使用되어 있다. 이들의 計算法은 3.6「흙막이」에 記述되어 있다.

이와같은 土壓 및 水壓에 대해서 두개의 方法이 存在하는 것은 다음과 같은 理由에 의한다. 즉, 根入길이의 算定이나 彈塑性法에는 掘鑿段階에서의 흙막이의 檢討를 하는것임으로 그 段階에서 實際로 흙막이에 作用하고 있고 이때문에 側壓의 最大値를 包絡한 말하는 겉보기 土壓을 使用할 必要가 있기 때문이다.

1) 根入길이算定에 쓰이는 土壓및 水壓에 대해서 根入길이의 算定은 一般的으로 最下端버팀대設置時 및 掘鑿完了時에 關한 掘鑿底面下의 掘鑿面側 受動土

壓 및 水壓과 背面側의 最下端버팀대 또는 그 一段上의 버팀대以下의 主動土壓및 水壓의 均衡을 생각해서 한다. 여기에 쓰이는 土壓은 랜킨(Rankine), 쿠론 (Coulomb)의 土壓式 및 이들을 修正한 土壓式에 의해 구하여지고 있다. 이와같이 몇개의 土壓式이 사용되고 있는것은 根入部에서의 土壓 및 水壓의 實測데이타가 적고, 그 모習는 定量的으로 把握되어 있지 않기 때문이다. 이것에 대해서는 今後 데이타의 數가 增加한 段階에서 하나의 土壓·水壓體系가 堤案될 것이다.

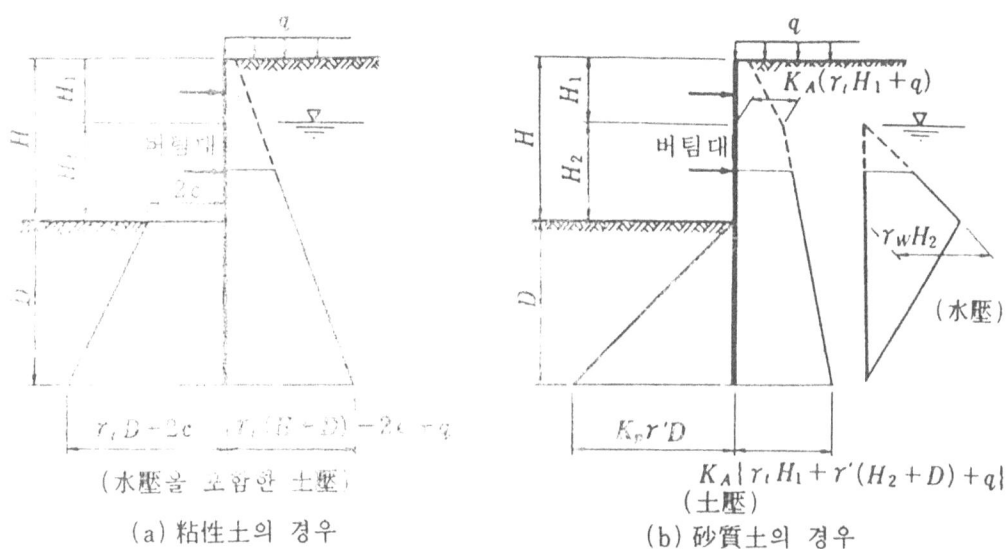

(a) 粘性土의 경우   (b) 砂質土의 경우

여기에
H : 掘鑿깊이(m)
D : 均衡깊이(m)
H_1 : 背面側地表面에서 地下水位面까지의 깊이(m)
H_2 : 背面側 地下水位面에서 掘鑿底面까지의 깊이(m)
γ_t : 흙의 단위체적중량(tf/m³)
γ' : 흙의 수중단위체적중량(tf/m³)
γ_u : 물의 단위체적중량(tf/m³)
q : 상재하중(tf/m²)
K_A : 사질토의 주동토압계수
  $K_A = \tan^2(45° - \phi/2)$
  단, $K_A \geqq 0.25$
K_P : 砂質土의 수동토압계수
$$K_P = \frac{\cos^2\phi}{\left[1 - \sqrt{\frac{\sin(\phi+\delta)\cdot\sin\phi}{\cos\delta}}\right]^2}$$
c : 점토의 점착력(tf/m²)
ϕ : 모래 내부 마찰각(度)
δ : 벽면마찰각(度)
  $\delta = \phi/2$

解說 그림 3.5 根入길이 算定에 쓰이는 土壓水壓

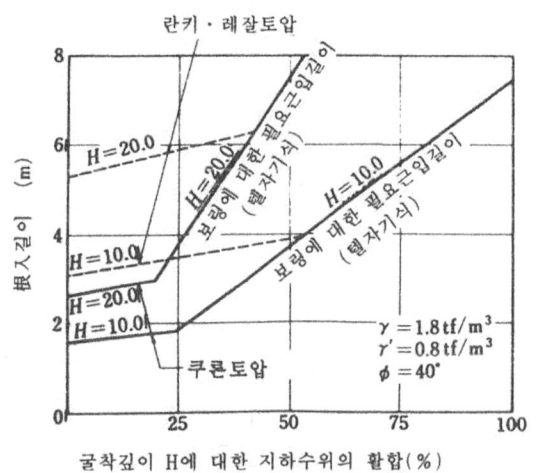

解說 그림 3.6 單一모래층에 있어 土壓式과 根入길이
(良質인 모래지반의 例)

여기서는 이들 土壓式 중에서 砂質土地盤에는 쿠론 粘性土地盤에는 란킨·레잘 (Rankine=Résal)式에 의하는것으로 했다(解說 그림 3.5). 砂質土地盤으로 쿠론 土壓을 採用한 것은 解說 그림 3.6에 表示와 같이 良質인 砂質土地盤으로 地下水位의 낮은 경우에는 란킨·레잘式에 의한 根入長은 一般으로 過大인 값을 주어 施工實績에 우리나라에서의 쿠론 土壓에 의한 施工實績을 考慮한 것에 의한 것이다.

水壓은 基本的으로 砂質土에는 土壓과 分離하고, 粘性土에는 分離하지 않는것으로 한다. 根入部가 單一모래층의 경우에는 흙막이 背面側의 地下水가 흙막이壁 先端을 돌아서 掘鑿面側에 돌려 넣어 掘鑿底面에 向하여 減少하여가는 水壓分布로 됨으로 흙막이壁先端에는 兩側의 水壓이 같게 된다. 따라서 이와같은 地盤에서의 水壓으로서는 흙막이壁先端에서 0으로 되는 三角形分布의 水壓을 생각한다(解說 그림 3.6(b)).

適用에 있어서의 注意

ⓐ 互層地盤의 경우는 각각의 土層의 土質에 따른 土壓式에 의한 土壓分布로 된다.

ⓑ 根入部가 粘性土와 砂質土와의 互層地盤의 경우에는 흙막이壁背面側의 水壓이 掘鑿에 따라서 減少하지 않음으로 이와같은 경우의 水壓으로서는 各滯水層의

간극水壓을 그대로 採用할 必要가 있다.

ⓒ 軟弱한 粘性土地盤에서 强度가 깊이 方向으로 全部 增加하지 않는 경우에는 計算上의 根入長이 施工實績에 비해서 顯著하게 過大하게 된다든지 소위 균형깊이가 구하지 못하는 것도 생긴다. 三軸壓縮試驗等에 의해서는 粘性土地盤에도 內部摩擦角 ϕ의 存在가 認定되는 일이 있음으로 이와같은경우는 地盤이나 付近의 構造物에의 影響및 이것까지 根入長의 施工實績等을 總合的으로 判斷하고, $\phi \leq 5°$의 範圍로 內部摩擦角을 考慮해도 좋다. 또, 그때의 土壓式은 主働土壓: $K_A \cdot \{\gamma_t(H+D)+q\} - 2c\sqrt{K_A}$, 受動土壓: $K_p \cdot \gamma_t \cdot D + 2c\sqrt{K_p}$ 을 써도 좋다. 단, K_p는 $\delta = 0$ 으로 하여야 한다. 더욱 여기서 쓰고 있는 各記號의 說明은 解說 그림 3.5 으로 표시한것과 같다.

2) 斷面算定에 사용하는 土壓 및 水壓에 대해서 버팀대흙막이의 設計方法에는 겉보기(face side)의 土壓을 흙막이壁에 걸쳐 버팀대와 假想支店과의 剛支點으로 하는 單純버팀대 또는 連續버팀대로 하여 應力을 算出하는 慣用計算法과 버팀대 支点을 彈性支点으로 하고 各掘鑿段階마다 先行地中變位를 考慮하여 實際의 掘鑿의 프로세스를 充實하게 트레스하여 應力 및 變位를 算出하는 彈塑性法 等이 있다.

2)-1 慣用計算法에 있어 考慮할 겉보기의 土壓에 대해서 慣用計算法에 쓰이 겉보기의 土壓은 解說 그림 3.7에 表示한 分布와 解說 表 3.3의 係數에 의하는 것으로 한다.

一般的으로 土壓및 水壓의 크기는 掘鑿의 進行에 따라서 再分配되어 그 크기와 分布가 變化한다. 따라서 慣用計算法에 의한 部材斷面의 算定에 쓰이는 土壓 및 水壓으로서는 掘鑿中에 받는 最大値를 쓸 必要가 있다.

이렇기 때문에 各掘鑿段階에서 받은 土壓및 水壓의 最大値의 包絡線을 그 現場 겉보기의 土壓이라 생각해 많은 實測値를 蒐集하여 統計的으로 整理한 것이 解說 그림 3.7 겉보기의 土壓分布이다(圈末의 【資料編】參照).

適用에 있어서의 注意

解說 그림 3.7및 解說 表 3.3을 使用하는데 있어서는 다음의 事項에 主意할 必要가 있다.

ⓐ 解說 그림 3.7에 表示한 土壓및 水壓分布는 겉보기의 土壓分布로 慣用計算法에 쓰이는 것을 前提로 하기 때문에 適用의 範圍는 掘鑿깊이가 15m 程度보다 얇은 경우에 限한다.

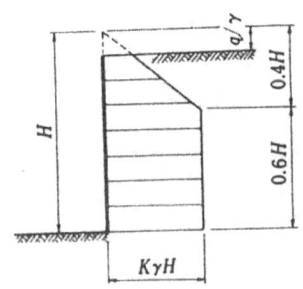

여기에,
K : 겉보기의 土壓係數(解說 表 3.3)
γ : 흙의 單位體積重量(tf/m³)
    粘性土 γ=1.6tf/m³, 砂質土 γ=1.7tf/m³
H : 換算掘鑿깊이(m)
q : 上載荷重(tf/m²)

解說 表 3.3
겉보기의 土壓係數 K

地盤種別	K
모래	0.2~0.3
굳은점토 (N>4)	0.2~0.4
연한점토 (N≤4)	0.4~0.5

解說 그림 3.7 慣用計算法에 있어 고려한 겉보기의 土壓

ⓑ 根入部가 $N≤2$ 또는 히빙의 危險이 있는 軟弱한 粘性土地盤에는 地盤改良 등의 補助工法을 考慮하는수가 있으나 安定係數, 銳敏比, 軟弱層의 두께 등에 의해서는 히빙對策으로 흙막이壁의 先端을 下部에 있는 良質地盤에 貫入시킬 경우도 있다. 이와같은 경우에는 彈塑性法에 의해 設計를 行하는것이 좋다.

ⓒ 계산에 사용되는 지반종별을 해설 그림 3.8에 표시와 같이 굴착깊이에 근입길이의 반분을 가한 범위의 지질로 판단한다.

ⓓ 粘性土와 砂質土가 互層으로 되는 경우에는 粘性土의 層두께합계(Σh_c)가 解說 그림 3.8에 表示한 對象地盤의 두께($H+L/2$)의 50% 以上의 경우에는 粘性土, 50% 未滿의 경우는 砂質土와 같은地盤으로 생각해도 좋다. 또, 地盤種別이 粘土判定된 경우로 Σh_c의 50% 以上이 $N≤4$ 일 때는 軟한 粘土 50% 未滿일 때는 굳은 粘土로 한다.

ⓔ 透水係數가 크고 地下水의 供給이 豊富한 모래地盤이나 粘性土層이 挾在하는 것 같은 砂質土와 같이 흙막이壁背面의 地下水位가 掘鑿에 따라 低下하지 않는 地盤으로 遮水性의 흙막이壁을 採用할 경우는 水壓을 別途考慮할 必要가 있다. 이 경우의 地下水位以下 흙의 單位體積重量은 水中重量을 써도 좋다.

ⓕ 흙막이壁에 開水性흙막이壁을 쓰는 경우의 겉보기의 土壓은 開水性흙막이가 比較的良質地盤으로 쓰이는 일이나 開水性이기 때문에 作用하는 水壓이 적음 등의 理由에서 解說 그림 3.7및 解說 表 3.3에 表示한 겉보기의 土壓보다도 적은 값을 表示하고 따라서 開水性흙막이壁에 作用하는 겉보기의 土壓의 크기는 狀況에 따라서 解說 表 3.3의 값보다도 적게 할수 있다. (권말[자료편]참조)

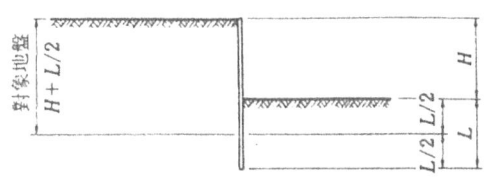

여기서, H : 굴착깊이(m)
L : 根入길이(m)

그림 3.9 地盤種別을 결정하기 위한 對象地盤

2)-2 彈塑性法에 있어 考慮할 土壓및 水壓에 대해서   彈塑性法에 쓰이는 土壓및 水壓으로서는 實際로 흙막이壁에 作用하는 土壓및 水壓分布를 使用할 수 있으나 그 分布는 극히 複雜한 形狀을 表示하기 때문에 一般的으로 이것에 近似시킨 三角形 分布의 土壓 및 水壓을 쓰고 있다.

彈塑性法으로 쓰는 土壓및 水壓에 대해서는 3.6.5 흙막이壁의 斷面計算에서 서술하고 있다.

3) 自立흙막이에 있어 考慮할 土壓 및 水壓에 대해서   自立흙막이는 掘鑿工程이 一段階뿐임으로 根込長이나 部材斷面을 算定할 경우에는 極限平衡狀態의 土壓및 水壓을 쓰는 것으로 하고 解說 그림 3.5으로 表示하고 根入長算定에 쓰는 土壓및 水壓을 써도 좋다. 이 경우의 土壓의 分布形狀에 대해서는 3.6.3 根入部의 土壓및 水壓에 대한 安定의 檢討에서 序述하고 있다.

4) 上載荷重에 대해서   흙막이背面에 自動車荷重이 쌓이는 경우는 上載荷重으로서 $q=1.0tf/m^2$의 等分布荷重을 考慮한 것이다. 列車荷重에 의한 上載荷重의 影響을 고려할 경우에는 각각의 관리자가 정한 열차하중에 의한 上栽荷重을 지반조건 등을 고려하여 정한것으로 한다. 건설용 중기가 작업시에 흙막이벽에 사용한 것으로 한다. 建物이나 기타의 載荷重이 있는 경우에는 그들과 흙막이壁에 近接하는 경우에는 흙막이上部에 큰 影響을 주므로 實荷重을 考慮할 必要가 있다. 이 경우에 發生하는 增加荷重은 解說 그림 3.9와 같이 分布하는 것으로 생각한다.

또, 히빙의 危險이 있는 軟弱한 粘性土地盤의 경우에는 흙막이壁에서 약간 떨어진 盛土荷重이 흙막이에 影響한 例가 있으므로 特히 愼重한 檢討가 必要하다.

5) 수직갱에서의 土壓및 水壓에 대해서 解說 그림 3.5로 表示한 土壓및 水壓이나 解說 그림 3.7에 表示한 겉보기의 土壓은 地下鐵이나 下水處理場等과 같이

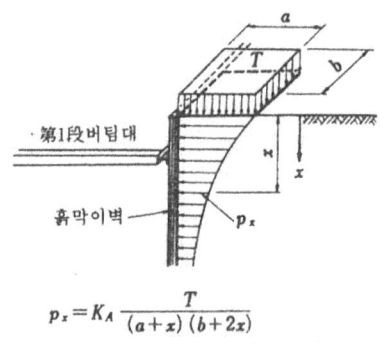

$$p_x = K_A \frac{T}{(a+x)(b+2x)}$$

여기서,
p_x : 길이 $x(m)$에 있어 荷重强度(tf/m^2)
K_A : 쿠론토압에 의한 주동토압계수
T : 건설용 중기의 작업시 최대륜하중(tf)
a : 接地길이(m)
b : 接地幅(m)

解說 그림 3.9 建設用重機가 作業時에 흙막이벽에 근접한 경우의 영향

平面的으로 길게 連續되어 있는것 또는 平面形狀의 큰 데이타를 主體로 集中되어 있으나 실드工事의 수직갱과 같이 掘鑿깊이가 깊고 平面形狀이 적은 경우에는 흙의 아취作用이 생겨 實際에 흙막이壁에 作用하는 土壓은 輕減되는 傾向이 있다. 또, 수직갱에 있어서는 連續한 溝狀의 掘鑿에 있어 흙막이와 달라 四方에서 拘束壓이 期待되기 때문에 地盤의 나사定數를 크게 評價하고 또, 手動抵抗도 增加한다고 생각된다.

그러나 現在에 있어 이들의 点에 對해서는 아직 定量的으로는 把握하지 않고 있다. 따라서 수직갱의 경우에는 해설 그림 3.5에 표시한 土壓및 水壓과 해설 그림 3.7에 表示한 겉보기의 土壓을 써도 좋으나 掘鑿깊이나 地盤條件等에 의해 上記의 傾向을 考慮하여 土壓의 크기를 輕減해도 좋다.

3.2.6 기타 荷重

흙막이의 設計에 있어서는 通常 荷重外에 施工個所 및 地形, 地質, 特殊한 施工法의 採用等의 實狀에 따라 適切한 荷重을 設定하고 그 影響을 考慮하여야 한다.

【解 說】 本章 2.3.13에서 3.2.5 까지의 荷重은 흙막이의 設計에 있어 通常 考慮되는 것이나 그 外에도 現場의 狀況에 따라서 設計에 考慮하여야 할 荷重이 있고 一般的으로 다음과 같은 것이 생각된다.

1) 溫度變化에 對해서   直射광선을 받는 鋼製버팀대는 溫度變化의 影響에 의해 壓縮應力이 增加함으로 應力度의 첵크를 할 必要가 있다.

버팀대의 兩端은 完全固定하지는 않으나 軸力의 增加는 熱膨脹係數를 써서 計算한 값보다는 적은것으로 思料된다.

實測에 의하면 兩端固定으로 한 경우의 理論的인 값에 對해서 18~19% 정도로 되어 있고 또, 氣溫 1℃ 上昇에 對한 버팀대反力의 增加는 通常 1.1~1.25tf 程度라 한다.

여름과 겨울에 溫度差에 의한 軸力의 變化는 흙의 크리이프에 의해 取扱된다고 생각   1日 最高最低의 溫度差는 10℃ 程度로 하면 軸力의 增加量은 약 12tf 程度임으로 溫度變化의 影響은 이 程度를 생각해 두면 좋다.

단, 버팀대가 긴 경우나 프리로드(preload)를 걸친 경우等에는 溫度變化의 影響에 의한 큰 軸力이 생긴 例도 있어 上記의 값에 불구하고 愼重한 檢討가 必要하다.

2) 地震에 對해서 通常의 흙막이에는 設置期間이 一般的으로 짧은것 地中에 있어 自重의 가벼운 構造體임으로 地盤과 거의 같은 振動을 하는것으로 큰 影響을 받지 않다고 생각함으로 原則的으로는 地震의 影響은 考慮하지 않아도 좋다.

단, 設置期間이 特히 긴 경우나 重要構造物에 近接할 경우 等에는 各部材의 接合部를 補強하는 等의 對策을 講究할 必要가 있다. 또, 逆卷스라브 等에 의해 假設構造系 全體의 剛度를 올리는 것 等도 생각된다.

3) 雪荷重에 대해서

雪荷重을 考慮할 必要가 있을 경우에는 충분한 壓縮된 눈의 위를 自由로 車兩이 通行할 狀態 또는 積雪이 특히 많아 自動車交通이 不能으로 되어 눈만이 荷重으로서 걸친 狀態를 생각하면 좋다. 中間的인 狀態 예를들면 積雪때문에 自動車의 交通에 어느程度의 制限이 加해진 경우에도 上記의 어느것인가에 의해 設計해두면 安全하다.

前者에는 積雪이 어느 程度以上으로 되면 規定의 活荷重이 通行하는 機會를 극히 적게됨으로 規定의 活荷重외에 考慮할 雪荷重으로서는 通常 100kgf/m²(壓縮된 순으로 約15cm두께)程度를 보아두면 充分하다고 생각된다.

後者에는 기왕의 最大積雪깊이, 積雪의 頻度, 눈의 性質等을 考慮하여 適切한 雪荷重을 決定할 必要가 있다.

눈의 單位重量은 地方이나 季節等에 의해 다르다. 安全한 것은 下記의 값을 써도 좋다.

내린 눈	150 kgf/m³
약간 떨어진 눈	300 kgf/m³
壓縮된 눈 또는 多量에 물을 包含한 눈	500~700 kgf/m³

4) 藥液注入, 地盤改良등에 의한 荷重에 대해서

地盤이 軟弱하여 掘鑿할 때에는 施工이 困難하든가 周邊의 地盤이나 構造物에 影響을 주는 危險이 있는 경우 흙막이壁面에서의 漏水에 의해 作業이 困難하게 되는 경우 또는 수직坑等에 있어 실드의 發進·到達에 따른 막장의 安定이나 止水·漏氣防止가 必要한 경우等에 藥液注入이나 地盤改良을 補助工法으로서 計劃하는 수가 있다. 이와같은 경우에는 藥液注入의 壓力, 凍結工法, 生石灰말뚝工法에 의한 膨脹壓等을 흙막이의 設計에 考慮할 必要가 있다.

3.3 材　料

3.3.1 材　料

假設構造物의 材料는, 入手가 容易하며 또한 使用目的에 合致한 强度, 品質, 形狀·치수의 것을 하여야 한다.

【解 說】 假設構造物은 약간 쉽게 생각하나 目的에 따라서 安全하게 經濟的인 範圍로 品質을 吟味하고 入手가 容易한 材料를 設計할 必要가 있다.

　鋼材나 木材는 反復하여 使用된 中古品을 쓰는 일이 많으나 損傷, 變形, 材質의 劣化, 磨耗等에 대해 잘 点檢할 必要가 있다. 또, 특히 重要한 경우는 KS에 부합되거나 또는 同等의 新品을 쓰는것이 바람직하다.

　假設構造物의 材料는 橫널말뚝을 除外하고 거의 鋼材이다. 一般的으로 쓰이고 있는 鋼材의 種類와 規格을 解說 表 3.4에 표시한다.

解說 表 3.4 一般的으로 사용되는 鋼材의 種類와 規格

鋼材의 種類	規　格	鋼材記號
構造用鋼材	JIS D 3503 一般構造用壓延鋼材	SS41
	KS D 3515 溶接構造用壓延鋼材	SWS50
鋼管말뚝	KS F 4602	SPS 41
H形鋼말뚝	KS F 4604	SWS 41
강널말뚝	KS F 4604 熱間壓延강널말뚝	SY30
강관시트파일	KS F 4605	SKY41
接合用鋼材	KS B 1002 보통 6각볼트	4.6(I), 4T(II)
	KS B 1010 마찰접합용6각볼트	F10T
鋼棒	KS D 3504 철근콘크리트용 봉강	SD30 AB
	KS D 3505 PC봉강(異形棒)	SBPD95/110
鋼線	KS D 7002 PC강선및 PC강연선	SWPC1~7

3.4 許容應力度

3.4.1 許容應力度의 決定

假設構造物의 設計에 쓰이는 材料의 許容應力度는 本章에 定하는 값을 上限으로하여 必要에 따라서 이것을 低減하여 사용하여야 한다.

【解 說】假設構造物의 許容應力度는 構造物의 重要度·荷重條件·材料의 磨耗·노후度等을 考慮하여 定할 必要가 있고 한번에 規定하는 것은 問題가 많음으로 여기서는 上限値를 規定함에 그친다.

따라서 設計에 있어서는 이들의 條件을 考慮하여 許容應力度의 上限値를 低減하여 써야 한다.

假設構造物의 許容應力度는 永久構造物의 許容應力度 50%割增하는 것이 一般的이다. 이 경우의 安全率은 鋼材의 降伏点에 對해서 1.14, 콘크리트의 壓縮强度에 對해서 2.0(휨壓縮)으로 된다.

假設構造物과 本體構造物과를 겸하는 경우나 重要構造物에 近接하여 施工을 할 假設構造物에 對해서는 荷重및 計算法이 갖는 安全率等을 考慮하여 綜合的으로 定할 必要가 있다.

더욱 以下의 各條를 取扱하지 않는 材料의 許容應力度에 對해서는 關聯되는 示方書·諸基準等을 參考로 하여 材料의 强度를 確認하기 爲한 試驗을 하는 等 充分한 檢討를 하여 定하여야 한다.

3.4.2 鋼材의 許容應力度

鋼材의 許容應力度는 表 3.2의 값 以下로 한다.

1) 構造用鋼材(SS41)

표 3.2 鋼材의 許容應力度

(kgf/cm²)

種類		一般構造用鋼材	備考
軸方向引張 (純斷面)		2 100	l : 部材의 座屈길이(cm) r : 斷面二次半徑(cm)
軸方向壓縮 (總斷面)		$l/r \leq 20$ 2 100 $20 < l/r \leq 93$ $2\,100 - 13(l/r - 20)$ $93 \leq l/r$ $\dfrac{18\,000\,000}{6\,700 + (l/r)^2}$	
휨	引張緣(純斷面)	2 100	l : 프랜지의 固定点間距離(cm) b : 플랜지幅(cm)
	壓縮緣 (總斷面)	$l/b \leq 4.5$ 2 100 $4.5 < l/b \leq 30$ $2\,100 - 36(l/b - 4.5)$	
傳單面(總斷面)		1 200	
支 壓		3 150	

2) 鋼널말뚝(SY30)

  許容휨 引張應力度 2 700 kgf/cm²

  許容휨 壓縮應力度 2 700 kgf/cm²

【解 說】 표 3.2에 表示한 許容應力度는 건설부「道路橋示方書」의 許容應力度를 基準으로하여 이것을 50%割增한 것이다.

또, 構造用鋼材의 許容휨 壓縮應力度는 H形鋼·I形鋼을 對象으로서 設定한 것이며 이들 以外의 斷面의 鋼材에 對해서도 道路橋示方書等에 準하여 같은 割增하는것으로 한다.

3.4.3 PC鋼材의 許容引張應力度

흙막이앵커에 쓰이는 PC鋼材의 許容引張應力度는 引張强度의 60%또는 降伏点應力度의 75%중 어느것이나 적은 값 以下로 한다.

【解 說】 흙막이 앵커에 쓰이고 있는 引張材는 PC鋼線, PC鋼 꼬임線, 複合 PC鋼꼬임 線, PC鋼棒等이다. 이들의 PC鋼材의 許容引張應力度는 건설부 「프리스트레스콘크리트標準示方書」에 準하여 永久構造物과 같은 값으로 했다.

더욱 確認試驗, 緊張定着時에 있어서는 PC鋼材에 加하는 引張應力度를 引張 強度의 80% 또는 降伏点應力度의 90%중 어느것인가 적은 값까지 올려도 좋다.

3.4.4 溶接部및 볼트의 許容應力度

(1) 溶接部의 許容應力度

1) 一般構造用壓延鋼材의 溶接部 許容應力度는 表 3.3以下의 값으로 한다.

표 3.3 鋼材의 溶接部의 許容應力度

(kgf/cm²)

溶接의 種類	応力 種類	工 場 溶 接	現 場 溶 接
開先溶接	引張	1 960 (2 100)	모래의 80%
	壓縮	1 960 (2 100)	
	剪斷	1 000 (1 200)	
구석肉溶接	剪斷	1 000	

注) ( )內는 放射線檢査 또는 引張試驗을 한 경우

2) 鋼널말뚝의 溶接部의 許容應力度는 表 3.4의 값 以下로 한다.

표 3.4 鋼널말뚝(SY 30)의 溶接部 許容應力度

(kgf/cm²)

應力의 種類	工場溶接	現場溶接	備考
引張	2 400 (2 700)	모래 80%	現場溶接이음은 돌합용접과 첨접판과의 병용으로 하는 것으로 한다.
壓縮	2 400 (2 700)		
剪斷	1 300 (1 500)		

注) ( )內는 放射線檢査 또는 引張試驗을 할 경우

(2) 볼트의 許容應力度

普通볼트 및 高張力볼트의 許容應力度는 表 3.5의 값 以下로 한다.

表 3.5 볼트의 許容應力度

(kgf/cm²)

볼트의 種類	應力의 種類	許容應力度	備 考
보통볼트	전단 지압	1 350 3 150	SS41相當
高張力볼트 (F10T)	전단 지압	2 850 部材의 降伏点應力의 150%	摩擦接合과 생각않고 보통볼트의 방법과 같다.

【解 說】(1)에 대해서 工場溶接된 鋼材, 鋼널말뚝의 溶接部의 許容應力度는 放射線檢査 또는 引張試驗을 할 경우에는 3.4.2에 表示한 母材의 許容應力度 즉 道路橋示方書에 표시한 許容應力度의 50%割增으로 하고 檢査를 하지 않는 경우는 40%의 割增으로 하여 設定했다. 10%減한것의 檢査를 하지 않는 점에 의한 信賴性의 減少를 考慮할 것이다.

鋼널말뚝의 工場溶接은 鋼널말뚝이 成分的으로 溶接하기 어려운 부분의 完全溶接이 어려운것 等을 들수 있으나 構造用鋼材의 許容應力度와 같은 생각으로 한 것은 假設用鋼널말뚝에는 럴젠타입을 쓰는 일이 많아 갈고리 部分도 溶込溶接이 可能한 것 그것이 되지 않을때는 部分溶込의 溶接을 한다든가 갈고리部의 斷面缺損分을 添接板으로 補充하는 方法을 取하는 것을 考慮한것에 의하고 있다.

現場溶接에 대한 許容應力度의 低減은 作業環境·施工條件等을 考慮해서 定하여야하나 鋼널말뚝의 現場溶接은 세우기前에 鋼널말뚝을 재운 狀態로 下向의 姿勢로 良好한 突合시켜 溶接과 添接板의 溶接이 되는 경우를 母材의 80%以下로 許容應力度를 設定되는 것으로 했다. 現場세움溶接은 비계가 나쁜 上下鋼널말뚝開先이 어긋남 타설에 의한 開先의 變形등 惡條件이 생각됨으로 原則으로 하지 않는다.

(2)에 대해서 볼트의 許容應力度는 「道路橋示方書」의 일반볼트(SS 41상당) 및 高張力볼트(F 10 T)의 許容應力度에 準하여 그 값이 50%割增한 값 以下로 設定했다.

高張力볼트에 대해서는 H形鋼말뚝및 鋼널말뚝의 縱이음, 수평보강재에 使用되고 있다. 이것에 대해서는 摩擦接合이라 생각치 않고 볼트円筒部의 剪斷抵抗및 円筒部와 볼트孔壁과의 사이의 支壓力에 의해 抵抗한다는 普通볼트의 생각으로 設計한다. 이것은 假設構造物의 施工現場에 있어 高張力볼트는 橋梁공사와 같은 충분한 볼트관리가 되지 않다는 判斷에 의한 것이다.

3.4.5 通常工法에 의한 콘크리트의 許容應力度

(1) 콘크리트의 許容應力度는 一般的으로 設計基準强度 σ_{ck}을 근간으로 이것을 定한다.

(2) 許容휨壓縮應力度 σ_{ca} (軸方向壓縮을 同伴하는 경우를 포함)는 다음 값 以下로 한다.

$$\sigma_{ca} \leq \sigma_{ck}/2$$

(3) 許容剪斷應力度 및 許容付着應力度는 표 3.6의 값 以下로 한다.

表 3.5 許容剪斷應力度・許容付着應力度

(kgf/cm²)

應力度의 種類	種類	設計基準强度 σ_{ck}		
		210	240	270
許容剪斷應力度	경사인장철근의 계산을 하지 않는 경우	6.3	6.7	7.1
	경사인장철근의 계산을 한 경우	28.5	30.0	31.5
許容付着應力度	普通丸鋼	11.2	12.0	12.7
	異形鐵筋	22.5	24.0	25.5

注) 許容付着應力度는 直徑 32mm 以下의 鐵筋을 對象으로 한다.

(4) 許容支壓應力度는 다음 값 以下로 한다.

$$\sigma_{ca} \leq 0.45\, \sigma_{ck}$$

局部載荷의 경우에는 콘크리트面의 面積을 A, 支壓을 받는 面積을 A'로 하면 許容支壓應力度는 다음 값 以下로 設定해도 좋다.

$$\sigma_{ca} = 1.5(0.25 + 0.05\, A/A')\, \sigma_{ck}$$

단, $\sigma_{ca} \leq 0.75\, \sigma_{ck}$

【解 說】通常工法에 의한 콘크리트의 許容應力度는 「콘크리트標準示方書」를 基準으로하고 이것을 50%割增한 것이다.

3.4.6 泥水置換工法에 의한 콘크리트의 許容應力度

泥水置換의 打設工法에 의한 콘크리트의 配合은 單位시멘트量 370kgf/m³以上, 물시멘트비 50%로 하고 施工方法, 泥水의 濃度等도 考慮하여 許容應力度를 定하여야 한다.

【解　說】泥水置換工法에 의한 콘크리트의 强度는 施工의 巧出, 泥水의 影響等에 의해 약간 變化함으로 具體的인 指標를 表示하고 있지 않다. 여기서는 「第2編 터널의 設計 2.6.2 콘크리트의 許容應力度」 콘크리트의 許容應力度를 50% 割增한 것을 參考로 表示한다.

解說 表 3.5 泥水置換工法에 의한 콘크리트의 許容應力度의 參考例

(kgf/cm²)

	軸方向壓縮應力度	휨 壓縮應力度	전단응력도		付着應力度
			경사인장철근을 계산하지 않은 경우	경사인장철근을 계산한 경우	
泥水中	82.5	105	6.3	27	16.5

注　1) 標準供試體의 設計基準强度는 300kgf/cm²以上
　　2) 泥水濃度가 10%를 超過한 경우에는 別途로 檢討하여 정한다.

3.4.7 鐵筋의 許容應力度

鐵筋콘크리트 用棒鋼은 SR24, SD30, SD35를 標準으로하고 그 許容應力度는 표 3.7의 값 以下로 한다.

표 3.7 鐵筋의 許容引張應力度 (kgf/cm²)

鐵筋의 種類	SR24	SD30 A SD30 B	SD35
一般인 경우	2 100	2 700	3 000
水中 또는 泥水中인 경우	—	2 700	3 000

注) 直徑 32mm以下의 鐵筋을 對象으로 한다.

【解　說】「콘크리트標準示方書」에 基礎하여 이것을 50%割增을 한것을 鐵筋의 許容應力度로 했다.

3.4.8 木材의 許容應力度

　橫널말뚝의 設計에 쓰이는 木材의 許容應力度는 材種·品質·使用條件 等을 考慮하여 定해야 한다.

【解 說】 木材의 強度는 材質, 品質에 따라 다르며 特히 假設構造物의 경우는 強度에 약간의 흐트러짐이 豫想됨으로 여기에서는 解說 表 3.6에 參考를 例示하는데 그쳤다. 더욱 木材를 假設構造物로 하여 長期에 걸쳐 使用할 경우에는 그 品質의 劣化에 충분히 留意하는것이 緊要하다.

解說 表 3.6 木材의 許容應力度

(kgf/cm²)

應力度의 種類	木材의 種類	針葉樹	廣葉樹
휨	纖維에 平行	180	240
剪 斷	纖維에 平行	16	24
	纖維에 直角	24	36

3.5 路面覆工

3.5.1 覆工板의 設計
(1) 覆工板은 載荷되는 荷重에 대해 충분한 强度와 剛性을 가져야 한다.
(2) 覆工板의 設計에 있어서는 通行車輪의 미끄럼(slip) 및 騷音等의 對策에 대해서 考慮하여야 한다.

【解 說】(1)에 대해서 覆工板을 設計할 경우에는 荷重은 3.2에 의한 것으로 하고 覆工板에 最大應力이 생기는 載荷狀態에 대해서 檢討하여야 한다.
 計算은 解說 그림 3.10의 表示와 같은 覆工板을 支点으로 하는 **單純빔**으로 하는 것으로 한다.

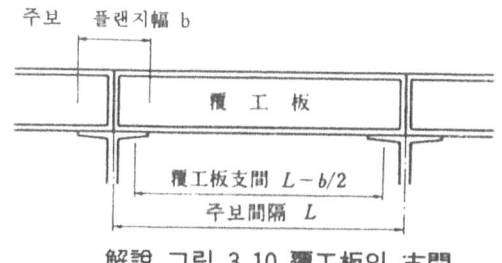

解說 그림 3.10 覆工板의 支間

 覆工板의 처짐이 크게 되면 段差에 의해 衝擊이 크다든지 安定性이 缺如됨으로 活荷重(衝擊을 包含치 않음)에 의한 처짐은 支間의 1/400 또는 5mm以下로 눌러주는 것이 바람직하다.
 市販의 覆工板을 使用할 경우는 形狀, 材質, 許容應力度, 載荷試驗結果等을 충분히 吟味하고 現場의 實狀에 適合한 것을 選擇할 必要가 있다.
 市販의 覆工板은 一般的으로 2m의 것이 많이 使用되었으나 버팀대 間隔과 覆工板과의 間隔을 合致시켜 掘鑿作業을 容易하게 하기 때문에 2m以上의 것도 使用 되도록 되어있고 그들의 選擇에 있어서는 設置場所의 狀況이나 設置期間, 施工性等을 檢討하여 安全性을 充分히 確認한 후에 使用할 必要가 있다.

더욱 市販의 覆工板은 轉用되는일이 많고 通算의 使用期間이 相當히 長期로 되어 있는 경우도 있고 腐蝕, 損傷等에 의해 不測의 事態를 招來치 않도록 製造年月이나 專用經歷을 調査하고 경우에 따라서는 肉厚測定, 載下試驗等을 實施하여 品質을 確認한 後 使用하는것이 바람직하다.

(2)에 對해서 覆工板은 表面이 濕潤狀態로 되면 通行車輛이 미끄러지기 쉽고 또, 走行車輛의 騷音이 問題로 되는 일이 많다.

市販의 覆工板에는 表面에 凹凸을 부치는것이나 콘크리트, 아스팔트, 樹指等으로 被覆된 것이 있으나 스립 멈춤效果나 騷音의 低減의 效果에는 각각 特色이 있음으로 狀態에 따라 適切한 것을 選定해야 한다. 特히 交通量이 많은 市街地에서의 道路等에는 스립 멈춤 效果가 期待되는 것을 使用해야 한다.

解說 表 3.7 미끄럼摩擦係數의 試驗結果

路面狀態	覆工板의 表面	試驗速度			溫度	
		20km/h	40km/h	60km/h	外氣	路面
乾燥	아스팔트콘크리트(19mm打設)	0.715	0.733	0.782	9.5	11.0
	鑄物(10mm×10mm突起)	0.802	0.763	0.803	9.5	11.3
	콘크리트	0.675	0.686	0.673	5.0	4.0
	아스팔트콘크리트(30mm打設)	0.738	0.709	0.767	5.0	5.0
	우레탄樹指에 멜리살포	0.755	0.719	0.708	8.0	14.8
	鋼製(格子模樣)	0.858	0.808	0.896	8.0	11.3
	콘크리트鋪裝道路(土硏內)	0.750	0.749	0.754	8.0	5.0
濕潤	아스팔트콘크리트(19mm打設)	0.714	0.603	0.514	11.5	13.0
	鑄物(10mm×10mm突起)	0.774	0.729	0.674	11.5	13.5
	콘크리트	0.501	0.457	0.415	4.5	5.5
	아스팔트콘크리트(30mm打設)	0.742	0.659	0.537	4.5	5.0
	우레탄樹指에멜리 撒布	0.734	0.648	0.631	6.5	12.0
	鋼製(格子模樣)	0.451	0.402	0.364	6.5	11.5
	콘크리트鋪裝道路(土硏內)	0.645	0.601	0.524	8.0	5.0
泥土	아스팔트콘크리트(19mm打設)	0.461	0.388	0.306	7.5	10.0
	鑄物(10mm×10mm突起)	0.568	0.484	0.416	7.5	9.0
	콘크리트	0.362	0.293	0.270	2.5	3.5
	아스팔트콘크리트(30mm打設)	0.450	0.361	0.325	2.5	3.5
	우레탄수지에멜리살포	0.580	0.501	0.446	2.0	4.0
	鋼製(格子模樣)	0.412	0.373	0.339	2.0	6.0
	콘크리트鋪裝道路	—	—	—	—	—

注) 10回測定平均値
(1973.1. 建設省土木硏究所道路硏究室, 東京交通國高速電車建設本部)

轉用品은 表面이 磨耗되어 있는 경우가 있음으로 使用할 때는 表面加工을 必要에 따라서 하여야 한다.

覆工板의 미끄럼 摩擦係數의 試驗結果를 解說 表 3.7에 表示한다.

覆工板表面의 性狀에 의한 自動車의 騷音에 대해서는 實測된 데이타가 많이 없으나 傾向에 따르면 큰 凹凸의 것 보다는 작은 突起의것 또는 모래를 付着시킨 것이 騷音레벨은 적게 나타난다.

---

3. 5. 2 覆工주보의 設計
覆工주보는 載荷되는 荷重에 대해 충분한 强度와 剛性을 가져야 한다.

【解 說】 覆工주보의 强度및 剛性의 檢討에 있어서 쓰이는 死荷重 衝擊은 3.2에 의하는 것으로 한다.

地下埋設物을 覆工주보에서 떨어뜨리는 것은 처짐이나 振動이 埋設物에 傳하여, 事故防止上 바람직 하시 못함으로 필요에 따라서 專用주보를 設置하는 것이 좋다. 埋設物專用桁의 設計에 쓰이는 埋設物의 荷重은 各 埋設物管理者의 指示에 의한 것으로 한다.

自動車荷重의 載荷方法에 대해서는 道路管理者에게서 特別한 指示가 있을 경우나 特히 重量車輛이 大量으로 通行하는 경우를 除外하고 다음과 같이 定한다.

1) **覆工주보와 自動車의 進行方向이 直角의 경우** 覆工주보에 絶對最大應力이 생기는 것 같은 T-20, T-14및 T-7荷重의 後輪을 解說 그림 3.11에 表示와 같은 橫一列에 세워서 載荷한다. T-7荷重의 載荷는 臺數를 制限하지 않는다.

2) **覆工주보와 自動車의 進行方向이 平行인 경우** 覆工주보에 絶對最大應力이 생기는 것 같이 T-20 및 T-14를 解說 그림 3.12(a)에 表示와 같이 全面에 載荷하는 것으로 한다.

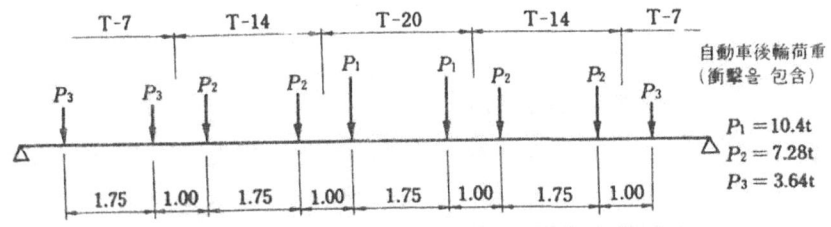

解說 그림 3.11 휨 모멘트 檢討를 위한 荷重配列
(覆工주보와 自動車의 進行方向이 直角인 경우)

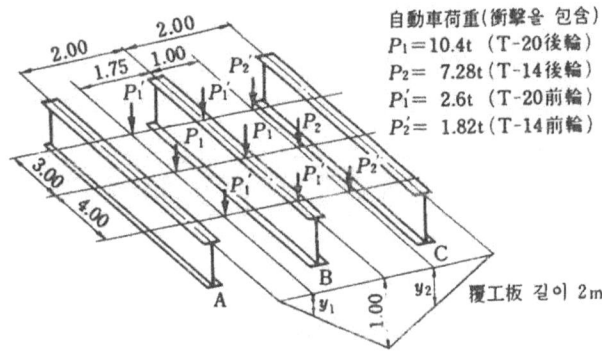

(a) 覆工주보와 自動車의 進行方向 平行인 경우

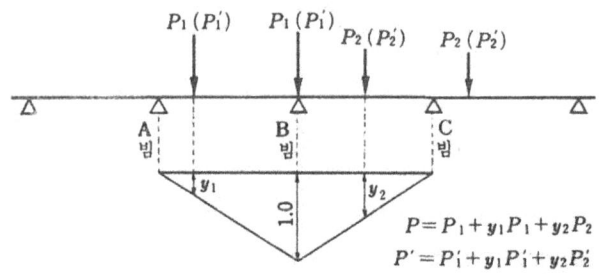

(b) 覆工주보와 自動車進行方向이 平行인 경우

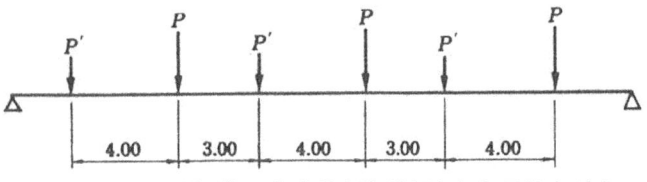

(c) 覆工주보와 自動車의 進行方向이 平行인 경우

解說 그림 3.12 휨 모멘트 검토를 위한 荷重配列

즉 解說 그림 3.12(b)에 의해 求한 後輪에 의한 P, 前輪에 의한 P'를 解說 그림 3.12(c)와 같이 連行載荷한다.

더욱 重量車輛의 通行量이 많은 主要幹線道路等에는 T-20荷重을 滿載하는 것을 考慮한다. 이 경우의 載荷方法은 P_2, P_3荷重을 P_1荷重에 置換하면 좋다. 또, 自動車荷重으로 하여 TT-43荷重을 考慮할 必要가 있는 特定道路線에는 覆工주보와 自動車의 進行方向이 直角의 경우는 T-20荷重을 滿載하여 두면 좋으나, 平行인 경우는 別途計算할 必要가 있다.

計算은 解說 그림 3.13과 같은 **주보받침部材를 支点으로하는 單純빔으로** 하여 계산한다.

自動車의 制動荷重이 作用하는 交差点付近 또는 急坂部에는 覆工板의 어긋남 停止나 覆工주보의 轉倒防止에 대해서 充分히 檢討할 必要가 있다.

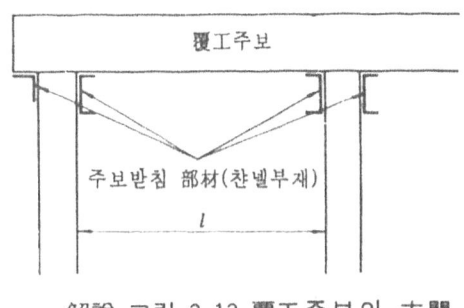

解說 그림 3.13 覆工주보의 支間

覆工주보의 변형이 크면 覆工面의 段差에 의해 衝擊이 크게 된다든지, 安定性이 損失됨으로 活荷重(衝擊을 包含하지 않음)에 의한 변형은 支間의 1/400 以下 또는 25mm以下에 억눌림 같이 設計하는것이 바람직하다. 特히 市街地等에는 支間의 긴 경우 주보의 변형에 따른 振動·騷音이 問題로 되는 일이 많으므로 必要에 따라 이음材等에 의한 변형 低感의 措置를 취하는 것이 바람직하다.

覆工주보에는 斷面缺損이 없는 部材를 使用하는 것을 原則으로 하나 轉用되는 경우가 많음으로 轉用回數·使用期間等을 考慮하여 必要에 따라서 許容應力度의 低減이나 斷面缺損에 의한 斷面性能의 低減等을 考慮하여야 한다.

覆工주보는 直接輪荷重을 받기 때문에 特히 交通量이 많은 箇所나 長期間載

荷하는 경우에는 疲勞의 影響에 의한 許容應力度의 低減等을 考慮하여야 한다.

鐵道나 軌道와 交差하는 경우의 工事주보의 設計에 대해서는 該當管理者와 協議하여야 한다.

> 3. 5. 3 주보받침 部材(channel bar)의 설계
> 주보받침 部材는 載荷되는 荷重에 대해 충분한 强度를 가져야 한다.

【解 說】荷重은 覆工주보의 最大反力으로 한다. 주보받침 部材의 自重에 의한 應力의 影響은 적음으로 計算에 省略해도 좋으나 埋設物의 吊防護를 할 경우는 매달기보의 反力도 荷重으로서 取扱해야 한다.

計算은 解說 그림 3.14와 같이 주보받침 部材를 支持하고 있는 말뚝의 中心을

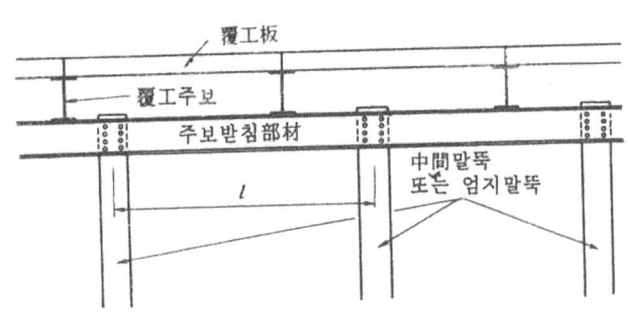

解說 그림 3.14 주보받침部材의 支間

支点으로 하는 單純빔으로서 계산하는것으로 한다. 現場의 實狀을 보면 주보받침 部材는 連續빔으로 取扱하기는 施工上無理한 경우가 많음으로 安全側에 配慮하여 單純빔으로 計算을 하는 것으로 하였으나 주보받침 部材가 明確히 連續빔으로서의 性能을 保持하고 있는 경우는 連續빔으로서의 計算을 해도 좋다. 이 경우 覆工주보에서의 荷重은 주보받침部材의 應力이 最大로 되도록 載荷할 必要가 있다.

部材를 締結하는 볼트는 適切한 徑을 選定 荷重이 스므스하게 傳達되도록 바란스 잡는 配置로 할 必要가 있다.

3.6 흙막이

3.6.1 흙막이

開鑿式工法에 있어서는 흙의 崩壞또는 過大한 變形을 防止하여야 하기 때문에 掘鑿의 規模, 施工條件, 地盤條件과 環境條件에 適應하는 흙막이를 施設하여야 한다.

【解 說】 一般的으로 흙막이는 直接 흙에 接하는 部分의 흙막이壁과 그것을 받쳐주는 흙막이 支保工으로 되는 構造物이나 흙막이에는 많은 種類가 있어 어느 흙막이를 採用하느냐는 本文章에 序述한것 같은 各種條件을 考慮하여 그 現場에 最適한 흙막이를 選定하여야 한다. 特히 市街地에서의 施工의 경우에는 環境條件의 要素가 큰 웨이트를 占하는 경우가 많다. 즉, 工法的으로는 騷音·振動의 輕減對策, 構造的에는 흙막이壁面의 變位의 防止對策等을 檢討할 必要가 있다.

흙막이는 흙막이壁의 構成材料, 흙막이支保工의 形式에 의해 개개의 많은 互稱이 있으나 基本的으로는 解說 그림 3.15와 같이 區分된다. 이 외에 現場의 條件에 따라서 地盤改良等의 補助工法을 採擇하는 경우도 있다.

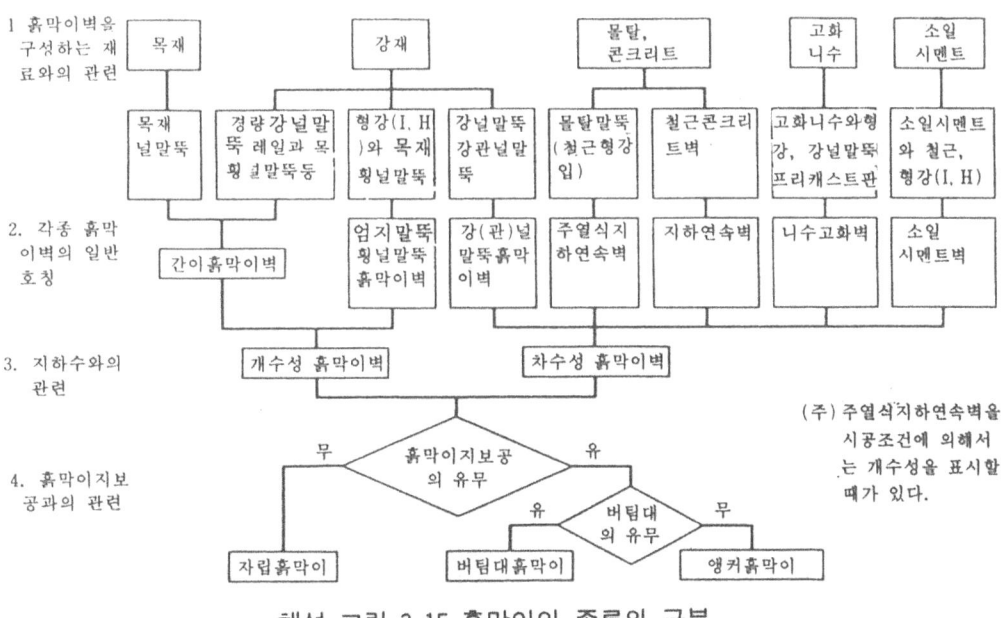

해설 그림 3.15 흙막이의 종류와 구분

3.6.2 흙막이의 設計

> 흙막이의 設計에 있어서는 工事施工中에 作用하는 荷重을 詳細하게 檢討하고 工事의 各段階에 있어 地盤의 安定, 흙막이各部의 應力狀態와 變位에 대해서 檢討하여야 한다.

【解 說】 흙막이는 直接으로 地盤과 關係되는 假設構造物이며 또, 施工의 進行에 따라서 荷重과 構造系가 變化함으로 複雜한 應力狀態에 놓이는 경우도 많다. 또, 市街地에서 施工에 있어서는 地下埋設物이나 周邊의 建物에 주어지는 影響이 크다. 그때문에 可能한한 資料에 基礎해서 工事의 各段階에 있어 아래의 各項目에 대한 安全性을 確認하여야 한다.

解說 표 3.8 各種흙막이벽의 構造와 得失

名 稱	構 造	得	失
간이 흙막이벽	목재널말뚝, 경량강널말뚝 등에 의한 흙막이와 古레일을지중에타설 그사이에 굴착에 따른 목재의 횡널말뚝을 압입하여 가는 흙막이벽	단면성능이 작고, 차수성도 좋지 않으므로 소규모인 개착공사에 사용된다.	
엄지말뚝횡널 말뚝흙막이벽	I형강, H형강 등의 엄지말뚝을 1~2m간격으로 지중에 타설 또는 천공하여 세움, 굴착게 따른 엄지말뚝간에 목재의 횡널말뚝을 압입하여 가는 흙막이벽	양질지반에 있어 표준공법으로서 널리 사용되고 있다. 그러나 차수성이 좋지 않다. 굴착저면이하의 근입부분의 연속성이 보지하지 않는것 등 때문에 지하수위의 높은지반, 연약한 지반 등에 있어서의 사용은 지하수위 저하공법, 생석회말뚝공법 등의 보조공법에 의한 지반저항을 必要로 한다.	
강널말뚝 흙막이벽	U형, Z형, 직선형, H형 등의 단면강널말뚝을 이음부가 서로 물리면서 연속하여 지중에 타설한 흙막이벽	차수성이 좋고 굴착저면이하의 근입부분의 연속성이 보전되기 때문에 지하수위의 높은지반, 연약한 지반에 일반적으로 사용된다. 그러나 타설에 의한 소음, 진동이 문제가 되는 경우에는 무소음, 무진동 공법을 고려할 필요가 있다. 일반적으로 U형강 널말뚝을 사용되는 예가 많다.	
강관널말뚝 흙막이벽	형강, 파이프 등의 이음을 설치한 강관말뚝을 이음부를 서로 물리면서 연속하여 지중에 타설한 흙막이벽	차수성이 좋고 굴착저면이하의 근입부분의 연속성이 보전되며 그리고 단면성능이 크므로 지하수위의 높은지반, 연약한 지반에 있어서 대규모 개착공법에 사용된다. 그러나 소음, 진동이 문제가 되는 경우에는 무소음, 무진동 공법을 고려할 필요가 있다. 또, 인발불능에 따라 매살되는 예가 많다.	
주열식 지하연속벽	기둥의 중심에 철근상자형강을 삽입한 현장치기의 몰탈기둥을 연속하여 지중에 만든 흙막이벽	차수성이 비교적 좋고 굴착저면이하의 근입부분 연속성이 보전되며 단면성능도 비교적 크고 그리고 공사에 의한 소음, 진동이 적으며 시가지등에서 강널말뚝벽의 대신으로 사용되는 예가 많으나 공비, 공기의 면에서 불리한 면이 있다.	

지하연속벽	벤토나이트 용액 또는 폴리머안정액의 지반안정 작용을 이용하여 지반을 굴착하여 콘크리트를 타설하여 현장에서 철근콘크리트벽을 연속하여 지중에 만든 흙막이벽	차수성이 좋고 굴착저면이하의 근입부분연속성이 보전되며 단면성능도 크므로 대규모인 개착공사굴착에 따른 약한 지반에 있는 공사 등에 사용된다. 또 본체구조물의 일부로서 이용된다. 공사에 의한 소음, 진동이 적은 것 등의 특징도 가지나 작업에 장시간을 요한다. 지장물의 이설이 많으며 작업대가 크게 되는 것 등에서 채용에 있어서는 공비, 공기면에서 검토를 요한다.
니수고화벽	지하연속벽과 같은 벤토나이트 용액을 써서 굴착한 트렌치속에 H형강, 강널말뚝 프리캐스트판 등을 삽입하고 그후 안정액 중에 고화제를 혼합하여 안정액을 고화시킨 흙막이벽	지하연속벽공법에는 불요로된 안정액의 처리가 문제로 되나 이 공법은 안정액을 고화시키는 것에 의해 적극적으로 흙막이벽의 일부로 하여 사용한 공법이다. 시공조건이 공비에 큰 영향을 주므로 채택에 있어서는 검토를 요한다.
소일 시멘트벽	주열식 지하연속벽의 몰탈을 대신에 소일시멘트를 사용된 흙막이벽	차수성이 좋고 단면성능도 주열식지하연속벽과 같이 생각된다. 원지반의 토사를 소일시멘트의 재료로 하여 사용되나 이 재료로서의 지반종별에 의해 성능에 차이가 생기므로 주의할 필요가 있다.

① 根入部의 土壓및 水壓에 대한 安定
② 흙막이壁의 鉛直支持力
③ 흙막이壁의 應力
④ 掘鑿低面地盤의 安定
⑤ 흙막이支保工의 應力
⑥ 흙막이壁의 變形및 背面地盤의 變位

흙막이를 支保工과의 關係로 分類하면, 解說 그림 3.15의 表示와 같이 自立흙막이, 버팀대흙막이, (앵커흙막이)로 나누어 진다. 自立흙막이는 一般的으로 掘鑿깊이가 3m 程度까지의 掘鑿에 쓰인다. 이것을 넘는 掘鑿에는 施工條件 및 地盤條件을 考慮해서 버팀대흙막이나 앵커흙막이의 어느것인가를 使用하여야 한다.

흙막이壁의 構造와 得失을 들면 解說 表 3.8과 같으며 施工條件이나 地盤條件을 考慮해서 構造形式을 選定할 必要가 있다.

3.6.3 根入部의 土壓 및 水壓에 대한 安定의 檢討

흙막이壁은 掘鑿의 各段階에 걸쳐 土壓및 水壓에 대하여 충분히 安全하게 되는 깊이까지 根入하여야 한다.

【解 說】1) 버팀대 흙막이, 앵커흙막이의 경우 根入部에 있어 土壓 및 水壓의 分布에 대해서는 現在에 있어 詳細하게 알수는 없으나 3.2.5 解說 그림 3.5에 있는 土壓및 水壓을 使用하여 掘鑿完了 또는 最下假버팀대 設置直前의 狀態에 있어 모멘트의 均衡에 必要根入길이를 求하는 것이 一般的이다.

즉, 解說 그림 3.16(a), (b)의 兩狀態에 있어 均衡잡힌 狀態를 求하여 그 때의 D가 큰쪽을 取하여 그 1.2倍程度의 길이를 設計根入길이로 한다. 엄지말뚝橫널말뚝形式의 흙막이壁의 경우 根入部에는 흙막이壁으로서는 不連續으로 되나 土壓의 作用幅으로는 解說 表 3.9를 最大값으로 하여 過去의 實績, 土質및 施工條件을 考慮하여 低減한 값을 쓰는것이 좋다.

더욱 버팀대를 1段만 設置하지 않는 掘鑿에는 버팀대 設置直前의 狀態로서의 自立의 狀態로 根入길이 決定되수가 많음으로 注意가 必要하다.

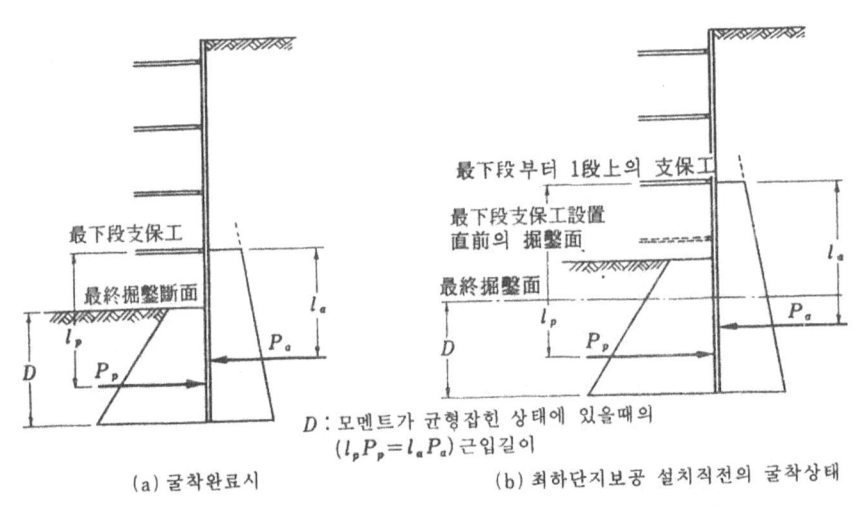

(a) 굴착완료시　　　　　　(b) 최하단지보공 설치직전의 굴착상태

解說 그림 3.16 균형잡힌 근입길이를 구하는 방법

解說 表 3.9 엄지말뚝의 土壓作用幅(根入部)

사질토	$N>30$	$30≧N>10$	$N≦10$
점성토	$N>8$	$8≧N>4$	$N≦4$
토압작용폭	플랜지폭의 3배	플랜지폭의 2배	플랜지폭
	단 말뚝간격이하		

粘着力의 큰 地盤에 있어서는 背面側의 土壓의 計算値가 負의 값으로 되어 根入길이 求할 수 없는 경우도 있으나 特히 市街地에 있어서는 이와같은 경우에도 安全을 위해 最低 1.5m 程度를 根入길이로 하는것이 좋다.

2) <u>自立흙막이의 경우</u> 掘鑿前에 自立흙막이에 作用하고 있는 土壓및 水壓은 解說 그림 3.17(a)와 같이 背面側과 掘鑿面側에는 같다고 생각된다. 掘鑿에 의해 掘鑿面側에는 掘鑿底面보다 上部의 土壓 및 水壓이 없어지기 때문에 背面側과 掘鑿面側의 土壓및 水壓은 解說 그림 3.17(b)와 같이 變化된다고 생각된다.

自立흙막이의 根入길이의 決定方法에 대해서는 여러가지 提案이 있으나 水平方向의 힘의 均衡잡힘과 回轉모멘트의 均衡잡힘을 同時에 滿足시키는 것으로서 解說 그림 3.17(b)의 土壓과 水壓分布를 直線으로 表現한 解說 그림 3.18의 均衡잡힌 根入길이(D)의 1.2倍程度를 設計根入 길이로 한다.

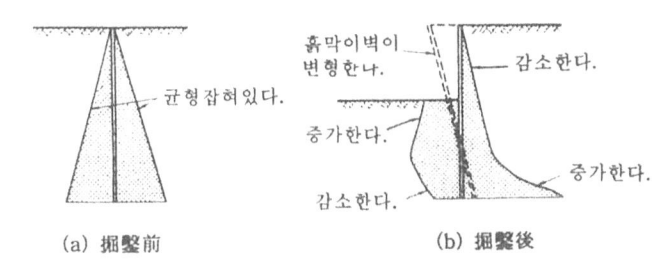

(a) 掘鑿前   (b) 掘鑿後

解說 그림 3.17 自立흙막이의 土壓과 水壓의 變化

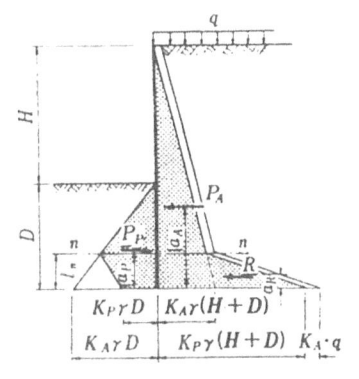

H : 掘鑿깊이(m)
D : 균형잡힌근입길이(m)
K_A : 사질토인 경우쿠론토압, 점성토인 경우 란킨·레잘토압에 의한 주동토압계수
K_P : 사질토인 경우 쿠론토압, 점성토인 란킨·레잘토압에 의한 수동토압계수
γ : 흙의 단위체적중량(tf/㎥) (지하수위이하는 수중중량으로 한다)
P_A : 배면측의 주동토압과 수압의 합력(tf/m)
P_P : 굴착면측의 토압과 수압의 합력(tf/m)
R : 반력토압과 수압의 합력(tf/m)
q : 상재하중(tf/㎡)
$n-n$: 토압의 변화점

解說 그림 3.18 균형잡힌 근입길이(자립흙막이공)

$$P_A + R - P_P = 0$$

$$P_A \cdot a_A + R \cdot a_R - P_P \cdot a_P = 0$$

더욱 위의 連立方程式에서는 균형잡힌 根入길이(D)와 흙막이壁의 先端에서 $n-n$까지의 距離(l_n)의 2개가 未知數로 된다.

> 3.6.4 鉛直支持力의 檢討
> 흙막이壁은 路面覆工荷重, 支保工重量, 흙막이壁自重및 흙막이앵커荷重等에 대해서 充分히 安全한 깊이까지 根入하여야 한다.

【解 說】 3.7 參照.

> 3.6.5 흙막이壁의 斷面計算
> (1) 흙막이壁의 斷面計算에 있어서는 掘鑿이 完了되었을 때의 狀態뿐 아니라 必要에 따라서 掘鑿 또는 매설의 過程에 있어 安全性에 대해서도 確認하여야 한다.
> (2) 흙막이壁에는 土壓및 水壓이 水平荷重으로하여 作用하고 경우에 따라서는 覆工에서의 荷重, 흙막이앵커의 垂直分力等의 垂直力이 作用함으로 이들을 考慮하여 安全性을 確認하여야 한다.
> (3) 흙막이壁의 應力을 求하기 위한 計算모델은 掘鑿깊이, 地盤條件, 흙막이支保工의 種別等을 考慮해서 決定하여야 한다.
> (4) 흙막이壁의 斷面計算은 휨과 軸力 및 剪斷에 대해서 安全하도록 행하여야 한다.

【解 說】(1)에 대해서 흙막이壁의 斷面計算은 掘鑿이 完了되었을 때의 狀態가 가장 危險한 경우가 많음으로 一般的으로는 이 때의 狀態에 대해서 行하나 버팀대 鉛直方向의 間隔이나 假想支点의 位置에 의해서는 掘鑿途中의 버팀대 設置 直前에 있어서 狀態의 쪽이 掘鑿完了時의 狀態보다 應力이 크게 되는 경우도 있다. 또, 굴착이 완료하고 터널구체를 구축할 때에는 지장이 되는 버팀대를 철거 또는 되바꾸는 경우나 되메움에 있어서 버팀대를 철거할 때에도 굴착완료시의 상태보다 응력이 크게 되는 경우도 있다. 따라서 이들에 대해서도 흙막이壁의 安全性을 充分히 確認할 必要가 있다.

(2), (3)에 대해서 흙막이壁에 作用하는 斷面力, 버팀대 軸力을 求하는 方法으로서

① 慣用計算法　　② 彈塑性法의 두가지가 있다.

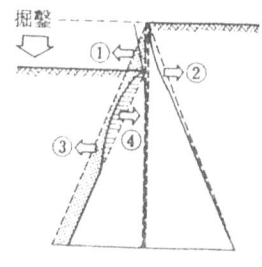
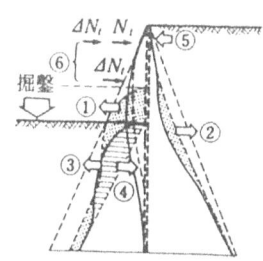

(1) 一次掘鑿
 ① 掘鑿에 의해 제거된 掘鑿面側의 土壓 및 水壓
 ② 壁이 掘鑿面에 변위하는데 따라 생기는 배면측의 감소토압
 ③ (벽이 변위치 않는 것으로서) 掘鑿에 의해 상재압이 감소에 따라 생기는 굴착면측의 減少土壓
 ④ 壁이 掘鑿面側에 變位에 의해 생기는 掘鑿面側의 增加土壓

(2) 二次掘鑿以後
 ①
 ② (一次掘鑿과 같음)
 ③
 ④
 ⑤ 壁이 背面側에 變位에 의해 생기는 背面側의 增加土壓
 ⑥ 버팀대 축력의 變動量

다음 ②, ③, ④의 變化에는 地盤의 아칭 작용 壁面剪斷力에 의한 影響도 생각된다.

解說 그림 3.19 掘鑿에 의한 土壓變化 및 벽의 應力變形 발생기구
(여기서 土壓은 水壓을 包含한 것이다)

解說 表 3.10 慣用計算法

개념도	(그림: 假想支点)
구조모델	버팀대 설치위치 및 가산지점을 지점으로 하는 단순버팀대
가상지점	균형잡힌 근입길이(D)에 작용하는 수동토압의 합력위치
하중	3.2.5해설 그림 3.7에 표시한 겉보기의 토압
계산단계	최종굴착단계 뿐만 아니라 지반조건, 버팀대의 **수직방향**의 핀치 등을 생각해 필요에 따라서 굴착도중 버팀대철거시에도 계산한다.
기 타	일차굴착시 검토는 자립흙막이에 대한 계산법에 의한다.

解說 表 3.11 彈塑性法

槪念圖	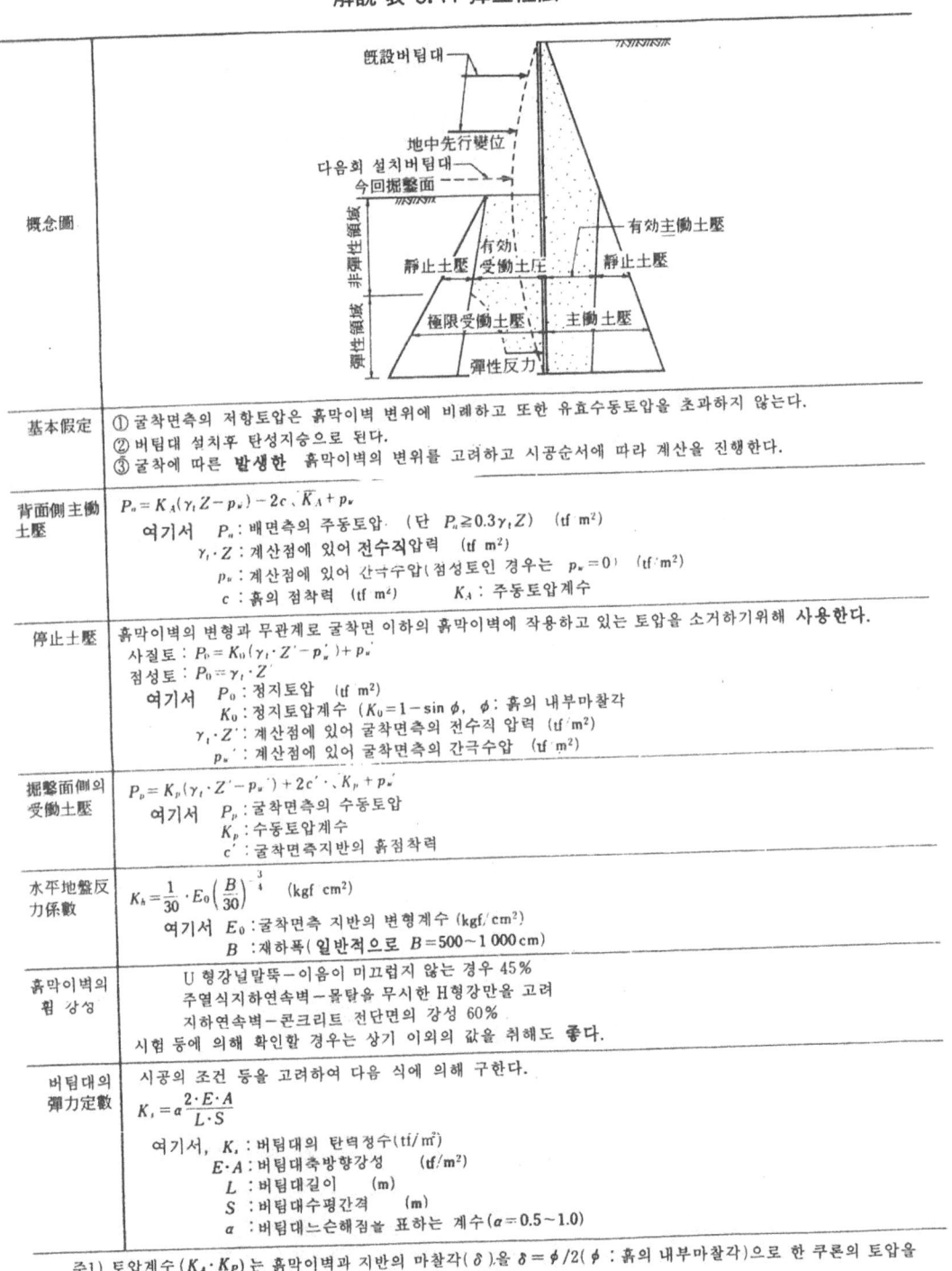
基本假定	① 굴착면측의 저항토압은 흙막이벽 변위에 비례하고 또한 유효수동토압을 초과하지 않는다. ② 버팀대 설치후 탄성지승으로 된다. ③ 굴착에 따른 **발생한** 흙막이벽의 변위를 고려하고 시공순서에 따라 계산을 진행한다.
背面側主働 土壓	$P_a = K_A(\gamma_t Z - p_w) - 2c \sqrt{K_A} + p_w$ 여기서 P_a : 배면측의 주동토압 (단 $P_a \geq 0.3\gamma_t Z$) (tf/m²) $\gamma_t \cdot Z$: 계산점에 있어 **전수직압력** (tf/m²) p_w : 계산점에 있어 간극수압(점성토인 경우는 $p_w = 0$) (tf/m²) c : 흙의 점착력 (tf/m²) K_A : 주동토압계수
停止土壓	흙막이벽의 변형과 무관계로 굴착면 이하의 흙막이벽에 작용하고 있는 토압을 소거하기위해 사용한다. 사질토: $P_0 = K_0(\gamma_t \cdot Z' - p_w') + p_w'$ 점성토: $P_0 = \gamma_t \cdot Z'$ 여기서 P_0 : 정지토압 (tf/m²) K_0 : 정지토압계수 ($K_0 = 1 - \sin\phi$, ϕ : 흙의 내부마찰각) $\gamma_t \cdot Z'$: 계산점에 있어 굴착면측의 전수직 압력 (tf/m²) p_w' : 계산점에 있어 굴착면측의 간극수압 (tf/m²)
掘鑿面側의 受働土壓	$P_p = K_p(\gamma_t \cdot Z' - p_w') + 2c' \cdot \sqrt{K_p} + p_w'$ 여기서 P_p : 굴착면측의 수동토압 K_p : 수동토압계수 c' : 굴착면측지반의 흙점착력
水平地盤反 力係數	$K_h = \dfrac{1}{30} \cdot E_0 \left(\dfrac{B}{30}\right)^{-\frac{3}{4}}$ (kgf/cm²) 여기서 E_0 : 굴착면측 지반의 변형계수 (kgf/cm²) B : 재하폭 (일반적으로 $B = 500 \sim 1000$ cm)
흙막이벽의 휨 강성	U형강널말뚝－이음이 미끄럽지 않는 경우 45% 주열식지하연속벽－몰탈을 무시한 H형강만을 고려 지하연속벽－콘크리트 전단면의 강성 60% 시험 등에 의해 확인할 경우는 상기 이외의 값을 취해도 좋다.
버팀대의 彈力定數	시공의 조건 등을 고려하여 다음 식에 의해 구한다. $K_s = \alpha \dfrac{2 \cdot E \cdot A}{L \cdot S}$ 여기서, K_s : 버팀대의 탄력정수 (tf/m²) $E \cdot A$: 버팀대축방향강성 (tf/m²) L : 버팀대길이 (m) S : 버팀대수평간격 (m) α : 버팀대느슨해짐을 표현하는 계수 ($\alpha = 0.5 \sim 1.0$)

주1) 토압계수 ($K_A \cdot K_P$)는 흙막이벽과 지반의 마찰각(δ)을 $\delta = \phi/2$ (ϕ: 흙의 내부마찰각)으로 한 쿠론의 토압을 지하연속벽을 **고려한다**.
주2) 흙막이벽의 휨강성중 U형강널말뚝에 대한 이음부의 미끄러짐에 착안한 과거의 연구를 참고로 하며 45%로 하고 지하연속벽에 대해서는 통상 철근량에 대하여 콘크리트 라이브러리 제52호 11.4에 의해 구하는 것이다.
주3) 실측값을 근간하여 경험적으로 구하여지고 있는 경우는 위의 각 식을 의하지 않아도 좋다.
주4) 여기서의 토압은 수압을 포함한 것이다.

이 중 慣用計算法은 3.2.5에서 序述한것 같은 버팀대 軸力의 測定値에서 구하였다. 모든 겉보기上의 土壓을 버팀대 및 掘鑿面側地盤의 假想支點으로 하는 單純버팀대, 또는 連續버팀대로 作用시켜 設計에 쓰이는 버팀대反力 및 흙막이壁의 휨 모멘트, 剪斷力을 구하는 것이다(解說 表 3.10)

그러나 解說 그림 3.19에서 보는것 같이 흙막이壁은 掘鑿에 의해 흙막이壁兩側의 土壓과 水壓의 바란스가 무너져서 흙막이壁에 變形이 생겨 버팀대에 대한 軸力이 發生하고 더욱 다음의 掘鑿에 의해 變形이 進行하여 버팀대의 軸力은 變化한다. 이와같이 흙막이는 掘鑿의 進行에 따라 複雜한 움직임을 나타낸다.

慣用計算法에는 이와같은 土壓과 水壓의 變化나 實際 흙막이壁의 擧動을 充實하게 表現할 수 없으나 이제까지 많은 實績이 있어 信賴할 수 있는 方法이다. 이 方法은 比較的 規模가 적은 掘鑿에 쓰여지고 있고 大規模인 掘鑿까지는 이것을 適用하는것은 無理이다. 大規模인 掘鑿에 대해서는 흙막이의 擧動을 比較的 充實하게 表現할 彈塑性法이나 有限要素法이 쓰여지고 있다. 設計段階에서 一般的으로 使用하고 있는것은 彈塑性法(解說 表 3.11)이다.

彈塑性法은 慣用計算法과 같은 手計算으로 行하는것은 不可能하고 通常電子計算機에 의해 行하고 있다.

彈塑性法에는 慣用計算法以上 各種의 地盤의 土性値를 써서 計算이 행하여지고 그 土性値의 選定方法에 따라 여러가지 結果를 얻게 된다. 따라서 計算에 쓰이는 土城値의 決定에 있어서는 土質試驗結果를 잘 吟味하는것이 緊要하다.

또, 有限要素法은 掘鑿背面側의 掘鑿에 따라 地盤의 變化를 보이기 때문에 使用되고 있다. 그러나 計算에 쓰이는 土性値를 正確하게 設定하는것은 대단히 어려운게 現實이며, 計算結果의 是非에 對해서는 綜合的인 判斷이 必要하다.

慣用計算法과 彈塑性法의 使用分離는 前者는 比較的規模의 적은 掘鑿이나 良好한 地盤에서의 設計에 適合하고 흙막이壁의 變形이 예상되는 경우나 掘鑿깊이가 깊은 경우(15m 程度以上)이나 軟弱地盤의 掘鑿으로 히빙에 대한 安全率이 許容安全率에 가까운 경우등에 있어서는 彈塑性法에 의하는 것이 좋을 것이다.

自立흙막이의 應力計算은 3.6.4 解說 그림 3.18의 根入先端支點으로하는 片持버팀대로 한다.

1) 흙막이壁에 作用하는 垂直荷重에 대해서 흙막이壁에 作用하는 垂直荷重에는 路面覆工의 反力, 흙막이앵커의 垂直分力, 흙막이支保工自重 및 흙막이壁自重이있다(3.7.1 參照).

(4)에 대해서 흙막이벽의 應力度의 檢討는 鐵筋콘크리트의 경우를 除外하고 다음식에 의해 해도 좋다.

$$\sigma = \frac{M}{Z} + \frac{N}{A} \leq \sigma_a$$

여기서, σ : 흙막이벽의 應力度 (kgf/cm^2)
σ_a : 흙막이벽의 許容應力度 (kgf/cm^2)
M : 흙막이벽의 最大휨 모멘트 (kgf·cm)
N : 흙막이벽의 軸力 (kgf)
Z : 흙막이벽의 斷面係數 (cm^3)
A : 흙막이벽의 斷面積 (cm^2)

上記의 計算은 엄지말뚝橫널말뚝 흙막이에는 엄지말뚝 1개 당에 대해서 기타의 흙막이에는 흙막이벽 1m 당에 대해서 行하나 直徑 1m 前後의 鋼管널말뚝에는 鋼管널말뚝 1개당에 대해서 行하여도 좋다.

U形鋼널말뚝과 같은 무거운 부재의 경우 서로 물리도록 하는 部에 이끌어짐이 생길 危險이 있는 경우는 斷面係數의 低減을 考慮한 쪽이 좋고 根入길이, 地質, 頭部의 固定狀況等을 생각해 完全結合의 경우 斷面係數의 60~80%로 한다.

柱列式地下連續壁의 計算에 있어서는 鐵筋을 揷入하는 경우는 鐵筋몰탈말뚝 (또는 鐵筋콘크리트말뚝)으로 하여 計算하고 形鋼을 揷入할 경우는 形鋼과 몰탈과의 합성은 생각치 않고 형강단독의 계산으로 하는 것을 원칙으로 한다. 말뚝은 지그재그 배열하는 주열식 지하연속벽에는 말뚝 1개당 작용하는 수평력은 흙막이벽 단위폭 당의 수평력을 말뚝갯수로 나눈 값으로 하면된다. 주열식 지하연속벽 및 소일시멘트 벽의 몰탈 및 소일(soil)시멘트는 土壓 및 水壓에 대해서 엄지말뚝橫널말뚝 흙막이에 있어 橫널말뚝과 같은 作用함으로 여기에 필요한 强度가 얻어지도록 配合을 決定할 必要가 있다.

地下連續壁에 있어서는 施工性을 考慮하여 그 엘리멘트幅을 決定할 必要가 있다. 各에 엘리멘트間의 接續方式에는 롯킹 파이프를 使用하는 方式, 칸막이용의 鋼板을 使用하여 配力鐵筋을 이어가는 方式等이 있으나 地下連續壁의 使用目的에 適合한 것을 選定하여야 하다.

더욱 地下連續壁과 같은 鐵筋콘크리트의 흙막이벽은 「콘크리트 標準示方書」에 의해 計算한다.

橫널말뚝에는 一般的으로 木材가 使用되나 이 경우의 計算式은 다음과 같다.

$$\sigma = \frac{6M}{bt^2} \leq \sigma_a, \quad t = \sqrt{\frac{3w}{4b\sigma_a}} \cdot L, \quad \tau = \frac{S}{A} \leq \tau_a$$

여기서, σ : 橫널말뚝의 휨은 應力度(kgf/cm²)

σ_a : 橫널말뚝의 許容휨은應力度(kgf/cm²)

τ : 橫널말뚝의 剪斷應力度(kgf/cm²)

τ_a : 橫널말뚝의 許容剪斷應力度(kgf/cm²)

w : 橫널말뚝에 作用하는 土壓(kgf/cm)

L : 橫널말뚝의 計算상의 支間(cm)

b : 橫널말뚝의 單位幅(cm)

t : 所要橫널말뚝두께(cm)

A : 橫널말뚝의 斷面積(cm²)

M : 橫널말뚝의 휨 모멘트(kgf·cm)

S : 橫널말뚝의 剪斷力(kgf)

橫널말뚝의 計算上의 支間 L 는 $L = L_0 - B/2$ 로 할수가 있다(L_0 : 엄지말뚝中心間隔(cm), B : 엄지말뚝의 플랜지幅(cm)).

2) 이음에 對해서 흙막이壁에 使用하는 鋼材에 이음을 設置할 경우에는 隣接하는 鋼材와의 이음 位置를 相互에 조금 밀어옮겨서 同一斷面에 이음을 設置하지 않도록 한다.

地下連續壁을 本體의 一部로 하여 使用할 경우에는 床版의 鐵筋이나 지벨을 조금씩 깍아내는 것이 必要하나 겹친 이음部의 강도가 低下함으로 이렇게 조금씩 깔아낸 部에 地下連續壁의 主鐵筋의 겹친 이음을 配置하지 않는것이 바람직하다.

3.6.6 掘鑿底面의 安定의 檢討

흙막이의 設計에 있어서는 掘鑿의 形狀, 흙막이의 形式, 地盤의 狀態및 흙막이 周邊의 狀況을 考慮하여 掘鑿底面의 安定에 對해서 다음에 表示한 檢討를 행하여야 한다.

(1) 부드러운 粘性土를 掘鑿할 경우는 히빙에 對한 檢討를 行하여야 한다.

(2) 被壓되어 있는 砂質土의 上部를 掘鑿할 경우는 보링, 지반융기 및 파이핑에 對한 檢討를 行하여야 한다.

【解　說】掘鑿底面의 安定이 損傷되는 現象을 分類한 것이 解說　表3.12이다. 연약한 粘性土地盤에는　掘鑿底面의 흙의 强度不足에서 흙이 돈다든지　미끄럼이 생겨　掘鑿底面이 隆起한다든지　흙막이壁이 크게 變形한다든지　背面地盤이 沈下할때가 있다. 이와같은 現象을 히빙이라 한다. 最終的으로 흙막이의 崩壞로 이어진다.

解說 表 3.12 掘鑿底面의 破壞現象

分類	地盤의 狀態	現象
히빙	굴착저면부근에 연약한 점성토가 있는 경우 주로서 충적점성토지반으로 소성·함수비의 높은 점성토가 두껍게 퇴적하는 경우	흙막이배면의 흙중량이나 흙막이에 근접한 지표면 하중 등에 의해 미끄럼면이 생겨 굴착저면의 용기, 흙막이벽의 부풀어오름, 주변지반의 침하가 생겨 최종적으로 흙막이붕괴에 이른다.
보일링	지하수위의 높은 사질토의 경우 흙막이부근에 하천, 바다등 지하수의 공급원이 있는 경우	차수성의 흙막이벽을 사용한 경우 수위차에 의해 상향일때의 침투류가 생김. 이 침투압이 흙의 유효중량을 초과하면 부둥하것과 같은 용상(湧上). 굴착저면의 흙이 전단저항을 잃음. 흙막이의 안정성이 손괴된다.
지반융기	굴착저면부근이 불투수층, 수두가 높은 투수층의 순으로 구성되어 있는 경우. 불투수층에는 점성토뿐 아니라 세립분이 많은 사질토도 포함된다.	불투수층을 위해 상향의 침투류는 생기지 않으나 불투수층 하면에 상향의 수압이 작용하고 이것이 上万의 흙무게 이상으로 되는 경우는 굴착저면이 부상(浮上), 최종적으로는 불투수층이 돌파되어 보일링상의 파괴에 이른다.
파이핑	보오링, 지반융기와 같은 지반에서 물길이 되기 쉬운 상태가 있을 경우. 인공적인 물길로서는 이 그림에 제시한다.	지반이 약한 장소의 가는 토입자가 침투류에 의해 씻어 흘러 토층에 물길이 형성되어 그것이 순차 상류측에 이르러 굵은 입자도 누출. 물길이 확대한다. 최종적으로는 보일링상의 파괴에 이른다.

被壓된 砂質土層의 上部地盤을 掘鑿하는 경우에는 掘鑿底面에서 물과 土砂가 湧出한다든지 掘鑿底面全體가 떠오른다든지 하는 일이 있다. 이들의 現象은 지반융기나 세굴파이핑이라 부르고 있다. 이와같은 地下水에 起因하는 3가지 現象은 明確히 定義되어 있지 않으나 여기서는 掘鑿底面을 自由水面으로 부터 물이 土砂를 따라서 噴出하는 現象을 세굴, 被壓地下水에 의해 掘鑿底面이 떠오른 現象을 지반융기 어떤 理由로 물길이 形成되어 물과 土砂가 噴出하는 現象을 파이핑으로하여 區別할 수 있다.

以上외에 掘鑿에 따른 掘鑿底面이 隆起하는 리바운드가 있다. 리바운드는 掘鑿內의 흙이 除去됨에 따라 생기는 地盤의 彈性變形이다. 리바운드 그것이 흙막이의 崩壞에 이어지는 일은 적으나 逆卷工法에는 中間말뚝이 上方에 變位하여 床版에 생각지 않는 힘이 작용한다든지 함으로 注意가 必要하다. 以上에 序述한 分類는 便宜的인 區分이며 實際의 현상이 明確하게 이와같은 區分으로 分類된다고는 할 수 없다.

實際의 地盤에는 흙의 性質이나 地層의 構成이 複雜하며 地盤의 區別이나 透水層·不透水層의 區別을 하기 어렵다. 예를들면, 實際의 崩壞例에도 히빙이 豫想된 연약한 粘性土地盤으로 掘鑿底面付近의 엷은 砂層에서 出水한 例나 세굴이 豫想된 砂質土地盤으로 中間의 微細砂層이 相對的인 不透水層으로 되어 지반융기의 상태에서의 破壞가 된 例가 있다.

掘鑿底面의 安定은 地盤의 상태뿐 아니라 흙막이의 構造, 施工의 方法 및 周邊環境의 變化等에도 影響된다. 예를들면 흙막이壁의 剛性·根入길이가 不足하여 히빙을 끌어일으킨 例 보링調査孔跡이나 말뚝의 打設로 흐트러진 箇所에서 土砂와 물이 噴出한 例 地下水位의 季節的·人爲的變動으로 出水한 例등이 있다.

이와같은 掘鑿底面의 安定性은 많은 條件에 左右됨으로 設計에 있어서는 地盤의 狀態를 잘 檢討하고 必要한 흙막이壁의 根入길이와 剛性을 구하고 必要하면 補助工法並行 등의 配慮가 必要하다. 또, 根入길이 剛性의 不足이 생기는것 같은 흙막이의 形式이나 施工法은 避하는것이 좋다.

(1)에 대해서 히빙에 대해서는 먼저 다음에 표시한 Peck의 安定數를 計算아고 그 값에 의해 보다 詳細한 檢討를 加할 必要가 있는가 어떠한가 判斷한다.

$$N_b = \frac{\gamma_t \cdot H}{S_u}$$

解說 表 3.13 히빙의 檢討式

提唱者名 또는 基準名	檢討式	S_u가 일정한 지반이 두껍고 이어지는 경우의 限 安定數		檢討式의 特徵
		대상굴착 ($B/L \fallingdotseq 0$)	정방형굴착 ($L=B$)	
Terzaghi Peck 의 방법	1) 굳은지반이 깊은 경우 ($D > B/\sqrt{2}$) $F_s = \dfrac{q_d}{p_r} = \dfrac{5.7c}{\gamma_t H - \dfrac{\sqrt{2}cH}{B}} \geq 1.5$ 2) 굳은지반이 얇은 경우 ($D < B/\sqrt{2}$) $F_s = \dfrac{q_d}{p_r} = \dfrac{5.7c}{\gamma_t H - \dfrac{cH}{D}} \geq 1.5$	$D > B/\sqrt{2}$, $H=B$ 의 경우 $N_b = 7.1 (F_s=1.0)$ $N_b = 5.2 (F_s=1.5)$ $D > B/\sqrt{2}$, $H=2B$ 의 경우 $N_b = 8.5 (F_s=1.0)$ $N_b = 6.6 (F_s=1.5)$	同 左	1) Terzaghi의 支持力公式에 기초해서 2) 背面地盤의 垂直方向의 剪斷抵抗이 있다. 3) 掘鑿幅의 影響을 考慮할 수 있다. 4) 굳은지반 까지의 깊이가 考慮된다.
Tschebotarioff 의 방법	$D < B$의 경우 $F_s = \dfrac{5.14c\left(1+0.44\dfrac{D}{L}\right)}{H\left\{\gamma_t - 2c\left(\dfrac{1}{2D}+\dfrac{1}{L}\right)\right\}}$ ($L \leq D$) $F_s = \dfrac{5.14c\left(1+0.44\dfrac{2D-L}{L}\right)}{H\left\{\gamma_t - 2c\left(\dfrac{1}{2D}+\dfrac{2D-L}{DL}\right)\right\}}$ ($D<L<2D$) $F_s = \dfrac{5.14c}{H\left\{\gamma_t - \dfrac{c}{D}\right\}}$ ($L \geq 2D$) $D > B$의 경우 $F_s = \dfrac{5.14c\left(1+0.44\dfrac{2B-L}{L}\right)}{H\left\{\gamma_t - 2c\left(\dfrac{1}{2B}+\dfrac{2B-L}{BL}\right)\right\}}$ ($L < 2B$) $F_s = \dfrac{5.14c}{H\left\{\gamma_t - \dfrac{c}{B}\right\}}$ ($L \geq 2B$) F_s : 安全率 1.5~2.0 以上	$D>B$, $H=B$ 의 경우 $N_b=6.1(F_s=1.0)$ $N_b=4.3(F_s=1.5)$ $N_b=3.6(F_s=2.0)$ $D>B$, $H=2B$ 의 경우 $N_b=7.1(F_s=1.0)$ $N_b=5.4(F_s=1.5)$ $N_b=4.6(F_s=2.0)$	$D>B$, $H=B$ 의 경우 $N_b=10.4(F_s=1.0)$ $N_b=7.9(F_s=1.5)$ $N_b=6.9(F_s=2.0)$ $D>B$, $H=2B$ 의 경우 $N_b=13.4(F_s=1.0)$ $N_b=10.9(F_s=1.5)$ $N_b=9.7(F_s=2.0)$	1) 円孤미끄럼면을 가정하고 있으나 계수는 prandtl의 지지력 공식을 사용하고 있다. 2) 배면지반의 수직방향의 전단저항이 있다. 3) 굴착폭과 굴착길이의 影響을 고려한다. 4) 굳은지반까지의 깊이가 고려된다.

提唱者名 또는 基準名	檢 討 式	S_u가 일정한 지반이 두껍고 이어지는 경우의 peck안정수		檢討式의 특징
		대상굴착 ($B/L \fallingdotseq 0$)	정방형굴착 ($L=B$)	
Bjerrum -Eide 의 방법	円 또는 정방형굴착 $B/L=1.0$ 무한장굴착 $B/L=0$ N_b vs H/B $$F_s = N_b \frac{S_u}{\gamma_t \cdot H + q} \geq 1.2$$	$H=B$의 경우 $N_b=6.3(F_s=1.0)$ $N_b=5.3(F_s=1.2)$ $H=2B$의 경우 $N_b=7.0(F_s=1.0)$ $N_b=5.8(F_s=1.2)$	$H=B$의 경우 $N_b=7.6(F_s=1.0)$ $N_b=6.3(F_s=1.2)$ $H=2B$의 경우 $N_b=8.4(F_s=1.0)$ $N_b=7.0(F_s=1.2)$	1) Skempton의 지지력 公式에 基礎해서 2) 背面地盤의 수직방향전 단抵抗이 없음 3) 掘鑿幅의 影響을 考慮할 수 있고, 평면형상에 응한 지지력 계수가 있다.
지하철기 술협의회 일본건축 학회舊規 準式	$$F_s = \frac{x \int_0^\pi c(x d\theta)}{W \cdot \frac{x}{2}} \geq 1.2$$	$N_b=6.3(F_s=1.0)$ $N_b=5.2(F_s=1.2)$	同左	1) 掘鑿底面에 中心을 두고 원고 미끄럼면을 가정 2) 背面地盤의 수직방향전 단저항이 없음 3) 地盤의 强度變化를 考慮할 수 있다.
건축학회 修正式	$$F = \frac{M_r}{M_a} = \frac{x' \int_0^{\frac{\pi}{2}+\alpha} c(x' d\theta)}{W \cdot \frac{x}{2}} \geq 1.2 \quad (\alpha < \frac{\pi}{2})$$	$\alpha=\pi/5$로 假定 $N_b=4.3(F_s=1.0)$ $N_b=3.6(F_s=1.2)$	同左	1) 最下端버팀대에 중심을 두는 원고 미끄럼면을 假定 2) 背面地盤의 수직방향전단 저항이 없음 3) 지반의 강도변화를 고려할 수 있다.
首都高速 道路公團	$$F_s = \frac{\int_0^\pi c(z) x^2 d\theta + \int_0^H c(z) x dz}{\frac{(\gamma_t H + q) x^2}{2}}$$ F_s가 최소로 돼 $x=x_0$(가능미끄럼깊이)가 가상지지점 보다 얕은 경우 또는 그보다 싶어도 $x=x_0$에 있어 $F_s \geq 1.2$일때는 히빙에 대해서 안전하다고 생각된다. x_0가 가상지지점보다 깊고 $F_s < 1.2$의 경우에, x_0가상지지점을 이동하고 흙막이벽의 단면체크 및 변위체크를 한다. 단 x_0의 최대는 5m로 하여 근 입길이는 x_0의 계산값에 5m을 가산한 것으로 한다. 가능미끄럼깊이 x_0는 점착력 c가 깊은 방향에 증가하는 것을 고려한 경우만 산출하기 때문 $c = 0.2z$ (z는 지표면보다 깊고 단위: m로 하고있다.	$x=B$로 假定하고 $H=B$의 경우 $N_b=8.3(F_s=1.0)$ $N_b=6.9(F_s=1.2)$ $H=2B$의 경우 $N_b=10.3(F_s=1.0)$ $N_b=8.6(F_s=1.2)$	同左	1) 掘鑿底面에 중심을 두는 원고 미끄럼 면을 假定 2) 背面地盤의 垂直方向 전 단저항이 있다. 3) 깊은 方向의 강도 增加가 고려할 수 있다.

F_s : 안전율
q_d : 점착력 c가 되는 점토지반의 극한 지지력
D : 굴착저면위치에서 굳은지반면까지의 거리
p_r : 굴착저면위치에 있어 흙막이 배면상의 하중상노.
γ_t : 흙의 습윤단위체적중량
L : 굴착길이
c : 점착력
B : 굴착폭
H : 굴착깊이
S_u : 비배수전단강도

여기서, γ_t : 土의 濕潤單位體積重量
    H : 掘鑿깊이
    S_u : 掘鑿底面以深 粘土의 非排水 剪斷強度(粘着力에 같은것으로 해도 좋다)

peck에 의하면 N_b가 3.14로 되면 塑性域이 掘鑿底面에서 넓게 시작 N_b가 3.14에서 5.14로 掘鑿底面이 부풀어 올라가 背面地盤의 沈下가 顯著하게 된다. N_b가 5.14를 넘으면 掘鑿底面은 히빙을 일으켜 繼續的으로 갖고 오르게 된다.

우리나라에 있어 히빙이 問題로 되는 경우는 주로 冲積粘性土地盤이다. 이 地盤의 掘鑿에는 N_b가 3을 넘으면 흙막이壁의 變形이 增加하나 N_b가 4程度까지는 히빙이 發生했다는 例는 없다. N_b가 5를 넘으면 히빙의 發生例가 增加 또, 剛性이 높고 根入길이의 긴흙막이 壁을 採用하는 事例가 많게된다. 이와같은 일에서 N_b가 3以下에는 히빙에 대해서 安全하다고 생각되어 5以上에는 히빙의 危險性이 높다고 생각해도 좋다. 더욱, N_b의 計算에 있어서는 互層地盤이나 깊은 方向에 非排水剪斷強度가 變하는 경우에 S_u의 잡는方法이 問題로 되나, 여기서는 掘鑿底面付近의 S_u를 써도 좋다.

같은 安定數라도 一般的으로는 掘鑿幅이 좁은 경우, 粘性土層이 엷은 경우 흙막이壁의 剛性이 높고 根入이 깊은 경우등에는 히빙에 對하는 安定性이 크게 된다. 掘鑿計劃에 있어서는 이들의 效果를 考慮하여 掘鑿의 安全性을 確報하는 것도 중요하다. 解說 表 3.13에 掘鑿의 平面形狀, 굳은 層까지의 깊이 및 S_u의 變化가 考慮되는 檢討式들을 表示한다. N_b가 3을 넘는 경우는 表中에 表示한 各檢討式의 基本的인 假定을 理解하고 實際의 條件에 合當한 檢討式을 쓰는것이 좋다. 더욱, 흙막이壁의 根入이 極端으로 짧은 경우나 塑性및 含數比의 높은 粘性土가 두껍게 이어지는 경우는 所定의 安全率을 滿足하고 있어도 흙막이壁이 크게 變形한다든지, 背面地盤이 沈下한 事例가 있음으로 注意가 必要하다.

히빙防止對策으로서는 흙막이壁의 根入과 剛性을 增加하는 方法, 掘鑿平面規模를 縮小하는 方法 및 地盤改良等이 있다. 흙막이壁의 根入을 增加하는 方法은 많은 事例가 있고 必要根入길이는 흙막이壁下端 以深을 通過하는 미끄럼面이 所定의 安全率을 滿足하도록 하여 求하는 일이 많다. 그러나 根入길이가 긴 경우는 그 下端이 굳은 地層에 貫入된 경우에도 흙막이壁이 折損한다든지, 큰 變形이 생긴 事例가 있음으로 이와같은 경우의 흙막이壁의 設計에는 愼重한 檢討가 必要하다.

地盤改良은 事例의 거의가 掘鑿面側만을 行하고 있다. 改良方法은 石灰系의 말뚝을 土中에 設置하는 方法과 시멘트系 固化劑가 흙과 混合하는 方法이 많이 採用된다. 改良强度 및 改良範圍는 円孤미끄럼을 假定한 檢討式으로 檢討하는 例가 많으나 檢討에 있어서는 다음의 点에 注意하여야 한다. 즉 實際의 미끄럼面은 檢討式에 表示한 그것과 달라 解說 表 3.12中에 表示한 傾斜 미끄럼 面으로 됨으로 改良範圍는 미끄럼 面의 傾斜를 考慮하여 決定하여야 한다. 시멘트系의 地盤改良은 原地盤에 대해서 높은 强度가 얻어지므로 엷은 改良範圍로 되나 極端으로 엷은 改良範圍는 휨破壞의 危險도 있으므로 避하면 된다. 또, 改良地盤과 非改良地盤의 變形特性이 크게 다른 경우는 兩者의 破壞뒤틀림의 다름을 考慮하여 剪斷强度을 決定하는것이 좋다.

(2)에 대해서 세굴, 지반융기 및 파이핑의 檢討에 있어서는 現地地盤의 地層構成 및 地下水의 狀態等을 正確하게 把握하여야 하나 이들의 調査에 破壞現象을 正確하게 推定하여 特定하기는 어려움으로 豫測된 複數의 破壞現象에 대해서 각각 檢討하여두는것이 바람직하다.

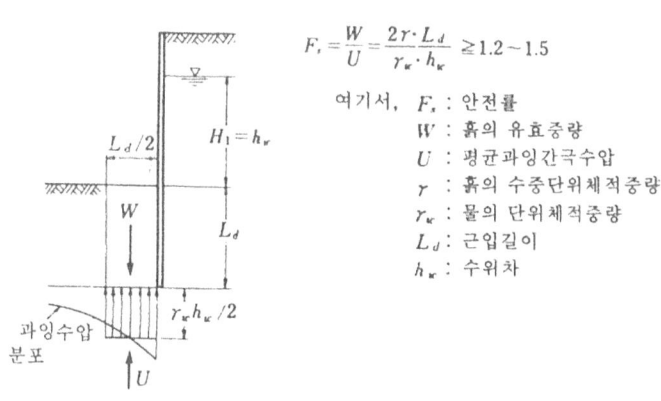

$$F_s = \frac{W}{U} = \frac{2r \cdot L_d}{r_w \cdot h_w} \geq 1.2 \sim 1.5$$

여기서, F_s : 안전률
W : 흙의 유효중량
U : 평균과잉간극수압
r : 흙의 수중단위체적중량
r_w : 물의 단위체적중량
L_d : 근입길이
h_w : 수위차

解說 그림 3.20 보링의 檢討法(텔자기의 방법)

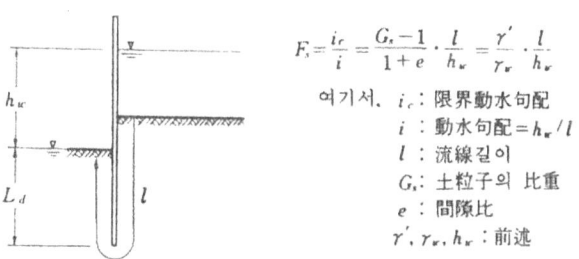

$$F_s = \frac{i_c}{i} = \frac{G_s - 1}{1 + e} \cdot \frac{l}{h_w} = \frac{r'}{r_w} \cdot \frac{l}{h_w}$$

여기서, i_c : 限界動水勾配
i : 動水勾配 $= h_w/l$
l : 流線길이
G_s : 土粒子의 比重
e : 間隙比
r', r_w, h_w : 前述

解說 그림 3.21 보링의 檢討法(限界動水勾配의 方法)

1) 세굴의 檢討法   보이링의 代表的인 檢討法으로서는 텔자기의 方法과 限界動水句配의 方法이 있으나 一般的으로는 前者로 檢討하는 일이 많다. 텔자기의 方法은 解說 그림 3.20에 表示와 같은 흙막이壁의 下端에 水位差의 半分에 相當하는 平均過剩間隙水壓이 發生하고 그것에 대해서 흙의 有效重量이 抵抗한다고 생각하는 方法이다.

限界動水句配의 方法은 解說 그림 3.21에 表示한다. 이 方式에는 必要安全率 및 流線의 方法에 대해서는 定說이 없으나 流線의 길이를 근입길이의 2倍로 하면 텔자기의 方法과 거의 같은 結果를 낳는다.

以上의 檢討는 지금까지 행한 세굴현상의 實驗結果와 비교하면 透水性의 낮은 地盤에는 安全側의 結果로 되며 또, 흙의 剪斷强度가 考慮되지 않는 点에서도 安全側의 檢討로 된다.

掘鑿底面이 透水性의 다른 2層에서 되며 上層의 透水性이 下層의 그것보다 낮은 경우는 上述 두가지의 檢討法에 의하지 않고 解說 그림 3.22에 表示한 方法에 의하는 것이 좋다. 그 方法은 透水係數의 比로 근입길이를 換算하고 單層地盤化하고 있다. 동일한의 方法은 원래 γ 넷트法으로 過剩間隙水壓의 分布를 求하고 흙의 剪斷抵抗도 考慮하고 있으나 實用段階에는 考慮하는 過剩間隙水壓의 幅을 텔자기의 그것과 같게 하고 흙의 剪斷抵抗도 排除하여 從來의 檢討法과의 整合을 그리고 있다.

세굴 防止對策으로서는 흙막이壁의 根入을 깊게하는 方法이 採用되어 다음에 딮웰(deep well)이나 웰포인트(well point)에 의한 地下水位低下工法이 採用된다.

2) 지반융기의 檢討法   지반융기의 檢討法은 解說 그림 3.23에 表示와 같은 不透水層下面에 作用하는 水壓과 不透水層下面上方의 흙의 重量과의 均衡을 求한다.

必要安全率은 被壓水頭가 正確하게 求하여지면 1.1程度도 좋으나 被壓水頭의 調査가 不充分한 경우 또는 흙막이壁側面의 摩擦을 期待하는 경우는 그 信賴性을 考慮하여 安全率을 決定하여야 한다.

地盤隆起防止對策에는 遮水性흙막이壁을 쓴 被壓透水層의 遮斷 또는 딮웰(deepwell)에 의한 被壓水頭의 低下工法이 採用된다.

3) 파이핑의 檢討法   파이핑은 모든 물길이 만들어진것으로 地盤의 弱한 部

分에서 發生한다. 自然狀態의 地盤에는 파이핑에 대해서 크맆비의 方法을 써서 檢討한다. 크맆비의 방법은 解說 그림 3.21에 表示한 流線의 길이와 水位差의 比

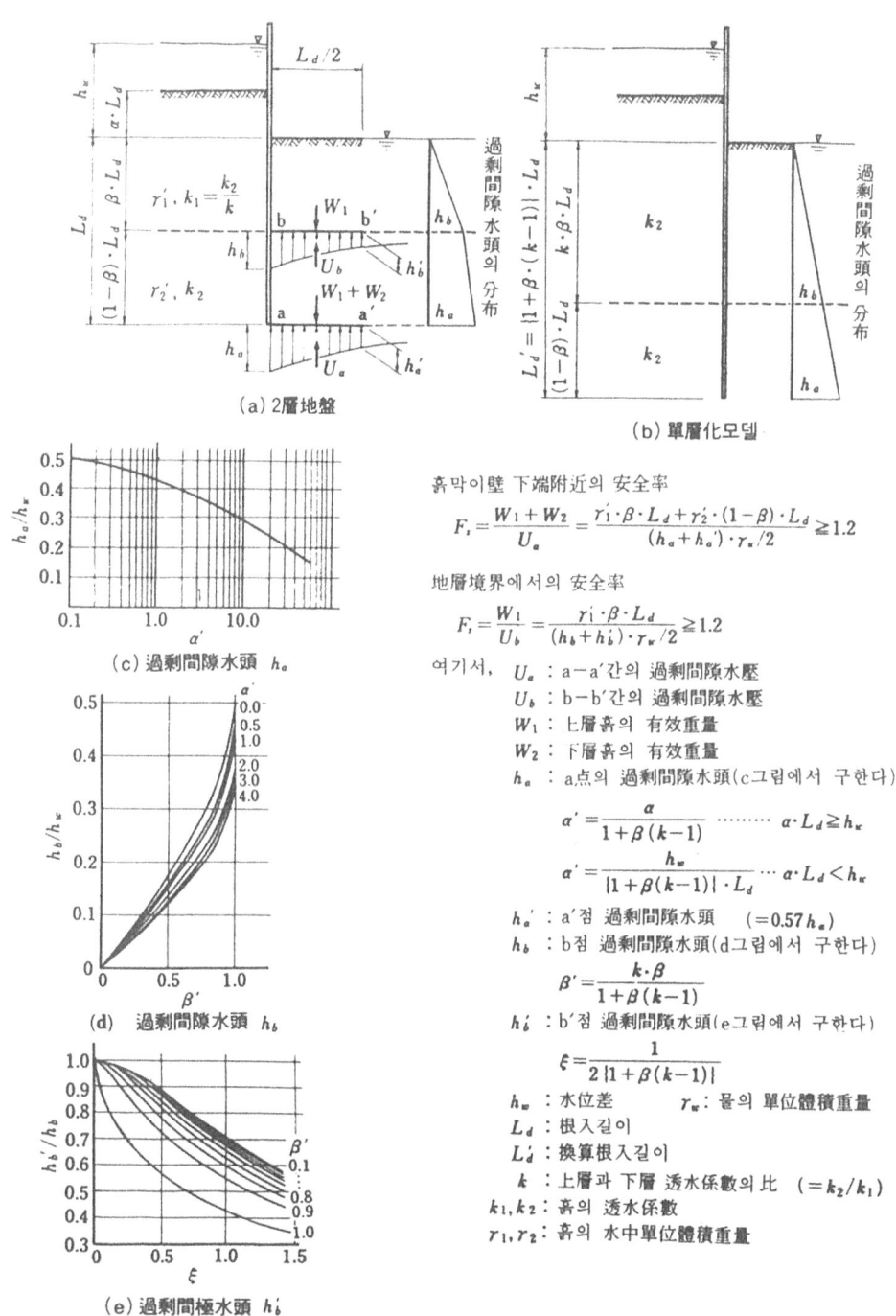

解說 그림 3.22 2層系의 보링의 檢討方法

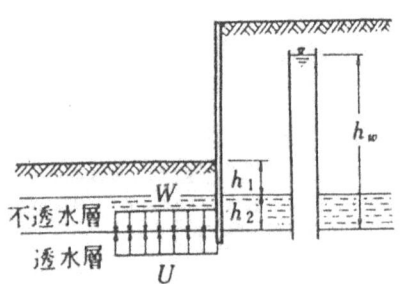

$$F_s = \frac{W}{U} = \frac{r_{t1} \cdot h_1 + r_{t2} \cdot h_2}{r_w \cdot h_w}$$

여기서, r_{t1}, r_{t2} : 흙의 濕潤單位重量
h_1, h_2 : 地層의 두께
h_w : 土被水頭
r_w : 물의 單位體積重量

解說 그림 3. 23 地盤隆起의 檢討法

를 크립比(l/h_w)로 하고, 地盤의 種類에 따른 크립比를 確保하는 方法이다. 河川의 물막이보에는 3.5以上의 크립比를 일본의 首都高速道路公團의 規準에는 2以上의 크립比를 確保하는 方法이 表示되어 있다.

말뚝 打設等 人爲的으로 地盤을 완만한 파이핑에 對해서는 地盤의 흐트러짐의 程度와 範圍를 豫測하기 어렵고, 檢討方法에 定說이 없다. 따라서, 施工에 있어서는 보링調査孔跡을 確實하게 매운다든가, 말뚝 打設·引拔에 있어서 地盤의 흐트러짐이 적은 方法을 選定하는등 施工途中에 파이핑의 原因을 만들지 않도록 留意하여야 한다.

3.6.7 띠장의 設計

(1) 띠장은 흙막이壁에서의 荷重을 받아, 이것을 버팀대 等에 平均하여 傳達시키기 때문에 充分한 剛性을 갖는 것이어야 한다.

(2) 各段의 띠장의 設計에 쓰이는 荷重은 굴착및 驅體構築의 各段階에 있어 最大荷重으로 한다.

(3) 띠장은 버팀대 또는 앵커 位置를 支点으로하는 單純보로 하여 計算한다. 단, 良好이음 係數의 경우는 連續보로 하여 計算해도 좋다.

(4) 띠장의 길이 및 鉛直間隔에 대해서는 荷重의 크기, 흙막이部材의 强度 剛性및 作業性等을 생각하고 充分히 安全하도록 決定하여야 한다.

【解 說】(1)에 對해서 띠장에는 一般的으로 H形綱, 工形鋼이 使用되고 있으나, 때에 따라서는 鐵筋콘크리트製의 것도 사용하는 경우가 있다.

흙막이壁의 施工精度의 이하에 따라서 띠장과 흙막이벽과의 사이가 생기는 경우가 있다. 이 사이는 띠장한 土壓과 水壓을 均等에 轉하지 못할뿐 아니라, 흙막이 壁의 變形이 크게되며 周邊地盤을 沈下시키는 原因이 됨으로 콘크리트 사이채움等으로 흙막이壁과 띠장을 密着시켜 놓지 않으면 안된다.

띠장과 버팀대를 接合하는 部分은 큰 支壓力이 作用함으로 H形鋼等을 띠장으로 쓰이는 경우는 웨브가 局部的으로 座屈한다든지, 플랜지가 變形한다든지 하는 일이 있다. 따라서, 이 部分은 스티프너로 補强한다든지, 플랜지 部에 콘크리트를 充塡한다든지 할 必要가 있다(解說 그림 3.24).

(2)에 대해서 띠장에 作用하는 荷重은, 下方分担法에 의해 計算한다. 이것은 3.2.5의 斷面算定에 쓰이는 土壓및 水壓이 버팀보 土壓計에 의해 計測데이터를 下方分担法에 의해 處理하여 얻어지는 것에 基礎하고 있다(圈末【資料編】參照). 下方分担法은 最終掘鑿狀態에 있어 解說 그림 3.25에 表示와 같은 띠장에 作用하는 힘은 그 띠장과 일단 아래 또는 굴착底面과 사이에 土壓및 水壓이 있다고 하는 方法이다.

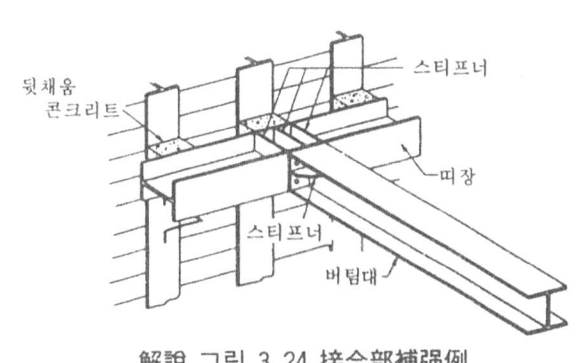

解說 그림 3.24 接合部補强例

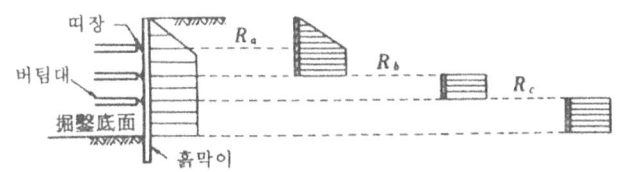

解說 그림 3.25 띠장에 作用하는 土壓(下方分擔法)

더욱, 흙막이의 計算을 彈塑性法에 의해 行할 경우에는 버팀대 位置에 있어 흙막이壁의 最大反力을 荷重으로 한다.

(3)에 대해서 띄장은 이음이 完全하지 못함으로, 單純보로 하여 解析하는것이 安全하다. 그러나, 良好한 이음構造로 連續보로 하여 휨 모멘트 및 剪斷力을 충분하게 傳達되는 경우는, 連續보로 하여 計算한다.

連續보로 하여 計算할 경우에, 엄지말뚝橫널말뚝흙막이와 같은 集中荷重을 받는 띄장에는, 解說 그림 3.26에 表示와 같은 荷重群을 移動시켜, M_{max}, S_{max}을 求하여 띄장의 斷面을 決定한다.

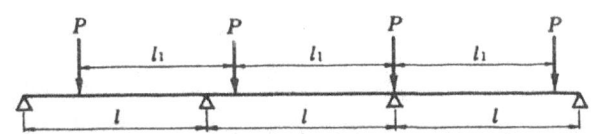

l : 경간길이(버팀대의 간격)
l_1 : 하중간격(흙막이말뚝간격)
P : 엄지말뚝에서의 하중

解說 그림 3.26 띄장에 作用하는 荷重(연속보의 경우)

鋼널말뚝흙막이나 地下連續壁은, 荷重을 等分布荷重으로 하여 取扱됨으로, 連續보로 하여 計算할 때에는, 簡略하기 때문에 다음식에 의해도 좋다.

$$M_{max} = \frac{1}{10} wl^2, \qquad S_{max} = \frac{1}{2} wl$$

단, M_{max} : 最大휨은 모멘트(kgf·cm)
S_{max} : 最大剪斷力(kgf)
w : 等分布荷重(kgf/cm)
l : 徑間長(cm)

수평보강재구석角部뿐 아니라 버팀대와 띄장의 接合部에도 設置할때가 있으나, 이와 같은 경우도 수평보강재를 無視하고 連續보로 하여 풀어나가는 것이 一般

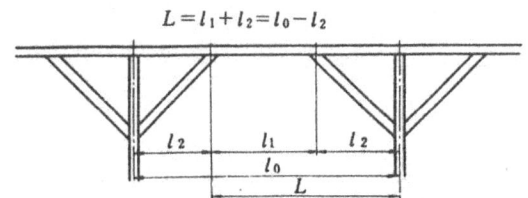

解說 그림 3.27 水平補强材를 사용한 경우 띄장지간의 취급방법일예

的으로 행하고 있다. 또, 하나의 方法으로서 解說그림 3.27에 表示와 같은 支間 $(\ell_1+\ell_2)$이 單純보로서 計算해도 좋다.

버팀보 대신 앵커를 쓰는 경우는, 앵커를 支点으로 한 單純보, 또는 連續보라 생각해 휨모멘트 剪斷力을 求하고 띠장의 단면을 결정한다. 더욱 해설 그림 3.28에 표시와 같은 강제띠장을 水平으로 取扱하는 경우는, 設計앵커 힘의 鉛直成分에 의한 荷重을 받음으로, 브라켓를 支点으로하여 單純보法에 의해, 플랜지部의 斷面, 브라켓의 斷面 및 흙막이말뚝에의 設置部에 대해서도 檢討 하여야 한다. 이 때의 斷面檢討 2軸方向에 휨 모멘트를 받는것으로 하여 應力을 計算하여야 한다.

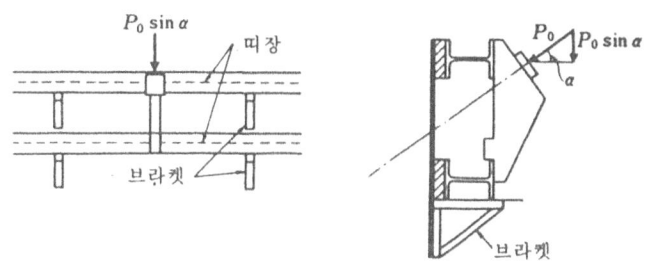

解說 그림 3.28 앵커용 强制띠장

解說 그림 3.29에 表示와 같은 端部의 띠장은 버팀대의 作用을 하는것으로 휨 과 壓縮을 받는 部材로 하여 計算하여야 한다. 端部의 띠장을 버팀대로서 充分히 作用하기 위해서는 수평보강재를 넣어 힘을 轉하도록 할 必要가 있다.

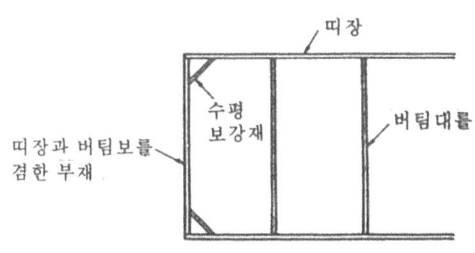

解說 그림 3.29 端部의 띠장

(4)에 대해서 띠장은 部材를 될수있는한 連續시켜 土壓이나 水壓을 分布시켜 局部的인 破壞를 防止하기 위해 6.0m以上의 길이가 바람직하다. 띠장을 全强으로

이어지는 것은 대단히 困難함으로 이음位置에 있어 휨모멘트 및 剪斷力에 충분히 견디는 이음構造로 한다든가, 이음部에 수평보강재를 설치할 必要가 있다.

띠장의 鉛直間隔은 3m程度로 하여 흙막이壁의 頂部에서 1.0m以內로 第1段階의 띠장을 設置한다. 단, 覆工주보를 設置할 경우는 1.0m以內로 하지 않아도 좋다.

3.6.8 버팀대의 設計

(1) 버팀대는 壓縮材로 하여 作用함으로 軸力에 보다 座屈하지 않도록 充分한 斷面과 剛性을 갖는것으로 해야한다. 또, 버팀대가 긴 경우에는 중앙파일등을 設置하여 補剛하여야 한다.

(2) 버팀대 위에는 原則적으로 載荷해서는 안되나, 부득이 載荷할 경우에는 축력과 휨이 作用하는 部材로서 버팀대를 設計하여야 한다.

(3) 버팀대에는 이음을 設置하지 않는것이 바람직하나, 부득이 이음을 設置할 때는 適當한 補强을 하여 충분한 強度도 確保하여야 한다.

(4) 버팀대와 띠장의 接合部는, 부드럼이 생기지 않도록 構造하여야 한다.

(5) 일시콘크리트를 버팀대로 使用할 경우에는 충분한 剛性을 갖는 두께로 하여야 한다.

【解 說】 (1)에 對해서 버팀대의 設計는 띠장에서 加하는 最大反力을 軸力으로 하여 받는 長柱의 座屈計算에 의한다.

버팀대의 斷面決定은 다음식을 滿足하도록 한다.

$$\sigma_c = \frac{N}{A} \leq \sigma_{ca}$$

여기서, σ_c : 버팀대의 軸方向壓縮應力度 (kgf/cm²)

σ_{ca} : 버팀대의 許容軸方向壓縮應力度 (kgf/cm²)

N : 버팀대에 걸친 軸力 (kgf)

A : 버팀대의 斷面積 (cm²)

버팀대에 걸친 軸力으로서는 띠장에서 反力外에 溫度差에 의한 溫度應力이 생각됨으로 3.2.6에 解說한 溫度變化의 影響을 考慮할 必要가 있다.

許容軸方向壓縮應力度는 部材의 座屈長에 의해 決定되나 **버팀대를 중앙파일, 형강재, 수평보강재 등으로 補剛할 경우의 座屈長의 取扱方法例**의 예를 解說 그림 3.30에 表示한다. 더욱, 형강재에는 一般的으로 ㄴ-130이나 ㄷ-150 程度가 使用되고 있다.

(2)에 대해서 施工時에 버팀대위에 載荷할 경우도 있다. 이와같은 경우는 그 鉛直荷重을 합해서 생각하여 計算하여야 한다. 材料의 假置와 같은 重量不明의 上載荷重이 예측되는 경우에는 버팀대의 自重을 包含해서 0.5tf/m 程度의 鉛直荷重을 考慮하여 計算할때가 있다.

휨모멘트를 합해서 考慮할 경우의 버팀대의 斷面決定은 다음에 의한다.

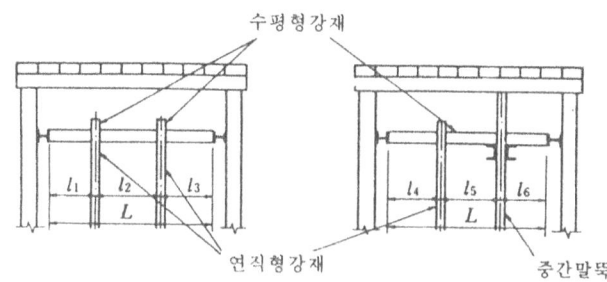

解說 그림 3.30 버팀대 좌굴길이의 취급방법예

$$\sigma_c = \frac{N}{A} + \frac{M}{Z} \leqq \sigma_{ca}$$

여기서, M : 휨 모우멘트 (kgf·cm)
Z : 버팀대의 斷面係數 (cm³)

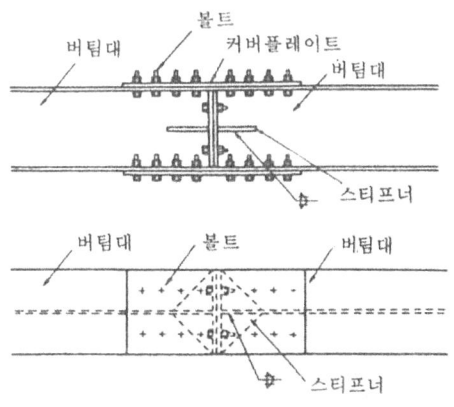

解說 그림 3.31 버팀대 이음예

(3)에 대해서 이음部는 座屈에 대해서 弱点으로 되기 쉬움으로 設置않는것이 바람직하나, 부득이 設置할 때는 解說 그림 3.31에 表示와 같이 補强하여 충분한 强度를 確保하여야 한다. 이음의 位置는 중앙파일, 흙막이말뚝등으로 拘束된 付近(一般으로 1.0m 以內)에 設置하는것이 바람직하다.

(4)에 대해서 버팀대와 띠장과의 接合部사이에 부드럼이 있으면 버팀대가 띠장의 支点으로 되지 않음으로 띠장의 스팬이 길게 되어, 흙막이壁의 變形이 크게 되어 흙막이 背面 地盤의 沈下原因이 된다. 따라서, 쟈키등으로 버팀대와 띠장를 密着시킬 必要가 있다. 背面地盤의 沈下가 생기지 않기때문에 버팀대에 프리로드를 걸쳐, 흙막이壁의 變形을 억제할 必要가 있다.

버팀대는 띠장에 대해서 直角으로 설치하는것이 原則이나 斜角으로 되는 경우 또는 수평보강재가 설치될 경우에는 水平分力에 의한 滑動이 생기지 않도록 볼트 等으로 띠장에 接合할 必要가 있다.

(5)에 대해서 軟弱地盤과의 일시콘크리트는, 構造物築造用의 施工基盤으로 되는 외에, 解說 그림 3.32에 表示와 같이 일시보를 使用할 때 버팀대에 대신 作用도 한다. 또, 버팀대의 撤去時에 일시콘크리트, 일시보를 버팀대로 바꾸어 쓰는

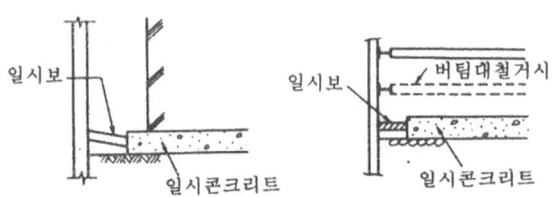

解說 그림 3.32 일시콘크리트와 일시보

경우가 있다. 이와같은 경우의 일시콘크리트의 두께는 대략 30cm程度로 하는것이 바람직하다.

3.6.9 水平補强材의 設計
수평보강재를 設置하는 경우에는 충분하게 힘을 傳達하도록 强固한 接合으로 해야 한다.

【解 說】 수평보강재는 버팀대의 水平間隔을 길게 한다든지, 구석角部의 띠장荷重의 받침으로 한다든지 또는 띠장를 補强한다든지 하는 目的으로 쓰인다.

수평보강재는 그 兩端部를 띠장, 버팀대 등과 斜角에서 接合되기 때문에 接合部에 活動이 생기기 쉽다. 따라서, 띠장나 버팀대와의 接合部는 이렇게 한 滑動에 대해서 强度上 充分한 耐力이 있는 構造로 하여야 한다.

수평보강재를 버팀대에 설치하는 경우는 반드시 左右對稱으로 설치, 버팀대에 偏心荷重에 의한 휨 모멘트가 생기지 않도록 하여야 한다. 수평보강재는 軸力을 받는 壓縮材로 設計하나, 軸力은 다음식으로 算出한다(解說 그림 3.33參照).

$$N = \frac{(l_1 + l_2)}{2} \cdot w \cdot \frac{1}{\sin \phi}$$

여기서, N : 수평보강재에 걸치는 軸力 (kgf)

l_1 : 徑間長 (cm)

l_2 : 徑間長 (cm)

w : 띠장에 作用하는 等分布荷重 (kgf/cm)

또, 구석角部에 使用하는 수평보강재는 45°의 角度로 설치하는것을 原則으로 한다. 수평보강재의 斷面決定에는 다음 식을 滿足하도록 한다.

$$\sigma_c = \frac{N}{A} \leqq \sigma_{ca}$$

여기서, σ_c : 壓縮應力度 (kgf/cm²)

σ_{ca} : 許容壓縮應力度 (kgf/cm²)

N : 軸力 (kgf)

A : 斷面積 (cm²)

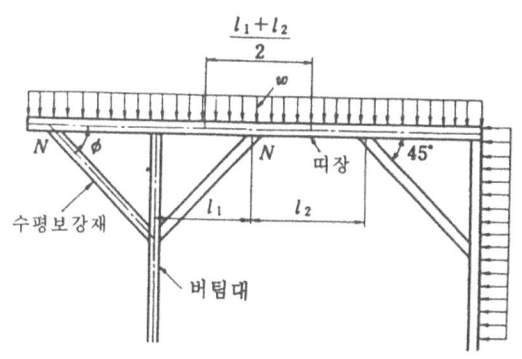

解說 그림 3.33 수평보강재에 걸치는 축력의 계산

3.6.10 흙막이앵커의 設計

(1) 흙막이앵커는 對象으로 하는 構造物의 規模, 形狀, 地盤條件 및 環境條件에 適合한 것을 選定하고, 設計荷重에 對해서 充分히 安全한 引拔抵抗力을 갖도록 設計하여야 한다.

(2) 흙막이앵커는 흙막이의 構造, 앵커의 치수等을 考慮해서 所要의 앵커힘이 얻어지도록 設計하여야 한다.

(3) 흙막이앵커는 良好한 地盤에 定着하는 것으로 하고, 그 길이 및 配置는 土質條件, 施工條件, 環境條件, 地下埋設物의 有無, 흙막이壁의 應力·變位 및 構造系의 安定을 考慮하여 決定하는 것으로 한다.

(4) 흙막이앵커의 初期緊張力은 地盤條件, 흙막이壁의 構造, 흙막이의 設置期間, 施工方法等을 考慮하여 適切한 값을 設定하여야 한다.

(5) 臺座및 支壓板은 設計앵커力에 對해서 充分한 强度를 갖고, 有害한 變形이 생기지 않도록 하여야 한다.

【解 說】 (1)에 對해서 흙막이앵커의 基本은 힘을 地盤에 傳達하는 것으로 地盤 固有의 剪斷强度等이 充分한 것이 前堤條件이다. 따라서, 事前의 土質調査가 重要하며 一般的으로 30~50m 間隔으로 調査보링을 하여 土質을 調査하여 둘 必要가 있다.

흙막이앵커의 引拔抵抗을 豫測하기 때문의 算定式이 發表되어 있으나, 보링에 依해 孔壁이 거칠어져, 地盤固有의 剪斷强度가 低下하는것과 몰탈等의 注入에 있어 塡充度合에 依해 흙의 剪斷强度의 回復具合이 變化함으로 引拔抵抗力의 算定은 一般的인 推定의 域을 낸다. 1개씩, 또는 適當한 갯수에 對해 實際로 引張試驗을 하여, 引拔抵抗力에 對해서의 安全 確認이 必要하다.

通常으로 使用되고 있는 흙막이앵커의 各部의 名稱을 解說 그림 3.34에 表示한다.

(2)에 對해서 흙막이앵커의 許容앵커힘은, 設計앵커힘을 上回토록 設計하여야 한다.

$$P_a \geq P_0$$

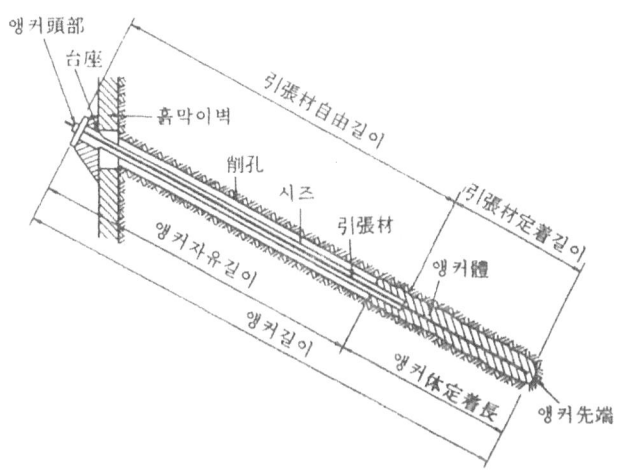

解說 그림 3.34 흙막이 앵커各部의 名稱

여기서, P_e : 設計앵커힘 (tf/本)

P_a : 許容앵커힘 (tf/本)

1) 設計앵커힘 設計앵커 힘은 3.6.6의 띠장에 加하는 荷重에서 求하는 水平方向 最大反力(P_h)를 써서 다음 式에 의해 求한다.

$$P_e = P_h \times \frac{1}{\cos \alpha}$$

여기서, P_e : 設計앵커힘 (tf/本)

P_h : 水平方向最大支店反力 (tf/本)

α : 앵커斜角 (度)

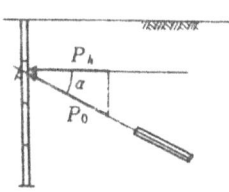

解說 그림 3.35 設計앵커 힘의 算定圖

2) 許容앵커힘 許容앵커힘은 許容引拔力과 許容引張力및 許容付着力중 적은 값

으로 하여야한다.

$P_a \leq P_{ao}$
$P_a \leq P_{as}$
$P_a \leq P_{ab}$

여기서, P_a :許容앵커힘(tf/本)
  P_{ao} :許容引拔力(tf/本)
  P_{as} :許容引張力(tf/本)
  P_{ab} :許容付着力(tf/本)

許容引拔力은 다음식에 의해 求한다.

$$P_{ao} = \frac{P_e}{F_s}$$

여기서, P_e :極限引拔力(引拔試驗에 의하지 않는 경우는 $P_e = \tau \cdot \pi \cdot D_a \cdot l_a$)
  F_s :引拔力에 대한 安全率($F_s \geq 1.5$)
  τ :周面摩擦抵抗(tf/m²)
  D_a :앵커體公稱徑(m)
  l_a :앵커體定着長(m)

解說 表 3.14 加壓注入앵커의 周面摩擦抵抗

地盤의 種類			摩擦抵抗 (kgf/cm²)
岩 盤	硬 岩		15~25
	軟 岩		10~15
	風 化 岩		6~10
	土 丹		6~12
砂 礫	N 値	10	1.0~2.0
		20	1.7~2.5
		30	2.5~3.5
		40	3.5~4.5
		50	4.5~7.0
모래	N 値	10	1.0~1.4
		20	1.8~2.2
		30	2.3~2.7
		40	2.9~3.5
		50	3.0~4.0
粘性土			1.0c (c는 粘着力)

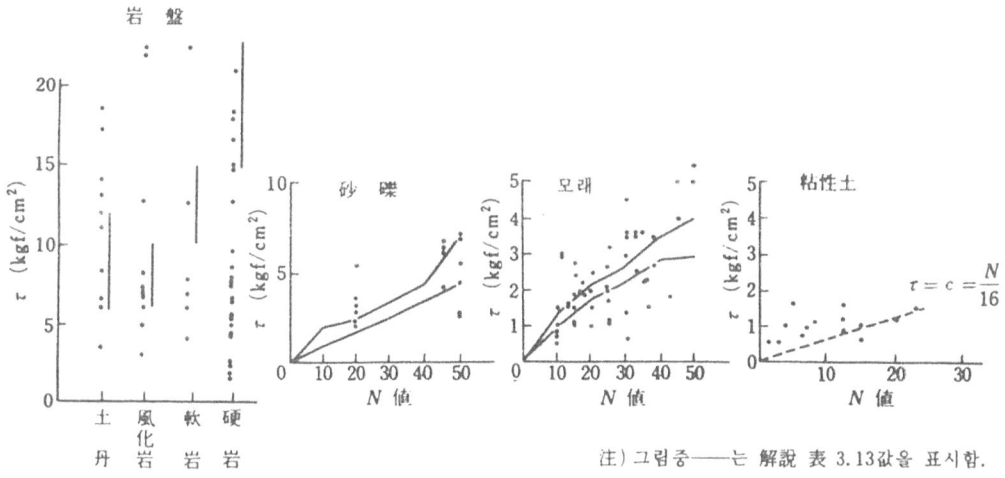

解說 그림 3.36 周面摩擦抵抗과 地盤의 關係(흙막이 앵커에 관한 조사결과에 의함)

周面摩擦抵抗은 地盤의 特性, 앵커의 施工方法等에 의해 크게 다르므로, 確實한 앵커를 設計하기 위해서는 引拔試驗을 實施하여 引拔力을 確認할 必要가 있다.

더욱, 加壓注入앵커에 관한 周面摩擦抵抗에 대해 데이타를 통계적으로 종합한 것을 解說 表 3.14에 표시한다. 해설 그림 3.36은 지반의 특성과 周面摩擦抵抗의 關係를 調査한 結果이다. 岩盤이나 모래의 周面摩擦抵抗은 解說 表 3.14에 表示한 값보다 적게 되는 경우가 있다는 것을 表示하고 있다.

따라서, 解說 表 3.14의 값을 쓰는 경우는 上記의것에 充分히 留意할 必要가 있다. 또, 無加壓型의 흙막이앵커의 周面摩擦抵抗은 加壓型에 비해서 顯著하게 低下함으로, 解說 表 3.14의 값을 써서는 안된다.

(3)에 대해서 1)앵커 길이 앵커 길이는 構造系의 安定이 保障되는 길이로 하여, 定着部는 解說 그림 3.37에 表示와 같은 主働崩壞面以深에 設置하여야 한다.

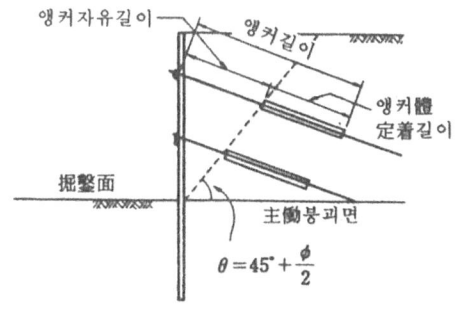

解說 그림 3.37 앵커의 定着位置

2) 앵커間隔 앵커間隔은 地盤條件 및 흙막이의 部材斷面等을 考慮하여 安全과 經濟的으로 되도록 決定할 必要가 있다. 앵커 間隔을 길게 하면 띠장의 應力이 增加하고 큰 部材가 必要하다. 逆으로 極度로 짧게하면, 띠장의 斷面은 적게되나 앵커相互間의 干涉 모든 group 效果에 의해 極限引拔力이 減少하는 것으로 된다. 앵커 相互間의 干涉이 없는 間隔으로하여 1m以上으로 하는것이 바람직하다.

3) 앵커傾角 앵커傾角은 力學的으로는 힘의 加하는 方向과 一致시키는 것이 바람직하나 앵커를 水平으로 施工한 경우에는 上面에 breathing이 생겨, 충분히 定着할 수가 없을 때가 있음으로 10°以上으로 한다. 또, 힘의 作用線의 方向과 앵커 軸과의 구석角이 너무나 크게 되면, 앵커가 有效로 作用하지 않음으로 45° 以下로 하는것이 바람직하다.

4) 앵커 體設置深度 앵커 體設置位置의 土被가 적으면 所要의 앵커힘이 얻어지지 않는 일이 있다. 따라서, 앵커 體設置深度는 上載土被荷重이 충분히 期待되는 位置로 하여야 한다. 또, 부득이 土被가 적은 앵커를 施工할 경우는 引拔試驗 等을 實施하여 引拔힘을 確認해둘 必要가 있다.

5) 構造系全體의 安定 앵커 式흙막이는 앵커體를 包含한 構造系全體의 外的安定(解說 그림 3.38(a))에 대해서 檢討할 必要가 있다. 이것은 히빙의 檢討에 相當한다.

또, 흙막이의 安定에 대한 앵커의 作用을 檢討할 必要가 있다. 이것을 內的安定(解說 그림 3.38(b))라 한다. 內的安定計算方法으로서는 一般的으로 크란즈(Kranz)의 簡易計算이 사용되고 있다.

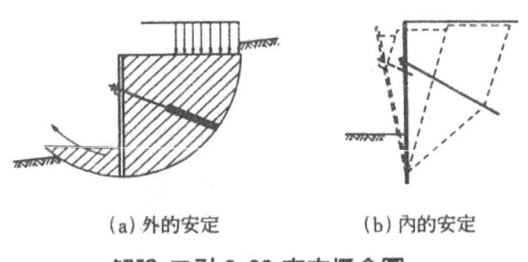

(a) 外的安定   (b) 內的安定

解說 그림 3.38 安定槪念圖

(4)에 대해서 흙막이앵커의 나사定數는 버팀대의 나사定數에 比較하여 顯著하게 적다. 따라서, 흙막이壁의 變形이 크게 되어 危險함으로 흙막이앵커에 初期

緊張力을 주어, 흙막이壁의 變形을 억제할 必要가 있다.

 初期緊張力은 引拔材의 리락세이션, 定着時의 셋트量, 앵커體및 地盤의 變形等에 의해 導入力이 減少해도 所要앵커힘을 確保되도록 設定할 必要가 있다. 初期緊張力의 減少率은 地盤條件, 흙막이壁의 構造, 施工方法等의 影響을 강하게 받음으로 한번으로는 결정키어려우나 특히 앵커의 定着地盤이 粘性土地盤과 같이 크립 變形이 큰 地盤의 경우에는 조립試驗에 의한 프리스트레스減少率을 求해 初期緊張力을 決定하는것이 바람직하다.

 앵커의 導入力은 設計荷重의 50~80%程度로 하는것이 바람직하다.

 (5)에 대해서 앵커 頭部의 部材는, 力學的으로 充分히 安定한 것이 중요하며, 앵커 傾角에 대해서 直角으로 되는 形狀으로 할 必要가 있다. 一例를 解說 그림 3.39에 표시한다.

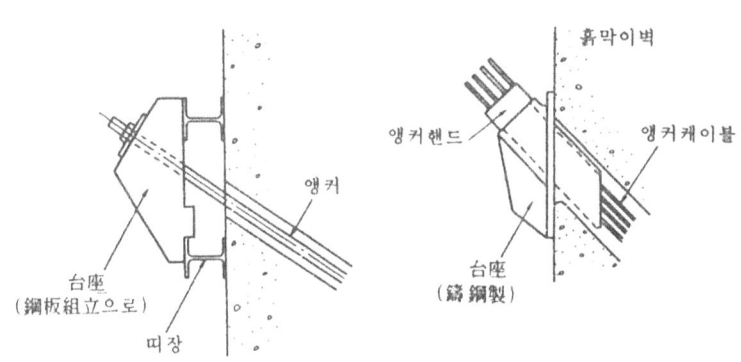

解說 그림 3.39 앵커頭部形狀의 一例

3.6.11 흙막이壁의 變形및 背面地盤의 變位 檢討

 흙막이壁의 設計에 있어서는, 必要에 따라서 흙막이壁의 變形및 背面地盤의 變位에 대해서도 檢討하여야 한다.

【解 說】흙막이壁의 變形 및 背面地盤의 變位 檢討는, 旣設構造物이나 地下埋設物에 近接하여 假設構造物을 施工할 경우에 있어, 흙막이壁의 應力 檢討와 같이 중요하다. 또, 이와같이 近接施工에 한하지 않고, 過大한 變形은 흙막이의 安

全性을 低下시킬뿐 아니라, 本體構築의 施工에도 支障있음으로 變形에 대해서도 檢討를 하여둘 必要가 있다.

自立흙막이는 버팀대흙막이工에 比較하여 큰 變形을 가져옴으로 旣設構造物에 近接하여 施工을 할 경우에는 影響의 크기를 充分히 檢討하여둘 必要가 있다.

버팀대흙막이및 앵커 흙막이의 흙막이壁 變形을 預測하기에는 慣用計算法에는 不可能하며, 彈塑性法에 의해 求할 必要가 있다. 變形의 값은 入力값에 대해서 敏感함으로 土質條件을 충분히 吟味하여 諸定數를 定할 必要가 있다. 또, 計算結果에 대해서도 過去의 實測値와 比較하는등의 檢討를 하는것이 좋다.

背面地盤의 變位는 地盤條件, 地下水位의 變化, 掘鑿規模等에 깊이 關係되어 있고, 그 豫測은 흙막이壁의 變形 豫測보다 어렵다. 變位의 主要因은 地下水位의 低下, 흙막이壁의 變形이라고 말하고 있고 背面地盤의 變位가 問題되는 경우는 이 두개의 要因을 低減시키는 施工法을 採用하는 것이 必要하다.

地下水位의 低下를 억제하기 위해서는 다음과 같은 方策을 들 수 있다.

① 遮水性의 높은 흙막이壁을 採用한다.

② 흙막이壁先端을 不透水層에 根入시킨다. 不透水層이 存在하고 있지 않는경우에는 根入을 깊게 하거나 掘鑿面側의 地盤을 改良하여 遮水效果를 높인다.

③ 地下埋設物에 의해 흙막이壁에 不連續部가 생겨 遮水性이 손상되는수가 있음으로 可能한한 地下埋設物은 事前에 끊어 돌려둔다.

④ 흙막이壁背面側의 地盤改良을 할 遮水性을 높인다.

또, 흙막이壁의 變形을 억제하기 위해서는 다음의 對策이 有效하다.

① 掘鑿面側地盤을 改良하여 受働抵抗을 올린다. 또, 先行地中빔을 設置한다.

② 掘鑿을 적은 區分으로 나누어서 하고, 掘鑿의 影響을 적게한다.

③ 各段階의 掘鑿終了後, 迅速히 支保工을 設置하고 프리로드를 걸쳐 버팀대와 띠장과의 사이를 적게한다.

④ 支保工의 鉛直方向의 間隔을 짧게 한다.

⑤ 휨 剛性의 큰 흙막이壁을 採用한다.

3.7 흙막이壁및 중간말뚝의 支持力

3.7.1 흙막이壁 및 중간말뚝에 作用하는 鉛直荷重

(1) 흙막이壁 및 중간말뚝에 作用하는 鉛直荷重은 주보 또는 埋設物專用빔에 載荷된 荷重에 의해 생기는 最大反力으로 한다.

(2) 흙막이壁 및 중간말뚝에 作用하는 鉛直荷重을 分散시키기 때문에 必要에 따라서 챤넬부재의 補强이나 斜材의 設置等을 考慮하여야 한다.

【解 說】(1)에 대해서 흙막이壁과 중간말뚝은 鉛直荷重을 받는것과 받지 않는 것이 있으나, 여기서는 主로 鉛直荷重을 받는것에 대해서 말한다.

① 路面荷重
② 路面覆工(覆工板, 주보等)自重
③ 埋設物自重(빔 包含)
④ 말뚝, 흙막이壁의 自重및 버팀대의 鉛直荷重
⑤ 흙막이앵커의 荷重

①, ②및 ③는 주보의 最大反力을 荷重으로 하여 考慮하여야 한다. ④는 말뚝 本體의 自重및 버팀대의 鉛直荷重이 特히 큰것에 대해서는 考慮할 必要가 있으나 一般으로는 생각하지 않아도 좋다. 또, ⑤는 初期緊張力에 의한 鉛直成分荷重을 考慮한다.

(2)에 대해서 흙막이壁, 중간말뚝에 作用하는 荷重은 챤넬 部材의 構造에 따라서 以下에 表示와 같이 分布한다고 생각할수 있다.

1) **엄지말뚝** 엄지말뚝에 챤넬部材가 設置되는 경우, 주보의 荷重은 챤넬 部材에 의해 各엄지말뚝에 分配되는 것으로 한다.

2) **鋼널말뚝** 鉛直荷重은 解說 그림 3.40과 같이 챤넬 部材를 設置한 경우, 주보 間隔이 2m로 하여 鋼널말뚝 2장으로 分布하는 것으로 한다.

解說 그림 3.40 강널말뚝과 챤넬부재

챤넬 部材를 解說 그림 3.41과 같이 鋼널말뚝의 兩側에 配置할 때는 鋼널말뚝 4장으로 分布하는 것으로 한다.

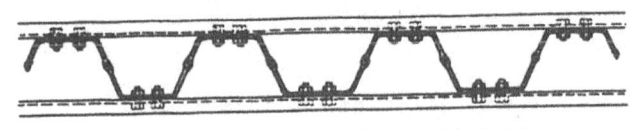

解說 그림 3.41 鋼널말뚝에 챤넬部材

단, 掘鑿規模가 特히 큰 경우는 되도록 鋼널말뚝에 支持시키지 않는 것이 바람직하다.

3) 鋼管널말뚝 한개의 鋼管널말뚝으로 鉛直荷重을 支持하는 것으로 한다.

4) 柱列式地下連續壁 主列式地下連續壁의 엄지말뚝間隔이 1m 以內의 경우에는 엄지말뚝2개로 鉛直荷重을 支持하는 것으로 하고, 1m 以上의 間隔의 경우는 한 개의 엄지말뚝으로 支持하는 것으로 한다.

5) 地下連續壁 鉛直荷重은 1엘리멘트 全體로 支持하는 것으로 한다.

6) 중간말뚝 중간말뚝의 縱斷方向의 剛性을 增加하기 위해, 중간말뚝間에 斜材 等의 補强部材를 組込시키는 것을 많이 하고 있다. 예를 들면, 解說 그림 3.42와 같이 트러스 構造로 중간말뚝을 緊結하면, 중간말뚝A에 作用하는 鉛直荷重은 중간말뚝 A. B. C에 均等으로 分配된다고 생각해도 좋다. 단, 중간말뚝의 間隔이 4m 以上으로 되는 경우는, 이와 같이 트러스部材를 짜도 중간말뚝 A는 最大反力의 1/2, 중간말뚝B, C는 1/4를 받아 갖는다고 생각된다. 트러스狀의 補强이 없는 중간말뚝은 單獨으로 鉛直荷重을 支持하는 것으로 한다.

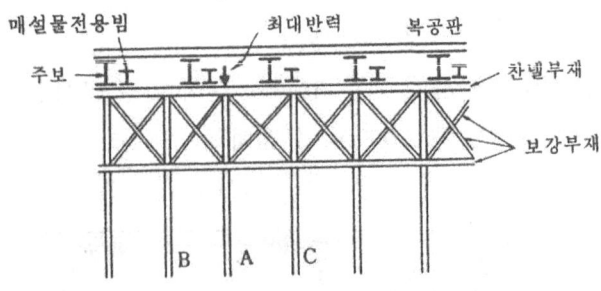

解說 그림 3.42 中間말뚝 補强의 例

3.7.2 許容支持力

(1) 흙막이壁 및 중간말뚝의 許容支持力은 그 極限支持力을 所定의 安全率로 나눈 값으로 한다. 단, 이 값은 本體의 許容壓縮力을 넘어서는 않된다.

(2) 흙막이壁및 중간말뚝의 設計에 있어서는 作用하는 鉛直荷重이 그 許容支持力을 넘지 않도록 하여야 한다.

【解 說】(1)에 대해서 흙막이壁이나 중간말뚝의 支持力의 算定方法은 흙막이壁 等 壁狀基礎의 支持力特性, 周長 및 先端面積의 취법, 掘鑿에 따른 地盤의 沈下, 리바운드에 의한 地盤의 強度低下等의 問題가 있고, 明確하게는 規定할수 없는것이 實情이다.

現在에 있어 흙막이壁및 중간말뚝의 支持力은 靜力學的公式으로 極限支持力을 구하고 있는것이 一般的이다. 이들의 式에 의할때는 하나의 式뿐 아니라, 數種의 式을 써서 그들의 結果를 總合的으로 判斷하여 決定하는것이 좋다. 特히 重要한 假設構造物의 경우는 載荷試驗을 행하여 支持力 및 沈下量을 確認하는 것이 必要하다.

중간말뚝은 覆工板에서 鉛直荷重을 받아 갖는 것과 아울러 버팀대와 連結하여 버팀대의 中間支點이 되어 버팀대의 座屈長을 적게 시키는 役割을 갖고 있다. 따라서, 중간말뚝이 沈下한다든지 水平移動한다든지 하면 흙막이全體의 安定이 損傷 되기 때문에 중간말뚝의 支持力은 慎重하게 檢討할 必要가 있다.

一般的으로 흙막이壁 및 중간말뚝의 許容支持力은 極限支持力을 安全率로 나눈 값으로 하고있다.

$$R_a = \frac{1}{F_s} R_u$$

여기서 R_a : 흙막이壁및 중간말뚝의 許容支持力
R_u : 흙막이壁및 중간말뚝의 極限支持力
F_s : 安全率

一般的으로 極限支持力은 다음 네가지의 式에서 求한다.

1) 텔자기의 式

$$R_u = q_d A_P + U l f_s$$

A_p : 先端面積(㎡)

q_d : 先端地盤의 極限支持力度(tf/㎡)

  円形斷面의 경우

  $$q_d = 1.3\,cN_c + 0.6\,r\gamma_1 N_r + \gamma_2 D_f N_q$$

  正方形斷面의 경우

  $$q_d = 1.3\,cN_c + 0.4\,D\gamma_1 N_r + \gamma_2 D_f N_q$$

U : 周長(m)

l : 地中部分에 있는 말뚝길이(m)

f_s : 周面摩擦力(tf/㎡)(解說 그림 3.43)

c : 흙의 粘着力(흙의 一軸壓縮强度의 1/2로 最大값는 3tf/㎡으로 된다)

N_c, N_r, N_q : 先端地盤의 支持力系數(解說 그림 3.44에서 구함)

r_1 : 先端에서 아래의 흙의 單位體積重量(tf/㎥)

  (地下水位以下는 水中單位體積重量)

r_2 : 先端에서 위의 흙의 單位體積重量(tf/㎥)

  (地下水位以下는 水中單位體積重量)

r : 말뚝의 半徑(m)

D_f : 地盤表面에서 말뚝先端까지의 깊이(m)

D : 말뚝幅(m)(解說 그림 3.45, 3.46에서의 b)

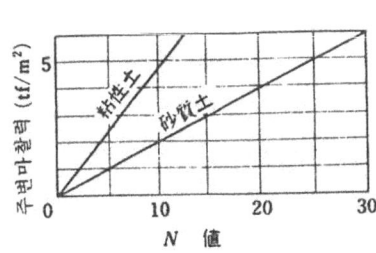
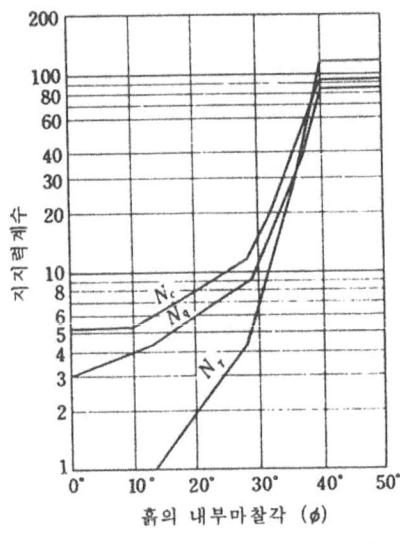

解說 그림 3.43 N치와 주면마찰력   解說 그림 3.44 흙의 내부마찰각과 지지력 계수

2) 마이야호프의 式

$$R_u = q_c A_P + \frac{1}{200} \overline{q}_c A_s + \frac{q_u}{2} A_c$$

$$R_u = 40 N A_P + \frac{1}{5} \overline{N}_s A_s + \frac{\overline{N}_c}{2} A_c$$

A_P:先端面積(m^2)

q_c : 先端地盤의 큰 支持力度(tf/m^2)

$\overline{q}_c$:先端까지의 砂層의 큰 支持力의 平均値(tf/m^2)

A_s : Ul_s(m^2)

l_s:砂層中의 말뚝長또는 壁長(m)

q_u:先端까지의 粘土層의 一軸壓縮强度(tf/m^2)

N:先端地盤의 N값

$\overline{N}_c$:先端까지의 砂層의 N값의 平均値

A_c:Ul_c(m^2)

l_c : 粘土層中의 말뚝長(m)

U : 周長(m)

3) 다남의 式

$R_u = q_d A_P + Uhc$ (粘性土의 경우)

$R_u = q_d A_P + Uh(1.6 H_1 + H_2)K$ (砂質土의 경우)

q_d : 先端地盤의 極限支持力度(tf/m^2)

A_p:先端面積(m^2)

U : 周長(m)

c : 흙의 粘着力(tf/m^2)

h : 支持層에의 貫入깊이(m)

K : $K = \tan^2\left(45° + \frac{\phi}{2}\right) \tan\phi$

ϕ:先端支持地盤의 內部摩擦角(°)

H_1 : 地下水位以上의 地中部分에 있는 말뚝長(m)

H_2 : 地下水位以下의 地中部分에 있는 말뚝長(m)

4) 델의 式

$$R_u = A_p l \bar{\gamma} K_P + \frac{U \bar{\gamma} l^2 f (1+\tan^2 \phi)}{2} + lUc$$

A_p : 先端面積(m²)
l : 地中部分에 있는 말뚝長(m)
U : 周長(m)
$\bar{\gamma}$: l區間 흙의 平均單位體積重量(tf/m³)
f : 흙과 말뚝과의 摩擦係數 $f = 0.75\tan\phi \sim \tan\phi$
c : 흙의 粘着力(tf/m²)
K_p : 受動土壓係數 $K_p = \tan^2(45° + \frac{\phi}{2})$

上記 1)~4)의 式을 써서 極限支持力 R_u 을 구하는데 있어서는 다음의 事項에 留意하여야 한다.

① 텔자기의 式은 本來 얇은 基礎를 對象으로 한것임으로 先端이 얇은 경우 또는 N값이 30以下의 경우에 쓰는것이 좋다.

② 마이야호프의 式은 本來는 砂層에 있어 깊은 基礎理論에 의한것이나, 上式은 粘性土에도 利用된다.

N값은 깊이에 의해, N값의 크기를 補正할 必要가 있어 될수있는대로 q_u, q_u를 測定하여 上式을 쓰는것이 좋다.

③ 다남의 式은 打擊말뚝과 같이 打設에 의해 말뚝周邊의 地盤을 壓縮시키는것 같이 케이스에 適用되는 것이나, 프리보링을 하여 말뚝을 形成할 경우나 鑿孔하여 層을 形成하는 경우에는 適用치 않는다.

다남은, 또 支持層에의 貫入길이 h에 對해서, 다음의 制限을 가하고 있다.

$$h \geq \frac{R_u/q_a - A_p}{1.811 \, r}$$

q_a : 말뚝先端地盤의 許容支持力度(tf/m²)
r : 말뚝의 半徑(m)

④ 델의 式을 쓰는 경우에는 砂質土에 있어서는 第3項을 粘性土에 있어서는

第2項을 無視하여야 한다. 이 式은 主로 摩擦말뚝에 適用되는 것이다.

이 式은 다남의 式과 같은 프리보링말뚝과 같이 말뚝周邊의 地盤을 壓縮하지 않는 말뚝에 適用할수 없다.

⑤ 周長(U)및 先端面積(A_p)의 取法

(2)에 대해서 1) 중간말뚝 세움말뚝, 打擊말뚝의 周長(U)및 先端面積(A_p)는 解說 그림 3.45에 表示한 값을 써도 좋다.

根入길이가 짧은 경우나 말뚝徑의 큰 경우는 先端支持力만을 考慮하여 軟弱粘性土地盤이나 比較的 부드러운 砂層土地盤의 경우에는 先端支持力을 考慮않고 摩擦力 만으로 하는것이다.

2) 흙막이 壁 흙막이壁의 周長 U 및 先端面積 A_p는 흙막이壁의 種類에 의해서도 다르다.

엄지말뚝 및 鋼管널말뚝, 柱列式地下連續壁의 경우는 解說 그림 3.45를 準用하고 地下連續壁의 경우는 解說 그림 3.46(a)에 表示한 값을 써도 좋다.

鋼널말뚝은 一般的으로 閉鎖效果를 考慮할 수 없기 때문에 解說 그림 3.46(b)에 表示와 같이 흙의 接하는 部分을 有效周長으로 하여 생각해 先斷支持力은 考慮하지 않는다.

掘鑿底面에서 위의 흙막이壁과 背面側의 地盤과의 摩擦力은 良質地盤에는 이것을 考慮해도 좋으나 軟弱地盤에는 흙막이壁의 變形이 比較的 크기 때문에 摩擦力을 期待할수 없거나 背面側이 흙 沈下負의 摩擦力이 作用하는것도 생각됨으

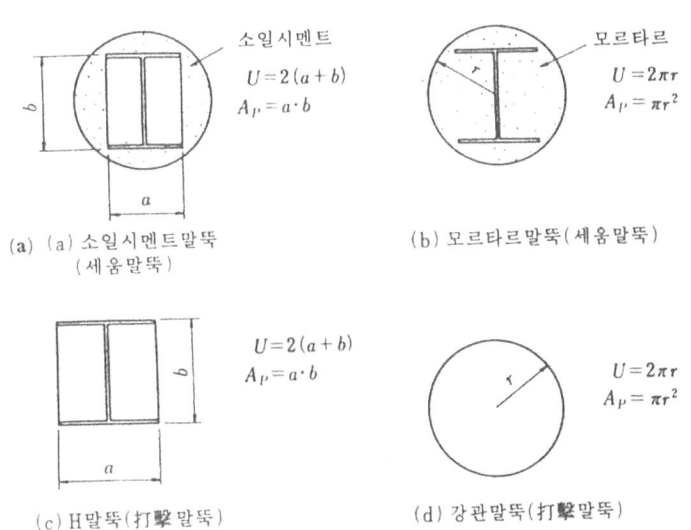

解說 그림 3.45 중간말뚝의 周長 및 先端면적의 취법

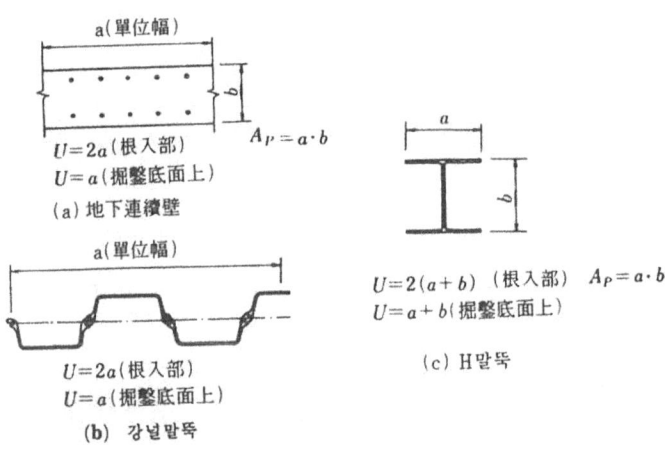

解說 그림 3.46 흙막이벽의 周長 및 선단면적의 취법

로 이것을 考慮하지 않는것이 좋다. 굴착底面上의 흙막이壁과 背面側地盤과의 摩擦力이 考慮할 경우 周長의 取法은 解說 그림 3.46에 의한것으로 한다.

安全率은 一般的으로 1.5~2.0가 採用되어 있으나, 施工條件이나 假設構造物의 重要度에 따라 定하는 것으로 한다.

흙막이壁은 背面側에 地盤이 있고 掘鑿面側은 **띠장과 버팀대**로 支持되어 있음으로 鉛直荷重에 의한 座屈의 檢討를 하지 않는다. 또, 중간말뚝도 一般的으로 버팀대나 버팀대받침材에 의해 2~3m間隔으로 支持되어 있음으로 座屈에 대한 檢討는 必要치 않다.

따라서, 軀體콘크리트의 세워올림에 따라 **버팀대등을 撤去**하는 段階에 있어서는 중간말뚝의 拘束点間이 길게 되는일이 있음으로 이와같은 경우에는 座屈의 檢討를 하여 安全을 確認해둘 必要가 있다.

第4編 施 工
4.1 總 則

4.1.1 施工計劃

施工에 앞서 立地條件, 支障物件, 地盤等의 調査結果를 基礎로 工事의 規模, 工期, 土質條件, 占用條件, 支障物件의 處理方針, 環境保全對策等을 考慮하여 이것에 適合하는 安全하고 經濟的인 施工計劃을 수립하여야 한다.

또, 이 基本的인 施工計劃에 基礎하여 各工種에 대해서 詳細한 施工計劃을 세워야 한다.

【解 說】 設計된 터널의 斷面, 延長, 掘鑿깊이, 定하여진 工期를 基礎로 土質條件, 路面의 占用條件, 架空線및 地下埋設物의 處理方針, 沿線의 環境條件에 따른 安全으로 經濟的인 施工方法을 計劃하여야 한다.

施工計劃에 있어서 使用機械의 種類·臺數, 工事用電力의 受配計劃, 工事用材料의 需給計劃等에도 充分히 配慮하여야 한다.

4.1.2 施工法의 變更

施工에 있어서 施工法이 現場의 狀況에 不適當하다고 認定하였을때는 빠르게 그 狀況에 對應함과 아울러, 遲滯없이 그 變更을 하여야 하다.

【解 說】 着工前의 調査를 철저히 하였어도 土質, 埋設物, 其他의 諸條件을 全路線에 걸쳐 確實히 把握하는것은 困難하다. 따라서, 施工에 있어서 地盤의 狀態, 土壓, 地下水, 埋設物, 沿線關係等이 設計條件과 다른 경우도 있다. 이와같은 경우 安全을 第一로 생각해 臨機의 處置를 함과 아울러, 보다 適切한 工法에의 變更을 檢討하고 工事의 進行에 支障이 없도록 하여야 한다.

4.2 測 量

4.2.1 一 般

測量은 施工의 順序에 따라, 그 目的을 충분히 考慮하여 必要한 精度를 確保할 수 있도록 愼重하게 하여야 한다.

【解 說】터널 測量은 一般的으로 대단히 높은 精度가 要求된다. 그러므로 開鑿式

解說 표 4.1 開鑿式 터널공사에 있어 測量

	區分	時期	目的	內容	成果
地上測量	터널중심선 측량	시공전	각종시공측량을 위한 기준점의 설치 인조점의 설치	삼각측량또는 트래버스측량 수준측량	기준점의 설치 인조점의 설치 인조점 위치도
	수준기점측량	시공전	각종시공측량을 위한 수준기점의 설치	수준측량	수준기점의 설치
	지표면현황측량	시공전 시공중	공사에 의해 철거되는것의 복원자료 공사에 의해 영향을 받는 위험이 있는 범위의 변상파악	평판측량 지거측량 수준측량	1/100~1/200의 평면도 표고도
	말뚝박기선측량	말뚝박기전	말뚝(지하연속벽등을 포함)의 시공위치설치	지거측량	말뚜기공위치의 설정
	노면작업시공 시의 측량	各 작업시공중	말뚝(지하연속벽등을 포함)의 타지높이, 주보의 위치, 높이의 결정	지거측량 수준측량	가설물의 위치, 높이의 결정
	지표면복원을 위한 측량	지표면복원작 업시공중	도로기타, 지표면구조물의 복원을 위한 위치, 높이의 결정	트래버스측량 지거측량 수준측량	복원하는 물건의 위치, 높이의 결정
坑內測量	굴착시의 측량	굴착중	갱내가수준점의 위치, 버팀대 설치위치, 굴착깊이등의 결정	수준측량 지거측량	가설물의 위치, 높이의 결정
	갱내에서 중심 선도입측량	기초부(콘크리트)및 하상 시공직후	갱내각종시공측량을 위한 기준점의 설치 수준점의 설치	트래버스측량 수준측량	갱내기준점의 설치 수준점의 설치
	구체축조시의 측량	구체축조 작업전	구체각부재의 위치결정	지거측량 수준측량	거푸집세우기, 위치의 결정
	터널내준공측량	터널완성후	터널시공정도의 확인	트래버스측량 지거측량 수준측량	설계치와 시공치와의 측정

注 : 上記測量에 있어서는 특히 인접공구와의 연속성에 유의할 것.

터널은 驅體를 小블록으로 구분해서 斷續的으로 築造하는것이 普通임으로 各 블럭相互의 縱斷方向 連續性에는 特히 留意하여야 한다. 따라서, 假設構造物施工時, 驅體施工時를 問題視않고 계속 相互關係를 갖는 면밀한 測量이 必要된다.

터널工事에 必要한 各種의 測量은 地域의 地形條件, 터널의 規模, 施工方法等에 의해, 目的에 따른 精度와 方法으로 適宜하기 때문에 반듯이 一定의 方式, 順序로 實施된다는 제한은 없으나 標準的인 方法을 順序에 따라 表示하면 解說 表 4.1와 같다.

4.2.2 地上測量

(1) 터널中心線測量

施工에 앞서 中心線및 縱斷測量을 하여, 이들의 基準으로 되는 適切한 基点을 設置하여야 한다.

(2) 水準点測量

水準基点은 一等水準点 또는 이것에 準하는 点을 原点으로해서 設置하여야 한다.

(3) 地表面現況測量

工事를 위한 掘鑿하는 地表面이나 一時撤去하는 構造物은 工事終了後의 復元을 위한 現況의 測量을 위한 位置, 높이等을 確認하고, 記錄해 두어야 한다.

(4) 施工時의 測量

파일박기, 路面覆工等, 施工을 위한 測量은 터널中心線, 水準点을 近間으로 하여 必要한 精度로 하여야 한다.

(5) 地表面復元을 위한 測量

地表面復元을 위한 測量은 路上施設等을 復元되는 必要한 精度로 하여야 한다.

【解 說】 中心線測量은 工事計劃 할때 하는것이 一般的이나, 施工에 있어서는 그 工事計劃時의 測量結果의 再確認및 施工上 必要로 하는 基準点의 整備를 위한 測量을 必要로 한다.

(1)에 대해서 터널의 測量은 連續性이 특히 重要하며 하나의 工區의 測量을 할 경우도 隣接工區와의 關聯에 유의하여 点뿐만 아니라, 方向, 延長에 있어서

도 충분히 組合하여 둘 必要가 있다.

市街地內에 있어서는 地形上의 制約에서 트러버스測量에 의할때가 많으나 충분한 精度를 올리도록 選点, 測定을 愼重하게 할 必要가 있다. 基準点은 물론 施工中에 必要한 測点은 移動하거나 粉失하는것이 없도록 주의 하여야 한다.

또, 工事에 의한 地表面에의 影響, 交通 또는 다른工事의 影響으로 測点이 移動하는 危險이 있는 경우에는 그것이 갖추어 引照点의 設置가 必要하다.

(2)에 대해서 水準点은 터널自體의 水準測量의 基点으로될 뿐 아니라, 工事中 및 工事終了後의 路上施設物, 地表面의 變動等의 觀測에 長期에 걸처 使用됨으로 그 位置, 構造等에 충분히 留意함과 아울러 定期的으로 觀測하고 항상 修正하여 使用하여야 한다.

(3)에 대해서 工事에 支障이 있기 때문에 一時撤去한다든지, 工事의 影響을 받아서 變狀이 생긴 構造物은 工事終了後, 原形으로 復元하는것이 普通이나 이를 위해서는 工事着手前에 詳細한 現況測量을 가하여 資料를 整備해 둘 必要가 있다. 이들의 測量은 터널中心線과는 別途로 道路의 官民境界付近에 基準線을 設定하여 하는것이 普通이다.

또, 工事의 影響을 받는 危險이 있는 範圍의 路面이나 構造物에 對해서는 適宜 測点을 設置하여 施工中 定期的으로 測定하여 變動에 對해서 適切한 處置가 취하도록 그 擧動을 把握하여 두어야 한다.

(4)에 대해서 말뚝打設(地下連續壁의 施工을 包含), 路面覆工等의 施工時의 測量은 터널中心線, 水準点을 근간으로 하여야 한다. 施工中에 測量을 하면 作業이 번거롭게 됨으로 먼저 施工位置 付近에 표시를 남겨두고 이들을 써서 簡便迅速하게 位置·높이를 決定하는것이 一般的이다.

(5)에 대해서 이 測量은 路面의 構造, 路上施設等의 復元을 위해 하는것으로 특히 境界石이나 排水施設等의 位置및 높이等은 適切한 精度의 測量이 必要하다.

4.2.3 坑內測量
(1) 坑內에의 中心線導入測量

坑內에의 中心線 및 基準点의 導入은 特히 精密하게 하여야 한다.

中心線의 測点및 基準点은 터널의 크기, 선형등을 고려하여 적당한 간격으로 설치하여야 한다.

(2) 施工時의 測量

工事의 施工時 必要한 測量, 터널의 構造, 線形等에 의한 必要한 精度로 하여야 한다.

(3) 完成後의 測量

軀體完成後, 터널內의 測量을 하여 內空치수, 句配등의 確認을 하여야 한다.

【解 說】(1)에 대해서 坑內에의 中心線및 基準点等의 導入은 路面覆工의 一部를 開口하여 하나 通過車兩에 의한 振動등으로 대단히 困難하다. 이때문에 交通量이 적게되는 深夜나 休日等에 短時間으로 要領있게 하여야 한다. 또, 이 測量을 할 時期는 坑內外에 hopper, 防護, 資機材等이 있어 視準線의 障害가 되는 일이 많음으로 먼저 對策을 세워둘 必要가 있다. 더욱, 이 測量은 소블럭 마다 하는 것이 보통이다. 터널의 連續性確保를 위해 隣接블럭과의 關聯에도 충분히 留意하여야 한다.

坑內 測点의 設置는 먼저 基礎(콘크리트面)의 위에 基準点을 設置 下床콘크리트의 打設後, 그 위에 다시 되바꾸거나 柱, 壁에 支障되는 경우는 이것을 避해서 設置하는것이 보통이다.

測点의 間隔은 鐵道및 道路터널에는 直線部 5.0~10.0m, 曲線部 2.5~5m, 水路나 電力·通信터널에는 20m程度가 보통이다.

坑內基準点은 一般的 移動, 沈下하지 않는 個所에 設置하고 軀體의 築造에 따라서 順次軀體內에 되바꿈하는 것이 보통이다.

(2)에 대해서 施工中에는 버팀대의 設置, 掘鑿깊이의 確認, 軀體의 構造等을 위해 測量이 行해진다. 水路터널에는 높이(勾配)나 內空치수에 鐵道나 道路터널에는 線形이나 內空치수에 높은 精度가 要求된다.

軀體築造를 위한 測量은 一度뿐 아니라, 반드시 檢測을 하여 正確을 期하여야 한다.

(3)에 대해서 完成한 터널의 線形, 內空치수, 勾配等은 相當區間에 대해서 되도록 빠른 時期에 터널完成後의 測量을 하여 設計圖와의 差異를 調査하고 付屬設備의 設置關聯에 대해서 確認해 두어야 한다.

4.3 鋼말뚝·鋼널말뚝및 鋼管널말뚝

4.3.1 施工計劃

鋼말뚝·鋼널말뚝및 鋼管널말뚝의 施工에 있어서는 施工에 앞서, 設計圖·標準圖等을 基準으로 現場의 各種狀況을 考慮한 施工計劃을 세워야 한다.

【解 說】1) 施工計劃에 대해서 鋼말뚝·鋼널말뚝및 鋼管널말뚝의 施工은 말뚝이나 흙막이工法의 設計圖, 標準圖에 基礎해서 施工하나 施工에 있어서는 먼저 現場의 各種狀況, 즉, 地下埋設物, 架空線, 道路의 付屬施設, 沿線建造物, 地盤, 路面交通, 기타를 調査·檢討하여 施工計劃을 세운다. 施工計劃에는 詳細한 打設位置, 세움位置, 使用機械, 施工방법및 順序, 作業時의 道路使用方法, 保安設備, 支障物의 處理方法, 工程等을 決定하여야 한다.

2) 地下埋設物의 現地確認과 말뚝박기位置에 대해서 一般으로 地下埋設物에 대해서는 設計時点에 臺帳調査, 人孔調査, 試掘等에 의해 地下埋設物의 種類, 位置, 깊이, 形狀을 調査하여 埋設物平面圖가 作成되어 있으나 調査나 位置, 깊이가 不確實한 것이 많다.

여기서 말하는 地下埋設物의 確認은 말뚝의 打設豫定位置에 대해서 各 埋設物管理者立會와 아울러, 現地確認을 하는 것이다.

施工計劃은 이 地下埋設物調査와 말뚝의 施工可能한 位置의 確認을 하여 하나 將來路面覆工과의 關聯이 있어 말뚝의 施工時点에서 말뚝位置를 變更하는 等의 事態가 생기지 않도록 確實한 施工計劃을 세워야 한다.

말뚝의 打設 位置의 決定에 있어, 말뚝박기線上에 地下埋設物이 存在할 때는 말뚝박기線을 터널外方에 피하지 않고 이 境遇, 말뚝과 軀體가 떨어져 또 延長이 길게 되면 掘鑿量이 顯著하게 增加됨으로 埋設物管理者와 協議하고 말뚝박기 支障이 없는 位置에 移設等의 處置를 取하는 쪽이 得策인 境遇가 있다.

3) 施工順序에 대해서 鋼말뚝·鋼널말뚝 및 鋼管널말뚝의 施工은 一般的으로 다음 順序로 行해진다(打設의 境遇).

① 試掘(地下埋設物의 位置確認, 말뚝박기平面圖作成)

② 地下埋設物, 架空線, 道路의 付屬施設等의 支障物處理
③ 步道切削(필요가 있는 경우)
④ 말뚝打線測量(말뚝의 **打設位置**, 줄파기幅)
⑤ 줄파기(필요가 있는 경우는 假覆工)
⑥ 探針
⑦ 말뚝박기
⑧ 주보용 챤넬설치
⑨ 줄파기 후의 가복구

4) 埋設物管理者의 入會에 대해서 줄파기, 말뚝박기 作業을 할 경우는 필요에 의해 埋設物管理者의 入會를 求하여야 한다. 또, 埋設物管理者는 事前에 入會方法, 地下埋設物의 防護方法, 緊急時의 對策 기타 保安上의 措置等에 대해서 協議하여 둘 필요가 있다.

4.3.2 줄파기와 假覆工

鋼말뚝·鋼널말뚝및 鋼管널말뚝의 施工에 앞서, 埋設物의 有無를 確認하고 말뚝 等의 打設位置를 決定하기 때문에 줄파기를 하여야 한다.

더욱, 필요한 경우는 줄파기위에 假覆工을 하여 路面交通, 기타 사용에 提供되는 것으로 한다.

【解 說】 줄파기는 一般的으로 幅 1.20m, 깊이 1.20~1.80m程度로 地下埋設物의 確認을 하기 위해 한다. 더욱 줄파기는 말뚝등의 打設後, 주보용 챤넬 設置에 利用되는 수가 많다(解說 그림 4.1參照).

또, 鋼管널말뚝 施工의 경우에는 鋼管의 徑에 따라서 줄파기 幅을 決定할 필요가 있다.

道路內에서 줄파기를 할 경우에는 地下埋設物에 損傷을 주지 않도록 인력굴착으로 함과 더불어 地下埋設物의 位置를 確認하고 埋設物管理者와 入會한 후, 適切한 保安措置를 하여 또, 周邊地盤이 弛緩하지 않도록 흙막이等 適切한 處置가 필요하다.

줄파기위를 交通 또는 作業을 위해 使用할 경우는 覆工板等으로 假覆工하나

假覆工은 車輛交通에 의한 衝擊이나 雨水의 流入等에 의해, 不陸이 생기는 일이 없도록 留意하여 施工할 必要가 있다.

줄파기 施工延長은 安全上에서도 말뚝등의 打設의 進行에 必要한 最小限의 範圍에 머무르는게 바람직하다.

道路內의 줄파기는 말뚝등의 打設, 주보용 챤넬부재의 설치終了後, 바로 所定의 方法으로 復舊하고 交通에 開放하는 것으로 한다.

줄파기을 매설하고 흙막이의 撤去, 路面鋪裝의 施工은 周邊의 路面및 建造物, 埋設物에 損傷을 주지 않도록 注意하여야 한다.

줄파기 내부에 주보용 챤넬부재를 설치 하지 않을 경우에는 구덩이파기에 의한 埋設物 確認하고 말뚝등을 打設할때가 있다. 또, 民有地로 埋設物이 없는것이 確認되어 있는 경우에는 地上面에서 直接 말뚝등을 打設하는 일이 많다.

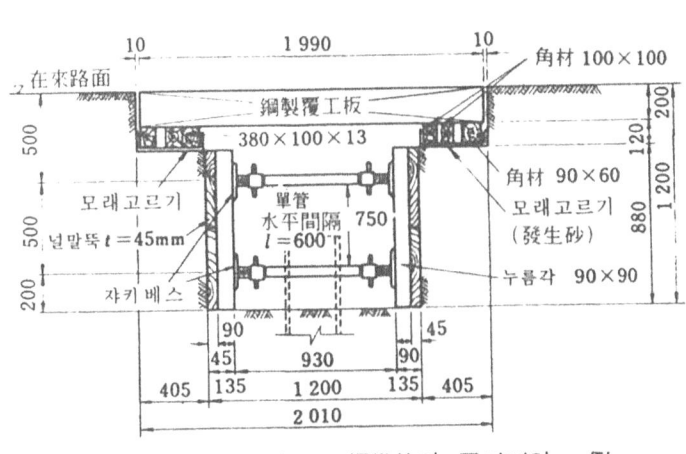

解說 그림 4.1 標準的인 줄파기의 一例

第4.3.3 使用機械

鋼말뚝·鋼널말뚝및 鋼管널말뚝의 打設에 쓰이는 機械는 地盤, 施工條件, 環境條件을 考慮하여 適切한 것을 選定하여야 한다.

【解 說】1) 말뚝打設機械에 대해서 鋼말뚝, 鋼널말뚝및 鋼管널말뚝에 使用하는 主된 機械에는 다음의 種類가 있다.

① 드롭햄머(drop hammer)式
② 디젤햄머(Diesel hammer)式
③ 바이브로햄머(vibro hammer)式
④ 유압식

　말뚝打設機械의 選定에 있어서는 現場 地盤의 狀態, 工事의 規模, 말뚝길이, 周邊環境, 道路幅員, 交通量等을 考慮하여 必要한 能力이 있는것 機動性이 있는 것, 騷音振動이 적은것 等을 選定하여야 한다. 特히 市街地, 住宅地等에 있어 施工에는 騷音振動의 防止에 主眼을 주어 機械의 選定을 하여야 한다.

　2) 穿孔機에 대해서　柱列式地下連續壁의 穿孔機를 掘鑿方法에 의해 分類하면 다음과 같다.
① 어스오-가(earth auger)式
② 어스드릴(earth dril)式
③ 로타리비트(rotary bit)式

　穿孔機의 選定에 있어서는 各機械의 特徵을 充分比較檢討하고 孔經, 掘鑿深度, 地盤狀態等에 適合한 것을 採用하여야 한다. 特히 地盤이 互層으로 되어 있는 경우에는 地盤全體를 考慮하여 가장 效率좋고 穿孔되는 것을 選定하여야 한다. 穿孔機로서는 어스오가式이 一般的으로 使用된다. 그러나, 이 方式에는 100mm 以上 자갈을 包含 砂礫層이나 호박돌層에는 穿孔이 困難하고 또, 모래層으로 地下水가 豊富한 경우에는 孔壁의 崩落이 일어나기 쉬움으로 注意하여야 한다.

　어스드릴式은 作業空間이 좁은 경우나 어스오가式에는 掘鑿이 困難한 地盤의 경우에 泥水를 使用하여 쓰인다. 로타리 비트式은 地盤에 자갈이나 바위가 있는 경우에 쓰인다.

　이들의 穿孔機械에 의한 穿孔깊이는 一般的으로 10~30m이나 이 以上되면 穿孔에 相當의 技術을 要하고 孔徑을 크게하여 安定液을 倂用한다든지, 大型穿孔機를 使用하는 等의 對策이 必要하다.

　穿孔徑은 一般的으로 40~60cm가 使用되고 있다.

　3) 倂用工法에 대해서　모래層이나 砂礫層等의 굳은 地盤의 경우에는 鋼말뚝이나 鋼널말뚝의 先端에 設置한 젯트파이프 또는 젯트노즐에서 噴射하는 高壓水에 의해 말뚝先端의 地盤을 切削하고 바이브로햄머式이나 유압式으로 鋼말뚝이나 鋼널말뚝을 打設하는 倂用工法도 있다.

施工例로서는 一般的으로 20~30m程度이다.

4.3.4 말뚝의 打設, 穿孔세우기

(1) 말뚝의 打設, 穿孔세움에 있어서는 地上建設, 地下埋設物等을 損傷하지 않도록 注意하고 所定의 位置에 正確하게 施工하여야 한다.

(2) 말뚝은 所要의 根入이 얻어지도록 施工하여야 한다.

(3) 穿孔內는 말뚝세우기후, 충분한 強度을 갖는 材料로 빨리 充塡하여야 한다.

【解 說】(1)에 대해서 1) 地下埋設物 및 地上施設防護 道路內 말뚝의 打設, 세우기를 할 경우는 布掘(줄파기)에 의해 埋設物의 確認을 하나 台帳에 記載되어 있는 地下埋設物이 布掘보다 깊은 경우에는 深針을 하여 地下埋設物의 有無를 調査하고 地下埋設物 存在를 豫知된 경우는 구덩이파기등에 의해 確認할 必要가 있다.

또, 말뚝을 運搬한다든지, 매달경우에는 道路의 付屬施設, 電柱, 架空線 等의 地上施設 및 布掘內에 露出한 地下埋設物等을 損傷되지 않도록 注意할 必要가 있다.

2) 말뚝과 軀體에 떨어짐 말뚝의 種類, 垂直精度, 側部거푸집의 形狀, 側部防水의 有無, 側部防水의 施工法 等을 考慮해서 決定하여야 한다.

3) 말뚝의 정도 말뚝打設, 穿孔세우기의 施工에 있어서 말뚝이 傾斜 또는 彎曲하여 打設시키면 軀體의 築造에 支障을 주는 경우도 있고, 安全性이 손상되며 또, 支保工의 施工이 困難한 경우가 있음으로 필요한 垂直精度를 保持하여야 한다. 특히 長尺의 말뚝에 대해서는 이점에 대해서 留意할 必要가 있다. 더욱, 세우기 말뚝의 精度는 穿孔의 垂直度에 좌우됨으로 항상 測定을 하여 리더의 垂直性을 갖을 必要가 있다.

4) 말뚝의 이음 말뚝을 이음말뚝으로하여 施工할 경우에는 이음箇所가 隣接말뚝과 同一높이에 갖추면 掘鑿時에 應力이 이음箇所에 集中하므로 弱点이 되며 이음箇所를 조금 옮겨 施工하는 것이 바람직하다.

5) 孔壁防護 地下水가 豊富한 느슨한 砂層에는 穿孔 또는 세우기에 있어서 孔

壁이 崩壞할 위험이 있으므로 벤토나이트 溶液等의 安定液을 사용하든가 케이싱 파이프를 써서 壁面을 防護하면서 施工할 必要가 있다.

(2)에 대해서 말뚝의 根入은 上載荷重에 대한 支持力, 根入部에 作用하는 土壓의 均衡, 히빙現象이나 보링現象에 대한 安定等의 條件을 考慮하여 決定됨으로 施工에 있어서도 이 점을 配慮하여 충분한 根入길이를 確保하는것이 必要하다.

　支持力의 確認方法으로서 말뚝 打止時 沈下狀況을 觀察하고, 支持力公式 (3.7 參照)에 의한 체크를 하는 일이 많다. 支持力이 不足한 경우에는 荷重의 分散을 하든가 말뚝의 根入을 길게 하든가, 밑다짐을 하든가 등하며 必要支持力을 確保하여야 한다.

(3)에 대해서 穿孔內의 세우기 말뚝과 원지반과의 空隙되메움이 不充分한 경우는 周邊地盤을 沈下시킨다든지, 또 掘鑿時에 穿孔跡이 물길로 되어 土砂崩落의 原因이 됨으로 되메움에는 在來地盤과 같은 程度의 强度를 갖고, 또 流動性이 높은 벤토나이트 모르타르等의 充塡할 必要가 있다.

4.3.5 鋼널말뚝의 打設, 壓入

　강널말뚝의 打設, 壓入에 있어서는 前條에 準하는 외, 강널말뚝의 連續性을 保持하여 遮水性을 確保하도록 施工하여야 한다.

【解　說】鋼널말뚝은, 打設中에 地盤 其他의 事由에 의해 강널말뚝의 下端이 回轉하여 박아가는 方向에 경사하기 쉬우며 傾斜가 크게 되면, 그것을 修正하는 것은 困難하다. 강널말뚝의 打設方法에는 單獨박기와 표피박기가 있으나 單獨박기는 進行方向에 傾斜를 일으키기 쉽다. 이것을 防止하기 위해서는 표피박기가 바람직하다. 적은 傾斜의 修正을 하기에는 다음 方法이 있다.

　① 강널말뚝의 端部를 원치로 引張한다.
　② 강널말뚝의 下端을 경사지게 切斷한다.
　③ 單獨박기를 표피박기로 轉換한다.

傾斜가 큰 경우에는 이형강널말뚝을 사용 수정하는것이 바람직하다.

軟弱地盤에 있어 강널말뚝 박기는 같은 처짐이 생기기 쉽다. 같은 처짐은 打設하는 강널말뚝의 이음마찰저항이 먼저 打設한 隣接강널말뚝의 支持力에서 큰 경우에 생긴다. 이것을 防止하기에는 다음 方法이 있다.

　① 이음이 그리이스等을 塗布하여 摩擦抵抗을 輕減한다.
　② 隣接하는 數枚의 강널말뚝 이음枚를 溶接하든가 添接板을 使用하여 連結

한다.

③ 隣接하는 강널말뚝에 孔을 뚫어, 鋼棒等을 통하여 路面에 反力을 취한다.

강널말뚝 打設方向을 바꾸는데는 異形강널말뚝을 使用하는것이 바람직하다. 異形강널말뚝에는 隅널말뚝과 接續널말뚝이 있고 接續널말뚝은 T字에 分岐하는 경우, 打設途中에 강널말뚝의 種類나 이음의 構造를 變更하는 경우에 사용한다. 일반적으로 異形강널말뚝은 강널말뚝을 切斷加工하여 作成한다. 강널말뚝은 止水性을 제일로 하는 工法임으로 連續施工에 노력하여 안이하게 合打, 겹合打等을 해서는 안된다.

4.3.6 강널말뚝의 打設, 穿孔壓入

鋼管널말뚝의 打設, 穿孔壓入에 있어서는 前條에 準하는 외에 鋼管널말뚝의 剛性과 連續性을 保持함과 아울러, 이음의 構造와 遮水性에 留意하고 所定의 位置에 正確하게 施工하여야 한다.

【解 說】 강관널말뚝은 剛性과 遮水性을 必要로 하는 경우에 採用되는 것임으로 施工에 있어서는 連續性을 保持하도록 規定等을 써서 所定의 位置에 正確하게 打設하여야 한다.

鋼管널말뚝의 이음에는 종종 形式의 것도 있으나 遮水性이나 施工性이 다르므로, 그 選定에 있어서는 現場條件을 考慮하여 충분히 檢討할 必要가 있다.

鋼管널말뚝의 이음에는 合成效果 및 遮水效果를 높이기 때문에 모르타르 等을 注入하는 것이 좋다.

4.4 柱列式地下連續壁

4.4.1 施工計劃

柱列式地下連續壁의 施工에 있어서는 施工에 앞서 設計圖, 標準圖等을 근간으로 現場의 各種狀況 및 工法의 特質을 考慮하여 施工計劃을 세워야 한다.

【解 說】 1) 施工計劃에 대해서 柱列式地下連續壁은 設計圖, 標準圖等에 基礎해서 施工하나 施工에 있어서는 現場狀況, 즉 地下埋設物, 架空線, 道路의 付屬施設, 沿線建造物, 地盤, 路面交通等을 調査·檢討하여 施工計劃을 세워야 한다. 施工計劃에는 施工의 範圍, 施工順序·方法, 穿孔 또는 鑿孔計劃, 使用機械器具計劃, 使用材料計劃, 作業時의 道路使用方法, 保安設備, 支障物件의 處理方法, 埋設物確認方法, 施工管理方法, 工程等을 決定하여야 한다.

2) 柱列式地下連續壁의 柱列配置와 分類에 대해서 柱列式地下連續壁의 柱列의 配置에는 ① 接点配置, ② 지그재그配置, ③ 오바랩배치가 있다(解說 그림 4.2 參照).

또, 이 連續壁은 使用材料및 打設方法에서 大別하면, 解說 表 4.2에 表示와 같다.

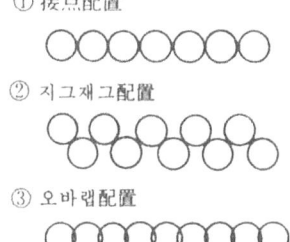

解說 그림 4.2 柱列의 基本配置例

解說 表 4.2 柱列式地下連續壁의 分類

使用材料에 의한 分類	打設方法에 의한 分類
① 鐵筋몰탈壁	① 현장치기 置換工法
② 鐵骨몰탈壁	② 소일시멘트工法
③ 鐵筋콘크리트壁	③ 旣製말뚝埋設工法
④ 鐵骨콘크리트壁	
⑤ 소일시멘트壁	

3) 施工順序에 대해서 柱列式地下連續壁의 施工은 一般的으로 다음 順序로 행해진다.

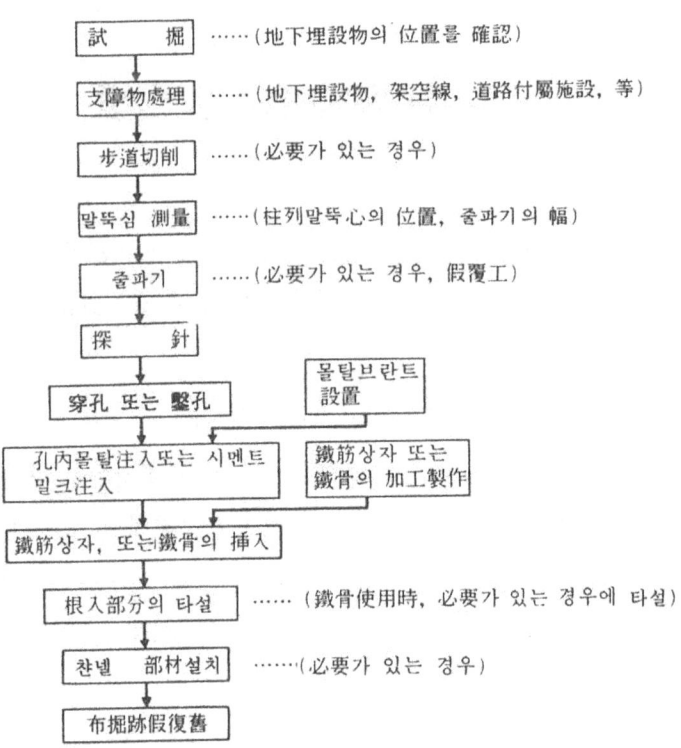

4.4.2 使用機械

柱列式地下連續壁의 施工의 쓰이는 機械는 土質, 施工條件, 施工環境을 考慮하여 適切한 것을 選定하여야 한다.

【解 說】柱列式地下連續壁의 施工에 쓰이는 使用機械는 4.3.3 解說 2)穿孔機의 項에서 서술한 單軸으로 시공하는 機械와 같으나 最近, 몰탈壁 또는 소일 시멘트壁의 施工에는 多軸式어스오가式에 의해 連續性을 높이는 타입의 機械도 使用하였다.

몰탈壁 또는 소일 시멘트壁의 施工에 쓰이는 몰탈믹서와 몰탈펌프의 選定에 있어서는 각각의 工法은 作業能率에 따라 충분한 몰탈 또는 시멘트밀크를 供給하는 能力이 必要하다. 특히, 長尺인 挿入部材가 있는 경우 挿入部材의 挿入·이음 作業時間과 注入開始에서 完了까지의 時間 및 몰탈(또는 시멘트밀크)의 凝結狀態와의 關係에서 設備能力檢討를 하여야 한다.

4.4.3 施 工

(1) 柱列式地下連續壁 현장치기 말뚝을 連續하여 形成함으로 말뚝의 施工順序, 間隔및 柱列線等에 특히 留意하여야 한다.

(2) 말뚝의 形成에 使用하는 몰탈및 콘크리트의 配合은 設計에 表示된 示方配合의 所要强度가 얻어지도록 現地의 狀況에 의해 決定하여야 한다.

(3) 몰탈의 注入에 있어서는 孔壁의 崩壞및 모래層에 있어 몰탈의 脫水現象에 注意하여 施工하여야 한다.

(4) 鐵骨 또는 鐵筋상자는 몰탈充塡이 終了한후, 빨리 所定의 位置에 正確히 揷入하여야 한다.

【解 說】(1)에 대해서 柱列式地下連續壁은 말뚝의 配列方法에 의해 말뚝間隔, 施工順序를 決定함과 아울러, 柱列線에 留意하여 施工하여야 한다.

말뚝 配列方法에는 接粘配置, 지그재그配置, 오바랩配置등이 있으나 配置方法은 連續壁의 使用目的에 의해 選定하는 것이며 이 配置方法에 의해 말뚝間隔, 施工順序를 결정한다. 일반으로 各 말뚝의 施工順序는 1個~數個로 시공하고 말뚝의 몰탈 또는 콘크리트의 硬化를 가지고, 그 中間을 施工하여 壁體로 한다.

施工에 있어서 말뚝의 間隔, 施工順序에 대한 注意를 태만하면 柱列線이 잘 맞지 않아 壁面에 不隆이 생겨 軀體의 施工이 支障을 가져온다든지, 또는 말뚝간에 사이가 생겨 漏水하고 掘鑿할때에 흙막이 背面에 變狀을 줄 위험이 있음으로 充分히 留意할 必要가 있다.

(2)에 대해서 몰탈말뚝에 使用되어 있는 몰탈의 配合의 例에는 解說 表 4.3과 같은 것이 있다.

解說 表 4.3 몰탈配合表

例1

몰탈 1m³에 쓰이는 量(重量)(kg)						强度
시멘트	플라이애쉬	減水劑	混和劑	모래	水	σ_{ck} (kg/cm²)
520	210	1.3	5	671	478	210

例2

몰탈 1m³에 쓰이는 量(重量)(kg)						强度
시멘트	플라이애쉬	混和劑	모래	水	σ_{ck} (kg/cm²)
611	244	9	739	400	280

(3)에 대해서 어스오가를 使用하여 施工할 경우 穿孔完了의 오가引上速度가 孔內에 몰탈을 充塡하는 速度보다 빠르면, 空洞이 생겨 말뚝周壁이 崩壞를 일으켜 完全한 말뚝으로 되지 않음으로 引上速度에는 充分히 注意하여야 한다. 또, 地下水가 낮은 모래層에는 注入한 몰탈의 水分이 砂層에 吸收되어, 몰탈의 脫水現象이 생겨, 鐵骨이나 鐵筋상자를 揷入할 수 없게 되므로 이와같은 경우에는 穿孔時에 벤토나이트 溶液等의 安定液을 注入하면서 施工하고 몰탈에 硬化遲延劑를 넣는 等의 處置를 講究할 必要가 있다.

(4)에 대해서 몰탈充塡後, 時間이 걸리면 몰탈의 凝結이 試作되어 鐵骨, 鐵筋상자의 揷入이 困難함으로 鐵骨이나 鐵筋상자에 이음이 있는 경우는 이음施工時間을 될수있는대로 短縮하도록 留意하여야 한다.

또 鐵骨, 鐵筋상자의 揷入에 있어서 穿孔을 損傷시키지 않도록 注意함과 아울러 鐵骨, 鐵筋상자는 偏心하지 않도록 孔心에 垂直하게 세워야 한다.

4.5 地下連續壁

4.5.1 施工計劃
地下連續壁의 施工에는 4.3 鋼말뚝·鋼널말뚝·鋼管널말뚝 및 4.4 柱列式地下連續壁에 準하는 외에 特히 이 工法의 特質을 考慮한 施工計劃을 세워야 한다.

【解 說】地下連續壁은 壁의 築造方法이 많으며 다음과 같이 分類할 수 있다.

1) 泥水置換工法   鐵筋엮음 또는 鋼말뚝을 세운 後, 泥水(安定液)을 콘크리트와 置換하여 連續壁을 만드는 工法.

2) 泥水固化工法   鋼말뚝, 鋼널말뚝, PC板等을 揷入한 後, 泥水(安定液)을 直接固化하여 連續壁으로 하는 工法.

地下連續壁의 施工計劃에 있어서는 다음의 事項에 留意하여야 한다.
① 機種의 選定
② 作泥 및 處理프랜트, 泥水(安定液)의 配合計劃
③ 가이드 월의 設計 및 施工
④ 엘리멘트 나누기 및 各 엘리멘트의 掘鑿順序
⑤ 掘鑿方法, 精度確保, 泥水(安定液)의 流失對策
⑥ 泥水(安定液)의 管理
⑦ 掘鑿土砂의 處理, 廢棄할 安定液의 處理 및 이들의 運搬 및 廢棄方法
⑧ 鐵筋엮음의 作成및 세움 또는 鋼말뚝, PC板等의 作成 및 세움
⑨ 슬러지의 除去, 콘크리트의 打設 또는 固化劑의 投入
⑩ 엘리멘트이음의 構造및 施工方法

泥水置換工法의 施工은 一般的으로 다음 順序로 행해진다.

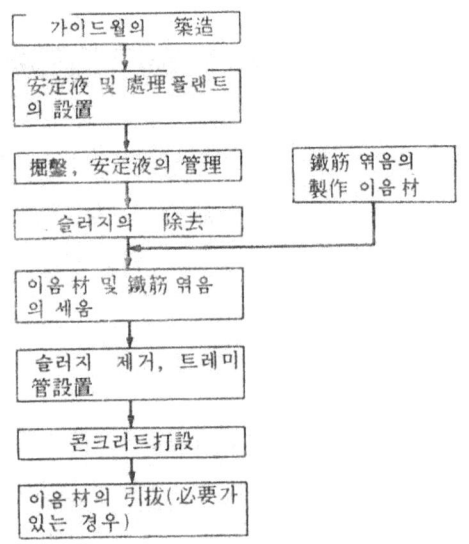

地下連續壁의 掘鑿方式, 엘리멘트나누기 및 엘리멘트이음의 施工計劃에 있어서는 다음의 事項에 留意할 必要가 있다.

① 掘鑿方式 : 4.5.2를 參照할 것

② 엘리멘트 나누기 : 길이 5~7m 程度 엘리멘트로 나누어 施工할 것

③ 엘리멘트의 이음방법 : 롯킹파이프, H鋼, 鋼管, 칸막이鐵板 等을 쓰는 方法이 있으나 構造物의 目的, 掘鑿機種, 止水性, 시공성, 經濟性 等을 考慮하여 선정할 것.

④ 各 엘리멘트의 掘鑿順序 : 隣接하는 엘리멘트의 施工狀況을 考慮하고 掘鑿에서 콘크리트의 打設까지 1엘리멘트마다에 施工할 것.

4.5.2 掘鑿機械
地下連續壁의 施工에 쓰이는 掘鑿機械는 設計條件, 施工條件, 周邊環境 等에 適合한 것을 選定하여야 한다.

【解 說】地下連續壁의 施工에 쓰이는 掘鑿機械는 壁두께, 掘鑿깊이, 作業基地의 狀況, 地盤條件(특히 호박돌의 有無), 機械의 施工精度, 施工性 나아가 假設壁이나 軀體의 一部에 利用하든가 等을 考慮하여 이들의 條件에 가장 適合한 安全 또는 經濟的으로 施工되는것을 選定하여야 한다.

土質條件에 의해서는 單一機種에는 施工困難의 경우도 있고 異種의 掘鑿機械

와의 組合에 의한 施工도 必要로 한다. 路面覆工下에의 施工의 경우에는 機械의 높이를 또, 地下壁을 軀體의 一部에 使用하는 경우는 垂直精度를 重視하고 掘鑿機械를 選定하여야 한다.

掘鑿機를 掘鑿方法에 의해 分類하면 다음과 같다.

1) 크람쉘(clamshell)바켓트 方式掘鑿機에 대해서   크람쉘 바켓트에는 와이어를 느려뜨려 直接와이어로 또는 油壓으로 開閉를 하는 形式의 것과 로드로 느려뜨리는 유압으로 개폐하는 형식의 것이 있다. 이 方式에 의한 掘鑿方法은 地盤에 의해서는 穿孔機에 의해 처음부터 바켓쉘의 開長에 合해서 가이드홀을 穿孔하고 그 穿孔間을 크람쉘바켓트로 掘鑿하는것도 있다. 掘鑿에는 벤토나이트泥水等의 安定液을 使用하여 掘鑿壁面의 安定을 圖謀한다.

2) 衝擊方式掘鑿機에 대해서   各種形狀의 비트의 上下運動에 의해, 地盤을 破碎하여 掘鑿土砂를 安定液과 더불어 빨아 올려서 搬出하는 方式이 있다. 掘鑿方式에는 以下의 3種類가 있다.

① 鑿孔型……定位置에의 掘鑿方式
② 移動型……一定距離의 水平移動의 掘鑿方法
③ 垂直型……先行掘鑿을 하여 이것을 가이드에 垂直하게 掘鑿하는 方式

掘鑿은 衝擊에 의해 地盤을 破碎하여 행하기 때문에 岩盤等의 地質에도 使用된다. 安定液이 循環되는 定循環과 逆循環이 있다.

3) 回傳式掘鑿機에 대해서   各種形狀의 刃先의 回傳에 의해 掘鑿하고 安定液을 循環시키는 것에 의해 掘鑿土砂를 搬出하는 方式이다. 이 方式은 刃先의 運動이 掘鑿面에 垂直한 것과 水平한 것에 大別되어 또, 回傳軸이 단축인 것과 多軸인 것에 區別되어 있다.

地質에 따라서 비트를 選別하게 되므로 호박돌, 轉石層以外의 地盤掘鑿에도 適合하다. 安定液의 循環에는 衝擊式掘鑿과 같은 正循環과 逆循環이 있다.

4.5.3 掘 鑿

(1) 掘鑿에 있어서는 가이드홀을 所定의 位置에 正確하게 築造하고 掘鑿中에는 隨時垂直精度의 測定을 하여 掘鑿壁面의 垂直性을 保持하도록 施工하여야 한다.

(2) 安定液은 地盤의 透水性, 地下水等의 狀況을 考慮하여 濃度및 添加制의 配合을 定해 掘鑿中, 所定의 物性을 保全토록 管理하여야 한다.
(3) 掘鑿土砂의 處理에 있어서는 周邊環境의 保全에 대해서 充分히 配慮하여야 한다.

【解 說】(1)에 대해서   가이드홀은 掘鑿機械의 据付 및 掘鑿位置를 決定하는 正規로 되며 또, 掘鑿機械의 地表面荷重에 대해서 壁體의 安定을 保全하기 위한 것이다. 가이드홀의 施工精度는 掘鑿程度에 크게 影響이 있으므로 施工에 있어서는 이들을 考慮하고 所定의 位置에 正確 또는 最善을 다해 築造하여야 한다.

가이드홀의 築造에 있어서 가이드홀을 周邊의 地盤이 不安定할 경우, 掘鑿機械의 走行에 의한 荷重과 振動에 의해 掘鑿壁面의 崩壞를 일으키기 쉬움으로 콘크리트等을 打設하여 周邊地盤을 補强함과 아울러, 가이드홀을 補强할 필요가 있다. 또, 가이드홀 위를 交通을 위해 또는 作業으로 使用할 경우는 覆工板等으로 假覆工되는 構造로 한다.

地下連續壁에는 掘鑿時의 壁體의 精度가 그대로 콘크리트壁體의 마무리 精度로 되기 때문에 掘鑿面의 垂直性, 平面性에는 특히 留意할 必要가 있다. 그때문에 掘鑿中에는 壁面의 安定狀態를 測定하여 掘鑿壁面의 垂直精度, 平面精度를 끊임없이 確認하여야 한다. 一般的으로 掘鑿機械의 느려뜨려서 와이어, 리더等을 觀測하여 垂直性의 確認을 行하고 있으나 極力, 超音波測定器, 機械的測定器等을 써서 垂直性및 平面性의 測定을 하는것이 바람직하다.

施工의 垂直精度는 通常 1/200程度이나 깊은 掘鑿이나 地下連續壁을 軀體의 一部에 使用하는 경우는 보다 높은 施工精度가 必要하다.

(2)에 대해서   地下連續壁의 掘鑿에 使用되는 安定液은 掘鑿壁面의 崩壞防止, 逸水防止外, 孔內土砂의 液狀化에 의한 掘鑿能率 向上의 役割을 다하고 있다.

安定液은 地盤條件, 施工條件等을 考慮하여 上記의 役割을 다하는 物性을 갖는 것으로 하여야 한다. 泥水의 主材料에는 ① 벤토나이트 等의 粘土와 ② 폴리머(水溶性高分子)가 쓰여지고 있다.

泥水(安定液)는 反復하여 使用하면 서서히 그 物性이 劣化하여 作泥時의 性質이 없어진다. 劣化에는 消耗劣化, 稀釋劣化, 含土劣化, 凝議集劣化等이 있으

나 이와같은 劣化한 泥水(安定液)을 그대로 使用하면, 掘鑿壁面의 崩壞等의 原因이 됨으로 劣化한 泥水(安定液)는 通常廢棄하여야 한다.

掘鑿中은 泥水(安定液)의 性質保持를 위해 泥水(安定液)의 比重, 粘性, 砂分濃度, pH等에 대해서 常時試驗을 하여 再使用의 判定, 再生處理, 廢液處理, 泥水(安定液)의 補給等, 泥水(安定液)의 管理를 하여야 한다.

더욱, 土質等에 의해서 泥水(安定液)가 逸水하는 일이 있음으로 이와같은 土質에 대해서는 事前에 對策을 檢討함과 아울러, 應急資材의 準備가 必要하다.

(3)에 대해서 掘鑿土砂는 水切을 하고 또, 安定液混入의 掘鑿土砂는 安定液을 分離하여 搬出하나 水洩가 없는 裝置를 施設한 運搬車(상자덤프)等을 使用하여 路面交通및 沿線惡影響을 주지 않도록 配慮하여야 한다.

4.5.4 鐵筋콘크리트

(1) 鐵筋엮음은 堅固하게 組立함과 아울러 運搬, 달아넣기時는 엮음의 變形이 생기지 않도록 注意하고 所定의 位置에 正確하게 設置하여야 한다.

(2) 콘크리트는 打設前에 스라임을 除去하고 所定의 配合의 콘크리트 트레미管을 使用하여 타설하여야 한다.

(3) 各 엘리멘트의 接續은 設計圖에 基礎해서 連續性, 止水性을 保全토록 施工하여야 한다.

【解 說】(1)에 대해서 鐵筋엮음은 設計圖에 基礎해서 加工하여 組立하나 組立에 있어서는 鐵筋을 正確하게 配置하고 所要의 溶接을 하여 달아넣기時에 變形이 생기지 않도록 堅固하게 組立하여야 한다.

또, 地下連續壁을 軀體에 使用할 경우는 軀體의 스라브 鐵筋과의 連結鐵筋을 正確하게 組立하여야 한다.

또, 地下連續壁을 軀體壁을 軀體에 使用할 경우는 軀體의 스라브 鐵筋과의 連結鐵筋을 正確하게 組立할 必要가 있다.

鐵筋엮음의 달아넣기時에는 變形, 비틀림이 생기지 않도록 吊下位置에 注意함과 아울러 偏心에 의해 掘鑿面에 傷處주어 崩壞의 原因으로 되지 않도록 注意하고 所定의 位置에 바르게 垂直性을 保全하면서 세워야 한다. 鐵筋엮음은 스페서를 取付被를 保護하는것이 스페서는 원지반을 傷하지 않도록 接觸面에 큰 幅이 넓은것이 바람직하고 또, 掘鑿이 所定의 두께보다 두껍게된 경우에도 正確한 位置에 鐵筋이 設置되도록 配慮가 必要하다.

(2)에 대해서 掘鑿終了後, 콘크리트打設까지에 泥水中의 浮遊土가 沈殿하여 掘鑿底面에 堆積하나 이 스라임을 除去하지 않으면 壁體下端의 支持力을 弱하게 되어 將來, 不等沈下의 原因으로 된다든지 콘크리트 中에 混入하여 强度를 低下시킨다. 콘크리트打設前에는 스라임을 섹션펌프方式 에어리프트方式 또는 水中 펌프方式에 의해 除去하나 스라임除去는 충분히 時間을 걸려서 정중하게 할 必要가 있다(解說 그림 4.3).

또, 이음面에 付着한 스라임은 이음部分의 콘크리트强度를 低下시키거나 漏水의 原因이 되는 일이 많음으로 콘크리트 打設前에 워터젯을 사용하며 除去하여야 한다.

콘크리트의 打設은 반듯이 트레미管을 使用하고 콘크리트의 打設時는 트레미管의 先端을 콘크리트가 泥水와 混合하지 않도록 항상 所定長을 콘크리트中에 挿入하여야 한다. 콘크리트의 打設面은 트렌치內에 될수있는대로 水平에 가까운 狀態에서 박아오르는 것이 바람직하다.

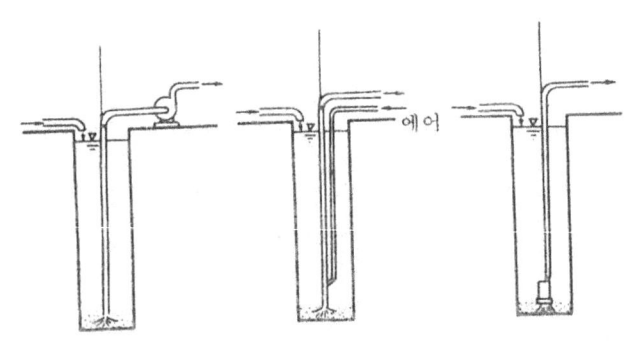

(a) 섹션펌프方式   (b) 에어리프트方式   (c) 水中샌드펌프方式

解說 그림 4.3 스라임 除去方式

콘크리트의 打設을 中斷하면 孔壁이 崩壞를 일으키거나 콘크리트가 凝結을 시작함으로 連續하여 打設하여야 한다. 또, 콘크리트의 박아올림에 따라 트레미管 때어냄은 세분하는 것이 바람직 하다.

(3)에 대해서 各 엘리멘트間의 接續方式에는 로킹파이프를 使用하는 方式, 仕切鐵板方式, 프리캐스트 콘크리트方式等 수많이 있으나 設計意圖하는 곳을 밟아서 適切한 施工을 하여야 한다.

특히 地下連續壁을 軀體의 一部로서 使用할 경우는 構造上의 弱点을 없애기 위해, 각 엘리멘트가 될수 있는대로 一體로 作働하도록 連續性·止水性을 確保하도록 注意하여야 한다.

4.5.5 泥水의 固化

(1) 泥水固化에 앞서 충분한 스라임除去를 하여 鋼말뚝, 鋼널말뚝, 프리캐스트 板等의 芯材를 所定의 位置에 正確하게 設置하여야 한다.

(2) 泥水固化는 所定의 方式에 따라서 攪拌, 混合, 靜止等의 狀態를 保全함과 아울러, 所定의 强度가 얻어지도록 配合管理에 留意하여야 한다.

【解 說】(1)에 대해서 鋼말뚝, 鋼널말뚝, 프리캐스트 板等은 設計圖에 基礎해서 正確한 位置에 設置함과 아울러 매달넣기時에 變形이 생긴다든지, 鉛直性이 損傷 되지 않도록 충분한 留意를 하여야 한다. 또, 이들의 設置에 있어서 孔壁을 損傷 되지 않도록 注意를 要한다.

掘鑿 所定의 두께보다 두껍게 된 경우에도 正確한 位置에 設置되도록 스페이셔 等의 用意가 必要하다.

(2)에 대해서 泥水(安定液)固化의 方法에는 다음方式이 있다.

1) 플랜트 混練方式에 대해서 이 方式은 特殊한 泥水(自硬性泥水)를 펌프를 이용하여 트렌치掘鑿部에 送泥하고 掘鑿終了後 넘치는 泥水中에 芯材를 揷入하고 停止의 狀態를 保全하고 泥水를 固化시켜 壁을 築造하는 方式이다.

이 方式의 施工에 있어서는 다음 事項에 留意할 必要가 있다.
① 土質에 의해 壓縮强度에 差가 생기는것.
② 停止의 狀態를 保全함에 의해 泥水가 固化하는것.
③ 掘鑿機械에 制約을 받을것.

2) <u>溝內混練方式에 대해서</u> 이 方式은 泥水를 써서 트렌치 掘鑿을 하여 芯材를 挿入하고 固定한 後, 트렌치 內의 泥水中에 硬化劑를 投入하여 壓縮空氣를 底部에서 불어넣어 攪拌混合하고 壁을 築造하는 方式이다.

이 方式의 施工에 있어서는 다음 事項에 留意할 必要가 있다.
① 泥水와 硬化劑가 充分히 反應하도록 壓縮空氣에 의한 氣泡攪拌을 행할것.
② 泥水가 充分히 固化하도록 硬化劑의 配合比를 定할것.

4.5.6 廢棄泥水의 處理
　廢棄泥水의 處理에 있어서는 關係法令等을 遵守하고 必要한 處置를 講究하여야 한다.

【解　說】廢棄泥水, 殘餘泥水等은 産業廢棄物의 取扱을 받음으로 下記의 法規 等을 遵守하고 處理하여야 한다.
　1) 廢棄物의 運搬處理에 關한것
　　　「廢棄物의 處理 및 淸掃에 關한 法律」
　2) 排水의 水質基準에 關한것
　　　「公害對策基本法」「下水道法」
　　　「水質汚濁防止法」「下水道條例」
　　　「公害防止條例」等

　現在, 一般的으로 Vacuum 車等에 의해 現場에서 中間處理場에 持込 여기서 加壓脫水 또는 化學的固化의 處理를 한 후, 處理土를 덤프로 最終處分地로 運搬하는 方法이 취하여지고 있다.

4.6 路面覆工

4.6.1 施工計劃

路面覆工의 施工에 있어서는 施工에 앞서 設計圖, 標準圖等을 근원으로 道路幅員, 交通量, 作業時間, 기타 現場의 各種狀況을 考慮한 施工計劃을 세워야 한다.

【解 說】 1) 道路內의 路面覆工 道路內에서 開鑿工事를 할 경우 또는 道路外에도 必要한 경우에는 路面覆工을 하나 特히 道路內에서의 作業을 할 경우는 道路를 넓게 占用하고 一般交通에 큰 支障을 가져온다. 施工에 있어서는 道路管理者, 交通管理者의 指示事項, 關係法規等을 遵守하고 沿線住民과도 充分히 協議하여 作業時 道路의 使用方法, 路面交通路의 確保, 保安設備, 作業時間等을 決定하여야 한다.

2) 施工計劃 施工計劃에는 施工方法 및 順序, 路面覆工範圍의 블럭 나누기, 覆工計劃高, 在來路面과의 接續方法, 使用鋼材, 地下埋設物等의 支障物處理方法, 工程等을 檢討하여야 한다.

말뚝打線을 設計圖와 다른 位置에 設置하는 경우는 주보 스팬의 變更을 要하고 또, 地下埋設物에 주보에 지장이 있을 경우는 주보構造의 變更을 要함으로 施工計劃時에 詳細한 檢討를 하고 現場에 합한 計劃을 樹立하여야 한다. 또, 覆工높이에 대해서는 在來地盤과의 接續과 密接한 關係가 있음으로 埋設物에 의한 覆工높이의 變更을 할 경우는 이점에 대해 充分히 檢討하여야 한다.

4.6.2 챤넬 部材의 設置

(1) 챤넬(주보설치용)부재는 주보의 荷重을 傳達하기 때문에 흙막이말뚝및 中間 말뚝에 確實하게 設置하여야 한다. 또, 覆工面이 平滑이 되도록 配慮하여야 한다.

(2) 챤넬(주보설치용)부재의 이음位置 및 施工上 생긴 切損箇所는 必要에 따라서 補强하여야 한다.

【解 說】 (1)에 대해서 챤넬부재의 設置 높이는 路面覆工의 높이를 決定하는 基本이 되는것이며 道路의 縱·橫 勾配를 可味하여 設定한 路面覆工의 計劃높이에 合해서 施工하나 챤넬부재의 높이가 道路의 兩側이 다르다든지 不陸이 있으면 주보에 비틀림이 생겨 覆工板의 요철이 原因으로 됨으로 正確하게 設置 하여야 한다.

말뚝等(鋼널말뚝, 地下連續壁의 세움 鋼材를 포함)과 챤넬부재의 볼트孔은 드릴을 使用하여 穿孔하여야 한다. 또, 챤넬부재의 設置 볼트는 路面覆工의 振動으로 늘리기 쉬우므로 설치에 있어서는 스프링와셔 等을 반드시 使用하고 充分히 죄어 대는 것과 더불어 路面覆工中에는 定期的으로 点檢할 必要가 있다.

(2)에 대해서 챤넬부재를 말뚝(鋼널말뚝, 地下連續壁의 세움 鋼材를 包含)에 設置함에 있어서는 다음과 같은 경우는 必要에 따라서 補强하여야 한다.

① 埋設物이 支障이 있기 때문에 챤넬부재의 一部를 切缺한 경우
② 말뚝이 不均하고 있기 때문에 챤넬부재에 切目을 넣은 경우
③ 챤넬 부재의 端部가 말뚝간격으로 되는등 큰 날개가 나온 경우
④ 支障物等을 위해 말뚝간격이 크게 된 경우

補强方法으로서는 添接板에 의한 補强 또는 주보챤넬(溝形鋼)부재을 중복되게 설치하여 補强하는 方法이 일반으로 쓰여지고 있다(解說 그림 4.4 參照).

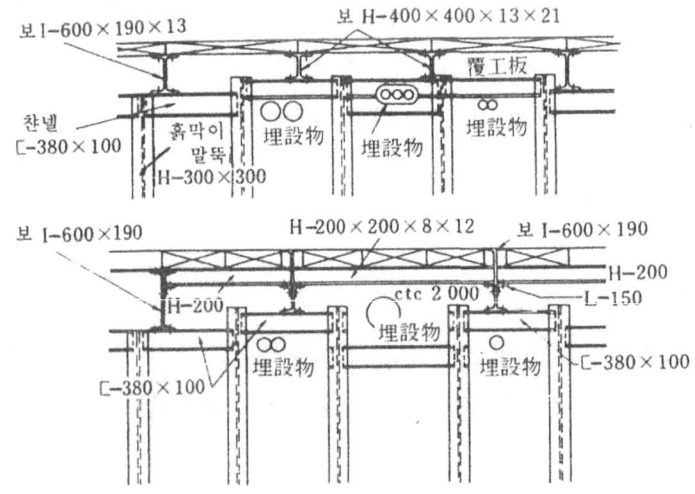

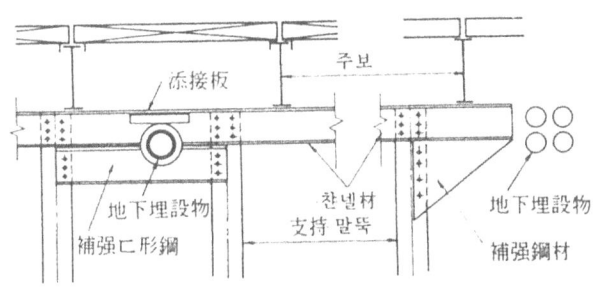

(a) 埋設物에 支障이 있을 경우

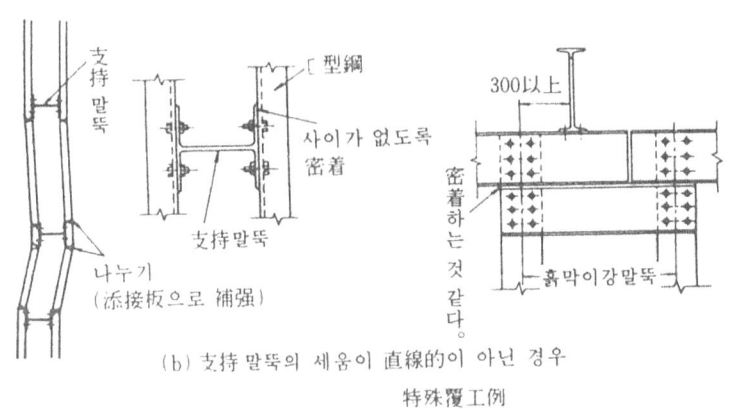

(b) 支持 말뚝의 세움이 直線的이 아닌 경우

特殊覆工例

解說 그림 4.4 特殊覆工例

4.6.3 路面鋪裝의 절취 및 접합지점 掘鑿

(1) 路面覆工 1回의 施工範圍는 路面交通을 考慮하여 計劃하여야 한다.
(2) 路面鋪裝의 절취및 접합지점에 있어서는 埋設物에 損傷을 주지 않도록 注意하고 또, 作業에 따라 發生하는 騷音, 振動을 적게 하도록 配慮 한다.

【解 說】 (1)에 대해서 道路幅員이 넓고 交通量에 비해서 容量이 큰 경우를 除去, 道路內의 路面覆工은 交通量이 적게 되는 夜間에 道路의 一部를 閉鎖하여 행한다. 作業은 다음날 아침 交通의 러쉬 時間 前에 完了시키는 것이 一般的이다. 路面覆工의 作業時間은 大部分 路面鋪裝의 접합지점에서 消費됨으로 1회의 作業範圍는 이들의 作業時間을 考慮하여 다음날 아침 交通에 支障을 주지 않는

範圍에 限定할 必要가 있다.

　접합지점의 掘鑿 깊이는 路面覆工의 作業時間에 影響을 주고 또, 많이 파면 地下埋設物이 露出되어 이들의 防護工이 必要하며 또, 降雨時에는 土砂崩壞의 危險도 생김으로 접합지점의 掘鑿 깊이는 주보의 架設에 支障이 없도록 最小의 깊이로 할것이다.

　(2)에 대해서 鋪裝의 절취는 一般的으로 콘크리트브레카를 使用하나 周邊環境條件, 地下埋設物의 敷設狀況, 作業時間帶等을 考慮하여 使用機械를 選定하여야 한다. 使用하는 機械에서 發生音이 크고 騷音等의 問題를 가져올 위험이 있는 경우 또는 地下埋設物의 土被가 比較的 얇은 경우에는 처음부터 鋪裝을 切斷하고 適切한 機械로 뜯어내는 方法等으로 할 必要가 있다.

　人孔等의 頭部는 路面覆工에 支障이 됨으로 工事中 一時撤去하든가 施工方法, 防護方法에 대해서 처음부터 埋設物管理者와 協議함과 아울러 施工에 있어서는 入會를 求하여야 한다.

4.6.4 주보의 架設
(1) 주보는 覆工板의 方法과 합해서 주보챤넬을 所定의 間隔으로 설치하여야 한다.
(2) 道路의 縱勾配가 급한 경우 주보의 轉倒防止工을 施工하여야 한다.

【解　說】(1)에 대해서 주보에는 一般的으로 I形鋼, H形鋼이 使用되어 通常 2m 間隔으로 架設하고 그 위에 覆工板을 敷設한다. 주보의 間隔이 正確하지 않으면 覆工板의 어긋남이나 피부의 모양등의 原因이 됨으로 間隔은 正確하게 할 必要가 있다. 埋設物等이 支障을 주기 때문에 주보間隔을 넓게 剛性의 큰주보를 使用할 경우 또, 주보높이가 낮은 特殊한 주보를 使用할 경우는 强度, 처짐 등의 檢討를 充分하게 행한 후에 使用하여야 한다.

　(2)에 대해서　縱勾配의 急한 道路나 交差點附近에는 주보가 자동차의 制動等에 의한 水平荷重이 걸처 주보가 傾斜, 轉倒한다든지 彎曲한다든지 하는 危

險이 있음으로 주보에 斜材設置等을 하여 補強할 必要가 있다(解說 그림 4.5 參照).

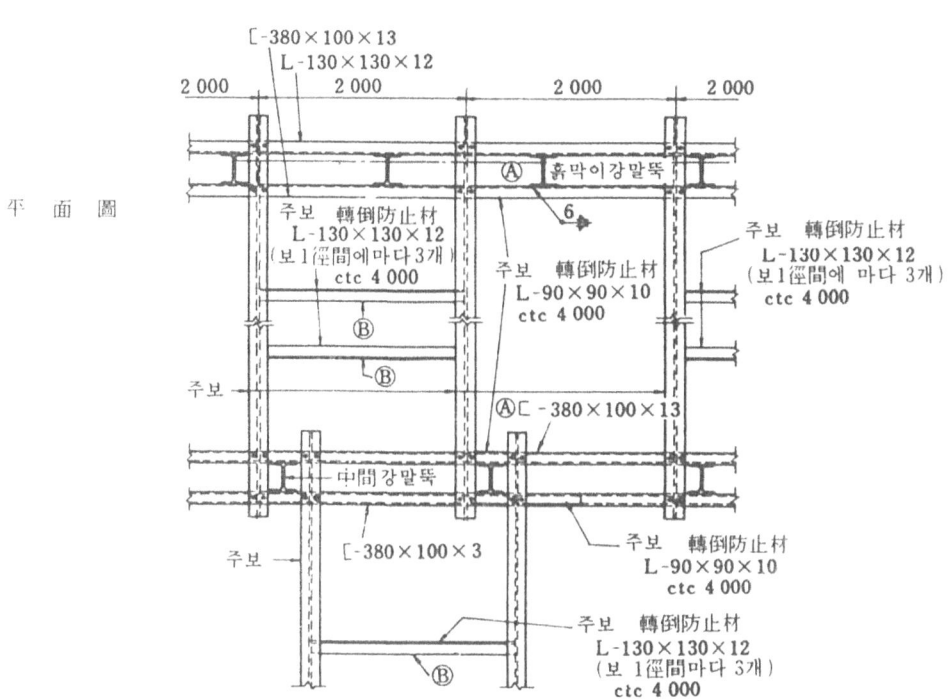

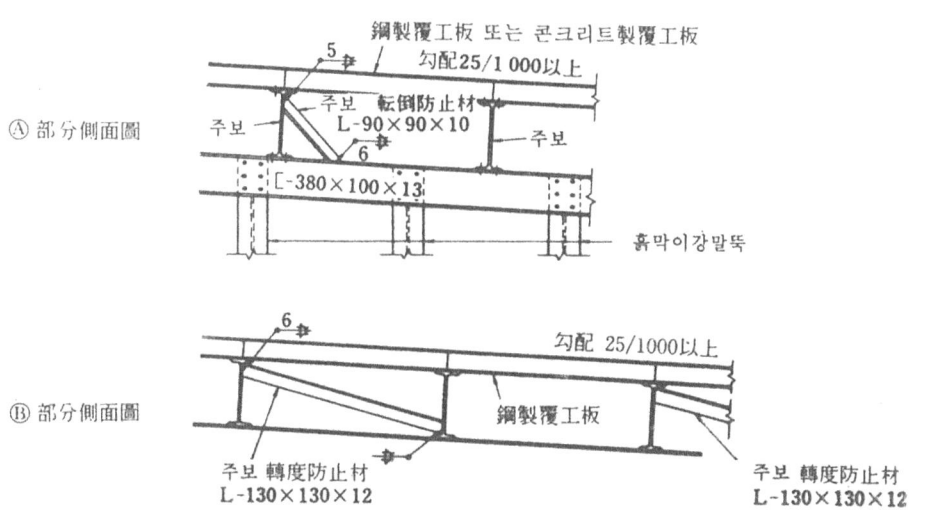

解說 그림 4.5 주보 轉倒防止補强의 例

4.6.5 覆工板의 架設

覆工板은 所定 品質의 것을 使用하고 틈사이없이 平滑하게 깔아 요철모양이 생기지 않도록 施工하여야 한다.

【解 說】 覆工板은 設計圖에 材質·形狀·表面狀態等이 規定되어 있는것이 一般的이나 覆工板은 轉用되는 일이 많음으로 疲勞나 老朽에 의해 이들의 性能이 劣化하고 있지 않은것을 確認한 후 使用하여야 한다.

覆工板에는 長手方向의 어긋남을 防止하기 때문에 複工板의 支承部에는 패킹 材 等을 설치 요철모양, 騷音을 防止하여야 한다.

覆工板에 틈사이나 段差가 있으면 覆工板의 요철모양이나 橫어긋남의 原因으로 됨으로 覆工板은 틈사이가 없도록 깔아모음과 아울러 表面의 段差가 생기지 않도록 注意하여야 한다.

또, 步道部, 橫斷步道部에 使用하는 覆工板의 달아넣기用의 孔에는 適切한 方法에 의해 假蓋를 하여두어야 한다.

路面覆工橫斷方向의 端部에는 覆工板의 橫어긋남防止用의 鋼材를 設置하나 特히 交差点部에는 橫斷方向 車의 發疹, 停止에 의해 覆工板의 橫어긋남이 생김으로 주보의 플랜지의 隨所에 어긋나멈춤의 鋼材를 設置하는 등의 處置가 必要하다.

曲線部나 地下埋設物等이 支障을 주어 주보가 正規의 間隔에 設置못하고 特殊한 方法의 覆工板을 使用할 경우나 坑內換氣를 위해 쓰는 스크린覆工板에 대해

解說 表 4.4 各種覆工板

品 名	길이 (mm)	幅 (mm)	두께 (mm)	單位重量 (kg/枚)	備 考
鋼 製 覆 工 板	1 990	750	200	280	車道用
	1 995	1 000	200	376	車道用
	2 000	1 000	208	367	車道用
	2 000	1 000	208	370	車道用
	2 995	1 000	216	638	車道用
鋼, 콘크리트 合成覆工板	1 995	750	200	420	車道用

서는 그 性狀에 대해서 충분한 檢討를 하여야 한다.

現在 市販되고 있는 代表的인 覆工板에는 解說 表 4.4와 같은 것이 있다.

4.6.6 在來路面과의 接續
覆工端部와 在來路面과의 接續은 段差가 생기지 않도록 施工함과 아울러 고르고 좋은 鋪裝을 하여야 한다.

【解 說】주보를 架設한 後 주보의 端部에 널판을 接續, 余掘部分에는 所定의 示方에 따라 路盤工을 施工하여야 한다. 널판의 施工이 不充分하면 널판의 틈 사이에서 路盤砂가 雨水等에 의해 流出하고 接續部의 沈下를 일으키기 쉬움으로 注意가 必要하다.

또, 路面에는 縱·橫勾配가 붙어있고 覆工端部와 在來路面과의 接續部에 段差가 생김으로, 그 接續部에는 路面交通에 支障을 주지 않도록 縱·橫斷方向에도 路面覆工作業終了後 즉시 전압鋪裝을 하여야 한다. 一般的으로 路面覆工을 施工한 直後의 鋪裝은 常溫아스팔트콘크리트等을 使用하고 一時的으로 假鋪裝한다든가 路面覆工이 相當의 延長에 達하면 所定의 示方에 따라 아스팔트콘크리트로 本鋪裝한다. 接續部의 鋪裝 勾配는 5%以內로 될수있는대로 平穩하게 전압을 많이 하는 것이 좋다.

4.6.7 路面覆工의 維持管理
路面覆工 및 接續部는 항상 維持補修에 노력하여야 한다.

【解 說】路面覆工 및 接續部는 항상 巡廻·監視하고 交通에 支障을 주지 않도록 維持補修하여야 한다.

日常의 点檢項目으로서는 다음과 같은것이 있다.
① 覆工板關係: 覆工板의 표면모양, 變形, 損傷, 틈사이, 어긋남, 表面段差, 미

끄럼停止의 磨耗정도를 파악한다.

② 接續部關係 : 接續部의 沈下, 陷沒, 段差, 鋪裝의 정도를 파악한다.

③ 주보 및 주보챤넬 : 接續볼트의 느림 및 缺落, 주보챤넬및 補强材의 異常

点檢의 結果 異常을 發見한 경우에는 즉시 補修한다든지 覆工板을 바꾸어야 한다. 이 때문에 應急用資材를 常備하여 두는것이 바람직하다. 더욱 복공판接續部는 段差가 생기기 쉬움으로 常時監視할 必要가 있다.

또, 工事用材料를 坑內搬出入하기 때문에 一時的으로 路面覆工에 開口部를 設置하는 경우는 開口部의 位置, 開口時間, 保安設備, 保安責任者等에 대해서 그의 매번 關係者와 協議하여 決定함과 아울러 作業에 있어서는, 開口部에서의 資機材의 落下 및 作業員이나 步行者等의 墜落防止에 努力하여야 한다. 또, 開口部는 作業終了後 빨리 閉鎖하여야 한다.

4.7 掘鑿

4.7.1 施工計劃

掘鑿의 施工에 있어서는 施工에 앞서 設計圖, 標準圖等에 基礎, 掘鑿의 規模, 工程, 地盤狀況, 周邊環境, 기타現場의 各種狀況을 考慮한 施工計劃을 수립하여야 한다.

【解 說】 開鑿工法에 있어서는 다른 터널工法에 비교하여 全工期, 全工費中에서 掘鑿이 차지하는 %가 크므로 그 施工計劃은 特히 重要하다.

掘鑿의 施工計劃에 있어서는 다음 事項에 留意할 必要가 있다.

① 一工事區劃內에 있어 掘鑿블럭 나누기와 掘鑿順序
② 人力掘鑿과 機械掘鑿의 範圍
③ 掘鑿機械와 設備의 選定
④ 掘鑿土의 運搬과 處理計劃
⑤ 흙막이背面원지반의 沈下防止對策
⑥ 흙막이背面近接埋設物·建造物에의 影響防止對策
⑦ 坑內의 排水處理와 掘鑿補助工法
⑧ 環境保全對策(騷音·振動·日照·먼지·우물고갈)
⑨ 埋設物保安對策
⑩ 風水害對策等

4.7.2 掘鑿機械및 諸設備

掘鑿에 使用하는 機械및 諸設備에 대해서는 흙막이의 種類, 覆工의 有無, 흙막이支保工 및 中間말뚝의 配置, 土質, 地下水, 掘鑿깊이, 土砂坑內 運搬距離, 地表의 作業帶, 工程等을 考慮하여 適切한 機能을 갖는것을 選定하고 이들의 機械및 諸設備를 有機的으로 組合시켜 配置하여야 한다.

【解 說】 掘鑿에 使用하는 機械의 諸設備는 一工事區劃內의 掘鑿블럭나누기(掘

鑿깊이, 土工量, 土砂坑內運搬距離), 坑內作業空間(覆工의 有無, 흙막이 支保工, 中間말뚝의 配置), 路上交通(路上作業帶), 地盤條件(土質, 地下水), 工程等에 의한것외 坑內排水와 掘鑿補助工法을 考慮한 掘鑿機械의 활동반경에 의해 決定한다. 일반적으로 굴착기계및 제설비의 조합은 해설 표 4.5와 같다.

　掘鑿機械에 內燃機關을 쓰는 경우는 坑內換氣를 하기 때문에 適當한 換氣設備를 設置하는것으로 한다. 湧水, 漏水等에 대해서는 충분히 對處되는 排水設備를 設置하는 것으로 하여 不側의 出水에 對處하기 때문에 豫備를 갖추어 둘 필요가 있다.

해설 표 4.5 掘鑿機械및 諸設備

		坑外用 機械및 諸設備	坑內用 機械및 諸設備
掘鑿	機械	크람셀, 백호 바켓호퍼 그래브호퍼 벨트콘베어	불도져, 트랙터 쇼벨 쇼벨 백호 벨트콘베어
	人力	바켓호퍼 그람셀 벨트콘베어 (간이식, 자주식)	벨트콘베어 수압차
構內排水		제네레터, 중계탱크 노치 탱크, 배수관로	수중펌프 배수관로
構內換氣		팬, 풍관, 환기구 송기용관로	팬 풍관 송기용관로

4.7.3 掘　鑿

(1) 掘鑿은 地盤條件 및 坑內에 있어 各種의 制約條件을 考慮한 후에 가장 適切한 方法에 의해 하여야 한다.

(2) 土砂의 切崩에 있어서는 土質에 따라 1回 파는 길이, 幅, 높이 및 비탈勾配에 留意하고 周邊地盤을 緩慢치 않도록 施工하여야 한다.

　帶水砂層地盤및 軟弱地盤의 切崩에 있어서는 坑內排水, 補助工法을 考慮함과 아울러 特히 비탈면의 崩壞, 흙막이면의 維持에 留意하여 施工하여야 한다.

(3) 掘鑿土의 坑內運搬 및 坑外搬出은 現場의 狀況에 가장 適合한 方法에 의해 하여야 한다.

【解 說】(1)에 대해서 掘鑿을 能率的으로 하는것은 工程的으로도 經濟的으로도 대단히 重要하다. 一般的으로 掘鑿能率은 人力掘鑿에는 낮고 使用機械가 大型으로 될수록 높게 된다. 그러나 地盤條件, 作業의 安全性에 있어서는 이들의 各種條件을 考慮하여 人力과 各種機械의 組合에 의해 適切한 掘鑿方法을 計劃하여야 한다.

計劃에 있어 特히 留意할 事項은 다음과 같은것이 있다.

1) 覆工板直下의 掘鑿에 대해서 주보, 埋設物의 關係에 의해 物理的으로 掘鑿機械가 들어가지 않는 位置까지의 上段掘鑿은 손으로 파나 地下埋設物, 흙막이面, 中間말뚝에 接近할 掘鑿을 除去 地表面上에 作業帶를 確保하는 경우 地表面에서의 백호, 크람셀等에 의한 機械掘鑿을 행하는것도 있다.

2) 埋設物周邊의 掘鑿에 대해서 地下埋設物付近에서 機械掘鑿을 하면 埋設物損傷의 危險度가 높고 또, 土中에 있어 이미 埋設物이 破損되어 있는 경우도 있음으로 埋設物周邊의 掘鑿은 원지반의 狀態에 注意하면서 人力으로서 하여야 한다.

埋設物周邊의 掘鑿에 있어서는 埋設物의 折損, 脫落을 가져오지 않도록, 先行掘掘鑿높이 및 파는 勾配에 注意하여야 한다. 또, 勞務災害를 防止하기 위해 埋設物 特히 管路의 사이에 付着하고 있다. 土砂의 除去및 下水管渠等의 基礎栗石의 除去 또는 落下防止工等을 施設하여야 한다.

3) 中間말뚝 및 흙막이面付近의 掘鑿에 대해서 中間말뚝및 흙막이面付近에서 機械掘鑿을 하면 掘鑿機械가 接觸하여 말뚝에 衝擊을 주어 埋設物 및 말뚝의 支持力에 惡影響을 주는 위험이 있음으로 이 部分의 掘鑿은 手掘로 하는것이 좋다.

遮水性흙막이의 不連續部에 對해서는, 4.7.5에 의한다.

4) 機械掘鑿에 대해서 機械掘鑿은 一般的으로 1回로 掘鑿하는 範圍나 깊이가 너무 크게되어 이때문에 흙막이支保工의 設置時間期를 잃는다든지 配置間隔이 넓게되어 周邊地盤을 느리게 하는 일이 있음으로 注意하여야 한다.

(2)에 대해서 1) 1回에 파는 길이, 幅및 掘鑿높이와 경사 勾配에 대해서 1回에 파는 길이, 幅은 一工事區劃內의 掘鑿 블럭 나누기, 地盤條件(土質, 地下水)等을 考慮하여 決定하는 것으로 한다.

手堀의 경우 掘鑿높이와 경사勾配는 下記의 解說 表 4.6에 따름과 아울러 地盤條件, 支保工間隔, 地下埋設物位置等을 考慮하여 決定하는 것으로 한다. 또,

機械掘鑿의 경우는 人力의 경우와 같게 決定하는 것이 좋다.

解說 表 4.6 掘鑿높이에 따른 경사 勾配表

원지반의 種類	掘鑿面의 높이(m)	掘鑿面의 傾斜 勾配(°)
岩盤 또는 굳은 粘土에서 되는 원지반	5未滿	90
	5以上	75
기타의 원지반	2未滿	90
	2以上 5未滿	75
	5以上	60
모래에서 되는 원지반	5m未滿 또는 35以下	

注) 掘鑿面에 깊이가는것이 2m以上水平되는 段이 있을때는, 當該段보다 區切된 각각의 掘鑿面을 말함.

2) **帶水砂層地盤의 掘鑿에 對해서** 掘鑿前에 必要에 따라 藥液注入等의 適切한 補助工法(4.15 參照)에서 흙막이 背面地盤의 安定및 止水를 圖謀함과 아울러 掘鑿에 있어서는 坑內排水를 빨리 한다. 드라이워크에 努力함과 아울러 地盤의 間隙水壓, 浸透水壓을 低下시켜 堀鑿面의 安定保持에 노력하는 것으로 한다.

3) **軟弱地盤의 掘鑿에 對해서** 軟弱地盤의 掘鑿은 土質, 흙막이工, 掘鑿깊이 등에 의해 差는 있으나 掘鑿에 따른 흙막이背面地盤이 廣範圍에 沈下하고 흙막이 背面埋設物, 路面, 沿線建造物等에 惡影響을 줄 危險이 있음으로 適切한 補助工法(4.15 參照)를 採用함과 아울러 掘鑿에 있어서는 흙막이支保工을 迅速, 確實하게 設置하고 掘鑿面의 安定과 適當한 트래피커빌리티를 確保하기 때문에 生石灰말뚝工法等의 補助工法을 必要에 따라서 하는것으로 한다. 더욱 水壓, 地盤沈下測定等을 必要에 따라서 하는것이 좋다.

4) **漏水, 出水時의 處理에 對해서** 掘鑿에 있어서는 下水道等의 埋設物段掘防護의 施工에 따라 露出한 下水道等의 出水에 의한 원지반의 崩壞를 막기위해 段掘部에는 콘크리트에 의한 원지반被覆等 適切한 洗掘防止工을 하는 것으로 한다. 또, 上下水道및 河川等에서의 出水時에는 掘鑿面의 崩壞와 沈水區域을 最小限度로 막도록 臨機의 措置를 講究하는것으로 한다.

(3)에 對해서 掘鑿土의 坑內運搬方法은 一般的으로 1굴착블럭 土砂坑外 搬出設備를 中心으로 했다. 坑內運搬距離와 土質에서 決定하나 施工에 있어서는

다시 作業能率, 作業의 安定, 作業空間等을 考慮하여야 한다.

掘鑿土의 坑外搬出方法은 一般的으로 一掘鑿 블럭의 土工量, 깊이, 工程, 路上作業帶의 有無에 의해 決定되나 施工에 있어서는 作業의 能率, 作業의 安全을 考慮하여 現場의 狀況에 가장 適合한 方法으로 하는 것으로 한다.

土砂坑外搬出方法으로서는 固定式土砂호퍼(固定式의 바켓호퍼 및 그라브호퍼)를 使用하는것이 一般的이며 路上作業帶, 地下埋設物等의 關係에서 移動式 土砂호퍼 또는 自走式크람쉘을 쓸 때가 있다.

4.7.4 흙막이板工

엄지말뚝橫널말뚝工法에 있어 흙막이板은 設計圖 또는 標準圖에 基礎, 충분한 强度와 耐久性을 갖는 材料를 使用하고 掘鑿의 進行에 따른 빠른 흙막이壁의 원지반과 密着시켜 脫落하지 않도록 施工하여야 한다.

【解 說】 흙막이板의 材質은 그 設置期間을 考慮하여 選定하여야 한다. 흙막이板의 設置때 그 全面이 掘鑿원지반面에 密着하도록 흙막이말뚝의 플랜지와 흙막이板의 사이에는 나무꺽쇠打設을 하여야 한다.

만일 굴착이 있을 경우는 良質인 土砂, 기타 適切한 材料로 充分히 뒷채움을 하여 空隙이 생기지 않도록 하여야 한다.

흙막이背面의 원지반이 局部的으로 緩和, 흙막이板이 脫落할 危險이 있는 경우 또는 만일 坑內에 浸水한 경우에도 흙막이板이 浮上한다든지 흐트러짐이 없도록 흙막이板相互間을 이음材로 連結하는 等의 處置가 필요하다.

地下埋設物等 때문에 흙막이말뚝의 間隔이 標準보다 크게 된 경우에는 土壓에 충분히 견디도록 板 두께를 增加시켜야 한다. 말뚝의 間隔이 特히 큰 경우에는 坑內에서 말뚝의 打設, 세우기를 하여 標準的인 間隔으로 하든가 말뚝에 水平材를 設置해서 補强하고 水平材와 縱널말뚝을 倂用하여 使用하는 等의 處置가 必要 하다.

흙막이面에서 湧水가 있고 물과 같이 土砂가 流出할 경우에는 흙막이背面이 崩壞할 危險이 있음으로 흙막이背面에 흙의 類를 充愼하는 等 흙막이背面의 土砂가 流出하지 않도록 處置를 하여야 한다.

4.7.5 흙막이 不連續部의 施工

遮水性흙막이에 있어 埋設物等에 의해 不連續部가 생기는 경우는 掘鑿의 進行에 合해서 隣接흙막이壁과의 連續性(强度와 止水性)을 考慮하여 不連續部의 흙막이壁을 施工하여야 한다.

【解 說】 흙막이의 不連續部는 掘鑿의 進行에 따라 빨리 所定의 强度와 止水性을 갖는 흙막이를 하는것으로 한다.

또, 地盤條件等에 의해 必要에 따라서 先行이면 흙막이를 하는 것으로 한다.

不連續部의 흙막이는 連續部의 흙막이와 同等의 剛性을 考慮함과 아울러 土壓, 水壓에 충분히 견디는 材質, 構造로 施工하여야 한다.

地下水가 많은 砂地盤 또는 軟弱地盤의 흙막이 不連續部에 있어서는 地下水의 湧出에 따른 모래流出, 軟弱土의 더 받아들일수 없도록 防止하기 때문에 遮水性이 큰 흙막이로 施工하고 土砂의 移動을 防止하여야 한다.

4.7.6 掘鑿에 따른 中間말뚝의 補强

中間말뚝은 掘鑿의 進行에 따라 계속 그 支持力에 留意함과 아울러 設計圖, 標準圖에 表示한 座屈防止工 외에 現場의 狀況을 考慮한후 適切한 補强을 하여야 한다.

【解 說】 一般的으로 中間말뚝은 支持하는 荷重이 크기 때문에 흙막이말뚝等에 의해 根入을 길게하며 그것에도 單獨말뚝으로서는 支持力이 不足할 경우가 있음으로 中間말뚝相互를 브레이싱으로 이어 荷重의 分散支持를 도모하는것이 普通이다. 또 掘鑿完了時의 말뚝根入部의 支持力이 不足하기 때문에 掘鑿底面에 있어 中間말뚝沈下防止工을 施設하는 方法도 잘 使用되고 있다.

座屈防止工 沈下防止空等은 一般的으로 設計圖, 標準圖等에 明記되어 있으나 實際의 施工에 있어서는 現場의 土質條件等에 의해 다시 補强을 하는 일이 가끔 있다. 掘鑿時에는 계속 中間말뚝의 支持力에 留意함과 아울러 設計圖, 標準圖等의 主旨를 고려 現場의 狀況에 따른 臨機의 補强措置를 講究할 必要가 있다.

> 4.7.7 坑內排水
>
> 掘鑿時의 排水는 湧水量, 土質, 掘鑿方法等의 現場條件을 考慮하고 掘鑿에 支障이 없도록 排水工法을 選定하여야 한다.

【解 說】掘鑿坑內에 湧水等이 있는 경우는 湧水量, 土質, 掘鑿方法等을 考慮한 排水方法을 選定하고 掘鑿에 支障이 없도록 排水하여야 한다.

排水工法으로서는 펌핑工法이 一般的이며 그 設置場所는 土砂호퍼의 位置가 通例이다.

湧水量이 많고 펌핑工法만으로는 水位를 低下시킬수 없기 때문에 掘鑿에 支障을 주는 경우는 地下水位低下工法을 倂用하여야 한다.

床付時의 물처리에 있는 湧水量에 따른 盲溝를 設置, **아래방향으로 펌을 유도하여 排水하는 것으로 한다.**

掘鑿坑內에서 揚水한 물은 沈砂處理等을 한 後 下水施設, 河川等의 管理者의 承認을 얻어 下水道, 河川等에 放流하는 것으로 한다.

> 4.7.8 掘鑿土의 處理
>
> 坑外에 搬出한 掘鑿土는 處理計劃에 基礎, 빨리 所定의 場所에 運搬處理하는 것으로 한다. 運搬處理에 있어서는 土砂의 흘러넘침, 飛散이 없도록 하여야 한다.

【解 說】掘鑿土는 滯留하는일 없이 즉시 搬出하는것으로 하고 積込箇所에는 될수있는대로 專任의 作業員을 配置하고 運搬車의 出入狀況, 誘導, 飛散土의 淸掃等에 부치는 것으로 한다.

掘鑿土處理配置計劃의 主項目으로서는

① 處理方法 및 處理地의 決定 : 土質·掘鑿土量·運搬距離및 掘鑿土受入體制를 考慮하여 處理方法 및 處理地를 決定한다. 더욱 處理方法(掘鑿土의 利用方法)으로서는 a)埋立材, 盛土, 整地材等에 利用 b)埋立材및 路盤材에 專用等이 있고 處理地 로서는 a)埋立地 b)宅地(工場) 造成地 c)建設工事現場等이 있다.

② 搬出·運搬方法과 運搬經路의 決定

③ 運搬車運行計劃의 決定

土砂運搬車에는 土砂의 흘러넘침, 飛散을 防止하는 裝備(시트被覆等)을 設置함과 아울러 積載超過時의 禁止를 하여야 한다.

또, 搬出口및 搬入先付近에서 土砂의 飛散이 發生하기 쉬움으로 特히 當該地点의 定期巡廻를 하여 만일 飛散하고 있는 경우는 즉시 淸掃를 하여야 한다.

掘鑿에 있어 생긴 發生品은 그 所有者 또는 管理者와 協議하여 適切한 處理를 하여야 한다.

4.7.9 安全管理
(1) 掘鑿中은 努力해서 作業場을 巡視하고 흙막이工, 掘鑿面, 흙막이背面等을 点檢하고 坑內外의 安全 確保에 努力하여야 한다.
(2) 掘鑿坑內에는 作業을 安全하게 하기 위해 必要한 安全衛生設備를 設置하여야 한다.

【解 說】(1)에 對해서 日常의 点檢項目으로서는 掘鑿順序, 方法, 支保工, 흙막이板의 設置의 時期와 狀態, 湧水와 그 措置의 狀況, 坑內排水의 狀況, 機械의 管理狀態, 비탈면의 安定, 히빙, 보이링의 徵候等이 있다. 이들의 点檢項目을 考慮하여 点檢簿를 作成하고 安全의 確保에 노력하여야 한다.

異常을 發見한 경우는 즉시 그 原因을 究明하고 適切한 處置를 早急히 設置하고 事故를 未然에 防止하도록 努力하여야 한다.

(2)에 對해서 安全衛生設備의 具體的基準에 對해서는 「勞動安全衛生法」에 詳細하게 規定되어있으나 現場의 實狀에 合해서 보다 좋은 作業環境의 保持에 努力하여야 한다.

4.8 흙막이 支保工

4.8.1 一 般

흙막이 支保工은 土質條件, 흙막이의 構造, 掘鑿의 規模와 施工方法, 地下埋設物의 有無, 沿線의 建造物 및 築造할 軀體의 施工方法과의 關聯을 考慮하여 工程의 各段階에 있어 충분한 안전이 保全되도록 適切한 施工計劃을 수립 이것에 近間하여 안전하게 施工하여야 한다.

【解 說】 흙막이支保工이란 띠장, 버팀대, 연결材, 흙막이앵커等의 總稱이다. 흙막이支保工은 掘鑿에 따라 흙막이에 作用하는 土壓等의 外力을 받쳐주는 흙막이의 安定을 圖謀하기위해 設置하는 것임으로 外力에 대해 충분한 强度를 갖지 않으면 안된다.

흙막이支保工은 埋設物等의 支障物을 考慮하고 作業에 支障이 없도록 또, 掘鑿의 完了時뿐 아니라 掘鑿의 各段階나 軀體의 築造및 埋立함에 따라 흙막이지보공 철거시에도 흙막이 및 흙막이支保工이 充分히 安定을 保持토록 그 架設位置, 使用材質, 形狀을 決定 하여야한다.

흙막이支保工의 材料로서는 强度가 클것, 재료의 加工性, 耐久性, 材質의 安定度, 設置時의 作業性等에서 鋼材가 一般的으로 使用하고 있다.

흙막이앵커는 掘鑿의 幅員이 대단히 큰 경우나 특별히 大型의 掘鑿機械를 쓰는 경우 支障物에 의해 버팀대를 適切한 間隔으로 設置못하는 경우나 偏土壓을 받는 경우等에 使用된다.

4.8.2 흙막이支保工의 設置, 撤去

(1) 흙막이支保工은 掘鑿의 進行에 따라 즉시 所定의 位置에 設置하여야 한다.

(2) 흙막이支保工의 撤去는 軀體 또는 埋立 흙의 施工에 따라서 順次필요한 個所에서 所定의 方法으로 施工하여야 한다.

【解 說】 (1)에 대해서 흙막이에 作用하는 土壓은 掘鑿後時間의 經過와 같이 增大하고 그 때문에 흙막이의 掘鑿坑內에 배가나와 흙막이背面의 地盤沈下를 불러 일으키는 危險이 있다. 特히 軟弱地盤에 있어 이 傾向에 顯著하다.

이때문에 흙막이支保工은 所定의 位置까지 掘鑿을 終了한 후 빨리 設置하여야 한다. 더욱, 흙막이支保工의 設置에 있어서는 落下防止物等을 設置, 흙막이支保工의 落下防止에 努力하여야 한다.

(2)에 대해서 흙막이支保工의 撤去에 있어서는 軀體콘크리트에 鋼材, 松丸太 等으로 흙막이에 作用하는 荷重을 받는것을 바꾸든가 또는 버팀대 直下까지 埋立을 하여 埋立흙에 荷重을 받아 바꾸는 등의 處置를 講究 흙막이의 變型防止에 努力하여야 한다. 더욱, 흙막이支保工의 荷重을 軀體에 받아 바꿀때는 軀體에 惡影響을 주지 않도록 施工하여야 한다.

4.8.3 띠 장

띠장은 흙막이에서의 荷重을 均等으로 받아 이것을 버팀대 또는 흙막이앵커에 平均하여 傳達시키도록 現場의 狀況에 맞도록 施工하여야 한다.

【解 說】 띠장과 흙막이와는 띠장이 흙막이에서의 荷重을 均等하게 받도록 鋼製의 패킹材等을 써서 密着시켜야 한다.

띠장과 흙막이의 사이에는 흙막이面의 가지런하지 않는등으로 틈사이가 생기기 쉽고 密着하지 않는 경우가 많으나 그 경우는 흙막이와 띠장의 사이에 콘크리트를 充塡한다든지 鋼製패킹材를 揷入하여 흙막이와 띠장을 密着시켜야 한다. 또, 띠장에 버팀대를 設置하는 箇所에는 必要에 따라서 補剛材等을 設置하여야 한다.

띠장을 全强으로 이어가는것은 대단히 困難함으로 띠장에는 내민部가 생기지 않도록 버팀대나 흙막이앵커를 配置하도록 마음써야 한다. 부득이 띠장은 날개가 나옴이 생긴 경우에는 보팀대나 흙막이 앵커를 增設하여 補强하는것이 좋다. 보팀대 工法의 경우에는 버팀대 斜材 (수평보강재)를 設置해서 이것을 支持하는것이 普通이다. 이 경우 버팀대에 휨 應力이 作用하지 않도록 充分한 注意함과 아울러 버팀대 耐荷力의 安全性에 대해 確認하여 두어야 한다.

4.8.4 버팀대
버팀대는 띠장으로부터 荷重을 均等하게 받쳐주도록 施工하여야 한다.

【解 說】 土壓이 作用한 경우에 變位를 일으키는 일이 없도록 흙막이와 띠장 및 띠장과 버팀대 사이의 遊間은 쟈키를 써서 프리로드를 걸쳐 패킹材等에 의해 처음부터 매워두는 것이 중요하다.

　버팀대는 一般的으로 純壓縮部材로 設計됨으로 壓縮應力以外의 應力이 作用하지 않도록 띠장과 垂直하게 또 密着시켜서 설치하여야 한다. 부득이 버팀대에 휨 應力等이 作用하는것 같은 施工을 하여야 할 경우는 버팀대의 耐荷力을 檢討하고 必要에 따라 補强하여야 한다.

　수평보강재를 쓰는 경우나 掘鑿線의 關係로 버팀대가 띠장에 대해서 垂直하게 架設되지 못할 경우에는 띠장이나 흙막이에 이들을 活動시키도록 荷重이 作用함으로 버팀대, 띠장 및 흙막이가 活動하지 않도록 充分한 配慮를 하여야 한다.

　버팀대는 이음이 없는것을 쓰는것이 바람직하나 掘鑿幅員이 큰 等의 理由로 이음을 쓰는 경우는 이음의 位置를 中間말뚝의 付近에 設置, 中間말뚝部에는, 溝形鋼이나 山形鋼과 버팀대를 볼트나 U볼트로 緊結하여야 한다. 또, 버팀대의 이음은 버팀대의 耐荷力이 低下하지 않도록 施工하여야 한다.

　버팀대의 길이가 길게 되면 座掘에 대해서 安全性이 低下함으로 垂直 및 水平形材를 써서 버팀대의 固定間距離를 적게 하도록 마음써야 한다.

4.8.5 흙막이앵커
　흙막이앵커의 施工은 設計圖, 標準圖等에 基礎해서 하나 그 具體的 施工順序, 方法等에 대해서는 現場의 狀況, 特히 地盤條件을 精査한 후에 이것에 가장 適合한 施工을 하여야 한다.

【解 說】 흙막이앵커의 施工은 그 設計上의 機能을 發揮하도록 設計圖, 標準圖 等에 基礎해서 그 設計上의 마무리 모양을 滿足하도록 施工하는것은 물론이나 기타 다음 事項에 留意할 必要가 있다.

　① 現場의 土質이 設計時点에서 생각한것과 같은가 어떤가를 確認하기 때문에

穿孔에 있어서는 現場의 土質 狀態가 把握되도록 注意하여 施工할것. 또, 앵커 一體의 定着部 土質이 良好하지 못할 경우에는 그 定着位置를 變更한것.

② 앵커의 施工에 있어서는 그 耐力및 安全性을 確認하기 위해 引拔試驗, 引張試驗, 確認試驗(耐力試驗), 기타의 試驗을 現場의 土質條件을 考慮하고 必要에 따라서 實施할것.

③ 흙막이앵커는 一般的으로 設計荷重未滿에서 定着시킴으로 흙막이에 作用하는 土壓等의 外力이 設計値에 가까우면 흙막이앵커에 伸張이 생겨서 흙막이를 變位하고 그 背面의 地盤에 變狀이 생기므로 注意할것.

最近에는 앵커一體가 地中에 殘置되는것에 의해 將來의 土地利用計劃等의 支障을 最小限으로 하기 때문에 앵커의 一部 또는 앵커 一體도 包含, 全長에 걸친 引張鋼材를 撤去되는 제거앵커도 開發되어 있다.

4.8.6 흙막이支保工의 点檢

施工中은 항상 흙막이支保工의 点檢을 하여 支保工의 安定 確保에 努力하여야 한다.

【解 說】 掘鑿의 進行에 따라 土壓의 增大等에 의해 띠장, 버팀대 等의 局部座屈이나 띠장과 흙막이, 띠장과 버팀대의 設置部等에 異常이 생기는 일이 있음으로 日常의 点檢을 태만해서는 안된다.

特히 구석角部의 흙막이는 弱点으로 되기 쉬움으로 充分히 注意하여야 한다. 또, 長雨, 地震等의 後나 흙막이의 가까운데의 水道管이나 下水管의 漏水가 있던 경우에는 흙막이支保工이 느슨해질때가 많음으로 충분히 点檢이 必要하다.

4.9 防　　水

4.9.1 一　般

터널軀體의 防水는 設計圖, 標準圖等을 근간으로 現場의 各種狀況을 考慮한 施工計劃을 수립 止水의 目的을 滿足하는 方法을 施工하여야 한다.

【解　說】防水는 터널의 使用目的, 構造, 施工法等에 따라서 材料, 施工法이 設計圖, 標準圖에 表示되어 있는것이 보통이나 施工에 있어서는 地盤條件, 地下水位, 周邊環境, 架設構造物과의 關連(흙막이支保工의 되바꿈, 撤去等) 軀體의 施工이음매, 伸縮이음매와의 關聯等을 考慮하고 止水의 目的이 滿足시키는 施工을 하여야 한다.

더욱, 防水의 設計에 대해서는 2.8.2를 參照할것.

4.9.2 合成高分子材料系防水

合成高分子材料系防水는 所定의 品質 材料를 써서 軀體에 충분히 密着시켜 完全한 防水層이 形成되도록 施工하여야 한다.

【解　說】1) <u>시트防水에 대해서</u> 시트防水는 主材料인 시트와 이것을 接着시키는 接着劑로 되어 있다. 시트의 接着方法에는 現場에서 接着劑를 塗布하는 方法, 시트에 最初에서 粘着層을 付加하여 두어 現場에는 離紙를 벗겨서 接着하는 方法, 加熱熔融하여 接着하는 方法이 있으나 어떤것을 하든 시트 相互의 接合을 確實히 함과 아울러 軀體콘크리트 또는 地下面에도 密着시켜야 한다.

施工에 있어서는 다음 事項에 留意할것.

① 接着劑는 充分한 量을 均一하게 塗布하고 시트와 軀體콘크리트·地下面과의 接着을 圖謀할것.

② 塗布된 接着劑의 建造時間은 塗布量, 氣象條件等에 의해 다르므로 시트를 펴는 時期에 充分히 注意할것.

③ 시트는 펴기전에 假敷를 하고 시트의 되감으려는 관성을 修正하여두고 接着할 때는 氣泡, 피부(천)뜨기 등이 생기지 않도록 端部에서 롤러 등으로 충분하게 壓着시킬것.

④ 시트相互를 接合할 경우에는 시트의 材質에 應한 接合方法에 의해 이음부에 缺陷이 생기지 않도록 施工할것. 또, 防水層의 施工이음매는 다음 施工時期까지 破損, 더러워진것 등이 없도록 充分히 保護하여 둘것.

⑤ 防水材料의 保管은 雨露등이 닿지 않도록 또 變形, 損傷등이 없도록 注意할것.

더욱 接着劑의 取扱및 貯藏은 消防法 및 危險物의 規制에 關한 政令, 規則에 따라야 한다.

2) <u>塗膜防水에 대해서</u> 塗膜防水는 基劑와 硬化制를 施工現場에서 所定의 比率로 混合하고 地下面에 塗布하고 그 化學反應에 의해 防水被膜을 形成시키는 方法으로 塗布方法에는 施工箇所, 施工規模등에 의해 手塗와 뿜기方法이 있다.

施工에 있어서는 다음事項에 留意할것.

① 溶液의 混合에 있어서는 計量, 混合, 攪拌등의 機器를 使用하여 계속 均一한 材料가 되도록 品質管理를 충분하게 할것.

② 塗膜防水層의 마무리는 2層에 나누어서 각각 얼룩이 생기지 않도록 留意하면서 施工할 것.

③ 塗膜防水는 프라이머의 建造後 핀홀, 氣泡등이 생기지 않도록 注意하고 均一한 두께로 塗布할것. 또, 補强材등을 揷入할 경우에는 塗膜層에 氣泡를 包含하지 않도록 留意하면서 施工할 것.

④ 材料의 保管 및 取扱 및 施工時의 氣象條件은 시트防水의 경우와 같이 充分히 注意하고 施工管理를 嚴하게 實施하여 留意하면서 施工할 것.

4.9.3 몰탈 防水
몰탈防水는 軀體에 하나로 융합, 크렉 또는 부분이탈 등이 생기지 않도록 施工하여야 한다.

【解 說】 몰탈防水는 防水劑를 混入한 防水性이 있는 몰탈을 軀體콘크리트에

塗布하여 防水層을 形成하는 防水工法이다.

防水劑는 몰탈이 硬化한후 吸收및 透水를 阻止하고 水密性을 向上시키도록 混和材料를 말한다. 一般的으로 高分子系防水劑(고무라뎃크스, 樹指에멀죤, 水溶性樹脂等)이 使用되고 있다.

施工에 있어서는 다음 事項에 留意할것.

① 軀體콘크리트 打設後 一定期間을 두고 硬化·收縮의 影響이 적게 되어서 施工할것.

② 軀體콘크리트는 表面의 突起物·레이턴스等을 除去하고 水洗·淸掃를 한後 遊離水分을 乾燥시켜서 防水를 施工할것.

③ 施工에 앞서 軀體콘크리트의 表面에 프라이머를 塗布할것. 施工後의 防水몰탈은 그대로 均一하게 마무리할것.

④ 施工後 急激한 乾燥收縮이 豫想되는 경우는 덮음施設하는 등 適切한 養生을 할것.

4.9.4 아스팔트 防水

아스팔트 防水는 所定의 品質 아스팔트와 루핑 類를 써서 積層品으로 하여 複合一體化하고 完全한 防水層이 形成되도록 施工하여야 한다.

【解 說】 아스팔트를 使用한 積層式防水工法에는 아스팔트루핑類를 溶融아스팔트에 의해 루핑類를 積層式熱工法이 使用되고 있다.

시공에 있어서는 다음 사항에 유의할것

① 아스팔트프라이머는 原則으로서 밑바탕몰탈 또는 콘크리트에 均一하게 塗布하고 밑바탕以外의 곳을 오염하지 않을것.

② 아스팔트의 溶融은 局部加熱이 생기지 않도록 注意할것.

③ 아스팔트의 溶融에 있어 煙, 醉氣등을 發生함으로 이들의 防水對策을 施設함과 아울러 付近에 危險을 가져오지 않도록 消化器等을 갖추어 充分한 安全對策을 講究할것.

④ 아스팔트의 塗布는 아스팔트 프라이머의 乾燥後에 루핑類로 空隙, 氣泡, 피부(천), 찢어짐 등이 없도록 被腹充塡하고 側部의 아스팔트 塗布에 있어서는 鐵

筋 및 콘크리트等을 汚染하지 않도록 이들을 保護하여 둘것. 또, 防水層의 이음매部는 다음 施工時期까지 충분하게 保護하여 둘것.

　⑤ 아스팔트 프라이머는 火氣에 十分注意하여 保管할것.

　⑥ 아스팔트는 雨露等에 당하지 않도록 屋內에 保管하는것을 原則으로하고 루핑類의 모서리가 느러지지 않도록 管理할것.

4.9.5 防水밑바탕

防水層의 밑바탕은 防水層에 惡影響을 미치지 않도록 構造한 것으로 防水施工前에 충분한 点檢및 處理하여야 한다.

【解 說】防水層의 밑바탕에는 基礎깔기 콘크리트面, 軀體콘크리트面, 側部保護몰탈面및 거푸집兼用의 밑바탕板等이 있다.

　밑바탕은 防水層施工前에 下記에 따라 충분히 点檢하고 處理하여 두는 것이 중요하다.

　① 堅固에 接續되어 .콘크리트 打設等에 의해 移動 또는 금이가지 않도록 되어 있을것.

　② 충분히 乾燥되어 있고 프라이머 또는 接着劑의 施工에 支障을 주지 않을것.

　③ 平坦하게되어 있을 것.

　④ 모래, 먼지, 油脂等이 付着하고 있지 않을것.

　⑤ 밑바탕板의 경우에는 반리, 눈틀리는 등의 缺陷이 없도록 되어 있을것.

　바탕이 나쁘면 루핑類의 密着施工 困難이 되어 루핑類를 突破하여 漏水의 原因이 된다든지 均一한 防水層의 施工할수 없음으로 밑바탕의 点檢 및 修理를 충분히 해두어야 한다.

4.9.6 防水層保護

防水層은 그 機能이 維持되도록 保護하여야 한다.

【解 說】防水層은 防水의 施工終了後 빨리 몰탈, 콘크리트, 防水(耐水)合板等으로 保護하여야 한다.

防水層의 保護의 方法은 防水工法이나 施工位置에 따라 다르므로 特히 留意할 必要가 있다.

더욱, 防水層을 露出된 狀態로 鐵筋의 組立等의 作業을 할 경우에는 防水層에 損傷을 주지 않도록 충분히 注意하여야 한다.

4.9.7 연결부 방수
軀體의 연결부는 防水上의 弱点이 되지 않도록 留意하면서 施工하여야 한다.

【解 說】연결에는 콘크리트 연결과 伸縮연결이 있다. 연결부의 防水는 一般部의 防水에 비해서 弱点이 됨으로 이것을 防止하기 때문에 施工前에 시트의 增張, 코킹材의 充塡等을 행하여 完成後 軀體의 漏水 原因이 되지 않도록 留意하면서 施工하여야 한다.

伸縮연결의 防水는 構造上의 關聯을 考慮하여 防水上의 弱点이 되지 않도록 留意하면서 施工하여야 한다.

施工에 있어서는 다음 事項에 留意할것.

① 止水板은 所定의 位置에 거푸집으로 强固에 保持하고 콘크리트 打設때에 移動 하지 않도록 할것. 또, 周邊은 콘크리트의 氣泡, 空隙等이 생기지 않도록 충분하게 다짐 할것.

② 코킹材의 充塡은 一般的으로 코킹건을 使用하고 연결부분의 구석구석까지 完全하게 充塡되도록 加壓하면서 施工할것. 또, 코킹材의 充塡後는 반드시 눌러 주어서 表面의 凹凸을 고르고 매끄러운 마무리를 할것.

4.10 軀體

4.10.1 施工計劃

軀體의 施工에 있어서는 施工에 앞서 設計圖, 標準圖를 근간으로 構造物의 規模, 形狀, 工程, 作業環境, 기타 現場의 各種狀況을 考慮한 施工計劃을 樹立하여야 한다.

【解 說】 軀體는 터널構造物로서 그 使用目的에 따라서 計劃된 正規의 位置에 正確하게 設置할 必要가 있는 외 橫斷面內空치수는 물론 縱勾配等에도 충분히 留意하고 部材두께에 대해서는 設計두께를 確保하고 强度的에도 充分히 機能을 다하여야 한다.

이때문에 軀體의 施工計劃에 있어서는 良好한 作業순서로 作業을 하도록 거푸집支保工의 構造, 콘크리트의 運搬, 打設養生, 鐵筋의 加工·組立에 이루기까지 詳細하게 充分히 檢討를 할 必要가 있다.

4.10.2 基礎깔기

굴착의 終了後 所定의 材料를 써서 빨리 基礎깔기를 施工하여야 한다.

【解 說】 基礎깔기는 施工에 앞서 흙막이面이나 掘鑿底面에서의 湧水를 처리하고 施工에 있어서는 그 後의 軀體工事에 支障을 미치지 않도록 所要의 强度가 얻어지도록 마무리 하는 것이 必要하다.

基礎깔기의 材料로 하여서는 割栗石, 크랜셔런, 碎石, 모래, 콘크리트(基礎깔기콘크리트, 고르기 콘크리트等)을 單獨使用 또는 倂用하여 行하는 것이나 一般的으로 콘크리트가 많다.

基礎깔기 材料에 碎石等을 쓰는 경우에는 충분히 다짐하여 所定의 두께에 마무리하여야 한다.

軀體를 防水하는 경우에는 基礎깔기材料에 콘크리트 또는 몰탈을 써서 防水工事에 支障을 미치지 않도록 平滑에 마무리 하여야 한다.

軟弱地盤에 있어 基礎깔기는 掘鑿作業과의 關聯에 留意하고 施工時期, 施工範

圍, 基礎깔기의 構造等에 配慮하고 狀況에 따라 基礎깔기의 두께를 增加하는 등의 適切한 處置가 必要하다.

4.10.3 鐵筋의 組立

鐵筋은 組立前에 有害物을 除去하고 所定의 位置에 配筋하여 콘크리트의 打設中에 움직이지 않도록 스페이서 等을 써서 固定하여야 한다.

【解 說】 鐵筋은 組立前에 設計圖에 表示된 形狀·치수에 一致하도록 加工하여야 한다.

鐵筋은 鐵筋相互間이나 鐵筋의 交点의 要素를 燒鈍하여 鐵線 또는 適切한 크리이프로 緊結하고 콘크리트의 打設中에 움직이지 않도록 固定해서 조립하여야 한다.

鐵筋은 鐵座, 몰탈塊等의 스페이서를 使用하고 確保하여야 한다.

組立된 鐵筋은 一般的으로 콘크리트 打設前에 配置, 形狀等에 대해 檢査하는것이 보통이다.

4.10.4 鐵筋의 이음

鐵筋의 이음은 設計圖에 表示된 位置및 構造를 原則으로 하나 이외 現場에 있어 施工上의 各種制約條件을 充分히 考慮하여 施工하여야 한다.

【解 說】 鐵筋의 이음位置와 이음方法은 通常設計圖에 明示되어있는 경우가 많음으로 그 位置로 定하여진 方法으로 施工하여야 한다.

이음位置나 方法이 設計圖에 明示되어 있지 않는 경우나 明示되어 있어도 그 位置로 이어지기 困難한 경우에는 흙막이支保工의 設置狀態, 撤去時期等 現場의 制約條件, 鐵筋의 應力狀態等을 考慮하여 이음이 1개소에 集中되지 않도록 配慮하여 이음位置를 選定하고 構造上의 弱点으로 되지 않는 方法으로 施工하여야 한다.

鐵筋의 이음方法과 施工에 있어서의 留意할 事項은 다음과 같다.

① 중복이음 : 所定의 길이를 겹쳐 합한 燒鈍하여 鐵線等으로 個所를 緊結할것.
② 溶接이음(아크溶接, 가스壓接) : 優秀한 溶接工 또는 壓接工을 골라 溶接部의 引張試驗等의 施工管理를 할것.
③ 機械이음 : 通常, 設計圖에 明示되어 있음으로 設計圖에 明示된 接續具를 써서 定하여진 方法에 따라 施工할것.

또, 縱方向의 鐵筋이음은 一區劃의 施工範圍와의 關聯으로 一斷面에 集中하거나 스라브, 壁等의 施工이음매를 調整하여 一斷面에 集中시키지 않도록 配慮할 必要가 있다.

더욱, 이음部의 鐵筋을 長期間露出시켜 둘 경우에는 시멘트패스트, 高分子材料等으로 被覆하고 露出部의 鐵筋을 保護하여야 한다.

4.10.5 거푸집 및 支保工

(1) 거푸집 및 支保工의 材料는 콘크리트 打設에 대해 충분한 강도를 갖고 組立하고 解體가 容易한것이어야 한다.

(2) 거푸집 및 支保工은 구체形狀에 합해서 충분한 精度로 組立하여 콘크리트의 打設중에 移動하지 않도록 固定하여야 한다.

(3) 거푸집 및 支保工은 콘크리트가 所定의 强度에 달할때까지 撤去해서는 안된다.

【解 說】 (1)및 (2)에 대해서 거푸집 및 거푸집 支保工은 設計圖에 表示된 構造物의 形狀및 치수에 따라 組立하여 콘크리트의 自重은 물론 콘크리트 打設中의 荷重이나 振動에 대해서도 견디어 내도록 强度와 剛性을 갖는것으로 하여야 한다. 또, 거푸집 및 거푸집 支保工은 轉用 및 거푸집 支保工은 組立한후 콘크리트 打設前에 組立精度, 支保工의 配置等에 대해 再確認하여야 한다.

(3)에 대해서 거푸집 및 거푸집 支保工을 철거하는 時期는 시멘트의 性質, 콘크리트의 配合, 構造物의 種類와 그 重要度, 部材의 치수, 部材가 받는 荷重, 氣溫, 天候等에 의해 다르므로 거푸집 및 거푸집 支保工의 解體時期는 이들을 考慮하여 定하여야 한다.

4.10.6 콘크리트 치기 및 養生

(1) 터널 一作業區劃內의 콘크리트 치기는 一部材 또는 그 一部의 打設이 모두 終了할때까지 連續하여 하여야 한다.

더욱, 打設中은 콘크리트의 表面이 一區劃內에 거의 水平이 되도록 타설하는 것을 原則으로 한다.

(2) 콘크리트의 運搬 및 치기는 材料分離가 일어나지 않도록 適切히 충분한 設備를 만들어 迅速 또 愼重에 施工하여야 한다.

(3) 콘크리트는 打設後 適切한 方法으로 養生하여야 한다.

【解 說】(1)에 대해서 開鑿式터널은 一般的으로 콘크리트 치기作業을 위해 一區劃을 20~30m의 延長으로 하여 施工할 경우가 通例이다. 따라서 壁, 스라브의 콘크리트 體積에 대해서 처음부터 計算을 하고 콘크리트의 製造能力, 運搬能力 등에 대해서 檢討하여 打設計劃을 세워야 한다. 또, 시공이음 은 構造物의 弱点이 되기 쉬움으로 一部材를 1回치는 경우 또는 側壁을 2回에 나누어 치는 경우 그 1回의 打設 終了의 作業은 連續하여 행하여야 한다.

(2)에 대해서 開鑿式터널에는 軀體는 一般的으로 地表面下의 깊은 位置에 築造 된다. 따라서 콘크리트도 地表面에서 地下깊은 位置에의 打設 되기 때문에 材料의 分離를 일으키지 않는 處置가 必要하다.

콘크리트 치기에는 一般的으로 슈트를 使用하는 경우와 콘크리트 펌프를 使用하는 경우가 있다.

슈트를 使用할 경우에는 適正한 管徑의 **후렉시블한 縱슈트**를 써서 縱슈트의 位置는 打設中 콘크리트가 1個所에 集中하지 않도록 配慮할 必要가 있다.

그때문에는 打設前에 콘크리트 打設口의 位置, 間隔등에 대해서 檢討를 하여야 한다.

콘크리트 펌프를 使用할 경우에는 材料의 分離를 일으키지 않는 狀態로 打設할 수가 있으나 펌프의 性能에 差가 있음으로 打設場所 1回의 打設量등을 考慮하여 機種을 選定함과 아울러 파이프의 配置에 있어서는 打設中 파이프內에 콘크리트가 굳지 않도록 配慮가 必要하다.

콘크리트의 打設中은 거푸집의 배부름, 몰탈의 누수등의 留意함과 아울러 打設한 콘크리트는 內部振動機를 써서 鐵筋의 周圍및 거푸집이 구석구석까지 걸쳐서 충분한 다짐하여야 한다.

　(3)에 대해서 打設이 끝난 콘크리트는 直射광선이나 硬化熱等을 위해 表面이 乾燥하여 크랙이 생기지 않도록 日程間適當한 溫度로 濕潤狀態를 갖도록 養生하여야 한다.

　一般的으로 터널 施工環境地下에서 溫度나 濕度의 條件이 良好함으로 特別한 養生을 必要로 하지 않는 경우도 많다.

　養生期間中은 콘크리트에 振動이나 過大한 荷重을 주지 않도록 充分히 留意하여야 한다.

4.10.7 연결부의 施工
(1) 콘크리트 시공연결부는 舊콘크리트와 密着하도록 施工하여야 한다.
(2) 軀體의 伸縮연결부는 그 目的을 滿足시킴과 아울러 防水上의 弱点이 되지 않도록 施工하여야 한다.

【解　說】(1)에 대해서　콘크리트 시공연결부 位置는 構造物의 强度나 外觀을 損傷하지 않도록 水平 또는 垂直하게 設置하는 것으로 한다.

　개착터널의 軀體콘크리트 시공연결부는 地下의 施工條件이 나쁜곳에 行하는 것임으로 연결부의 施工에 있어서는 舊콘크리트와 密着하도록 特히 愼重하게 施工하여야 한다.

　特히 연결면의 심한 풍화, 緩和한 骨材, 레이탄스를 除去, 水洗等은 **留意하여야 한다**. 더욱 연결부에 止水板을 使用할 경우는 거푸집널을 止水板中心으로 바르게 합해서 移動 또는 넘기지 않도록 固定하고 콘크리트 打設에 있어서는 止水板周圍에 空隙이 남지 않도록 다짐하여야 한다.

　必要에 따라 시멘트패스트 또는 콘크리트中의 몰탈과 同定度의 몰탈을 깔아서 즉시 콘크리트 치기, 舊콘크리트와 密着하도록 施工하여야 한다.

　또, 水平 연결부에 遲延劑를 使用하여 레이탄스等을 除去할 경우에는 遲延劑의 散布方法, 씻어내는 方法等에 注意하여 施工하여야 한다.

　연결부의 位置는 흙막이 支保工의 位置나 콘크리트 치기 1回의 作業量等을 考慮하여 決定하는 것이 보통이다. 後續施工區間이나 部材의 鐵筋租立하여 防水

等에 대해서도 配慮하여 이들의 施工이 困難하게 되는 箇所를 피할 必要가 있다.

(2)에 대해서 開鑿式터널 軀體는 一般的으로 연결부 없는 連續한 構造物이 많으나 軟弱地盤으로 不等沈下나 地震의 影響이 크다고 생각되는 경우는 伸縮연결부(構造연결부)을 設置할 경우가 있다.

또, 企業體에 의해서는 通常의 地盤中에 있어서도 一定의 間隔으로 伸縮연결부를 設置하는것으로 하고 있다.

伸縮연결부는 구체자체 또는 구체와 付帶構造物과를 거의 또는 프릿퍼 등을 設置하여 絶緣하기 위해 止水上의 弱点으로 되기 쉽다.

伸縮연결부에는 彈性에 豊富한 鹽化비닐등의 止水板과 止水性이 있는 코킹材를 充塡하게 止水하는것이 一般的이나 止水板의 影響, 콘크리트 치기 및 코킹材의 充塡不足에 의한 漏水가 많다.

施工에 있어서는 다음 事項에 留意할것.

① 止水板은 所定의 位置에 거푸집으로 强固하게 保持하고 콘크리트 打設할때에 移動하지 않도록 한다. 또, 周邊은 콘크리트 氣泡, 空隙등이 생기지 않도록 충분히 다짐할것.

② 코킹材의 充塡은 一般的으로 코킹건을 使用하고 연결부분의 구석구석까지 完全한 充塡되도록 加壓하면서 施工할것. 또, 코킹材의 充塡後는 반드시 눌러주어서 表面의 凹凸을 골라서 매끄럽게 마무리할것.

4.10.8 逆卷콘크리트

逆卷콘크리트는 흙막이 支保工의 代替로 되는 것임으로 그 目的에 適合하도록 施工하여야 한다.

【解 說】 逆卷콘크리트는 4.17.4의 逆卷工法을 採用한 경우에 施工된다.

施工에 있어서는 다음사항에 留意의 할것.

① 逆卷스라브와 기둥 또는 側壁과의 接合部에는 高强度로 無收縮性의 콘크리트 또는 몰탈을 使用하고 完成後의 구체의 弱点으로 되지 않도록 施工할것.

② 逆卷스라브의 거푸집 支保工은 掘鑿途中의 地盤으로 支持함으로 콘크리트 打設中에 콘크리트의 自重等에 의해 變形이나 移動이 생기지 않도록 注意할것.

③ 逆卷스라브는 完成後의 터널 軀體의 一部材인것을 考慮하여 영구構造物로서의 養生期間을 잡아 所定의 强度가 얻어질때까지 下部의 掘鑿을 행하지 말것.

4.11 되메우기

4.11.1 施工計劃

되메움의 施工에 있어서는 施工에 앞서 設計圖, 標準圖등을 근간으로 材料, 다짐방법, 기타 現場의 各種狀況을 考慮한 施工計劃을 수립하여야 한다.

【解 說】되메움은 跡地의 使用目的에 適合하는 支持力이 얻어지도록 施工하여야 한다. 이때에는 施工箇所(軀體側部, 軀體上部), 坑內狀況(흙막이 支保工의 撤去作業, 地下埋設物의 本받침 防護)등을 考慮해서 되메움 材料, 材料의 投入말이을 내고 다짐방법, 施工管理등에 對해서 施工計劃을 樹立하여야 한다.

一般的으로 되메움 材料나 다짐방법이 對해서는 事前에 되메움 箇所의 道路管理者 또는 土地所有者等과 協議하여 決定해 두어야 한다.

되메움 材料는 施工前에 흙의 粒度試驗等을 하여 基準値에 適合한 것을 使用하여야 한다.

되메움 흙의 支持力은 平板載荷試驗, 土硏式円錐貫入等을 所要의 頻度로 行하고 確認하여야 한다.

4.11.2 施 工

(1) 軀體側部 되메움은 흙막이면과 떨어짐을 고려한 材料와 方法에 의해 軀體의 築造에 맞추어 下方에서 順次 確實하게 施工하여야 한다.

(2) 軀體上部의 되메움은 埋設物 및 本 받침防護에 偏壓을 주지 않도록 留意하여 良質土砂等을 써서 所定의 다짐방법에 의해 下層에서 順次確實하게 施工하여야 한다.

【解 說】되메움의 施工에 앞서 坑內狀況, 埋設物等에 異常이 없는것을 点檢, 確認하여야 한다.

(1)에 對해서 軀體側部의 되메움은 軀體築造에 따라 順次 支保工을 撤去하면서 施工하는 것이 一般的이다.

이때문에 一時的으로 흙막이 支間길이가 길게 되며 흙막이 變形이 增進함으로 그 變形을 될 수 있는데로 增進시키지 않도록 短期間에 施工함과 아울러 土壓을 確實하게 軀體에 傳達시킬 必要가 있다. 또, 軀體와 흙막이면과는 一般的으로 狹隘이기때문에 되메움 土砂의 完全한 充塡 다짐이 어렵고 長期間에 共同이 생기기 쉽다.

이와같은 狀態를 防止하기 위해 最近에 間隙이 적은경우 側部의 되메움 材料에 貧配合 몰탈等을 使用 施工하는 例가 많다. 이와같은 觀點에서 側部메움에 대해서는 다짐방법은 물론 使用材料에 대해서도 충분히 檢討할 必要가 있다.

(2)에 대해서 軀體上床部에 되메움은 所定의 모래 또는 良質土砂를 사용 될수 있는대로 광범위로 흙막이 內面間을 같은 레벨로 1回의 施工에 必要한 두께에 均等하게 깔고 各層마다 振動機, 轉壓機等에 의해 충분히 다짐하여야 하다.

坑內의 埋設物, 本받침 防護材 및 흙막이 支保工 付近은 轉壓이 困難함으로 周邊의 되메움에 합하여 順次 所定의 모래를 사용 空隙이 생기지 않도록 충분히 물다짐 또는 다짐을 하여야 한다.

公園, 民有地等의 되메움은 道路部에 準해 轉壓機等을 使用 충분히 다짐과 아울러 地表部에 있어서는 覆工撤去 및 말뚝뽑기 또는 말뚝切斷 撤去를 한 후 使用目的에 適合한 材料를 使用 適切하게 整正하는 것으로 한다.

더욱 되메움 土砂等의 地表面에서 坑內의 투입할 때는 埋設物의 本받침 防護, 버팀대 등에 衝擊을 주지 않도록 留意하여야 한다.

4.12 路面覆工撤去 및 路面復舊

4.12.1 一 般
(1) 路面覆工撤去는 路面交通과 路面復舊作業量等을 考慮하여 1回의 施工量, 範圍等을 決定한 施工計劃을 수립 이것에 의해 施工하여야 한다.
(2) 路面의 假復舊는 路面覆工 撤去後 빨리 하는것을 원칙으로 하고 道路交通用으로 提供하여야 한다.
(3) 路面本復舊는 假復舊時의 路床 또는 路盤의 安定을 確認한 後 施工하는 것으로 한다.

【解 說】(1)에 대해서 路面覆工 撤去는 埋設物 받침 防護後 覆工下端까지의 되메움이 完了해서 행하나 撤去中에는 路面交通을 大幅으로 遮斷한 경우가 많기 때문에 作業時間 및 1回의 施工範圍가 大幅으로 制限된다. 또, 路面假復舊와 同時에 施工하여야 함으로 路面交通, 路面復舊作業量等을 檢討한 施工計劃을 수립 이것에 基礎해서 施工하는 것으로 한다.

路面覆工 撤去時에는 覆工板, 주보, 埋設物專用보외 말뚝뽑기 작업 등을 容易하게 하기 위해 챤넬부재등을 동시에 철거해두는 것이 좋다.

(2), (3)에 대해서 路面假復舊는 路面覆工撤去後 이것에 맞추어 制限된 時間 內로 신속히 施工하여야 한다.

假復舊라 하지만 路面을 交通에 開放한 경우는 所定의 支持力 等이 얻어지도록 施工하여야 하나 施工時間이 大幅으로 劃約됨으로 일단 假復舊를 하고 完全한 地盤의 安定度를 確認한 後 다시 본 復舊가 하는것이 通例이다.

假復舊路面은 本復舊 까지의 사이 必要에 따라서 補修를 하고 良好한 路面狀態를 保全하여야 한다.

4.12.2 路面覆工撤去
(1) 路面覆工 撤去는 되메움이 完了한 路面假復舊에 支障이 없는 상태를 確認한 後 하여야 한다.

(2) 路面覆工撤去 일때는 路面交通等에 支障이 없도록 留意하여 施工함과 아울러 부근 地上物件 및 地下埋設物에 損傷을 주지 않도록 施工하여야 한다.

【解 說】(1)에 대해서 路面覆工 撤去는 原則으로써 路面假復舊와 同時에 하여 되메움이 주보의 下部까지 完了한 假復舊路床으로서는 충분한 支持力및 密度가 있는것을 原位置試驗等에 의해 確認한 후 하여야 한다.

(2)에 대해서 주보및 埋設物 專用보는 一般的으로 長尺인 重量도 크며 作業帶를 넓게 할 필요가 있으므로 보의 吊上 積込等에 있어서는 步行者를 包含한 道路交通에 支障이 없도록 주의하여야 한다. 또, 路上에 占有하고 있는 種種 架空線, 近接建造物等 및 주보아래의 埋設物에 損傷을 주지 않도록 注意하여 施工하여야 한다. 더욱 撤去材는 즉시 所定의 場所에 搬出하는 것으로 한다.

4.12.3 路面復舊

(1) 路面의 假復舊는 路面覆工撤去의 順序에 맞추어 路面의 狀況을 充分히 調査, 檢討하고 迅速히 施工하여야 한다.

(2) 路面復舊 構造 및 材料는 道路管理者가 정하는 方法에 適合한 것이어야 한다.

【解 說】(1)에 대해서 路面假復舊의 施工은 路面覆工 撤去에 맞추어 소블럭마다 하여 그 시공의 매번 비벼달아 鋪裝을 하는 등 一度에 廣範圍 施工하는 一般道路工事와 다른 配慮가 필요하다.

路面假復舊의 表層은 아스팔트콘크리트鋪裝이 通例이다. 鋪裝에 앞서 街渠, 步車道境界石, 官民境界石等을 所定의 位置에 正確히 施工함과 아울러 鋪裝完了後는 즉히 區劃線, 橫斷步道線, 各種地上施設等의 占有物件을 原則으로서 原狀復舊하는 것으로 한다. 더욱 原狀復舊가 어려울 경우에는 각각 管理者와 協議한 후 復舊한다. 더욱 假復舊路面은 殘存覆工部 및 在來鋪裝面과 잘 맞게 마무리한다.

(2)에 대해서 市街地의 一般道路와 地方의 群道等에는 交通量等에 差가 있음으로 각각의 道路管理者와 協議하고 그 외 地域에 適合한 材料, 構造, 工法으로 施工할 必要가 있다.

使用材料의 品質管理 및 各段階의 終了時에 있어 原位置試驗은 道路管理者와 協議후 한다.

4.13 흙막이 말뚝等의 撤去

4.13.1 施工計劃
흙막이말뚝등의 撤去할때는 施工에 앞서 打設時의 資料를 근간으로 撤去길이, 埋設物과의 接近度, 기타 現場의 各種狀況을 考慮한 施工計劃을 樹立하여야 한다.

【解 說】강말뚝, 강널말뚝 및 중간말뚝은 引拔을 前堤로 하여 計劃된 것이 많으나 打設의 狀態, 埋設物 및 諸工作物과의 關係, 地盤條件, 周邊環境等에 의해 埋設되는 일이 있음으로 施工에 앞서 施工計劃을 세워 引拔, 埋設의 區別을 결정해 두어야 한다.

鋼管널말뚝, 柱列式地下連續壁 및 地下連續壁을 埋設을 前堤로 하여 計劃되어 있으나 그 頭部에 있어서는 切斷撤去할 경우가 많으므로 道路管理者와 協議하고 現場狀況等을 考慮하여 頭部切斷方法, 撤去깊이, 範圍等에 대해서 施工計劃을 수립하여야 한다.

4.13.2 흙막이 말뚝등의 뽑기, 철거
(1) 강말뚝 및 강널말뚝을 뽑을때는 부근 환경에 유의하여 필요 최소한의 範圍를 順次줄파기 또는 기초파기를 하고 路面交通等에 支障이 없도록 施工하여야 한다.

(2) 강말뚝 및 강널말뚝의 뽑기, 撤去는 軀體 및 地下埋設物을 損傷시키지 않도록 충분히 注意하여 施工한다.

(3) 강말뚝 및 강널말뚝 뽑은 자국은 즉시 모래등으로 완전하게 충전해 두어야 한다.

【解 說】(1)에 대해서 施工은 되메움 또는 路面假復舊工程을 考慮하여 함과 아울러 沿線狀況을 考慮하여 될수있는대로 低振動, 低騷音의 機械를 사용하고 4.3에 準하여 하는 것으로 한다.

公園, 民有地 등 路面交通에 支障을 주지 않는 경우는 되메움에 맞추어 뽑기, 철거할수가 있다.

(2)에 대해서 특히 防水層, 地下埋設物, 架空線에 注意하는것으로 4.3「흙막이 말뚝과 강널말뚝」에 準하여 施工하나 施工에 앞서 강말뚝 및 강널말뚝의 打設完了時의 상태를 잘 把握하고 또, 地下埋設物의 本 받침방호 支持말뚝이 아닌 것을 確認하여 두어야 한다.

(3)에 대해서 뽑은자국은 空隙을 만드는 일 없이 되메움과 동등 또는 그 이상의 상태에 벤토나이트 몰탈 등으로 充塡하는 것 모래를 물다짐 充塡하든가 하여 완전하게 充塡하여야 한다.

해설 표 4.7 충진용 벤토나이트 모르타르의 配合例

벤토나이트모르타르 $1m^3$에 使用한 量 (kg)

시멘트	벤토나이트 (200매쉬)	플라이애쉬 또는 세미플라이애쉬	모래	물
40	45	45	1110	520

鋼管널말뚝, 柱列式地下連續壁, 地下連續壁等의 뽑기, 撤去를 못하는 흙막이 벽에 대해서는 그 頭部를 切斷撤去할 必要가 있다. 頭部切斷撤去의 範圍는 道路管理者 또는 그 土地管理者와 協議하여 決定하여야 한다.

頭部切斷撤去의 作業은 鋼말뚝 및 鋼널말뚝의 뽑기, 撤去에 準하여 하여야 한다.

4.13.3 中間말뚝의 撤去

(1) 軀體上床版보다 上部의 中間말뚝은 軀體完成後 路面荷重等을 確實하게 支持함과 아울러 軀體에 惡影響을 미치지 않도록 所定의 位置로 切斷하고 軀體에 되바꿈하는 것으로 한다.

(2) 되바꿈 完了後 軀體內側에 殘置된 中間말뚝은 所定의 軀體內面에서 切斷하고 신속히 撤去하여야 한다.

(3) 軀體에 埋設되는 中間말뚝의 切口는 漏水의 原因이 되지않도록 몰탈 등으로 최선을 다해 被覆하여야 한다.

(4) 軀體上床版에 되바꿈된 중간말뚝의 뽑기, 撤去는 前條에 準하여 施工한다.

【解　說】(1)에 대해서 中間말뚝 되바꿈은 上床과 切斷中間말뚝의 下端과의 間隙에 꺽쇠를 박든가 또는 밑다짐 콘크리트등을 施工하여 路面荷重 또는 埋設物본받침 防護荷重等을 確實하게 上床版으로 支持함과 아울러 이들의 荷重을 上床版에 의해 廣範圍에 分布되도록 施工하여야 한다. 또, 되바꿈에 따른 中間말뚝 沈下를 일으키지 않도록 中間말뚝이음재를 이용하여 確實하게 假받침하고 切斷은 1개 로 하고 切斷後 신속히 꺽쇠등으로 되바꿈面과 中間말뚝과의 사이에 틈 사이를 만들지 않도록 되바꿈하여야 한다.

　　(2)에 대해서 軀體內側殘置中間말뚝의 切斷, 撤去는 軀體完成에 繼續하고 軀體內工事에 支障이 없도록 중간말뚝의 되바꿈後 하는 것으로 한다.

　　下床版에서의 切斷位置는 保護콘크리트 等을 施設하는 경우를 除去, 軀體內面의 鐵筋被內로 한다.

　　(3)에 대해서 中間말뚝切斷部는 防水上의 弱点이 됨으로 使用目的에 따라서 防水效果가 있는 몰탈등을 써서 最善을 다해 被覆한다.

　　(4)에 대해서 中間말뚝뽑을때는 地下埋設物의 本받침防護支持말뚝으로 하여 利用되어 있지 않는것을 確認해 두어야 한다.

4.14 地下埋設物의 保護措置

4.14.1 一 般

(1) 掘鑿內 또는 掘鑿에 近接한 位置에 埋設物이 있는 경우에는 工事의 施工에 있어 그 狀況에 따라서 適切한 措置를 講究하여야 한다.

(2) 埋設物의 移設, 매달림 防護, 假받침 防護, 工事中의 保安, 本받침 防護等에 대해서는 埋設物管理者와의 協定, 諸協議 및 道路管理者의 指示 等에 基礎해서 設計圖, 標準圖에 따라 現場의 各種狀況을 考慮하여 安全한 施工을 하여야 한다.

【解 說】(1)에 대해서 工事를 施工할 경우에는 事前에 地下埋設物의 有無, 種類, 位置, 形狀等을 調査하고 必要에 따라서 埋設物 管理者의 立會下에 試掘에 의해 確認할 必要가 있다.

工事의 施工에 있어서는 그 狀況에 따라서 安全確實한 方法에 의한 保安措置를 하여야 한다.

(2)에 대해서 埋設物의 種類, 內容은 近年 多樣化, 複雜化, 廣域化하고 있음으로 일단 事故가 發生한 경우는 工事에 주는 影響에 그치지 않고 人身等에 미치는 障害로 加해 社會的 混亂을 招來 重大한 事故로 發展할 危險이 있다. 따라서 工事에 있어서는 埋設物管理者와 防護協定을 決意하여야 한다. 또, 防護協定의 決意가 없는 埋設物에 대해서는 事前에 關係法令, 道路管理者의 指示等을 遵守하고 埋設物管理者와 防護方法, 立會, 点檢等의 保安方法을 充分히 協議하고 安全하게 施工하여야 한다.

埋設物의 保安措置를 分類하면 解說 表 4.8과 같다.

解說 表 4.8 地下埋設物의 保安措置

種 類		備 考
本工事着工前의 保安措置	立會, 試掘	埋設物의 位置, 形狀等의 確認이 必要할 때
	移設 ─ 永久移設 / 一時移設(復元)	말뚝박기등, 作業上支障이 될 때, 또는 保安上必要할 때
	管種變更 ─ 永久變更 / 一時變更	經年管等을 新管에 布設替하고, 保安을 꾀한다.
	緊急遮斷裝置의 設置	밸브等의 設置에 의해, 漏洩의 遮斷을 꾀한다(가스, 수도)
	通管및 導通試驗等	電力및 通信管路의 空管에 대해서 不通의 有無를 事前에 確認하는 等의 試驗
掘鑿中의 保安措置	매달림 防護	露出埋設物에 관한 工事中의 防護
	假받침 防護	매달림 防護가 부적당한 것에 대한 工事中의 防護
	補强措置	固定裝置, 拔出防止裝置, 振止裝置等
	흙막이 背面付近의 防護	掘鑿中의 흙막이 背面이 느림, 不等沈下等에 대한 追加 防護措置
	使用의 一時中止, 伸縮이음의 設置, 押環掛 等	折損, 漏洩防止措置
	立會, 点檢等	埋設物이나 매달림 防護施設等에 대한것
되메움時의 保安措置	本받침 防護 ─ 슬래브式 / 柱式 / 浮基礎式	되메움에 앞서 施工하는 埋設物의 基礎
	通管및 導通試驗, 覆裝檢査	工事의 影響에 의한 不通箇所의 有無를 確認하기 때문에 事後試驗, 覆裝의 傷處等
	立會, 点檢等	本받침防護施設에 관한 것 등

4.14.2 本工事着工前의 保護措置

埋設物의 移設, 管綜變更等이 必要한 경우는 本工事에 支障을 주지 않도록 埋設物管理者等과 충분히 調整한 후 適切한 保安措置를 하여야 한다.

【解 說】掘鑿內 또는 掘鑿外(掘鑿의 影響範圍內)의 埋設物에 대한 本工事着工前의 保安措置로 하여 考慮하는 것은 다음과 같다.

 1) 移設에 대해서 말뚝박기, 路面覆工等의 工事上支障이 되는 埋設物의 移設 保安上의 都合에서 影響이 적은 곳에 移設

 2) 管種變更에 대해서 工事施工上 經年의 影響 또는 강도上에서 보아 保安点으로 不安이 있는 管의 管種을 變更함으로 鑄鐵管을 鋼管 또는 덕 타일관에 石綿시멘트管을 鐵筋콘크리트管等에 變更하는것

 3) 緊急遮斷裝置의 設置에 대해서 만일 漏洩가 發生한 경우 緊急遮斷用 밸브 및 玉穴等의 設置

 移設位置, 時期 및 管種變更의 範圍, 遮斷裝置의 設置箇所等에 대해서는 工事의 影響範圍를 可味하여 事前에 道路管理者 및 埋設管理者와 충분히 調整하고 本工事에 支障을 주지 않도록 事前에 處理하여야 한다. 이들의 處理에 필요한 時期는 埋設物을 깊이 메우는 諸手續等의 關係에서 긴 傾向이 있고 規模에 의해 相當의 月數가 필요한 경우가 있으므로 충분히 留意할 필요가 있다.

 工事의 影響範圍는 諸條件에 의해 다르기 때문에 一槪의 設定하는 것은 될수 없으나 土質, 工法, 工期等 施工條件과 埋設物의 材質, 老朽度等을 考慮하여 決定하는것이 一般的이다.

4.14.3 掘鑿中의 措置

(1) 掘鑿에 따른 露出한 埋設物은 매달림防護, 假받침 防護, 假받침防護 또는 補强措置 등을 施工하고 되메움이 終了할 때까지의 사이 安全에 維持管理를 하여야 한다.

(2) 흙막이 背面付近의 埋設物은 掘鑿에 의해 影響을 받기 쉬움으로 沈下防止, 緩衝掘鑿等의 措置를 講究하고 常時점검하고 安全에 維持管理 하여야 한다.

【解 說】(1)에 대해서 1)매달기 防護 ① 매달기 防護는 埋設物의 機能 및 構造에 支障을 주지 않도록 時期를 놓치지 않고 施工하여야 한다.

② 매달기防護用의 보는 專用보를 使用하여야 한다. 단, 覆工주보에 매달려도 埋設物의 機能을 損傷될 위험이 없는 경우는 埋設物管理者와 協議한 후 주보에서 매달아 둘 수 있다.

③ 매달림 支持具에는 느림을 修正하기 위해 턴 백클類를 설치 各 매달림 支持具에 힘이 均等하게 걸치도록 조정하여야 한다.

④ 人孔, 消化栓, 밸브 및 量水器等의 位置를 覆工板上에 明示하고 覆工板 一部를 容易하게 떼어내기가 되도록 할 必要가 있다.

매달기防護의 一例는 解說 그림 4.6에 表示와 같다.

<u>2) 假받침防護</u> 매달기防護가 부적당한 것은 받침보 등에 의해 假받침防護를 실시하여야 한다. 假받침 防護의 支持말뚝 및 받침보는 原則으로 專用으로 하여야 한다. 단, 支持말뚝은 所要安全性이 確報되는 경우에 한한 흙막이 말뚝 및 中間 말뚝과 兼用할수가 있다. 또, 특히 支障이 없는 경우는 되메움時의 本받침방호를 겸할수가 있다.

<u>3) 補强措置</u> 埋設物에는 必要에 따라 內壓이나 溫度變化 等에 대한 伸縮이음 또는 固定裝置, 拔出防止裝置, 橫振防止裝置等의 補强措置를 實施하여야 한다. 이들의 補强措置는 設計圖나 標準圖에 基礎해서 하고 반듯이 計劃대로 施工할 수 없는 경우가 많음으로 現場狀況에 맞추어 적절한 施工을 하여야 한다.

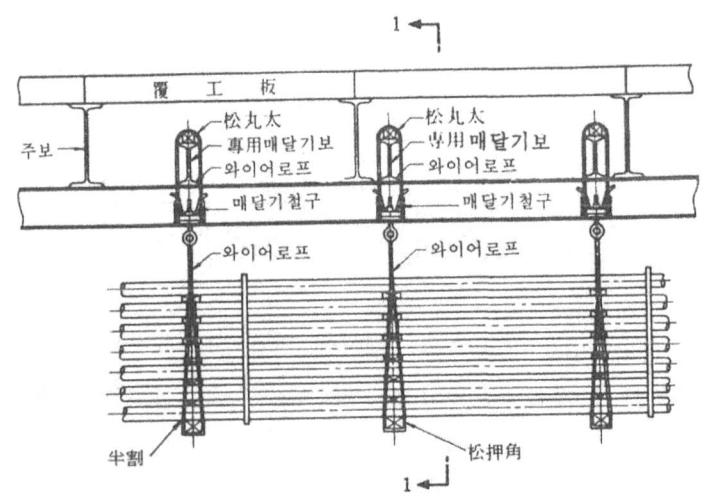

解說 그림 4.6 매달기 防護의 一例(電話管路)

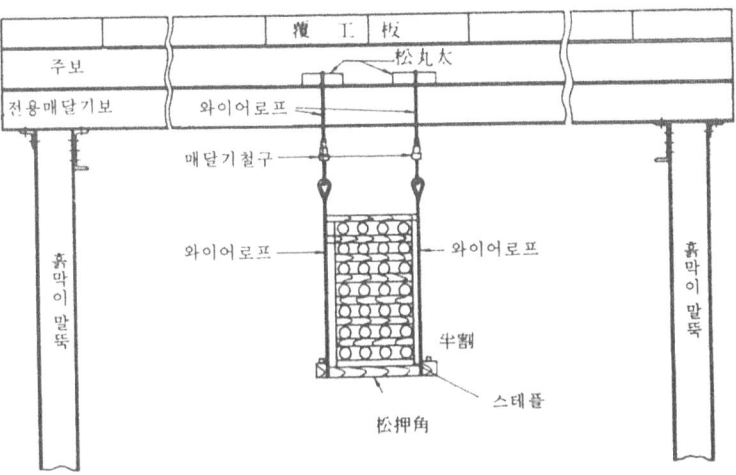

解說 그림 4.6 매달기 防護의 一例(電話管路)

4) 維持管理 4.14.4 參照할 것.

(2)에 대해서 흙막이 背面의 原地盤은 掘鑿進行에 따른 緩和나 不等沈下를 일으키기 쉬움으로 影響範圍內에 있는 地下埋設物은 4.14.2에서 事前 保安措置를 해두어야 한다. 또, 施工中에 있어서도 必要에 따라 埋設物沈下計測, 沈下防止策 또는 緩衝裝置 設置等의 措置를 講究 常時点檢하여야 한다.

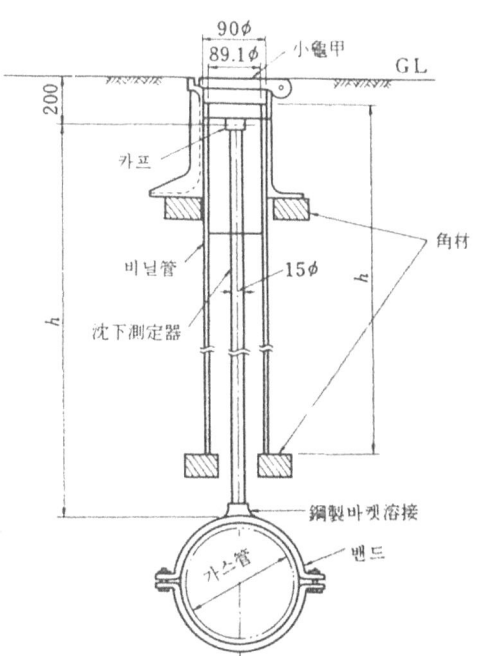

解說 그림 4.7 沈下測定栓의 一例(가스管)

- 231 -

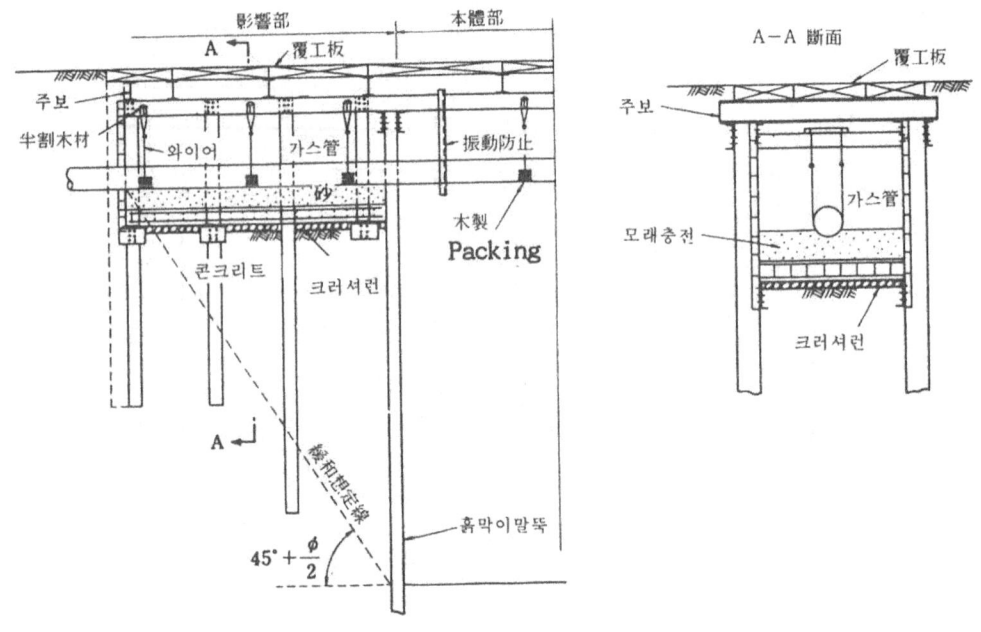

解說 그림 4.8 掘鑿外形影響部매달기防護의 一例(가스管)

   1) 沈下計測 掘鑿에 따른 흙막이 背面의 不等沈下에 의한 埋設物折損事故 等을 豫防하기 때문에 埋設物에 本體또는 埋設物周邊地盤에 沈下計測用觀測孔(沈下測定栓)을 設置, 埋設物의 움직임을 觀測한다. 沈下測定栓의 一例는 解說 그림 4.7에 表示와 같다.

   2) 緩衝掘鑿 흙막이 背面의 影響部에 있는 埋設物에 對해서는 不等沈下나 車輛通行에 의한 衝擊을 緩和하고 掘鑿에 影響을 주지 않는 在來地盤에 잘 알고 있기 때문에 段掘등에 의한 緩衝地帶를 設置한다. 掘鑿影響部의 防護方法一例는 解說 그림 4.8에 表示와 같다.

   3) 沈下防止策 흙막이 背面의 影響部에 있는 埋設物 沈下防止策으로서는 藥液注入工法等에 의해 흙막이 背面의 地盤强化를 도모하는 方法이 있다. 단, 藥液注入에 있어서는 藥液이 埋設管에 流入하는 等의 惡影響을 미치는 경우가 있으므로 注意하여야 한다.

   4) 維持点檢 本章 4.14.4 參照를 할것.

4.14.4 保守와 点檢

(1) 工事中에는 埋設物이 正常인 狀態를 保全하도록 常時維持点檢을 하여야 한다.

(2) 埋設物의 安全을 保全하기 위해 工事의 진척상황에 따라 埋設物管理者의 立會를 받아서 所要의 事項을 相互確認하여야 한다.

(3) 非常時에 對備 關係機關과 協議한 후 連絡體制 및 處理體制를 確立하고 關係者에 徹底히 시켜두어야 한다.

【解 說】(1)에 대해서 点檢은 本體掘鑿內 뿐만 아니라 掘鑿外의 影響範圍 및 段掘箇所에 대해서도 행하여 点檢項目, 点檢方法等에 대해서는 事前에 埋設物管理者와 協議하고 그것을 基本으로 실시하여야 한다. 点檢의 結果 埋設物에 異常을 發見한 경우 또는 그 위험이 있다고 判斷되는 경우에는 즉히 埋設物管理者와 協議하고 必要한 措置等을 講究하여야 한다.

点檢은 다음의 事項에 留意할 必要가 있다.

1) 掘鑿內의 点檢

① 埋設物各部의 狀況 : 漏洩의 有無, 이음부, 曲管部等의 拔出 有無 및 管體 損傷의 有無等

② 매달기 防護및 假받침防護의 狀況 : 매달기 支持具의 緩和, 變形, 腐蝕의 有無, 받침보 變形等의 有無等

③ 補强措置의 狀況 : 補强部材 變形의 有無, 볼트 緩和의 有無

④ 本받침防護의 狀況 : 받침支持具의 기울기, 損傷의 有無, 받침대와 管과의 遊間의 有無等

⑤ 기타 必要事項 : 埋設管理者와 特히 協議할 事項

2) 掘鑿外의 点檢

① 路面의 變動狀況 : 路面의 沈下, 破損等의 有無

② 重要한 埋設物의 沈下狀況 : 沈下等, 擧動의 有無

③ 흙막이面 付近의 狀況 : 埋設物의 龜裂, 漏水等의 有無, 이음부 變形의 有無等.

④ 기타

(2)에 對해서 立會時期, 立會確認事項및 連絡方法은 事前에 埋設物管理者와 協議하여 그것에 基礎해서 實施해야 한다. 또, 매달림 防護 및 본 받침 防護等 主要한 것에 對해서는 確認書를 交換하는 등 万全을 기하여야 한다.

立會를 要하는 時点은 대체로 다음과 같다.
① 試掘調査를 할 때
② 埋設物에 近接하여 말뚝等의 打拔을 할때
③ 埋設物이 露出될때
④ 매달기 또는 假받침 防護가 終了할 때
⑤ 補强措置가 終了할 때
⑥ 本 받침 防護가 終了할 때
⑦ 埋設物의 下端까지 되메우기 할때
⑧ 기타 必要한 時点

(3)에 對해서 緊急時에 對備 緊急連絡先一覽表, 各種埋設物의 系統圖, 遮斷밸브位置圖및 가스 檢知器等을 常備하고 關係者에의 周知徹底를 圖謀해야한다. 더욱 現場에서 露出한 埋設物에는 物件의 名稱, 種別, 保安上의 必要事項, 埋設物管理者의 連絡先等을 記載한 表示板을 設置하여 注意를 喚起시켜야 한다.

만일 埋設物에 異常이 생기거나 또는 생길 危險이 있다고 判斷할 때는 즉시 關係者에 連絡을 함과 아울러 工事를 中斷하고 火氣使用禁止, 交通의 遮斷, 付近의 住民, 通行人의 避難誘導를 하고 警察, 消防, 道路管理者等 關係機關에 通報하는 등의 必要한 措置를 講究해야 한다.

4.14.5 되메우기시의 조치

(1) 터널의 軀體가 完成한 後 되메우기에 앞서 埋設物은 設計圖 또는 標準圖에 基礎해서 본 받침防護를 實施해야 한다.

(2) 事前에 一時移設한 埋設物은 埋設物管理者等과 協議한 후 빨리 復元해야 한다.

【解 說】(1)에 對해서 1) 본 받침 防護의 施工은 埋設物에 惡影響을 주지 않도록 完全하게 施工해야 한다. 또, 되메우기에 있어서는 埋設物 및 防護施設에 損傷을 주지 않도록 留意하면서 해야 한다.

본 받침 防護의 例를 解說 그림 4.9에 表示한다.

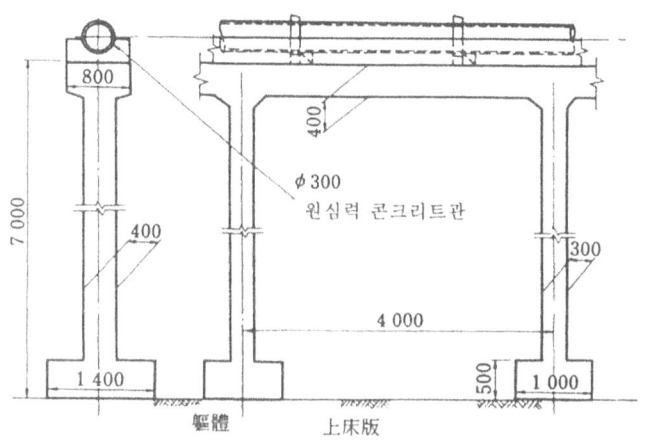

解說 그림 4.9 本 받침防護의 一例(下水道管)

2) 본 받침防護의 施工에 있어서는 처음부터 정해진 立會方法에 基礎해서 埋設物管理者의 確認을 받아야 한다.

3) 매달기材等의 撤去는 原則으로서 되메우기가 埋設物의 下端付近까지 完了한 후 埋設物의 받침대와의 關係를 確認하고 埋設物의 移動 위험이 없어진 時点에서 행하여야 한다. 또, 매달기材 等은 埋設物을 損傷하지 않도록 完全하게 撤去해야 한다.

4) 埋設物의 周圍에 대해서는 埋設物管理者와의 協議에 基礎해서 良質의 土砂로 되메우기를 하여 충분한 다짐해야 한다.

5) 埋設物이 깊이 숨어져 있거나 設計圖나 標準圖가 適用되지 못할 경우는 事前에 關係者와 충분히 調整을 하여 適切한 處理를 해야 한다.

6) 本 받침防護에 앞서 埋設物管理者와 協議한 후 必要에 따라 覆裝檢査, 導通(通管)試驗, 絶緣試驗等을 實施하고 安全을 確認해야 한다.

(2)에 대해서 一時移設의 埋設物은 維持管理上支障이 없도록 埋設物管理者와 協議한 후 되메우기 및 路面覆工撤去等의 本工事를 遲延시키지 않도록 즉시 復元해야 한다.

4.15 補助工法

4.15.1 一 般

地盤이 不安定으로 掘鑿이 困難한 경우 또는 掘鑿에 따른 周邊의 地盤이나 構造物에 影響을 줄 위험이 있는 경우는 地盤條件, 周邊環境등을 考慮하고 注入工法, 地下水位低下工法, 凍結工法, 生石灰杭工法, 噴射攪拌工法等 또는 이들의 倂用등에 의해 安全하고 經濟的인 方法으로 地盤의 安定을 圖謀해야 한다.

【解 說】 掘鑿에 있어서 地下水가 많은 경우에는 掘鑿막장面이나 흙막이面에서의 漏水에 의해 作業이 困難하게 되어 경우에 따라서는 危險을 招來하는 일이 있다. 또, 地盤이 軟弱한 경우는 막장面이나 흙막이面의 흙이 自立性에 缺乏하고 作業이 困難하게 되어 周邊의 地盤沈下에 의해 地上의 近接構造物, 地下埋設物에 被害를 주는 경우가 있다. 이들의 경우는 適切한 補助工法을 採用함에 의해서 危險이나 被害를 未然에 防止할 수 있다.

地盤改良을 위해 補助工法에는 그 目的과 施工條件에 의해 多種多樣한 것이 있으나 一般的으로 使用되고 있는 工法과 그 目的에 대해서 表示하면 解說 表 4.9와 같다.

解說 表 4.9 補助工法과 그 適用

補助工法의 種別		目的 또는 效果
注入工法	地盤의 强度增加	構造物의 沈下防止
		흙덩이 自立性增加에 의한 흙막이面의 安定
		히빙 防止
	地盤의 止水性增加	遮水壁의 形成에 의한 周邊地下水位低下防止 및 掘鑿坑內에 地下水流入防止
		보링防止
	地盤의 壓縮性低減	間隙水와의 置換 또는 先行壓密에 의한 地盤沈下防止
		空洞 充塡
地下水位低下工法	地盤의 水位低下	水壓의 輕減과 土砂의 流動防止에 의한 흙막이面의 安定
		土砂의 液性化防止에 의한 掘鑿作業의 能率向上
凍結工法	地盤의 强度增加	凍土壁, 凍土盤의 形成에 의한 흙막이 代替
	地盤의 强度增加	遮水壁, 遮水盤의 形成에 의한 坑內의 地下水流入防止

生石灰 말뚝 工法	地盤의 强度增加 生石灰 말뚝의 말뚝效果	生石灰의 膨脹에 의한 周邊地盤의 壓密改良, 沈下防止
		말뚝效果에 의한 複合地盤의 剪斷强度增加, 히빙防止
	地盤間隙水의 脫水	土砂의 液性化에 따른 掘鑿作業의 能率化
噴射攪拌工法	地盤의 强度增加	構造物의 沈下防止
		흙덩어리의 自立性增加에 의한 흙막이面의 安定
		固結土의 形成에 의한 말뚝效果보다 흙막이 代替
		히빙防止
	地盤의 止水性增加	遮水壁의 形成에 의한 周邊地下水低下防止 및 掘鑿 坑內에 地下水流入防止

4.15.2 補助工法의 選定

補助工法의 選定에 있어서는 施工法, 地盤條件, 周邊環境等을 考慮하고 安全性, 經濟性, 工程等에 對해서 比較檢討를 하여 最適한 工法을 採用해야 한다.

【解 說】補助工法의 效果나 그 採否에 對해서는 假設構造物의 設計할때 當然考慮할 것이나 이것에서 補助工法이 施工法의 一環으로서 當初부터 計劃되어 있는 경우도 있다. 한편 工事着手前調査한 施工條件과 現場 實際의 施工條件에 差가 있기 때문에 當初計劃된 施工法에는 不充分한 경우나 地盤이나 氣象條件의 急變에 의해 不測의 事態 對應策으로서 補助工法이 採用되는 경우도 있다.

補助工法의 效用으로서는 ①地盤의 强度增加 ②地盤의 止水性 增加 ③地盤의 壓密防止 ④間隙水壓의 低下에 의한 地盤安定等이 있다. 補助工法의 選定에 있어서는 掘鑿에 따른 地盤이나 近接構造物이 어떠한 擧動을 表示하나 될수있는 대로 詳細하게 檢討하고 이것에 對應하기 위해 補助工法의 必要性의 有無와 이들 中 어떤 效果를 期待하는 가를 確實히 認識하여 두어야 한다.

이 때문에는 地盤의 組成, 物理的性質, 透水性, 間隙率, 地下水位等의 地盤條件외 近接構造物의 荷重이나 基礎 狀態等의 調査를 充分히 함과 아울러 掘鑿方法이나 흙막이의 種類, 狀態等에 對해서도 充分히 念頭에 두고 檢討하여야 한다.

4.15.3 注入工法

注入工法을 쓰는 경우는 地盤條件, 周邊環境等을 考慮하여 注入材, 注入方法, 注入範圍, 注入率等을 決定하고 所期의 注入效果를 얻도록 施工해야 한다.

【解 說】注入計劃에 있어서는 地盤條件等을 考慮하여 注入의 目的을 達成되는 注入材(藥液)을 選定하고 注入方法, 注入範圍, 注入率等에 對해서 理論과 經驗의 兩面에서 檢討하여야 한다.

注入의 施工은 注入計劃에 基礎해서 행하나 地盤構成이 반듯이 같지는 않음으로 注入에 있어서는 注入量과 注入壓力의 推移에 留意하고 地中에의 注入材의 擧動을 推定, 注入順序, 注入量, 注入壓, 겔 타임等의 調整을 해서 所期의 注入效果가 얻어지도록 努力해야 한다. 注入效果를 把握하는 方法으로서는 標準貫入試驗에 의한 方法, 透水度試驗에 의한 方法, 着色劑를 混入하여 確認하는 方法等이 있다.

注入工法에는 注入作業中에 注入材(藥液)의 地表面의 隘出, 過剩注入壓에 의한 地盤의 隆起, 埋設管路의 注入材의 逸走等을 일으키는 일이 있음으로 항상 監視하고 異常이 생긴 경우에는 즉시 注入을 中止하고 適切한 處置를 하여야 한다.

藥液注入工法에 對해서는 「藥液注入工法에 의한 建設工事의 施工에 關한 暫定指針」이 있으며 이것에 基礎해서 調査나 施工管理를 하여 環境保全에 노력해야 한다.

注入工法에는 藥液注入工法外에 構造物基礎, 틈 사이 목철 또는 흙막이 背面의 空極을 充塡하는 몰탈注入, CB注入等이 있다.

4.15.4 地下水位低下工法

地下水位低下工法을 採用할 경우는 地盤條件, 周邊環境等을 考慮하고 水位低下의 效果가 충분히 얻어지도록 施工하여야 한다.

【解 說】地下水가 많고 地盤이 不安定으로 되어 掘鑿作業이 困難한 경우 地下水位低下工法이 採用된다. 이 工法이 適用되는 地質은 실트質砂에서 砂礫層에 이르는 透水係數가 $10^{-1} \sim 10^{-1}$cm/s의 範圍이다.

水位低下工法으로서 一般的으로 使用되는 것은 웰포인트 工法과 디프웰 工法등이 있다. 디프웰 工法은 透水係數 $10^{-1} \sim 10^{-2}$ cm/s의 比較的 포라스한 地盤으로 使用된다. 이 工法은 우물을 掘鑿底面以下까지 掘下시켜 重力에 의해 地下水를 集水하고 펌프로 揚水하기 위해 透水係數가 적게되면 重力作用만으로는 地下水의 集中이 困難하게 된다. 이와같은 경우에는 眞空펌프倂用의 디프웰을 써서 必要한 높이까지 地下水位를 低下시킬 必要가 있다. 디프웰의 施工에 있어서는 보링 時에 使用한 孔壁安定材의 完全除去, 스트레노의 適正한 配置, 適切한 슬릿의 形成 등에 留意할 必要가 있다.

透水係數가 $10^{-3} \sim 10^{-4}$ cm/s의 실트質砂나 細砂層에는 强力한 眞空펌프를 倂用하여 地盤中의 물을 强制的으로 吸引하여 揚水하는 웰 포인트工法이 使用된다. 이 工法은 眞空을 利用하여 排水하기 때문에 揚水可能한 깊이는 實用上 6m 程度이며 그 以上의 揚程이 있는 경우는 必要한 段數를 使用하여야 한다.

地下水位低下工法을 採用하는 경우 對象으로하는 砂層中에 어떠한 박리도 不透水層이 있으면 目的하는 水位低下의 效果가 없음으로 事前에 충분한 地盤調査를 하여 不透水層의 有無를 충분히 確認하여야 한다. 또, 地下水位低下工法에 의해 揚水하는 地下水의 防流方法, 周邊地盤의 地下水位低下에 따른 地盤沈下의 影響等에 대해서 충분히 檢討하여야 한다.

4.15.5 凍結工法

凍結工法을 採用하는 경우는 地盤의 條件, 周邊環境等에 留意하고 이 工法의 特性을 충분히 發揮하도록 施工하여야 한다.

【解 說】 一般的으로 使用되는 凍結工法에는 ① 直接方法(低溫液化가스方式) ② 間接方式(브라인 方式)의 두 方式이 있다.

直接方式은 工場에서 直接低溫液化가스(液體窒素等)을 運搬하고 凍結管에 流入 이 凍結管의 속에 氣化한 가스의 潛熱과 顯熱로 地盤을 凍結시키는 方式이다. 이 方式은 現場에 冷凍設備가 不要하기 때문에 簡略하게 急速한 凍結이 可能하나 費用이 높고 低溫液化가스 供給의 面에서 小規模로 一時的인 工事에 適用되고 있다. 이 方式을 採用할 경우는 特히 排氣口付近에 있어 酸缺이나 火氣의 使用에 注意하여야 한다.

間接方式은 現場에 冷凍設備를 設置하고 여기서 不凍液(一般的으로 鹽化칼슘 水溶液──브라인)을 冷却, 凍結管內를 循環시켜 地盤을 凍結하는 것으로 溫度 上昇한 브라인은 다시 冷凍機로 冷却하는 循環方式의 凍結方法을 말한다. 이 方式은 設備가 大規模로 되나 冷却效果에 대한 費用은 直接方式에 비해 싸고 河底橫斷 工事의 規模가 커서 長期間에 걸친 경우에 採用된다.

凍結工法에 使用하는 冷凍機나 冷媒는 「高壓가스製造施設」및 「高壓가스」로 하여 取扱하기 때문에 關係法規에 따라 手續을 하고 遺漏가 없도록 해야한다.

4.15.6 生石灰말뚝工法

生石灰 말뚝工法을 採用할 경우는 施工法, 地盤條件, 周邊環境等에 留意하고 地盤의 安定等, 所期의 目的을 達成하도록 施工하여야 한다.

【解 說】生石灰말뚝工法 計劃에 있어서는 掘鑿의 進行에 따라 생기는 土壓, 흙막이의 剛性, 흙막이 支保工設置位置等을 考慮하고 在來地盤의 强度, 掘鑿幅, 掘鑿深等에서 坑內地盤의 必要改良强度를 推定하고 말뚝 길이, 直徑, 配置, 施工順序等을 定하여야 한다. 또, 施工에 있어서는 坑內의 埋設物은 물론 周邊의 地下埋設物이나 構造物等에 주는 影響等에 대해서도 충분히 配慮하여야 한다.

이 工法은 生石灰投入까지 孔壁의 保持와 孔內의 地下水의 流入을 防止하는 것이 중요하다. 그때문에 外周에 오거狀의 날개를 붙여 先端에 開閉自在의 슈를 設置한 케이싱을 驅動裝置로 回轉하여 挿入하고 케이싱 內에는 壓縮空氣을 보내 地下水의 浸入을 막고 케이싱 挿入終了後 先端의 슈를 열어 生石灰를 吐出하면서 뽑아올려오는 回轉挿入方式이 취하여지고 있다. 周邊環境等에 의해 오거에 의한 方法으로 할 경우에는 孔壁의 保持와 地下水의 防止에 대해서 配慮가 必要하다.

더욱 生石灰는 물과의 反應時에 多大한 水和熱을 發生하기 때문에 危險物에 指定되어 있고 指定數量以上을 貯藏할 경우는 消防法에 의해 手續을 함과 아울러 그 取扱은 有資格者가 하여야 한다.

4.15.7 噴射攪拌工法

噴射攪拌工法을 쓰는 경우는 土質의 狀況, 周邊環境等에 留意하고 地盤의 安定, 止水 또는 構造物의 防護等 所期의 目的을 達成하도록 施工하여야 한다.

【解 說】噴射攪拌工法에는 ① 機械的攪拌方法(解說 그림 4.10)과 ② 高壓噴射方法(解說 그림 4.11)이 있다.

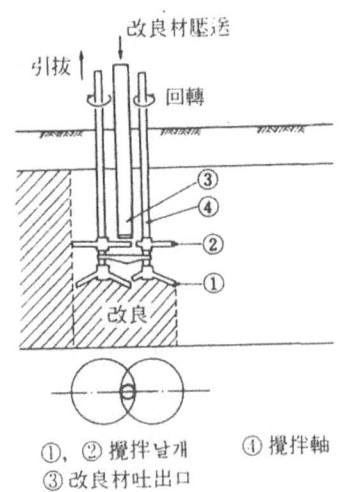

①, ② 攪拌날개   ④ 攪拌軸
③ 改良材吐出口

解說 그림 4.10 機械的攪拌方法

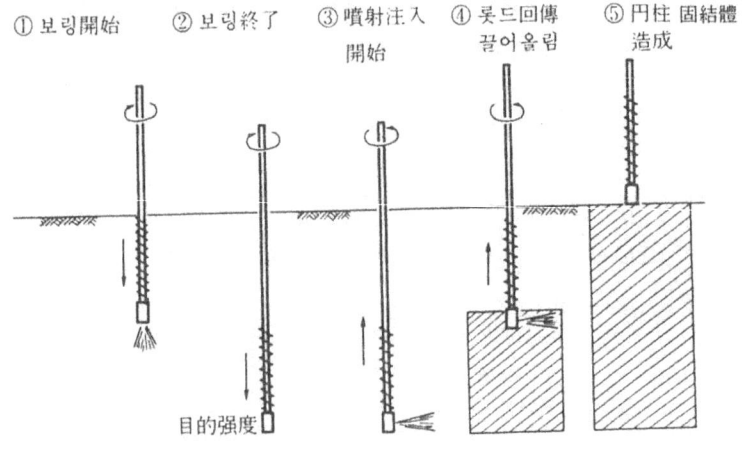

解說 그림 4.11 高壓噴射方法

地盤의 改良强度는 攪拌의 方法, 安定材의 種類에 의해 각각 다르므로 目的이나 地盤條件에 기초해서 施工方法, 安定材, 施工間隔, 改良範圍等에 대해서 충분히 檢討함과 아울러 必要에 따라서 現地試驗을 해보고 事前에 改良效果를 把握할 必要가 있다.

 이 工法은 强制的으로 安定材를 地盤中에 注入하기 때문에 多量의 排泥가 發生한다.

 이때문에 作業中은 排泥의 處理, 地盤의 隆起 또는 地下埋設管路의 保全等에 대해서 항상 監視가 必要하다.

4.16 언더필링(under filling)

4.16.1 一 般

(1) 開鑿式터널의 施工에 있어 直上 또는 近接하는 構造物에 機能上 또는 構造上의 支障을 주는 위험이 있는 경우는 構造物을 언더필링 하여야 한다.

(2) 언더필링은 對象으로 되는 構造物을 機能的 또는 構造的으로 保全하고 또한 本體工事에 支障을 미치지 않도록 施工하여야 한다.

【解 說】(1)에 대해서 開鑿式터널 工事에 있어 언더필링은 旣設構造物의 眞下에 開鑿式터널을 築造하는 경우가 많고 때에는 旣設構造物基礎에 近接하여 掘鑿을 하는 경우에도 사용되고 있다. 旣設構造物의 眞下에 開鑿式터널을 築造하는

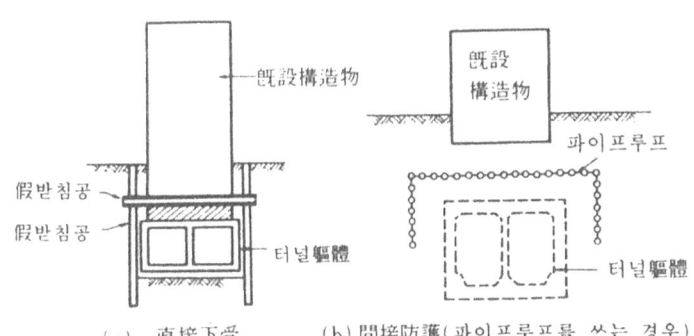

(a) 直接下受   (b) 間接防護(파이프루프를 쓰는 경우)

解說 그림 4.12 掘鑿時에 있어 上部設構造物의 假支持方式

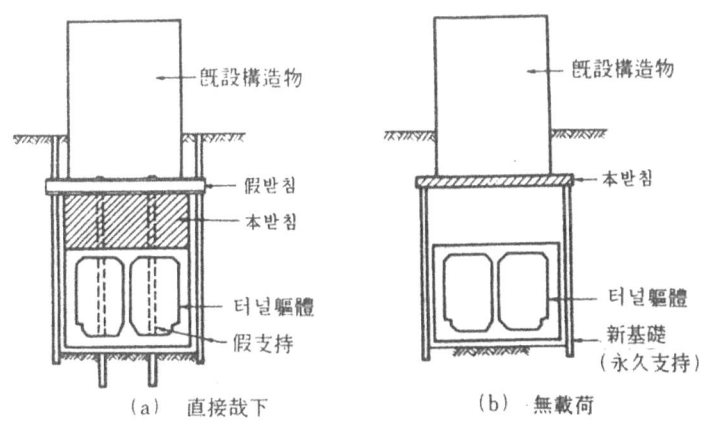

(a) 直接재下   (b) 無載荷

解說 그림 4.13 旣設構造物基礎를 터널軀體에 載荷하는 方式

경우는 掘鑿의 과정으로 旣設構造物基礎를 假받침하여 이것을 掘鑿底面以下에 假支持하든가(解說 그림 4.12(a)參照) 掘鑿側部背面원지반에 假支持하든가(解說 그림 4.12(b)參照)의 方法으로 먼저 假받침(一般的支持)해야 한다.

다음 터널 軀體가 完成한 時點으로 이 旣設構造物基礎를 터널頂部에 直接載荷하든가(解說 그림 4.13(a)참조) 旣設構造物基礎를 터널 구체를 완성하고 그 側部下面以下에 支持시켜서 터널 구체에 無載荷로 하든가(解說 그림 4.13(b)參照)하여 本받침(永久支持)한다.

開鑿式터널工事에 있어 언더필링의 對象이 되는 構造物에는 터널, 빌딩, 橋梁, 鐵道線路等이 있다.

<u>(2)에 대해서</u> 언더필링의 第一義的인 目的은 아래받침對象構造物의 保全이나 이때문의 部材가 本體工事에 支障을 주지 않도록 注意를 하는것도 重要하다.

4.16.2 假받침및 補強

(1) 假받침는 開鑿式工法에 의한 터널구체의 築造를 完了하고 本받침에 되바꿈까지 下받침對象構造物을 安全에 支持하도록 施工하여야 한다.

(2) 아래받침對象構造物이 아래받침에 대해서 補強을 要하는 경우에는 그 구체 또는 基礎를 適切한 方法으로 補強하여야 한다.

【解 說】(1)에 대해서 터널本體의 築造前에 前條 解說 그림 4.13(b)에 表示한 形式으로 언더필링을 行하면 假받침를 省略하는것도 可能하나 一般의 언더필링에는 假받침을 하는 일이 많다. 이 경우 假받침의 構造는

① 本받침完了後撤去할것

② 本工事를 阻害하지 않을것

등의 때문에 될수있는대로 스텐다인構造가 要求되나 **한편**으로는 本받침完了까지 下받침對象構造物을 충분하게 支持하고 變狀을 생기지 않도록 堅固함이 必要하다.

또, 旣設基礎에서 假받침基礎. 假받침基礎에서 本받침基礎와 荷重의 되바꿈을 2度로 할 必要가 있으나 되바꿈의 時期, 方法等에 대해서 事前에 충분히 檢討

하여 두어야 한다.

(2)에 대해서 假받침, 本받침에 있어서 旣設基礎와 支持狀態가 다르므로 아래받침對象構造物의 部材應力에 變化가 생긴다. 이때문에 必要에 따라서 아래받침對象構造物의 部材를 補强하여야 한다. 또, 逆으로 아래받침對象構造物의 部材를 補强함에 의해 언더필링의 構造를 簡略化하는 것도 檢討할 必要가 있다.

4.16.3 本 받침
(1) 本받침은 本體工事完成後도 아래받침對象構造物을 安全하게 支持하도록 最善을 다하여 施工하여야 한다.
(2) 假받침에서 本받침으로 되바꿈일 때는 그 方法, 順序, 時期等을 充分히 檢討하고 安全하게 施工하여야 한다.
(3) 掘鑿에 앞서 本받침을 할 경우는 掘鑿 터널구체의 築造等의 期間中에도 變狀을 일으키지 않도록 留意하여야 한다.

【解 說】(1)에 대해서 本받침은 새로운 本받침用基礎의 完成後 이것에 아래받침對象構造物의 荷重을 받침교체해서 永久的으로 旣設構造物을 安全하게 支持할 目的으로 한다.

本받침의 方法으로서는 다음 表示方法이 있다.

1) 直받침에 의한 方法   本받침에 쓰이는 基礎가 터널 구체의 경우로 4.16.1 解說 그림 4.13(a)에 代表된다. 또, 터널구체와 基礎를 一體構造로 하는것도 있다. 이 경우에는 아래받침對象構造物의 荷重은 터널구체를 전해 터널 구체 底面以下로 支持하는 것이 됨으로 殘置하는 基礎와의 사이에 差異가 생기지 않도록 施工해야 한다. 더욱 아래받침對象構造物荷重의 影響範圍境界附近에서 터널 구체에 伸縮연결부를 設置할 경우도 있다.

2) 아래받침에 의한 方法   아래받침對象構造物의 側部및 下部에 支持基礎를 設置 이 基礎에 아래받침用보를 가해 이것에 아래받침對象構造物의 荷重을 되바꿈方法으로 解說 그림 4.13(b)에 代表된다. 이 경우의 基礎에는 프리캐스트말뚝, 現場치기鐵筋콘크리트말뚝, 鋼管말뚝, 深礎, 트레치에 의한 줄基礎 等이 있다.

3) 添빔에 의한 방법   아래받침對象構造物이 橋脚等獨立基礎의 경우 기존 基礎에 빔을 添加해서 아래받침對象構造物의 荷重을 빔으로 받아서 처음부터 떨어진 位置에 設置한 支柱(基礎)에 전해 下方地盤에 傳達하는 方法이다.

基礎에 대해서는 前項 2)와 같다. 이 경우 첨가한 빔과 기존基礎의 설치는 特히 留意하면서 施工해야 한다.

어느것의 경우도 永久的으로 아래받침對象構造物을 安全하게 支持하도록 特히 留意하면서 施工해야 한다.

(2)에 대해서   假받침에서 本받침의 되바꿈일 때는 旣設構造物의 支持狀態를 變更 하는것이 됨으로 旣設構造物의 構造形式, 應力狀態, 各支點의 荷重, 新基礎의 耐力等 충분히 檢討하고 留意하면서 施工하여야 한다. 또, 되바꿈方法 順序, 時期를 잃으면 不測의 事態를 일으키는 경우가 있으므로 특히 注意가 必要하다.

따라서 假받침의 撤去는 本받침이 完了된 것을 確認하고나서 하여야 한다. 더욱 本받침에 있어서는 新基礎와 旣設構造物과의 사이의 充塡에는 鋼製격쇠, 플랜트 쟈키, 無收縮性몰탈 또는 콘크리트 等을 使用하나 그 選定은 新基礎와의 間隙量, 作業性 等을 考慮하여 하여야 한다.

(3)에 대해서   假받침을 하지 않고 直接構造物의 本받침을 할 경우의 基礎形狀은 解說 그림 4.13(b)에 의한 터널구체를 完成한 基礎로 하는 경우가 많다.

基礎의 工種에 대해서는 深礎, 大孔徑 현장치기 鐵筋콘크리트말뚝, 케이슨, 트레치에 의한 줄基礎等을 써서 地中깊이 터널 掘鑿底面以下로 支持하는것이 通例 이다. 또, 빔에 대해서는 支持하는 荷重이 比較的 크고 支間도 큰 경우가 많음으로 斷面이 大型化하고 그 構造는 鐵筋콘크리트, 鐵骨鐵筋콘크리트 等이 一般的으로 使用된다.

어느것의 경우도 그 基礎는 本體工事中에도 變狀을 일으키지 않도록 留意하고 必要에 따라서 注入等의 補助工法을 使用하고 安全을 圖謀하여야 한다.

4.16.4 計   測

언더필링의 施工中은 適切한 方法으로 아래받침對象構造物의 擧動을 計測하여야 한다.

【解　說】언더필링의 施工中은 아래받침對象構造物에 대해서 直接·間接으로 荷重이 作用하고 構造物自體가 變狀을 일으키기 쉬움으로 鉛直變位, 水平變位, 傾斜를 測定할 必要가 있다.

　이 경우 아래받침對象構造物의 構造, 用途等에서 처음부터 許容變位量을 定해두고 그것과 같이 測定機器의 選定, 測定頻度의 決定을 하여야 한다.

　測定値가 許容變位量에 近接 이것을 넘는 위험이 있을때는 그 構造物에 따른 適切한 處置를 講究하여야 한다.

　언더필링의 工事가 終了해도 周邊地盤이 安定될때까지 相當의 期間이 必要함으로 그것까지의 사이는 隨時計測을 계속 그 結果를 確認해 두어야 한다.

4.17 部分掘鑿工法

4.17.1 一般

開鑿式터널工事를 部分掘鑿工法으로 施工할 경우는 工事의 規模, 現場의 立地條件, 周邊環境, 地盤條件, 구체의 形狀, 工程等에 따른 最適工法을 選定 安全하게 施工하여야 한다.

【解 說】 現場의 立地條件, 周邊環境, 地盤條件等의 制約에 의해 標準的인 全斷面掘鑿工法으로 施工이 困難한 경우에는 部分掘鑿工法의 採用을 檢討하여야 한다.

部分掘鑿工法이란 트렌치工法, 아이랜드工法等 全斷面을 同時에 掘鑿하지 않고 部分的으로 掘鑿하며 구체를 築造하는 工法및 全斷面을 掘鑿하는 過程으로 구체의 上床이나 中床을 下床에 先行하여 築造하는 逆卷工法等을 말하는 것으로써 다음과 같이 區分된다.

① 트렌치工法 { 開鑿式式 / 터널式
② 아이랜드工法
③ 逆卷工法

이들의 工法에는 각각 特徵이 있음으로 現場의 立地條件, 地盤條件, 구체의 形狀, 工程, 工事費等에 따라서 이들의 各工法의 特徵을 考慮하고 그目的으로 合致한 最適인 工法을 選定하여야 한다. 또, 이들의 部分掘鑿工法은 各種의 制約條件에 의해 過酷한 條件下에서의 施工이 많음으로 흙막이支保工, 周邊地盤 및 近接構造物의 變狀에 대해서 충분히 留意하여 施工할 필요가 있다.

4.17.2 트렌치 工法

트렌치 工法의 施工에 있어서는 現場의 立地條件(특히 上部構造物), 施工環境, 地盤條件, 구체의 形狀等에 留意하고 트렌치의 幅員, 흙막이의 種類, 掘鑿의 順序, 方法, 흙막이支保工 및 구체築造의 順序, 方法等에 대해서 충분히 檢討한후 本工法採用의 目的을 達成하도록 安全하게 施工하여야 한다.

【解 說】 트렌치工法은 다음과 같은 경우에 適用된다.

1) 開鑿式트렌치工法에 대해서   本工法은 大規模인 地下構造物을 築造하는 경우 特히 地盤이 軟弱하여 周邊地盤의 變形이 크게 생길 위험이 있는 경우에는 버팀대式 흙막이支保工은 버팀대길이가 너무 길어 安定性의 確保가 困難하게 됨으로 掘鑿에 의한 원지반의 緩和나 移動을 防止하고 周邊地盤이나 近接構造物의 影響을 最小限으로 하기 때문에 適用된다.

本工法에 의한 施工의 順序는 먼저 先行하여 築造하는 구체의 흙막이壁을 設置하고 사이에 흙막이支保工을 架設하면서 掘鑿하고 先行하는 구체를 部分的으로 築造한다. 다음에 이 구체를 흙막이壁으로는 利用하면서 中央部를 掘鑿하고 구체를 築造하여 側部구체와 一體化하여 全體의 構造物을 完成시키는 工法이다(解說 그림 4.14參照).

또, 側部의 구체가 自立되는 경우에는 中央部는 흙막이支保工 없이 掘鑿하고 中央部의 구체를 築造할수가 있다.

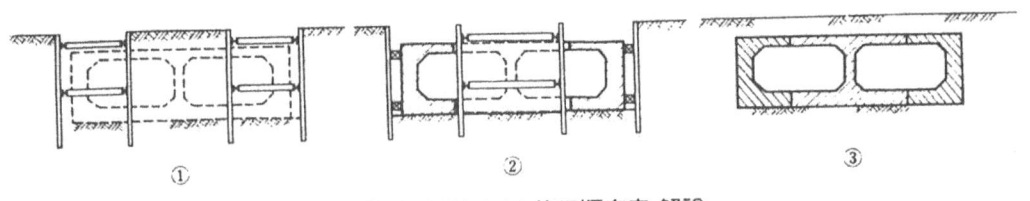

解說 그림 4.14 施工順序度 解說

트렌치의 幅員은 흙막이의 安定性, 工事의 工程, 經濟性에 미치는 影響이 크므로 地盤條件, 구체의 形狀과 構造條件, 近接構造物의 重要度, 作業性等을 충분히 考慮하여 決定하여야 한다.

또, 施工에 있어서는 트렌치의 구석 角部가 흙막이支保工의 弱点이 됨으로 支保工等에는 충분한 配慮가 必要하다.

2) 터널식 트렌치工法에 대해서   本工法은 旣設터널과의 立體交差나 橋臺, 橋脚, 建造物等의 旣設構造物의 아래를 橫斷하여 터널을 築造하는 경우 이들의 旣設構造物에 주는 影響을 最小限으로 하기 위해 適用된다.

그 施工順序는 터널斷面을 側部, 中央部, 中間部等 適切한 블럭으로 分割하고 먼저 側部또는 中央部를 橫方向(터널式)에 트렌치掘鑿하여 구체를 築造하고 그 구체로 上部構造物을 支持하고 다음에 中間部(스라브部分)을 掘鑿하고 구체를 築造하여 全體의 터널을 完成시키는 方法이다(해설 그림 4.15參照).

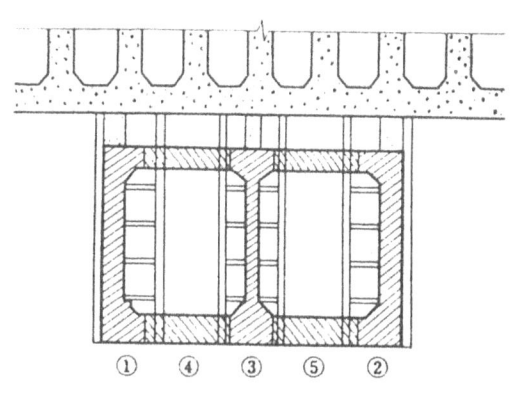

그림 4.15 施工順序圖 解說

트렌치의 幅員은 地盤條件, 구체의 形狀, 트렌치內의 作業條件 및 上部構造物의 構造와 重要度를 考慮하여 必要最小限으로 되도록 決定하여야 한다.

트렌치掘鑿은 1列만의 경우와 複數의 列에 나누는 경우가 있으나 後者의 경우 各 트렌치間의 地盤 安定을 確保하는것에 必要한 間隔과 그 掘鑿順序는 特히 留意하면서 檢討하여야 한다. 이 경우 完成後의 구체가 構造上의 弱点이 되지 않도록 配慮할 必要가 있다. 또, 원지반의 安定이 困難하다고 생각되는 경우는 藥液注入工等의 補助工法을 採用하여 對處해야 한다.

트렌치 工法에 있어 흙막이는 現場의 立地條件, 地盤條件이나 構造物의 重要度에 따라서 다음工法이 單獨 또는 倂用하여 使用된다.
① 엄지말뚝橫널말뚝工法
② 水平鋼管널말뚝 또는 水平鋼널말뚝工法
③ 정강이 받침 널말뚝工法
④ 凍結工法

흙막이支保工은 掘鑿에 따라 迅速하게 施工하여야 함으로 원지반의 狀態에 따라서는 一時的으로 假支保工에 의해 원지반을 눌러 後에 本支保工에 되바꿈하는 等의 對策이 必要한 경우도 있다.

또, 트렌치 內의 作業은 狹隘하여 作業性이 나쁜 場所로 工種이 매끄러운 作業

에 制約을 받는 경우가 많음으로 支保工材는 架設이 容易하고 互換性이 있어 作業性에 憂愁한것이 바람직하다.

4.17.3 아이랜드工法

아이랜드工法의 施工에 있어서는 現場의 立地條件, 周邊環境, 地盤條件, 구체의 形狀等에 留意하고 흙막이의 種類, 掘鑿의 順序, 方法, 흙막이支保工 구체築造의 順序, 方法等에 對해서 충분히 檢討한 후에 安全하게 施工하여야 한다.

【解 說】地下鐵의 地下車庫나 地下駐車場等과 같이 掘鑿의 幅員이 顯著하게 큰 경우에는 標準的全斷面掘鑿工法을 採用하는것은 흙막이支保工等의 安定性의 確保가 극히 困難하다. 또 軟弱地盤에서의 施工은 이것에 加해 히빙이 생기는 위험도 크게 된다. 이와같은 경우 掘鑿에 의한 원지반의 緩和나 移動을 防止하고 周邊地盤이나 近接構造物의 惡影響을 最小限으로 하기 위해 本工法이 適用된다.

施工順序는 먼저 흙막이가 自立되는 깊이까지 틈을 取하여 다음에 흙막이가 接하는 部分의 흙을 흙막이가 自立할 수 있는 範圍로 자연勾配를 붙쳐서 남기고 中央部를 掘鑿하여 그 部分의 구체를 築造한다. 그리고 이 구체를 버팀대의 지지장소로 하여 흙막이를 받침하면서 周圍의 나머지 部分을 掘鑿하여 全體의 構造物을 完成시키는것이다(解說 그림 4.16參照).

이 工法을 쓰는 경우 周圍에 남는 土量이 흙막이의 安定性에 이어지므로 그 割合에 對해서는 工事의 工程, 經濟性等을 考慮하여 愼重하게 檢討해야 한다.

또, 一般的으로 아이랜드 掘鑿의 放置期間은 長期間이 됨으로 사면의 安定에는 排水溝를 設置한다든지 몰탈을 뿜어붙이기, 사면防護에 留意할 必要가 있다.

이 工法에서의 버팀대는 구체의 形狀, 그 施工順序, 地盤의 條件, 흙막이의 剛性 또는 工期等에 따라, 水平버팀대나 傾斜버팀대가 使用된다. 또, 구체의 構造에 의해서는 구체內에 補强用의 버팀대를 架設하는 경우도 있다. 경사버팀대를 쓰는 경우는 버팀대의 變位가 생기기 쉽고 또, 구체에 不均衡인 荷重이 作用하지 않도록 留意하면서 施工하여야 한다.

더욱 作業用通路(棧橋等)는 各作業이 能率的으로 되도록 配置를 하여야 한다. 또, 周邊部의 掘鑿에 있어서는 中央部의 구체에 偏土壓이 作用할 可能性이 있으므로 全體의 바란스에 留意하면서 施工하여야 한다.

 地盤의 狀況에 의해서는 히빙 防止하기 위해 生石灰杭工法이나 地下水位低下工法等의 補助工法의 倂用을 檢討할 必要가 있다.

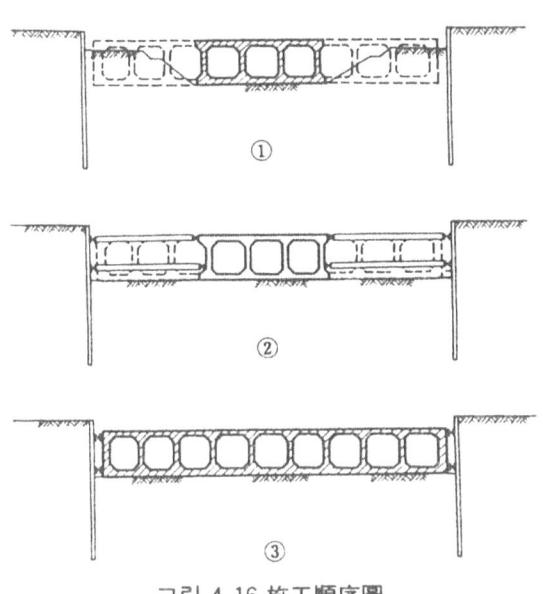

그림 4.16 施工順序圖

4.17.4 逆卷工法

 逆卷工法의 施工에 있어서는 近接構造物, 掘鑿깊이, 地盤條件및 施工上의 制約條件에 留意하고 흙막이의 種類, 掘鑿의 順序, 方法, 逆卷스라브의 支持方法, 구체築造의 順序, 方法等에 대해서 충분히 검토한 후 安全하게 施工하여야 한다.

【解 說】 逆卷工法은 上部에서의 掘鑿에 따라 구체의 上床版 또는 中床版을 下床版이나 中柱, 側壁에 앞서 걸쳐서 築造하고 이것을 安定된 흙막이支保工으로서 使用하고 所定의 깊이까지의 掘鑿을 하여 구체를 築造하는 工法이 있다.

 逆卷工法은 다음과 같은 경우에 適用된다.

① 掘鑿箇所에 接近하여 重要한 構造物이 存在하는 경우

② 흙막이에 强大한 土壓, 기타의 水平力이 作用하고 通常의 흙막이支保工에는 不安定하기 때문에 强度와 剛性의 큰 支保工을 必要로 하는 경우

③ 掘鑿깊이가 커서 掘鑿 또는 구체築造에 長期間을 要하고 特히 施工의 安全性을 必要로 하는 경우.

④ 工程上의 理由에서 下床의 施工前에 上床보다 上部의 되메우기나 路面의 開放等을 必要로 하는 경우.

逆卷工法에 있어 施工上의 留意事項은 다음과 같다.

① 逆卷콘크리트는 흙막이支保工 및 구체의 一部로서 使用하는 것임으로 假設時의 自重, 其他의 荷重에 충분히 견디도록 함과 아울러 有害한 變形이 생기지 않도록 또 구체設計上의 諸條件을 滿足하도록 施工할것.

② 床板의 아래에서 作業은 施工性이나 作業環境이 나쁘게 됨으로 施工의 順序, 方法이나 安全性에 충분히 留意할것.

③ 逆卷部分의 掘鑿은 短期間에 하여 그 範圍는 最小限으로 중지시키고 너무 많이 파지 말것.

逆卷콘크리트의 施工에 있어서의 留意한 事項은 4.10.8을 참조할것.

4.18 垂直 坑

4.18.1 施工計劃

　수직坑의 施工에 있어서는 施工에 앞서 設計圖를 近間으로 地盤條件, 수직坑의 形狀, 規模, 使用目的 기타 現場의 各種狀況을 考慮한 施工計劃을 樹立하여야 한다.

【解　說】 수직坑은 發進수직坑, 中間수직坑, 到達수직坑, 方向變換수직坑의 作業基地로서의 假設的인 수직坑과 換氣坑, 排水孔等의 永久施設的인 수직坑으로 分類된다.

　前者의 경우는 터널掘進機等의 搬入·組立하여 材料의 搬出入 및 集積, 諸機械器具의 搬出入, 掘鑿土砂의 搬出, 터널延長이 긴 경우의 中間部　掘鑿土砂의 搬出및 材料의 搬出入, 터널掘進機等의 解體·搬出等 使用目的을 가지고 設置된다.

　後者의 경우는 永久施設築造를 위해 專用으로 設置되거나 前者의 作業用수직坑과 倂用된다.

　수직坑의 施工에 있어서는 이들의 使用目的을 充分히 滿足하도록 計劃하여야 한다.

　수직坑의 施工은 水平掘進工法에 의해 築造되는 터널의 깊이에 상당하는 掘鑿깊이를 要하기 때문에 一般的으로 깊은 掘鑿을 그 特徵으로 하고 있으나 더욱 될수있는대로 빨리 터널 本體의 掘進工事에 着手되도록 수직坑의 斷面치수는 必要最小限의 크기로 要求된다.

　다시 말해서 深層掘鑿과 獨立한 筒狀掘鑿이 그 特徵이다. 이 点에서 보아 掘鑿坑內 地下水가 集中 하거나 土壓이 開鑿式터널工事의 경우와 같이 兩側에서 作用하는 외 前後에서도 側部同等으로 作用 그리고도 深層土壓이 되는 것과 수직坑의 施工上의 포인트가 된다.

또, 수직갱의 工期는 터널本體 深層化에 따라 一般的으로 長期化하는 傾向이나 그 일은 工期의 面 뿐 아니라 環境對策上에서도 좋지 않고 施工上, 急速施工을 考慮하는것도 重要課題의 하나이다. 따라서 수직갱을 施工할때는 前後左右에서 土壓을 받으면서 이것에 對應하는 흙막이支保工을 施設하고 地下깊이 파내려 가는 것이 되며 그리고 掘鑿內空間은 넓은 作業空間을 要求되는 경우가 많다. 또, 구체도 前後左右의 土壓에 對應되는 構造物로 하고 그리고 그 內部의 使用空間이 廣大한 것을 要求되는 경우가 많음으로 前後左右 上下에도 比較的 긴 스팬의 筒形構造物이 되는 경우가 많다.

以上의 것에서 수직갱의 施工에 있어서는 一般的인 開鑿式터널工事와 다른 配慮를 하는것이 必要하다.

4.18.2 施　　工
수직갱의 施工에 있어서는 수직갱의 構造的 特徵에 基礎해서 施工條件의 特異性에 留意하고 各段階의 作業을 適切하게 하여야 한다.

【解　說】 一般的으로 수직갱의 構造的 特徵은
① 一般터널部에 比해서 幅員이 넓다.
② 一般터널部에 比해서 掘鑿深이 깊다.
③ 筒狀獨立掘鑿으로 된다.
等이며 더욱 前條에서 序述한 실드等의 作業用수직갱으로서 使用되는 경우에는 그 面에서의 制約이 있다. 따라서 이들에 따른 施工條件에도 特異性이 생기므로 各段階의 作業에 있어 아래와 같은 配慮가 必要하다.

1) 路面覆工에 대해서 수직갱을 실드等의 作業用수직갱으로서 使用하는 경우에는 터널掘進機等의 搬出入用開口部付近에는 中間말뚝을 施設하는것이 어려움으로 一般 中間말뚝은 搬出入 作業에 支障없는 位置에 集約하고 大型化하여 設置된다. 이때문에 路面覆工의 주보 및 챤넬部材도 긴 스팬의 것을 必要로 하고 大型의 鋼材가 使用된다. 또, 路面狀況等에 의한 交通에 開放할 必要가 있는 場所에는 撤去및 架設이 容易한 構造로서 搬出入時만 開口하여 不斷한 交

通에 開放되도록 配慮하는것도 必要하다. 開口位置의 選定에 있어서는 터널工事의 作業性에 충분히 留意하여야 한다.

2) 흙막이壁에 대해서   수직坑의 흙막이 施工은 深層施工이 됨으로 特히 垂直精度가 얻어지도록 留意하고 또, 市街地等에는 路面狀況等에 의해 作業時間에 制限을 받는 경우가 있으므로 作業의 順序, 方法等에 대해서도 충분히 檢討하여야 한다. 使用機械等의 選定 이들의 것을 考慮하여야 한다.

또, 埋設物을 回避하기 때문에 흙막이말뚝間隔이 크게 된다든지 地下連續壁이 不連續이 되는 경우 深層掘鑿이 되는 수직坑에는 特히 影響이 크므로 말뚝의 補强, 흙막이面의 止水等의 處置에 대해서 特히 配慮하여야 한다.

3) 흙막이支保工에 대해서 수직坑의 흙막이 支保工의 施工은 標準圖, 設計圖等에 基礎해서 하나 埋設物等의 現場 狀況에 의해 흙막이面이 가지런하지 않는 등 그대로 施工할수 없는 경우가 많다.

이와같은 경우는 施工에 있어서 수평보강재를 施設한다든지 보다 堅固한 흙막이 支保工을 變更하는등 現場에서 臨機의 處置를 講究하여 水平掘進工法에 의한 터널工事에 必要한 作業空間을 確保하도록 하여야 한다.

더욱 수직坑의 흙막이支保工은 水平, 垂直에도 間隔이 長大가 되는 경우가 많음으로 土壓等에 대한 對應의 方法도 施工上 충분히 注意하여야 한다.

4) 掘鑿에 대해서 수직坑의 掘鑿은 一般 開鑿式 工事와 달리 獨立된 좁은 筒形의 深層掘鑿이 되는 경우가 많으므로 周圍에서 地下水가 集中하기 쉽고 湧水가 있는 경우가 많다. 따라서 掘鑿에 있어서는 湧水에 대한 處理方法을 먼저 確立하여야 한다.

특히 緩和砂層에 있어 세굴이나 파이핑 現象 또는 軟弱한 실트·粘土層에 있어 히빙 現象에는 충분히 注意하여야 한다.

또, 수직坑의 掘鑿은 좁은 坑內의 掘鑿이 됨으로 掘鑿機械의 選定, 土砂의 搬出方法等에 대해서는 埋設物, 路面狀況等을 考慮한후 충분히 檢討도 하여야 한다.

더욱 狹隘한 坑內에 있어 諸作業은 勞動災害가 발생하기 쉬움으로 作業의 安全確保를 위해 所要의 設備를 設置하는 등 수직坑의 施工에 있어서는 特히 安全衛生管理에 노력하여야 한다.

5) <u>구체에 대해서</u> 구체를 水平掘進工法의 基地로 하여 利用할 경우 永久構造物로서 必要한 스라브나 기둥이 터널工事의 掘進機의 發進等에 支障을 주는 일이 많으나 이와같은 경우는 터널 掘進의 發進後에 이들 구체의 一部를 築造하여야 한다. 또, 急速施工의 觀點에서 水平掘進工法에 의한 터널工事의 發進에 必要한 最小限의 部分을 第一段階로 하여 築造하고 殘餘의 부분은 이 工事와 並行하여 築造하는것도 행해진다.

4.19 施工管理

4.19.1 工程管理

> 工程管理는 계속 作業의 實態, 實績을 把握하고 計劃工程과 對照하여 必要한 경우는 適切한 措置를 講究 全體工程을 滿足시키도록 實施하여야 한다.

【解 說】計劃工程에 따라 행해지는 施工에 關한 工程管理는 示方과 같은 工事를 安全하고 經濟的으로 完成하기 위해 하는 것이다. 開鑿式터널 工事도 山岳터널이나 실드터널 工事와 같이 着工前의 諸調査에 基礎해서 決定된 計劃및 設備가 工事實施에 있어서 반드시 實狀과 一致하지는 않으므로 다음 事項에 대해서 留意할 必要가 있다.

1) <u>工事着手前의 準備와 計劃工程의 재 조정에 대해서</u> 都市內에 있어서 행해지는 工事는 그 地域의 都市機能이나 住民의 生活環境을 되도록 阻害하지 않도록 施工하는것이 要求되기 때문에 工事의 施工에 대해서 많은 制約이 있다.

이와같은 制約中에서 實際의 工事에 着手하기 까지는 施工에 關한 行政上의 諸手續, 鉛線의 工事說明等이 必要하며 豫想以上의 期間을 要하는 일이 많고 또, 이들의 手續이나 折衝의 結果 道路使用條件이나 作業時間의 制約을 받는 등 工事의 進捗에 대해서 影響을 주는 條件이 付加되는 일도 있다.

이들의 일을 考慮하여 工事에 앞서 되도록 빨리 時期에 關係者와의 折衝을 시작, 早期着工에 努力함과 아울러 實際에 着工可能한 時点에 있어 工事의 計劃段階에서 設定한 計劃工程에 대해서 재 조정하고 實際에 주어진 條件과의 詳細한 豫定工程을 수립하여야 한다.

2) <u>施工中의 工程管理에 대해서</u> 最近의 工事의 工程을 左右하는 것으로 하고 從來와 같은 地盤, 地下水, 埋設物, 天候等의 物理的인 要素에 加해서 沿線居住者의 動向, 資材나 勞動力의 需給狀況, 道路使用條件等 社會的, 人爲的인 要素가 큰 比重을 占하도록 되어 있음으로 施工中의 工程管理에 있어서도 이것을 충분히 認識하고 그 對策을 수립하여야 한다.

施工中의 工程管理의 一般的인 留意事項은 다음과 같다.

① 各作業마다 定期的으로 計劃工程과 實施工程의 對比를 하여 어긋남이 있는 경우에는 必要한 措置를 취한것.

② 특히 他 作業의 工程을 左右하는 作業(크리티칼패스)의 進捗狀態를 重視하고 嚴密한 管理를 할것.

③ 季節的인 施工條件의 變動(年末年始의 道路上作業規制, 年末年始, 農繁期等의 勞動力의 拂底, 河川關聯工事에서의 渴水期, 豊水期의 別等)으로 더불어 適切한 作業計劃을 수립할것.

④ 先行하는 作業(말뚝박기等)의 狀況에서 地盤條件, 地下水, 地下埋設物의 깊이 等을 推定하고 後續하여 행하는 作業(路面覆工, 掘鑿等)에 支障이 없도록 하는 点에는 처음부터 對策을 수립할것.

⑤ 特別한 交通阻害, 騷音, 振動等에 따른 作業에 대해서는 먼저 關聯者의 承認을 얻어두고 苦情, 기타의 트러블을 일으키지 않도록 할것.

3) 부득이 工程을 變更할 경우의 處置에 대해서 工事着手時에 수립한 實施豫定工程을 부득이 變更할 경우에는 다음 要因을 들 수 있다.

① 施工條件의 變更(地盤, 地下水, 地下埋設物等의 物理的要因, 道路使用條件, 作業時間, 勞務事情等의 社會的要因)에 의해 施工法을 變更할 必要가 생겨 따라서 工程에 影響을 주는 것.

② 施工條件의 變更(上記와 같음)에 의해 施工法은 變更하지 않으나 工程에는 影響을 주는것.

③ 豪雨, 地震等의 天災나 不可抗力的인 事故에 의해 工程이 遲延하는것.

이들의 事態나 原因에 대해서 工事關係者相互의 사이에서 確認하여둠과 아울러 關係各所와 協議하여 必要한 措置를 취하여야 한다.

4.19.2 品質管理

工事에 使用되는 主要材料및 製品은 所要의 試驗, 檢査를 하여 示方에 基礎해서 그의 品質, 치수, 强度等을 確認해서 使用하여야 한다.

【解 說】 터널工事에 사용되는 材料, 그 使用目的에서 1) 터널구체材料 2) 架設材料 3) 기타(地下埋設物, 旣設構造物, 道路等의 復舊材料)로 大別된다. 이들의

材料에 대한 品質管理는 工事의 目的인 터널구체의 品質을 保證하고 工事中에 있어 假設物의 安全을 確保하기 위해 행해지는 것이며 材料나 製品의 品質을 證明하는 資料에 따른외 각각의 目的에 따라 精度와 頻度, 試驗, 檢査를 한다든지 配合, 組合에 立會하는등 하여 確認을 하여야 한다.

材料나 製品, 倉庫나 現場等에 搬入되어서 實際로 使用되기까지의 管理가 소홀하면 破損, 變質等의 危險이 있으므로 保管設備나 管理體制를 確立한 管理를 함과 아울러 工事의 進捗과 더불어 材料의 搬入計劃을 수립 效率的인 運用을 도모해야 한다.

1) 터널구체材料의 品質管理에 대해서 터널구체는 半永久的으로 使用되는것을 前堤로 하여 築造되는 것이며 地中 깊게 築造되는것 完成後는 즉시 供用되는것 등에서 工事完成後에 결점이 發見되도 修復하기에 困難하며 이 면에서도 材料에 대해서는 嚴한 管理가 必要하다. 터널구체材料로서는 鐵筋, 콘크리트, 鋼管柱, 鐵骨, 防水材料等이 있으나 以上과 같은 觀點에서 KS規格品이 사용되는것이 普通이며 品質證明書에 의해 管理된다. 더욱 콘크리트는 말하자면 半製品이며 品質의 變動係數나 經時變化가 比較的 크므로 KS마크 標示許可工場에서의 製品이라도 현장시료의 採取에 의한 拔取試驗을 해서 事後確認을 하는것이 普通이다. 물론 KS製品과 같은 品質保證이 없는 材料를 쓰는 경우는 適切한 試驗을 해서 所要의 性能을 가지고 있는 것을 確認해 두어야 한다. 또, 現場搬入時의 檢査에 合格한 材料에 있어서도 使用時에 있어 變質한 可能性이 있는 材料는 再試驗等을 해서 合格한 것이 아니면 使用해서는 안된다.

2) 假設材料의 品質管理에 대해서 假設材料는 터널 구체材料에 比하면 使用되는 期間이 一時的이며 使用中은 隨時点檢하여 필요한 경우에는 補修나 交換이 可能한가 등의 理由에서 材料가 갖는 强度를 되도록 有效하게 利用한다는 觀点에서 許容應力度를 割增하여 使用하는것이 普通이다.

그러나 反面, 假設材料는 反復 再使用되는 것이 普通으로 穿孔跡이나 局部的인 變形等을 그대로 하여 使用한다든지 材質的으로 疲勞하고 있는 경우도 있음으로 이일을 考慮하여 適當한 時期에 試驗을 한다든지 必要한 경우에는 補强을 하는 등 充分한 管理를 하여야 한다. 또, 工期의 긴 工事에 木材를 使用할 경우에는 특히 그 耐久性에 대해서 配慮할 必要가 있다. 許容應力度의 割增과 品質과의 關聯에 대해서는 第3編「許容應力度」4.9「흙막이支保工」을 參照할것.

더욱 再使用의 鋼材는 穿孔跡이나 局部變形等을 갖고있는 것이 있음으로 注意를 要한다.

따라서 再使用鋼材를 **覆工주보재**, 빔받침재, 흙막이재, 말뚝材等의 重要假設物에 使用할 경우에는 外觀檢査等에 의해 使用材料의 選定을 하여야 한다.

3) 其他(地下埋設物, 旣設構造物, 道路等의 復舊材料)의 品質管理에 대해서 地下埋設物, 旣設構造物, 鋪裝等의 터널 築造때문에 一時撤去한 것의 復舊나 받침帶의 築造에 使用하는 材料는 永久構造物의 材料라는 점에서 터널구체재료에 準하여 品質管理를 하여야 하나 이들의 構造物은 工事完了後 각각의 管理者에 引繼하기 때문에 協定, 許可等의 內容에 따라 各管理者의 條件을 滿足하는 品質管理를 하여야 한다. 特히 協定, 許可等의 內容에 의해서는 鋪裝材料等과 같은 引繼에 있어서 材料의 品質證明書가 必要한 경우도 있으므로 留意하여야 한다.

4.19.3 作業管理

施工에 있어서는 現場巡廻, 入會等에 의해 恒常 各種作業의 狀況을 把握하고 工事가 示方에 따라 **進捗**하도록 계속 日常作業의 管理에 努力해야 한다.

【**解 說**】作業管理는 단위별로 各作業의 順序, 方法, 作業內容에 대해서 留意할 뿐 아니라 地盤이나 地下水, 地下埋設物等의 施工條件, 作業할때의 周邊 通過交通이나 商業活動等의 施工環境을 觀察하는 것에 의해 後續作業과의 關聯, 工事公害의 可能性, 作業內容과 使用機械, 人員바란스, 作業의 速度, 安全性, 經濟性 等 本章의 他節에서 取扱하고있는 工程, 品質, 安全衛生, 公害의 面에서도 檢討하여야 한다.

各作業에 立會경우는 물론 日常의 現場巡廻에 있어서도 設計內容과 現場의 狀況에 恒常 對比하고 示方과 같은 施工이 行해지고 있는가 또는 設計內容이 現場에 不適合하지 않나 等에 留意하고 必要한 措置를 取하여야 한다.

各種作業에 있어 作業管理의 要点은 他의 各章에서 詳述되어 있으나 더욱 一般的인 管理項目을 **列擧**하면 다음과 같은것이 있다.

1) 말뚝박기, 路面覆工等의 作業管理
① 施工精度가 後續作業에 주는 影響이 크므로 높이, 位置, 垂直性의 保持等에

留意한다.

② 主된 路面作業이며 大型의 機械로 長尺의 鋼材를 取扱경우가 많음으로 公衆災害나 勞動災害의 防止에 留意한다.

③ 騷音振動에 留意하고 機械, 作業方法, 作業時間等을 選定한다.

④ 路面交通을 制限하면서 作業을 하는 關係上 制約된 時間內에 作業을 終了하여야 함으로 作業量, 機械, 人員, 材料의 手配等에 留意한다.

2) 地下埋設物, 旣設構造物의 處理에 대해서의 作業管理

① 工事中, 工事完成後, 地下埋設物, 旣設構造物을 安全하게 防護하고 그 機能을 保持하는것이 重要함으로 이들 施設의 構造上 弱点, 老巧度等을 配慮하여 施工한다.

② 水道管의 夜間水壓이 增加, 豪雨時, 滿潮時等의 下水管의 狀態等에도 留意한다.

2) 掘鑿의 作業管理

① 排水에 留意하고 흙의 安定을 도모 土質에 가장 適應한 掘鑿手段을 講究하는 것으로 한다.

② 다른作業(支保工設置, 구체築造等)의 工程을 考慮하여 너무나 先行하지 않도록 한다.

③ 照明, 換氣, 排水에 留意하고 作業環境을 良好로 保全

4) 구체築造의 作業管理

① 築造位置, 치수, 配筋狀態, 거푸집의 安定等에 대해서의 체크를 충분하게 한다.

② 콘크리트의 타설數量에 대한 타설態勢(펌프의 手配, 覆工開口部의 數, 人員, 手配等)의 체크를 충분히 한다.

③ 콘크리트치기 및 養生方法(打設前의 淸掃, 散水, 打設順序, 다짐, 세팅, 마무리, 試料採取, 養生等)에 留意할것.

5) 路面等의 復舊에 대해서 作業管理

① 埋設物, 道路 및 道路付屬物等의 復舊는 許可條件, 協定에 의한 외 충분한 事前打合을 갖고 되도록 이들 管理者의 意向에 따른 方法으로 한다.

② 作業의 各段階에 있어 立會試驗等을 勵行함과 아울러 이것에 관한 記錄資料

를 整備한다.

③ 路面作業에 있어서는 作業時間의 制約을 考慮하여 作業量에 대한 機械, 人員, 材料의 手配等에 특히 유의한다.

4.19.4 安全衛生管理
工事의 施工에 있어서는 安全管理體制를 確立하고 現場의 作業環境을 整備함과 아울러 作業員에 대한 安全敎育및 建康指導를 勵行하고 工事災害, 公衆災害, 勞動災害의 防止와 衛生管理에 努力하여야 한다.

【解 說】工事施工에 있어서의 安全衛生管理에 대해는 다음 事項에 留意하여야 한다.

① 工事現場의 安全管理體制의 運營과 設立에 대해서는 「勞動安全衛生法」,「市街地土木工事公衆災害防止對策要領」기타 關聯法規에 의한 規定되어 있으나 이외 企業者, 施工者 각각의 立場에서 安全管理組織을 만들어 運營할것.

② 豪雨, 地震等의 非常事態에 대해서도 臨機의 處置를 취하도록 常時부터 緊急資材의 準備나 緊急時防災連絡体制를 確立하여 둘것.

③ 工事災害를 防止하기 위해 항상 現場을 巡廻하고 路面, 흙막이, 地下埋設物等 坑內坑外의 要所를 点檢함과 아울러 作業時에 있어 埋設物位置의 確認, 機械의 使用範圍, 湧水對策等에 대해서 充分한 對策을 강구하고 施工할 것.

④ 通過車輛, 通行者, 沿線居住者等의 公衆災害를 防止하기 위해 作業帶境界를 明確히 하고 第三者의 作業帶內의 出入을 防止할것. 또, 이들의 境界에는 保安柵, 保安燈, 点滅燈, 案內板等을 適正하게 配置함과 아울러 工事區域內의 路面, 施設等의 維持補修, 清掃에도 充分히 配慮할것.

⑤ 勞動災害의 防止에는 使用機械의 点檢, 出入口, 通路, 階段, 作業비계等의 整備, 作業場의 整理整頓等 現場環境을 良好하게 保持함과 아울러 掘鑿方法, 機械類나 重量物의 取扱方法等 適正한 作業方法의 指導나 安全敎育을 勵行할것. 이들의 具體的인 基準에 대해서는 「勞動安全衛生法」에 詳細하게 規定되어 있으나 이들을 遵守함과 아울러 現場에 따른 保安措置, 作業方法等을 確立하여 勞動災害의 防止에 努力할것.

⑥ 工事災害를 防止하기 위해 防水材(아스팔트, 아스팔트 프라이머, 接着劑

等), 地盤改良材(生石灰等), 油脂燃料(가솔린, 輕油, 燈油等), 가스(酸素, 아세닐린等)等은 可燃性으로 引火爆發 危險性이 있는것에 對해서는 防火責任者를 決定, 取扱 및 貯藏에 있어서는 消防法 및 危險物, 防火시트等에 의한 防火對策을 講究할것.

⑦ 開鑿式터널工事의 作業은 그 大部分이 地下의 坑內에서 행해지기 때문에 作業環境이 不良하게 되기 쉬우며 이때문에 照明, 換氣, 排水等에 留意하여 作業環境의 改善을 도모함과 아울러 作業員各人이 日日의 健康狀態에 留意하도록 指導하는등 衛生管理에 努力할것.

4.19.5 環境保全對策

作業은 工事의 行하는 沿線에 對해서 工事公害防止, 環境保全에 留意하여 하여야 한다. 더욱 工事公害의 發生이 豫想되는 경우는 그 對策을 檢討하고 解決에 努力하여야 한다.

【解 說】 工事에 따른 騷音, 振動, 地盤沈下, 먼지, 交通阻害等은 多少에 불구하고 沿線의 居住者의 生活環境에 影響을 주는것이다.

工事의 관계者는 그 工事目的의 重要性이나 公共性에 불구하고 이들 公害의 防止에 全力을 다하여야 한다. 이때문에는 現場環境에 맞는 工法이나 機械의 採用에 費用을 아껴서는 안된다. 또, 沿線居住者의 生活 싸이클 等을 考慮하여 作業時間帶의 選擇을 한다든지 工事에 의해 阻害되는 物件에 對해서는 代替設備를 設置하는등과 어울려 터널이 갖는 社會的意義나 工事關係者의 熱意等에 對하는 理解를 얻어지도록 努力할 必要가 있다. 沿線家屋이나 우물等이 생긴 경우에는 빨리 誠意를 가지고 對策을 講究함과 아울러 適切한 措置를 講究하여야 한다.

工事에 있어서는 특히 下記에 對해서 留意의 하여야 한다.

1) <u>騷音防止에 대해서</u> 工事에 따른 騷音은「騷音規制法」의 외 關係條令等에 의해 規制되나 施工에 있어서는 이들의 法令을 遵守하고 되도록 騷音이 적은 機械나 工法을 採用하여야 한다.

말뚝박기時의 打擊音, 콘크리트및 鋪裝의 破碎音, 콘크리트打設時의 流動音, 各種機械의 엔진音等에 對해서는 특히 留意하고 그 對策을 수립하여야 한다.

2) 振動防止에 대해서   工事施工에 따른 一時的인 振動은 「振動規制法」외 關係條令等에 의해 規制됨으로 施工에 있어서는 이들의 法令을 遵守하여야 한다. 또, 振動은 振動源의 特性, 土質, 他物體와의 共振 및 個人의 感受性에 의해, 각각 精度가 다른것이나 公害防止의 精神을 尊重하고 振動이 적은 機械, 工法等의 採用을 도모하여야 한다. 開鑿式터널工事에 있어 振動源으로서는 杭打(拔)機, 鋪裝破碎機, 콘크리트破碎機等이 顯著하나 反面 施工性等에 좋은점이 있으므로 이들을 採用할 경우는 施工環境에 留意하고 適切한 使用法을 講究하여야 한다.

3) 地盤沈下防止에 대해서   工事에 따른 地盤沈下는 土質, 施工法, 施工의 良否等에 의해 각각 다르나 特히 軟弱地盤地域의 工事에는 問題가 된다. 이와같은 地域에는 흙막이나 흙막이支保工에 剛性의 높은 材料를 써서 地盤의 緩和를 적게 한다든지 遮水性흙막이를 써서 地下水位低下에 의한 地盤의 壓密防止를 圖謀하는등 極力地盤沈下防止에 努力하여야 한다.

4) 地下水位低下防止에 대해서   開鑿式터널 工事는 一般的으로 地下水位以下에 깊게 掘鑿을 하는것이 普通이나 이와같은 경우 흙막이 背面의 地下水位도 必然的으로 低下한다. 特히 開水性흙막이를 使用한 경우 地下水位低下는 前述의 地盤沈下 原因이 될뿐 아니라 直接的에는 우물이 마르는 等의 事態를 일으키므로 代替設備로서 水道를 設置하는등 沿線에 대한 被害를 防止하여야 한다.

5) 먼지 飛山防止에 대해서   開鑿式터널의 工事는 大量의 掘鑿土를 取扱하는 외 多種類의 工事用資材, 機械運搬車等에 의해 現場內에 먼지가 集積하고있다. 强風時에는 이들 먼지가 飛散하면 沿線居住者에 迷惑을 주는 경우가 있으므로 現場內는 항상 淸潔하도록 淸掃, 散水等을 하여야 한다.

6) 注入에 의한 障害防止에 대해서   注入工法이 多用되는데 따라 注入用藥液도 浸透性 其他에 좋은것이 開發되어 왔으나 反面 注入에 의한 工事公害도 發生하게 되었다. 藥液注入은 作業에 있어서는 注入에 의한 人體나 動植物의 影響, 周邊의 地下水에 대한 影響, 周邊地盤이나 構造物의 隆起, 埋設物管路의 充塡閉塞等을 일으키는 일이 없도록 管理를 充分하게 하여 愼重에 施工하여야 한다.

또, 周邊의 狀況에서 地盤隆起等이 重大한 影響을 미치는 위험이 있는 경우 付近에 우물이나 公共用水域이 있는 경우等에는 처음부터 測点을 設置해 두고 適當한 頻度로 觀測, 水質檢査等을 하면서 施工하여야 한다(4.15.3, 4.15.6 參照할것).

7) 廢棄物處理에 대해서 工事에 의한 發生하는 廢棄物은 「廢棄物의 處理및 淸掃에 關한 法律」외 關係條令等에 의해 規制됨으로 施工에 있어서는 이들의 法令을 遵守하여야 한다. 産業廢棄物은 元請業者의 責任에 있어 資格을 갖인 廢棄物運搬業者, 處理業者에 委託하는 등 適正하게 處理하여야 한다.

8) 交通安全對策에 대해서
① 工事施工에 있어서는 「市街地土木工事公衆災害防止對策要綱」, 「道路 工事現場에 있어 標準施設等의 設置基準」, 警察廳交通課「道路工事에 따른 事故防止對策」에 基礎해서 항상 旣設構造物 및 埋設物, 交通, 公衆, 기타에 影響을 주지 않도록 安全의 確保에 필요한 處置를 하여야 한다.
② 路面을 占用하는 工事에 施工時間 및 施工區域은 道路管理者 및 警察署의 許可條件에 따라 區劃마다에 範圍를 限定하여 施工하고 工事區域은 保安燈等의 保安施設을 設置하고 明瞭하게 區劃하여야 한다.
③ 路面에는 專任의 係員을 配置하고 施工區間全域에 걸쳐 常時巡廻시켜 轉屬의 作業班에 의해 항상 一般通行의 支障이 없도록 路面全域에 대해서 維持補修에 努力하여야 한다.
④ 工事區域에 出入하는 工事用車輛이 一般交通을 방해하지 않도록 運行의 指揮, 誘導를 하는 專任의 保安要員을 配置하고 事故防止에 努力하여야 한다.
⑤ 路面을 占用하고 工事를 하는 경우는 항상 步行者의 安全을 確保한다. 特히 步道上 또는 步車道의 區別이 없는 道路에서 工事를 할 경우 반드시 步行者用通路를 設置하여야 한다.
⑥ 夜間路面을 占用하여 工事를 할 경우 또는 夜間路上에 作業帶를 남기는 경우는 周邊의 照明을 하여 交通의 安全을 가져야 한다.
⑦ 工事用材料를 부득이 路上에 集積하는 경우는 처음부터 道路管理者, 管轄警察署의 許可를 얻어 交通에 支障이 없도록 整理, 整頓에 努力하여야 한다.

9) 其他 上記의 工事用機械나 設備等에 의한 視界나 美觀의 阻害等도 생각됨으로 現場의 狀況을 考慮하여 適切한 措置를 講究하여야 한다.

4.20 觀測, 測定, 工事記錄

4.20.1 觀測, 測定, 工事記錄

開鑿式터널 工事의 實施에 있어서는 摘宜 觀測, 測定을 하여 또, 工事記錄 등을 되도록 詳細하게 하여 保存에 努力하여야 한다.

【解 說】開鑿式터널工事의 實施에 있어 觀測, 測定및 工事記錄에는 다음과 같은 것이 있다.

1) 觀 測
   ① 흙막이面의 狀態
   ② 湧水의 量 및 質
   ③ 施工에 따른 付近의 地表面 및 기타의 構造物이나 埋設物의 變狀
   ④ 土質 및 地下水位狀態의 變化
   ⑤ 흙막이材나 支保工材의 變狀

2) 測 定
   ① 흙막이壁 또는 支保工에 作用하는 土壓및 水壓
   ② 흙막이材 또는 支保工材에 생기는 應力 및 變位
   ③ 地表面, 近接建造物, 重要埋設物, 등의 變狀
   ④ 工事에 따른 諸機械, 設備등의 騷音, 振動레벨
   ⑤ 周邊地盤中의 水位 및 水質

3) 工事記錄
   ① 工事日誌
   ② 竣工圖(平面圖, 縱斷面圖, 橫斷面圖)
   ③ 土質圖
   ④ 埋設物復舊圖
   ⑤ 路面復舊圖
   ⑥ 埋設 말뚝 等의 位置圖
   ⑦ 映畵, 寫眞等

이들의 觀測, 測定을 하여 工事記錄을 하는 主 目的은
　①開鑿式工法의 安全한 施工을 한다.
　②工事에 의한 事故나 紛爭이 發生한 경우의 原因規明이나 補償의 資料로 한다.
　③竣工後의 施設의 維持管理 및 補修, 改造等의 資料에 使用한다.
　④竣工後 他施設等의 工事가 터널에 近接하고 行해지는 경우의 資料로 한다.
　⑤將來의 開鑿式工法의 改善, 發展等을 위해 技術資料로 한다.
等이며 各種의 利益이 있음으로 되도록 正確하게 詳細한 記錄을 하는것이 必要하다.

또, 이들의 데이타는 整理하고 保存에 努力 以後의 利用에 便利하도록 해 두는것이 바람직하다.

【資 料 編】

【터널의 耐震設計에 관한 資料】

터널의 耐震設計(本지침서 2.4.6)에 관한 具體的인 設計方法 및 注意를 정리 以下에 表示한다.

 1. 震度法에 의한 計算
(1) 地震時의 土壓
  ① 地震時 水平土壓은 物部·岡部土壓公式에 의한다.
  ② 地震時 上載壓의 變動은 一般的으로 考慮하지 않는 경우가 많음. 考慮할 경우는 土被 重量에 $(1 \pm k_v)$을 곱한 값으로 한다. 上向(-), 下向(+)의 區別은 條件에 따라 安全側이 되도록 選擇한다. 여기에 k_v는 鉛直震度이다.
(2) 慣性力
  ① 地震에 의한 慣性力은 構造物의 自重等에 設計震度를 곱하여 求한다.
  ② 慣性力의 作用位置는 自重等의 中心位置로 하고 그 作用方向은 터널의 軸

付表 2.1 地域別補正係數(Δ_1)

地域區分	係數
A	1.0
B	0.85
C	0.7

方向 및 軸直角方向의 水平 2方向 및 鉛直方向으로 한다.
(3) 設計水平震度(k_h)
設計水平震度는 다음식에 의한다.

$k_h = \Delta_1 \cdot \Delta_2 \cdot k_0$

여기서 　Δ_1 : 地域別補正係數(付表 2.1)

　　　　Δ_2 : 地盤의 特性에 의한 補正係數(付表 2.2)

　　　　k_0 : 設計水平震度의 標準値 $k_0=0.2$로 한다.

(4) 設計鉛直震度(k_v)는 設計水平震度의 1/2의 값을 必要에 따라서 考慮한다.

付表 2.2 地盤의 特性에 의한 補正계수(Δ_2)

區 分	地 盤 種 別[1]	係 數
1 種	(1) 第3紀以前의 地盤(以下岩盤이라 칭함) (2) 岩盤까지의 洪積層[2]의 두께가 10m未滿	0.9
2 種	(1) 岩盤까지의 洪積層 두께 10m以上 (2) 岩盤까지의 沖積層의 두께가 10m未滿	1.0
3 種	沖積層의 두께가 25m未滿으로 軟弱層의두께가 5m未滿	1.1
4 種	上記以外의 地盤	1.2

注 1) 地盤種別은 一應의 目標를 表示한것임으로 建設支店의 狀況에 따라서 係數를 判斷한다. 여기서 말하는 地層의 두께는 地表面에서의 두께로 한다.
　　2) 沖積層의 조임사층 砂礫層, 호박돌層을 包含
　　3) 岸崩等에 의한 새로운 堆積層을 包含

2. 應答變位法에 의한 計算

一般적으로 그 順序는 먼저 耐震設計上의 基盤面을 地盤調査結果等에서 決定하고 그 上方의 表層地盤 剪斷彈性波速度나 固有週期를 算出하고 이것에 基礎해 應答速度의 基準値를 求한다. 그런후 地表面및 地盤內部의 水平變位量을 算出한다. 여기서 算出된 地盤의 水平變位量은 터널의 存在를 無視하고 計算되기 때문에 實際의 터널이 存在한 경우의 變位量이란 다소 다른것으로 생각된다. 여기서 터널이 周邊地盤에서 各種의 나사로 받쳐주고 있는 것으로 假定하고 前記의 터널이 存在를 無視하고 算出한 水平變位量에 比例하는 水平力과 剪斷力을 入力데이타로 하여 應力計算을 한다. 以下에 應答變位法에 의한 計算方法 例를 表示한다.

(1) 地震時의 地盤 變位振幅

地表面에서 任意깊이 (x)에 있어 水平方向의 變位振幅은 다음식에 의한다.

$$U_{h(x)} = \frac{2}{\pi^2} \cdot S_v \cdot T \cdot k'_H \cdot \cos\frac{\pi x}{2H}$$

여기서, $U_{h(x)}$: 地表面에서의 깊이 x에 있어 水平方向의 變位振幅(cm)

　　　　S_v : 單位震度當의 應答速度(cm/s)

　　　　T : 表層地盤의 基本固有周期(s)

　　　　k'_H : 表層地盤에 作用되는 設計水平震度

　　　　H : 表層地盤의 두께(cm)

(2) 單位震度當의 應答速度(S_v)는 表層地盤의 基本固有週期에 따라서 付圖 2.1에 의해 求한다.

여기서 付圖 2.1는 强震時에 있어 흙의 減衰定數를 0.20程度이라고 하고 强震記錄에서 얻어진 平均應答 스펙트로曲線을 基準으로 하여 定한 것이다.

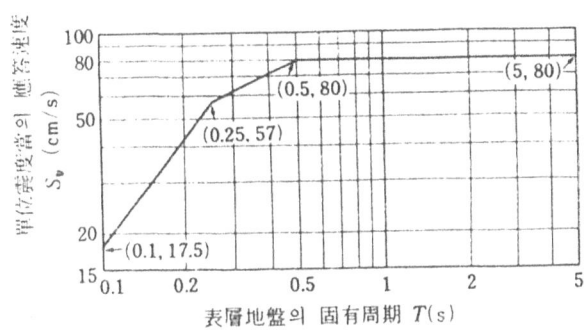

付表 2.1 單位震度當 應答速度의 基準値

(3) 表層地盤의 基本固有周期(T)는 터널 建設地點에 놓는다. 剪斷彈性波速度의 實測結果를 基準으로 하여 地震時에 생기는 **剪斷龜裂** 크기를 考慮하여 算定하나 다음식에 의해 推定된다.

n 개의 層으로 構成되는 表層地盤의 基本固有周期는

$$T = 4 \sum_{i=1}^{n} \frac{H_i}{V_{si}}$$

여기서, H_i, V_{si}는 i번째 層의 두께 剪斷彈性波速度이다.

(4) 表層地盤에 作用시키는 設計水平津渡 (k'_H)는 다음식에 의해 구한다.

$$k'_H = \frac{1}{B_G} \cdot \frac{k_h}{\Delta_i}$$

여기서, B_G : 表層地盤의 增幅係數(一般적으로 4/3~2)
k_h : 設計水平震度[1.(3)]
Δ_2 : 地盤別補正係數[付表 2.2에 의함]

(5) 表層地盤의 두께(H)는 地表面에서의 設計上假定하는 基盤面까지의 두께로 한다.

(6) 基盤面의 設定은 터널 建設地点의 地盤調査 結果에서 決定한다. 目標로서는 剪斷彈性波速度가 300m/s以上, 標準貫入試驗의 N값이 50以上으로 거의 넓은 地域에 걸쳐서 共通으로 存在하는 地盤을 基盤으로 하는 것이 많다.

(7) 터널軸方向의 設計에 必要한 波長은 表層地盤의 基本固有周期(T)에 波의 電波速度를 곱해서 구한다.

(8) 鉛直方向의 變位振幅 U_v를 考慮할 경우는 $U_v = U_h/2$로 한다.

(9) 흙의 諸定數

耐震設計에 있어 密接한 關係있는 흙의 諸定數는 各種調査試驗에 의해 直接的으로 求하는 것으로 한다. 그것이 困難한 경우는 標準貫入試驗等 다른 調査結果에서 間接的으로 구한 값을 써도 좋다. 흙의 諸定數의 一例를 정리한 付表 2.3에 표시와 같다.

付表 2.3 地盤諸定數

地層	定數	標準N値	剪斷彈性波速度 V_s (m/s)	포아손비 ν	剪斷彈性係數 G (tf/m²)	彈性係數 E (tf/m²)	單位體積重量 γ (tf/m³)	密度 ρ (tf/s²·m⁴)
粘性土地盤	軟한	0~4	80	0.45	1 040	3 030	1.60	0.163
	中位의	4~8	110		1 970	5 720		
	딱딱한	8~15	140	0.40	3 610	10 100	1.80	0.184
	대단히딱딱함	15以上	200	0.35	8 160	22 000	2.00	0.204
砂質土地盤	완화	0~10	80	0.40	1 040	2 920	1.60	0.163
	中位의	10~20	100	0.35	1 840	4 970	1.80	0.184
		20~30	150		4 140	11 200		
	密한	30~50	200	0.30	8 160	21 200	2.00	0.204
	대단히 密한	50以上	400		32 600	84 900		
岩 盤		—	2 000	0.25	1 020 000	2 550 000	2.50	0.255

$$V_s = \sqrt{\frac{G}{\rho}} \qquad G = \frac{E}{2(\nu+1)} \qquad \rho = \frac{\gamma}{g}$$

3. 周邊地盤의 安定

(1) 모래地盤의 流動化 檢討

飽和한 緩和 砂質地盤은 地震時에 流動化할 危險이 있다. 完全하게 流動化한 砂質土는 單位體積重量이 $1.8 \sim 2.0 tf/m^3$의 液體와 거의 같은 擧動을 表示라 생각 된다.

付圖 2.2-a에 表示와 같은 流動化層이 터널의 底面보다 위에 있는 경우에는 流動化層中에 터널의 側壁에는 물을 包含한 흙의 單位體積重量 γ_s에 對해 土壓係數 $k_s=1.0$ 로 하는 泥水壓이 作用한다.

또는 付圖 2.2-b에 表示와 같이 流動化層이 터널 底面의 아래에 있는 경우에는 터널을 支持하는 地盤는 增加荷重에 對한 支持力을 잃어 터널 底面까지의 흙과 물의 重量에 相當하는 揚壓力이 생기는 것이 된다. 기타 地表面이 傾斜 또는 凹凸이 심한 地形等의 경우도 流動化할때 터널이 不安定이 되는 경우가 많다.

따라서 이와같은 條件의 경우는 地盤의 安定性에 對해서 特히 愼重한 檢討가 必要하다.

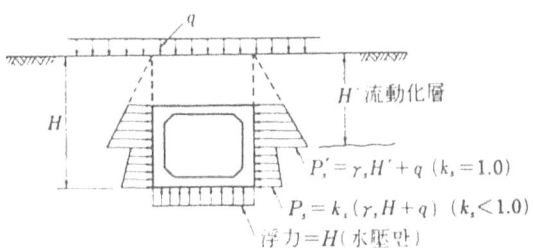

付表 2.2-a 流動化層이 터널底面보다
위인 경우

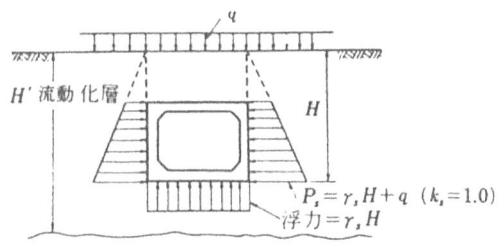

付圖 2.2-b 流動化層이 터널底面보다
아래인 경우

流動化 하는것이 認定되어 터널에 對해서 큰 影響을 준다고 判斷되는 경우는 地盤改良 또는 構造의 修正, 루트變更等의 對策을 생각해야 한다.

砂質地盤의 流動化 豫測法으로서 提案되어 있는 것을 表示하면 付表 2.4와 같다.

(2) 粘性土地盤의 檢討

地震時에 流動化現象과 같은 急激한 性狀의 變化는 없으나 特히 터널 底面以下의 支持地盤에 있어 支持力의 低下, 地盤의 變位等이 顯著하게 耐震上 問題가 생기는 일이 있는가 없는가에 對해서 注意하여야 한다.

付表 2.4 流動化 豫想法一覽表

	(1) 建設省 新耐震設計法(案) 1977.3	(2) 國鐵 耐震設計指針(案) 1979.9	(3) 道路橋示方書 耐震設計編에 준한 方法 (日本道路協會)1980.5	(4) 이와사기·龍岡씨의 방법
推積年代	沖積層		沖積層	
地下水位 層의 깊이	地下水位가 높은 10m 보다얇은砂質地盤	10m 보다 얇다.	現地盤面에서 10m 以内 現地盤面에서 20m 以内	20m 까지를 對象으로 한다.
N 値	10 以下	10 以下		
平均粒徑	細粒分含有率 10%~20% 以下	$0.04\,mm \leqq D_{20} \leqq 0.5\,mm$ 飽和砂質土層	$0.02\,mm \leqq D_{50} \leqq 2.0\,mm$ 飽和砂質土層	$0.04\,mm \leqq D_{50} \leqq 1.5\,mm$
均等係數		$U_c \leqq 6$		
豫測方法	○ 上記條件을 모두 充滿한 경우 流動化의 可能性이 있다. ○ 上記로 豫測어려운 경우는 動的土質試驗 等에 의해 豫測한다.	○ 上記條件을 모두 充滿한 경우 流動化의 可能性이 있다.	○ 以上의 條件을 모두 充滿한 飽和砂質土에 대한 F_L에 의해 豫測한다. ○ $F_L = R$. $L < 1.0$의 경우는 流動化의 可能性이 있다고 土質定數를 低惑시킴. L: 地震時剪斷應力比 R: 動的剪斷強度比 F_L: 流動化에 대한 低抗率	○ F_L값에 地層의 깊이도 고려하고 求한 P_L값에 의해 豫測 $P_L = \int_0^{20} F w(z)\,dz$ $F_L < 1.0$ 일때 $F = 1 - F_L$ $F_L \geqq 1.0$ 일때 $F = 0$

【겉보기(見掛)의 土壓에 關한 資料】

1. 겉보기의 土壓分布에 대해서

最近 우리나라에 있어 흙막이壁背面에 설치한 土壓計에 의해 直接的으로 土壓의 크기를 測定하는 方法이 盛行하고 있다.

이들중에서 1977年에 付表 3.1에 表示와 같은 實測例를 文獻에서 수집했다. 더

付表 3.1 土壓計에 의한 測定資料數

掘鑿깊이	모래	단단한 粘土 ($N>4$)	軟한 粘土 ($N<4$)
~10m 未滿	1	0	2
10~15 〃	6	0	5
15~20 〃	8	3	6
20~25 〃	3	3	6
25~30 〃	2	1	0
30~35 〃	0	0	2
合 計	20	7	21

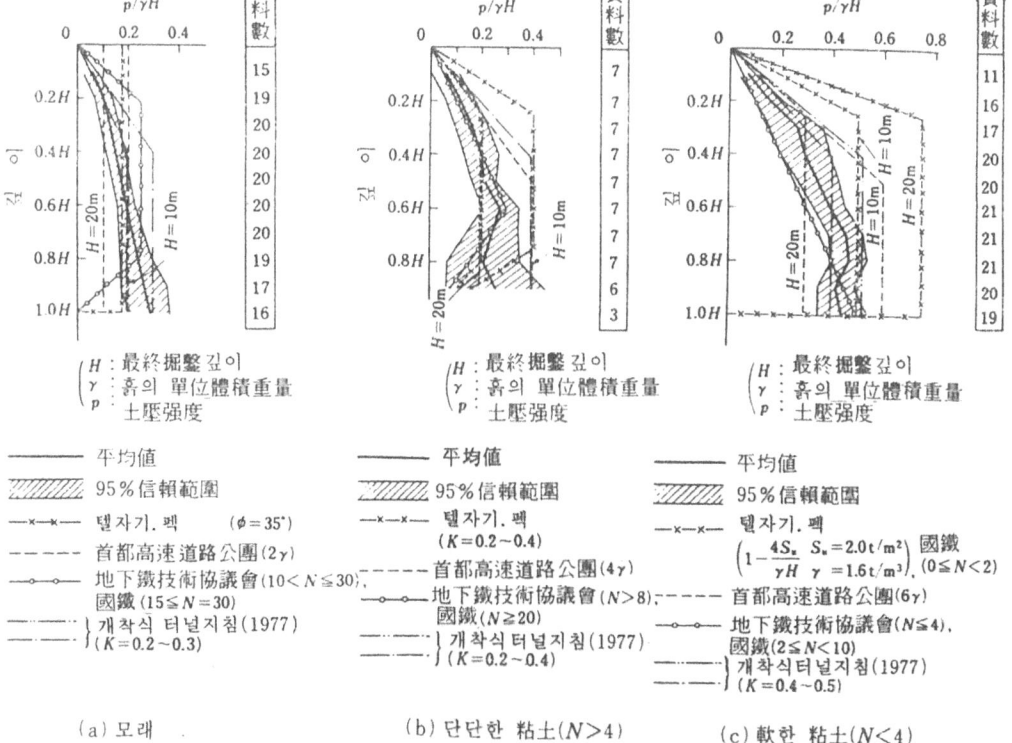

(a) 모래　　　　　(b) 단단한 粘土($N>4$)　　　(c) 軟한 粘土($N<4$)

付表 3.1 無次元 表示에 의한 土壓分布(1)

욱 흙막이壁의 種類와 地下連續壁, 鋼널말뚝, 엄지말뚝 橫널말뚝등이 있으나 大部分이 遮水性 흙막이壁이다.

이들의 資料의 集計에 있어서는 各 掘鑿段階로 計測된 土壓의 最大値를 包絡하는 線을 그 現場의 設計用土壓이라 생각 通計的處理를 하여 付圖 3.1과 같은 結果를 얻는다.

集計에 있어서 地盤을 3種類로 한것은 이 以上 細分化하면 데이타數의 關係에서 通計的處理가 困難하다고 생각되기 때문이다. 또, 測定된 土壓은 水壓을 包含

付表 3.2 버팀대 軸力의 測定資料數

掘鑿깊이	모래		점 토	
	버팀대 段數	資料數	버팀대 段數	資料數
~10m 未滿	3	1	3~5	7
10~15 〃	2~4	23	2~6	16
15~20 〃	3~6	5	3~6	8
20~25 〃	6	3	5	3
合 計		32		34

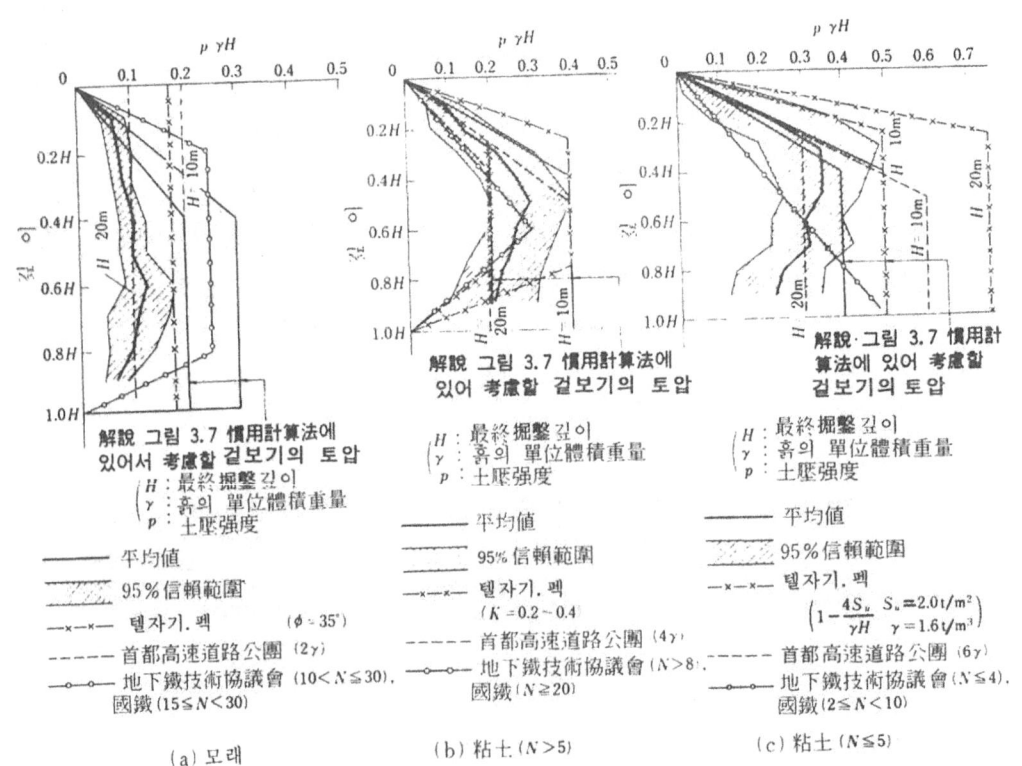

付圖 3.2 無次元表示에 의한 土壓分布(2)

한 것이다.

이 土壓分布와 1973年에 首都高速道路公團에서 發表된 付表 3.2에 表示 66例의 버팀대 軸力의 測定資料가 어느 程度對應하고 있는가를 表示한것이 付圖 3.2 이다.

付圖 3.1에 表示된 1977年 制定의 開鑿式터널 指針에서의 堤案値는 土壓計에서의 測定結果를 근간한 土壓分布이나 付圖 3.2를 보면는 硬軟判定 N値는 약간 다른것의 버팀대 軸力에서 求한 土壓分布에 대해서도 대체로 滿足하고 있는것을 알수 있다.

이 일에서 慣用計算法에 쓰이는 土壓分布로서는 解說 그림 3.7 겉보기 土壓 分布를 그대로 쓰는것으로 했다.

2. 겉보기 土壓의 크기에 대해서

解說 그림 3.7및 解說 表 3.3 겉보기 土壓 分布와 係數는 土木學會가 1977年에 制定한 開鑿式터널 指針에 堤案된것과 같다. 이때는 付表 3.1에 표시한 48個의 土壓計에 의해 測定資料를 近間으로 堤案되었다.

今回는 前述의 開鑿式터널指針에서의 堤案値에 대해 새롭게 收集한 實測例가 어느程度 適應하고 있는가를 보았다. 實測例의 收集은 日本全國의 官公廳을 爲始 國鐵, 公團, 公社, 民鐵等 土木事業에 管한 110余의 事業所의 앙케이트調査를 依賴하여 78個所에 있어 實側結果의 回答을 얻을수가 있었다. 이들의 計測結果는 어느것도 1977年의 開鑿式터널 指針作成時는 使用된 48個의 데이타란 重複하고 있지 않는 것이다. 今回收集된 實測例에는 掘鑿幅이 10∼15 m, 最終掘鑿깊이가 10∼20m 程度로, 比較的規模가 크다. 흙막이壁의 種類는 엄지말뚝橫널말뚝, 地下連續壁, 鋼널말뚝等이 많고 흙막이壁의 全長도 10∼30m 程度이다.

흙막이壁의 根入길이는 最小 2.4m, 最大 24.55m로 平均하며 2.5∼7.5m 가 많다. 버팀대 間隔및 段數는 水平間隔이 3.0m의 것이 壓倒的으로 많고, 鉛直方向의 間隔은 2∼4m 前後와 比較的 흐트러져 있다. 한편 버팀대 段數는 3∼6段이며 設置豫定位置에서 0.5∼1.0m 程度 掘鑿해서부터 設置되어있다. 또, 버팀대를 프리로드 한것이 많다. 앙케이트로 얻어진 土壓에서의 데이타 中에는 예를 들면 어스앵커를 使用한 것이나 斜面에서 掘鑿을 위해 偏土壓이 作用하도록 흙막이工, 수직坑과 같은 샤프트狀의 掘鑿等 通常의 掘鑿흙막이와 조금 다른 흙막이로 데이타가 包含되어 있다. 그와같은 데이타에 대해서 檢討는 다른 機會

에 하기로 하고 극히 一般的인 흙막이에 관하여 測定을 對象으로 했다. 더욱, 여기서는 今回의 앙케이트 調査에 의한 데이타외에 開鑿式터널指針에 쓴 土壓計 土壓의 實測데이타와 앙케이트와 별도로 입수한 實側結果를 加해서 버팀대 計 土壓으로 44個, 土壓計土壓 66個의 데이타 數를 얻고있다.

最終的으로는 이것에 追加의 데이타를 加해서 버팀대計土壓 68個, 土壓計土壓 74個의 데이타뱅크를 作成하여 겉보기 土壓에 주는 各種의 要因에 대해서 解析을 시험했다. 3.2.5 解說의 「適用에 있어서의 注意事項」은 이 要因解析의 結果이다.

(1) 土壓計土壓의 整理

먼저 記述한 74個의 土壓計土壓의 데이타는 다음과 같은 順序에서 整理되었다.

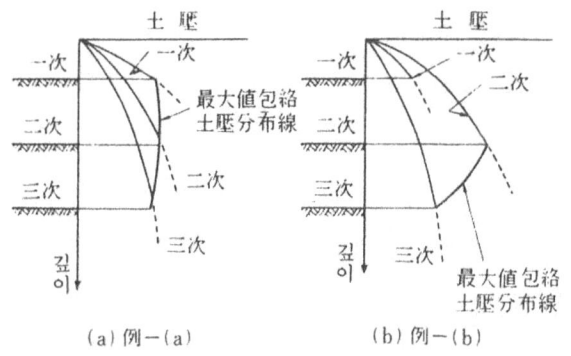

付圖 3.3 包絡線의 求한 方法

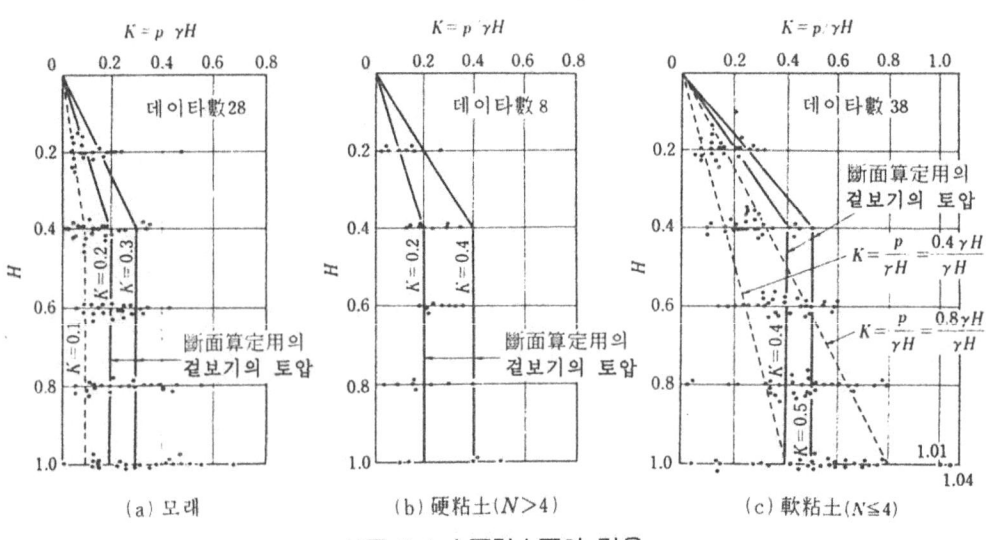

付圖 3.4 土壓計土壓의 경우

① 各各의 掘鑿段階에 있어 土壓分布線을 求한다.

② 各掘鑿段階의 土壓分布線에 대해서 各段階의 掘鑿面보다 위의 部分만을 同一圖上에 그려 이때 根入部分의 土壓은 考慮하지 않는다.

③ 上記②의 各分布線의 包絡線을 求하고 이것을 最大値包絡土壓分布線으로 한다(付圖 3.3).

④ 最大値包絡土壓分布線에서 各掘鑿깊이(H에 대한 比로 表示되는 깊이)에 對應하는 土壓强度를 구하고 rH로 無次元化하고 깊이 方向에 플로트 한다.

이와같이 하여 整理하고 구한것이 付圖 3.4이다.

付圖 3.4에서 다음과 같이 알수있다.

(ⅰ) 砂地盤의 土壓計土壓은 三角形分布의 것이 많고 水壓의 影響이 比較的 確實히 나와있다.

이것에 대해서는 別途에 水壓을 考慮하면 1977年 制定의 開鑿式터널 指針에서의 提案値를 거의 滿足한다고 생각된다.

(ⅱ) 硬粘土의 경우에는 提案値를 거의 滿足하고 있다.

(ⅲ) 軟粘土의 土壓計土壓은 三角形分布의 쪽이 가깝다.

上限, 下限에도 흐트러짐이 많으므로 平均的으로 보면 $p=(0.4\sim0.8)\gamma h$ 으로 좋으나 히빙에 대해서 安定치 못하는 極軟弱地盤의 경우에는 $p=0.9\gamma h+\alpha$ ($\alpha=0.1\gamma H$)程度까지 實測되어 있다. 단, p:깊이 h에 있어서 土壓强度, γ : 흙의 單位體積重量, h : 깊이, H : 最終掘鑿깊이이다.

(2) 버팀대計 土壓의 整理

버팀대計土壓의 데이타 68個 中에는 一部의 버팀대軸力만 測定하고 있지 않는 데이타도 包含되어 있기 때문에 實際에 解析에 쓴 데이타數는 付表 3.3에 表

付表 3.3 버팀대反力의 測定資料數

掘鑿깊이 (m)	모래	단단한 粘土 ($N>4$)	軟한 粘土 ($N\leq4$)
~10미만	5	0	5
10~15미만	5	0	4
15~20미만	3	8	4
20~25미만	5	0	4
25~30미만	0	2	2
計	18	10	19

示한 47個이다.

여기서 表示한 버팀대反力 測定資料의 解析순서는 다음과 같다.

① 各段버팀대의 最大軸力 및 分擔面積을 實測結果에서 구한다.

버팀대 軸力은 掘鑿開始에서 最終掘鑿底面到達까지의 期間에 發生한 最大値를 採用하고 埋立段階에 있어 버팀대 撤去에 따른 버팀대 軸力의 變動은 考慮하고 있지 않다.

버팀대의 分担面積의 算出에는 몇개의 提案이 보이나 여기서는 잘 알려진 下方分担과 分割法의 두개의 方法에 의하는 것으로 했다. 下防分擔法에는 버팀대에서 그것보다 一段下에 있는 버팀대까지의 사이를 分擔範圍로 하고 分割法에는 上下버팀대의 1/2分点間을 分割範圍로 하는 것이다(付圖 3.5).

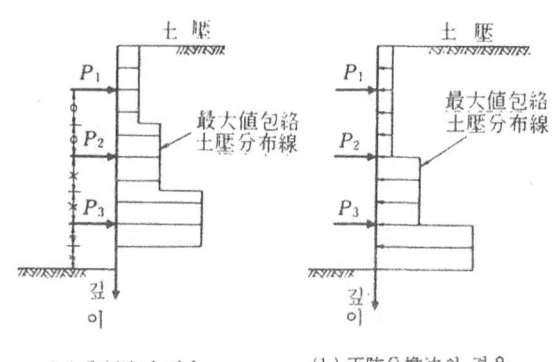

(a) 分割法의 경우   (b) 下防分擔法의 경우

付圖 3.5 버팀대의 分担面積算出法

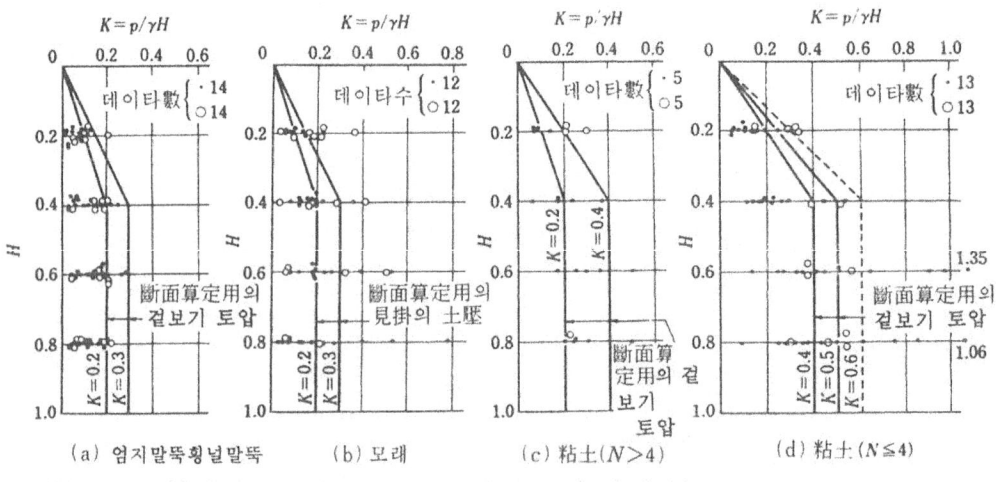

(a) 엄지말뚝횡널말뚝   (b) 모래   (c) 粘土($N>4$)   (d) 粘土($N \leq 4$)

付圖 3.6 버팀대分担面積의 算出法에 의한 土壓係數의 比較(● 下方分擔法 ○ 分割法)

이 그림에는 아는것 같이 버팀대 分担面積의 算出法에 의해 土壓分布線은 다른 것으로 되어 있기 때문에 解說 그림 3.5에 表示한 겉보기土壓에 대해 上記 두方法中 어느것이 適應性이 좋은것인가 分析해 보았다. 그 結果를 表示한 것이 付圖 3.6이다. 이것에 의하면 下方分担法의 경우도 흐트러짐이 있고 部分的으로 큰 實測値를 얻는 경우가 있기 때문에 分割法과의 優劣을 結論짓는것은 困難하나 分割法의 경우는 0.2H의 곳에 基準値보다 큰 實測値를 얻고 있는 경우가 많으므로 이점에서는 下方分担法의 쪽이 適合性이 좋다. 따라서 以後의 檢討는 下方分担法으로 하는것으로 했다.

② (버팀대 最大軸力)/(分担面積)에 의해 土壓强度 p를 求한다(付圖 3.7(a)).

③ 土壓强度 p는 rH[r : 土의 單位體積重量, 粘土地盤으로 $1.6 tf/m^3$, 砂地盤으로 $1.7 tf/m^3$, H : 最終掘鑿깊이(m)]로 나누고 無次元化한 土壓係數를 橫軸으로 취하고 無次元化된 깊이(最終掘鑿깊이 H에 대한 그때의 掘鑿깊이 h의 비로 表示)를 縱軸에 취하여 圖示했다(付圖 3.7(b)).

付圖 3.6에서 以下의 것이 말할 것이다.

(ⅰ) 그 分布는 堤案의 分布形狀에 比較的 一致하고 있다.

(ⅱ) 엄지말뚝橫널말뚝과 같은 開水性의 土壓係數는 下限値($K=0.2$)를 滿足하고 있다.

(ⅲ) 砂地盤으로 地下水位의 높은 경우는 깊은 곳에서 堤案値를 오버하고 있고 水壓을 別途考慮할 必要가 있다.

(ⅳ) 軟粘土의 경우에는 極端으로 큰 값을 表示하는것이 있고, 특히 掘鑿底面付近이 극히 軟한 粘土($N=0～2$)인것은 別途의 對策이 必要하다.

버팀대計 土壓計의 實側데이터에 對해서 土壓分布를 檢討한 結果 以上과 같은 것을 알았으나 이것을 어떤 土壓係數에 結合하든가 다른 土壓係數에 影響을 주는 要因이 없는가를 把握하기 위해 實測資料를 데이타뱅크化하고 各種의 要因에 대해서 分析을 했다.

(3) 要因分析

데이타뱅크化의 對象으로한것은 付表 3.3에 表示한 47例의 버팀대計土壓이다. 이들의 데이타를 前述의 ①～③까지의 整理를 하여 다시 ③에서 얻어진 無次元化 土壓分布圖에서 그 面積을 구했다.

여기서 計算된 面積은 各段버팀대의 最大軸力의 合計를 全分担面積과 rH로 나눈 것으로 이것은 土壓係數가 깊은 方向으로 같다고한 平均値에도 됨으로

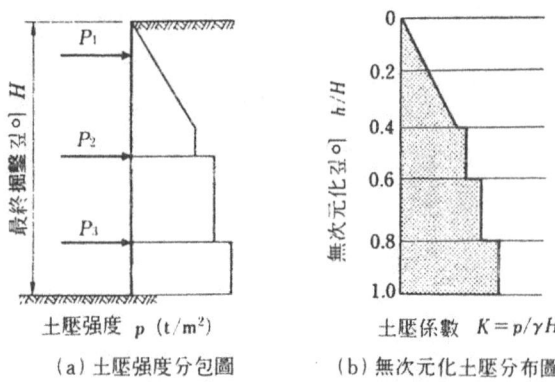

付圖 3.7 버팀대計土壓의 整理方法

모든 平均土壓係數이다. 이 값은 土壓의 크기를 比하는 것에 理解하기 쉬운 값임으로 이것에 의해 解析을 進行도록 했다.

(ⅰ) 地盤種別決定을 위한 要因

解析에 있어서는 먼저 地盤을 모래, 硬粘土, 軟粘土에 分類하는 것으로 했으나 今回는 地盤을 이와같은 分類하는데 다음 3개의 要因에 대해서 **解析했다**.

a) 地盤種別決定을 위해 土層範圍

地盤의 種別을 判定하는데 어느 範圍까지를 考慮하면 좋은가 (ⅱ) 要因分析의 結果 a)로 指摘 한것과 같이 흙막이壁根入部의 地盤特性이 土壓에 주는 影響은 크다. 이 일에서 地盤의 種別을 決定하기 위해 土層範圍는 付圖 3.8에 表示 7정도에 대해서 解析한다.

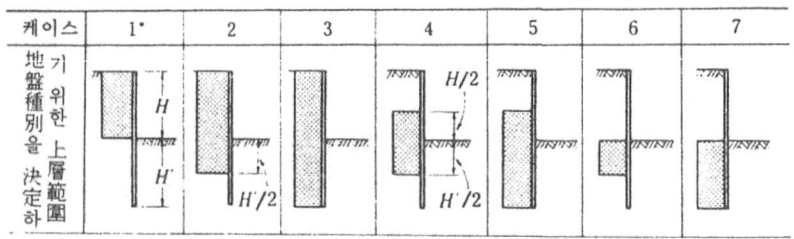

注) ① *는 開鑿式터널 指針과 같은 土層範圍
② H는 掘鑿깊이, H'는 根入깊이

付圖 3.8 地盤種別決定을 위한 土層範圍

b) 粘土두께比率

a)에서 決定된 土層範圍의 地盤에 占한 粘土層의 두께의 比 즉, 粘土두께比率을 種種 바꾸어서 檢討를 했다. 例를 들면, 粘土두께比率 30% 인 경우 막힘, 全體의 두께중 粘土두께가 占하는 割合이 30%에 부가한 경우에도 全體를 粘土로 보지 않고 얻는것이 40%, 50%에는 어떤가 라는 檢討이다.

c) 硬軟判定 N値

다음에 地盤을 粘土에 分類한 경우 그것을 硬粘土와 軟粘土에 細分類한다. 그 硬軟의 判定에는 N값을 써서 이것을 硬軟判定 N값으로 부름. 예를 들면 硬軟判定 N값을 4로 하는 경우는 粘土層全體중 N값 4보다 크다 ($N>4$)粘土의 合計層두께가 N값 4以下 ($N\leq4$)의 粘土 合計層 두께보다 크게 되면 硬粘土, 적으면 軟粘土로 하는 것으로 硬軟判定 N값을 6, 4, 2로 變化시켜서 解析한다.

(ⅱ) 要因分析의 結果

a) 地盤種別決定을 위한 土層範圍

付圖 3.8에 표시 7정도 土層範圍에 대한 土壓係數의 크기를 점토두께비율 50% 硬軟判定 N값 4를 써서 平均土壓係數로 整理한 結果를 付圖 3.9에 表示한다.

付圖 3.9에서 알수있는것 같이 모래의 경우 데이터의 흐트러짐은 어느 케이스에도 大差가 없다. 또, 硬粘土에서의 흐트러짐 케이스1, 케이스2, 케이스4가 적다. 軟粘土에는 케이스6, 케이스7의 흐트러짐이 적게 되어 있다. 이것에서 根入部를 考慮하는 쪽이 데이타의 흐트러짐이 적다. 즉, 根入部의 影響이 크다고 말할수 있다.

根入部의 影響으로서 根入部의 半分을 생각하는 케이스와 掘鑿底面보다 위의 範圍를 생각하는 케이스 1과를 無次元化土壓分布로 比較한 것을 付圖 3.10의 (a), (b)에 表示한다.

이들의 그림에서 알수 있는것 같이 케이스 1로 硬粘土에 있던 土壓係數의 큰 데이타는 케이스 2에는 軟粘土에 옮겨 硬粘土에는 逆으로 土壓計數의 적은 데이터가 다른데서 옮겨 있기 때문에 케이스 2의 硬粘土는 解說 그림 3.7과 解說 表 3.3에 表示한 斷面算定用 겉보기 土壓分布와 係數에 대단히 잘 適合하고 있다.

같은 檢討를 다른 케이스에 대해서도 해본 結果 土壓에 미치는 影響은 掘鑿部보다도 根入部의 影響이 크다는 것을 確認하였다. 地盤種別決定을 위해 土層範圍로서는 根入部의 影響이 큰 케이스 2, 4, 6, 7도 생각되었다. 이들은 케이스 1에

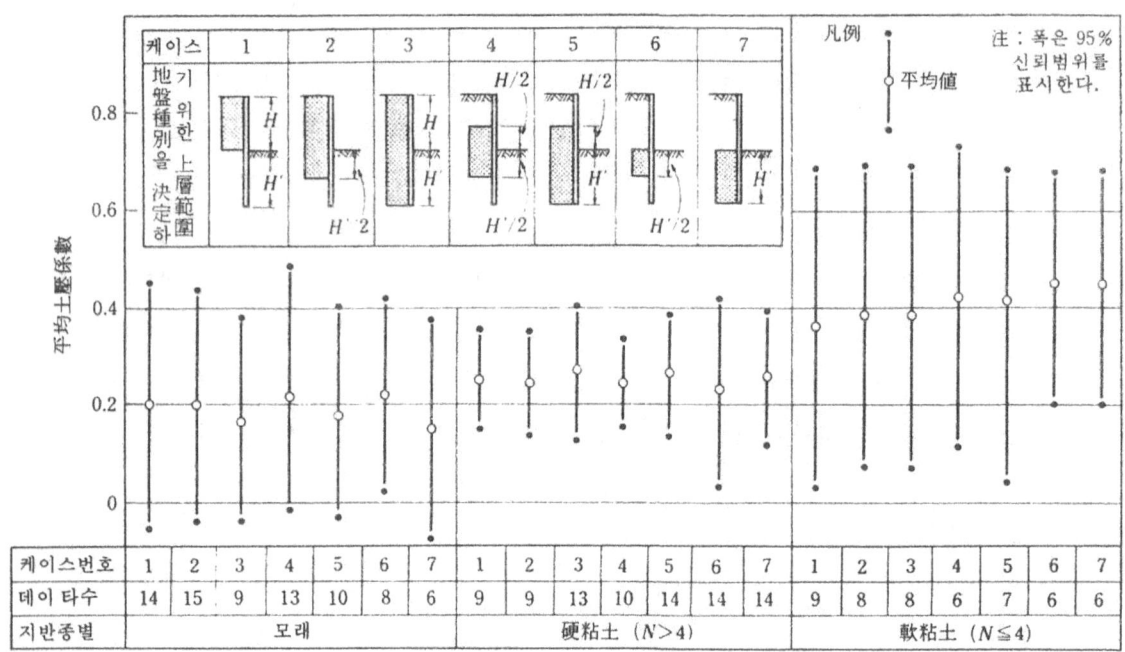

(遮水性 흙막이, 점토두께비율 50%, 硬軟判定 N値 4)

付圖 3.9 土層範圍에 의한 平均土壓係數

比해 方法이 顯著하게 極端的임으로 掘鑿部全體와 根入部의 半分을 생각하는 케이스 2를 사용하는 것이 最適이라고 判斷된다.

b) 粘土두께比率

地盤全體에 占한 粘土層의 두께의 比 즉, 粘土두께 比率을 檢討하기위해 硬軟判定 N값 4, 地盤種別決定을 위해 土層範圍케이스 2를 써 平均土壓係數로 整理한 結果를 付圖3.11이다.

付圖 3.11에서 보는것과 같이 粘土두께 比率을 50%에서 40%, 30%로 내리면 硬粘土의 흐트러짐이 增加한다.

粘土두께比率을 50%에서 60%, 70%로 크게 하면 모래 데이타의 흐트러짐이 크게 되나 粘土두께 比率이 40~60%의 範圍이면 그 影響은 너무나 크지 않다. 그래서 地盤種別의 決定法에는 各層을 모래, 軟粘土, 硬粘土의 3種類로 나누어 그들 각각의 層두께 合計가 가장 큰것을 그 地盤의 種類로 하는 方法이 있으나 이 方法을 쓰면 경우에 의해서는 粘土의 比率이 60%以上의 것도 모래와 判定된 後 感覺的으로도 알기 어렵다. 여기서 互層地盤의 경우 地盤種別의 決定에는 粘土두께比率을 50%로 하여 먼저 各層을 모래, 粘土의 2種類로 나누고

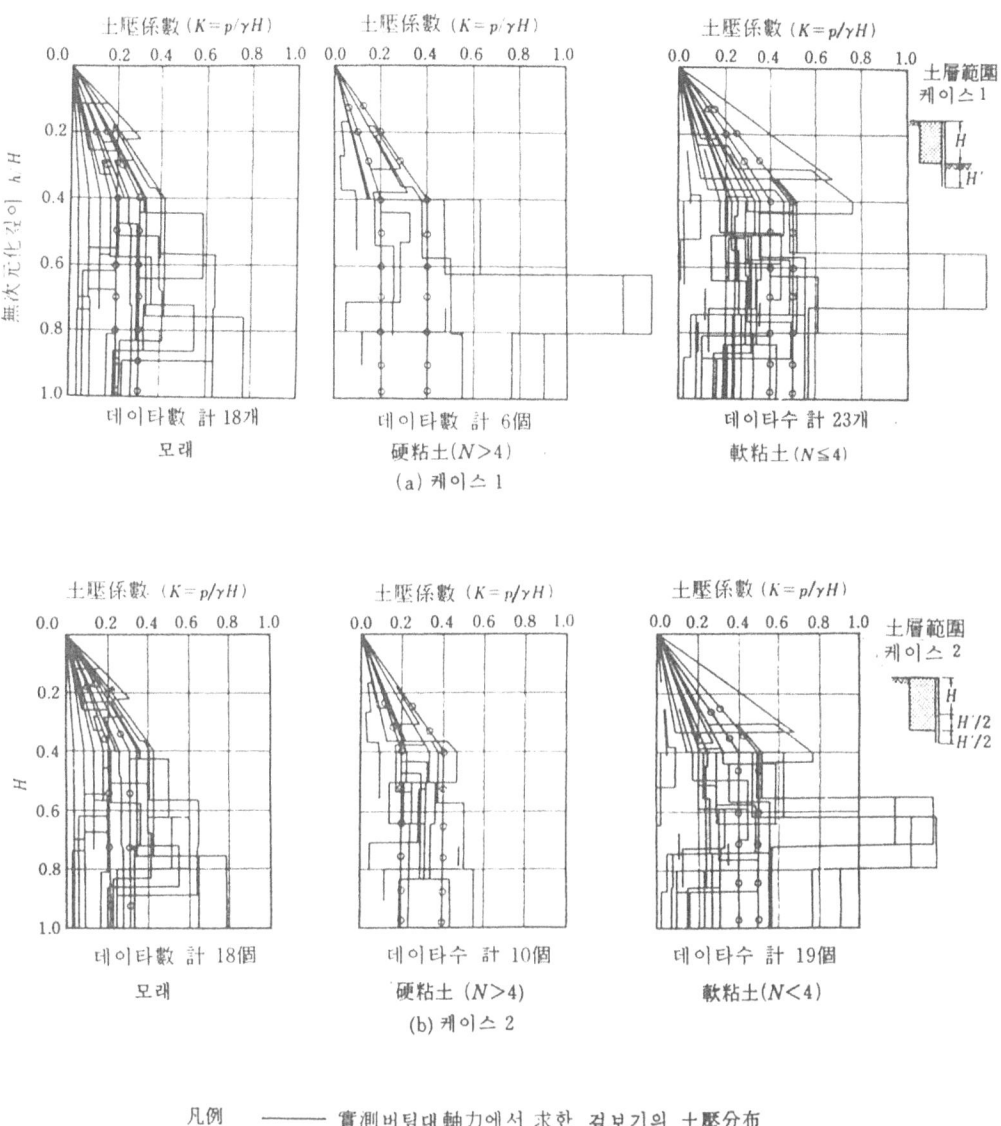

付圖 3.10 無次元表示에 의한 土壓分布

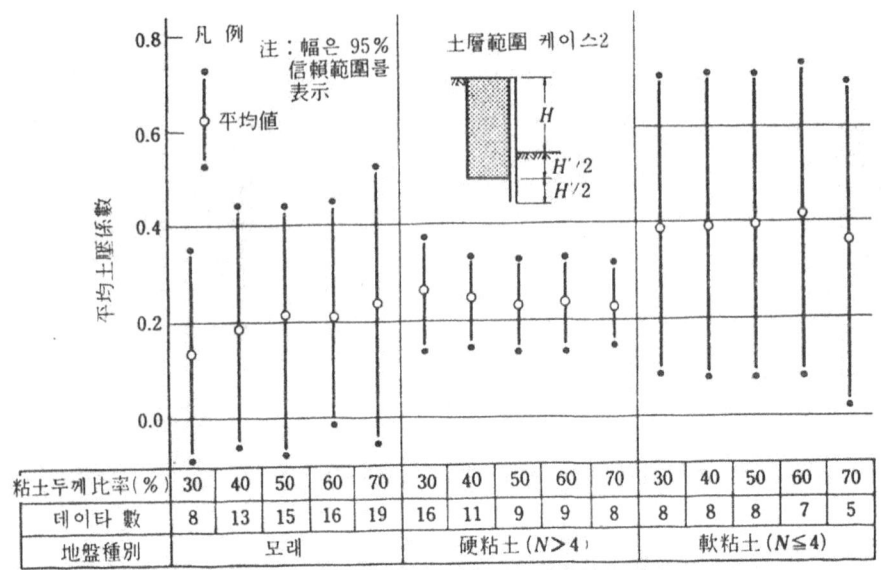

付圖 3.11 粘土 두께 比率에 의한 土壓 係數의 比率

이 合計두께의 큰 쪽을 그 地盤을 흙의 種類로 하고 粘土의 경우에는 다시 硬軟判定을 하는쪽이 알기 쉽고 適當하다고 생각된다.

c) 硬軟判定 N값

粘土의 硬軟을 判定하기 위해 硬軟判定 N값을 2, 4, 6으로 한 경우에 대해서 粘土두께비율 50%, 地盤種別을 決定하기 위해 土層範圍는 케이스 2를 써 平均土壓係數로 整理한 結果가 付圖 3.12이다. 이 그림에서 보는것과 같이 硬粘土의 경우는 硬軟判定 N값을 2, 4, 6과 變化시켜서도 데이타의 흐트러짐은 많이 변치 않은다. 또, 硬軟判定 N값을 6으로하면 硬粘土와 軟粘土 平均土壓係數의 平均値에 差가 없게되며 硬, 軟에 區別하는 意味가 없어지게 된다. 또, 軟粘土에 대해서는 硬軟判定 N값을 6, 4, 2로 내림에 따라 平均土壓係數는 크게 된다.

특히, 硬軟判定 N값을 2로 할 때는 거의 데이타가 土壓係數 0.5를 초과한다.

— 292 —

(付圖 3.13). 이것에서 硬軟判定 N값은 從來와 같이 4로 하여 $N \leq 2$의 軟粘土에 대해서는 別途로 取扱하는것이 適當하다.

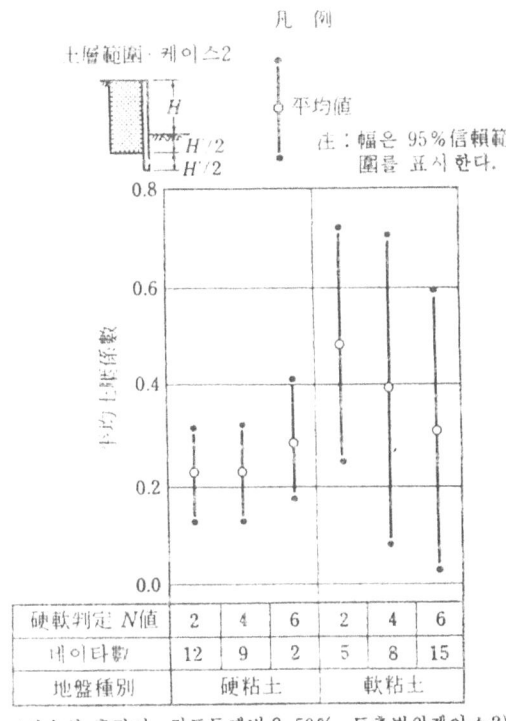

付圖 3.12 硬軟判定 N값에 의한 平均 土壓係數의 比較

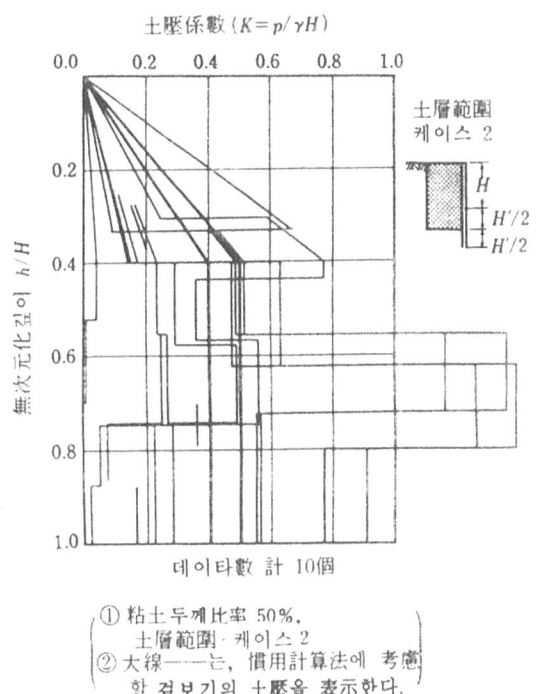

付圖 3.13 軟粘土($N \leq 2$)의 無次元化 土壓分布圖

(ⅲ) 基準値에 適合치 않는 데이타의 分析에 대해서

a) 砂地盤

付圖 그림 3.10(b)의 砂地盤에는 遮水性흙막이 몇개의 데이타가 解說 表 3.3의 겉보기의 土壓係數 0.2~0.3을 넘고있다.

이들 데이타를 다시 詳細하게 調査한 結果 大部分이 하천이나 연못등의 水源이 가깝고 地下水位가 높은 경우나 全體的에는 砂地盤이나 中間에 粘性土層이 있기 때문에 흙막이壁背面의 地下水位가 掘鑿과 아울러 減少하지 않았다고 생각되는 경우등이며 이들도 水壓을 別途로 考慮하면 좋은것을 알았다.

b) 硬粘土

付圖 3.10(b)의 硬粘土에는 겨우 1例만 解說 表 3.3 겉보기의 土壓係數 0.2~0.4를 넘지 않는다. 이 1例를 詳細하게 調査한 結果 硬軟判定 N값은 4以上으로 되어 있으나 根入部에 特히 軟弱한 粘性土($N \leq 2$)가 있는것을 알았다. 이와같은 土壓이 크게 된것을 根入部에 軟弱한 粘性土가 있기때문에 假想支點이 깊은 位置로 내려 根入部의 土壓이 크게 影響되기 때문이라고 생각된다. 또, 軟弱한 粘性土層을 中間에 좁은 硬粘土의 경우에도 掘鑿段階의 途中에 假想支點이 뛰는것으로 되어 버팀대에 큰 軸力을 생기게 된다. 이와같은 경우는 3.2.5 解說의 「適用에 있어서의 注意事項(ii)」에서 序述되고 있는것 같이 彈塑性法을 使用하는것이 좋다.

c) 軟粘土

付圖 3.10(b)에서 보는것과 같이 軟粘土中 특히 軟弱하다. $N \leq 2$의 것을 除外하면 겉보기의 土壓係數 0.4~0.5를 超過하는 것은 없다.

土壓係數가 0.5를 超過에 대해서 데이타를 1개씩 다시보아 土壓係數가 큰것은 根入部가 피트등의 極軟弱地盤인것 地盤改良을 必要로 할수록 軟弱한 地盤의 것 흙막이 壁의 變形이 크고 一部는 受動土壓이 發生하고 있다고 생각되는 것 등 特殊한 施工個所에 있어 測定例 였다. 이와같은 경우는 3.2.5 解說의 「適用에 있어서의 주의사항(ii)」에서 서술되고있는 것 같이 彈塑性法을 利用하는것이 좋다.

付表 3.4 開水性 흙막이의 測定資料數

土質 깊이	모 래	粘 土
10~15m 未滿	7	3
15~20m 未滿	6	3
20~25m 未滿	1	0
計	14	6

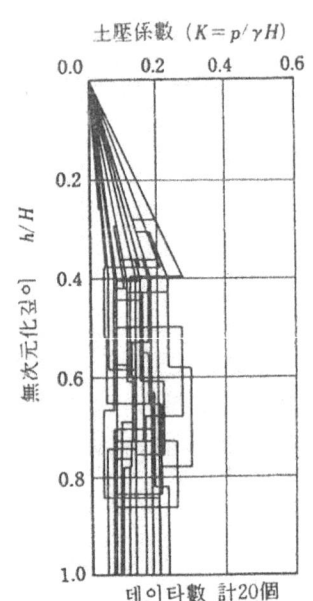

付圖 3.14 開水性 흙막이의 無次元化土壓分布圖

(iv) 開水性흙막이壁을 使用하는 경우 겉보기의 土壓係數에 대해서

付表 3.4에 表示한 開水性흙막이의 實測例 20個에 대해서 土壓係數의 分布를 付圖 3.14에 표시한다. 付圖 3.14 데이타 중 層두께에 砂層이 占하는 割合이 큰 互層의 경우 $K=0.2\sim0.3$ 와 比較的 큰 값인 것에 대해서 모래의 單一層 또는 硬粘土가 占하는 割合이 많은 互層의 경우는 $K=0.1\sim0.2$ 와 적은 값으로 되어 있다.

엄지말뚝橫널말뚝 흙막이는 地下水位의 낮은 比較的 良好한 地盤의 경우에 選定되는 形式이며 흙막이壁에 作用하는 土壓은 적으므로 이 경우의 土壓係數에 대해서는 이들의 것을 考慮하여 決定할 必要가 있다.

<저자소개>

權 仁 煥 (1947年生)

土木施工技術士

國民大學校 卒業 (1970年)
中央大學校 建設大學院卒業 (工學碩士, 1995年)
서울特別市 土木技士
롯데建設 주식회사 근무
有元建設(株) 地下鐵3號線 320工區工事 근무
建設技術研究院 자문역임
三安建設技術公社 인천地下鐵1號線 감리단
　　　　　　　　대전地下鐵2號線 감리단
　　　　　　　　서울地下鐵6號線 감리단장

<저서 및 역서>

NATM터널공법(저), 1991
터널공사설계시공지침및동해설(감)
터널구조설계시공(감)
교량의미학(역)

NATM 터널공법
개착터널 설계시공지침 해설

2023년 1월 10일 인쇄
2023년 1월 15일 발행

편　저　토목시공기술사 권인환
　　　　(일) 토 목 학 회
편　역　편 집 부
발행처　도서출판 원기술
발행인　김 대 원
주　소　경기도 안양시 동안구 경수대로 507번길 18
전　화　031-451-8730
팩　스　031-429-6781
등　록　제2-1063호

ⓒ 2023. by DoserChulpan WONGISUL Publishing Co.

ISBN　978-89-7401-423-0

정가 98,000원